高等学校教材

工程力学

主编　顾致平
主审　史永高
编者　顾致平　刘金涛
　　　刘新龙　李三庆　胡桂梅

西北工業大學出版社

【内容简介】 本书根据教育部高等学校工科工程力学教学的基本要求，并参照理论力学和材料力学课程的教学基本要求编写而成，以适应21世纪科学技术的发展和教学改革的要求。

全书分为三篇，共十五章，外加三个附录。第一篇为静力分析，第二篇为静应力与静变形分析，第三篇为动应力分析，内容前后衔接，形成完整、层次清晰且结构紧凑的体系。其中附录Ⅰ介绍计算机在工程力学中的应用，附录Ⅱ为型钢表，附录Ⅲ为工程名词英汉对照表。另外，书后还配有工程力学多媒体学习测试系统的软件光盘，方便学生自学。

本书主要面向非机械类、非土建类各专业本科学生，也可作为普通高等工科学校和成人专科工程力学、材料力学课程的教材，还可供有关工程技术人员参考。

图书在版编目(CIP)数据

工程力学/顾致平主编. —西安：西北工业大学出版社，2004.10（2023.8重印）

ISBN 978-7-5612-1840-2

Ⅰ. 工…　Ⅱ. 顾…　Ⅲ. 工程力学—高等学校—教材　Ⅳ. TB12

中国版本图书馆CIP数据核字（2004）第100286号

出版发行： 西北工业大学出版社

通信地址： 西安市友谊西路127号　　**邮编：** 710072　电话：(029) 88493844　88491757

网　　址： www.nwpup.com

印 刷 者： 陕西宝石兰印务有限责任公司

开　　本： 787mm×1092mm　1/16

印　　张： 20.25

字　　数： 492千字

版　　次： 2005年1月第1版　2023年8月第10次印刷

定　　价： 61.00元

前　言

工程力学是高等工科学校开设的一门重要的技术基础课。本书是作者在近几年取得的教学改革成果的基础上，结合多年的教学经验，依据教育部高等学校工科工程力学教学的基本要求并参照理论力学和材料力学教学的基本要求，在原有教材基础上编写而成的，以适应21世纪科学技术的发展和教学改革的要求。

全书分为三篇，共十五章，外加三个附录。第一篇为静力分析，第二篇为静应力与静变形分析，第三篇为动应力分析，内容前后衔接，形成了一个比较完整、协调且层次清晰的体系。本书的指导思想是，提高起点、论述简明、避免重复和注重应用。其主要体现在以下几个方面：①删减与物理学的某些重复内容和教学与应用中较少采用的内容，强调工程技术的应用；②对基本概念、方法的论述力求严谨、透彻而又简明、扼要；③尽量避免前后内容或阐述的重复，加强论述的系统性和综合性；④通过强调各种理论方法的特点、应用实例和步骤，加强各部分的联系和综合应用；⑤加注了有关专业名词或术语的英文对照，便于在科技研究中阅读有关英文文献；⑥在内容的选定上，紧密结合工程实践，加强工程概念的培养，使读者通过本书的学习能解决一些工程实际中的力学问题，并为学习其他相关课程打下基础；⑦考虑到当今工程技术中复杂力学问题的解决已离不开电子计算机，故在本书附录Ⅰ中增加了“计算机在工程力学中的应用”的内容，专门介绍计算机分析工程力学问题的方法，其目的是使学生初步具有利用计算机解决工程实际问题的能力，从而兼备专业基础和计算机知识。另外，为提高学生素质，加强学生能力的培养，方便学生自学，本书配有工程力学多媒体学习测试系统的软件光盘。这一方面可以作为计算机辅助教学的工具，加深对所学知识的理解，另一方面引导学生在学习工程力学时充分利用计算机来解决工程问题，这是本书的主要特色之一。

本书可作为70～80学时工程力学课程的教材，适用于工科非机械类、非土建类各专业本科、专科，也可供继续教育学院的学生、电大学生和自学者以及工程技术人员参考。本书由西安工业学院顾致平教授主编，史永高教授主审，参加全书编写的有李三庆（第一至四章）、胡桂梅（第五、八章，附录Ⅰ、Ⅱ）、刘金涛（第六、七、九章）、顾致平（第十章、附录Ⅲ）、刘新龙（第十一至十五章）。全书由顾致平教授统稿并担任主编。书后所配的“工程力学多媒体学习测试系统”的软件光盘由西安工业学院和西安理工大学联合研制，黎明安、顾致平主编，参编人员有刘金涛、刘新龙、李三庆、胡桂梅、张文荣。

在编写本书过程中曾参考了有关书籍、资料，并从中引用了部分习题和例题。本教材的编写出版得到了西安工业学院有关领导和老师们的支持与帮助，在此一并致谢。

书中如有错误和不妥之处，敬请读者不吝指正。

编　者

2004 年 7 月

目　录

第一篇　静力分析

第二篇 静应力与静变形分析

第一篇　静力分析

引　言

静力分析是研究物体在力系作用下的平衡问题。

本篇主要讲述三个问题：

1. 物体的受力分析　研究一物体与周围其他物体之间的机械作用，将其从周围物体中分离出来，并分析其上所受的力。这些力包括主动力(例如重力)和约束反力。约束反力取决于周围物体限制的性质，受力分析的关键在于约束反力的分析。

2. 力系的简化　力系指作用在物体上的一组力。如果作用在物体上的力系可用另一力系代替，而不改变原来力系对物体的效应，称为力系的等效替换。用简单的力系等效替换一个复杂的力系，称为力系的简化。

3. 力系的平衡条件及其应用　物体处于平衡状态时，将作用于其上的力系所必须满足的条件称为力系的平衡条件。应用这些平衡条件，即可解决工程实际中的静力平衡问题。

第一章　静力分析基础

§1-1　静力分析的基本概念

1．平衡的概念

平衡(equilibrium)是物体机械运动的特殊形式，是指物体相对地球处于静止或作匀速直线运动的状态。一般工程技术问题取固结于地球的坐标系作为参考系来进行研究，实践证明，所得到的结果具有足够的精确度。

2．刚体的概念

任何物体受力总要产生一些变形。但是，工程实际中的机械零件和结构件在正常情况下的变形，一般是很微小的。微小的变形对物体的机械运动影响极小，可以略去不计，即把物体看做是不变形的，从而使问题的研究得以简化。这种在受力情况下保持形状和大小不变的物体通常称为刚体(rigid body)。刚体是依据所研究问题的性质抽象出来的理想化的力学模型(mechanical modl)。当变形这一因素在所研究的问题中不可缺少时，就必须采用变形体作为力学模型。

3．力的概念

人们在长期的生活和生产实践中，逐步形成了力的概念。力(force)是物体间相互的机械作用，这种作用使物体的机械运动状态发生变化，并使物体产生变形。力使物体运动状态发生改变的效应，称为力的外效应(effect of motion)。力使物体变形的效应，称为力的内效应(effect of deformation)。在第一篇中仅研究力的外效应。

力对物体的作用效应取决于三个要素，即力的大小、力的方向和力的作用点。因此，力是矢量，且是定位矢量，可用有向线段表示，如图 1-1 所示。通过力的作用点，沿力的方向引直线，该直线表示力在空间的方位，称为力的作用线。在作用线上截取有向线段 AB，线段的长度按一定比例表示力的大小；线段的起点 A（或终点 B）表示力的作用点。在本书中黑体字表示矢量，如 $\boldsymbol{F}$；矢量的大小（模）则用同形的普通字母表示，如 F。本书采用国际单位制。在国际单位制中，力的单位是牛[顿](N)或千牛[顿](kN)。

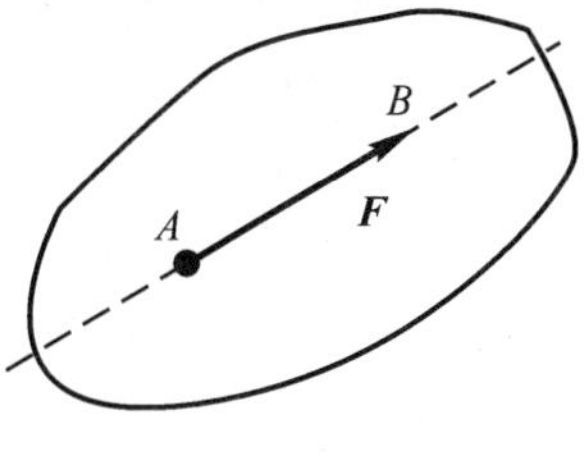

图　1-1

通常，作用在物体上的力不止一个，而是许多个，我们称作用在物体上的一组力为力系。若一力系作用于刚体并使其相对于地球处于静止或匀速直线运动状态，则认为刚体处于平衡状态，且该力系是平衡力系(force system of equilibrium)。如果作用在刚体上的一力系用另一力系来替换，并不改变刚体原来的运动状态，那么，此二力系是等效力系。当一力与一力系等效时，称此力为该力系的合力。

§1-2 静力分析公理

静力分析公理是人们在长期的实践活动和实验观察中总结出来的最基本的力学规律。它无须证明而为人们所公认。力系简化(reduction of force system)和力系的平衡是以公理为基础的。

公理一(二力平衡公理) 作用在刚体上的两个力，使刚体处于平衡的必要与充分条件是：两个力大小相等，方向相反，且作用在同一直线上。

二力平衡公理表明了作用于刚体上的最简单的力系平衡时所应满足的条件。它是推导力系平衡条件的基础。

工程中常有一些只受两个力作用而平衡的构件，称为二力构件(members subjected to the action of two forces)。根据公理一，该两力的方位，必定沿两力作用点的连线(见图 1-2)。

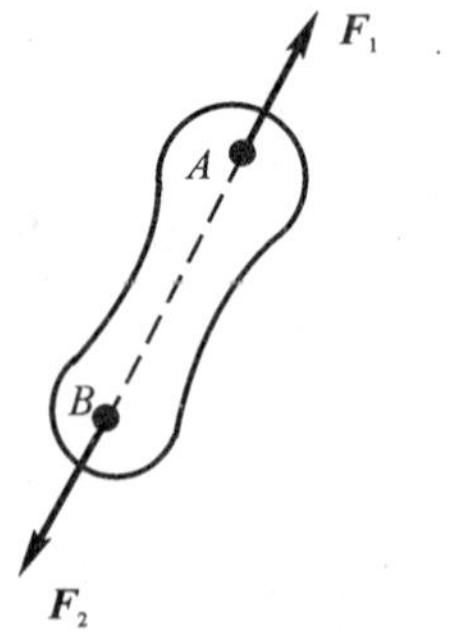

图 1-2

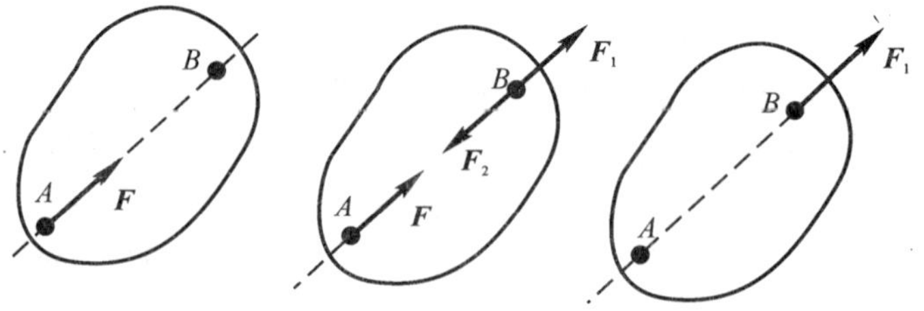

图 1-3

公理二(加减平衡力系公理) 在作用于刚体的力系上，加上或减去任一个平衡力系，并不改变原力系对刚体的效应。

加减平衡力系公理是力系简化的重要依据。

推论 1(力的可传性原理) 作用于刚体的力可沿其作用线移至刚体内任一点，而不改变该力对于刚体的效应。

证明：如图 1－3 所示。设力 $\boldsymbol{F}$ 作用于刚体上 A 点。在刚体内力 $\boldsymbol{F}$ 作用线上任选一点 B，在 B 点加一对平衡力 $\boldsymbol{F}_1$ 和 $\boldsymbol{F}_2$，并使 $\boldsymbol{F}_1=-\boldsymbol{F}_2=\boldsymbol{F}$。因为($\boldsymbol{F}_1$，$\boldsymbol{F}_2$)是平衡力系，由公理二可知，力系($\boldsymbol{F}$，$\boldsymbol{F}_1$，$\boldsymbol{F}_2$)与力 $\boldsymbol{F}$ 等效 。$\boldsymbol{F}$ 与 $\boldsymbol{F}_2$ 二力等值、反向、共线，构成一平衡力系；减去该平衡力系，由公理二知，力 $\boldsymbol{F}_1$ 与力系($\boldsymbol{F}$，$\boldsymbol{F}_1$，$\boldsymbol{F}_2$)等效。从而有力 $\boldsymbol{F}$ 与力 $\boldsymbol{F}_1$ 等效。因为力 $\boldsymbol{F}_1$ 的大小、方向均与力 $\boldsymbol{F}$ 相同，且此二力等效，这相当于将力 $\boldsymbol{F}$ 沿其作用线从 A 点移至 B 点，而不改变原力对刚体的效应。

力的可传性原理指出，作用于刚体的力矢可沿其作用线任意滑动，因而对于刚体而言，力是滑动矢量(sliding vector)。力的三要素(three elements of a force)成为力的大小、方向、作用线。

公理三(力的平行四边形公理) 作用在物体上同一点的两个力可以合成为一个合力，合力也作用于该点，其大小和方向可由以这两个力为邻边所构成的平行四边形的共点对角线确定。

在图 1-4(a)中，设力 $\boldsymbol{F}_1$ 和 $\boldsymbol{F}_2$ 作用于物体的 A 点，以 $\boldsymbol{R}$ 表示其合力，则有

$$\boldsymbol{R} = \boldsymbol{F}_1 + \boldsymbol{F}_2$$

即合力矢 $\boldsymbol{R}$ 等于两个分力矢 $\boldsymbol{F}_1$ 和 $\boldsymbol{F}_2$ 的矢量和。

为求合力的大小和方向，在图 1-4(b)中，作矢量 $\overrightarrow{ab}$ 表示力矢 $\boldsymbol{F}_1$，再从力矢 $\boldsymbol{F}_1$ 的终点 b 作矢量 $\overrightarrow{bc}$ 表示力矢 $\boldsymbol{F}_2$，则矢量 $\overrightarrow{ac}$ 即表示合力 $\boldsymbol{R}$ 的大小和方向。此种求合力矢的方法称为力的三角形法则。

力的平行四边形公理是力系简化的重要依据。

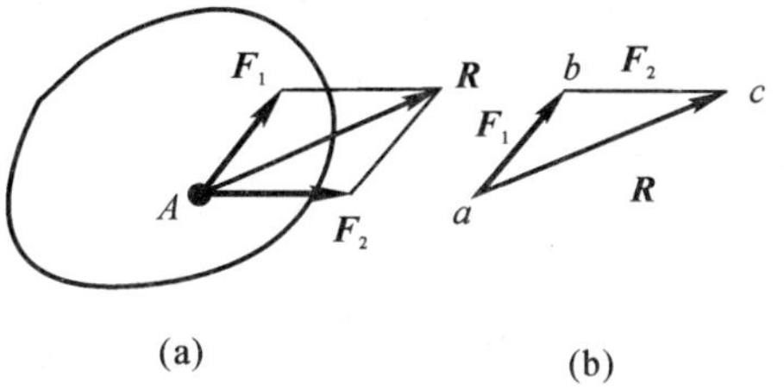

图 1-4

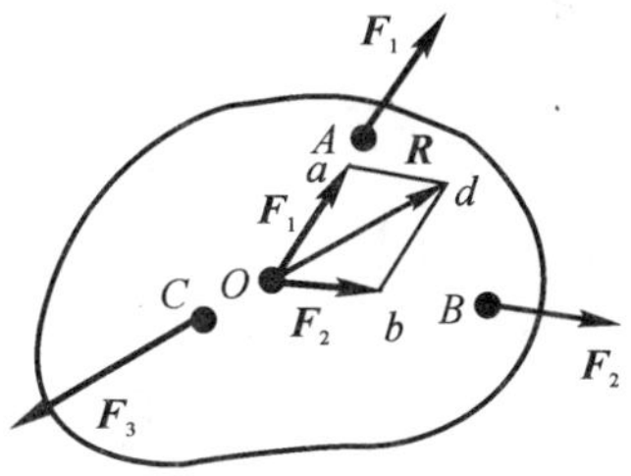

图 1-5

推论 2(三力平衡汇交原理) 当刚体受三力作用而平衡时，若其中任何两力的作用线相交于一点，则此三力必然共面，且第三个力的作用线通过汇交点。

证明：如图 1-5 所示。设互不平行的力 $\boldsymbol{F}_1$，$\boldsymbol{F}_2$，$\boldsymbol{F}_3$ 分别作用于刚体的 A，B，C 三点，力 $\boldsymbol{F}_1$，$\boldsymbol{F}_2$ 的作用线相交于 O 点；刚体在此三力作用下处于平衡状态。将力 $\boldsymbol{F}_1$，$\boldsymbol{F}_2$ 移至 O 点，合并成为一力 $\boldsymbol{R}$，于是力系($\boldsymbol{F}_1$，$\boldsymbol{F}_2$，$\boldsymbol{F}_3$)与力系($\boldsymbol{R}$，$\boldsymbol{F}_3$)等效。因为力系($\boldsymbol{F}_1$，$\boldsymbol{F}_2$，$\boldsymbol{F}_3$)是平衡力系，故力系($\boldsymbol{R}$，$\boldsymbol{F}_3$)必为平衡力系。根据公理一，$\boldsymbol{R}$ 与 $\boldsymbol{F}_3$ 在同一直线上，即力 $\boldsymbol{F}_3$ 的作用线也通过汇交点 O；由力的平行四边形公理可知，力 $\boldsymbol{F}_3$ 与力 $\boldsymbol{F}_1$，$\boldsymbol{F}_2$ 共面。

公理四(作用与反作用定律) 两个物体间的相互作用力，总是大小相等，作用线相同，指向相反，且分别作用在这两个物体上。

在分析多个物体组成的物体系统的受力时，这个公理是从一物体受力过渡到另一物体受力的依据。

公理五(刚化公理) 如果变形体在某力系作用下平衡，若将此物体刚化为刚体，其平衡不受影响。

工程实际中的物体是变形体，变形体能否使用刚体的平衡条件？刚化原理回答了这个问题。只要变形体受力后处于平衡，作用于其上的力系一定满足刚体的平衡条件。需要注意的是，对于变形体而言，刚体的平衡条件只是必要的，而不是充分的。例如，一段绳子在两端受到等值、反向、共线两拉力而不是两压力的作用时才会处于平衡。

§1-3 约束与约束反力

不受任何限制，可以自由运动的物体称为自由体(free body)，例如在空中飞行的飞机。在

某些方向的运动受到限制的物体称为非自由体(nonfree lody)。在轨道上行驶的火车是非自由体，因为它受轨道的限制，所以只能沿轨道运行。阻碍物体运动的限制条件称为约束(constraint)。约束总是由被约束物体周围与之相连接或相接触的其他物体构成的，因而往往又把与被约束物体相连接或相接触的周围的物体称为约束。约束对被约束物体的作用力，称为约束反力(reactions of constraint)，或称为约束力(constraint force)。约束反力作用在被约束物体与约束的接触处，其方向总是与约束所能限制的被约束物体的运动方向相反。

下文介绍几类常见的约束及其约束反力的特点。

1. 柔性约束

工程实际中的柔软缆绳、皮带、钢丝绳、链条等类物体统称为柔索(flexible cable)。由它们构成的约束称为柔性约束。柔索只能承受拉力，因而只能阻止物体沿柔索伸长方向的运动；于是，柔性约束的约束反力作用于连接点，其方向沿着柔索而背离物体(见图 1-6)。

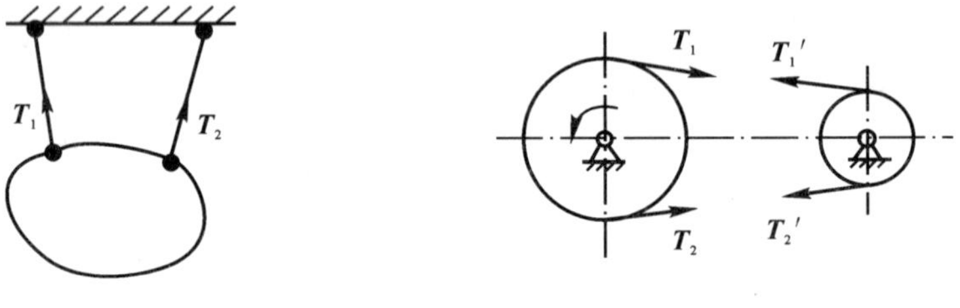

图 1-6

2. 理想光滑接触构成的约束

当两物体接触面之间的摩擦力小到可以忽略不计时，就把接触面(线)看做是理想光滑的。光滑接触面(smooth surface)约束只能阻止物体沿接触处公法线指向约束的运动。于是，光滑接触的约束反力通过接触点，沿着接触点处的公法线，指向被约束的物体(见图 1-7)。

图 1-7

3. 光滑圆柱铰链约束

两个构件在连接处的相同圆孔中，通过插入圆柱形销钉连接起来，这样所形成的结构称为圆柱形铰链结构。在图 1-8(a)中，曲柄 OA 和连杆 AB 的连接，连杆 AB 和滑块 B 的连接，都是圆柱形铰链连接。图 1-8(b)说明了 A 处圆柱形铰链的构造。在铰链连接中，圆柱形销钉限制了构件的运动；如果忽略摩擦，销钉和圆孔成为光滑接触，于是便构成了光滑圆柱铰链(smooth cylindrical pin)约束。按照光滑接触约束的特点，销钉作用于构件的约束反力通过两者的接触点，沿接触处公法线指向构件。显然，约束反力在垂直于构件销孔轴线的横截面内，且通过销孔中心。在图 1-8(c)中，$\boldsymbol{R}$ 表示销钉作用于构件的约束反力，A 为孔心，K 为构件与销钉的接触点。一般而言，由于接触点的位置无法预先确定，所以，铰链约束反力的方向不能预先确定。在受力分析中，将铰链约束反力用通过构件销孔中心的两个大小未知的正交分力来表示，如图 1-8(d)中所示的 $\boldsymbol{X}_A$，$\boldsymbol{Y}_A$。

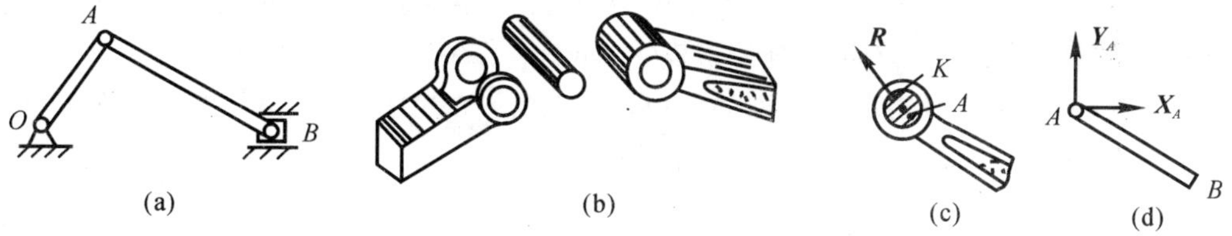

图 1-8

使用光滑圆柱销钉将构件或结构与固定支座连接，则该支座就称为固定铰支座，如图 1-9(a)所示。图 1-9(b)，(c)是固定铰支座的两种简化表示。固定铰支座约束的性质与铰链连接中的铰链约束一样。通常将圆柱销钉的约束反力表示为相互正交的两个分力，如图 1-9(d)所示。

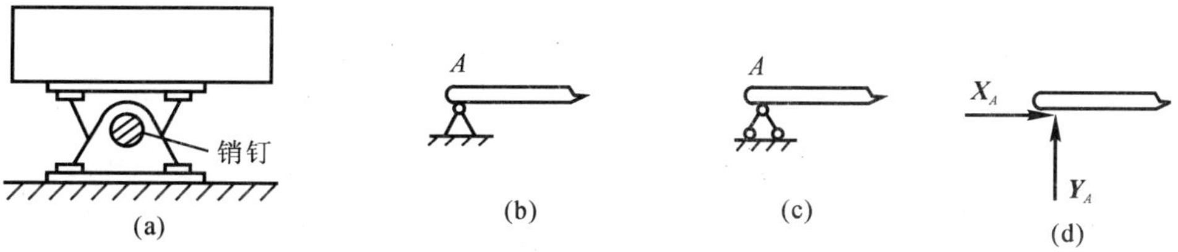

图 1-9

如果在铰链支座底部和支承面之间安装一排圆滚，就构成了辊轴支座，也称为活动铰支座，如图 1-10(a)所示。辊轴支座的几种简化表示分别示于图 1-10(b)，(c)，(d)。如果接触面是光滑的，辊轴支座不限制物体沿支承面的运动，只限制物体垂直于支承面方向的运动。因此，辊轴支座的反力通过销孔中心，且垂直于支承面，如图 1-10(e)所示。

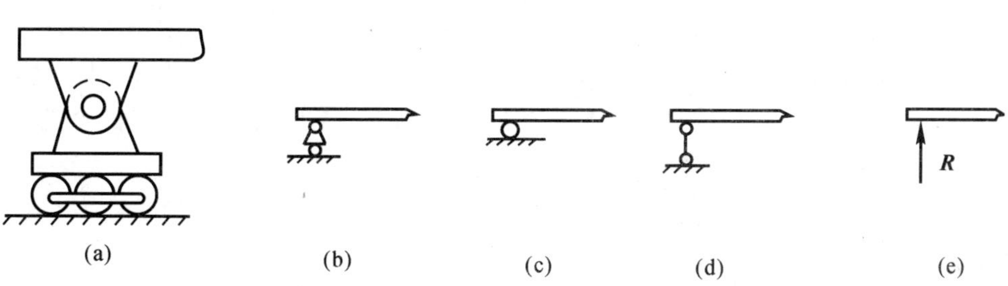

图 1-10

两端用光滑铰链与其他物体相连，并且中间不受任何外力作用的刚杆称为链杆。它常被用来作为撑杆或拉杆而形成链杆约束，如图 1-11(a)中所示的 BC 撑杆。显然，链杆是二力杆，所以，链杆约束的约束反力沿着两端铰链中心的连线，是拉力或者是压力，例如图 1-11(b)中的 BC 杆的受力。在图 1-11(c)中，链杆 BC 对所连接物 AB 的约束反力，也必定沿连线 BC。

4. 光滑球形铰链约束

光滑球形铰链约束是一种空间类型的约束，其结构简图及简化表示分别如图 1-12(a)，(b)所示。一个物体的球形窝内放入另一物体的球形部分，球窝和球的直径相差甚小，忽略摩擦，就构成了光滑球形铰链(smooth ball and socket joint)约束。根据光滑接触约束反力的特点，球窝作用于球的约束反力通过球心。由于球与球窝的接触点未定，约束反力的空间方位不定，因而，通常用通过球心的三个正交分力来表示，如图 1-12(c)所示。

除上述几类约束之外，还有其他类型的约束，例如固定端约束等，本书将在适当的章节予以介绍。

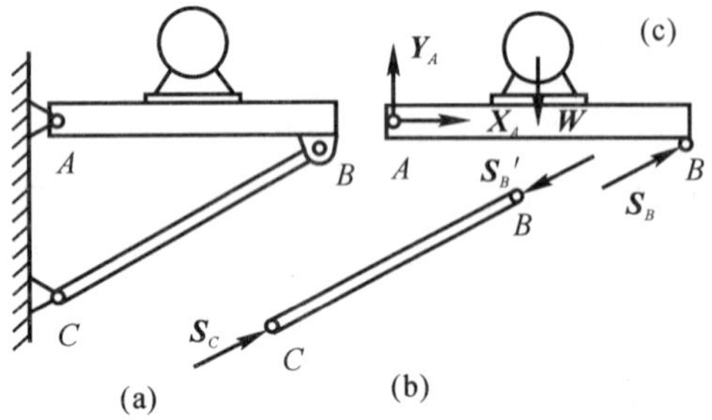

图 1-11

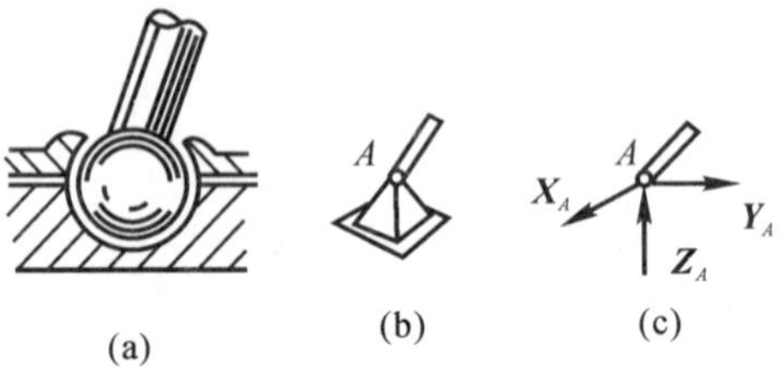

图 1-12

§1-4 受力分析与受力图

在受力分析时，需将受约束的物体(研究对象)从它周围的物体中分离出来，称为解除约束。在解除约束的同时，代之以相应的约束反力。约束反力是未知的。研究对象上除作用有约束反力外，通常还承受某些种类的载荷(loads)，例如承受重力、油压力、风力等。这些载荷使物体产生运动或使物体产生运动趋势，称其为主动力(applied forces)。主动力一般是已知的。所谓受力分析就是分析被研究物体上所受的全部主动力和约束反力，并把分析结果用受力图(free-body diagram)清晰地表示出来。根据问题的已知条件和要求的内容，恰当地选择一个物体或几个物体组成的系统作为研究对象，并将研究对象从周围物体中分离出来，画出其外形简图，这个过程称为取研究对象或取分离体(isolated body)。研究对象与周围物体的连接关系确定了约束类型，也就确定了约束反力的特征。画有研究对象及其所受的全部力(包括主动力和约束反力)的简图，称为受力图。

静力平衡问题中，将依据受力图和平衡条件，利用作用于研究对象上的主动力，确定作用于其上的未知约束反力的大小和指向。

例 1-1 重力为 $\boldsymbol{G}$ 的挂梯上端 A 铰接在楼板上，下端 B 可由 BC 绳吊起，梯子重心在 D 点，如图 1-13(a)所示。当绳子的拉力为 $\boldsymbol{T}$ 时，B 点尚未脱离地面，略去摩擦，画出该状态下梯子的受力图。

解 解除挂梯的约束，画分离体图。作用在挂梯上的主动力有重力 $\boldsymbol{G}$，铅直向下，作用于 D 点。挂梯在 A，B 两处被解除约束，应代以相应的约束反力。在 A 处，固定铰链支座约束反力方位不能预先确定，用两个正交分力 $\boldsymbol{X}_A$，$\boldsymbol{Y}_A$ 表示，其指向可任意假设。在 B 处作用有两种类型约束的反力，一种是地面作用于挂梯的反力 $\boldsymbol{N}_B$，此力垂直于地面，指向上；另一种是绳子作用于挂梯的反力 $\boldsymbol{T}'$，$\boldsymbol{T}'$是沿 BC 方向的拉力，$T'=T$。挂梯的受力情况如图 1-13(b)所示。

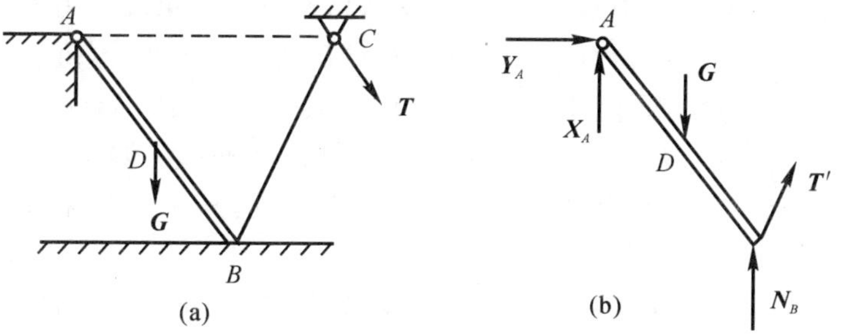

图　1-13

例 1-2　在图 1-14(a)所示的结构中，直杆 AB 和直角弯杆 CD 在 C 点铰接，A 处和 D 处均为固定铰链支座。AB 杆在 B 点受力 $\boldsymbol{F}$ 作用，两杆自重不计。试画出 AB 杆、CD 杆及整个系统的受力图。

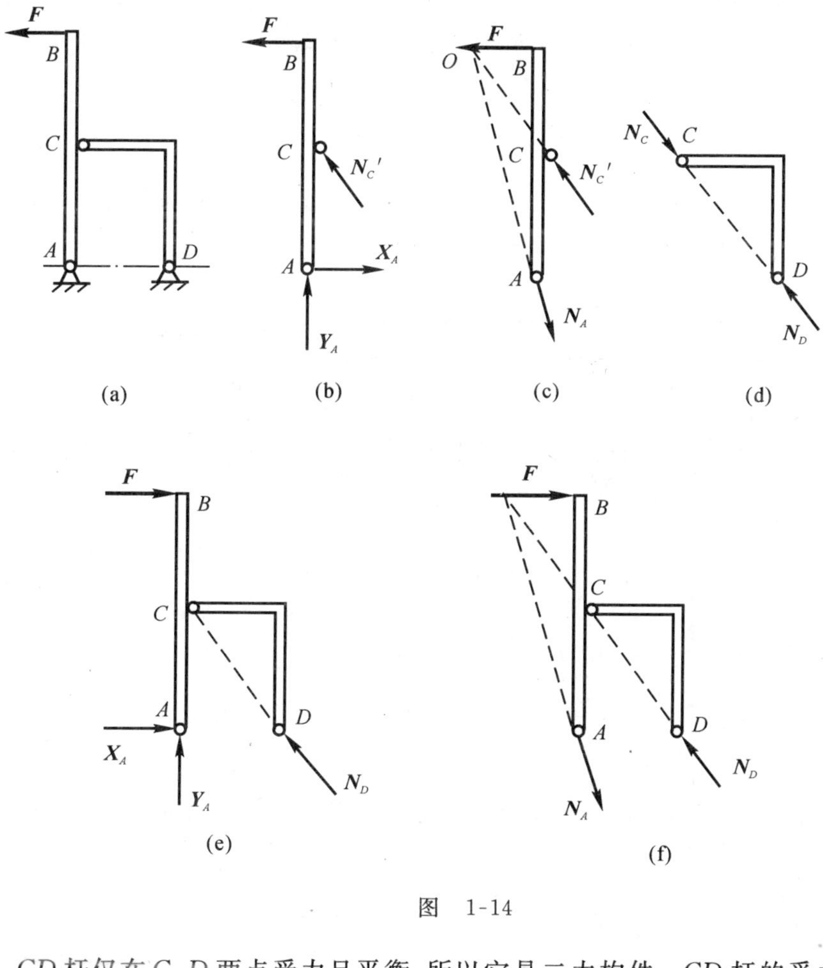

图　1-14

解　CD 杆仅在 C，D 两点受力且平衡，所以它是二力构件。CD 杆的受力情况如图 1-14

(d)所示。N_C 和 N_D 的指向可任意假设，但必须反向。

AB 杆的受力情况如图 1-14(b)所示。AB 杆的 B 点受到主动力 $\boldsymbol{F}$ 的作用。在解除约束的 A,C 两处，应代以相应的约束反力。A 处固定铰链支座的约束反力用正交的两个分力 $\boldsymbol{X}_A$，$\boldsymbol{Y}_A$ 表示。直角弯杆 CD 通过铰链 C 作用于 AB 杆的反力 $\boldsymbol{N}_C'$ 与 $\boldsymbol{N}_C$ 等值、反向、共线。

如果应用三力平衡汇交原理分析 AB 杆的受力，其受力如图 1-14(c)所示。

整个系统的受力如图 1-14(e)，(f)所示，图中只画出了外部物体作用于系统的作用力(外力)。杆 AB 与 CD 在 C 处的相互作用力(内力)成对出现，其大小相等，指向相反，作用线相同，是一对平衡力，在受力图上不必画出。

选择研究对象、画受力图是解决静力学问题的重要步骤。研究对象的选取要恰当，受力图必须正确无误。将画受力图的步骤概括如下：

1) 根据题意确定研究对象，并画出其简图。研究对象可以是一个物体，也可以是几个物体的组合或整个物体系统。

2) 画出作用在研究对象上的全部主动力。

3) 根据约束的类型及约束反力的特性，在研究对象上被解除约束的地方逐一画出约束反力。若研究对象是整个物体系统，或是几个物体的组合时，则不必画出内力。在涉及多个研究对象的平衡问题中，不同研究对象在连接处的相互作用力，要遵守作用与反作用定律。

思 考 题

1-1　二力平衡公理、加减平衡力系公理和力的可传性原理是否适用于变形体？

1-2　什么叫二力构件？在图题 1-1 中，哪些构件是二力构件？

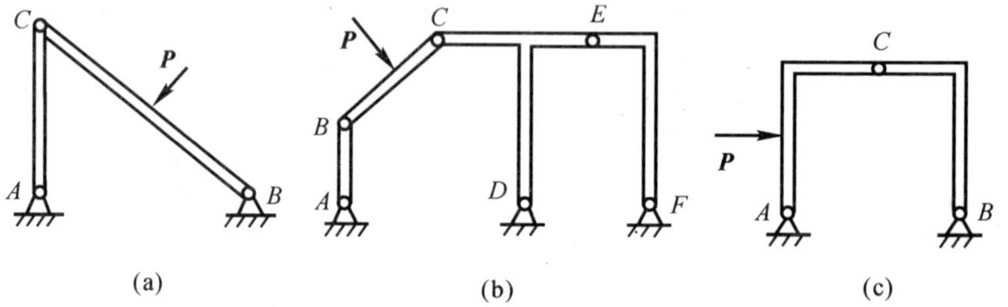

图题　1-1

1-3　三力平衡汇交原理是否是三力平衡的必要与充分条件？

习 题 一

画出图题 1-2(1)～(18)中指定物体的受力图。物体重力除已标出者外均略去不计。假定所有接触处都是光滑的。

(1) 杆 AB。

(2) 杆 AB。

(3) 构件 ABC。

(4) 构件 AB。

(5) 杆 AB，球 O。

(6) 杆 AB、杆 BC，销钉 B。(力 $\boldsymbol{F}$ 作用在销钉上)

(7) 梁 AB。

(8) 梁 AB、梁 BC。

(9) 构件 AC、构件 BC，整个系统。

(10) 杆 AO、杆 CBD。

(11) 杆 AB、杆 EF、杆 CD。

(12) 杆 AB、杆 CD。

(13) 构件 AB、构件 BC，整个系统。

(14) 杆 AB、圆轮 C，整个系统。

(15) 构件 AO，整个系统。

(16) 杆 AB、杆 AC、杆 DE，整个系统。

(17) 杆 AB、杆 AC、杆 DE、杆 FG，整个系统。

(18) 杆 AB、杆 AC、杆 CD，整个系统。

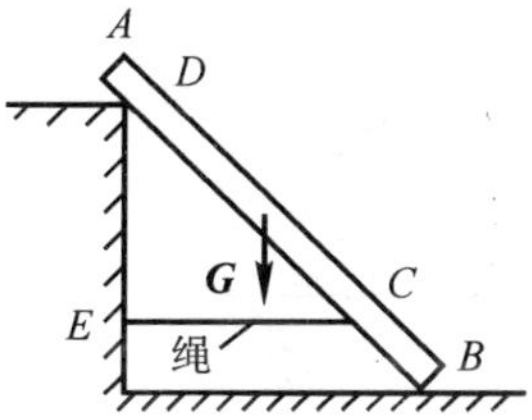

(1)

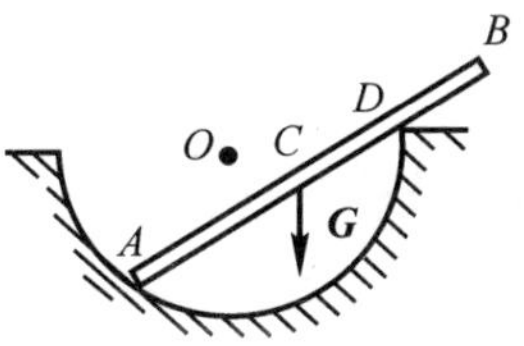

(2)

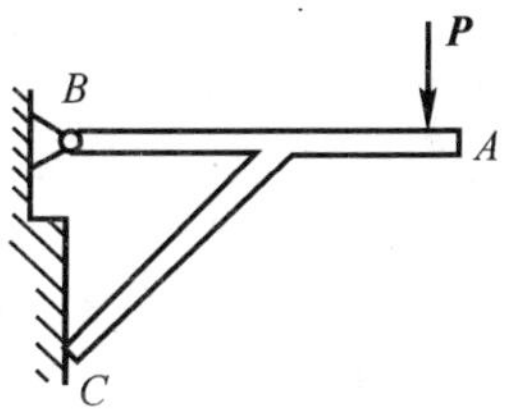

(3)

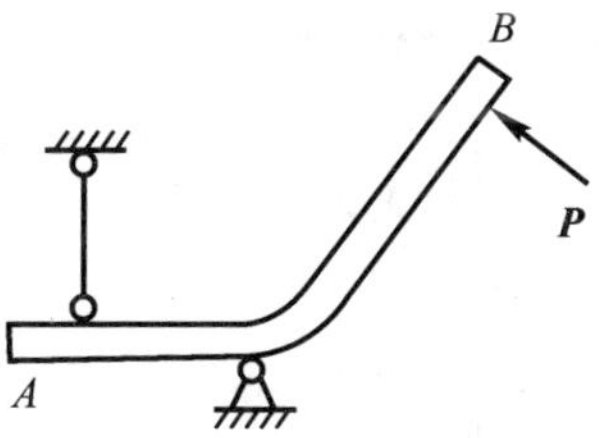

(4)

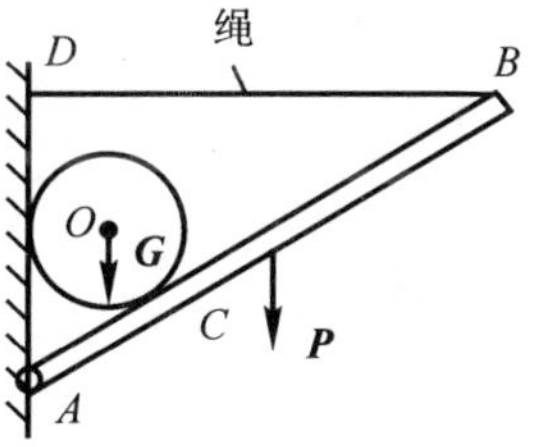

(5)

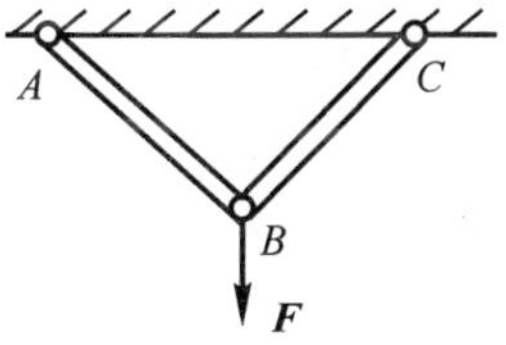

(6)

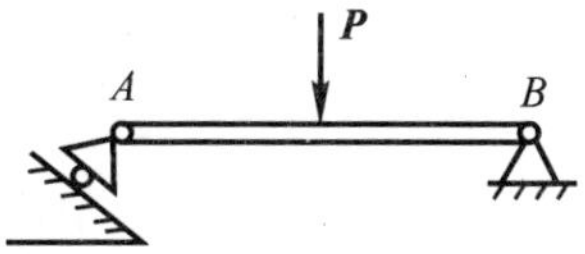

(7)

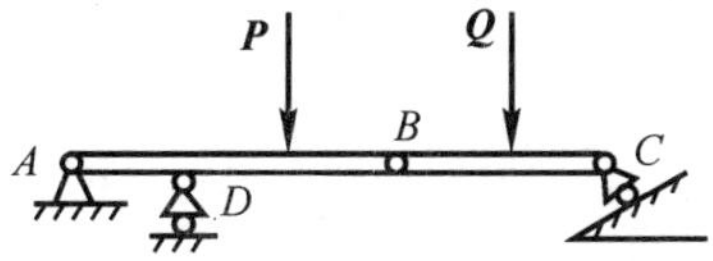

(8)

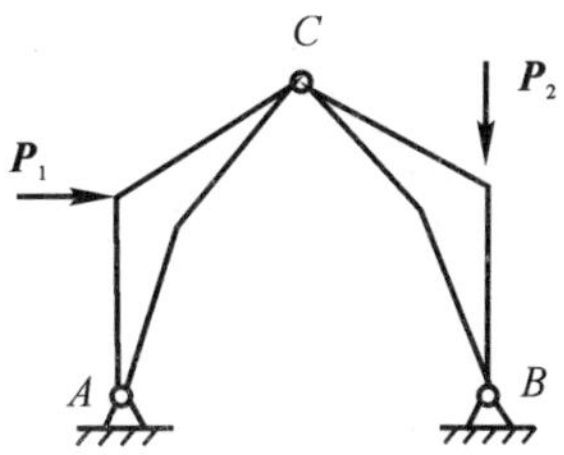

(9)

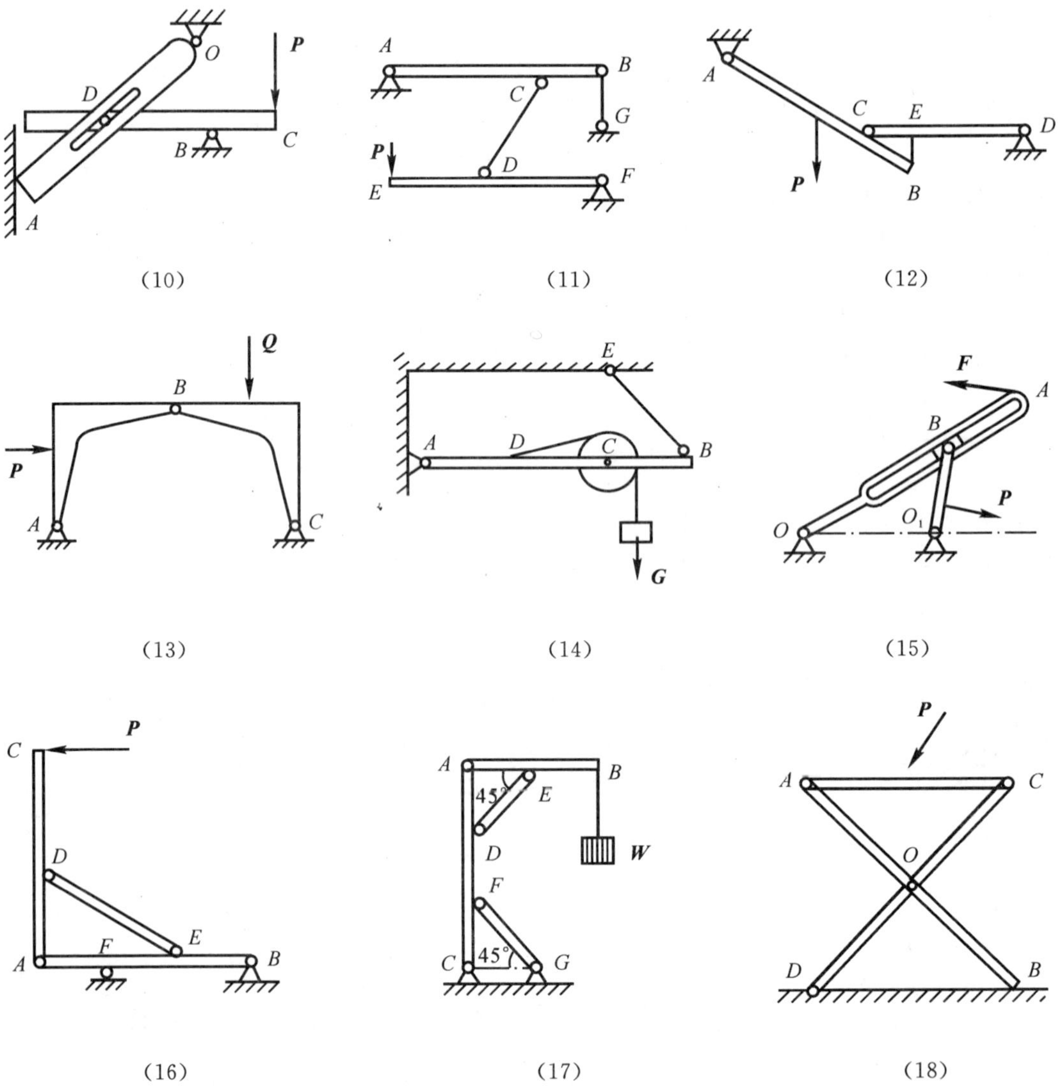

图题 1-2

第二章　汇交力系

各力作用线相交于一点的力系称为汇交力系(concurrent force system)。根据力系中各力作用线是否在同一平面内,汇交力系又可分为平面汇交力系和空间汇交力系。汇交力系是一种基本力系,它是研究复杂力系的基础。本章主要讲述汇交力系的合成和平衡问题。

§2-1　汇交力系合成的几何法

设有汇交力系 $\boldsymbol{F}_1,\boldsymbol{F}_2,\boldsymbol{F}_3,\boldsymbol{F}_4$ 作用在刚体上,各力作用线汇交于 A 点,如图 2-1(a)所示。根据力的可传性原理,将力系各力的作用点分别沿其作用线移至汇交点 A,于是,力系成为共点力系(见图 2-1(b))。根据力的平行四边形公理,共点的两力可以合成为一个合力。连续应用力的平行四边形公理,将共点力系各力逐次合成,最终可得其合成结果。例如,首先将力 $\boldsymbol{F}_1$ 和 $\boldsymbol{F}_2$ 合成为一力 $\boldsymbol{R}_1$,再将力 $\boldsymbol{R}_1$ 与 $\boldsymbol{F}_3$ 合成为一力 $\boldsymbol{R}_2$,最后合成力 $\boldsymbol{R}_2$ 和 $\boldsymbol{F}_4$。在一般情况下,将得到一个作用于汇交点 A 的力 $\boldsymbol{R}$(见图 2-1(c)),这个力就是原力系的合力。在图 2-1(d)中,表明了按上述顺序连续应用力三角形法则将各力顺次合成的过程。绘制图 2-1(d)时,并不需要画出中间过程的力矢 $\boldsymbol{R}_1$ 和 $\boldsymbol{R}_2$,而只需将力系中各分力矢首尾相接,得一折线 $abcde$,则由第一个分力矢始端 a 指向最后一个分力矢末端 e 的矢量 $\overrightarrow{ae}$,就是力系的合力矢 $\boldsymbol{R}$,如图 2-1(e)所示。各分力矢和合力矢构成的多边形,例如图 2-1(e)中的多边形 $abcde$,称为力多边形,表示合力矢的边称为力多边形的封闭边。这种用力多边形求合力矢 $\boldsymbol{R}$ 的几何作图规则,称为力多边形法则。

若汇交力系由 n 个力组成,显然可以按上述方法同样处理。于是可得结论:汇交力系一般合成为一合力;合力作用线通过该力系的汇交点;合力的大小及方向可由力多边形的封闭边表示,即合力矢等于力系各力的矢量和

$$\boldsymbol{R} = \boldsymbol{F}_1 + \boldsymbol{F}_2 + \cdots + \boldsymbol{F}_n = \sum_{i=1}^{n} \boldsymbol{F}_i$$

或简写为

$$\boldsymbol{R} = \sum \boldsymbol{F}_i \tag{2-1}$$

力系各力矢的几何和称为力系的主矢(principal vector),所以合力矢 $\boldsymbol{R}$ 等于原汇交力系的主矢。

应该指出,在作力多边形时,任意变换力的次序,可得形状不同的力多边形,但合力的大小和方向不变。另外,对空间力系而言,力多边形是一空间多边形。

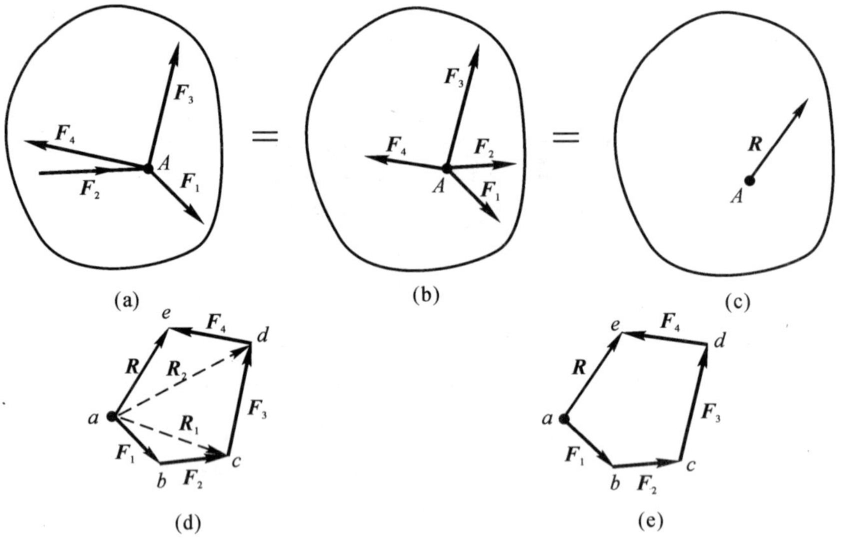

图 2-1

§2-2 汇交力系合成的解析法

汇交力系合成的解析法，是指用解析方法计算力系合力的大小，确定合力的方向。这种方法以力在坐标轴上的投影为基础。

为了求得力 $\boldsymbol{F}=\overrightarrow{AB}$在 x 轴上的投影(见图 2-2)，可通过力 $\boldsymbol{F}$ 的两端点 A 和 B 分别作垂直于 x 轴的平面C 和D。两平面与 x 轴分别相交于a 点和b 点，则线段 ab 的长度加上适当的正负号，称为力 $\boldsymbol{F}$ 在 x 轴的投影。力在坐标轴上的投影是标量，其符号依下述规则决定：当 a 到b 的指向与 x 轴的正向一致时，取正号；反之取负号。如用 X 表示力$\boldsymbol{F}$ 在 x 轴上的投影，则

$$X=\pm ab$$

过 A 点作平行于 x 轴的 x_1 轴，力 $\boldsymbol{F}$ 与 x_1 轴之间的夹角 α 即为力 $\boldsymbol{F}$ 与 x 轴正向之间的夹角。由图 2－2 可知

$$X = F\cos\alpha$$

根据力在坐标轴上投影的定义，容易计算出力在直角坐标系三轴上的投影。设力 $\boldsymbol{F}=\overrightarrow{AB}$ 与直角坐标系 $Oxyz$ 三轴正向的夹角分别为α，β，γ(见图 2-3)，则力 $\boldsymbol{F}$ 在 x，y，z 轴上的投影分别为

$$X = F\cos\alpha \qquad Y = F\cos\beta \qquad Z = F\cos\gamma \tag{2-2}$$

若已知 γ 角和 φ 角(通过力 $\boldsymbol{F}$ 且平行于 z 轴的平面与 Oxz 平面之间的夹角)，求力 $\boldsymbol{F}$ 在 x 轴和 y 轴上的投影，可先将力 $\boldsymbol{F}$ 投影到 Oxy 平面，得到力 $\boldsymbol{F}$ 在这个平面上的投影矢量 $\boldsymbol{F}'=\overrightarrow{ab}$；然后再将投影矢量 $\boldsymbol{F}'$分别投影到 x 轴和 y 轴上。由图 2-3 可知

$$X = F\sin\gamma\cos\varphi \qquad Y = F\sin\gamma\sin\varphi \qquad Z = F\cos\gamma \tag{2-3}$$

这种方法在实际计算时应用很多，称为二次投影法。

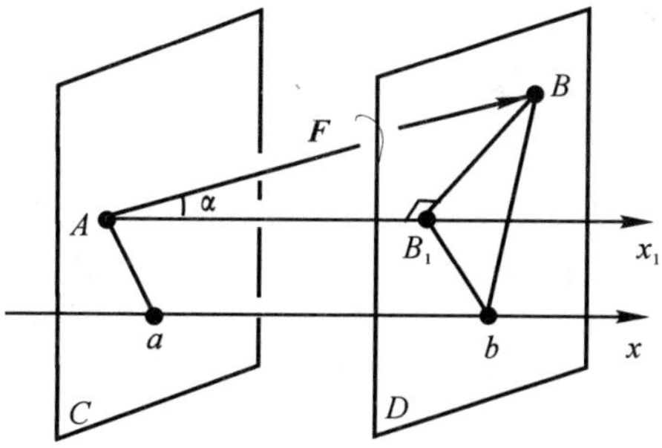

图 2-2

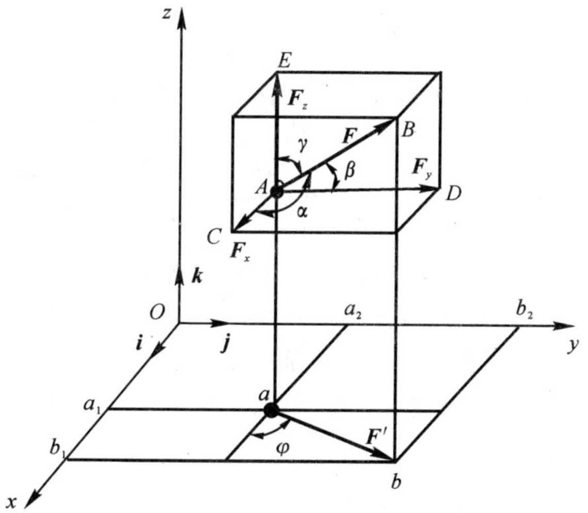

图 2-3

若以 $\boldsymbol{F}_x,\boldsymbol{F}_y,\boldsymbol{F}_z$ 表示力 $\boldsymbol{F}$ 沿直角坐标轴 x,y,z 的正交分量，则

$$\boldsymbol{F}=\boldsymbol{F}_x+\boldsymbol{F}_y+\boldsymbol{F}_z \tag{2-4}$$

如图 2-3 所示。引入沿坐标轴正向的单位矢 $\boldsymbol{i},\boldsymbol{j},\boldsymbol{k}$，则力 $\boldsymbol{F}$ 沿坐标轴的正交分量和力 $\boldsymbol{F}$ 在坐标轴上的投影之间关系如下

$$\boldsymbol{F}_x=X\boldsymbol{i}\qquad \boldsymbol{F}_y=Y\boldsymbol{j}\qquad \boldsymbol{F}_z=Z\boldsymbol{k} \tag{2-5}$$

由式(2-4)和式(2-5)，可得力 $\boldsymbol{F}$ 在直角坐标系中的解析表达式

$$\boldsymbol{F}=X\boldsymbol{i}+Y\boldsymbol{j}+Z\boldsymbol{k} \tag{2-6}$$

如果已知力 $\boldsymbol{F}$ 在直角坐标系三轴上的投影为 X,Y,Z，则可求得该力的大小和方向余弦

$$F=\sqrt{X^2+Y^2+Z^2}\qquad \cos\alpha=\frac{X}{F}\qquad \cos\beta=\frac{Y}{F}\qquad \cos\gamma=\frac{Z}{F} \tag{2-7}$$

现在来研究汇交力系合成的解析法。我们已经知道，汇交力系一般合成为一力，合力矢等于原力系的主矢，即 $\boldsymbol{R}=\sum\boldsymbol{F}_i$。式(2-7)表明，如果已知一个力在直角坐标系各轴上的投影，则该力的大小和方向均可确定。因此，若能算出汇交力系合力在直角坐标系三轴上的投影，就可求得合力的大小和方向。

设在刚体上作用一汇交力系 $\boldsymbol{F}_1,\boldsymbol{F}_2,\cdots,\boldsymbol{F}_n$。现任取一直角坐标系 $Oxyz$，以 R_x,R_y,R_z 表示合力 $\boldsymbol{R}$ 在各坐标轴上的投影，X_i,Y_i,Z_i 表示力 $\boldsymbol{F}_i$ 在各坐标轴上的投影（$i=1,2,\cdots,n$）。考虑到 $\boldsymbol{R}=\sum\boldsymbol{F}_i$，以及

$$\boldsymbol{R}=R_x\boldsymbol{i}+R_y\boldsymbol{j}+R_z\boldsymbol{k}\qquad \sum\boldsymbol{F}_i=\left(\sum X_i\right)\boldsymbol{i}+\left(\sum Y_i\right)\boldsymbol{j}+\left(\sum Z_i\right)\boldsymbol{k}$$

可得

$$R_x=\sum X_i\qquad R_y=\sum Y_i\qquad R_z=\sum Z_i \tag{2-8}$$

式(2-8)表明：合力在任一坐标轴上的投影，等于各分力在同一轴上投影的代数和。这称为合力投影定理。

由式(2-7)可得合力 $\boldsymbol{R}$ 的大小和方向余弦为

$$R=\sqrt{R_x^2+R_y^2+R_z^2}=\sqrt{\left(\sum X_i\right)^2+\left(\sum Y_i\right)^2+\left(\sum Z_i\right)^2} \tag{2-9a}$$

$$\cos(\boldsymbol{R},\boldsymbol{i})=\frac{\sum X_i}{R} \qquad \cos(\boldsymbol{R},\boldsymbol{j})=\frac{\sum Y_i}{R} \qquad \cos(\boldsymbol{R},\boldsymbol{k})=\frac{\sum Z_i}{R} \tag{2-9b}$$

在式(2－9b)中,$(\boldsymbol{R},\boldsymbol{i})$,$(\boldsymbol{R},\boldsymbol{j})$,$(\boldsymbol{R},\boldsymbol{k})$分别表示合力$\boldsymbol{R}$与单位矢$\boldsymbol{i}$,$\boldsymbol{j}$,$\boldsymbol{k}$正向之间的夹角。

§2-3 汇交力系的平衡条件

设汇交力系$\boldsymbol{F}_1$,$\boldsymbol{F}_2\cdots$,$\boldsymbol{F}_n$作用于刚体,现研究该力系的平衡条件。将力系中任意$n-1$个力,如$\boldsymbol{F}_1$,$\boldsymbol{F}_2$,…,$\boldsymbol{F}_{n-1}$合成为一力$\boldsymbol{R}'$,于是原力系与力$\boldsymbol{R}'$和$\boldsymbol{F}_n$二力等效。根据二力平衡公理知,此二力平衡的必要与充分条件是它们的合力为零。因此得出:汇交力系平衡的必要与充分条件是该力系的合力等于零,其矢量表示为

$$\boldsymbol{R}=\sum \boldsymbol{F}_i=0 \tag{2-10}$$

如前所述,确定汇交力系合力的大小和方向可用几何法,也可用解析计算的方法。因此,汇交力系的平衡条件也相应地有几何平衡条件和解析平衡条件。

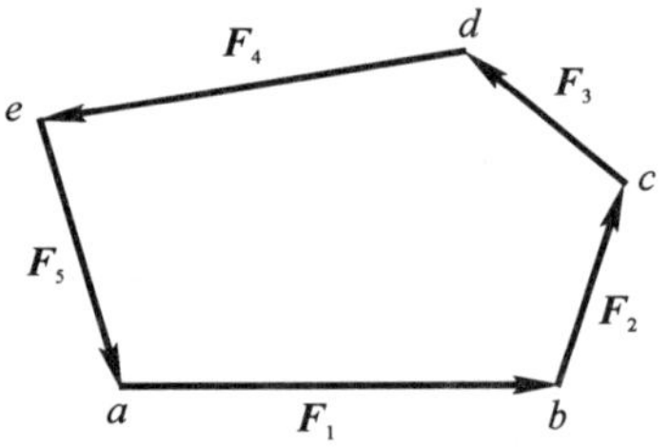

图 2-4

一、汇交力系平衡的几何条件

在求汇交力系合力的几何法中,合力的大小和方向由力多边形的封闭边表示。因此,当力系的合力为零时,第一个分力矢的始端和最后一个分力矢的末端重合。这种情形称为力多边形自行封闭。五力汇交且平衡的力系,其力多边形如图 2-4 所示。因此,汇交力系平衡的必要和充分的几何条件是力多边形自行封闭。

二、汇交力系平衡的解析条件

汇交力系平衡的必要与充分条件是力系的合力$\boldsymbol{R}$等于零。由式(2-9a)可知,如果要使汇交力系合力$\boldsymbol{R}$等于零,必须且只需

$$\sum X_i=0 \qquad \sum Y_i=0 \qquad \sum Z_i=0 \tag{2-11}$$

因此,汇交力系平衡的必要和充分的解析条件是:力系中各力在直角坐标系中每一轴上的投影的代数和均等于零。式(2-11)称为空间汇交力系的平衡方程。

如果所考察的力系是平面汇交力系,可取力系作用面为坐标平面Oxy,则$\sum Z_i\equiv 0$。因而平面汇交力系平衡方程为

$$\sum X_i=0 \qquad \sum Y_i=0 \tag{2-12}$$

对于汇交力系的平衡问题,因为空间汇交力系有三个独立平衡方程,所以通过平衡方程可求解三个未知量。而平面汇交力系只有两个独立平衡方程,故可以求解两个未知量。

应该指出,平衡方程式(2-11)虽然是由直角坐标系导出的,但在实际应用中,三根投影轴并不一定要取直角坐标形式,只要三根轴互不平行且不都在同一平面内,即可被选为投影轴。按照具体情况,恰当地选取投影轴常常可以简化计算。例如,若取一根投影轴与某未知量垂直,则在相应的平衡方程中就不出现该未知量。

下面通过例题说明如何求解汇交力系的平衡问题。

例 2-1 构架 ABC 如图 2-5(a)所示。杆 AB 处于水平位置，点 A 和 C 在同一铅垂线上，A,D,C 三处均为光滑铰链。长度在图中标注，单位为 m。设作用于杆端的铅直载荷 $Q=4$ kN，杆重不计，求铰链 A 和杆 CD 作用于杆 AB 的反力。

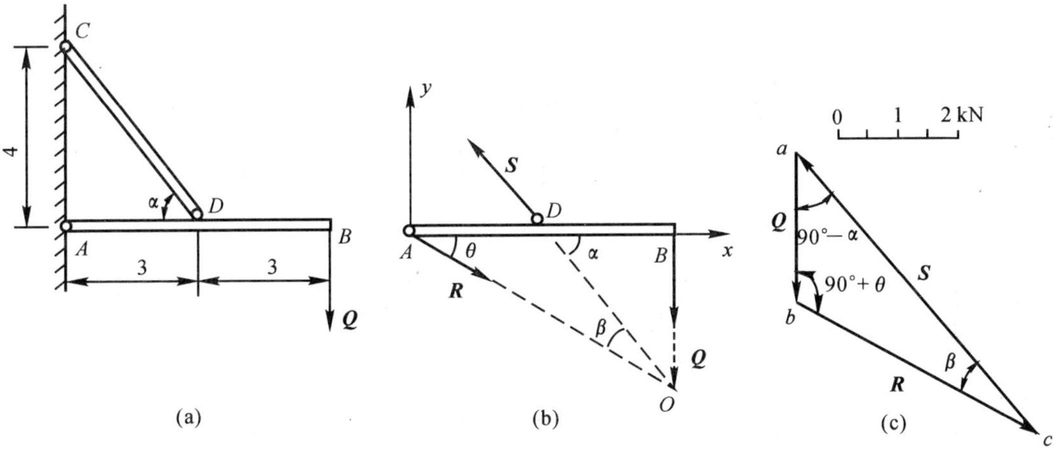

图 2-5

解 选取杆 AB 为研究对象，作受力图如图 2-5(b)所示。杆 AB 受到载荷 $\boldsymbol{Q}$、固定铰链 A 的约束反力 $\boldsymbol{R}$ 和链杆 CD 的约束反力 $\boldsymbol{S}$ 的作用。因为不计杆重，杆 CD 是二力杆，其约束反力 $\boldsymbol{S}$ 必然沿连线 CD 方向。力 $\boldsymbol{Q}$ 与 $\boldsymbol{S}$ 的作用线交于 O 点，根据三力平衡汇交原理，力 $\boldsymbol{R}$ 的作用线也必通过 O 点。力 $\boldsymbol{S}$ 和 $\boldsymbol{R}$ 的指向是假设的。杆 AB 在汇交力 $\boldsymbol{Q}$,$\boldsymbol{S}$ 和 $\boldsymbol{R}$ 的作用下处于平衡状态，故此三力将构成自行封闭的力三角形，或满足平衡方程(2-12)，按照平衡条件就可以求出待求的约束反力。下面分别用几何法和解析法求解。

(1) 几何法　选取力比例尺，如图 2-5(c)所示。先画出已知力矢，从任意点 a 作铅直矢量 $\overrightarrow{ab}$ 使其等于 $\boldsymbol{Q}$。过 a,b 两点分别作直线平行于 DO,AO，两直线相交于 c 点。按照各力矢首尾相接的规则，作矢量 $\overrightarrow{bc}$，$\overrightarrow{ca}$。所得封闭的力三角形 abc 如图 2-5(c)所示。因为矢量 $\overrightarrow{bc}$ 和 $\overrightarrow{ca}$ 分别平行于 AO 和 DO，所以它们代表力矢 $\boldsymbol{R}$ 和 $\boldsymbol{S}$。依照所选的力比例尺，从力三角形上量得

$$R=7.21\ \text{kN} \qquad S=10.06\ \text{kN}$$

力 $\boldsymbol{R}$ 和 $\boldsymbol{S}$ 的实际指向由自行封闭的力三角形确定。对比图 2-5(c)与(b)可知，它们的实际指向与假设的指向相同。

本题也可以先画出力三角形 abc 的草图，然后由三角公式计算出待求的未知量。为此，首先计算各力作用线的方位角。由图 2-5(a)，(b)可知

$$\alpha=\arctan\frac{AC}{AD}=\text{arcan}\ \frac{4}{3}=53.13°$$

$$\theta=\arctan\frac{BO}{AB}=\arctan\frac{AC}{AB}=\arctan\ \frac{2}{3}=33.69°$$

$$\beta=\alpha-\theta=53.13^\circ-33.69^\circ=19.44^\circ$$

观察三角形 abc,根据正弦定理可写出

$$\frac{R}{\sin(90^\circ-\alpha)}=\frac{S}{\sin(90^\circ+\theta)}=\frac{Q}{\sin\beta}$$

由此解得

$$R=Q\frac{\sin(90^\circ-\alpha)}{\sin\beta}=4\times\frac{\sin(90^\circ-53.13^\circ)}{\sin19.44^\circ}=7.21\ \text{kN}$$

$$S=Q\frac{\sin(90^\circ+\theta)}{\sin\beta}=4\times\frac{\sin(90^\circ+33.69^\circ)}{\sin19.44^\circ}=10.06\ \text{kN}$$

(2) 解析法　取坐标系 Axy,如图 2-5(b)所示。方位角 α,β,θ 已经算出。

平衡方程为

$$\sum X_i=0\qquad R\cos\theta-S\cos\alpha=0$$

$$\sum Y_i=0\qquad -R\sin\theta+S\sin\alpha-Q=0$$

解平衡方程可得

$$R=7.21\ \text{kN}\qquad S=10.06\ \text{kN}$$

例 2-2　简易起重机由绕过滑轮 A 的钢丝绳吊起重力为 $\boldsymbol{G}$ 的物块,滑轮 A 用直杆 AB 和 AC 支撑,如图 2-6(a)所示。A,B,C 三处是光滑铰链,$\angle ABC=60^\circ$,$\angle ACB=90^\circ$,钢丝绳倾斜部分与水平线成 45°角。设 $G=20$ kN,不计杆、滑轮的重量和滑轮尺寸,试求当匀速提升物块时链杆 AB 及 AC 作用于滑轮的力。

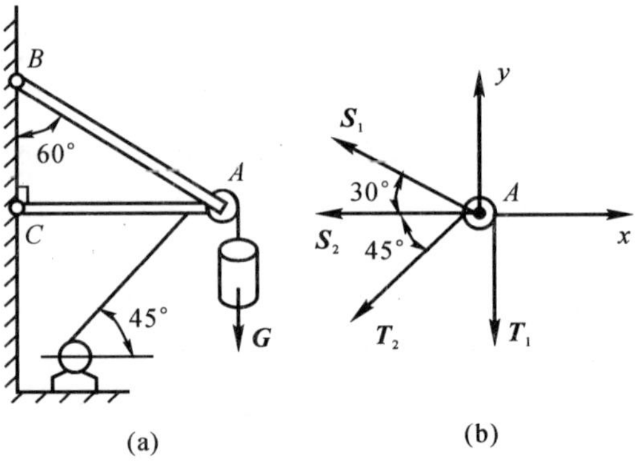

图　2-6

解　以滑轮 A 为研究对象,其受力情况如图 2-6(b)所示。作用于滑轮的力有链杆 AB,AC 的约束反力 $\boldsymbol{S}_1,\boldsymbol{S}_2$ 和钢丝绳的拉力 $\boldsymbol{T}_1,\boldsymbol{T}_2$。力 $\boldsymbol{S}_1,\boldsymbol{S}_2$ 沿着连线 AB,AC,假设均为拉力。在物块处于平衡状态下,$T_1=G$。因为 A 处是光滑铰链,所以 $T_2=T_1$。滑轮在 $\boldsymbol{S}_1,\boldsymbol{S}_2,\boldsymbol{T}_1,\boldsymbol{T}_2$ 四力作用下处于平衡。当不计滑轮大小时,这四力构成一平衡的平面汇交力系。

建立直角坐标系 Axy,标出有关角度,如图 2-6(b)所示。

列平衡方程

$$\sum Y_i=0\qquad S_1\sin30^\circ-T_2\sin45^\circ-T_1=0\qquad(1)$$

$$\sum X_i=0\qquad -S_1\cos30^\circ-S_2-T_2\cos45^\circ=0\qquad(2)$$

因 $T_1=T_2=G$,由式(1)解得

$$S_1=\frac{1+\sin45^\circ}{\sin30^\circ}G=\frac{1+\sin45^\circ}{\sin30^\circ}\times20=68.28\ \text{kN}$$

由式(2)解得

$$S_2=-(S_1\cos30^\circ+G\cos45^\circ)=-(68.28\times\cos30^\circ+20\times\cos45^\circ)=$$
$$-73.27\ \text{kN}$$

S_1 为正值,说明预先假设的指向正确。S_2 为负值,说明其实际指向与预先假定的指向相反。

例 2-3　夹具中所用的增力机构如图 2-7(a)所示。A,B,C 三处为光滑铰链。已知铅重

力 **P** 作用于铰销 B，在夹紧平衡时杆与水平线所成夹角 $\alpha=10°$，不计构件重量和摩擦，求夹紧力 Q 的大小和增力倍数 Q/P。

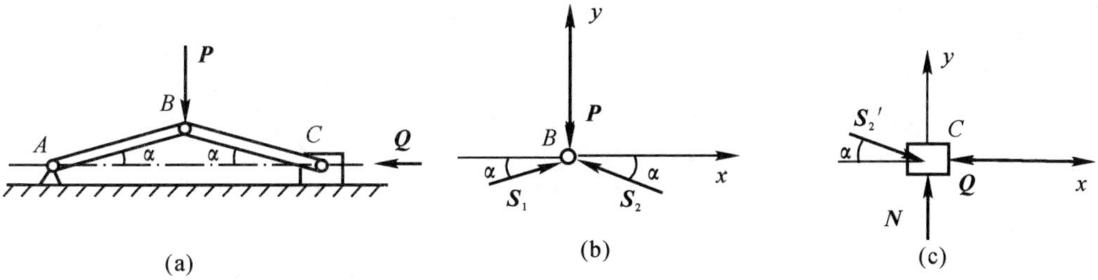

图　2-7

解　首先选取与已知力 **P** 有关的铰销 B 为研究对象，其受力情况如图 2-7(b)所示。铰销 B 承受载荷 **P** 和链杆 AB，BC 所作用的力 $\boldsymbol{S}_1$，$\boldsymbol{S}_2$。假设力 $\boldsymbol{S}_1$，$\boldsymbol{S}_2$ 的指向如图 2-7(b)所示，铰销 B 在力 **P**，$\boldsymbol{S}_1$ 和 $\boldsymbol{S}_2$ 的作用下平衡。取坐标系 Bxy，标明有关角度(见图 2-7(b))。

由平衡方程

$$\sum X_i=0 \qquad S_1\cos\alpha-S_2\cos\alpha=0$$

解得

$$S_1=S_2$$

由平衡方程

$$\sum Y_i=0 \qquad S_1\sin\alpha+S_2\sin\alpha-P=0$$

解得

$$S_2=\frac{P}{2\sin\alpha} \tag{1}$$

其次研究压块 C 的平衡。压块 C 的受力情况如图 2-7(c)所示，作用于其上的力计有：链杆 BC 的约束反力 $\boldsymbol{S}_2'$，水平光滑面的约束反力 **N** 和夹紧力 **Q**。取坐标系 Cxy。

建立平衡方程

$$\sum X_i=0 \qquad S_2'\cos\alpha-Q=0 \tag{2}$$

由于链杆 BC 是二力杆，因此 $S_2'=S_2$。将式(1)代入式(2)，解得

$$Q=\frac{\cot\alpha}{2}P$$

增力倍数为

$$\frac{Q}{P}=\frac{\cot\alpha}{2}=\frac{\cot10°}{2}=2.84$$

例 2-4　一物重力 $W=420$ N，为撑杆 AO 和绳索 AB，AC 支撑，如图 2-8(a)所示。已知 $AO=145$ cm，$AB=60$ cm，$AC=80$ cm。O 处是球铰链支座，矩形 $CABD$ 的平面是水平的。杆和绳索重量不计。求撑杆 AO 所受的力和绳索 AB，AC 的拉力。

解　考察点 A 的平衡。汇交于 A 点的力有：绳索 AB，AC 的拉力 $\boldsymbol{T}_1$，$\boldsymbol{T}_2$，A 点悬挂重物的绳索的拉力 $\boldsymbol{T}_3$，二力杆 AO 作用的拉力 **S**。标有坐标系 $Oxyz$ 的受力图如图 2-8(b)所示。z 轴是铅直的，将 z 轴与力 **S** 之间小于 90°的夹角设为 γ，AD 连线与 BD 连线之间的夹角设为 β。

列平衡方程

$$\sum X_i=0 \qquad -T_1-S\sin\gamma\sin\beta=0 \tag{1}$$

$$\sum Y_i=0 \qquad -T_2-S\sin\gamma\cos\beta=0 \tag{2}$$

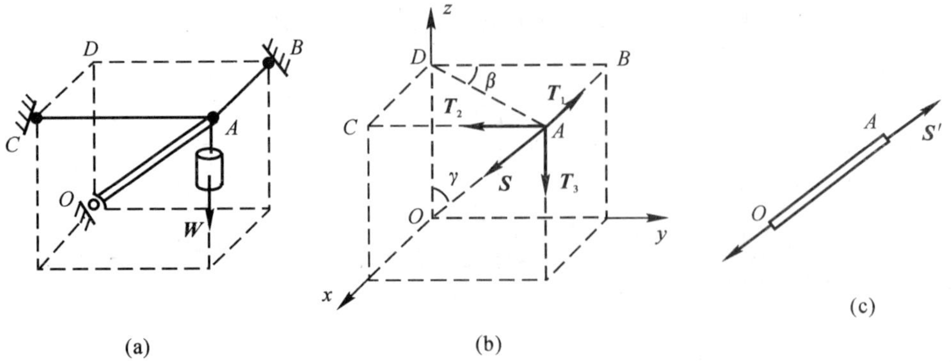

图 2-8

$$\sum Z_i=0 \qquad -T_3-S\cos\gamma=0 \tag{3}$$

根据图示几何关系可写出

$$AD=\sqrt{(AB)^2+(AC)^2}=\sqrt{(60)^2+(80)^2}=100\ \text{cm}$$

$$\sin\gamma=\frac{AD}{AO}=\frac{\sqrt{(AB)^2+(AC)^2}}{AO}=\frac{\sqrt{(60)^2+(80)^2}}{145}=0.69 \tag{4}$$

$$\cos\gamma=\sqrt{1-\sin^2\gamma}=\sqrt{1-(0.69)^2}=0.72 \tag{5}$$

$$\sin\beta=\frac{AB}{AD}=\frac{60}{100}=0.6 \tag{6}$$

$$\cos\beta=\frac{AC}{AD}=\frac{80}{100}=0.8 \tag{7}$$

将式(5)代入式(3)，并考虑到 $T_3=W$，可解得

$$S=-\frac{W}{\cos\gamma}=-\frac{420}{0.72}=-583\ \text{N} \tag{8}$$

S 为负值说明力 $\boldsymbol{S}$ 的实际指向与预先假设的指向相反。根据作用与反作用定律，杆 AO 受到 583 N 的压力(见图 2-8(c))。以下计算中必须代入已求得的 S 的代数值。将式(8)，(4)，(6)和式(8)，(4)，(7)分别代入式(1)，(2)，可解得

$$T_1=-S\sin\gamma\sin\beta=-(-583)\times0.69\times0.60=241\ \text{N}$$

$$T_2=-S\sin\gamma\cos\beta=-(-583)\times0.69\times0.80=322\ \text{N}$$

例 2-5 杆 1,2,3,4,5,6 构成的一空间桁架，如图 2-9(a)所示。节点 A 上作用一力 $\boldsymbol{P}$，此力在矩形 $ABDC$ 平面内，且与铅垂线成 45°角。$\triangle EAK\cong\triangle FBM$，它们所在的两平面平行，且垂直于平面 $ABDC$。等腰三角形 EAK，FBM 和 BDN 在顶点 A，B 和 D 处均为直角。A，B，E，F，K，M，N 处均为光滑铰链。不计杆重。设 $P=10$ kN，试求杆 4,5,6 所受的力。

解 首先分析已知力 $\boldsymbol{P}$ 的作用点 A 的平衡，求得杆 3 所受的力，然后分析点 B 的平衡，求得杆 4,5,6 所受的力。

点 A 的受力如图 2-9(b)所示，计算有载荷 $\boldsymbol{P}$ 和二力杆 1,2,3 所作用的力 $\boldsymbol{S}_1$，$\boldsymbol{S}_2$，$\boldsymbol{S}_3$(设各杆均受拉)。取如图所示坐标系 $Cxyz$。

由平衡方程

$$\sum Y_i=0 \qquad P\sin45^\circ+S_3=0$$

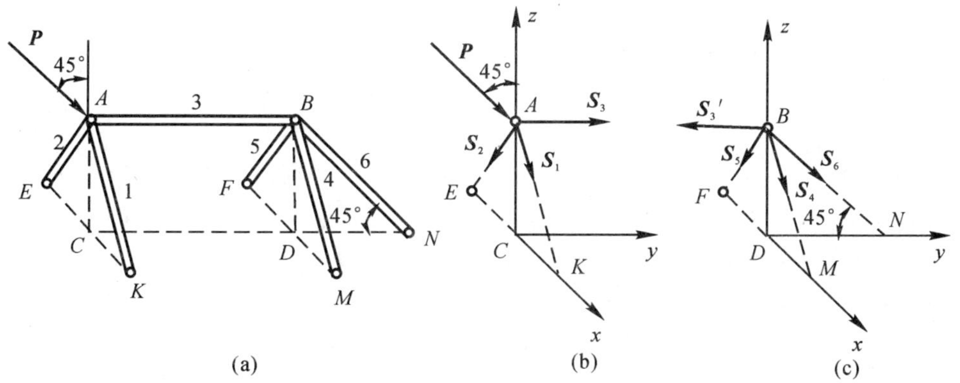

图 2-9

求得 $$S_3=-P\sin45°=-10\sin45°=-7.07\ \text{kN}$$

假设杆 4,5,6 也受拉力,点 B 在链杆约束反力 $\boldsymbol{S}_3,\boldsymbol{S}_4,\boldsymbol{S}_5,\boldsymbol{S}_6$ 的作用下平衡,受力如图 2-9(c)所示。取坐标系 $Dxyz$。

建立平衡方程

$$\sum X_i=0 \qquad S_4\sin45°-S_5\sin45°=0 \tag{1}$$

$$\sum Y_i=0 \qquad -S_3+S_6\cos45°=0 \tag{2}$$

$$\sum Z_i=0 \qquad -S_4\cos45°-S_5\cos45°-S_6\sin45°=0 \tag{3}$$

由式(2)解得

$$S_6=\frac{S_3}{\cos45°}=\frac{-7.07}{\cos45°}=-10\ \text{kN} \tag{4}$$

由式(1)解得 $S_4=S_5$。将这个结果以及式(4)代入式(3)可求得

$$S_4=S_5=-\frac{\sin45°}{2\cos45°}S_6=-\frac{\sin45°}{2\cos45°}\times(-10)=5\ \text{kN}$$

根据作用与反作用定律,杆 4,5 均受到 5 kN 拉力,杆 6 受到 10 kN 压力。

现将汇交力系平衡问题求解的步骤归纳如下:

1) 根据题意选择合适的研究对象。

2) 进行受力分析,绘制受力图。

3) 根据平衡条件求解未知量。用几何法时,首先选取适当的力比例尺,准确地画出自行封闭的力多边形。根据各力首尾相接的规则确定未知力的指向,按力的比例尺从图上量取各未知力的大小。用解析法时,则应列出平衡方程进行求解。恰当地选择投影轴可使计算简化。

思 考 题

2-1 汇交力系的合力和主矢两者是否具有相同的概念?

2-2 对于汇交力系而言,求主矢的力多边形与平衡力系的力多边形有何不同?

2-3 一力沿某轴的分力与其在该轴上的投影两者有何不同?力沿某轴分力的大小是否总是等于该力在同一轴上的投影的绝对值?

2-4 如果选用夹角为 α 的两斜交轴为投影轴,试推导求平面汇交力系合力的解析计算式

及平衡方程。

习 题 二

2-1　如图题 2-1 所示，平面共点力系 $\boldsymbol{F}_1,\boldsymbol{F}_2,\boldsymbol{F}_3,\boldsymbol{F}_4$ 作用在物体的 O 点。$F_1=300$ N，$F_2=400$ N，$F_3=500$ N，$F_4=600$ N。试分别用几何法和解析法求力系的合力 $\boldsymbol{R}$ 的大小和方向。

2-2　力 $\boldsymbol{Q}$ 为平面共点力系 $\boldsymbol{F}_1,\boldsymbol{F}_2,\boldsymbol{F}_3$ 的合力。力 $\boldsymbol{Q},\boldsymbol{F}_1,\boldsymbol{F}_2,\boldsymbol{F}_3$ 的方位如图题 2-2 所示。已知 $Q=F_3=1$ kN，求力 $\boldsymbol{F}_1,\boldsymbol{F}_2$ 的大小和指向。

2-3　如图题 2-3 所示，五个空间共点力作用于物体的 $\boldsymbol{A}$ 点。已知 $F_1=2\sqrt{6}$ kN，$F_2=2\sqrt{3}$ kN，$F_3=1$ kN，$F_4=4\sqrt{2}$ kN，$F_5=7$ kN。求它们的合力 $\boldsymbol{R}$ 的大小和方向(提示：不必开根号，可使计算简化)。

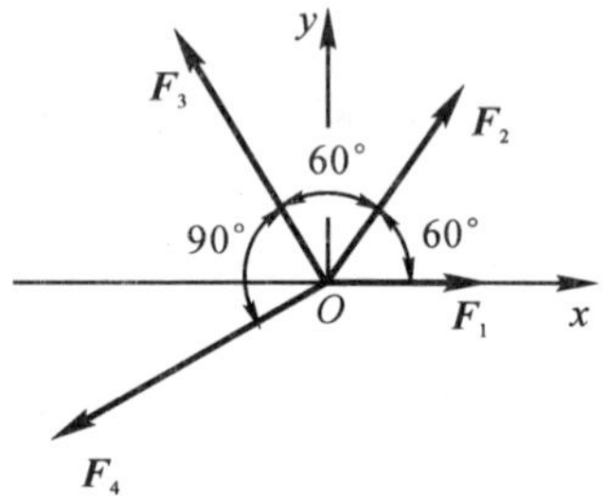

图题　2-1

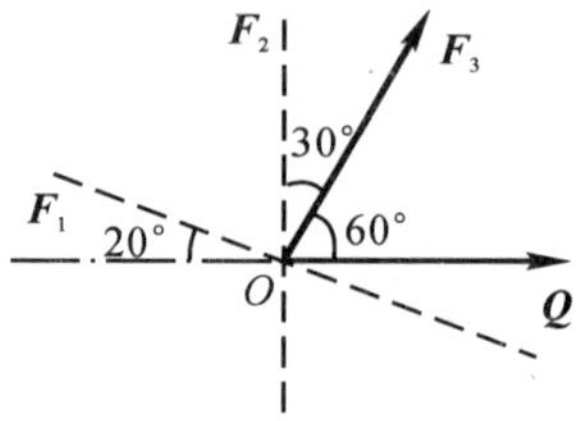

图题　2-2

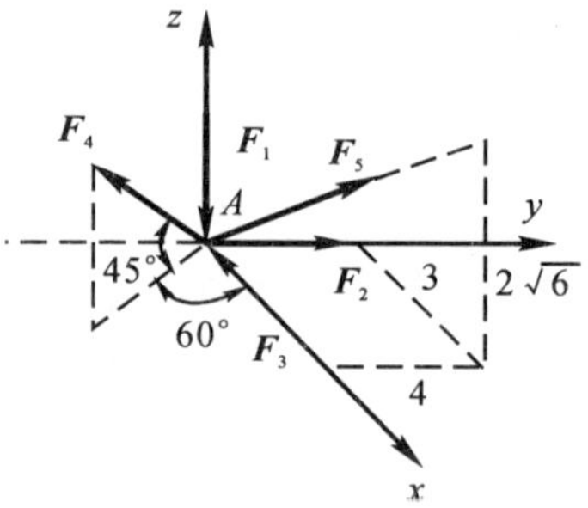

图题　2-3

2-4　图题 2-4 所示简支梁和刚架均受一力 $P=10$ kN 的作用，不计结构重量，试分别求图题 2-4(a)，(b)，(c)所示三种情况下的支座反力。

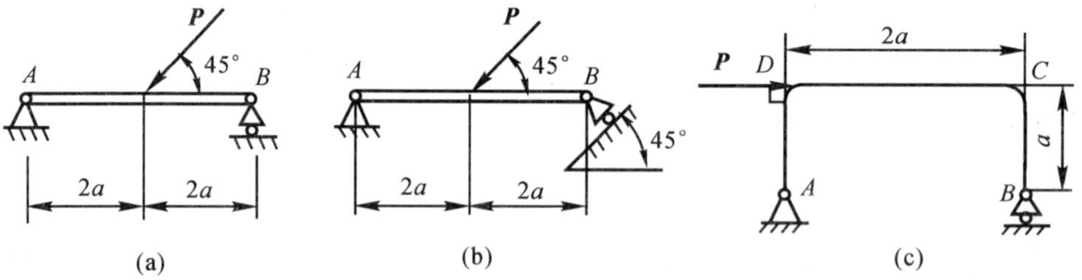

图题　2-4

2-5　三种简易起重机如图题 2-5 所示。A,B,C 三处皆为光滑铰链连接。不计各杆和滑轮的重力，并略去滑轮的大小。若匀速吊起重力 $G=1.5$ kN 的物体，求杆 AB,AC 所受的力。

2-6　如图题 2-6 所示，挂物架由杆 AB 及 CD 组成。已知 $AD=DB$，A,C,D 三处皆为光滑铰链。若杆重不计，B 端挂有重力 $W=10$ kN 的物体，求铰链 A,C 的约束反力。

2-7　如图题 2-7 所示，两小球 D 和 E 的重力分别为 G 和 W，穿在折成直角的光滑细杆 ABC 上，小球间用细线连接。已知 AB 与水平面夹角为 α，试求平衡时 DE 和 AB 间的夹角 θ，以及细绳的拉力的值 T。

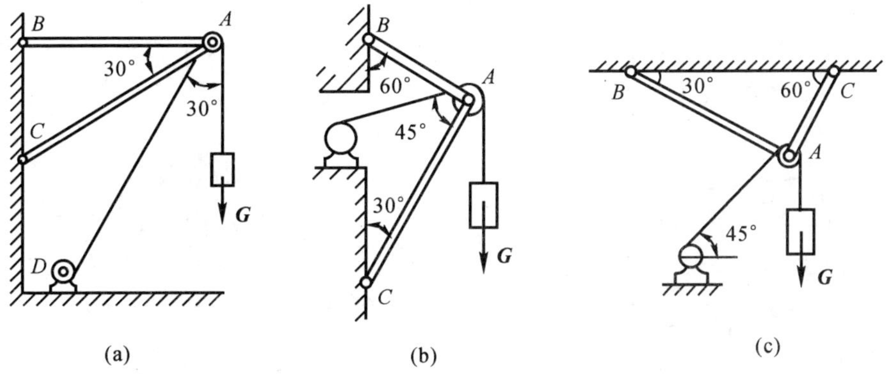

图题　2-5

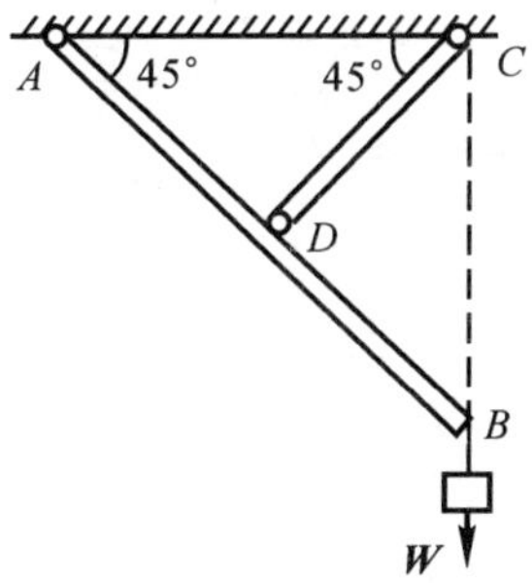

图题　2－6

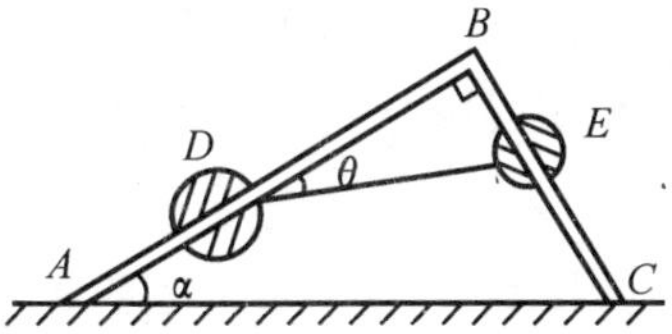

图题　2－7

2-8　四连杆机构 $ABCD$ 的 AD 边固定，给铰链 B 和 C 分别施加作用力 $\boldsymbol{Q}$ 和 $\boldsymbol{P}$，并在图题 2－8 所示位置处于平衡状态。若不计各杆重量，设 $Q=3$ kN，求力 $\boldsymbol{P}$ 的大小。

2-9　在图题 2－9 所示绳索结构中，悬挂重力 $P=1$ kN 的物体，求各段绳索的张力。

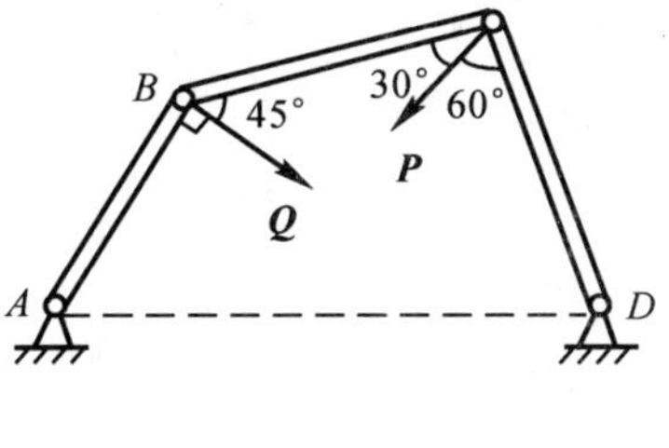

图题　2－8

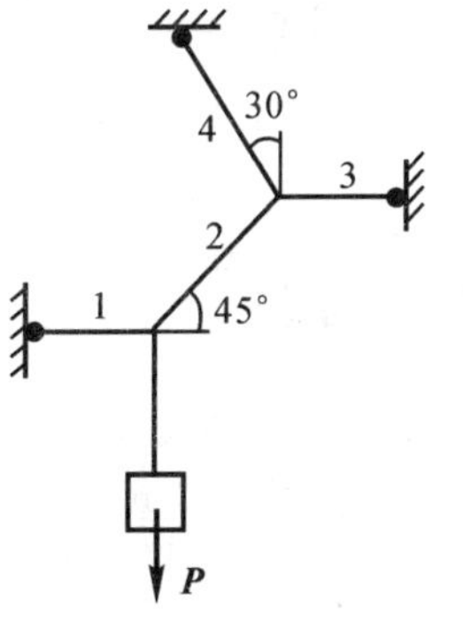

图题　2－9

2-10　如图题 2－10 所示，重力为 P、半径为 r 的圆球用长 $l=r$ 的绳索吊在两个相互垂直墙面的交角处。不计摩擦，求绳的拉力和墙面的反力。

2-11　如图题 2－11 所示，用三角架 $DABC$、铰车 E 和滑轮 D 从矿井中起吊重物。A,B,

C,D 四处可视为光滑球铰链。D 处滑轮尺寸大小不计。ABC 为等边三角形，各杆和绳索 DE 与水平面成 $60°$ 角，E,D,C 三点处于同一铅垂面内。不计各杆重量，设重物重力为 G，试求匀速吊起重物时各杆所受的力。

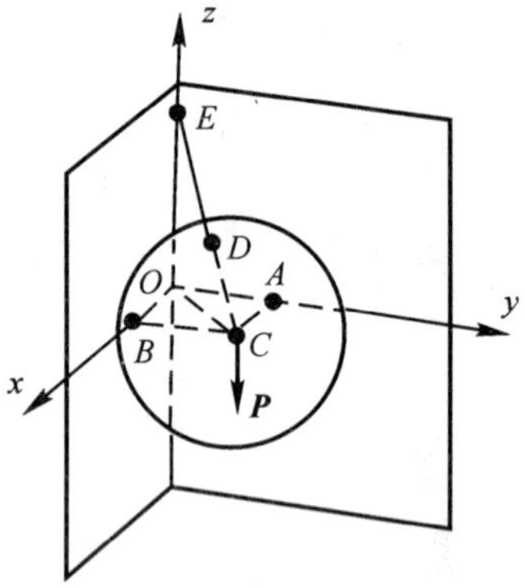

图题 2-10

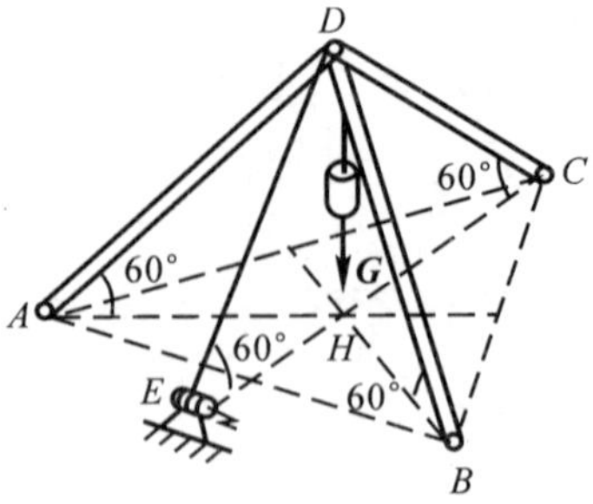

图题 2-11

2-12 直杆 AB,AC,AD 用光滑铰链连接成支架。铅直平面 ADO 是支架的对称面，几何关系和坐标系如图题 2-12 所示（z 轴铅直）。若作用在铰链 A 的水平力 $F=900$ N，求杆 AB，AC,AD 所受的力。

2-13 在图题 2-13 所示起重装置中，$AB=AE=AF=2\sqrt{2}$ m，$\angle EAF=90°$。A 处是光滑球铰链，拉索 BE,BF 相对于吊臂平面 ABC 对称布置。各构件重力不计，若匀速吊起的荷载 $Q=100$ kN，试求竖直支柱 AB 承受的压力，链条 BC 和拉索 BE,BF 所受的拉力。

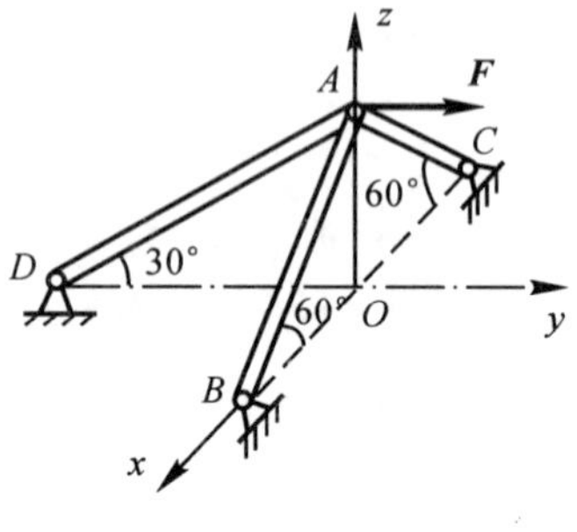

图题 2-12

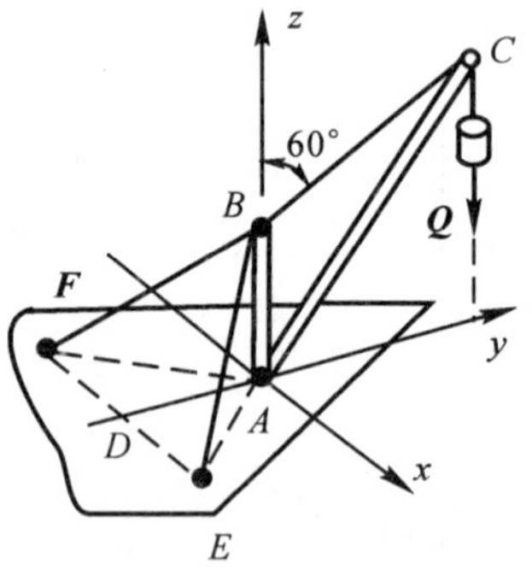

图题 2-13

2-14 图题 2-14 所示结构由四根直杆和拉索组成。已知直角坐标系 z 轴铅直，杆长 $AB=AC=A'B'=A'C'=5$ m，BC 平行于 $B'C'$，$AE=A'E'=4$ m，$DE=D'E'=2$ m，铅直载荷 $P=30$ kN，杆重不计。图中长度单位为 m，A,B,C,A',B',C' 各处可视为铰链连接。试求杆 AB,AC 和拉索 AD 所受的力。

2-15 图题 2-15 所示空间桁架由七根直杆铰接而成。已知直角坐标系 z 轴铅直，坐标平面 Oyz 是桁架的对称面。$AB=8$ m，$CD=5$ m，杆 CE 平行于 y 轴。铅直载荷 $P=10$ kN，杆重不计。设固定铰链支座 A,B 不产生 x 方向反力，求各杆所受的力。

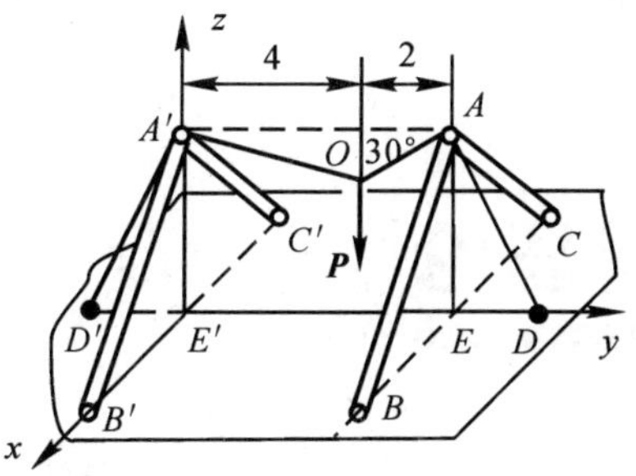

图题　2-14

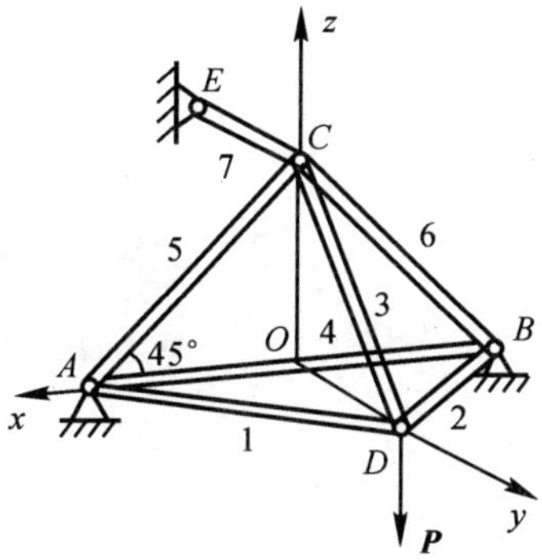

图题　2-15

第三章　力偶理论

力偶(couple)是一种特殊的力系，它对刚体的作用是使刚体转动。力偶对刚体的转动效应完全取决于力偶矩。刚体上作用的一组力偶称为力偶系。力偶系是一种基本力系，它是研究复杂力系的基础。本章研究力偶系的简化和平衡问题。

§3-1　力对点之矩　汇交力系的合力矩定理

一、力对点之矩

用扳手转动螺母时，作用于扳手的力使扳手绕着螺母中心处的固定点转动。当加在扳手上的力越大，或者力作用线离固定点越远时，扳手的转动效应就越强，即越容易转动螺母。许多类似的实践经验和理论分析表明，一力 $\boldsymbol{F}$ 使刚体绕某固定点 O 转动效应的强弱，不但与力 $\boldsymbol{F}$ 的大小成正比，而且也与点 O 到力作用线的垂直距离 d 成正比，如图 3-1 所示。因此，在力学中以乘积 Fd 作为力 $\boldsymbol{F}$ 使刚体绕点 O 转动效应强弱的度量，即 Fd 表示力 $\boldsymbol{F}$ 对点 O 的矩的大小。力对点之矩(moment of a force about a point)简称力矩。点 O 称为力矩中心或矩心(centre of moment)；d 称为力臂。力矩的单位是牛[顿]·米(N·m)。

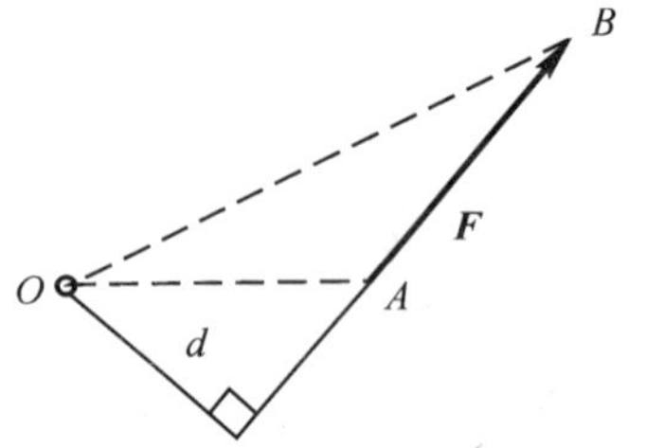

(a)

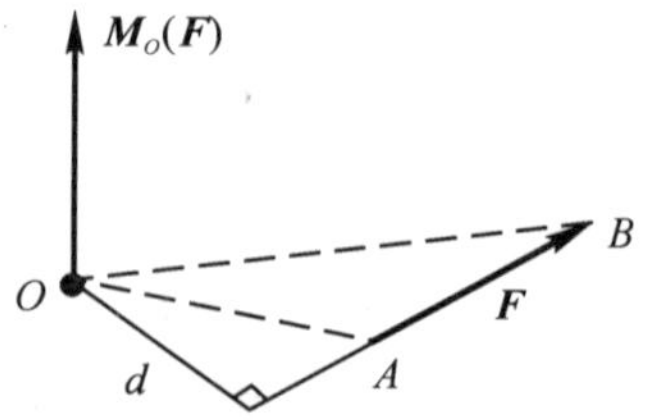

(b)

图　3-1

由图 3-1 可知，力矩的大小也可以用力矢 AB 为底边、矩心 O 为顶点所构成的三角形 OAB 面积的二倍表示。

在平面力系问题里，力对点之矩被作为代数量，用符号 $M_O(\boldsymbol{F})$ 表示力 $\boldsymbol{F}$ 对点 O 的矩，即

$$M_O(\boldsymbol{F}) = \pm Fd \tag{3-1}$$

通常规定，一个力使刚体绕矩心有逆时针方向转动趋势时，力矩取正值(图 3-1(a)所示力矩为

正值);反之则取为负值。

在空间力系问题里,各力分别和矩心构成不同的力矩作用平面。各力使刚体绕矩心转动的效应,不仅与各力矩的大小及其在各自平面内的转向有关,而且与各力和矩心所构成的力矩作用平面的方位有关。这三个要素不可能用一个代数量表示,必须用一个矢量来表示。在图3-1(b)中,从矩心 O 作矢量 $\boldsymbol{M}_O(\boldsymbol{F})$ 表示力 $\boldsymbol{F}$ 对 O 点的矩。力矩矢量 $\boldsymbol{M}_O(\boldsymbol{F})$ 垂直于力 $\boldsymbol{F}$ 与 O 点所决定的平面。$\boldsymbol{M}_O(\boldsymbol{F})$ 的大小为 Fd 。$\boldsymbol{M}_O(\boldsymbol{F})$ 的指向按右手螺旋规则确定,以右手四指的指向表示力矩的转向,握拳时大拇指伸出的方向就是力矩矢量的指向。由于力矩 $\boldsymbol{M}_O(\boldsymbol{F})$ 与矩心位置有关,因而它只能画在矩心处,也就是说,力矩矢量是定位矢量(fixed vector)。

如果将力 $\boldsymbol{F}$ 沿其作用线移动,由于力 $\boldsymbol{F}$ 的大小、指向以及由矩心 O 到力作用线的距离都不变,矩心 O 和力 $\boldsymbol{F}$ 所构成的力矩作用面方位也没有改变,因而力 $\boldsymbol{F}$ 对 O 点之矩不变。也就是说,力对点之矩不因力沿其作用线移动而改变。

设力 $\boldsymbol{F}$ 的作用点 A 相对矩心 O 的矢径为 $\boldsymbol{r}$(见图 3-2),则力 $\boldsymbol{F}$ 对点 O 之矩 $\boldsymbol{M}_O(\boldsymbol{F})$ 与矢积 $\boldsymbol{r}\times\boldsymbol{F}$ 两者大小相等,方向相同。因此,力对点之矩可用该力作用点相对矩心的矢径与该力的矢积来表示,即

$$\boldsymbol{M}_O(\boldsymbol{F})=\boldsymbol{r}\times\boldsymbol{F} \tag{3-2}$$

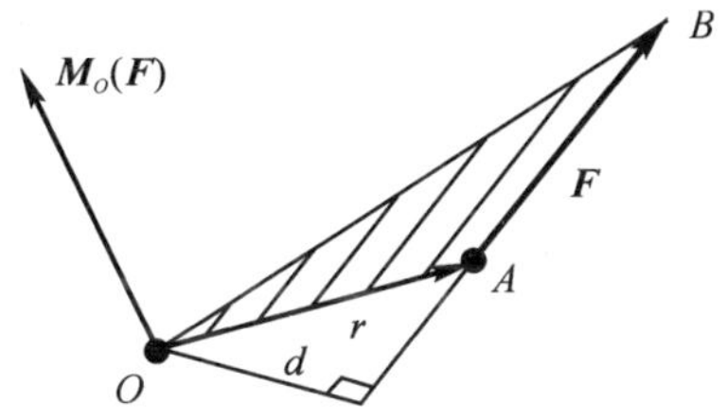

图 3-2

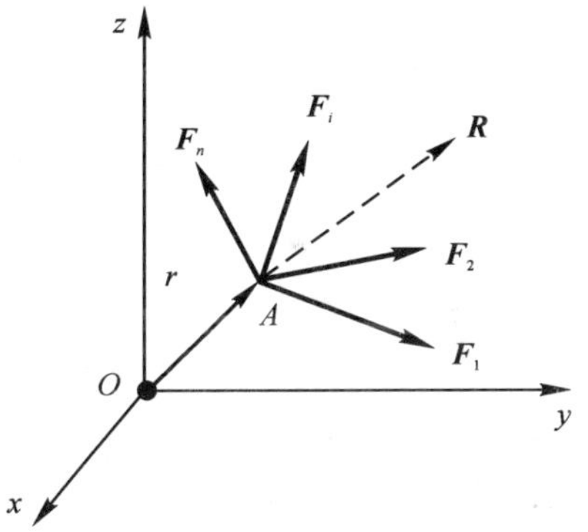

图 3-3

二、汇交力系的合力矩定理

设汇交力系 $\boldsymbol{F}_1,\boldsymbol{F}_2,\cdots,\boldsymbol{F}_n$ 作用于刚体。由于力对点之矩不因力沿其作用线移动而改变,可将力系各力沿其作用线移至汇交点 A(见图 3-3)。任取一点 O 为矩心,令 $\boldsymbol{r}$ 表示 A 点相对于矩心 O 的矢径。设汇交力系的合力 $\boldsymbol{R}=\boldsymbol{F}_1+\boldsymbol{F}_2+\cdots+\boldsymbol{F}_n$。根据式(3-2),则 R 对 O 点之矩是

$$\boldsymbol{M}_O(\boldsymbol{R})=\boldsymbol{r}\times\boldsymbol{R}=\boldsymbol{r}\times(\boldsymbol{F}_1+\boldsymbol{F}_2+\cdots+\boldsymbol{F}_n)=\sum_{i=1}^{n}\boldsymbol{M}_O(\boldsymbol{F}_i)$$

或简写为

$$\boldsymbol{M}_O(\boldsymbol{R})=\sum\boldsymbol{M}_O(\boldsymbol{F}_i) \tag{3-3}$$

此结果表明,汇交力系的合力对任一点之矩,等于力系各力对同一点之矩的矢量和。这就是汇交力系的合力矩定理。

对于平面汇交力系，矩心取在力系所在的平面内，则式(3-3)中的所有力矩矢量成为共线矢量，于是有

$$M_O(\boldsymbol{R}) = \sum M_O(\boldsymbol{F}_i) \tag{3-4}$$

即平面汇交力系的合力对某一点之矩，等于力系各分力对同一点之矩的代数和。如果求一个力对力系所在平面内一点的矩，而力臂又不易求出时，常将力分解为两个易定力臂的分力，然后用合力矩定理求出该力矩。

例 3-1 已知力 $\boldsymbol{F}=2\boldsymbol{i}-3\boldsymbol{j}+\boldsymbol{k}$，其作用点 A 的位置矢 $\boldsymbol{r}_A=3\boldsymbol{i}+2\boldsymbol{j}+4\boldsymbol{k}$，求力 F 对位置矢为 $\boldsymbol{r}_B=\boldsymbol{i}+\boldsymbol{j}+\boldsymbol{k}$ 的点 B 的矩(力以牛[顿]计，长度以米计)。

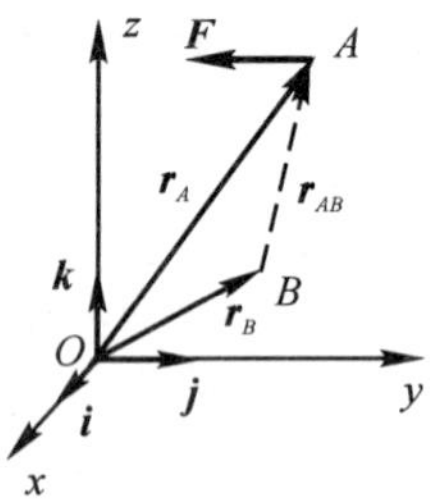

图 3-4

解 设作用点 A 相对于点 B 的矢径为 $\boldsymbol{r}_{AB}$，则力 $\boldsymbol{F}$ 对点 B 之矩的矢积形式为 $\boldsymbol{M}_B(\boldsymbol{F})=\boldsymbol{r}_{AB}\times\boldsymbol{F}$。

A 点、B 点在给定坐标系中的位置矢 $\boldsymbol{r}_A$，$\boldsymbol{r}_B$ 是已知的。由图 3-4 可得

$$\boldsymbol{r}_{AB}=\boldsymbol{r}_A-\boldsymbol{r}_B=3\boldsymbol{i}+2\boldsymbol{j}+4\boldsymbol{k}-\boldsymbol{i}-\boldsymbol{j}-\boldsymbol{k}=$$
$$2\boldsymbol{i}+\boldsymbol{j}+3\boldsymbol{k}$$

故力 $\boldsymbol{F}$ 对 B 点之矩的解析形式是

$$\boldsymbol{M}_B(\boldsymbol{F})=\boldsymbol{r}_{AB}\times\boldsymbol{F}=$$
$$(2\boldsymbol{i}+\boldsymbol{j}+3\boldsymbol{k})\times(2\boldsymbol{i}-3\boldsymbol{j}+\boldsymbol{k})=$$
$$10\boldsymbol{i}+4\boldsymbol{j}-8\boldsymbol{k}\quad(\mathrm{N\cdot m})$$

§3-2 力偶及其性质

用丝锥攻螺纹时，加在丝锥铰杆上的两个力大小相等，方向相反，作用线相互平行(见图 3-5(a))。驾驶员用双手转动方向盘的力也是一对彼此等值、反向、作用线平行的力(见图 3-5(b))。这种由大小相等、方向相反、作用线平行的一对力组成的力系称为力偶。力偶对刚体仅仅产生转动效应。

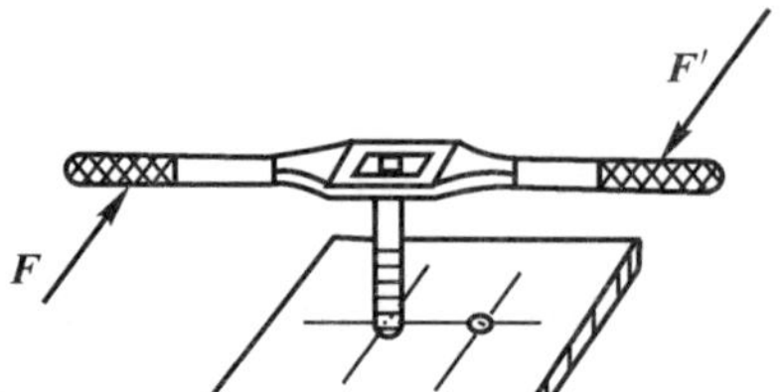

(a)

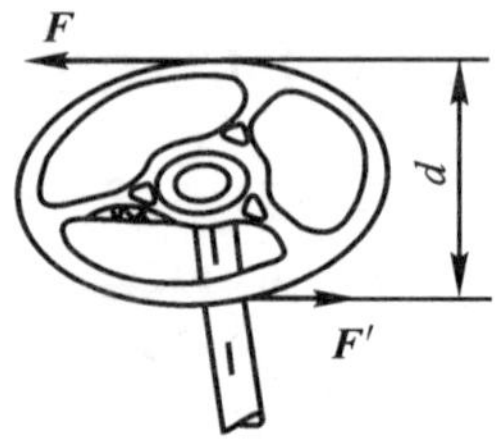

(b)

图 3-5

力偶具有一些独特性质，这些性质在力学理论方面和工程实际中都有重要意义。

性质一 力偶没有合力，不能和一个力等效，也不能和一个力平衡，它是一个基本力学量。

为证明力偶的这一性质，先研究两个反向平行力的合成。设在刚体上 A 点和 B 点分别作

用反向平行力 $\boldsymbol{F}_1$ 和 $\boldsymbol{F}_2$，且 $F_1>F_2$（见图 3-6），它们可以合成为一合力。由于 $\boldsymbol{F}_1$ 和 $\boldsymbol{F}_2$ 两力平行，所以不能直接应用力的平行四边形法则合成。为此在 A 点和 B 点加一对等值、反向、共线的平行力 $\boldsymbol{T}_1$ 和 $\boldsymbol{T}_2$；力 $\boldsymbol{F}_1$ 和 $\boldsymbol{T}_1$ 合成为力 $\boldsymbol{R}_1$；力 $\boldsymbol{F}_2$ 和 $\boldsymbol{T}_2$ 合成为力 $\boldsymbol{R}_2$。将力 $\boldsymbol{R}_1$，$\boldsymbol{R}_2$ 沿其作用线移动到汇交点 D。于是，两个平行力 $\boldsymbol{F}_1$ 和 $\boldsymbol{F}_2$ 与汇交于 D 点的力 $\boldsymbol{R}_1$ 和 $\boldsymbol{R}_2$ 等效。合成力 $\boldsymbol{R}_1$ 和 $\boldsymbol{R}_2$ 得合力 $\boldsymbol{R}$。将上述过程用矢量运算表示，即

$$\begin{aligned}\boldsymbol{R} &= \boldsymbol{R}_1 + \boldsymbol{R}_2 = \\ &(\boldsymbol{F}_1 + \boldsymbol{T}_1) + (\boldsymbol{F}_2 + \boldsymbol{T}_2) = \\ &\boldsymbol{F}_1 + \boldsymbol{F}_2 \end{aligned} \tag{3-5a}$$

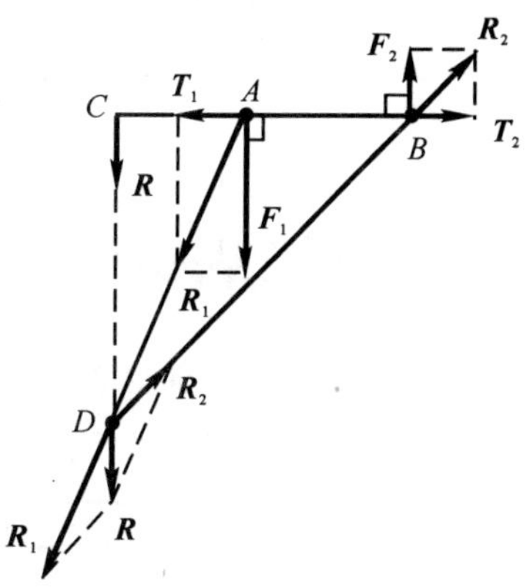

图 3-6

这表明两个反向平行力 $\boldsymbol{F}_1$ 和 $\boldsymbol{F}_2$ 的合力矢 $\boldsymbol{R}$ 等于两力的矢量和。由于 $\boldsymbol{F}_1$ 和 $\boldsymbol{F}_2$ 是反向平行力，则合力 $\boldsymbol{R}$ 的作用线必与这两力的作用线平行，并且矢量和变为代数和。已设 $F_1 > F_2$，则合力 $\boldsymbol{R}$ 的大小是

$$R = F_1 - F_2 \tag{3-5b}$$

合力 $\boldsymbol{R}$ 的指向与力 $\boldsymbol{F}_1$ 相同。

合力作用线的位置可根据合力矩定理确定。取合力 $\boldsymbol{R}$ 的作用线与连线 AB 的交点 C 为矩心，则

$$M_C(\boldsymbol{R}) = M_C(\boldsymbol{F}_1) + M_C(\boldsymbol{F}_2)$$

由于力 $\boldsymbol{R}$ 通过 C 点，$M_C(\boldsymbol{R}) = 0$，于是有

$$-F_1 \times AC + F_2 \times BC = 0$$

所以

$$\frac{AC}{BC} = \frac{F_2}{F_1} \tag{3-5c}$$

由以上分析可得出如下结论：两个大小不等的反向平行力可以合成为一合力；合力的大小等于两力大小之差；合力的指向与较大的一力相同；合力作用线位于较大一力的外侧，按两力的大小成反比例外分两力作用线之间的距离。

根据式(3-5c)可以得出

$$1-\frac{AC}{BC} = 1-\frac{F_2}{F_1}$$

于是

$$BC = \frac{F_1}{F_1 - F_2} \times AB$$

如果图 3-6 中的两个反向平行力 $\boldsymbol{F}_1$ 和 $\boldsymbol{F}_2$ 大小相等，那么力 $\boldsymbol{F}_1$ 和 $\boldsymbol{F}_2$ 构成一力偶，此时，$F_1 - F_2 = 0$，则 $BC \to \infty$。这表明力偶的两力不可能合成为一合力。力偶既然不能用一个力来代替，也就不能和一个力相平衡。力偶的两个力大小相等，方向相反但不共线，因此力偶本身不平衡，且对刚体产生转动效应，因而力偶成为一个基本力学量。

性质二　力偶的两力对于任一点的矩之和等于其力偶矩，即力偶矩与矩心位置无关。

力使刚体绕某点的转动效应是用力矩表示的。力偶使刚体绕某点的转动效应则用力偶的两力对该点的力矩之和来表示。现在计算力偶的两个力对于任一点的矩之和。

设位于 C 平面的力偶$(\boldsymbol{F},\boldsymbol{F}')$作用于刚体，如图 3-7(a)所示。任取一点 O，$\boldsymbol{r}_A$ 和 $\boldsymbol{r}_B$ 分别是 O 点到两力作用点 A 和 B 的矢径。A 点相对 B 点的矢径为 $\boldsymbol{r}_{AB}$。由图 3-7 可知，$\boldsymbol{r}_A = \boldsymbol{r}_B + \boldsymbol{r}_{AB}$。

力偶的两力对 O 点的力矩之和为

$$\begin{aligned}\boldsymbol{M}_O(\boldsymbol{F},\boldsymbol{F}') &= \boldsymbol{r}_A \times \boldsymbol{F} + \boldsymbol{r}_B \times \boldsymbol{F}' = \\ &(\boldsymbol{r}_B + \boldsymbol{r}_{AB}) \times \boldsymbol{F} - \boldsymbol{r}_B \times \boldsymbol{F} = \\ &\boldsymbol{r}_{AB} \times \boldsymbol{F}\end{aligned} \tag{3-6}$$

矢积 $\boldsymbol{r}_{AB} \times \boldsymbol{F}$ 称为力偶矩(moment vector of couple),记作 $\boldsymbol{M}$,即

$$\boldsymbol{M} = \boldsymbol{r}_{AB} \times \boldsymbol{F} \tag{3-7}$$

显然,力偶矩与矩心 O 的位置无关。因此,力偶对刚体的转动效应完全取决于力偶矩。

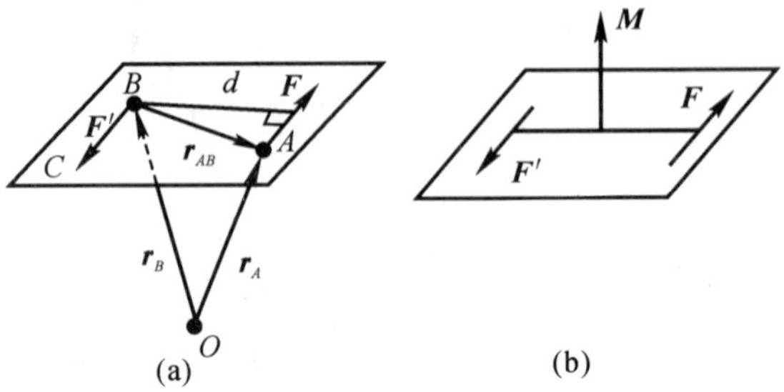

图 3-7

由图 3-7(a)和式(3-7)可知,力偶矩 $\boldsymbol{M}$ 的大小等于 Fd ,即力偶矩的大小等于力偶的力与力偶臂(arm of couple)的乘积;$\boldsymbol{M}$ 垂直于力偶的作用面(acting plane of a couple);$\boldsymbol{M}$ 的指向与力偶在其作用面内的转向符合右手螺旋法则。力偶矩 $\boldsymbol{M}$ 的表示见图 3-7(b)。力偶矩的单位是牛[顿]·米(N·m)。

力偶无合力,对于刚体没有移动效应;力偶的转动效应与矩心位置无关,完全决定于力偶矩。由此,可推出力偶的性质三和性质四。

性质三 只要保持力偶矩不变,可将力偶的力和力偶臂的大小同时改变,不会改变力偶对刚体的效应。

性质四 只要保持力偶矩的大小和转向不变,力偶可在其作用面内以及彼此平行的平面内任意移转,不会改变它对刚体的效应。

由于力偶矩可以在同一平面内转移,又可以从某一平面转移到另一平行平面内,因此力偶矩的作用线就无关紧要了,即力偶矩是自由矢量(free vector)。

力偶对刚体的转动效应完全取决于力偶矩,力偶矩又是自由矢量,于是,当作用于刚体上的两个力偶的力偶矩相等时,该两力偶等效。此即力偶的等效条件。

因为力偶矩决定了力偶对刚体的转动效应,所以常采用在力偶作用面内画 $M\,\circlearrowleft$ 或 $M\,\circlearrowright$ 来表示力偶。其中 M 表示力偶矩的大小,箭头表示力偶在其作用面内的转向。

§3-3 力偶系的合成与平衡

如果力偶系各力偶的作用面并不彼此平行或重合,则该力偶系为空间力偶系(system of couples in space)。

设有两个力偶分别作用于刚体的相交的平面Ⅰ和Ⅱ内(见图 3-8(a))。根据力偶的性质三和性质四,将两力偶在其作用面内移转,并改变力和力偶臂的大小。最终,取两平面交线上

的 AB 线段作为该两力偶的力偶臂，使两力偶的力分别为 $\boldsymbol{F}_1,\boldsymbol{F}'_1$ 和 $\boldsymbol{F}_2,\boldsymbol{F}'_2$，且力 $\boldsymbol{F}_1,\boldsymbol{F}_2$ 作用在 A 点，力 $\boldsymbol{F}'_1,\boldsymbol{F}'_2$ 作用在 B 点。

应用力的平行四边形法则，将作用在 A 点的力 $\boldsymbol{F}_1$ 和 $\boldsymbol{F}_2$ 合成为力 $\boldsymbol{R}$，作用在 B 点的力 $\boldsymbol{F}'_1$ 和 $\boldsymbol{F}'_2$ 合成为力 $\boldsymbol{R}'$，则

$$\boldsymbol{R}=\boldsymbol{F}_1+\boldsymbol{F}_2 \qquad \boldsymbol{R}'=\boldsymbol{F}'_1+\boldsymbol{F}'_2$$

因为 $\qquad \boldsymbol{F}_1=-\boldsymbol{F}'_1 \qquad \boldsymbol{F}_2=-\boldsymbol{F}'_2$

所以 $\qquad \boldsymbol{R}=-\boldsymbol{R}'$

$\boldsymbol{R}$ 与 $\boldsymbol{R}'$ 作用线平行，因而组成一新力偶 $(\boldsymbol{R},\boldsymbol{R}')$。力偶 $(\boldsymbol{R},\boldsymbol{R}')$ 就是所求之合力偶。

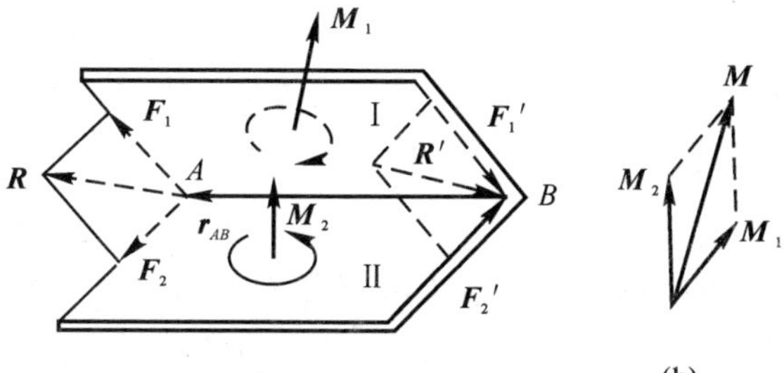

图 3-8

现在导出合力偶矩 $\boldsymbol{M}$ 与分力偶矩 $\boldsymbol{M}_1$ 和 $\boldsymbol{M}_2$ 的关系。设 A 点相对 B 点的矢径为 $\boldsymbol{r}_{AB}$（见图 3-8(a)），根据式(3-7)，则力偶 $(\boldsymbol{F}_1,\boldsymbol{F}'_1)$ 和 $(\boldsymbol{F}_2,\boldsymbol{F}'_2)$ 的力偶矩分别为 $\boldsymbol{M}_1=\boldsymbol{r}_{AB}\times\boldsymbol{F}_1$ 和 $\boldsymbol{M}_2=\boldsymbol{r}_{AB}\times\boldsymbol{F}_2$。合力偶 $(\boldsymbol{R},\boldsymbol{R}')$ 的力偶矩为

$$\boldsymbol{M}=\boldsymbol{r}_{AB}\times\boldsymbol{R}=\boldsymbol{r}_{AB}\times(\boldsymbol{F}_1+\boldsymbol{F}_2)=\boldsymbol{M}_1+\boldsymbol{M}_2$$

上述分析说明，作用在刚体上相交平面内的两力偶可以合成为一合力偶，合力偶矩等于两个分力偶矩的矢量和（见图 3-8(b)），也就是说力偶矩符合矢量合成法则。

设作用于刚体上的 n 个力偶组成空间力偶系，其合成结果得一合力偶，合力偶的力偶矩等于所有分力偶矩的矢量和，即

$$\boldsymbol{M}=\boldsymbol{M}_1+\boldsymbol{M}_2+\cdots+\boldsymbol{M}_n=\sum\boldsymbol{M}_i \tag{3-8}$$

在实际计算时，常采用解析法计算合力偶矩的大小和方向。取直角坐标系 $Oxyz$，设 $\boldsymbol{M}$ 和 $\boldsymbol{M}_i$ 在 x,y,z 轴上的投影分别为 M_x,M_y,M_z 和 M_{xi},M_{yi},M_{zi}，则

$$\boldsymbol{M}=M_x\boldsymbol{i}+M_y\boldsymbol{j}+M_z\boldsymbol{k} \qquad \sum\boldsymbol{M}_i=\sum M_{xi}\boldsymbol{i}+\sum M_{yi}\boldsymbol{j}+\sum M_{zi}\boldsymbol{k}$$

将以上两式代入式(3-8)可得

$$M_x=\sum M_{xi} \qquad M_y=\sum M_{yi} \qquad M_z=\sum M_{zi} \tag{3-9}$$

合力偶矩的大小和方向余弦为

$$M=\sqrt{M_x^2+M_y^2+M_z^2} \tag{3-10a}$$

$$\cos(\boldsymbol{M},\boldsymbol{i})=\frac{M_x}{M} \qquad \cos(\boldsymbol{M},\boldsymbol{j})=\frac{M_y}{M} \qquad \cos(\boldsymbol{M},\boldsymbol{k})=\frac{M_z}{M} \tag{3-10b}$$

根据空间力偶系的简化结果可推得：空间力偶系平衡的必要和充分条件是：合力偶矩等于零，即力偶系中各力偶矩的矢量和等于零，即

$$\boldsymbol{M}=\sum\boldsymbol{M}_i=\sum M_{xi}\boldsymbol{i}+\sum M_{yi}\boldsymbol{j}+\sum M_{zi}\boldsymbol{k}=0 \tag{3-11}$$

由上式可得空间力偶系的平衡方程

$$\sum M_{xi}=0 \qquad \sum M_{yi}=0 \qquad \sum M_{zi}=0 \tag{3-12}$$

即力偶系各力偶的力偶矩在 x,y,z 三轴上投影的代数和分别等于零。

若力偶系的各力偶位于同一平面，则各力偶矩 $\boldsymbol{M}_1,\boldsymbol{M}_2,\cdots,\boldsymbol{M}_n$ 成为共线矢量。它们的矢量和便成为代数和。因此，在平面力偶系中，将矢量式(3-8)转化成为代数式，即

$$M = M_1 + M_2 + \cdots + M_n = \sum M_i \tag{3-13}$$

上式表明:平面力偶系可合成为同一平面内的一个合力偶,合力偶矩等于各分力偶矩的代数和。其次,由式(3-11)得

$$\sum M_i = 0 \tag{3-14}$$

式(3-14)称为平面力偶系的平衡方程。平面力偶系平衡的必要和充分条件是:各力偶矩的代数和等于零。平面力偶矩符号的规定是:若力偶在其作用平面内的转向是逆时针转向,取正号;反之则取负号。

例 3-2 如图 3-9(a)所示,正方体边长 $a = 0.1$ m,其上作用有三个力偶($\boldsymbol{F}_1, \boldsymbol{F}'_1$),($\boldsymbol{F}_2, \boldsymbol{F}'_2$),($\boldsymbol{F}_3, \boldsymbol{F}'_3$)。已知 $F_1 = F'_1 = 20\sqrt{2}$ N,$F_2 = F'_2 = 20\sqrt{2}$ N,$F_3 = F'_3 = 30$ N,试求三个力偶的合成结果。

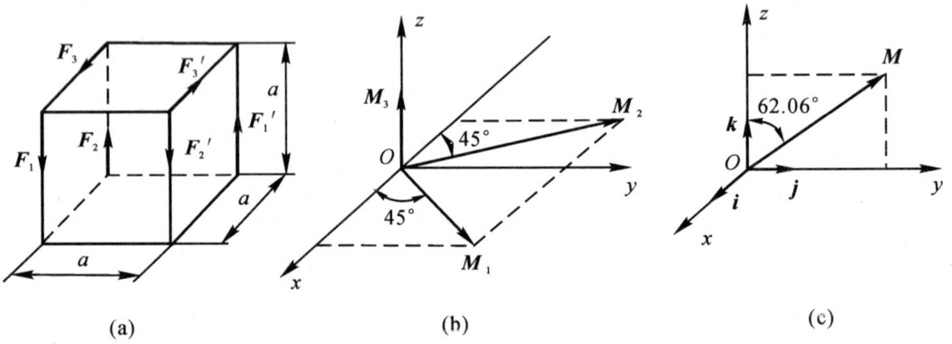

图 3-9

解 将三个力偶的力偶矩用矢量表示,如图 3-9(b)所示。它们的模为

$$M_1 = F_1 \times \sqrt{2}a = 20\sqrt{2} \times \sqrt{2} \times 0.1 = 4 \text{ N} \cdot \text{m}$$
$$M_2 = F_2 \times \sqrt{2}a = 20\sqrt{2} \times \sqrt{2} \times 0.1 = 4\text{N} \cdot \text{m}$$
$$M_3 = F_3 \times a = 30 \times 0.1 = 3 \text{ N} \cdot \text{m}$$

这三个力偶合成为一个合力偶,合力偶矩为

$$\boldsymbol{M} = \boldsymbol{M}_1 + \boldsymbol{M}_2 + \boldsymbol{M}_3$$

合力偶矩的投影为

$$M_x = \sum M_{xi} = M_1 \cos 45^0 - M_2 \cos 45^0 = 4 \times \frac{\sqrt{2}}{2} - 4 \times \frac{\sqrt{2}}{2} = 0$$

$$M_y = \sum M_{yi} = M_1 \sin 45^0 + M_2 \sin 45^0 = 4 \times \frac{\sqrt{2}}{2} + 4 \times \frac{\sqrt{2}}{2} = 4\sqrt{2} \text{ N} \cdot \text{m}$$

$$M_z = \sum M_{zi} = M_3 = 3 \text{ N} \cdot \text{m}$$

合力偶矩的大小为

$$M = \sqrt{M_x^2 + M_y^2 + M_z^2} = \sqrt{0 + (4\sqrt{2})^2 + 3^2} = \sqrt{41} \text{ N} \cdot \text{m}$$

合力偶矩的方向余弦为

$$\cos(\boldsymbol{M}, \boldsymbol{i}) = \frac{M_x}{M} = \frac{0}{\sqrt{41}} = 0$$

$$\cos(\boldsymbol{M},\boldsymbol{j}) = \frac{M_y}{M} = \frac{4\sqrt{2}}{\sqrt{41}} = 0.8834$$

$$\cos(\boldsymbol{M},\boldsymbol{k}) = \frac{M_z}{M} = \frac{3}{\sqrt{41}} = 0.4685$$

于是 $(\boldsymbol{M},\boldsymbol{i}) = 90°$ $(\boldsymbol{M},\boldsymbol{j}) = 27.94°$ $(M,k) = 62.06°$

合力偶矩的方向如图 3-9(c)所示。

例 3-3 梁 AB 的两端各作用一力偶，力偶矩的大小分别为 $M_1 = 17\ \text{kN}\cdot\text{m}$，$M_2 = 27.5\ \text{kN}\cdot\text{m}$，转向如图 3-10(a)所示。梁长 $l = 6$ m，梁的重力不计。试求 A，B 两点的反力。

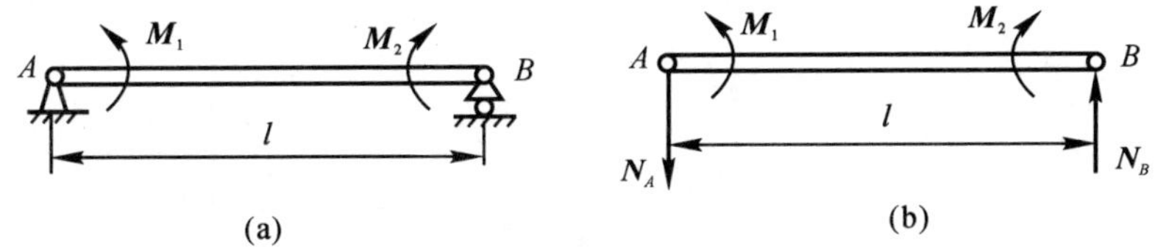

图 3-10

解 取梁 AB 为研究对象。梁在两个力偶和两端反力的作用下平衡。由支座的性质可知，$\boldsymbol{N}_B$ 的方位铅直，$\boldsymbol{N}_A$ 的方位不定。由于力偶只能与力偶平衡，因此 $\boldsymbol{N}_A$ 必然与 $\boldsymbol{N}_B$ 组成一个力偶，即 $\boldsymbol{N}_A = -\boldsymbol{N}_B$。它们的指向假设如图 3-10(b)所示。由平面力偶系的平衡条件可知

$$\sum M_i = 0 \qquad M_1 - M_2 + N_A l = 0$$

因此

$$N_A = N_B = \frac{M_2 - M_1}{l} = \frac{27.5 - 17}{6} = 1.75\ \text{kN}$$

思　考　题

3-1 试比较力矩与力偶矩两者的异同。

3-2 钳工工人攻丝时，必须用双手握铰杆同时用力，不允许单手扳动铰杆，这是为什么？

3-3 如图题 3-1 所示，物体受同平面内四个力的作用。这四个力组成两个力偶($\boldsymbol{F}_1$，$\boldsymbol{F}_1'$)和($\boldsymbol{F}_2$，$\boldsymbol{F}_2'$)，其组成的力多边行自行封闭。试问该物体是否处于平衡？

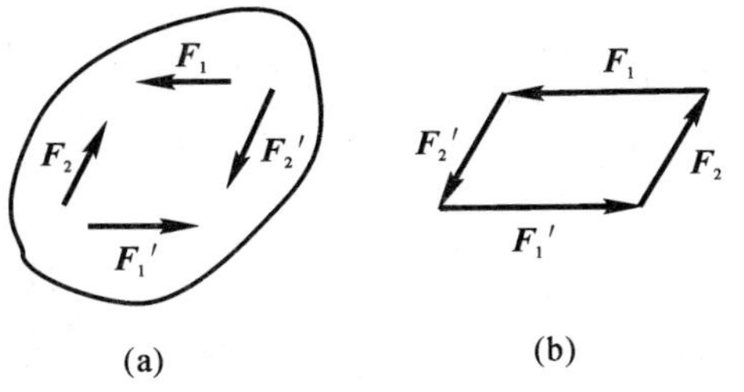

图题 3-1

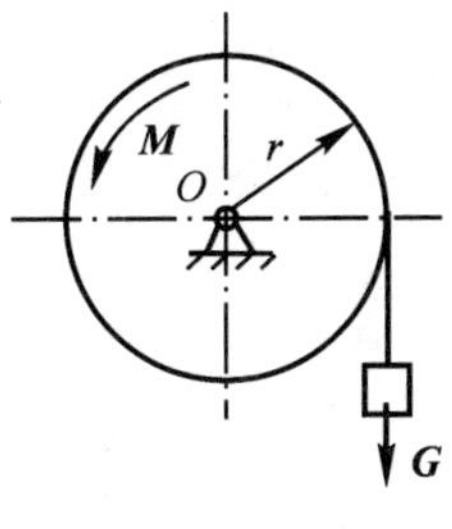

图题 3-2

3-4 如图题 3-2 所示，在力偶理论中已经证明力偶不能与一力平衡，为什么轮子上的力偶能维持重物 G 的平衡？

习 题 三

3-1 如图题 3-3 所示，在直角曲杆的一端作用有 $Q=400$ N 的力，试计算此力对 O 点的力矩（图中长度单位为厘米）。

3-2 如图题 3-4 所示，已知正六面体的边长为 a,b,c，在点 A 沿 AC 作用一力 $\boldsymbol{F}$，写出力 $\boldsymbol{F}$ 对 O 点之矩的解析表达式。

3-3 如图题 3-5 所示，钢缆 AB 中的张力的值 $T=10$ kN，试用解析形式表示出张力对 O 点之矩。

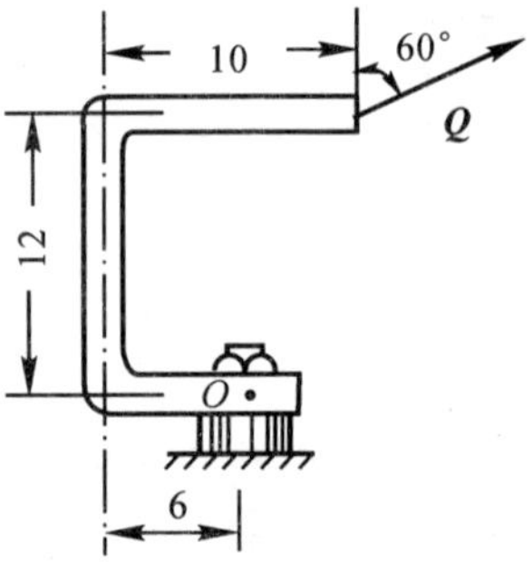

图题 3-3

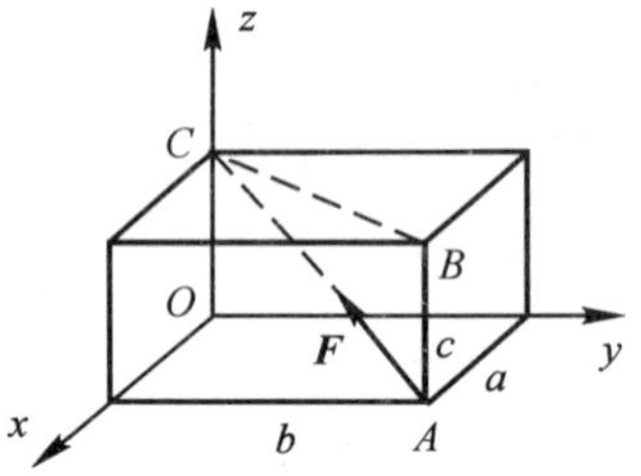

图题 3-4

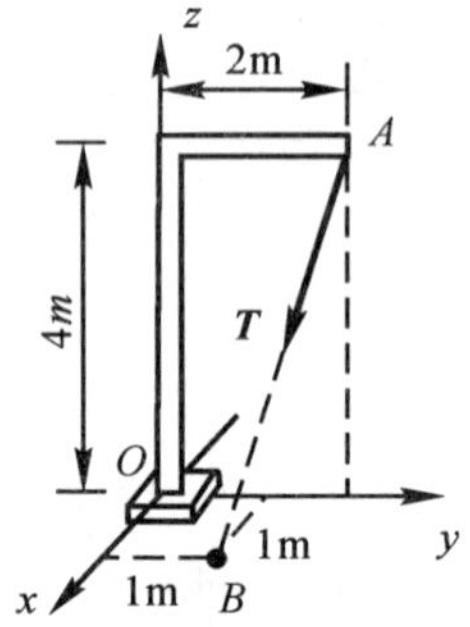

图题 3-5

3-4 如图题 3-6 所示，曲杆 AB 有三种支承方式，设有一力偶矩为 M 的力偶作用于曲杆，试求 A,B 两处的约束反力 。

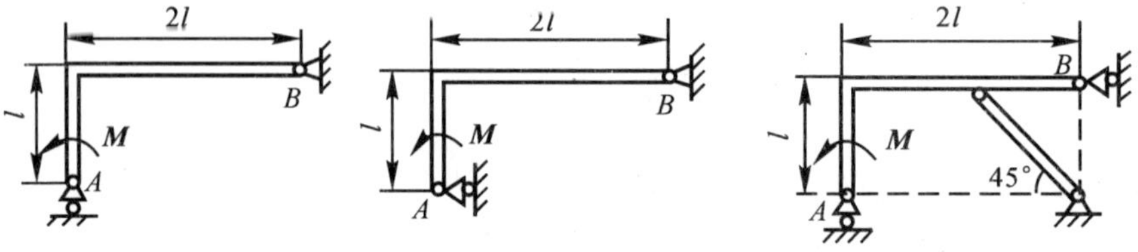

(a) (b) (c)

图题 3-6

3-5 如图题 3-7 所示，用多轴钻床在一水平工件上同时钻出四个直径相同的孔。每个钻头作用于工件一切削力偶，其矩为 $M_1=M_2=M_3=M_4=15$ N·m。固定螺栓 A 和 B 的距离为 $l=0.2$ m。求两个螺栓所受的水平力。

3-6 滑道摇杆机构受两力偶的作用在图题 3-8 所示位置平衡。已知 $OO_1=OA=0.2$ m，$M_1=200$ N·m，结构重量和摩擦不计。试求另一力偶矩 M_2 和 O,O_1 两处的约束反力。

3-7 四连杆机构 $OABO_1$ 在图题 3-9 所示位置平衡。已知 $OA=40$ cm，$O_1B=60$ cm，作用在 OA 上力偶的力偶矩 $M_1=1$ N·m。不计杆重，试求力偶矩 M_2 的大小。

3-8 如图题 3-10 所示，齿轮箱受三个力偶的作用，力偶矩 $M_1=413$ N·m，$M_2=160$ N·m，$M_3=200$ N·m。求此力偶系的合力偶矩。

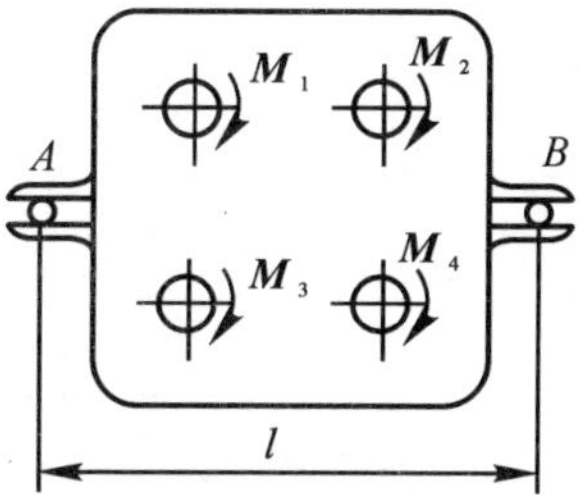

图题 3-7

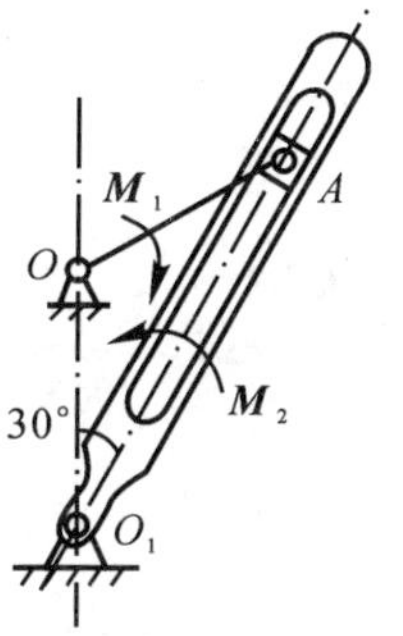

图题 3-8

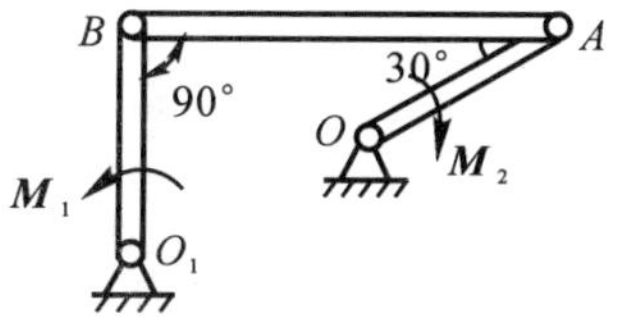

图题 3-9

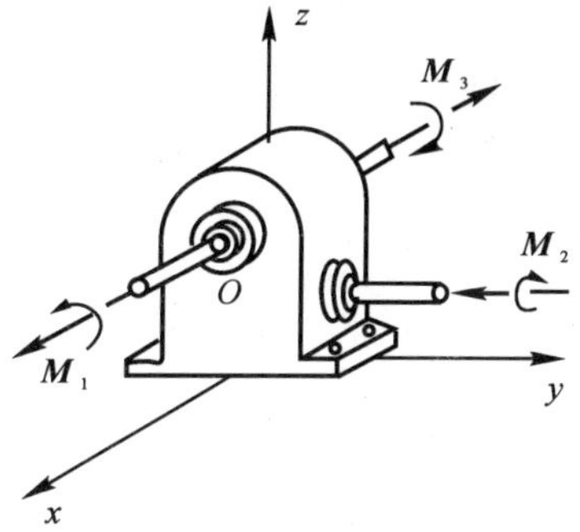

图题 3-10

3-9 如图题 3-11 所示，一矩形体上作用有三个力偶($\boldsymbol{F}_1$，$\boldsymbol{F}'_1$)，($\boldsymbol{F}_2$，$\boldsymbol{F}'_2$)，($\boldsymbol{F}_3$，$\boldsymbol{F}'_3$)，已知 $F_1 = F'_1 = 10$ N，$F_2 = F'_2 = 16$ N，$F_3 = F'_3 = 20$N，$a = 0.1$ m。求力偶系的合力偶矩。

3-10 图题 3-12 所示，三圆盘 A，B，C 的半径为 $r_A = 15$ cm，$r_B = 10$ cm，$r_C = 5$ cm。三轴 OA，OB，OC 在同一平面内，$\angle AOB = 90°$。在这三个圆盘的边缘上分别作用力偶($\boldsymbol{F}_1$，$\boldsymbol{F}'_1$)，($\boldsymbol{F}_2$，$\boldsymbol{F}'_2$)，($\boldsymbol{F}_3$，$\boldsymbol{F}'_3$)使物体系统保持平衡。已知 $F_1 = 100$ N，$F_2 = 200$ N。求力 $\boldsymbol{F}_3$ 的大小和角 α。

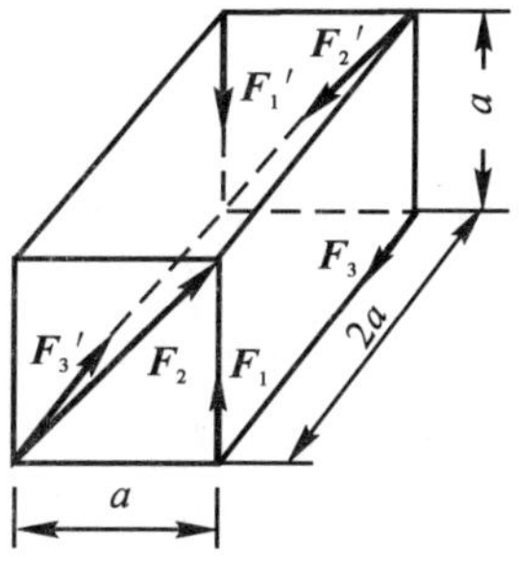

图题 3-11

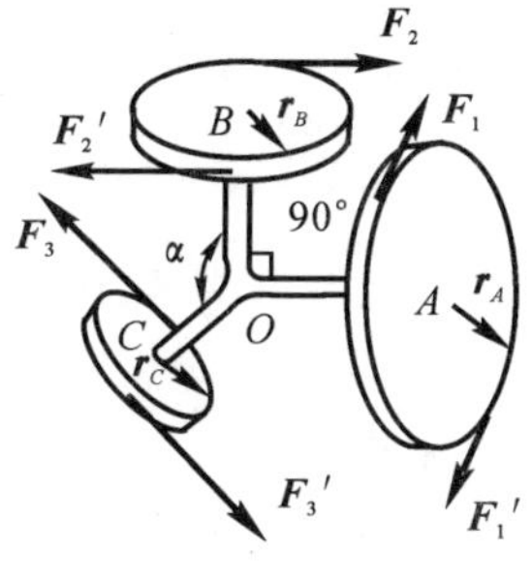

图题 3-12

3-11 如图题 3-13 所示，在三角形棱柱体的三个侧面上各作用一力偶，其力偶矩分别为 $\boldsymbol{M}_1$，$\boldsymbol{M}_2$，$\boldsymbol{M}_3$（方向与斜面正交）。已知 $M_1 = 100$ N·m，试问，若欲保持物体平衡，$\boldsymbol{M}_2$ 和 $\boldsymbol{M}_3$ 的大

小应为多少?

3-12　在图题 3-14 所示物体上，力偶矩为 $\boldsymbol{M}_1$ 和 $\boldsymbol{M}_2$ 的两力偶与力 $\boldsymbol{F}_1$，$\boldsymbol{F}_2$ 平衡。已知 $M_1 = 2\ \mathrm{N \cdot m}$，$M_2 = 3\ \mathrm{N \cdot m}$，$AB = 0.1\ \mathrm{m}$，求 $\boldsymbol{F}_1$，$\boldsymbol{F}_2$ 的大小和角 α。

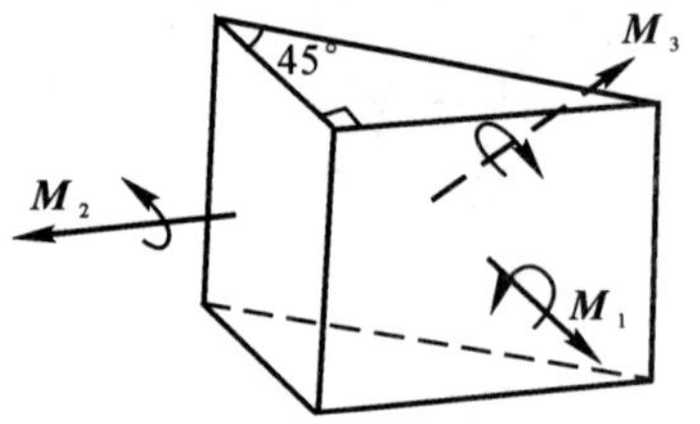

图题　3-13

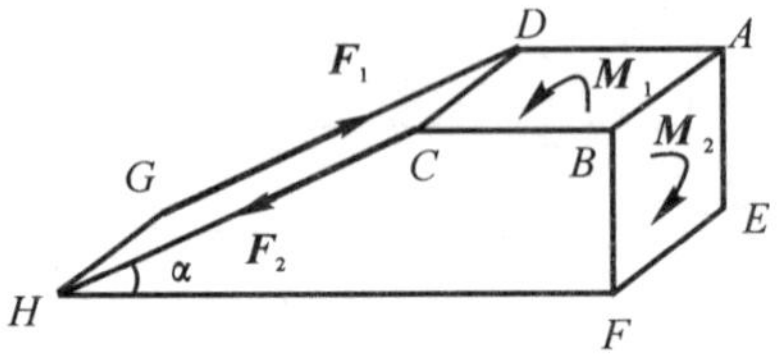

图题　3-14

第四章　平面一般力系

平面一般力系(two dimensional forces system)是各力作用线在同一个平面内且任意分布的力系,简称平面力系。前面讨论过的平面汇交力系、平面力偶系,以及本章要讨论的平面平行力系都是平面一般力系的特殊情况。

平面一般力系是工程实际中最常见的力系。当许多工程结构和构件的结构及受力对称时,作用在其上的力系即可简化为作用在对称平面内的平面力系来研究。例如,结构工程中的梁,一般都具有一个纵向对称面,当分布于梁上的载荷与之对称时,即可认为载荷作用在纵向对称面内;又如沿直线行驶的汽车,若不考虑左右车轮所经路面的不平度所引起的摇摆或侧滑,汽车所受的重力、空气阻力、地面对左右轮的约束力的合力等便可简化为平面力系来研究。所以,对平面力系的研究在理论上和实际应用上都有重要意义。

本章将讨论平面力系的两个基本问题:平面力系的简化和平衡。力系的简化是用力的平移定理作为依据,将平面力系进行简化的。这种简化方法在静力分析和动力分析中都得到了广泛应用。

§4-1　力的平移定理

力的平移定理　作用在刚体上的力,可以平行地移到刚体上任一指定点,但要附加一个力偶,其力偶矩等于原力对该指定点的力矩。

证明　设在刚体上 A 点作用一力 $\boldsymbol{F}$(见图 4-1(a))。在刚体上任取一点 B,B 点到力 $\boldsymbol{F}$ 作用线的距离为 d,在 B 点加上大小相等,方向相反且与力 $\boldsymbol{F}$ 平行的两个力 $\boldsymbol{F}'$ 和 $\boldsymbol{F}''$,并使 $\boldsymbol{F}'=-\boldsymbol{F}''=\boldsymbol{F}$(见图 4-1(b))。显然,力系($\boldsymbol{F},\boldsymbol{F}',\boldsymbol{F}''$)与力 $\boldsymbol{F}$ 等效,而 $\boldsymbol{F}$ 与 $\boldsymbol{F}''$ 组成一力偶。于是原来作用在 A 点的力 $\boldsymbol{F}$,现在被一个作用在 B 点的力 $\boldsymbol{F}'$ 和一个力偶($\boldsymbol{F},\boldsymbol{F}''$)所代替(见图 4-1(c))。也就是说可以把作用于 A 点的力 $\boldsymbol{F}$ 平行地移到 B 点,但必须同时附加一个力偶,此附加力偶的力偶矩为

$$\boldsymbol{M}=Fd=\boldsymbol{M}_B(\boldsymbol{F})$$

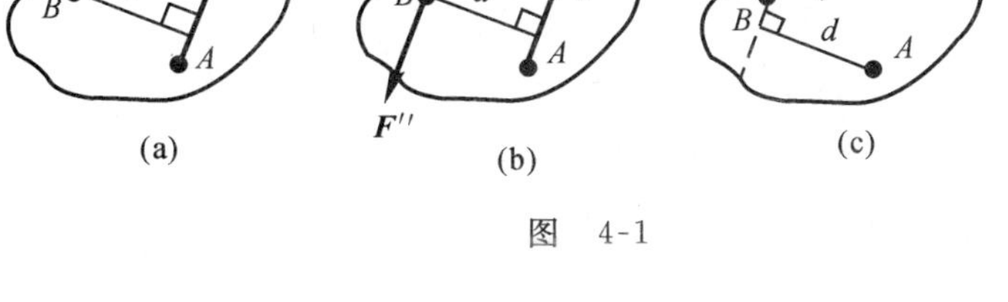

图　4-1

即力向一点平移时所附加力偶的力偶矩等于原力对平移点之矩。

力的平移定理是力系向一点简化的理论依据，它不仅给出了平移一个力的等效条件，而且可直接用来分析和解决工程实际中的力学问题。例如，用丝锥攻丝时，必须两手同时用力，且等值反向。若仅在扳手的一端作用力 $\boldsymbol{F}$（见图 4-2(a)），则这个力与作用在中心处的一个力 $\boldsymbol{F}'$ 和一个矩为 M 的力偶等效（见图 4-2(b)），这个力偶使丝锥转动，而这个力 $\boldsymbol{F}'$ 却往往容易使丝锥折断。又如图 4-3 所示，转轴上的齿轮受到圆周力 $\boldsymbol{P}$ 的作用，将力 $\boldsymbol{P}$ 平移至轴心 O 点，则力 $\boldsymbol{P}'$ 使轴弯曲，而力矩为 M 的力偶将使轴产生扭转效应。

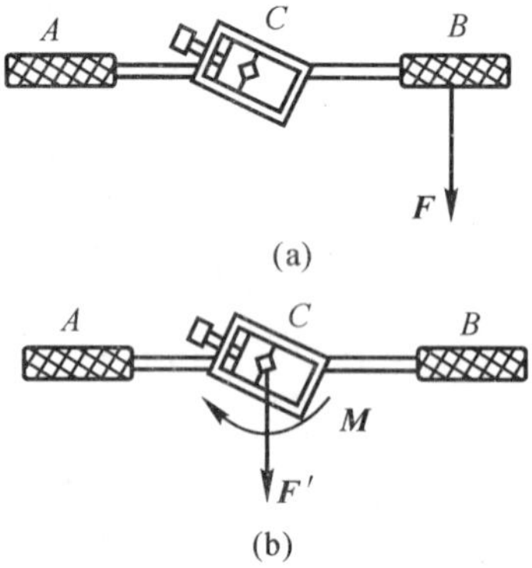

图 4-2

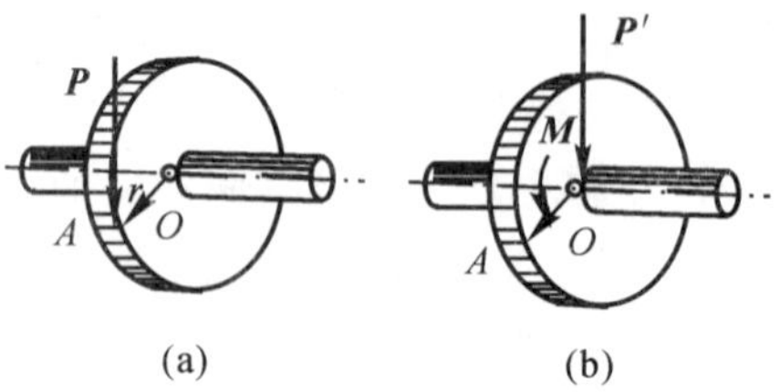

图 4-3

§4-2 平面一般力系向已知点简化

设刚体受一个平面力系（$\boldsymbol{F}_1,\boldsymbol{F}_2,\cdots,\boldsymbol{F}_n$）的作用，现将该力系进行简化。为简单起见，以三个力 $\boldsymbol{F}_1,\boldsymbol{F}_2,\boldsymbol{F}_3$ 作用在刚体上为例（见图 4-4(a)）说明。在力系作用平面内任选一点 O，将该力系向 O 点简化，点 O 称为简化中心。应用力的平移定理，将各力平移至 O 点，同时加上相应的附加力偶。这样，原力系变为作用在 O 点的平面汇交力系 $\boldsymbol{F}_1',\boldsymbol{F}_2',\boldsymbol{F}_3'$，以及力偶矩为 $M_1=M_O(\boldsymbol{F}_1),M_2=M_O(\boldsymbol{F}_2),M_3=M_O(\boldsymbol{F}_3)$ 的附加力偶系（见图 4-4(b)）。

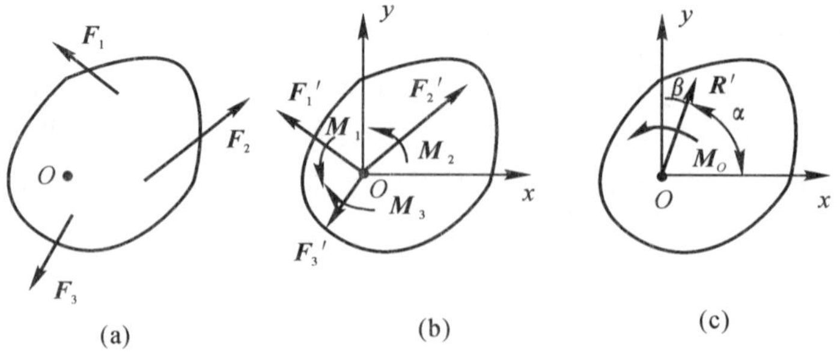

图 4-4

平面汇交力系 $\boldsymbol{F}_1',\boldsymbol{F}_2',\boldsymbol{F}_3'$ 可按力的多边形法则合成为一个力 $\boldsymbol{R}'$，作用于 O 点，注意到 $\boldsymbol{F}_1'=\boldsymbol{F}_1,\boldsymbol{F}_2'=\boldsymbol{F}_2,\boldsymbol{F}_3'=\boldsymbol{F}_3$，则有

$$\boldsymbol{R}'=\boldsymbol{F}_1'+\boldsymbol{F}_2'+\boldsymbol{F}_3'=\boldsymbol{F}_1+\boldsymbol{F}_2+\boldsymbol{F}_3$$

力偶矩为 $\boldsymbol{M}_1,\boldsymbol{M}_2,\boldsymbol{M}_3$ 的平面力偶系可合成为一个力偶，这个力偶的矩 M_O 等于各力偶矩

的代数和。由于各附加力偶矩等于各力对简化中心的力矩，故

$$M_O = M_1 + M_2 + M_3 = M_O(\boldsymbol{F}_1) + M_O(\boldsymbol{F}_2) + M_O(\boldsymbol{F}_3)$$

对于力系中有 n 个力的平面一般力系，不难推广为

$$\boldsymbol{R}' = \sum_{i=1}^{n} \boldsymbol{F}_i{}' = \sum_{i=1}^{n} \boldsymbol{F}_i \tag{4-1a}$$

$$M_O = \sum_{i=1}^{n} M_i = \sum_{i=1}^{n} M_O(\boldsymbol{F}_i) \tag{4-1b}$$

式中 $\sum_{i=1}^{n} \boldsymbol{F}_i$ 为平面力系各力的矢量和，称为该平面力系的主矢，记作

$$\boldsymbol{R}' = \sum_{i=1}^{n} \boldsymbol{F}_i \tag{4-2a}$$

$\sum_{i=1}^{n} M_O(\boldsymbol{F}_i)$ 为平面力系各力对简化中心之矩的代数和，称为该平面力系对简化中心 O 的主矩，记作

$$M_O = \sum_{i=1}^{n} M_O(\boldsymbol{F}_i) \tag{4-2b}$$

结论：平面一般力系向其作用面内任一点简化，可以得到一个力和一个力偶，这个力的大小和方向等于平面力系的主矢，表示在简化中心；这个力偶的力偶矩等于该平面力系对简化中心的主矩。

力系的主矢是一个具有大小和方向的矢量，它只代表力系中各力矢的矢量和，并不涉及作用点。平面力系无论向作用面内哪一点简化，主矢 $\boldsymbol{R}'$ 均由式(4-1a) 给出，所以，主矢 $\boldsymbol{R}'$ 与简化中心的位置选择无关。

主矢的计算可采用解析法，任意选取坐标系 Oxy，则

$$R_x{}' = X_1 + X_2 + \cdots + X_n = \sum X$$

$$R_y{}' = Y_1 + Y_2 + \cdots + Y_n = \sum Y$$

于是，主矢 $\boldsymbol{R}'$ 的大小和方向分别由下式确定：

$$R' = \sqrt{R_x{}'^2 + R_y{}'^2} = \sqrt{(\sum X)^2 + (\sum Y)^2}$$

$$\cos\alpha = \frac{R_x{}'}{R'} \qquad \cos\beta = \frac{R_y{}'}{R'} \tag{4-3}$$

α 和 β 分别为主矢与 x 和 y 轴正向间的夹角。

主矩是力系中各力对简化中心力矩的代数和，其大小和转向由式(4-2b) 确定。在一般情况下，力系的主矩随简化中心的不同而改变。因此，表明主矩时，应指明是对哪个简化中心的。

作为平面力系简化理论的应用实例，下面将分析固定端约束的约束力。

固定端或称插入端是一种常见的约束形式，它是由物体的一部分嵌入并固定在另一物体内形成的。例如，输电线的电杆(见图 4-5(a))、固定在刀架上的车刀(见图 4-5(b))、车床上卡盘对工件的固定(见图 4-5(c)) 等都是固定端约束的实例，其简图如图 4-5(d) 所示。

固定端约束的特点是连接处不允许构件与约束之间发生任何的相对运动(移动或转动)，可以想像，固定端约束必然提供了阻止移动的约束力和阻止转动的约束力偶。下面用力系简化理论进行分析。固定端约束对物体的作用是在接触面上作用了一群约束反力。在平面问题中，这些力为一平面一般力系，如图 4-6(a) 所示。将这群力向作用面内的 A 点简化，得到一个力和

一个力偶(见图 4-6(b))。一般情况下,这个力的大小和方向都是未知量,可用两个分力来表示(见图 4-6(c))。所以,在平面问题中,固定端A处的约束反力可用两个约束力$\boldsymbol{X}_A$,$\boldsymbol{Y}_A$和一个约束力偶M_A表示。

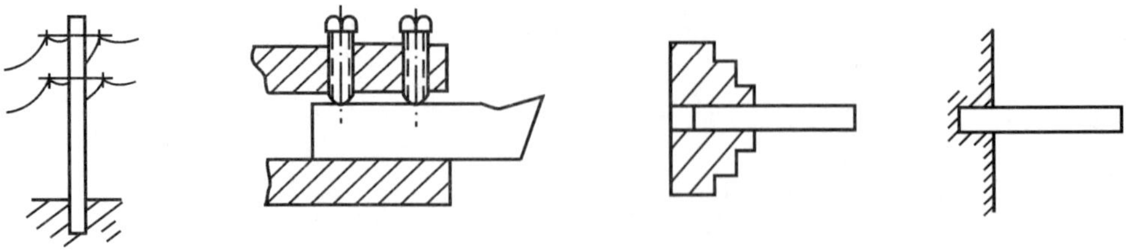

(a)　(b)　(c)　(d)

图　4-5

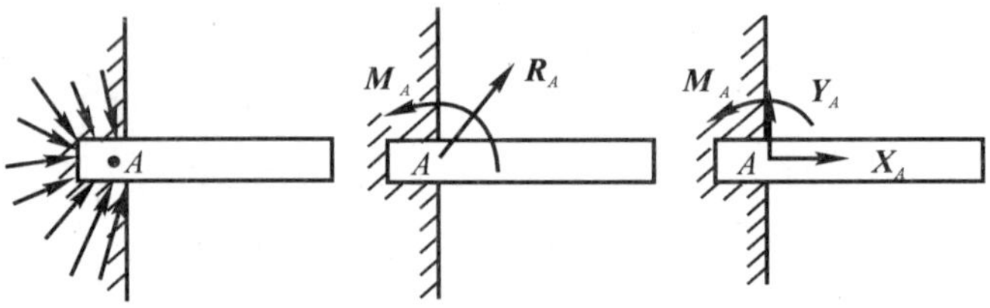

(a)　(b)　(c)

图　4-6

固定端约束与固定铰支座的区别是固定端约束多了一个限制转动的约束力偶。

§4-3　简化结果分析

力系向简化中心简化,其主矢$\boldsymbol{R}'$和主矩$\boldsymbol{M}_O$可能有四种情况,下面分别做以讨论。

(1) $\boldsymbol{R}'=0, \boldsymbol{M}_O=0$　主矢和主矩都等于零,说明简化后的平面汇交力系和平面力偶系都处于平衡状态,因而原平面一般力系是一个平衡力系。这种情况将在下节详细讨论。

(2) $\boldsymbol{R}'=0, \boldsymbol{M}_O\neq 0$　主矢等于零,主矩不等于零。原力系简化为一个合力偶,其力偶矩等于原力系对简化中心的主矩。若将力系再向其他简化中心简化,其主矩应等于此合力偶对新简化中心之矩。由力偶理论可知,两者是相同的。说明原力系与一个平面力偶系等效。此时,力系的主矩与简化中心的选择无关。

(3) $\boldsymbol{R}'\neq 0, \boldsymbol{M}_O=0$　主矢不等于零而主矩等于零,原力系等效于一个作用线通过简化中心的合力$\boldsymbol{R}$,合力的大小和方向与该力系的主矢$\boldsymbol{R}'$相同。

若将该力系向合力$\boldsymbol{R}$作用线以外的任何一点简化,都必有一个主矢和一个主矩。

(4) $\boldsymbol{R}'\neq 0, \boldsymbol{M}_O\neq 0$　主矢和主矩都不等于零(见图 4-7(a))。这并非是原力系的最简结果,还可以进一步简化:将矩为$\boldsymbol{M}_O$的力偶用两个力$\boldsymbol{R}$和$\boldsymbol{R}''$表示,且使$\boldsymbol{R}=-\boldsymbol{R}''=\boldsymbol{R}'$,如图 4-7(b) 所示。显然,$\boldsymbol{R}$与$\boldsymbol{R}''$是一对平衡力,去掉该平衡力并不改变对刚体的作用效果,所以,原力系与作用在O'点的合力$\boldsymbol{R}$等效,如图 4-7(c) 所示。合力$\boldsymbol{R}$等于平面力系的主矢$\boldsymbol{R}'$,合力的作

用线到 O 点的垂直距离 d 为

$$d=\frac{M_O}{R'} \tag{4-4}$$

至于合力作用线在原简化中心 O 点的哪一侧，应由主矩的转向和主矢的方向来判断，合力 $\boldsymbol{R}$ 在主矢 $\boldsymbol{R}'$ 沿 $\boldsymbol{M}_O$ 的反方向转动的一边。

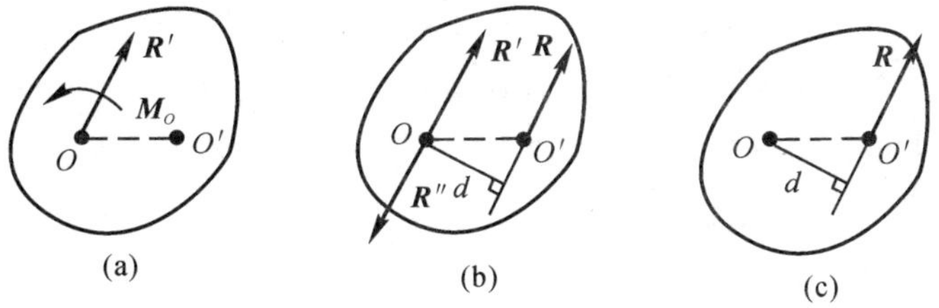

图 4-7

上述过程也给出了一种求解平面一般力系合力的方法。

综上所述，平面任意力系简化的最后结果有三种可能：①一个力偶；②一个合力；③平衡。

由图 4-7(c)及式(4-4)可知，合力 $\boldsymbol{R}$ 对点 O 之矩为

$$\boldsymbol{M}_O(\boldsymbol{R})=\boldsymbol{R}d=\boldsymbol{M}_O$$

而 $\boldsymbol{M}_O$ 是原平面力系对 O 点的主矩，它等于原力系中各力对 O 点力矩的代数和，所以有

$$\boldsymbol{M}_O(\boldsymbol{R})=\sum \boldsymbol{M}_O(\boldsymbol{F}_i) \tag{4-5}$$

这就是平面力系的合力矩定理，即平面力系的合力对作用面内任一点的矩，等于力系中各力对同一点之矩的代数和。

例 4-1 铆接薄钢板，铆钉 A,B,C 上分别受到力 $\boldsymbol{F}_1,\boldsymbol{F}_2,\boldsymbol{F}_3$ 的作用(见图 4-8(a))。已知 $F_1=200$ N，$F_2=150$ N，$F_3=100$ N。图中长度单位为 m。求：(1)这个力系向 A,D 点简化的结果；(2)力系合成的最终结果。

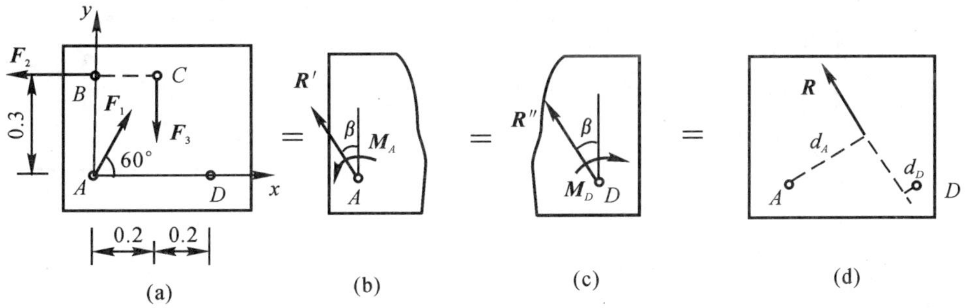

图 4-8

解 (1) 向 A 点和 D 点简化所得的主矢 $\boldsymbol{R}'$ 沿 x,y 轴的分量为

$$R_x'=\sum X=F_1\cos 60°-F_2=200\times 0.5-150=-50 \text{ N}$$

$$R_y'=\sum Y=F_1\sin 60°-F_3=200\times 0.866-100=73.21 \text{ N}$$

由式(4-3)知，主矢 $\boldsymbol{R}'$的模和方向余弦为

$$R' = \sqrt{R'^2_x + R'^2_y} = \sqrt{(-50)^2 + (73.21)^2} = 88.65 \text{ N}$$

$$\cos\alpha = \cos(\boldsymbol{R'},\boldsymbol{i}) = \frac{R'_x}{R'} = -\frac{50}{88.65} = -0.5640$$

$$\cos\beta = \cos(\boldsymbol{R'},\boldsymbol{j}) = \frac{R'_y}{R'} = \frac{73.21}{88.65} = 0.8258$$

故 $\alpha = 124.33^\circ \qquad \beta = 34.32^\circ$

力系向 A 点和 D 点简化所得的主矩 $\boldsymbol{M}_A$，$\boldsymbol{M}_D$ 是各不相同的。由式(4-2) 得

$$M_A = \sum M_A(\boldsymbol{F}) = 0.3F_2 - 0.2F_3 = 0.3\times150 - 0.2\times100 = 25 \text{ N}\cdot\text{m}$$

$$M_D = \sum M_D(\boldsymbol{F}) = -0.4F_1\sin60^\circ + 0.3F_2 + 0.2F_3 =$$

$$0.4\times200\times0.866 + 0.3\times150 + 0.2\times100 = -4.282 \text{ N}\cdot\text{m}$$

力系向 A 点和 D 点简化的结果分别如图 4-8(b)，(c)所示。

(2) 由于 $R'\neq0$，$M_A\neq0$(或 $M_D\neq0$)，故此力系可合成为一个合力。由(4-4)式知，合力 $\boldsymbol{R}$ 的作用线到 A 点的垂直距离为

$$d_A = \frac{\boldsymbol{M}_A}{\boldsymbol{R}'} = \frac{25}{88.65} = 0.282 \text{ m}$$

合力 $\boldsymbol{R}$ 的作用线到 D 点的垂直距离为

$$d_D = \frac{\boldsymbol{M}_D}{\boldsymbol{R}'} = \frac{-4.282}{88.65} = -0.0483 \text{ m}$$

由 $\boldsymbol{M}_A$ 或 $\boldsymbol{M}_D$ 的转向可以判断合力 $\boldsymbol{R}$ 的作用位置，如图 4-8(d)所示。图 4-8 中的四种表示方法是等效的。

沿直线分布的同向平行力的合成 在工程中经常遇到如图 4-9 所示的沿直线分布的同向平行力，又称分布载荷，用载荷集度 $\boldsymbol{q}$ 表示，其单位为 N/m。若分布力的载荷集度处处相同，则称为均匀分布力或均布载荷，如图 4-10 所示，否则称为非均布载荷。特殊的非均布载荷为线性分布力或三角形分布力(见图 4-11) 和梯形分布力。

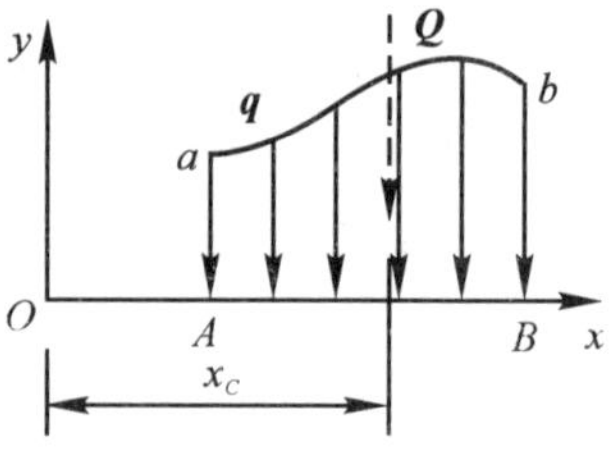

图 4-9

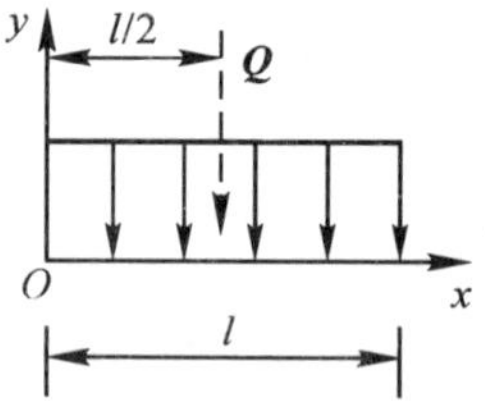

图 4-10

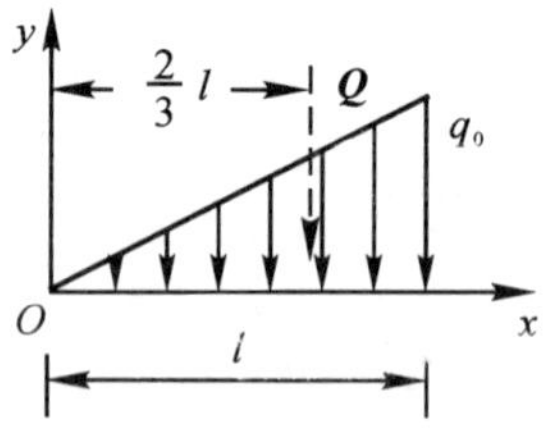

图 4-11

沿同向分布的平行力必然可以合成为一个合力。对图 4-9 所示的分布载荷，设距点 O 为 x 处的载荷集度为 $q(x)$，该处微小长度 Δx 上力的大小为 $\Delta Q = q(x)\Delta x$，于是线段 AB 上所受的分布力的合力 $\boldsymbol{Q}$ 的大小为

$$Q = \sum \Delta Q = \int_{x_A}^{x_B} q(x)\mathrm{d}x$$

它是分布载荷曲线与 x 轴所围成的面积，$\boldsymbol{Q}$ 的方向仍沿原分布力的方向。由合力矩定理可以得到合力的作用位置 x_C 为

$$x_C = \frac{\int_{x_A}^{x_B} q(x) x \mathrm{d}x}{Q}$$

所以，沿直线分布的同向平行力合力的大小等于载荷分布曲线下的面积，合力的作用线通过载荷分布图的形心，方向不变。对均布力，$Q = ql$，$x_C = l/2$（见图 4-10）；对线性分布力，$Q = ql/2$，$x_C = 2l/3$（见图 4-11），对梯形分布力可分为均布力和线性分布力分别计算。

§4-4　平面一般力系的平衡条件及平衡方程

从上节的讨论可知，若平面一般力系向 O 点简化的主矢和主矩都等于零，说明作用于简化中心 O 的力 $\boldsymbol{F}_1'$，$\boldsymbol{F}_2'$，…，$\boldsymbol{F}_n'$ 相互平衡，并且附加力偶系 $\boldsymbol{M}_1$，$\boldsymbol{M}_2$，…，$\boldsymbol{M}_n$ 也相互平衡。所以，$R' = 0$，$M_O = 0$，刚体处于平衡状态，它是刚体平衡的充分条件。若刚体处于平衡状态，则作用于刚体上的力系必须满足向任意点简化的主矢和主矩都为零的条件。事实上，假如 $\boldsymbol{R}'$ 和 $\boldsymbol{M}_O$ 有一个不等于零，平面力系就可以简化为合力或合力偶，于是刚体不能保持平衡。由此可得到结论：平面一般力系平衡的充分与必要条件是：力系的主矢和对作用面内任一点的主矩都等于零。

即

$$\left.\begin{aligned} \boldsymbol{R}' &= 0 \\ M_O &= 0 \end{aligned}\right\} \tag{4-6}$$

由于 $R' = \sqrt{R'^2_x + R'^2_y} = \sqrt{(\sum X)^2 + (\sum Y)^2}$，所以，上式等价于以下解析条件

$$\left.\begin{aligned} \sum X &= 0 \\ \sum Y &= 0 \\ \sum M_O(\boldsymbol{F}) &= 0 \end{aligned}\right\} \tag{4-7}$$

平面一般力系平衡的解析条件是：力系中各力在作用面内任意两个相交坐标轴上投影的代数和分别等于零，以及各力对作用面内任一点的矩的代数和也等于零。式(4-7)称为平面一般力系的平衡方程。它有三个独立的平衡方程，只能求出三个未知数。

应当指出，投影轴和矩心是可以任意选取的。在解决实际问题时选取适当的坐标轴和力矩中心，可以使计算得到简化。一般情况下，矩心应取在未知力的交点上，而坐标轴应当与尽可能多的未知力相垂直。

例 4-2　吊车图如图 4-12 所示，横梁 AB 水平，A 端以铰链固定，B 端用拉杆 BC 拉住，拉杆自重不计。若梁重 $P = 4$ kN，电葫芦连同重物共重 $Q = 7.5$ kN。长度在图中标注。试求拉杆的拉力和铰链 A 的约束反力 。

解　1. 选横梁 AB 及重物一起为研究对象。

2. 画受力图。作用于梁上的力除已知力 $\boldsymbol{P}$ 和 $\boldsymbol{Q}$ 外，还有未知力 $\boldsymbol{T}$ 和 $\boldsymbol{R}_A$。因拉杆 BC 是二力杆，故拉力 $\boldsymbol{T}$ 沿 BC 连线方向；铰链 A 的约束反力 $\boldsymbol{R}_A$ 方向未知，分解为 $\boldsymbol{X}_A$ 和 $\boldsymbol{Y}_A$。受力如图 4-12 所示。

3. 列平衡方程并求解未知量。选坐标轴如图 4 - 12 所示，应用平面一般力系的平衡方程，有

$$\sum M_A(\boldsymbol{F}) = 0$$

$$T \times AB \times \sin 30° - P \times AD - Q \times AE = 0$$

解得 $T = \dfrac{P \times AD + Q \times AE}{AB \ \sin 30°} =$

$$\frac{4 \times 3 + 7.5 \times 4}{6 \times 0.5} = 14 \text{ kN}$$

$$\sum X = 0 \qquad X_A - T\cos 30° = 0$$

将 T 值代入有

$$X_A = T\cos 30° = 14 \times 0.866 = 12.124 \text{ kN}$$

$$\sum Y = 0 \qquad Y_A + T\sin 30° - P - Q = 0$$

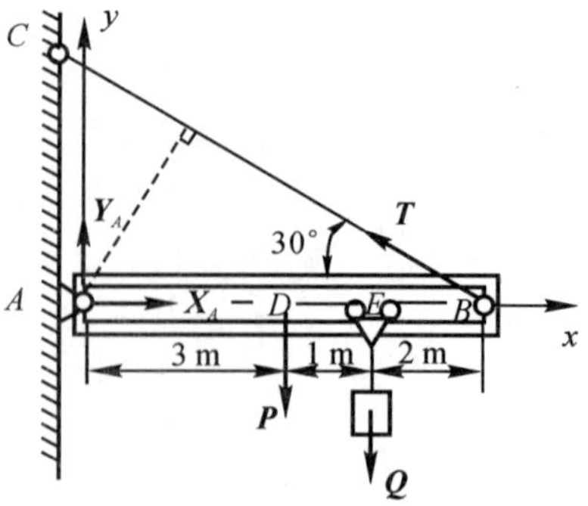

图 4-12

将已知值代入，得

$$Y_A = P + Q - T\sin 30° = 4 + 7.5 - 14 \times 0.5 = 4.5\text{kN}$$

未知力皆为正值，说明图示方向与实际受力方向一致。

例 4-3 图 4-13 所示的悬臂刚架中，均布力集度 $q_1 = 4$ kN/m，三角形分布力的最大值 $q_2 = 2$ kN/m，集中力 $P = 5$ kN，力偶的矩 $M = 8$ kN·m。试求固定端 A 处的约束反力 。

解 1. 以刚架 ABD 为研究对象。

2. 画受力图。已知力如图 4－13 所示。由于 A 端为固定端，约束反力有三个：$\boldsymbol{X}_A$，$\boldsymbol{Y}_A$ 和 $\boldsymbol{M}_A$。

分布力的合力分别为

$$Q_1 = q_1 l_1 = 8 \text{ kN}$$

$$Q_2 = \frac{1}{2} q_2 l_2 = 3 \text{ kN}$$

作用位置及受力情况如图 4-13 所示。

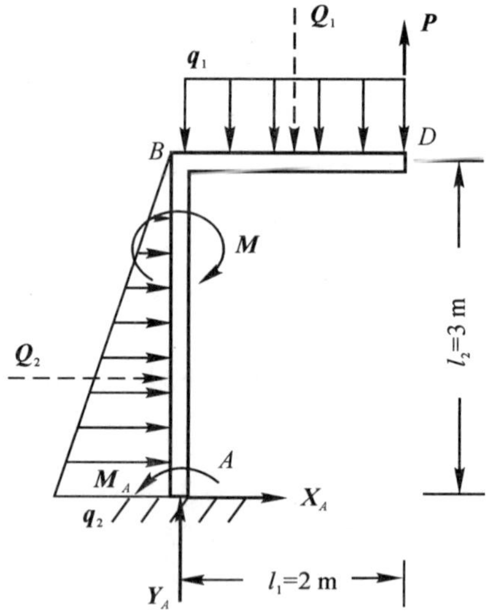

图 4-13

3. 列平衡方程，求解未知量。由方程(4-7)有

$$\sum X = 0 \qquad X_A + Q_2 = 0$$

则 $$X_A = - Q_2 = - 3 \text{ kN}$$

$$\sum Y = 0 \qquad Y_A + P - Q_1 = 0$$

得 $$Y_A = Q_1 - P = 8 - 5 = 3 \text{ kN}$$

$$\sum M_A(\boldsymbol{F}) = 0$$

$$M_A - M + Pl_1 - Q_1 \times \frac{l_1}{2} - Q_2 \times \frac{l_2}{3} = 0$$

所以

$$M_A = Q_1 \times \frac{l_1}{2} + Q_2 \times \frac{l_2}{3} - Pl_1 + M =$$

$$8 \times \frac{2}{2} + 3 \times \frac{3}{3} - 5 \times 2 + 8 = 9 \text{ kN} \cdot \text{m}$$

解得 X_A 为负值，说明 A 处实际受的水平约束反力与图示方向相反。其余反力与图示方向相同。

平面一般力系的平衡方程除了基本形式式(4-7) 以外，还有其他两种形式，它们和基本形式的平衡方程式(4-7) 是等价的，但往往应用起来更方便一些，现介绍如下：

1. 二矩式平衡方程

三个平衡方程中有两个力矩方程和一个投影方程,即

$$\left.\begin{array}{l}\sum M_A(\boldsymbol{F})=0\\\sum M_B(\boldsymbol{F})=0\\\sum X=0\end{array}\right\}\tag{4-8}$$

其中 A,B 是平面内的任意两点,但其连线 AB 不能与投影轴 x 垂直 。

这是因为力系若满足方程 $\sum M_A(\boldsymbol{F})=0$,则这个力系不可能简化为一个力偶,只可能是作用线通过 A 点的合力或平衡。同理,力系再满足方程$\sum M_B(\boldsymbol{F})=0$,该力系的简化结果只可能是通过 A,B 两点的一个合力或平衡。但当力系又满足方程$\sum X=0$ 时,AB 连线又不垂直于 x 轴,显然力系不可能有合力。这表明,只要满足以上三个方程以及 AB 连线不垂直于投影轴的附加条件,力系必平衡。

2. 三矩式平衡方程

三个平衡方程全为力矩形式的方程,即

$$\left.\begin{array}{l}\sum M_A(\boldsymbol{F})=0\\\sum M_B(\boldsymbol{F})=0\\\sum M_C(\boldsymbol{F})=0\end{array}\right\}\tag{4-9}$$

其中 A,B,C 是平面内不在同一直线上的任意三点。从二矩式方程可以很方便地分析得到,若力系满足式(4-9),则所讨论的力系必为平衡力系。

平面任意力系的三组平衡方程式(4-7)~(4-9)都可用来解决平面一般力系的平衡问题。选用哪一组方程须根据具体条件确定。对受平面力系作用的单个刚体,最多只可写出三个独立的平衡方程,求解三个未知量。任何第四个方程都不是独立的,但可以用来校核计算的结果。

例 4-4 T 形刚架 ABC 受均布力 $\boldsymbol{q}$,集中力 $\boldsymbol{P}$ 和矩为 M 的力偶作用,如图 4-14 所示。若 $P=14$ kN,$M=20$ kN·m,$q=0.5$ kN/m,$\alpha=45°$,$a=2$m,试求 A,B 处的约束反力。

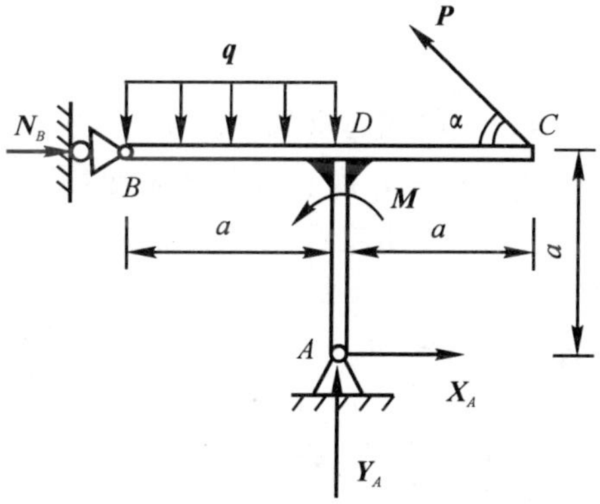

图 4-14

解 以整个刚架为研究对象。主动载荷如图 4-14 所示,约束力为固定铰支座 A 处的反力 $\boldsymbol{X}_A$ 和 Y_A,以及活动铰支座 B 处的反力 $\boldsymbol{N}_B$ 。总共 3 个未知力。由平面一般力系的二矩式平衡方程有

$\sum Y=0 \qquad Y_A+P\sin\alpha-qa=0$

$Y_A=qa-P\sin\alpha=$

$0.5\times2-14\times\sin45°=-8.899\text{kN}$

$\sum M_A(\boldsymbol{F})=0$,

$$-N_Ba+\frac{qa^2}{2}+M+Pa\sin\alpha+Pa\cos\alpha=0$$

$$N_B=\frac{qa}{2}+\frac{M}{a}+\sqrt{2}P=\frac{0.5\times2}{2}+\frac{20}{2}+\sqrt{2}\times14=30.29\text{ kN}$$

$$\sum M_B(\boldsymbol{F})=0,\qquad X_Aa+M+\frac{qa^2}{2}+Pa\sin\alpha=0$$

$$X_A = -\left(\frac{M}{a}+\frac{qa}{2}+P\sin\alpha\right) = -\left(\frac{20}{2}+\frac{0.5\times 2}{2}+14\times\frac{\sqrt{2}}{2}\right) = -20.399\ \text{kN}$$

Y_A 和 X_A 解出为负值,表明该两力的实际作用方向与图中所设方向相反。

若用三矩式平衡方程,同样可以得到以上结果,请读者自行练习。

平面平行力系的平衡方程 平面平行力系是平面一般力系的特殊情况。它是各力作用线在同一平面内且相互平行的力系,如图 4-15 所示。如选 x 轴与各力垂直,则不论力系是否平衡,每个力在 x 轴上的投影恒等于零,即 $\sum X=0$ 的条件自动满足。于是平面平行力系独立的平衡方程的数目只有两个,即

$$\left.\begin{aligned}&\sum Y=0\\&\sum M_O(\boldsymbol{F})=0\end{aligned}\right\} \tag{4-10}$$

或用两矩式的形式表示,即

$$\left.\begin{aligned}&\sum M_A(\boldsymbol{F})=0\\&\sum M_B(\boldsymbol{F})=0\end{aligned}\right\} \tag{4-11}$$

其中 A,B 两点的连线不能与各力平行。

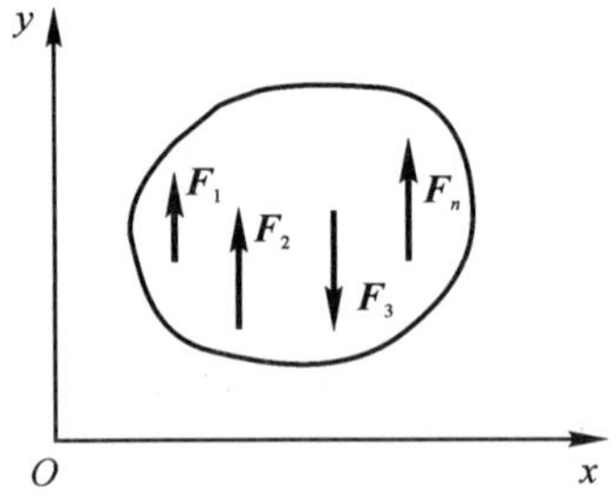

图 4-15

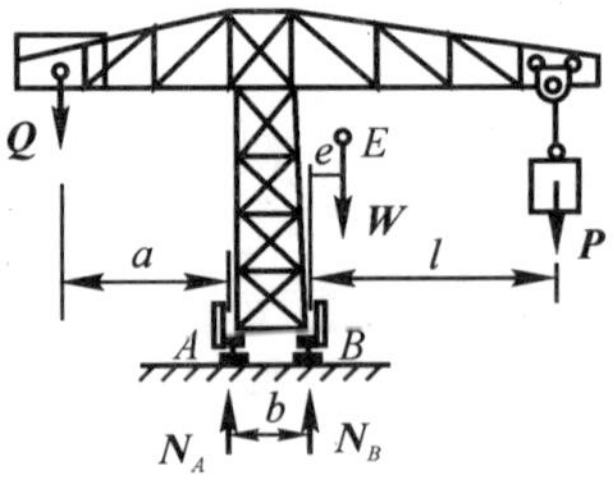

图 4-16

例 4-5 塔式起重机如图 4-16 所示。设起重机架的重力 $\boldsymbol{W}$ 的作用线离右轨 B 的距离为 e,轨距为 b,载重 $\boldsymbol{P}$ 离右轨 B 的最远距离为 l。并设所选定的平衡块重力 $\boldsymbol{Q}$ 的作用线离左轨 A 的距离为 a。要使起重机满载而且载重 $\boldsymbol{P}$ 在最远位置和空载时均不翻倒,试求平衡块的重力 $\boldsymbol{Q}$ 。

解 以塔式起重机整体为研究对象。欲使起重机不翻倒,作用在起重机上的力系应满足平衡条件。整机受力分析如图 4-16 所示,所有力构成平面平行力系。

当满载时,为使起重机不绕点 B 翻倒,必须满足 $N_A \geqslant 0$。由平衡方程

$$\sum M_B(\boldsymbol{F})=0 \qquad -Pl-We+Q(a+b)-N_Ab=0$$

求得

$$N_A=\frac{Q(a+b)-pl-We}{b}\geqslant 0 \tag{1}$$

由此得到平衡块的重力为

$$Q\geqslant\frac{Pl+We}{a+b}$$

空载时,$P=0$,若平衡块太重,起重机有绕点 A 向左翻倒的趋势。要使起重机不向左边翻倒,必须满足 $N_B\geqslant 0$,由平衡方程

$$\sum M_A(\boldsymbol{F})=0 \qquad -W(b+e)+Qa+N_Bb=0$$

求得
$$N_B=\frac{W(b+e)-Qa}{b} \tag{2}$$

由式(2)可以求出所允许的 Q 值为

$$Q\leqslant\frac{W(b+e)}{a}$$

总结上述两种情况，为了保证起重机在满载和空载时都不致翻倒，平衡块重力 Q 应满足的条件为

$$\frac{Pl+We}{a+b}\leqslant Q\leqslant\frac{W(b+e)}{a}$$

有了 W,P,l,b,e 等数据后，确定 Q 时，一般还应考虑选择合适的 a 值，即应考虑平衡臂的长短，a 值不能过大，否则起重机将不能平衡或者很不安全。

§4-5　物体系统的平衡

由几个物体彼此通过约束连接起来所组成的系统称为物体系统(multibody system)。在研究物体系统的平衡问题时，不仅要研究物体系统以外的物体对这个系统的作用，同时还要分析系统内各物体之间的相互作用。系统以外的物体对系统的作用力称为该系统的外力(external constraint forces)；系统内各物体之间相互作用的力称为该系统的内力(internal constraint forces)。就整个物体系统而言，内力总是成对出现的，所以在研究整体平衡时，不考虑内力的作用。当研究物体系统中某物体或某几个物体所形成的局部的平衡问题时，物体系统中其他物体对它们的作用力就成为外力，必须予以考虑。

当物体系统平衡时，组成该系统的每一个物体也必然处于平衡状态。因此在研究物体系统的平衡问题时，既可以取系统中的某个物体研究，也可以取几个物体的组合，或取整个系统研究，这要根据所研究问题的具体情况，以便于求解为原则，从而做出恰当地选取。对每一个受平面一般力系作用的研究对象，通常可写出三个独立的平衡方程。若系统由 n 个物体组成，则该系统最多可以写出 $3n$ 个独立的平衡方程，因而只能确定 $3n$ 个未知量。如果系统中的物体不是受平面一般力系的作用，独立平衡方程的总数目则会相应地减少。

由前面的讨论可以看到，每一种力系独立的平衡方程的数目都是一定的，因此，对每一种力系来说，能求解的未知量的数目也是一定的。如果所研究问题的未知量的数目少于或等于独立平衡方程的数目，所有未知量都能由平衡方程求出，这样的问题称为静定问题(statically determinate problems)。如图 4-17(a) 所示的三铰拱有 6 个未知数，共有 6 个独立的平衡方程，这是静定问题。如果所研究问题的未知量数目多于独立的平衡方程的数目，未知量不能全部由刚体静力平衡方程求出，这样的问题称为静不定问题(或超静定问题)(statically indeterminate problems)。例如图 4-17(b)，(c)，(d) 所示的重物、拱架和横梁 AB 都是静不定的，因为它们的未知量数目都多于独立的平衡方程的数目。

必须指出，静不定问题并不是不能解决的问题，而是不能仅用静力学平衡方程来解决的问题。求解静不定问题，需考虑到作用于物体上的力与物体变形之间的关系，列出补充方程才能解决。静不定问题超出了静力学的研究范围，将留待第二篇研究。

在求解物体系统的平衡问题时，要根据问题的特点，灵活而恰当地选取研究对象。列平衡方程的原则是：使每一个平衡方程中的未知量尽可能地少，最好是一个方程只含有一个未知

量，以避免求解联立方程。所以，选择合适的研究对象是方便求解物系平衡问题的关键所在。

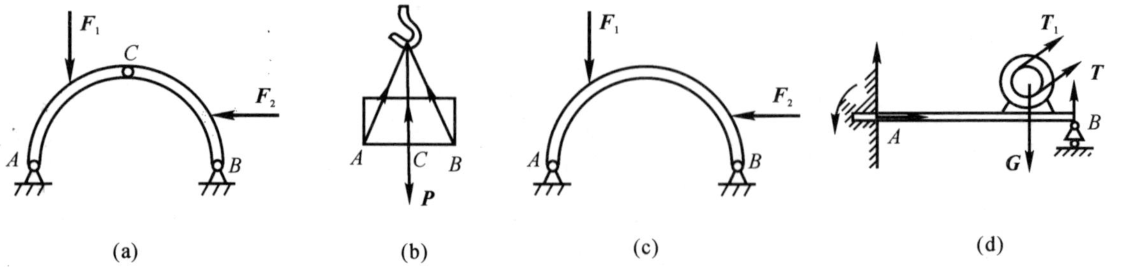

图 4-17

下面通过实例来说明各种物体系统平衡问题的解法。

例 4-6 图 4-18 所示静定多跨梁由 AB 梁和 BC 梁用中间铰 B 连接而成，支承和载荷情况如图 4-18(a)所示。已知 $P=20\ \text{kN}$，$q=5\ \text{kN/m}$，$\alpha=45°$。求支座 A，C 的反力和中间铰 B 处的压力。

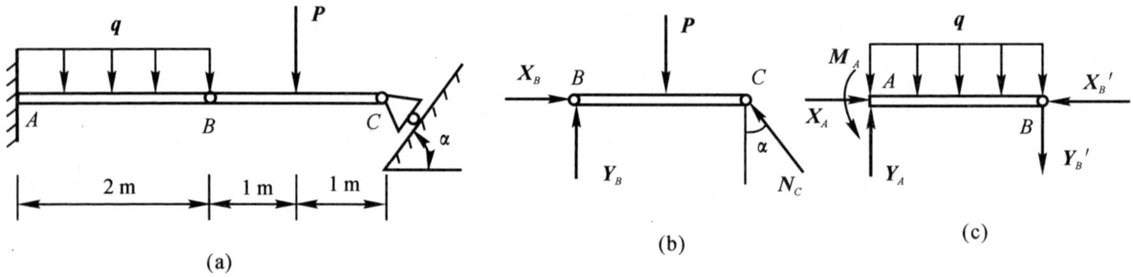

图 4-18

解 1. 以 BC 梁为研究对象，受力分析如图 4-18(b) 所示，列平衡方程并求解，得到

$$\sum M_B(\boldsymbol{F})=0 \qquad -P\frac{BC}{2}+N_C\cos\alpha BC=0$$

$$N_C=\frac{P}{2\cos\alpha}=\frac{20}{2\cos45°}=14.14\ \text{kN}$$

$$\sum X=0 \qquad X_B-N_C\sin\alpha=0$$

$$X_B=N_C\sin\alpha=14.14\times\sin45°=10\ \text{kN}$$

$$\sum Y=0 \qquad Y_B-P+N_C\cos\alpha=0$$

$$Y_B=P-N_C\cos\alpha=20-14.14\cos45°=10\ \text{kN}$$

2. 再以 AB 梁为研究对象，受力分析如图 4-18(c)所示，其中 B 处的作用力应按作用与反作用的原则与 BC 中 B 处的受力相对应。由该物体的平衡有

$$\sum X=0 \qquad X_A-X'_B=0$$

$$X_A=X_B'=10\ \text{kN}$$

$$\sum Y=0 \qquad Y_A-qAB-Y_B'=0$$

$$Y_A=2q+Y_B'=2\times5+10=20\ \text{kN}$$

$$\sum M_A(\boldsymbol{F})=0 \qquad M_A-\frac{1}{2}qAB^2-Y_B'AB=O$$

$$M_A = 2q + 2Y_B = 2 \times 5 + 2 \times 10 = 30 \text{ kN} \cdot \text{m}$$

本题第二个研究对象也可不取 AB，而是在求得 C 处反力后再以整体 ABC 为研究对象，同样可以得到上述结果。

例 4-7 三铰拱架如图 4-19(a) 所示，支座 A，B 在同一水平线上，受均布载荷 $\boldsymbol{q}$ 作用，右半部 BC 还受一向右的集中力 $\boldsymbol{P}$ 作用。长度大小如图 4－19 所示。求支座 A，B 的约束反力 。

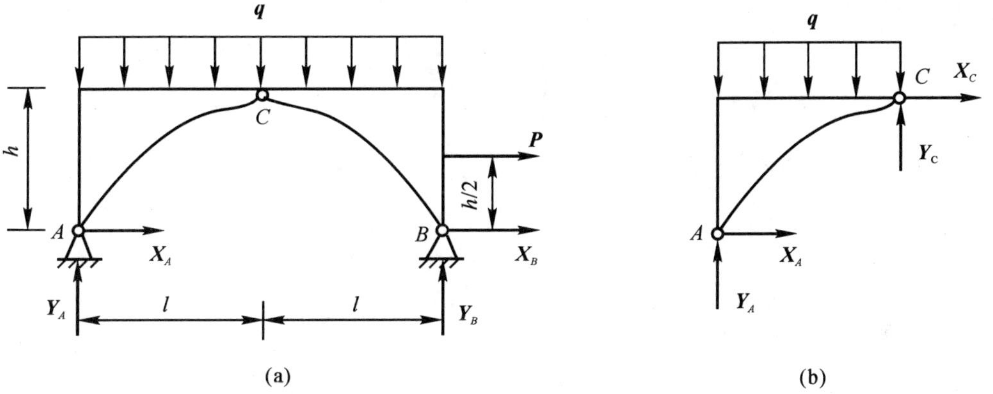

图 4-19

解 1. 取三铰拱架整体为研究对象。受力分析如图 4-19(a) 所示。它有四个未知数，而独立的平衡方程只有三个，因此不能将全部未知数解出。但由于 A，B 在同一个水平线上，所以可以解出一部分未知数。列平衡方程

$$\sum M_A(\boldsymbol{F}) = 0 \qquad Y_B 2l - P\frac{h}{2} - q2l^2 = 0$$

$$Y_B = ql + \frac{Ph}{4l}$$

$$\sum M_B(\boldsymbol{F}) = 0 \qquad -Y_A 2l + q2l^2 - P\frac{h}{2} = 0$$

$$Y_A = ql - \frac{Ph}{4l}$$

$$\sum X = 0 \qquad X_A + X_B + P = 0 \tag{1}$$

2. 再以左半拱 AC 为研究对象。受力分析如图 4-19(b) 所示。其中约束力有四个，但 Y_A 已经求得，剩下的三个未知力可以全部求得。由平衡条件

$$\sum M_C(\boldsymbol{F}) = 0 \qquad X_A h - Y_A l + \frac{ql^2}{2} = 0$$

解得

$$X_A = \frac{ql^2}{2h} - \frac{P}{4}$$

将 X_A 代入式(1)，得到

$$X_B = -\left(\frac{ql^2}{2h} + \frac{3}{4}P\right)$$

到此已得出本题所要求的解答。若题目还要求中间铰 C 处的内力 $\boldsymbol{X}_C$，$\boldsymbol{Y}_C$ 的大小，则继续

对研究对象 AC 应用另外两个平衡条件即可解得。读者可自行解之。

本题若先分析 AC 或 BC 半拱，将需要解复杂的联立方程。

例 4-8 图 4-20(a)所示为曲轴冲床简图，由轮 I、连杆 AB 和冲头 B 组成。A，B 两处为铰链连接。$OA=R$，$AB=l$。如忽略摩擦和物体的自重，当 OA 在水平位置，冲压力为 $\boldsymbol{P}$ 时，求：(1) 作用在轮 I 上的力偶矩 M 的大小；(2) 轴承 O 处的反力；(3) 连杆 AB 受的力；(4) 冲头给导轨的侧压力 。

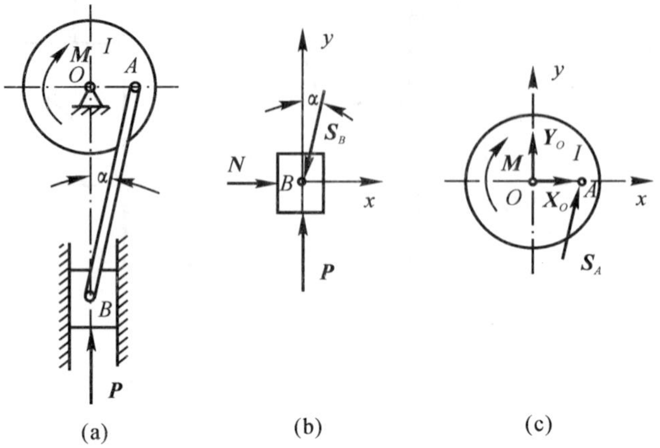

图 4-20

解 1. 首先以冲头为研究对象。其上受力有冲压阻力 $\boldsymbol{P}$、导轨反力 $\boldsymbol{N}$ 以及连杆的作用力 $\boldsymbol{S}_B$。因为连杆是二力杆，$\boldsymbol{S}_B$ 也就是连杆的内力，表示为图示方向即假设连杆受压。如图 4-20(b)所示。它是一个平面汇交力系，由平衡方程，得

$$\sum Y=0 \qquad P-S_B\cos\alpha=0$$

$$S_B=\frac{P}{\cos\alpha}=P\frac{l}{\sqrt{l^2-R^2}}$$

$$\sum X=0 \qquad N-S_B\sin\alpha=0$$

$$N=S_B\sin\alpha=P\tan\alpha=P\frac{R}{\sqrt{l^2-R^2}}$$

2. 再以轮 I 为研究对象。受力分析如图 4-20(c)所示。由平衡方程

$$\sum M_O(\boldsymbol{F})=0 \qquad S_A\cos\alpha R-M=0$$

得

$$M=S_A\cos\alpha R=PR$$

$$\sum X=0 \qquad X_O+S_A\sin\alpha=0$$

$$X_O=-S_A\sin\alpha=-P\frac{R}{\sqrt{l^2-R^2}}$$

$$\sum Y=0 \qquad Y_O+S_A\cos\alpha=0$$

$$Y_O=-S_A\cos\alpha=-P$$

负号说明力 $\boldsymbol{X}_O$，$\boldsymbol{Y}_O$ 的方向与图中假设的方向相反。

例 4-9 构架如图 4-21(a)所示。已知 $l=2R$，$BD=2l$，C 为 BD 的中点，物重为 P。各杆

及滑轮的重力不计，铰链均是光滑的，绳子不可伸长。试求 A,B 处的约束反力及 C 处的内力。

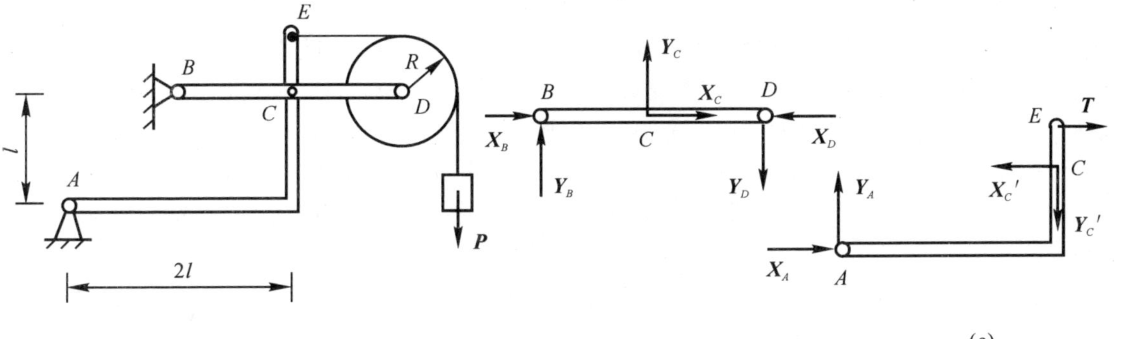

图 4-21

解 本题先取整体不能解出任何未知数，而对各个构件的研究应以能解出部分未知数者为先，故

1. 先以 BD 为研究对象，受力分析如图 4-21(b) 所示。其中 $\boldsymbol{X}_D$ 和 $\boldsymbol{Y}_D$ 由对滑轮的分析可知其大小均为 P。所以 BD 上的未知力有四个。由平衡方程得

$$\sum M_C(\boldsymbol{F}) = 0 \qquad -Y_B l - Y_D l = 0 \tag{1}$$

$$Y_B = -Y_D = -P$$

$$\sum M_B(\boldsymbol{F}) = 0 \qquad Y_C l - Y_D \times 2l = 0 \tag{2}$$

$$Y_C = 2Y_D = 2P$$

$$\sum X = 0 \qquad X_B + X_C - X_D = 0 \tag{3}$$

式(3)中有两个未知量 X_B 和 X_C，由此不能解出任何一个，还需应用其他方程。

由式(1) 解得 Y_B 为负值，说明实际 Y_B 的方向与图示方向相反。

2. 再取 ACE 杆为研究对象。受力分析如图 4-21(c) 所示，其中 T 力为绳子拉力，大小与物块重力 P 相等，Y_C' 已求出。由平衡方程

$$\sum M_A(\boldsymbol{F})=0 \qquad X_C'l - Y_C' \times 2l - T(l+R)=0$$

得
$$X_C' = X_C = 2Y_C + \frac{3}{2}P = \frac{11}{2}P$$

将 X_C 代入式(3)，即得

$$X_B = X_D - X_C = -\frac{9}{2}P$$

由
$$\sum X=0 \qquad X_A + T - X_C' = 0$$

得
$$X_A = X_C' - P = \frac{9}{2}P$$

由
$$\sum Y=0 \qquad Y_A - Y_C' = 0$$

得
$$Y_A = Y_C' = 2P$$

本题的研究对象还可按如下方法选取：先取 BD 及滑轮一起研究；再以 ACE 研究；或第二个研究对象取整体等多种方式。请读者自行练习。

求解物体系统的平衡问题与求解单个刚体的平衡问题并无本质的差别。一般都遵循如下

步骤：① 恰当地选取研究对象；② 画受力图；③ 列平衡方程并求解。无论物体系统怎样复杂，只要问题是静定的，采取把系统逐个拆开进行分析的方法，其平衡问题总能得到求解。但若能根据问题的具体情况，依次选择合适的研究对象和恰当的平衡方程，将会使求解过程大大简化。这就是求解物体系统和单个刚体平衡问题的差别。按何种顺序选择什么样的研究对象，这存在多种可能性。为选择比较简便的解题方案，我们应注意：

(1) 首先考虑是否可选择整体为研究对象。一般来说，如整体的外约束反力不超过三个，或虽超过三个却可通过选择合适的平衡方程先求出一部分未知量时，应首先选取整体为研究对象。

(2) 若以整体研究不能求得任何未知量或者题目还要求解内力时，应考虑取系统中的某单个刚体或若干刚体组成的局部来研究。这时一般应先取受力较简单、未知力较少且包含已知力的部分为研究对象。

(3) 解题方案确定后，应能正确地画出受力图。应注意：① 必须单独取出研究对象画受力图，不能几个受力图都画在一起，以免混淆。② 应特别注意各受力之间的统一和协调。在整体受力图上已经假定了某力的方向，则在单个刚体或局部物体的受力图上，这些力的方向和符号必须前后保持一致。再例如作用力和反作用力一定要表示正确，因为这是求解物体系统平衡问题的桥梁。

(4) 对于平衡方程的选择，要注意无需建立与求解无关的方程，并尽量做到一个方程解一个未知数。解题时最好用文字符号运算，得到结果后再代入数据。解题结束后，应进行校核。

§4-6　考虑摩擦时的平衡问题

摩擦(friction)是一种普遍存在于机械运动中的自然现象。人行走，车行驶，机器运转等无一不存在摩擦。但是在前面的讨论中都假设物体之间的接触是完全光滑的，这当然是对问题的一种理想化的处理方式。事实上，所有物体都具有不同程度的粗糙面，当物体沿接触面运动或有运动趋势时，由于接触面间的不平整，产生了对运动的阻力，这种阻力称为摩擦力(friction force)。当物体的接触面间足够光滑或有良好的润滑时，摩擦力对所研究的问题不起主要作用，忽略摩擦力是允许的。但在某些情况下，摩擦力对物体的平衡有着重要的作用，忽略摩擦将对计算结果造成较大误差，此时必须考虑摩擦。

摩擦在生产和生活中起着很重要的作用。它既有对人们有利的一面，如机床的卡盘靠摩擦夹紧工件，皮带靠摩擦传递运动，制动器靠摩擦刹车。没有摩擦人就不能走路，车辆就不能行驶等。摩擦又有其不利的一面，如摩擦会使机件磨损，使机械发热、消耗能量、降低效率并减少使用寿命。因此，有必要研究摩擦的特性，尽量利用其有利的一面而减少其不利的影响。

一、滑动摩擦

当两个相互接触的物体有相对滑动或相对滑动趋势时，彼此间存在着阻碍滑动的机械作用，这种现象称为滑动摩擦，这种机械作用称为滑动摩擦力(sliding friction force)。滑动摩擦力作用在接触面的切平面内，方向总是与物体的相对滑动或相对滑动趋势方向相反。滑动摩擦又分为两种：静滑动摩擦和动滑动摩擦。

1. 静滑动摩擦

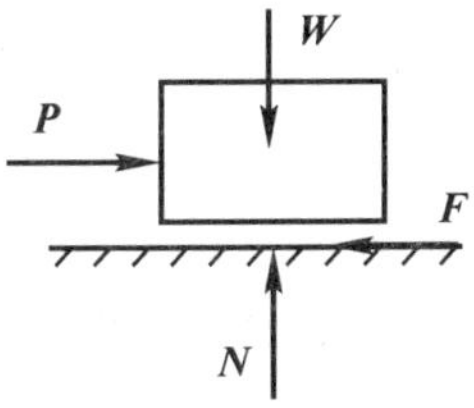

图 4-22

当两接触物体间仅有相对滑动趋势，但仍保持相对静止时，彼此间存在的阻碍作用称为静滑动摩擦。阻碍运动的阻力称为静滑动摩擦力(static sliding friction force)，简称静摩擦力。静摩擦力的特性可用图 4-22 所示的装置来说明。在固定的水平面上放置一重力为 **W** 的物体，并在其上作用一水平向右的推力 **P**，当 **P** 力在一定范围内变化时，物体仅有滑动趋势而仍处于平衡状态。此时，固定面除对物体作用有法向反力 **N** 外，还有阻碍其运动的静摩擦力 **F**，**F** 随 **P** 力的改变而改变，其大小由平衡方程决定。当 **P** 力达到其临界值 P_K 时，**F** 也达到它的最大值 F_{max}。**P** 力超过临界值 P_K，平衡被破坏，物体将沿支承面滑动。由此可见，静摩擦力 **F** 是一个范围值

$$0 \leqslant F \leqslant F_{max} \tag{4-12}$$

F_{max} 是物体达到临界状态时的摩擦力，称为极限摩擦力(maximum static friction force)，即两接触物体间静滑动摩擦力的最大值。

实验表明，极限摩擦力与接触面间的正压力 **N** 成正比，即

$$F_{max} = fN \tag{4-13}$$

这就是静滑动摩擦定律。式中 f 称为静滑动摩擦因数，是一个无量纲的正数。它与接触物体的材料、接触面的粗糙程度、温度、湿度和表面的润滑情况等因素有关，而与接触面积的大小无关。表 4-1 列出了部分常用材料的摩擦因数。应该指出，式(4-13)是由实验得到的近似公式，它远不能完全反映出静滑动摩擦的全部。但由于公式简单，计算方便，并有足够的准确性，所以在工程中被广泛采用。

表 4-1　常用材料的摩擦因数

材料名称	摩　擦　因　数			
	静摩擦因数(f)		动摩擦因数(f')	
	无润滑剂	有润滑剂	无润滑剂	有润滑剂
钢-钢	0.15	0.10 ~ 0.12	0.15	0.05 ~ 0.10
钢-铸铁	0.30		0.18	0.05 ~ 0.15
钢-青铜	0.15	0.10 ~ 0.15	0.15	0.10 ~ 0.15
铸铁-铸铁		0.18	0.15	0.07 ~ 0.12
青铜-青铜		0.10	0.20	0.07 ~ 0.10
皮革-铸铁	0.30 ~ 0.50	0.15	0.60	0.15
橡皮-铸铁			0.80	0.50
木-木	0.40 ~ 0.60	10	0.20 ~ 0.50	0.07 ~ 0.15

2. 动滑动摩擦

当两接触物体间有相对滑动时，彼此间的阻碍作用称为动滑动摩擦，其阻力为动滑动摩擦力(dynamic sliding friction force)，用 **F′** 表示。由实验可知，动滑动摩擦力是一个确定的值，其大小与接触面间的法向正压力 **N** 成正比。

$$F' = f'N \tag{4-14}$$

式(4-14)即是动滑动摩擦定律，式中 f' 称为动滑动摩擦因数，它与接触物体的材料、表面状况以及相对速度有关。其值一般略小于静摩擦因数，即 $f' < f$。将常见材料的动滑动摩擦因数

列于表 4-1 中。有时在计算精度要求不高时，可近似认为 $f' = f$。

式(4-13) 和式(4-14) 统称为库仑摩擦定律(Coulomb law of friction)。

3. 摩擦角与自锁现象 对静滑动摩擦，支承面的反力包括法向反力 $\boldsymbol{N}$ 和静滑动摩擦力 $\boldsymbol{F}$，它们的合力 $\boldsymbol{R}$ 称为支承面的全反力。全反力相对接触面的法线有一偏角 φ(见图 4-23(a))。在平衡的临界状态，$\boldsymbol{R} = \boldsymbol{N} + \boldsymbol{F}_{\max}$，上述偏角达到最大值的 φ_m，φ_m 角被称为摩擦角(angle of friction)，如图 4-23(b) 所示。显然

$$\tan\varphi_m = \frac{F_{\max}}{N} = \frac{fN}{N} = f \qquad (4\text{-}15)$$

即摩擦角的正切等于静滑动摩擦因数 f。

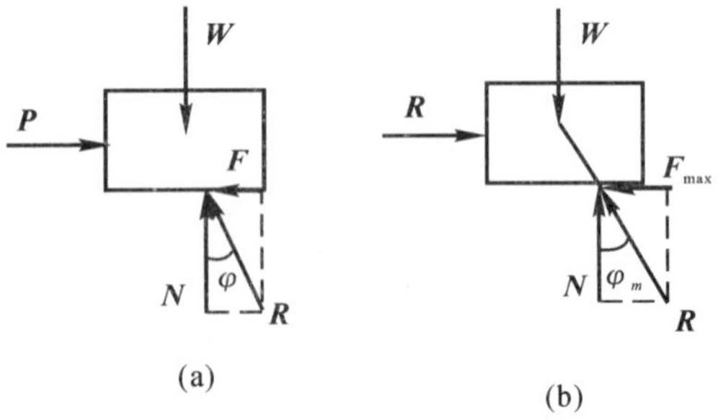

图 4-23

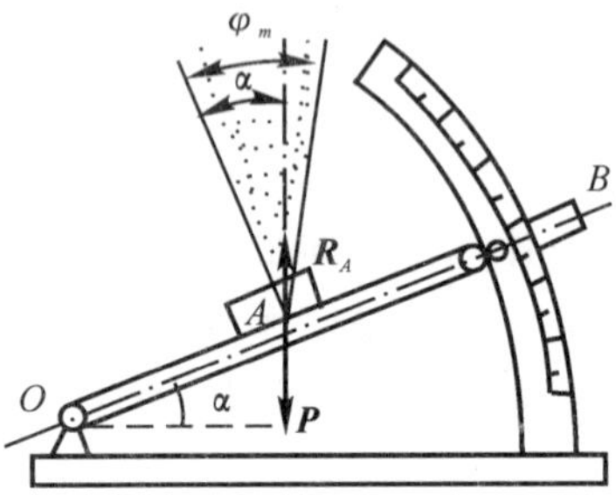

图 4-24

根据上述关系，可以很方便地用实验的方法测定两物体间的静滑动摩擦因数。把要测定摩擦因数的两种材料做成物块和斜面板。将物块放在斜面板上，逐渐增大斜面板的倾角 α，如图 4-24 所示。当物块开始下滑时的 α 角就是要测定的摩擦角 φ_{m}。由式(4-15) 即可得到该两物体间的静滑动摩擦因数 f。

物体平衡时，由于静摩擦力不能超出其最大值 $F_{\max}$，因而全反力的作用线不能超出摩擦角，即全反力必在摩擦角以内。所以，如果于物体上的全部主动力的合力 $\boldsymbol{Q}$ 的作用线在摩擦角以内，那么无论这个力有多大，总有一个全反力 $\boldsymbol{R}$ 与之等值反向，使物体保持静止，这种现象称为自锁(self-lock) 现象。把 $\boldsymbol{Q}$ 与法线间的夹角 α 满足的条件 $\alpha \leqslant \varphi_{\mathrm{m}}$ 称为自锁条件。自锁条件仅与主动力合力的方位有关，而与其大小无关。

如果全部主动力的合力 $\boldsymbol{Q}$ 的作用线在摩擦角以外，则无论这个力怎样小，物体一定不能平衡。因为在这种情况下，支承面的全约束反力 $\boldsymbol{R}$ 与 $\boldsymbol{Q}$ 不能满足二力平衡条件。

求解考虑摩擦的平衡问题时的基本方法和步骤与以前的做法相同，只是在受力分析和建立平衡方程时需要将摩擦力考虑在内。因此，正确分析摩擦力是解决此类问题的关键。静滑动摩擦力的方向总是与被阻碍物体的运动趋势方向相反，其大小是一个范围值，即 $0 \leqslant F \leqslant fN$。因此，分清物体接触处的摩擦是否达到平衡的临界状态颇为重要。如未达到临界状态，则滑动摩擦力作为切向约束反力，是个未知量，指向可以任意假设，大小由平衡方程求出。若平衡达到临界状态，此时的摩擦力达到最大值 $F_{\max}$，其值由库仑摩擦定律 $F_{\max} = fN$ 确定，方向与相对滑动趋势相反，不能任意假设。工程实际中的许多问题需要分析平衡的临界状态，确定物体的平衡范围。

例 4-10 物体重力为 $\boldsymbol{P}$，放在倾角为 α 的斜面上，它与斜面间的摩擦因数为 f，如图 4-25

所示。当物体处于平衡状态时，试求水平力 $\boldsymbol{Q}$ 的大小。设 $\alpha > \varphi_m = \tan^{-1} f$。

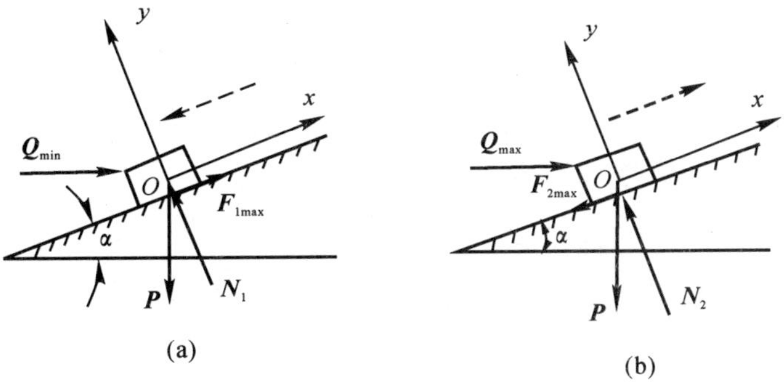

图 4-25

解　由分析可知，若 $\boldsymbol{Q}$ 力过大，物块将向上运动；若 $\boldsymbol{Q}$ 力太小，物块又向下滑动。因此，$\boldsymbol{Q}$ 在一定范围内变化时，物块均能保持平衡。

先求出使物体处于不致下滑所需的最小推力 Q_{min}。当力 Q 达到此值时，物体处于将要下滑的临界状态。以物块为研究对象，受力分析如图 4-25(a) 所示。由于物块处于临界平衡状态，所以摩擦力达到最大值，方向沿斜面向上。由平衡条件有

$$\sum X=0 \qquad Q_{min}\cos\alpha - P\sin\alpha + F_{1max}=0 \tag{1}$$

$$\sum Y=0 \qquad -Q_{min}\sin\alpha + N_1 - P\cos\alpha=0 \tag{2}$$

由静摩擦定律，可列补充方程

$$F_{1max}=fN_1 \tag{3}$$

以上三式联立求解，可以得到

$$Q_{min}=\frac{\sin\alpha - f\cos\alpha}{\cos\alpha + f\sin\alpha}P$$

其次再求使物块不致上滑所需的最大推力 Q_{max}。此时物块达到向上滑动的临界状态，摩擦力也达到最大值。仍以物块为研究对象，受力分析如图 4-25(b) 所示。可列出相应的方程

$$\sum X=0 \qquad Q_{max}\cos\alpha - F_{2max} - P\sin\alpha=0 \tag{4}$$

$$\sum Y=0 \qquad -Q_{max}\sin\alpha + N_2 - P\cos\alpha=0 \tag{5}$$

$$F_{2max}=fN_2 \tag{6}$$

由以上三式可以解得

$$Q_{max}=\frac{\sin\alpha + f\cos\alpha}{\cos\alpha - f\sin\alpha}P$$

所以，要维持物块在斜面上平衡，力 $\boldsymbol{Q}$ 应满足的条件是

$$\frac{\sin\alpha - f\cos\alpha}{\cos\alpha + f\sin\alpha}P \leqslant Q \leqslant \frac{\sin\alpha + f\cos\alpha}{\cos\alpha - f\sin\alpha}P$$

本题也可利用摩擦角的概念求解。由图 4-26(a) 可见，物块具有向下滑动的趋势，在达到临界状态时，将法向反力和最大静摩擦力用最大全反力 $\boldsymbol{R}$ 代替，物块在 $\boldsymbol{P}$,$\boldsymbol{R}$,$\boldsymbol{Q}_{min}$ 三个力作用下处于平衡状态。由汇交力系平衡的几何条件，可画出如图 4-26(b) 所示的封闭的力三角形，按三角形关系解得

$$Q_{min}=P\tan(\alpha - \varphi_m)=\frac{\sin\alpha - f\cos\alpha}{\cos\alpha + f\sin\alpha}P$$

用同样方法分析物块有向上滑动趋势的情况，受力图和力三角形分别如图 4-26(c)，(d)所示。可以求得

$$Q_{\max}=P\tan(\alpha+\varphi_m)=\frac{\sin\alpha+f\cos\alpha}{\cos\alpha-f\sin\alpha}P$$

综合以上两种结果，得到物体平衡时力 $\boldsymbol{Q}$ 的范围与用解析法所得结果完全相同。在三力平衡的问题中，有时用几何法更为简便。

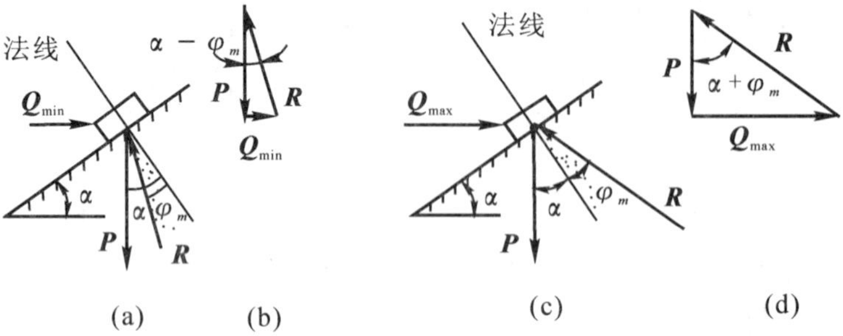

图　4-26

例 4-11　均质杆 AB 的重力 $P=400$ N，两端分别与不计质量的两个滑块铰接，滑块 A，B 分别置于水平和铅直滑槽内，滑块 A 与挂有重物的绳子相连，重物的重力 $W=100$ N，如图 4-27(a) 所示。若 B 处光滑，A 处粗糙，试求平衡时，(1) A 块所受的摩擦力为多少？(2) 保证 A 块不滑动所需摩擦因数的最小值。

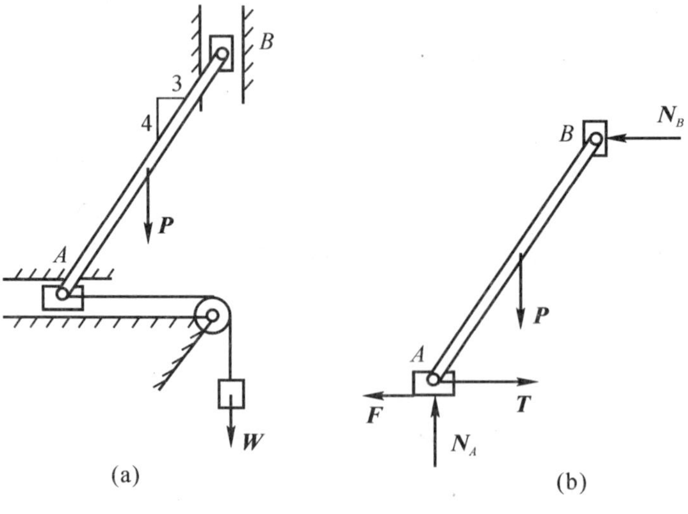

图　4-27

解　(1) 此时摩擦力并不一定达到最大值，故应由平衡方程求解。以杆及滑块为研究对象，受力分析如图 4-27(b) 所示。未知力共有三个，$\boldsymbol{N}_B$，$\boldsymbol{N}_A$ 和 $\boldsymbol{F}$。由平衡方程

$$\sum Y=0 \qquad N_A-P=0$$

求得

$$N_A=P=400\ \text{N}$$

再由 $\sum M_B(\boldsymbol{F})=0 \quad T\times AB\times\frac{4}{5}-F\times AB\times\frac{4}{5}+P\times\frac{AB}{2}\times\frac{3}{5}-N_A\times AB\times\frac{3}{5}=0$

将 $T=W=100$ N 代入，可以解得

$$F=T+\frac{3}{8}P-\frac{3}{4}N_A=-50\ \text{N}$$

负号说明滑块 A 实际受到的摩擦力是向右的。此题中，由于摩擦力未达到最大值，因此其方向可以任意假设。

(2) 由于 $fN=F_{max}\geqslant F$，故保证 A 块不滑动的摩擦因数为

$$f\geqslant\frac{F}{N}=\frac{50}{400}=0.125$$

因而

$$f_{min}=0.125$$

例 4-12 图 4-28(a) 所示为一制动装置。制动块与滑轮表面的摩擦因数为 f，作用在滑轮上的力偶的力偶矩为 $\boldsymbol{M}$，长度大小如图所示。试求制动滑轮所需的最小力 P_{min}。

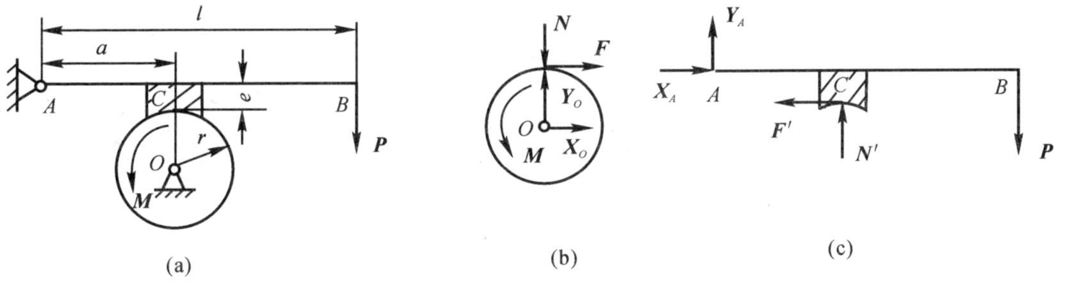

图 4-28

解 1. 先以滑轮为研究对象，受力分析如图 4-28(b) 所示。在逆时针力偶的作用下，滑轮有逆时针转动的趋势，摩擦块 C 作用于滑轮的力有正压力 $\boldsymbol{N}$ 和向右的摩擦力 $\boldsymbol{F}$。由力矩平衡方程，有

$$\sum M_O(\boldsymbol{F})=0 \qquad M-Fr=0$$

解得

$$F=\frac{M}{r}$$

2. 再研究制动杆 AB，受力分析如图 4-28(c) 所示。其中 $\boldsymbol{N}'$ 和 $\boldsymbol{F}'$ 分别为滑轮对摩擦块 C 的正压力和静滑动摩擦力，是 $\boldsymbol{N}$ 和 $\boldsymbol{F}$ 的反作用力。由力矩平衡方程

$$\sum M_A(\boldsymbol{F})=0 \qquad N'a-F'e-Pl=0$$

解得

$$N'=\frac{F'e+Pl}{a}$$

考虑到 $N=N'$，$F=F'\leqslant F_{max}=fN$

有

$$\frac{M}{r}\leqslant f\,\frac{\frac{M}{r}e+Pl}{a}$$

或

$$P\geqslant\frac{M(a-fe)}{lrf}$$

故 $$P_{\min}=\frac{M(a-fe)}{lrf}$$

例 4-13 图 4-29(a) 所示为一凸轮机构。已知推杆与滑道间的摩擦因数为 f，滑道宽度为 b。问 a 为多大时推杆才能不被卡住。凸轮与推杆接触处的摩擦忽略不计。

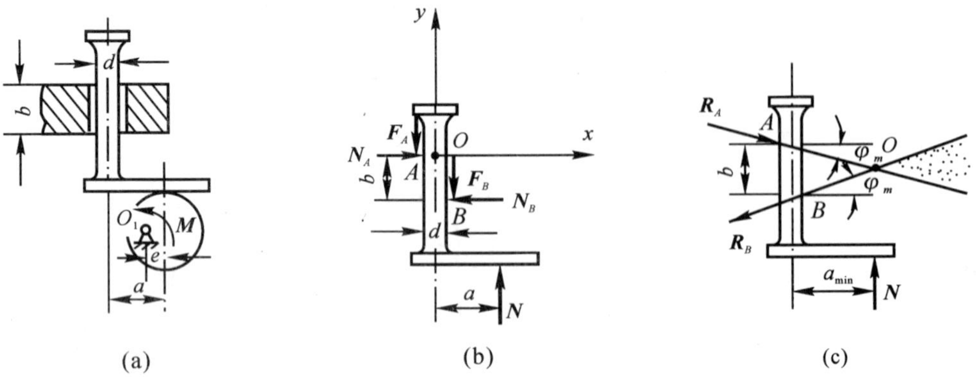

图 4-29

解 以推杆为研究对象。受力分析如图 4-29(b) 所示。推杆除受凸轮推力 $\boldsymbol{N}$ 作用外，由于推杆与滑道间略有间隙，可以认为推杆与滑道在 A，B 处接触，因而受到滑道的法向反力 $\boldsymbol{N}_A$，$\boldsymbol{N}_B$ 和摩擦力 $\boldsymbol{F}_A$，$\boldsymbol{F}_B$。设推杆处于平衡状态(被卡住)，由平衡方程，得

$$\sum X=0 \qquad N_A-N_B=0 \tag{1}$$

$$\sum Y=0 \qquad -F_A-F_B+N=0 \tag{2}$$

$$\sum M_O(\boldsymbol{F})=0, \qquad Na-N_Bb-F_B\frac{d}{2}+F_A\frac{d}{2}=0 \tag{3}$$

考虑推杆平衡时

$$F_A\leqslant F_{A\max}=fN_A \tag{4}$$

$$F_B\leqslant F_{B\max}=fN_B \tag{5}$$

联立以上各式可以解得

$$a\geqslant\frac{b}{2f}$$

它与凸轮作用于推杆的力 $\boldsymbol{N}$ 及推杆直径 d 无关。要保证机构不发生自锁(即不被卡住)，就必须使 $a<\dfrac{b}{2f}$。

本题也可用摩擦角求解。将 A，B 处的摩擦力和法向反力分别用全反力 $\boldsymbol{R}_A$ 和 $\boldsymbol{R}_B$ 表示，对临界情况，最大全反力 $\boldsymbol{R}_A$，$\boldsymbol{R}_B$ 方向如图 4-29(c) 所示。全反力 $\boldsymbol{R}_A$ 和 $\boldsymbol{R}_B$ 的交点只可能在图示阴影部分，当推杆受三力 $\boldsymbol{N}$，$\boldsymbol{R}_A$ 和 $\boldsymbol{R}_B$ 作用，且力 N 的作用线通过阴影部分时，推杆自锁；相反，当力 N 的作用线落于阴影之外时，三力不可能平衡，推杆可动。$\boldsymbol{N}$，$\boldsymbol{R}_A$，$\boldsymbol{R}_B$ 三力的交点 O 到推杆中心线的距离是推杆被卡住的最小值 $a_{\min}$。由图中几何关系可得推杆不被锁住的条件为

$$a<\frac{b}{2}\cot\varphi_{\mathrm{m}}=\frac{b}{2f}$$

* 二、滚动摩阻的概念

滚动摩阻(rolling resistance)是指一个物体沿另一个物体的表面作相对滚动或具有滚动趋势时的阻碍作用。由实际经验可知,滚动比滑动容易,表明滚动比滑动受到的阻碍小。所以在实践中,为了提高效率,降低劳动强度,经常用滚动代替滑动。例如,搬运重物时,在重物下面垫上滚杆,就是此类应用的实例。下面分析滚动摩阻的特性。

设在水平面上有一滚子,所受重力为 $\boldsymbol{W}$,半径为 r,在其中心作用一水平力 $\boldsymbol{P}$(见图 4-30)。当力 $\boldsymbol{P}$ 不大时,滚子仍保持静止。由滚子的受力情况可知,滚子在与平面接触点处所受的法向反力 $\boldsymbol{N}$ 与滚子重力 $\boldsymbol{W}$ 平衡;而阻碍滚子滑动的静滑动摩擦力 $\boldsymbol{F}$ 与力 $\boldsymbol{P}$ 等值反向,作用线平行。如果支承面的反力仅有 $\boldsymbol{N}$ 和 $\boldsymbol{F}$,滚子将不能保持平衡,因为 $\boldsymbol{P}$ 和 $\boldsymbol{F}$ 组成的力偶将使滚子发生滚动。实际上,当力 $\boldsymbol{P}$ 不大时,滚子是平衡的,这是因为滚子和支承面接触处都会发生局部变形所致。滚子在接触处一定的面积内受到分布的约束力(见图 4-30(a)),将该分布力向滚子最低点 A 简化,得一主矢 $\boldsymbol{R}$,可分解为 $\boldsymbol{N}$ 和 $\boldsymbol{F}$,还有一个主矩 M_δ(见图 4-30(b))。由此可见,支承面除了有 $\boldsymbol{N}$ 和 $\boldsymbol{F}$ 之外,还有阻碍滚子产生滚动的约束反力偶,这个反力偶被称为滚动摩阻力偶,其力偶矩为 M_δ,它与主动力偶($\boldsymbol{P}$,$\boldsymbol{F}$)相平衡,并随力 $\boldsymbol{P}$ 的增加而增加,但其有一个极限值。当 M_δ 达到极限值 $M_{\delta\max}$ 时,如果力 $\boldsymbol{P}$ 继续增加,则滚子开始滚动。

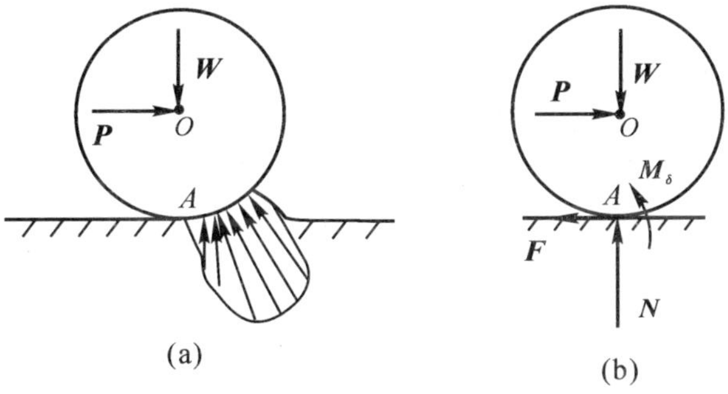

图 4-30

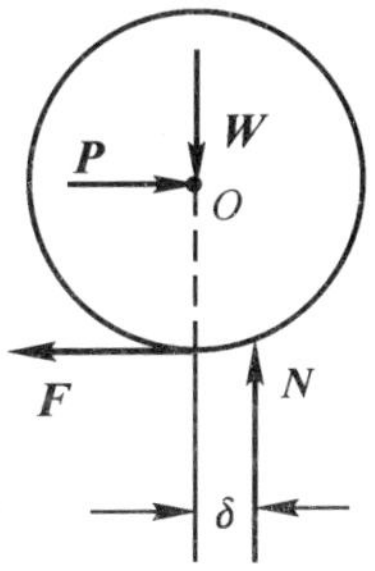

图 4-31

由此可知,滚动摩阻力偶矩有一个范围值,此值介于零与最大值之间,即

$$0 \leqslant M_\delta \leqslant M_{\delta\max} \tag{4-16}$$

式中 $M_{\delta\max}$ 称为最大滚动摩阻力偶矩。实验表明:最大滚动摩阻力偶矩与滚子半径无关,而与法向反力成正比

$$M_{\delta\max} = \delta N \tag{4-17}$$

这就是滚动摩擦定律。其中 δ 为比例常数,称为滚动摩阻系数。它的值与接触面的材料及其硬度有关,与滚子半径无关。应当注意,δ 是具有长度的量纲,单位一般用 mm 或 cm ,其物理意义为:在滚子即将开始滚动时,法向反力 $\boldsymbol{N}$ 偏离中心线的最远距离(见图 4-31)。

由于滚动摩阻系数较小,因此在大多数情况下滚动摩阻可以忽略不计。

例 4-14 轮子半径 $r=40$ cm ,载重 $W=2\ 000$ N ,推力为 $\boldsymbol{P}$,设滑动摩擦因数 $f=0.6$。滚动摩阻系数 $\delta=0.24$ cm ,试求推动此轮前进的力 $\boldsymbol{P}$。

解 以轮子为研究对象。受力分析如图 4-32 所示。这是一个平面一般力系。

轮子的运动有两种可能:滑动和滚动。下面将分别研究。

首先分析滚动的情况。由平衡方程有

$$\sum Y=0 \qquad N-W=0 \tag{1}$$

$$\sum M_A(\boldsymbol{F})=0 \qquad M_\delta-Pr=0 \tag{2}$$

当轮子即将开始滚动时,滚动摩阻力偶矩为

$$M_\delta=M_{\delta\max}=\delta N \tag{3}$$

由以上三式可以解得此时所需的 P 力为

$$P_1=\frac{\delta}{r}W=\frac{0.24}{40}\times 2\,000=12\ \mathrm{N}$$

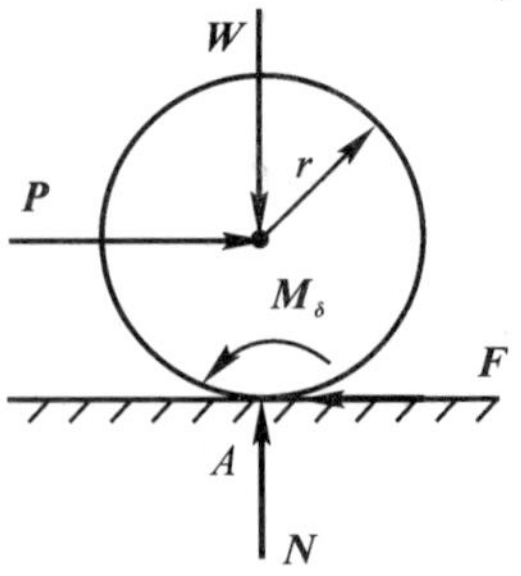

图 4-32

再考虑轮子滑动的情况。由 x 轴方向的平衡可知

$$P-F=0 \tag{4}$$

轮子开始滑动时的摩擦力 F 等于最大滑动摩擦力,即

$$F=F_{\max}=f\mathrm{N} \tag{5}$$

将式(1) 代入式(5),再将结果代入式(4),得到

$$P_2=fW=0.6\times 2\,000=1\,200\ \mathrm{N}$$

这就是说,要使轮子滑动,需要 1 200 N 的力,然而当推力 P 达到 12 N 时,轮子已开始滚动,平衡已经被破坏。

此例说明滚动要比滑动容易得多,通常以滚动代替滑动就是这个道理。

思 考 题

4-1 设平面一般力系向某一点简化得到一合力。如另选适当的点为简化中心,问力系能否简化为一力偶?为什么?

4-2 力系如图题 4-1 所示。$F_1=F_2=F_3=F_4$。问力系向点 A 和点 B 简化的结果是什么?二者是否等效?

4-3 如图题 4-2 所示,力 $\boldsymbol{F}$ 和力偶$(\boldsymbol{F}',\boldsymbol{F}'')$对轮的作用有何不同?设轮的半径为 r,$F'=\dfrac{F}{2}$。

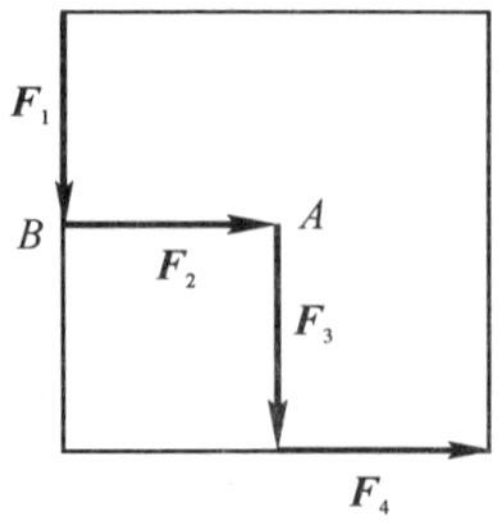

图题 4-1

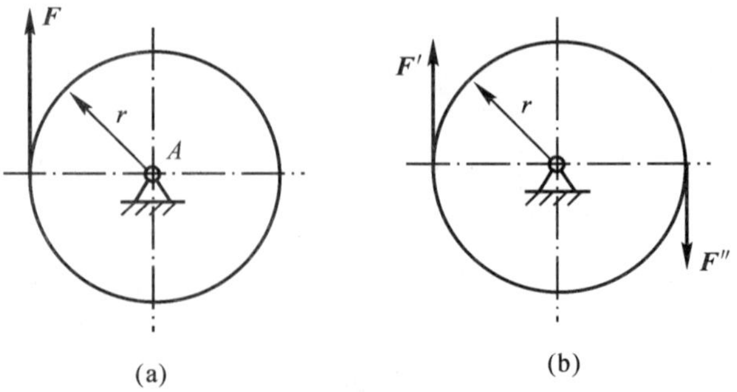

图题 4-2

4-4 刚体上 A,B,C 三点分别施加三个力 $\boldsymbol{F}_1$,$\boldsymbol{F}_2$,$\boldsymbol{F}_3$,各力的方向如图题 4-3 所示,大小恰好与 $\triangle ABC$ 的边长成比例。问该力系是否平衡?为什么?

4-5　力偶可在作用面内任意移转，那么为什么又说主矩一般与简化中心的位置有关？这里有没有矛盾？

4-6　平面汇交力系是否有一个力矩和一个投影方程？有没有二矩式方程？如果有，在应用时有什么限制条件？

4-7　推导平面平行力系的平衡方程时，设定 x 轴垂直于各平行力。若 x 和 y 轴都不与各力平行或垂直，如图题 4－4 所示，则其独立的平衡方程有几个？其形式如何？

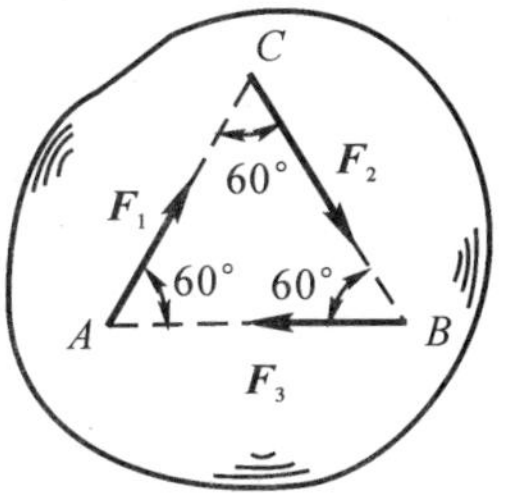

图题　4－3

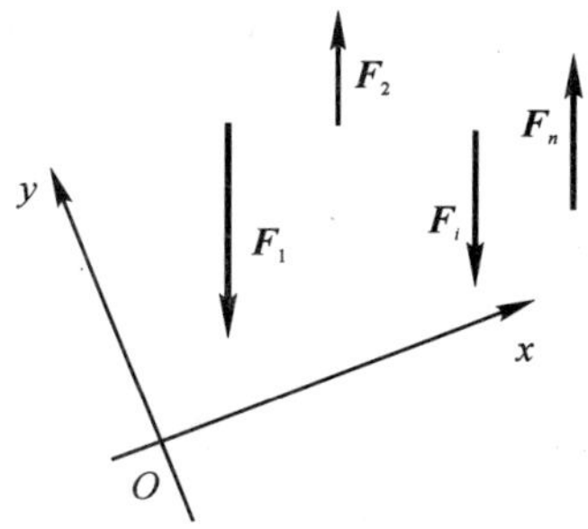

图题　4－4

4-8　组合梁 $ABCDE$ 受均布载荷作用，如图题 4－5 所示。均布载荷集度为 $\boldsymbol{q}$，在求 A，D 处约束反力时，是否都可以将分布力简化为在 BE 中点的集中力 $3\boldsymbol{q}a$ 呢？

4-9　试用最简便的方法确定图题 4－6 中 A 处反力的作用线方位。

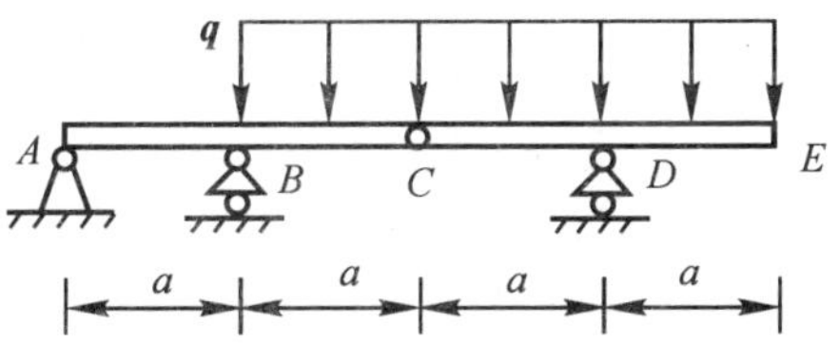

图题　4－5

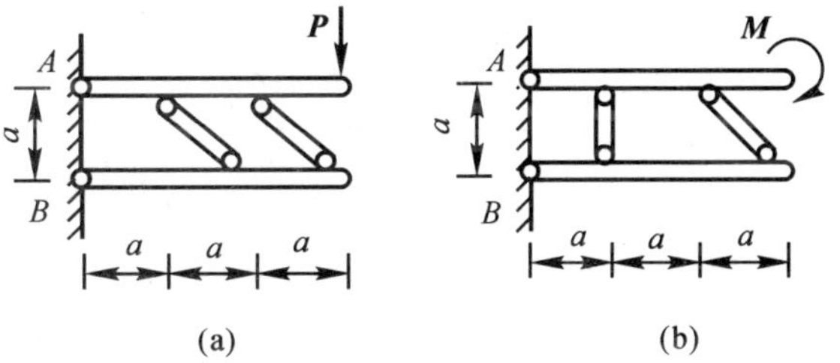

图题　4－6

4-10　欲求如图题 4－7 所示构架的 A，C，D，E 处的约束反力，请考虑应如何依次选取研究对象？应选择何种形式的平衡方程？（设构架尺寸全部已知）

4-11　正压力 N 是否一定等于物体的重力？为什么？

4-12　如图 4－8 所示，试比较在同样材料、具有相同摩擦因数和相同的皮带压力 $\boldsymbol{Q}$ 的作用下，平皮带和三角皮带的最大摩擦力。

4-13　在图题 4－9 中，重力均为 $\boldsymbol{W}$ 的两个物体放在粗糙的水平面上，接触处摩擦因数相同。问拉动省力还是推动省力？为什么？

4-14　物块重 W，一力 P 作用在摩擦角以外，如图题 4－10 所示。若 $\varphi_m=20°$，$\alpha=25°$，$W=P$，问物块动不动？为什么？

4-15　一平板水平放置在直角 V 形槽内，如图 4－11 所示。略去板重，板与两槽面间的摩擦角均为 φ_m。如人在板上走动，试分析不使板滑动时，人的活动范围应限制在什么范围内？

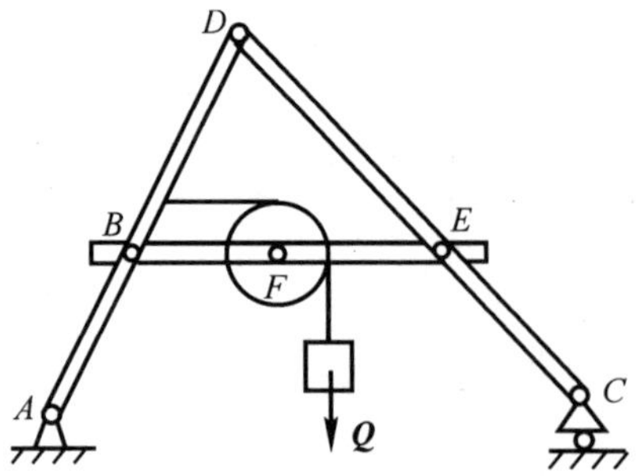

图题 4-7

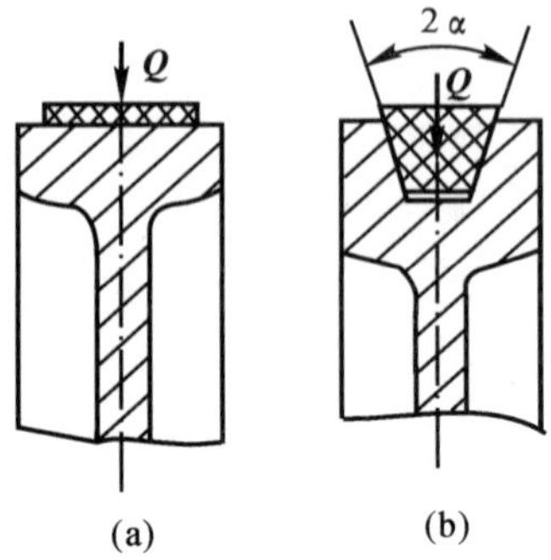

图题 4-8

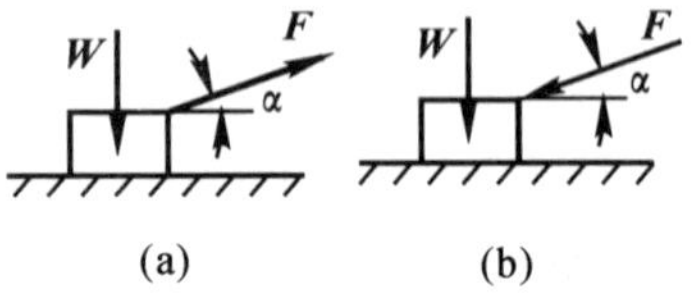

图题 4-9

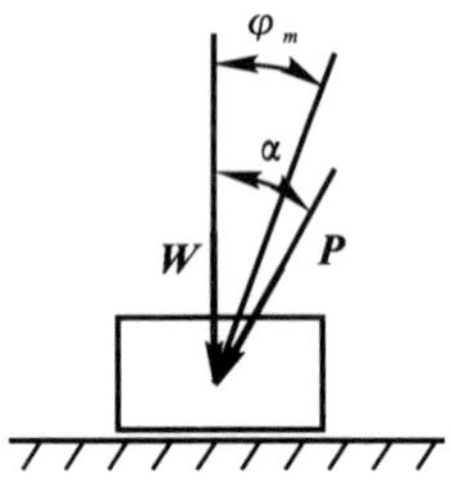

图题 4-10

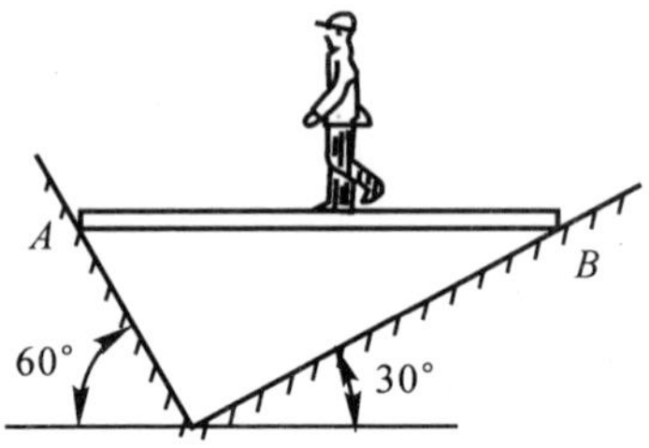

图题 4-11

习　题　四

4-1　若一平面力系的各力在 x 轴上投影的代数和为零，对 A,B 两点的主矩分别为 $M_A=12\ \mathrm{N\cdot m}$,$M_B=15\mathrm{N\cdot m}$，$A$,$B$ 两点的坐标分别为(2,3),(4,8)，坐标值的单位为 m，试求该力系的合力。

4-2　重力坝受力情况如图题 4-12 所示，设 $G_1=450\ \mathrm{kN}$,$G_2=200\ \mathrm{kN}$,$P_1=300\ \mathrm{kN}$,$P_2=70\ \mathrm{kN}$,$AB=5.7\ \mathrm{m}$，图中长度单位为 m。求该力系的合力 $\boldsymbol{R}$ 及合力作用线与 x 轴交点的坐标。

4-3　如图题 4-13 所示，钢柱受到一偏心力 $\boldsymbol{P}$ 的作用，$P=10\ \mathrm{kN}$。如果将此力向中心线平移，可得一力和一力偶。已知力偶矩为 800 N·m，求偏心距 d。

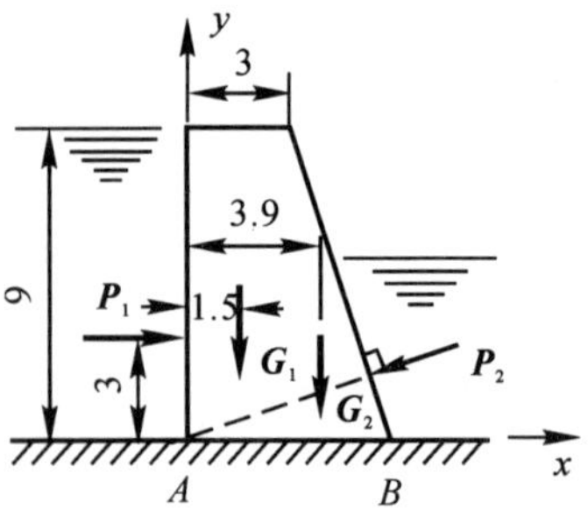

图题 4-12

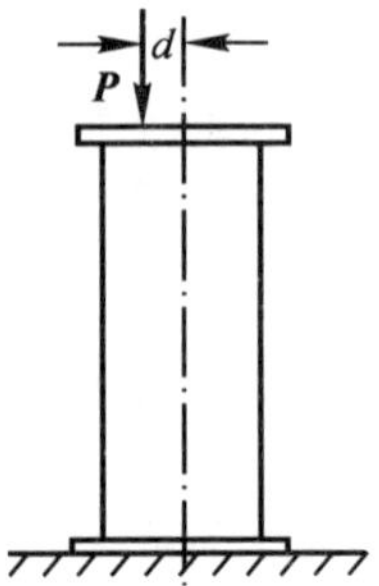

图题 4-13

4-4　图题 4-14 所示为一平面力系，$P=200\ \mathrm{N}$,$Q=100\ \mathrm{N}$,$M=300\ \mathrm{N\cdot m}$。欲使力系的合力通过 O 点，则水平力 $\boldsymbol{T}$ 的大小应为多少？

4-5　如图题 4-15 所示，在 AB 段作用有梯形分布力。试求该力系的合力及合力作用线的位置，并在图上标出。

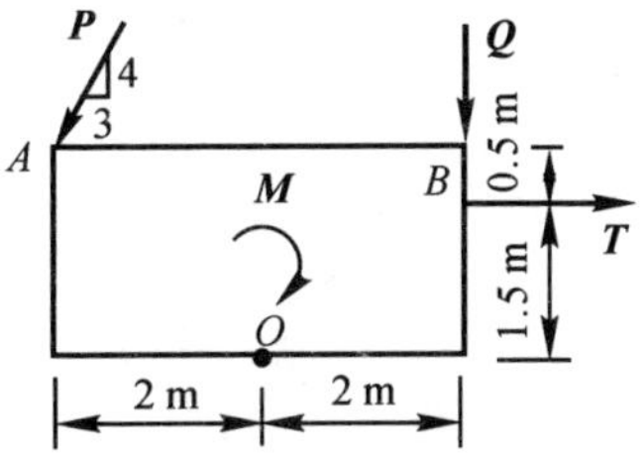

图题 4-14

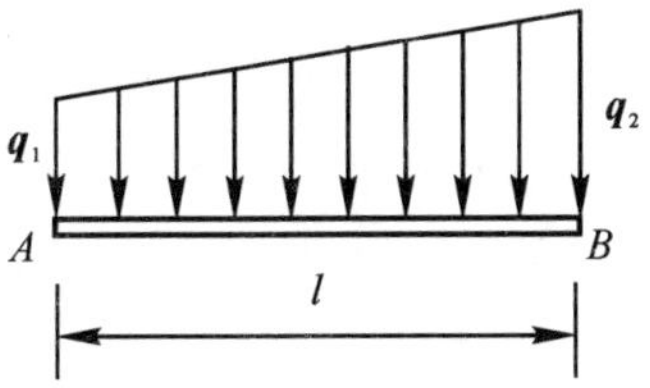

图题 4-15

4-6 回转式起重机如图题 4-16 所示，已知其重力 $G_1=5$ kN，重物的重力 $G=8$ kN，试求 A，B 处的约束反力。

4-7 如图题 4-17 所示，对称屋架 ABC 的节点 A 用铰链固定，节点 B 搁在光滑的水平面上。屋架重 100 kN，AC 边承受风压，风力平均分布，并垂直于 AC，其合力为 8 kN。若 $AC=6$ m，$\angle CAB=30°$，求支座反力。

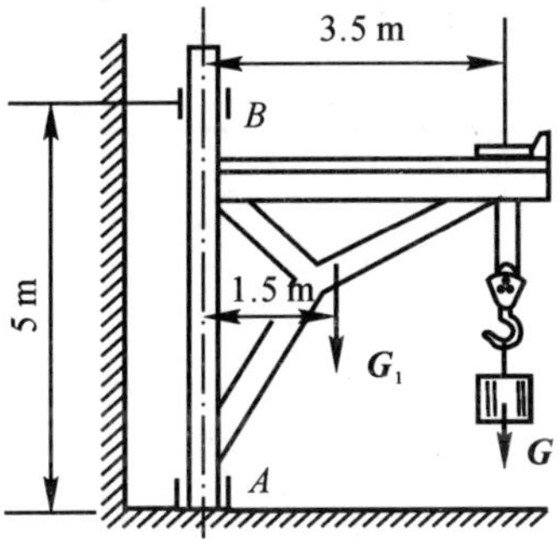

图题 4-16

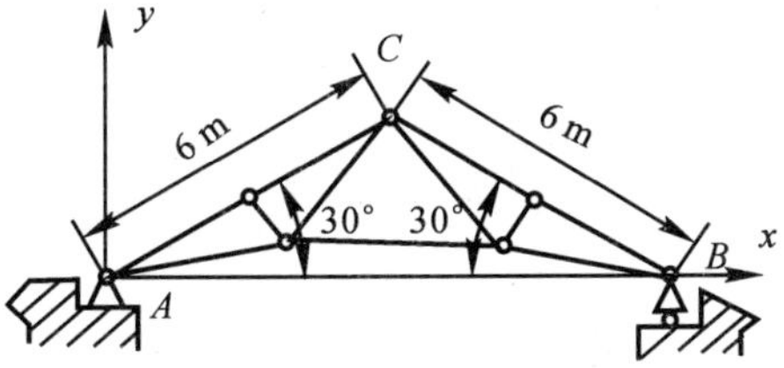

图题 4-17

4-8 图题 4-18 中两杆自重不计，AB 杆的 B 端挂有重力 $G=600$ N 的物体，试求 CD 杆的内力及 A 的反力。

4-9 求图题 4-19 所示刚架支座 A，B 的反力。已知：(a) $M=2.5$ kN·m，$P=5$ kN；(b) $q=1$ kN/m，$P=3$ kN。

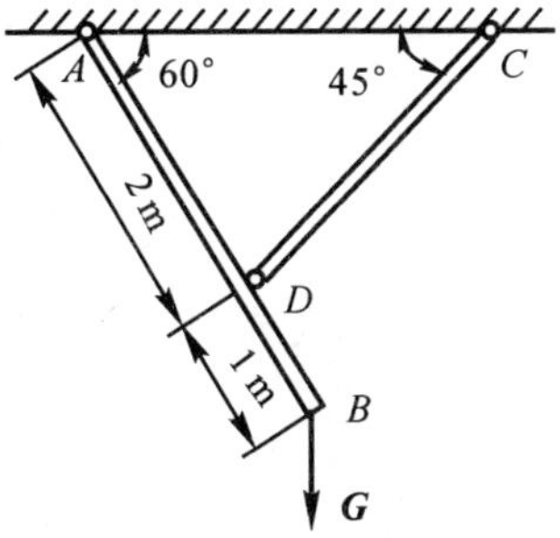

图题 4-18

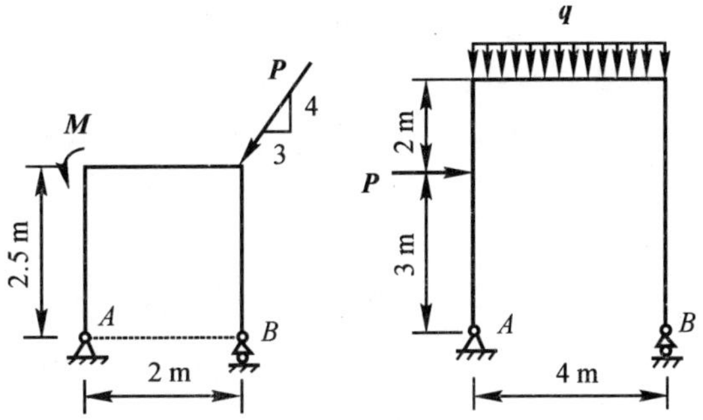

图题 4-19

4-10　悬臂刚架受力如图题 4-20 所示。已知 $q = 4$ kN/m，$P = 5$ kN，$F = 4$ kN，求固定端 A 的约束反力。

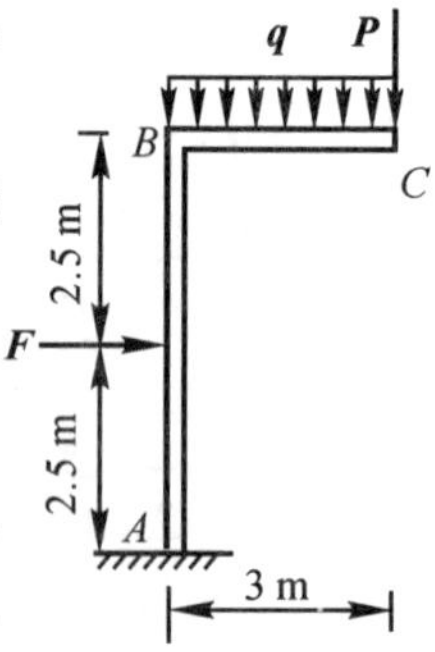

图题　4-20

4-11　水平梁的支承和载荷如图题 4-21 所示。已知力 $\boldsymbol{F}$，力偶矩为 $\boldsymbol{M}$ 的力偶和强度为 $\boldsymbol{q}$ 的均布载荷。求支座 A，B 的反力。

4-12　梁的支承和载重如图题 4-22 所示，P=2 000 N，线分布载荷的最大值 q=1 000 N/m。如不计梁重，求支座反力。

4-13　如图题 4-23 所示汽车前轮荷载为 10 kN，后轮荷载为 40 kN，前后轮间的距离为 2.5 m，行驶在长 10 m 的桥上。试求：(1) 当汽车后轮处在桥中点时，支座 A，B 的反力；(2) 支座 A，B 的反力相等时，后轮到支座 A 的距离。

4-14　重物悬挂如图题 4-24 所示，已知 $\boldsymbol{Q}$=1.8 kN，AD=20 cm，DB=40 cm，r=10 cm，α=45°。其他重力不计。求铰链 A 的约束反力和杆 BC 所受的力。

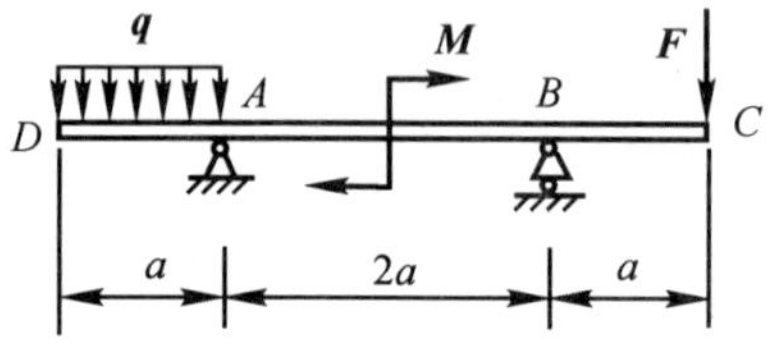

图题　4-21

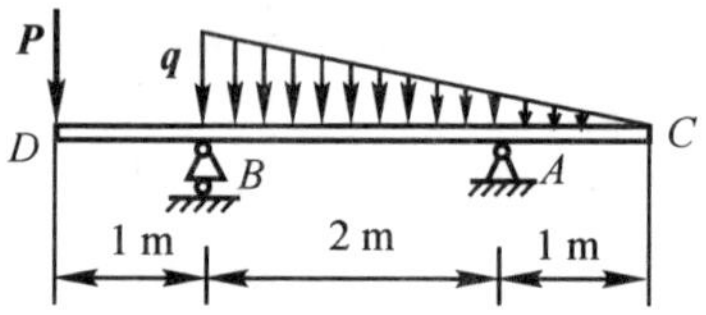

图题　4-22

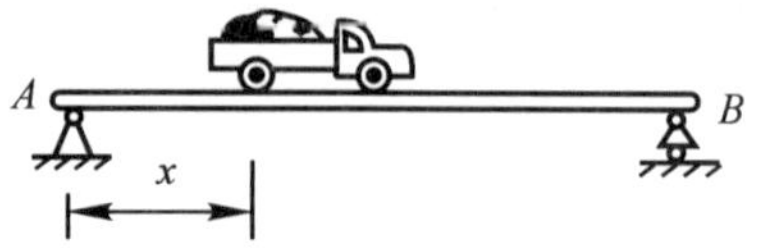

图题　4-23

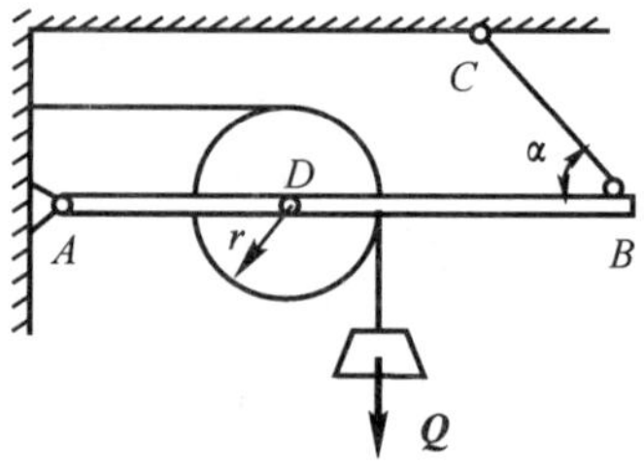

图题　4-24

4-15　水池闸门如图题 4-25 所示。闸门板与水平面成 60° 角，板长 2 m，宽 1 m，板的上部沿水平线与池壁铰接。如不计板重，求能拉开闸门板的铅直力 $\boldsymbol{S}$。

4-16　如图 4-26 所示，用支架 ABC 撑托斜面上的圆球，球重力 G=1 000 N，若各处摩擦不计，试求 BC 所受的压力。

4-17　梯子的两部分 AB 和 AC 在 A 点铰接，D，E 两点用水平绳连接，如图 4-27 所示。梯子放在光滑水平面上，$\boldsymbol{P}$ 力的作用如图所示。不计梯重，求绳的拉力 $\boldsymbol{S}$。

4-18　图题 4-28 所示构架上滑轮上挂了一重力为 $\boldsymbol{G}$ 的重物，另一端系在 AB 杆的 E 处，长度如图所示，试求铰链 A，B，C 和 D 处的反力。

4-19　如图题 4-29 所示一台秤。空载时，台秤及其支架 BCE 的重力与杠杆 AB 的重力恰好平衡；当台秤上有重物时，在 AO 上加一秤锤，设秤锤重力为 $\boldsymbol{G}_1$，$OB=a$，求 AO 上的刻度 l 与重力 $\boldsymbol{G}_2$ 之间的关系。

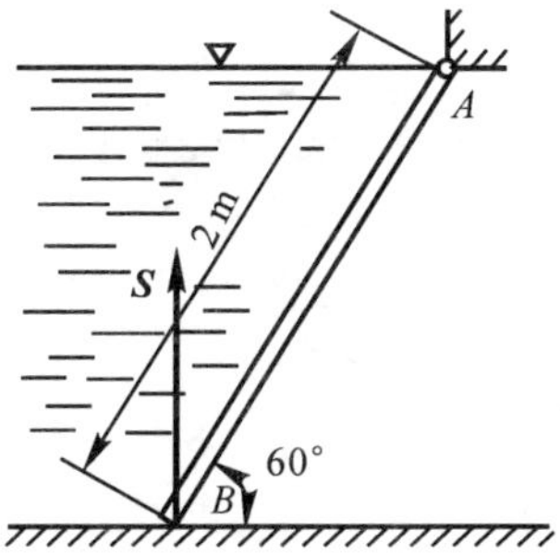

图题　4-25

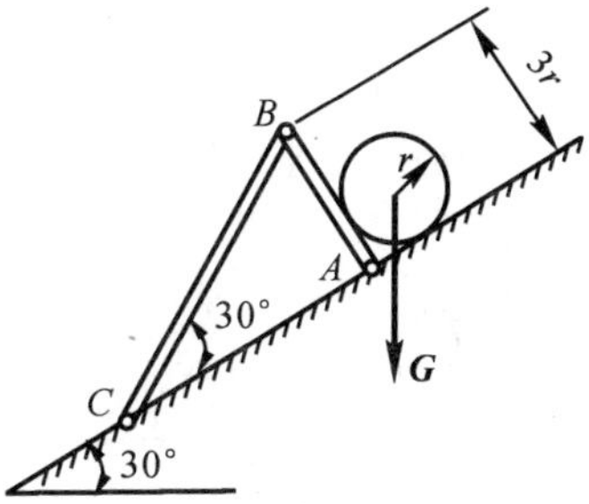

图题　4-26

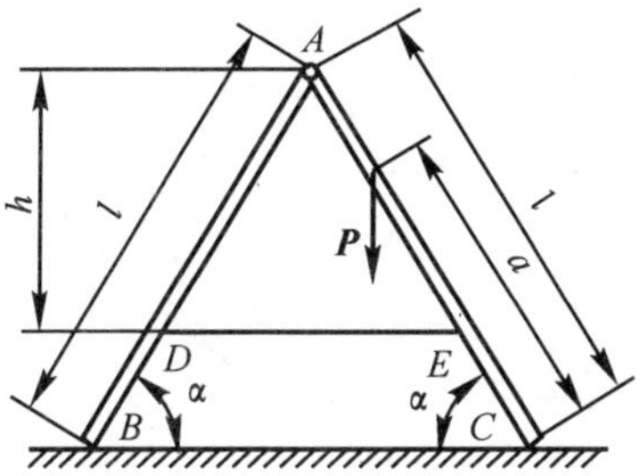

图题　4-27

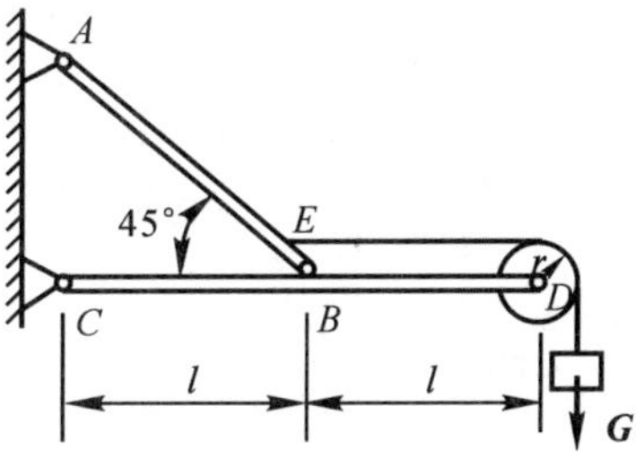

图题　4-28

4-20　如图 4-30 所示，机构由 AB，CD 两杆组成，固连在杆 AB 上的销钉 E 可沿杆 CD 上的光滑直槽滑动。机构在图示位置处于平衡，杆 AB 铅直。若 $P_1 = 3$ kN，求 P_2 及 A，C 处的反力。

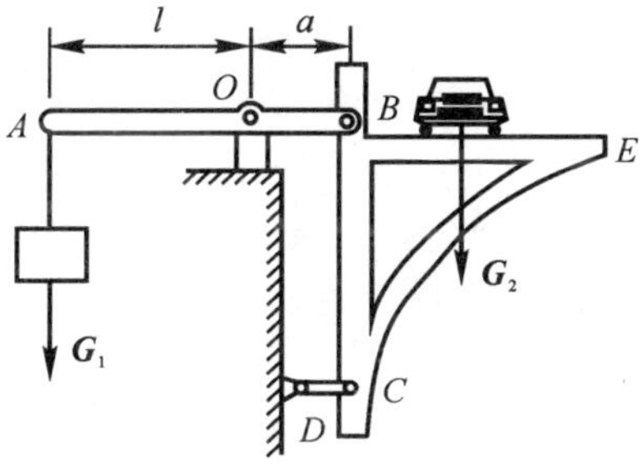

图题　4-29

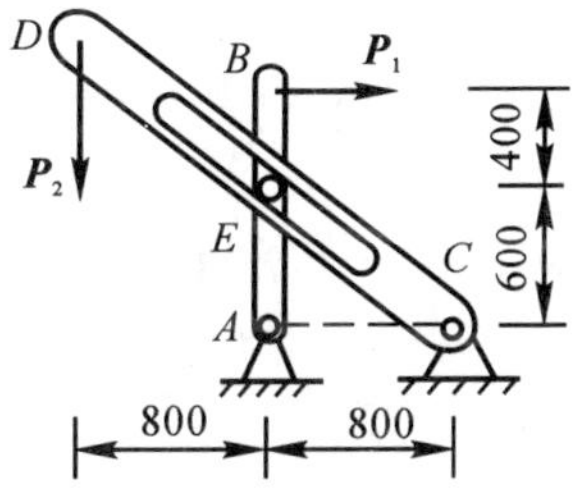

图题　4-30

4-21　如图题 4-31 所示，构架由两等长直杆 AB，BC 铰接而成。已知 $\theta = 60°$，$P = 0.4$ kN，$Q = 1.5$ kN，两力分别作用在两杆的中点 D，E，杆重力不计。求支座 A，C 的反力。

4-22　将 AB，BC，AD 三根直杆铰接成图题 4-32 所示构架。$ABDC$ 四点正好是一正方形的四个顶点，且 AB 水平，D 点放在光滑水平面上。已知铅直力 P 和长度 b，不计杆的自重，求 A，B，E 三点的内力。

4-23　图题 4-33 所示是一种气动夹具的简图，压缩空气推动活塞 E 向上，通过连杆 BC 推动曲臂 AOB，使其绕 O 点转动，从而在 A 点将工件压紧。若在图示位置（$\alpha = 20°$）活塞所受总压力 $P = 3$ kN，试求工件所受的压力。所有构件的重力及各铰链处的摩擦均不计。

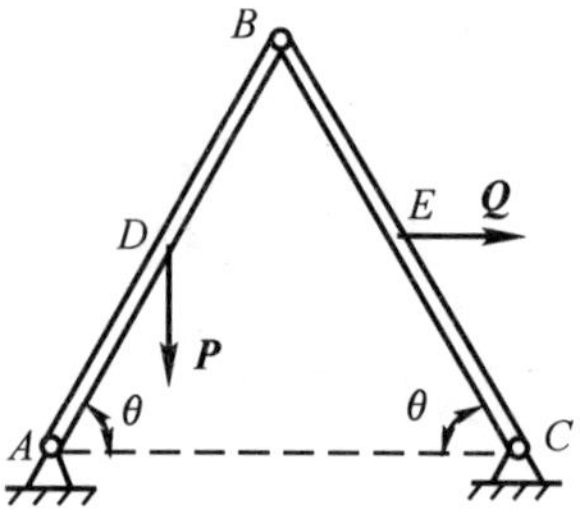

图题　4－31

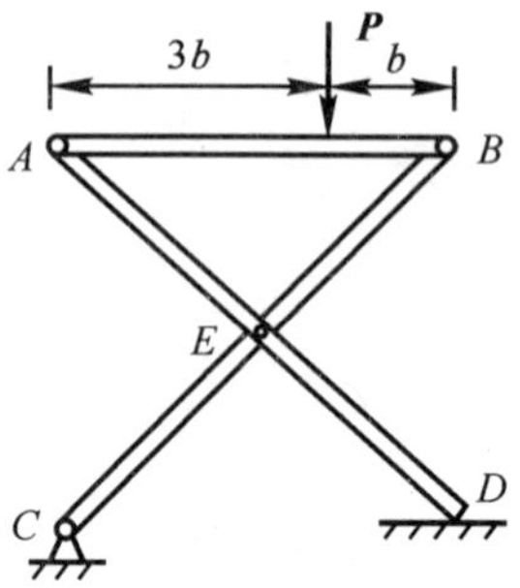

图题　4－32

4-24　起重构架如图题 4－34 所示。滑轮直径 $d=200$ mm，钢丝绳的倾斜部分平行于杆 BE，吊起载荷 $Q=20$ kN，其他重力不计。求固定铰支座 A，B 处的约束反力。

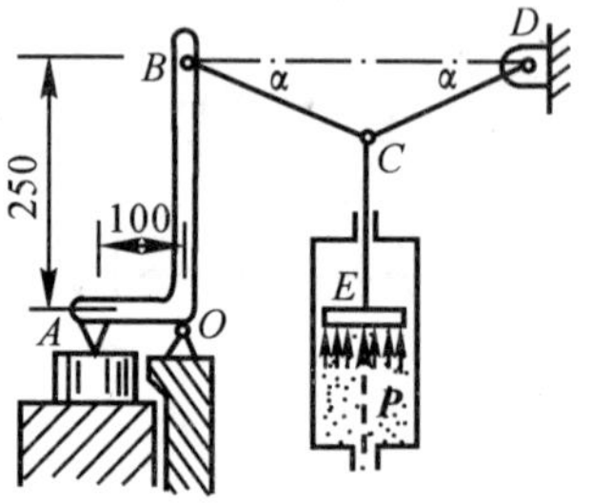

图题　4－33

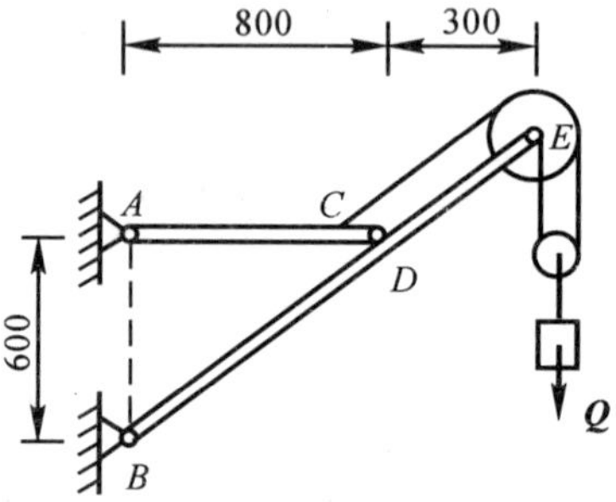

图题　4－34

4-25　如图题 4－35 所示，组合梁由 AC 和 DC 两段铰接而成，起重机放在梁上。已知起重机重力 $Q=500$ N，重心在 EC 连线上，起重载荷 $P=10$ kN。如不计梁重力，求 A，B，D 处的约束反力。

4-26　如图题 4-36 所示，由 AC 和 CD 构成的组合梁通过铰链 C 铰接。已知 $q=10$ kN/m，$M=40$ kN·m，几何长度如图所示。不计梁重力，求支座 A，B，D 的约束反力和铰链 C 处所受的力。

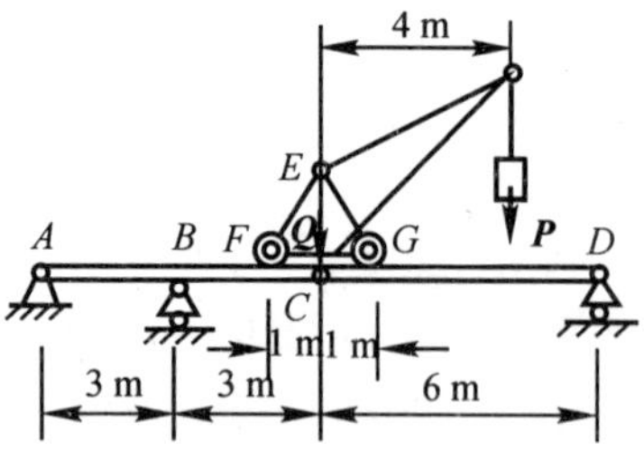

图题　4－35

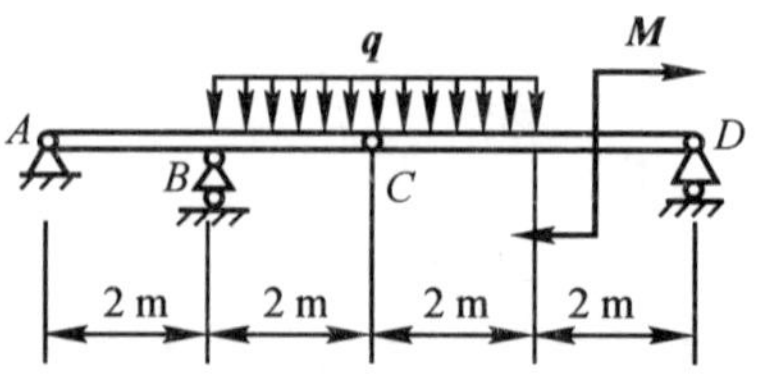

图题　4－36

4-27　如图题 4－37 所示，水平梁由 AC，BC 两部分组成，A 端插入墙内，B 端以活动铰支座支撑。梁上受有力 $\boldsymbol{P}$ 和力偶矩为 $\boldsymbol{M}$ 的力偶。已知 $P=4$ kN，$M=6$ kN·m，求 A，B 处的反力。

4-28　在图题4-38所示的结构计算简图中，已知 $P=P'=12$ kN，$F=10\sqrt{2}$ kN，试求 A，B，C 三处所受的力。

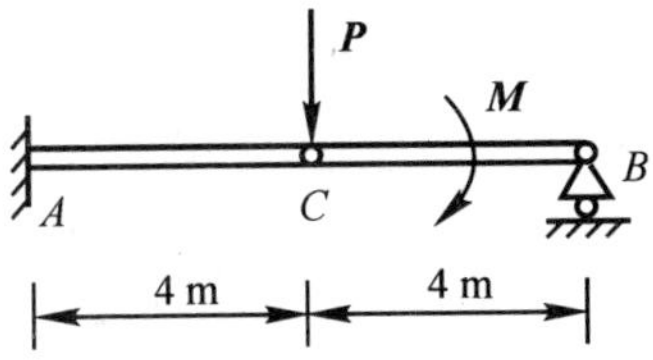

图题　4-37

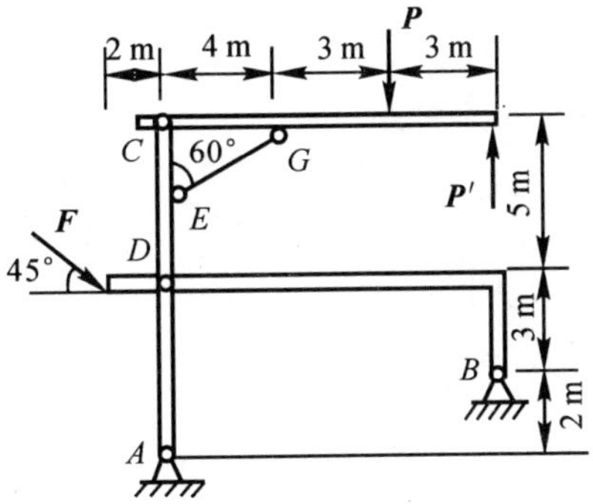

图题　4-38

4-29　如图题4-39所示，钢架 ABC 和梁 CD 连接。已知 $P=5$ kN，$q=200$N/m。求支座 A，B 的反力。

4-30　支架 CDE 上受均布载荷作用，载荷集度 $q=100$ N/m，E 端悬挂重力 $W=500$ N 的物体。几何长度及约束如图题4-40所示。求支座 A 的约束反力及撑杆 BD 所受的力。

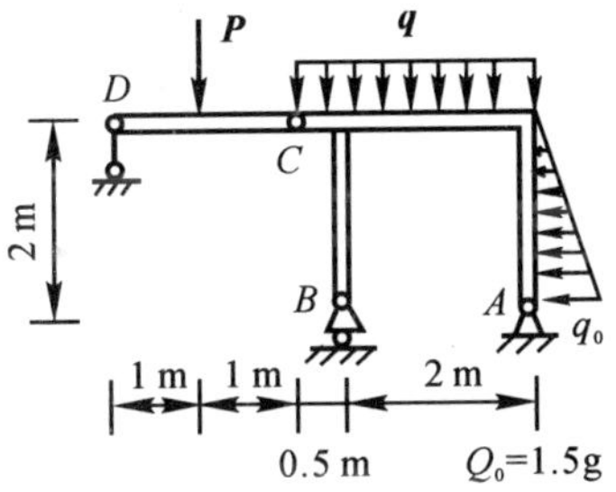

图题　4-39

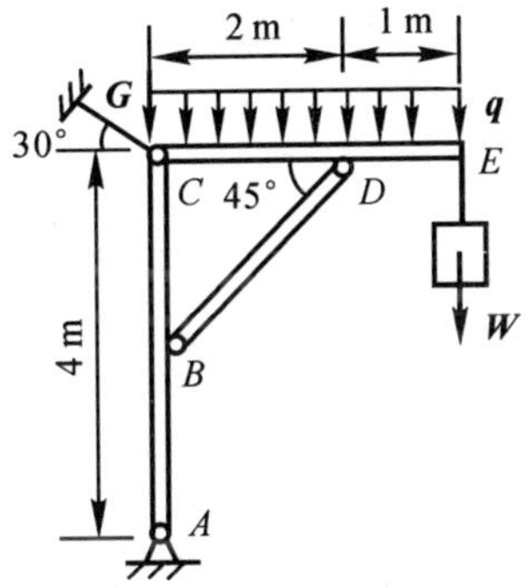

图题　4-40

4-31　物体重力 $Q=1\,200$ N，它由三杆 AB，BC 和 CE 所组成的构架和滑轮 E 支持，如图题4-41所示。已知 $AD=DB=2$ m，$CD=DE=1.5$ m。不计杆和滑轮重力，求支承 A，B 处的约束反力，以及杆 BC 的内力 $\boldsymbol{S}$。

4-32　小型推料机简图如图题4-42所示。电机转动曲柄 OA，借连杆 AB 使推料板 O_1C 绕 O_1 轴转动。已知装有销钉 A 的圆盘重力 $W=200$ N，均质杆 AB 重力 $Q=300$ N，推料板 O_1C 重力 $G=600$ N。设作用在推料板 O_1C 上 B 点的力 $P=1\,000$ N，且与板垂直。$OA=20$ cm，$AB=200$ cm，$O_1B=40$ cm，$\alpha=45°$，机构在图示位置平衡，求作用于曲柄 OA 上的力偶矩 M 的大小。

4-33　如图题4-43所示机构，C，D，E，F，H 处为铰接。已知 $P_1=60$ kN，$P_2=40$ kN，$P_3=70$ kN。长度大小如图题4-43所示。求1，2，3杆所受的力。

4-34　AC，BD，CE 三杆用光滑铰链连成图题4-44所示构架。A 为固定铰支座，E 点放在光滑水平面上，$Q=1$ kN，钢丝绳拉力 $\boldsymbol{T}$ 方向水平，杆重不计。求销钉 C 对滑轮及左、右两杆的作用力。

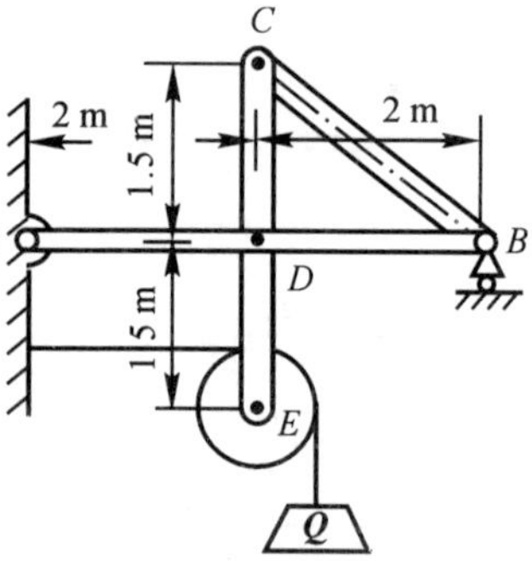

图题　4－41

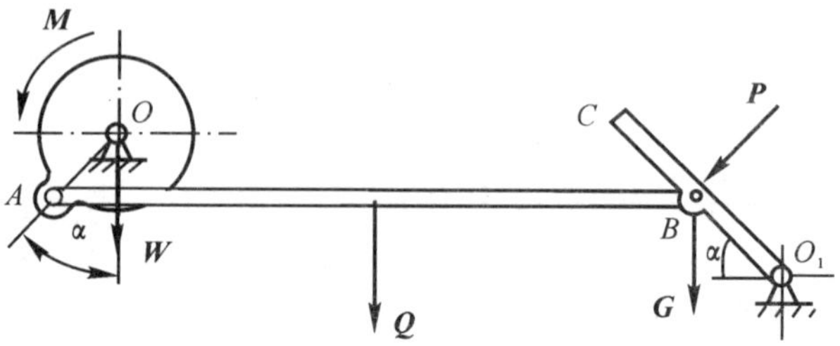

图题　4－42

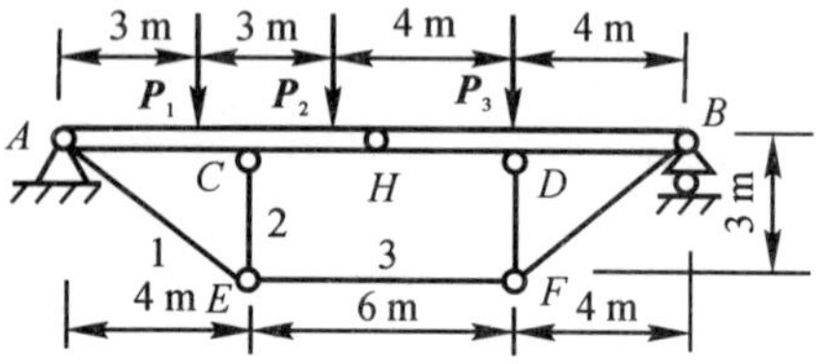

图题　4－43

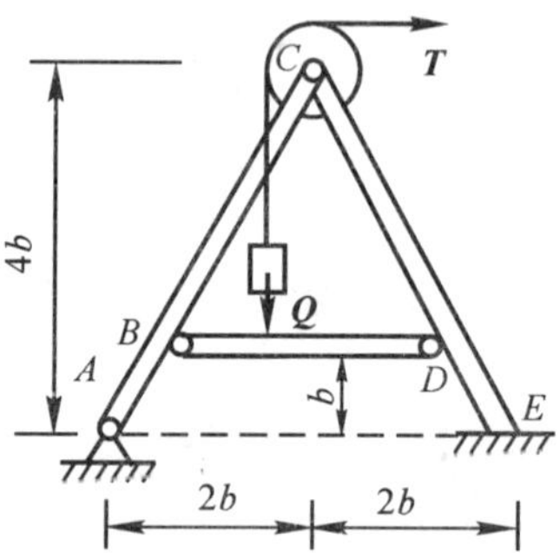

图题　4－44

4-35　在图题 4－45 所示三种情况中，$G=200$ N，$T=100$ N，$\alpha=30°$，物块与地面间的静摩擦因数均为 $f=0.5$。问摩擦力为多少？

4-36　如图题 4－46 所示，两物块 A 和 B 重叠放在粗糙的水平面上，在物块 A 上作用一斜向力 $\boldsymbol{P}$。已知：A 重力为 1 000 N，B 重力为 2 000 N，A 与 B 间的摩擦因数 $f_1=0.5$，B 与地面间的摩擦因数 $f_2=0.2$。问当 $P=600$ N 时，是物块 A 相对物块 B 运动，还是 A，B 物块一起相对地面运动？

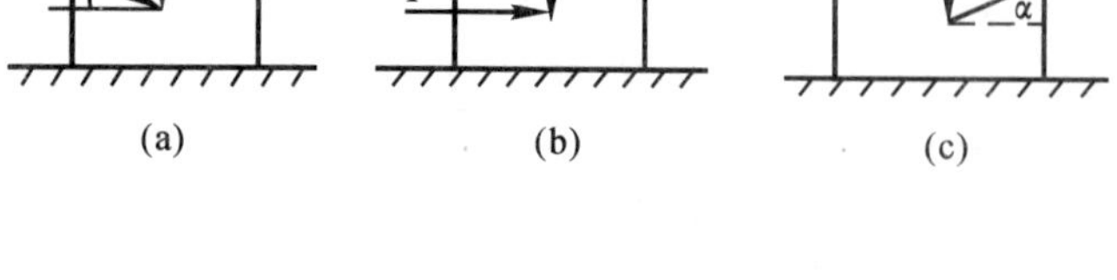

图题　4－45

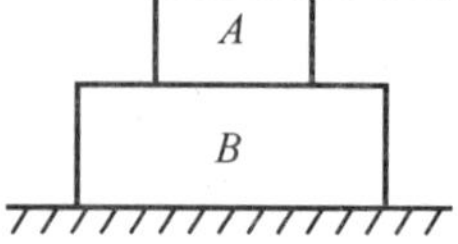

图题　4－46

4-37　如图题 4－47 所示，欲转动一置于 V 型槽中的棒料，需作用一力偶，力偶的矩 $M=$ 1 500 N·cm。已知棒料重力 $G=400$ N，直径 $D=25$ cm。试求棒料与 V 形槽间的摩擦因数 f。

4-38　梯子 AB 靠在墙上，其重力 $P=200$ N，梯子长 l，与水平面夹角 $\theta=60°$，如图题 4-48 所示。已知 A,B 处摩擦因数均为 0.25。今有一重力为 650 N 的人沿梯子向上爬，问人所能到达的最高点 C 到 A 的距离 S 应为多少？

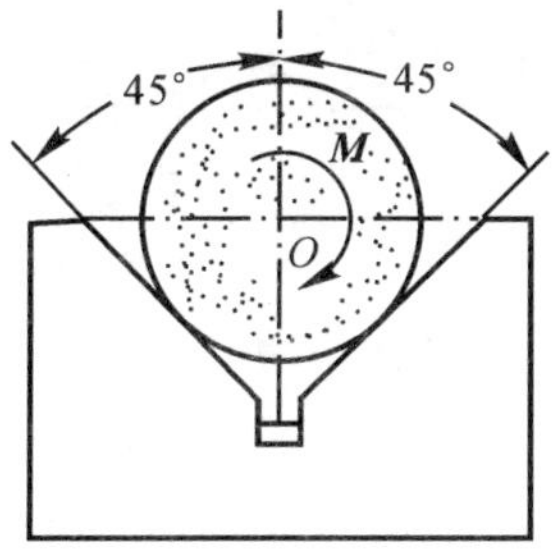

图题　4-47

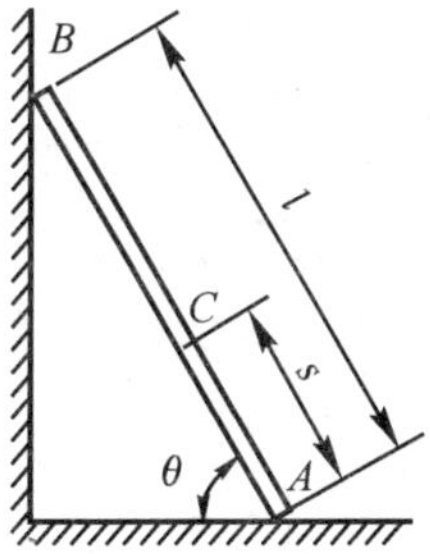

图题　4-48

4-39　如图题 4-49 所示，鼓轮 B 重力为 500 N，放在墙角。已知鼓轮与水平面间的摩擦因数为 0.25，铅直墙壁是绝对光滑的。鼓轮上的绳索下端挂有重物 A。设 $R=20$ cm，$r=10$ cm，求平衡时重物的最大重力。

4-40　如图题 4-50 所示，摇臂钻床的衬套能在位于离轴心 $b=22.5$ cm 远的垂直力 $\boldsymbol{P}$ 的作用下沿铅直轴滑动，设摩擦因数 $f=0.1$。试求能保证滑动的衬套高度 h。

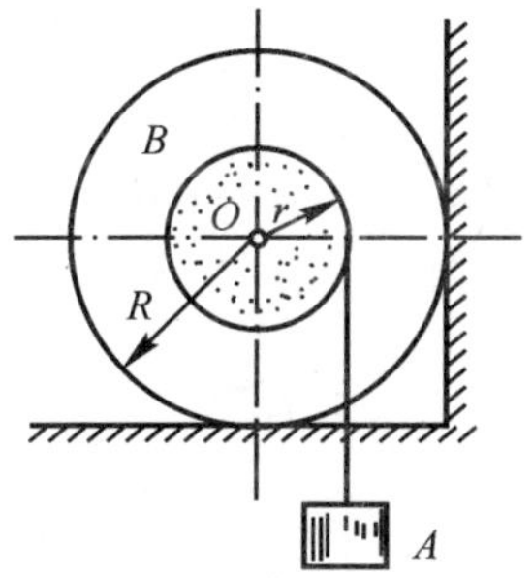

图题　4-49

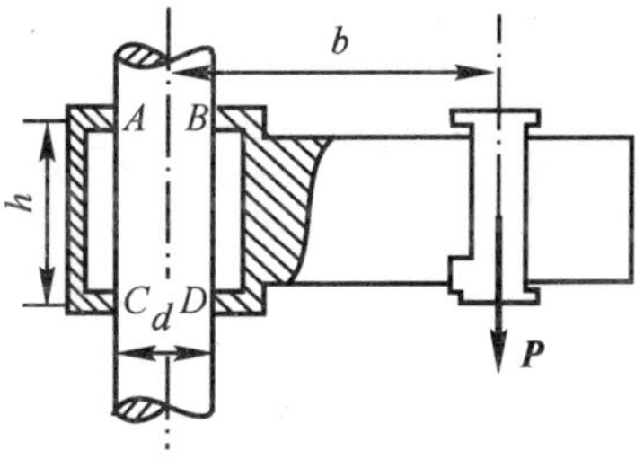

图题　4-50

4-41　尖劈顶重装置如图题 4-51 所示。重块与尖劈间的摩擦因数为 f。若 α,$\boldsymbol{P}$ 值已知，求：(1) 顶住重物所需的力 $\boldsymbol{Q}$ 的值；(2) 使重物不向上移动所需的力 $\boldsymbol{Q}$ 的值。

4-42　在机床上为迅速装卸工件，常采用如图题 4-52 所示的偏心轮夹具。已知偏心轮直径为 D，偏心轮与台面间的摩擦因数为 f，今欲使偏心轮手柄上的外力去掉后，其仍不会自动脱落，试求偏心距 e 应为多少？各铰链处摩擦均不计。

4-43　如图题 4-53 所示，一起重用的夹具由 ABC 和 DEF 两个相同的弯杆组成，并由杆 BE 连接，B 和 E 都是光滑铰链，长度大小如图所示。试问要能提起重物 Q，夹具与重物接触处的摩擦因数 f 应为多大？

4-44　如图题 4-54 所示，均质杆 OC 长 4 m，重力为 500 N，轮重力为 300 N，与杆 OC 及水平面接触处的摩擦因数分别为 $f_A=0.4$，$f_B=0.2$。设滚动摩阻不计，求拉动圆轮所需力的最小值。

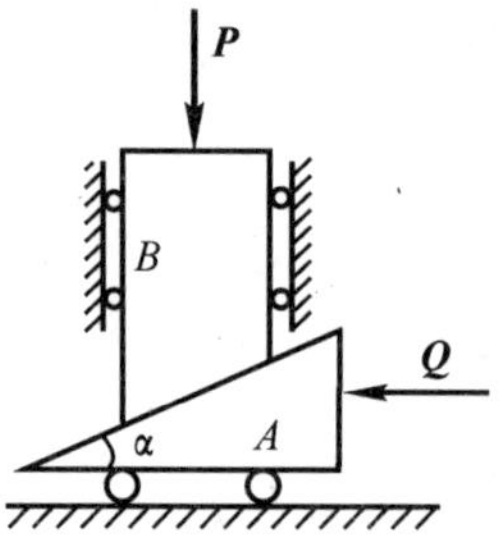

图题 4-51

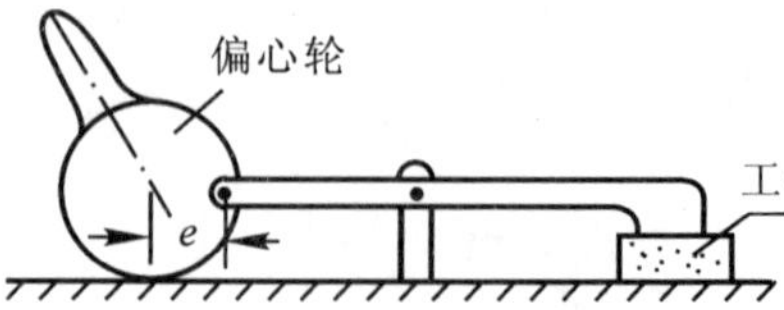

图题 4-52

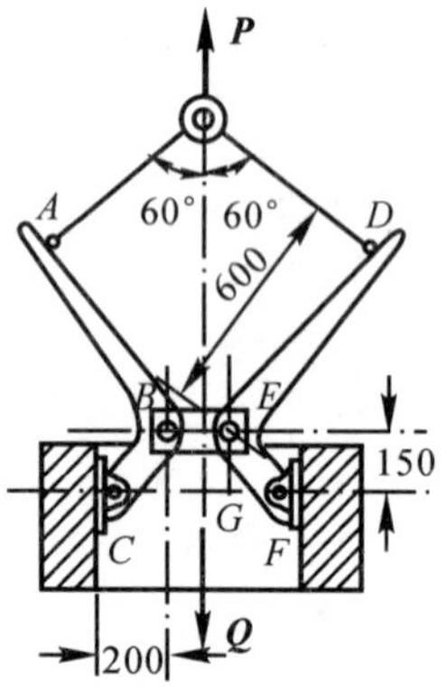

图题 4-53

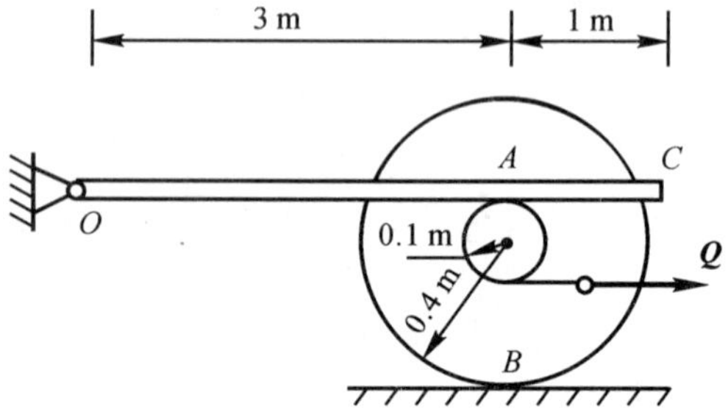

图题 4-54

4-45　如图题 4-55 所示，重力为 G、半径为 r 的轮子沿倾角为 θ 的斜面匀速向上滚动，轮心上受到平行于斜面的力 $\boldsymbol{P}$ 的作用。设轮子与斜面间的滚动摩阻系数为 δ，试求力 $\boldsymbol{P}$ 的大小。

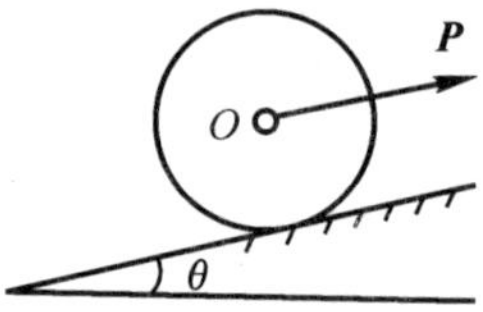

图题 4-55

第五章　空间一般力系和重心

空间一般力系(three dimensional forces system)是各力作用线在空间任意分布的力系。显然,这是力系中最一般的情况,其他各种力系都是它的特殊情况。本章将研究空间一般力系的简化与平衡问题。

与平面力系的研究方法相似,空间力系的简化也是应用力向一点平移的方法将空间力系分解为两个基本力系:空间汇交力系和空间力偶系,再应用这两个力系的简化结果简化原力系,从而建立空间力系的平衡条件并导出平衡方程。

§5-1　力对轴之矩

度量力对定轴转动刚体的作用效应需用到力对轴之矩(moment of a force about an aris)的概念。在第三章中,我们建立了平面上力对点之矩的概念。设有一平面 L,其上力 $\boldsymbol{F}$ 对平面内 O 点之矩将使刚体绕 O 点转动,如图 5-1(a) 所示。从空间的观点看,它实际上就是空间物体绕通过 O 点且与该平面垂直的空间轴 Oz 的转动。所以,平面上力对点之矩实际上就是空间问题中的力对轴之矩。此时,力 $\boldsymbol{F}$ 的作用线须与 Oz 轴在空间相互垂直。力 $\boldsymbol{F}$ 对 Oz 轴之矩度量了力 $\boldsymbol{F}$ 使刚体绕 Oz 轴转动的效应。

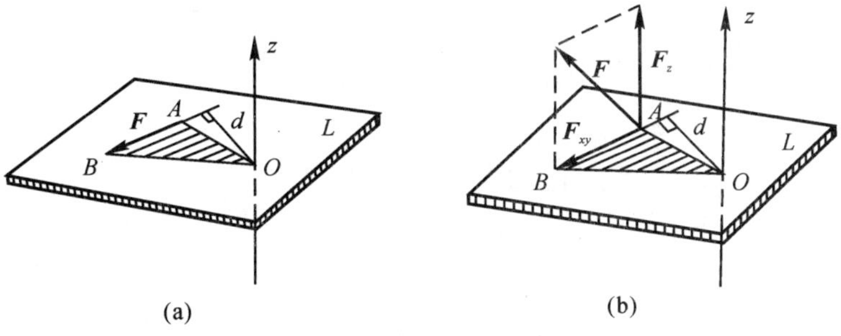

图　5-1

若力 $\boldsymbol{F}$ 不在垂直于 Oz 轴的平面内,如图 5-1(b) 所示,要考察力 $\boldsymbol{F}$ 使刚体绕 z 轴转动的效应,需将力 $\boldsymbol{F}$ 分解为两个力 $\boldsymbol{F}_z$ 和 $\boldsymbol{F}_{xy}$(见图 5-1(b))。分力 $\boldsymbol{F}_z$ 平行于 z 轴,它对刚体绕 z 轴的转动不起作用;分力 $\boldsymbol{F}_{xy}$ 在垂直于 z 轴的所在平面,$\boldsymbol{F}_{xy}$ 对 Oz 轴的矩表示了力 $\boldsymbol{F}$ 使刚体绕 z 轴转动的效应。由此可得如下定义:空间力对轴之矩是使刚体绕此轴转动效应的度量,它等于此力在垂直于轴的任一平面上的投影对轴与平面交点之矩。若以 $M_z(\boldsymbol{F})$ 表示力 $\boldsymbol{F}$ 对 z 轴之矩，上述定义可表示为

$$M_z(\boldsymbol{F})=M_0(\boldsymbol{F}_{xy})=\pm F_{xy}d \tag{5-1}$$

式(5－1)中正负号可按右手螺旋规则确定，即从 z 轴的正向朝负向看，若 $\boldsymbol{F}_{xy}$ 使刚体绕该轴作逆时针方向转动则取正号；反之取负号。显然，力对轴之矩是代数量。

由上述定义可知：① 当力沿其作用线滑移时，力对轴之矩不变；② 当力的作用线与轴相交 $(d=0)$ 或平行 $(F_{xy}=0)$ 时，力对该轴之矩等于零。

与平面问题中力对点之矩一样，力对轴之矩也有合力矩定理，即合力对任一轴之矩等于各分力对同一轴之矩的代数和。

力对轴之矩也可用解析式表示。设力 $\boldsymbol{F}$ 在三个坐标轴上的投影分别为 X,Y,Z，力的作用点 A 的坐标为 $A(x,y,z)$。如图 5-2 所示。由力对轴之矩的定义和合力矩定理，可得

$$\left.\begin{aligned} M_x(\boldsymbol{F}) &= yZ-zY \\ M_y(\boldsymbol{F}) &= zX-xZ \\ M_z(\boldsymbol{F}) &= xY-yX \end{aligned}\right\} \tag{5-2}$$

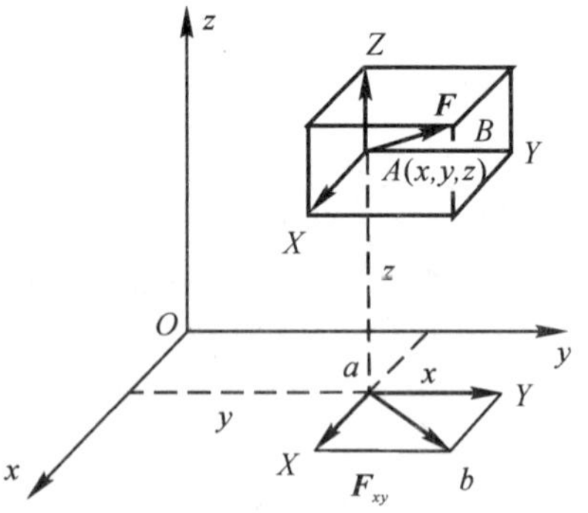

图 5-2

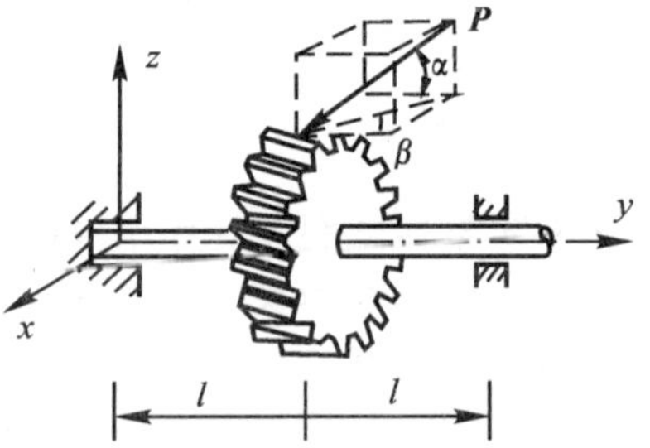

图 5-3

例 5-1 半径为 r 的斜齿轮，其上作用有力 $\boldsymbol{P}$，如图 5-3 所示。求力 $\boldsymbol{P}$ 沿坐标轴的投影和对三个轴的矩。

解 先求力 $\boldsymbol{P}$ 在三个轴上的投影，采用二次投影法

$$X=P_t=P\cos\alpha\sin\beta \qquad (圆周力)$$

$$Y=P_a=-P\cos\alpha\cos\beta \qquad (轴向力)$$

$$Z=P_r=-P\sin\alpha \qquad (径向力)$$

由式(5-2)可以得到力 $\boldsymbol{P}$ 对各坐标轴之矩分别为

$$M_x(\boldsymbol{F})=|P_a|r-|P_r|l=P(r\cos\alpha\cos\beta-l\sin\alpha)$$

$$M_y(\boldsymbol{F})=|P_t|r=Pr\cos\alpha\sin\beta$$

$$M_z(\boldsymbol{F})=-|P_t|l=-Pl\cos\alpha\sin\beta$$

§5-2　力对轴之矩与力对点之矩的关系

由第三章可知，空间力对点之矩是一个矢量，可用力的作用点的矢径 $\boldsymbol{r}$ 与力 $\boldsymbol{F}$ 的矢积表示

$$\boldsymbol{M}_O(\boldsymbol{F})=\boldsymbol{r}\times\boldsymbol{F}$$

将此式用解析形式表示，可以得到

$$\boldsymbol{M}_O(\boldsymbol{F})=\begin{bmatrix}\boldsymbol{i} & \boldsymbol{j} & \boldsymbol{k}\\ x & y & z\\ X & Y & Z\end{bmatrix}=(yZ-zY)\boldsymbol{i}+(zX-xZ)\boldsymbol{j}+(xY-yX)\boldsymbol{k}$$

因此，力对点之矩矢（vector of the moment of a force about a point）$\boldsymbol{M}_O(\boldsymbol{F})$ 在三个坐标轴上的投影分别为

$$\left.\begin{aligned}[\boldsymbol{M}_O(\boldsymbol{F})]_x&=yZ-zY\\ [\boldsymbol{M}_O(\boldsymbol{F})]_y&=zX-xZ\\ [\boldsymbol{M}_O(\boldsymbol{F})]_z&=xY-yX\end{aligned}\right\}\tag{5-3}$$

比较式(5-2)和式(5-3)，不难看到：力对点之矩矢在通过该点的任意轴上的投影，等于力对该轴之矩。

上述结论也可用几何法证明。用 $\boldsymbol{M}_O(\boldsymbol{F})$ 表示力 $\boldsymbol{F}$ 对 O 点的矩矢，用 $\boldsymbol{M}_z(\boldsymbol{F})$ 表示力 $\boldsymbol{F}$ 对通过 O 点的 z 轴之矩，如图5-4所示。$\boldsymbol{M}_O(\boldsymbol{F})$ 的大小为

$$|M_O(\boldsymbol{F})| = 2\triangle OAB\ 面积$$

力 $\boldsymbol{F}$ 对 z 轴之矩的大小也可用相应的三角形面积表示为

$$M_z(\boldsymbol{F}) = 2\triangle OA'B'\ 面积$$

$\triangle OA'B'$ 是 $\triangle OAB$ 在坐标面 Oxy 上的投影。这两个三角形平面间的夹角即是这两个平面法线间的夹角 γ，也就是矢量 $\boldsymbol{M}_O(\boldsymbol{F})$ 与 z 轴之间的夹角，如图5-4所示。由几何学有

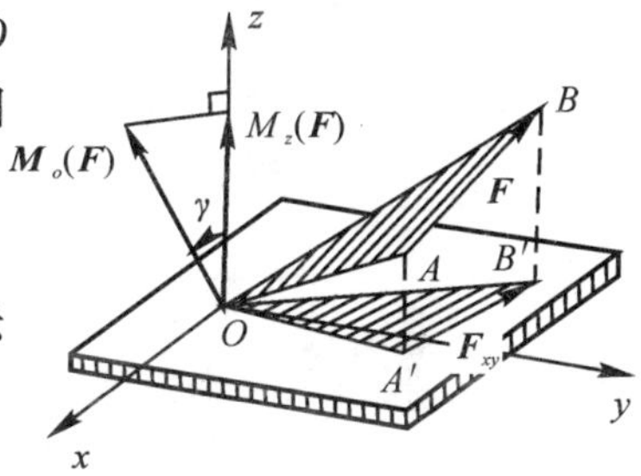

图　5-4

$$\triangle OA'B'=\triangle OAB\cos\gamma$$

由此可得

$$|\boldsymbol{M}_O(\boldsymbol{F})|\cos\gamma=M_z(\boldsymbol{F})$$

即

同理

$$\left.\begin{aligned}[\boldsymbol{M}_O(\boldsymbol{F})]_z&=M_z(\boldsymbol{F})\\ [\boldsymbol{M}_O(\boldsymbol{F})]_y&=M_y(\boldsymbol{F})\\ [\boldsymbol{M}_O(\boldsymbol{F})]_x&=M_x(\boldsymbol{F})\end{aligned}\right\}\tag{5-4}$$

§5-3　空间力系向任意点的简化及其结果的讨论

一、空间一般力系向已知点简化

与平面一般力系的简化方法一样，用力的平移定理，可以把空间力系向任意一点简化。要注意的是，由于空间力系中各力的作用线不在同一平面内，将力向一点平移时，附加力偶的力偶矩应当用矢量表示。

设一空间力系 $\boldsymbol{F}_1,\boldsymbol{F}_2,\cdots,\boldsymbol{F}_n$ 作用在刚体上，如图 5-5(a) 所示。将力系中各力分别向任选的简化中心 O 平移，可以得到一空间汇交力系 $\boldsymbol{F}_1',\boldsymbol{F}_2',\cdots,\boldsymbol{F}_n'$ 和一空间力偶系，该力偶系的力偶矩矢分别为 $\boldsymbol{M}_1,\boldsymbol{M}_2,\cdots,\boldsymbol{M}_n$，如图 5-5(b) 所示。其中

$$\boldsymbol{F}_1'=\boldsymbol{F}_1,\quad \boldsymbol{F}_2'=\boldsymbol{F}_2,\quad \cdots,\quad \boldsymbol{F}_n'=\boldsymbol{F}_n$$

$$\boldsymbol{M}_1=\boldsymbol{M}_O(\boldsymbol{F}_1),\quad \boldsymbol{M}_2=\boldsymbol{M}_O(\boldsymbol{F}_2),\quad \cdots,\quad \boldsymbol{M}_n=\boldsymbol{M}_O(\boldsymbol{F}_n)$$

这两个力系可以分别按空间汇交力系和空间力偶系的合成方法合成为通过简化中心 O 的一个力和一个力偶，如图 5－5(c) 所示。力矢量为

$$\boldsymbol{R}'=\sum\boldsymbol{F}'=\sum\boldsymbol{F} \tag{5-5}$$

力偶的力偶矩矢(vector of the moment of a couple) 为

$$\boldsymbol{M}_O=\sum\boldsymbol{M}=\sum\boldsymbol{M}_O(\boldsymbol{F})$$

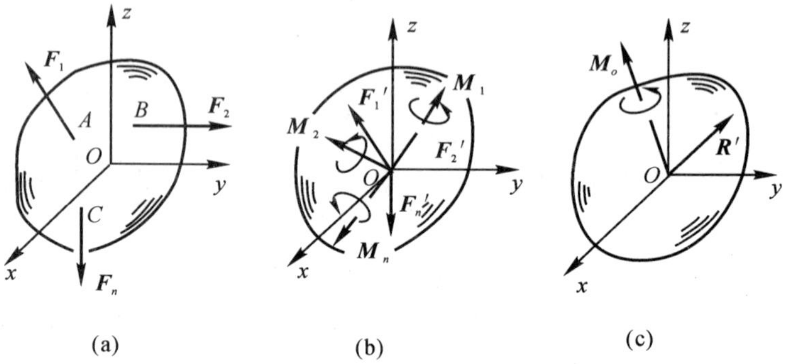

图 5-5

$\boldsymbol{R}'$ 称为空间力系的主矢(principal vector)，$\boldsymbol{M}_O$ 称为空间力系对简化中心的主矩(principal moment)。同样地，力系的主矢与简化中心的位置选择无关；主矩与简化中心的位置选择有关。与平面力系不同的是，空间力系的主矩是矢量而不是代数量。

于是得到结论：空间力系向任意点简化，得到一个力和一个力偶。这个力通过简化中心，等于空间力系的主矢；这个力偶的力偶矩矢等于空间力系各力对简化中心的主矩。

在实际计算中，常采用解析式。过简化中心作直角坐标系 $Oxyz$。用 R_x',R_y',R_z' 和 X_i,Y_i,Z_i 分别表示主矢 $\boldsymbol{R}'$ 和空间力系中各力 $\boldsymbol{F}_i$ 在坐标轴上的投影，由合力投影定理有

$$\left.\begin{aligned} R_x' &= \sum_{i=1}^{n} X_i = \sum X \\ R_y' &= \sum_{i=1}^{n} Y_i = \sum Y \\ R_z' &= \sum_{i=1}^{n} Z_i = \sum Z \end{aligned}\right\} \tag{5-7}$$

空间力系的主矢 $\boldsymbol{R}'$ 的大小和方向为

$$R'=\sqrt{(\sum X)^2+(\sum Y)^2+(\sum Z)^2} \tag{5-8}$$

$$\left.\begin{aligned}\cos(\boldsymbol{R}',\boldsymbol{i}) &= \frac{R_x'}{R'} = \frac{\sum X}{\sqrt{(\sum X)^2+(\sum Y)^2+\sum Z)^2}}\\ \cos(\boldsymbol{R}',\boldsymbol{j}) &= \frac{R_y'}{R'} = \frac{\sum Y}{\sqrt{(\sum X)^2+(\sum Y)^2+(\sum Z)^2}}\\ \cos(\boldsymbol{R}',\boldsymbol{k}) &= \frac{R_z'}{R'} = \frac{\sum Z}{\sqrt{(\sum X)^2+(\sum Y)^2+(\sum Z)^2}}\end{aligned}\right\} \tag{5-9}$$

若用 M_{Ox}，M_{Oy}，M_{Oz} 分别表示空间力系对简化中心 O 的主矩 $\boldsymbol{M}_O$ 在 x，y，z 轴上的投影，由式(5-4)及合矢量投影定理知

$$\begin{aligned}M_{Ox} &= \sum M_x(\boldsymbol{F})\\ M_{Oy} &= \sum M_y(\boldsymbol{F})\\ M_{Oz} &= \sum M_z(\boldsymbol{F})\end{aligned} \tag{5-10}$$

主矩 $\boldsymbol{M}_O$ 的大小和方向为

$$M_O=\sqrt{[\sum M_x(\boldsymbol{F})]^2+[\sum M_y(\boldsymbol{F})]^2+[\sum M_z(\boldsymbol{F})]^2} \tag{5-11}$$

$$\begin{aligned}\cos(\boldsymbol{M}_O,\boldsymbol{i}) &= \frac{M_{Ox}}{M_O} = \frac{\sum M_x(\boldsymbol{F})}{\sqrt{[\sum M_x(\boldsymbol{F})]^2+[\sum M_y(\boldsymbol{F})]^2+[\sum M_z(\boldsymbol{F})]^2}}\\ \cos(\boldsymbol{M}_O,\boldsymbol{j}) &= \frac{M_{Oy}}{M_O} = \frac{\sum M_y(\boldsymbol{F})}{\sqrt{[\sum M_x(\boldsymbol{F})]^2+[\sum M_y(\boldsymbol{F})]^2+[\sum M_z(\boldsymbol{F})]^2}}\\ \cos(\boldsymbol{M}_O,\boldsymbol{k}) &= \frac{M_{Oz}}{M_O} = \frac{\sum M_z(\boldsymbol{F})}{\sqrt{[\sum M_x(\boldsymbol{F})]^2+[\sum M_y(\boldsymbol{F})]^2+[\sum M_z(\boldsymbol{F})]^2}}\end{aligned} \tag{5-12}$$

与平面力系中固定端约束反力的简化方法类似，空间力系的固定端约束反力可用六个量来表示，如图 5-6 所示。它所限制的位移是：既不能沿任何方向移动，也不能绕任意轴转动。

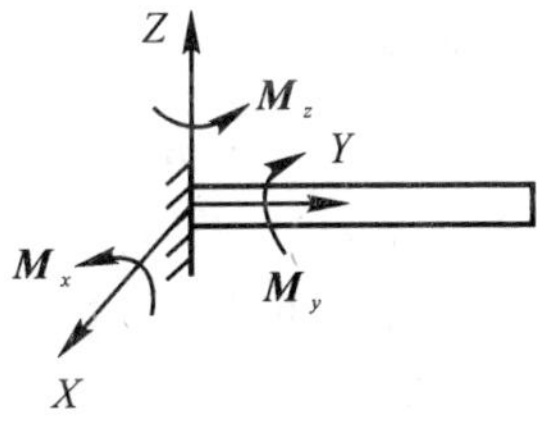

图 5-6

二、简化结果分析

空间一般力系向任意一点简化，可能出现下列四种情况：

(1) $R'=0$，$M_O=0$，此时，原空间力系为一平衡力系。

(2) $R'=0$，$M_O\neq 0$，原空间力系合成为一合力偶，其矩等于空间力系各力对简化中心的主矩 $\boldsymbol{M}_O$。在这种情况下，该空间力系的主矩与简化中心的位置无关。

(3) $R'\neq 0$，$M_O=0$，原空间力系合成为作用线过简化中心的合力。合力矢 $\boldsymbol{R}$ 等于力系的主矢 $\boldsymbol{R}'$。当简化中心恰好选在合力的作用线上时，就是这种情况。

(4) $R'\neq 0$，$M_O\neq 0$，根据它们之间的关系，又分为三种情形。

1) $\boldsymbol{R}'\perp\boldsymbol{M}_O$，这时主矢 $\boldsymbol{R}'$ 与主矩 $\boldsymbol{M}_O$ 所表示的力偶在同一平面内，它还可进一步合成为一个合力。合力的作用线到简化中心的距离为

$$d=\frac{|M_O|}{R'}$$

2) $\boldsymbol{R}' /\!/ \boldsymbol{M}_O$，此时主矢 $\boldsymbol{R}'$ 和主矩 $\boldsymbol{M}_O$ 所表示的力偶的作用面相垂直，如图 5-7 所示，这是一种最简结果，不能再进一步合成。从而形成力学中又一个基本量，称为力螺旋。例如，钻孔时的钻头和用螺丝刀拧螺丝时对工件的作用就是力螺旋(wrench of force system)。

3）主矢 $\boldsymbol{R}'$ 和主矩$\boldsymbol{M}_O$ 两者既不平行，也不垂直，这是最一般的情况。这时可将 $\boldsymbol{M}_O$ 分解为两个力偶 $\boldsymbol{M}_O''$ 与$\boldsymbol{M}_O'$，它们分别与 $\boldsymbol{R}'$ 垂直和平行。与 $\boldsymbol{R}'$ 垂直的力偶$\boldsymbol{M}_O''$ 与$\boldsymbol{R}'$ 进一步合成为一个合力 $\boldsymbol{R}$，由于力偶矩矢是自由矢量，将 $\boldsymbol{M}'$ 表示在$\boldsymbol{R}$ 处，得到一个力螺旋。可见，一般情形下空间力系可简化为力螺旋，如图 5-8 所示。

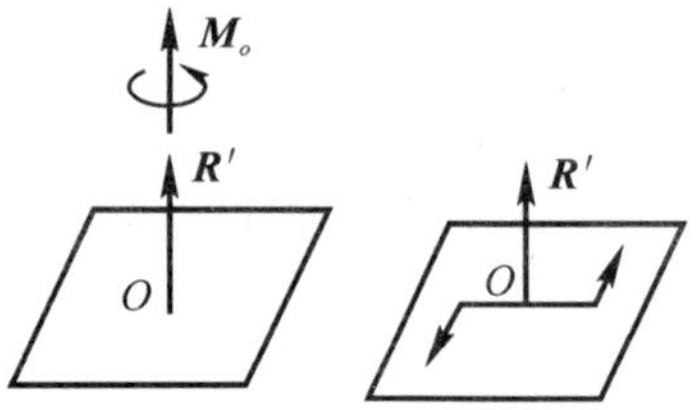

图 5-7

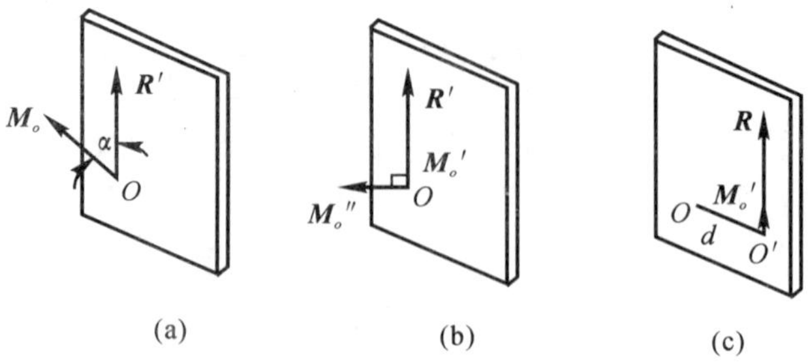

图 5-8

当空间力系能合成为合力时，可以证明合力矩定理仍然成立：空间一般力系的合力对任意一点（或轴）的矩等于力系中各力对同一点（或同一轴）的矩的矢量和（或代数和）。

即
$$\boldsymbol{M}_O(\boldsymbol{R}) = \sum \boldsymbol{M}_O(\boldsymbol{F}) \tag{5-13}$$
或
$$M_z(\boldsymbol{R}) = \sum M_z(\boldsymbol{F}) \tag{5-14}$$

§5-4 空间一般力系的平衡条件及其应用

若空间一般力系的主矢和对任意点的主矩都等于零，则该力系向任意点简化所得的空间汇交力系和附加的空间力偶系分别自成平衡，表明原空间一般力系是平衡力系。反之，若空间一般力系是平衡的，则该力系的主矢和对任意点的主矩必定都等于零。因为，当力系的主矢和对任意的点的主矩有一个不为零时，原空间一般力系将等效于一个力或一个力偶或力螺旋，它们都不是平衡力系。由此得出：空间一般力系平衡的必要与充分条件是：空间力系的主矢和对任一点的主矩都等于零。即

$$\left.\begin{aligned} \boldsymbol{R}' &= \sum \boldsymbol{F} = 0 \\ \boldsymbol{M}_O &= \sum \boldsymbol{M}_O(\boldsymbol{F}) = 0 \end{aligned}\right\} \tag{5-15}$$

根据式(5-8) 和式(5-11) 可将上述条件写成解析形式的平衡条件

$$\left.\begin{aligned} &\sum X = 0 \qquad && \sum M_x(\boldsymbol{F}) = 0 \\ &\sum Y = 0 && \sum M_y(\boldsymbol{F}) = 0 \\ &\sum Z = 0 && \sum M_z(\boldsymbol{F}) = 0 \end{aligned}\right\} \tag{5-16}$$

所以，空间一般力系平衡的必要与充分条件是：力系中各力在三个坐标轴上投影的代数和分别等于零，以及这些力对于三个坐标轴之矩的代数和分别等于零。上式也称为空间一般力系的平衡方程（equations of equilibrium of three dimensional forces system in space）。

研究刚体受空间力系作用的平衡问题时，由于只有六个独立的平衡方程，因此只能求解六个未知量。若未知量数目超过六个，就是静不定问题。

前面所遇到的各种力系都是空间一般力系的特殊情况，例如汇交力系、力偶系和平面力系

等等。我们可以由空间一般力系的平衡方程(5-16)导出各种特殊力系的平衡方程。例如,对空间平行力系(parallel force system in space),如图 5-9 所示。令 z 轴与各力线平行,则各力对 z 轴之矩为零;又由于所有力均与 x 和 y 轴垂直,它们在这两个轴上的投影恒等于零,式(5-16)中的第一、二、六三个方程成为恒等式,所以,空间平行力系的平衡方程为

$$\begin{cases}\sum Z=0\\ \sum M_x(\boldsymbol{F})=0\\ \sum M_y(\boldsymbol{F})=0\end{cases} \tag{5-17}$$

例 5-2　三轮货车重力 $W=8$ kN,载重 $P=10$ kN,作用点位置如图 5-10 所示。求静止时地面作用于三个轮子的反力。图中长度单位为 m。

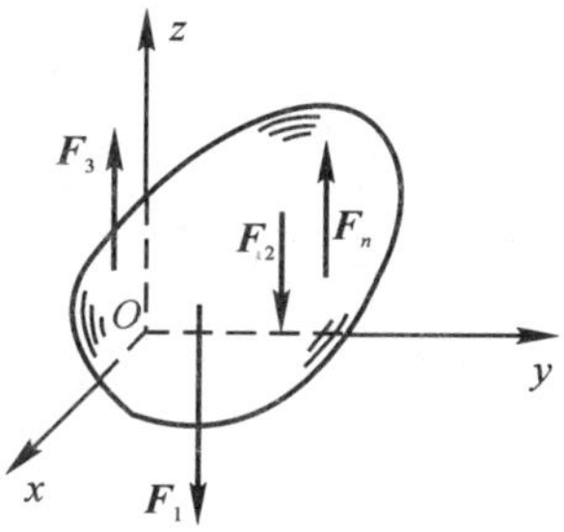

图　5-9

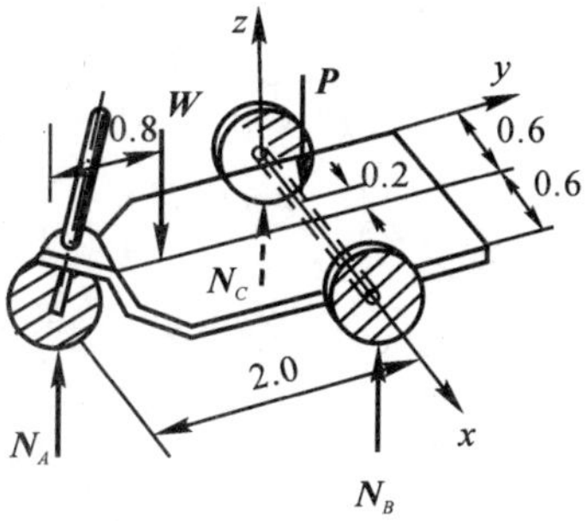

图　5-10

解　以三轮货车为研究对象。受力分析如图 5-10 所示。作用于车上所有力组成空间平行力系。取坐标系如图 5-10 所示。由平衡方程得

$$\sum M_x(\boldsymbol{F})=0 \qquad W\times 1.2-N_A\times 2=0$$

$$N_A=0.6W=0.6\times 8=4.8 \text{ kN}$$

$$\sum M_y(\boldsymbol{F})=0 \qquad W\times 0.6-N_B\times 1.2-N_A\times 0.6+P\times 0.4=0$$

$$N_B=\frac{1}{2}W-\frac{1}{2}N_A+\frac{1}{3}P=\frac{1}{2}\times 8-\frac{1}{2}\times 4.8+\frac{1}{3}\times 10=4.93 \text{ kN}$$

$$\sum Z=0 \qquad N_A+N_B+N_C-P-W=0$$

$$N_C=P+W-N_A-N_B=10+8-4.8-4.93=8.27 \text{ kN}$$

例 5-3　传动轴 AB 上装有斜齿轮 C 和带轮 D(见图 5-11),斜齿轮的节圆半径 $r=60$ mm,压力角 $\alpha=20°$,螺旋角 $\beta=15°$,带轮半径 $R=100$ mm,皮带拉力 $T_1=2T_2=1\ 300$ N,皮带的紧边水平,松边与水平夹角 $\theta=30°$,A 为向心轴承,B 为止推轴承,$a=b=100$ mm,$c=150$ mm。设轴在带轮带动下作匀速转动,不计轮、轴的重量,求齿轮所受的圆周力 P_t 及轴承 A,B 的约束反力。

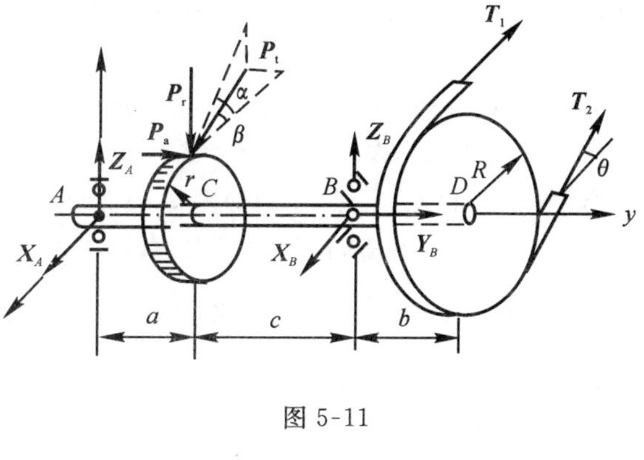

图 5-11

解 取传动轴连同斜齿轮及带轮为研究对象。选坐标系 $Axyz$，受力分析如图所示。所受力系为空间一般力系。由平衡方程

$$\sum M_y(\boldsymbol{F})=0 \qquad P_t r-T_1R+T_2\cos\theta R=0$$

解得
$$P_t=\frac{T_1-T_2}{r}R=\frac{1\,300-650}{60}\cos30^\circ\times100=1\,228\ \text{N}$$

根据斜齿轮中圆周力 P_t、径向力 P_r 和轴向力 P_a 间的关系，可以得到

$$P_a=P_t\tan\beta=1\,228\tan15^\circ=329\ \text{N}$$

$$P_r=\frac{P_t}{\cos\beta}\tan\alpha=\frac{1\,228}{\cos15^\circ}\tan20^\circ=463\ \text{N}$$

再由 $\sum Y=0 \qquad Y_B+P_a=0$

得 $Y_B=-P_a=-329\ \text{N}$

$$\sum M_x(\boldsymbol{F})=0 \qquad Z_B(a+c)-P_a r-P_r a+T_2\sin\theta(a+c+b)=0$$

$$Z_B=\frac{P_a r+P_r a-T_2\sin\theta(a+c+b)}{(a+c)}=$$

$$\frac{329\times60+463\times100-650\sin30^\circ(100+150+100)}{100+150}=-191\ \text{N}$$

$$\sum Z=0 \qquad Z_A+Z_B-P_r+T_2\sin\theta=0$$

$$Z_A=P_r-Z_B-T_2\sin\theta=463+191-650\sin30^\circ=329\ \text{N}$$

$$\sum M_z(\boldsymbol{F})=0 \qquad (T_1+T_2\cos\theta)(a+c+b)-P_t a-X_B(a+c)=0$$

$$X_B=\frac{(T_1+T_2\cos\theta)(a+c+b)-P_t a}{(a+c)}=$$

$$\frac{(1\,300+650\cos30^\circ)(100+150+100)-1\,228\times100}{100+150}=2\,117\text{N}$$

$$\sum X=0 \qquad X_A+X_B+P_t-T_1-T_2\cos\theta=0$$

$$X_A=T_1+T_2\cos\theta-X_B-P_t=$$

$$1\,300+650\cos30^\circ-2\,117-1\,228=-1\,482\ \text{N}$$

X_A，X_B 和 Z_B 为负值，表明力 $\boldsymbol{X}_A$，$\boldsymbol{X}_B$ 和 $\boldsymbol{Z}_B$ 的实际方向与图示的方向相反。

例 5-4 均质矩形板 $ABCD$，其重力 $P=800$ N，重心在其对称中心。矩形板用球铰 A 和蝶铰 B 固定在墙上，并用绳子 CE 系住，静止在水平位置。已知 $\alpha=30^\circ$（见图 5-12）。求绳子的拉力 $\boldsymbol{T}$ 和 A，B 处的约束反力。

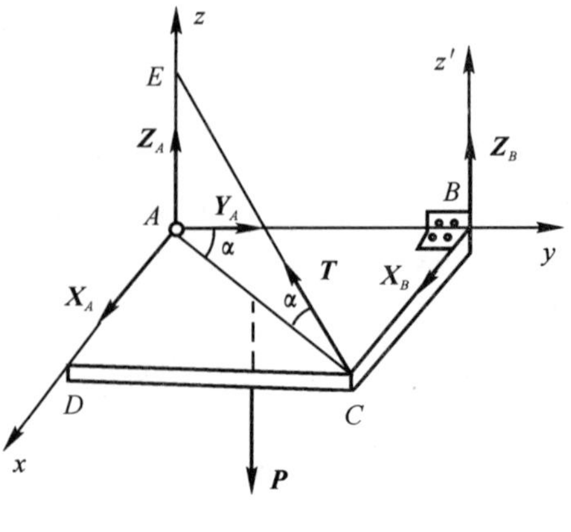

图 5-12

解 以矩形板 $ABCD$ 为研究对象。球铰 A 的约束反力用三个分力 $\boldsymbol{X}_A$，$\boldsymbol{X}_B$，$\boldsymbol{Z}_A$ 表示，蝶形铰链 B 的约束反力有两个 $\boldsymbol{X}_B$ 和 $\boldsymbol{Z}_B$，受力分析如图 5-12 所示。这是一个空间一般力系的平衡问题。由平衡方程，有

$$\sum M_y(\boldsymbol{F})=0 \qquad P\frac{BC}{2}-T\sin\alpha BC=0 \qquad (1)$$

$$T=\frac{P}{2\sin\alpha}=\frac{800}{2\times\sin30^\circ}=800\ \text{N}$$

$\sum M_x(\boldsymbol{F})=0 \qquad Z_B AB+T\sin\alpha AB-P\dfrac{AB}{2}=0 \qquad (2)$

$$Z_B=\frac{P}{2}-T\sin\alpha=\frac{800}{2}-800\sin30^\circ=0$$

$\sum M_z(\boldsymbol{F})=0 \qquad -X_B AB=0 \qquad (3)$

$$X_B=0$$

$\sum X=0 \qquad X_A+X_B-T\cos\alpha\sin\alpha=0 \qquad (4)$

$$X_A=T\cos\alpha\sin\alpha=800\cos30^\circ\sin30^\circ=346\ \text{N}$$

$\sum Y=0 \qquad Y_A-T\cos\alpha\cos\alpha=0 \qquad (5)$

$$Y_A=T\cos^2\alpha=800\cos^2 30^\circ=600\ \text{N}$$

$\sum Z=0 \qquad Z_A+Z_B-P+T\sin\alpha=0 \qquad (6)$

$$Z_A=P-T\sin\alpha=800-800\sin30^\circ=400\ \text{N}$$

以上解题应用了空间力系平衡方程的基本形式。也可以用其他形式的平衡方程。例如用$\sum M_z{}'(\boldsymbol{F})=0$，代替式(4)求出$X_A$，即是用四矩式方程，还有五矩式方程、六矩式方程等等。需要指出，列力矩形式的平衡方程时，轴的选取是任意的。

在求解空间力系的平衡问题时，解题步骤与平面问题一样：首先选取研究对象，画受力图，然后列出平衡方程，解出未知量。

投影轴和力矩轴应选择适当，尽量使一个方程只包含一未知量，以简化方程的求解。

例 5-5 正方形板 $ABCD$ 由六根连杆支承。长度大小如图 5-13 所示。一水平力 $\boldsymbol{P}$ 沿边 AD 作用于点 A，不计板的重力。试求各杆内力。

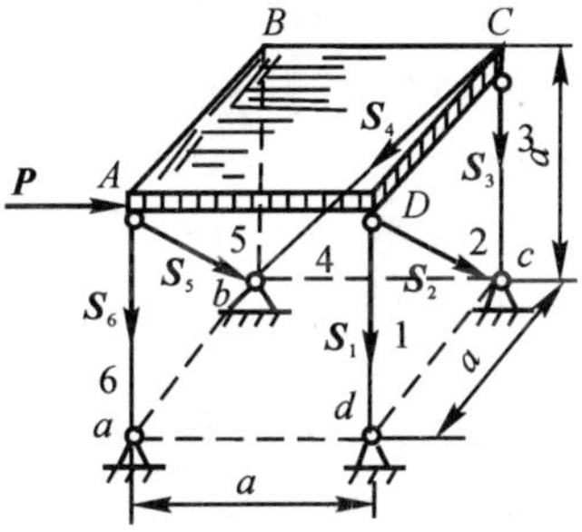

图 5-13

解 以板 $ABCD$ 为研究对象。由于各杆均为二力杆，故各杆作用于板上的力沿各杆轴线方向，受力分析如图所示。由空间力系的平衡方程，有

$\sum M_{bB}(\boldsymbol{F})=0,\quad Pa+S_2\cos45^\circ a=0$

解得 $\quad S_2=-\sqrt{2}P$

$\sum M_{cC}(\boldsymbol{F})=0,\quad Pa-S_5\cos45^\circ a=0$

得 $\quad S_5=\sqrt{2}P$

$\sum M_{dD}(\boldsymbol{F})=0 \qquad S_4\cos45^\circ a-S_5\cos45^\circ a=0$

得 $\quad S_4=S_5=\sqrt{2}P$

$\sum M_{AD}(\boldsymbol{F})=0 \qquad -S_3 a-S_4\sin45^\circ a=0$

得 $\quad S_3=-P$

$\sum M_{CD}(\boldsymbol{F})=0 \qquad S_6 a+S_5\sin45^\circ a=0$

得 $\quad S_6=-P$

$\sum M_{bc}(\boldsymbol{F})=0 \qquad S_1 a+S_6 a=0$

得 $\quad S_1=P$

所得结果为正值的杆受拉，为负值的杆受压。

§5-5 平行力系的中心与重心

一、平行力系的中心

平行力系的中心是平行力系合力的作用点。在§3-2中已阐述了两个平行力的合成问题。若作用于某刚体上的任意个平行力的合力时，则可顺次应用这种合成法求出该平行力系的合力。该合力作用线仍平行于原力系，其大小等于该平行力系中所有各力的代数和；合力作用点所在的位置称为平行力系的中心，用点 C 表示。若将原力系中各力绕其各自的作用点同方向转过同样角度，若要使它们仍保持相互平行，则合力将仍与各力平行，并也绕点 C 转过相同的角度。

由此可知，平行力系中心 C 的位置仅与各平行力的大小和作用点的位置有关，而与各平行力的方位无关。

现在我们应用空间一般力系的合力矩定理推导平行力系中心点 C 的坐标公式。

设有空间平行力系 $\boldsymbol{F}_1,\boldsymbol{F}_2,\cdots,\boldsymbol{F}_n$ 分别作用于刚体的 $A_1,A_2,\cdots,A_n$ 各点，取直角坐标系 $Oxyz$，如图5-14所示。各力作用点的坐标为 $(x_1,y_1,z_1),(x_2,y_2,z_2),\cdots,(x_n,y_n,z_n)$，平行力系中心（合力作用点 C）的坐标为 (x_C,y_C,z_C)。

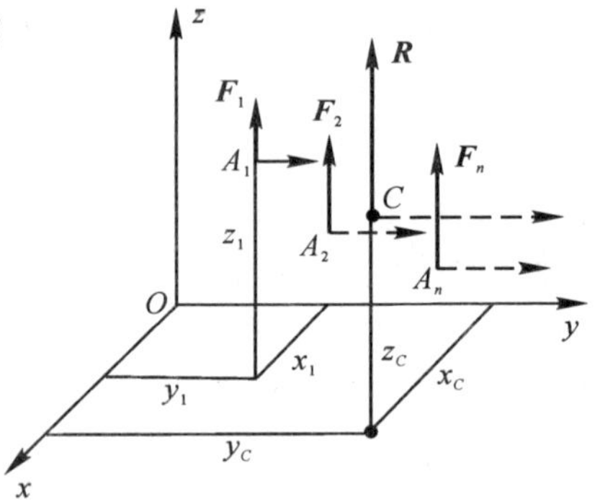

图 5-14

先令所有各力的作用线与 z 轴平行。利用对 x 轴的合力矩定理，有

$$M_x(\boldsymbol{R})=\sum M_x(\boldsymbol{F}_i)$$

将计算力矩的解析表达式(5-2)代入上式，得

$$Ry_C=\sum_{i=1}^{n}F_i y_i$$

将 $R=\sum F_i$ 代入上式，得到 C 点的 y 坐标为

$$y_C=\frac{\sum F_i y_i}{\sum F_i}$$

同理，利用对 y 轴的合力矩定理，可以求出坐标 x_C 的表达式。再将力系转到和轴 y（或 x 轴）平行，再利用对 x 轴（或 y 轴）的合力矩定理，可求出点 C 的另外一个坐标 z_C 的公式。这些公式是相似的。所以空间平行力系中心 C 的坐标公式为

$$x_C=\frac{\sum\limits_{i=1}^{n}F_i x_i}{\sum\limits_{i=1}^{n}F_i}\qquad y_C=\frac{\sum\limits_{i=1}^{n}F_i y_i}{\sum\limits_{i=1}^{n}F_i}\qquad z_C=\frac{\sum\limits_{i=1}^{n}F_i z_i}{\sum\limits_{i=1}^{n}F_i}\tag{5-18}$$

二、重心

重力是地球对物体的引力，如果将物体视为由无数质点所组成，各质点重力便组成空间汇交力系。但由于地面上的物体与地球本身相比是很小的，而且离地心又极远，因此可近似地认为各质点的重力组成了一个空间平行力系，该平行力系合力的大小就是物体的重力。该平行力

系的中心就是物体的重心(center of gravity)。不论物体如何放置,其重力的合力作用线相对物体总是通过一个确定的点,即物体的重心。重心的位置在工程中有重要意义。例如要使起重机保持稳定,其重心的位置应满足一定的条件;飞机、轮船及车辆等的运动稳定性也与重心的位置有密切关系;高速转动的飞轮的重心如果不在轴线上,将会引起剧烈的振动,从而影响机器的寿命。因此,工程中常要确定物体重心的位置。

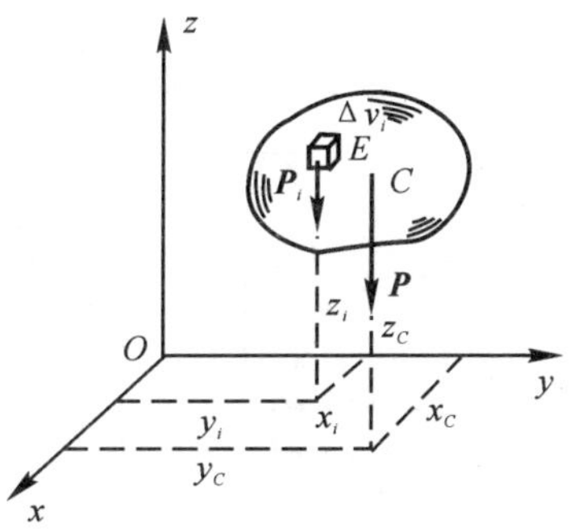

图 5-15

1. 重心坐标公式

如果将物体分割成许多微小体积,每个微小体积的重力为 $\boldsymbol{P}_i$,其作用点为 $E(x_i, y_i, z_i)$,如图 5-15 所示。

由式(5-18) 可以直接得到物体重心 $C(x_C, y_C, z_C)$ 的坐标公式为

$$x_C = \frac{\sum_{i=1}^{n} P_i x_i}{P} \qquad y_C = \frac{\sum_{i=1}^{n} P_i y_i}{P} \qquad z_C = \frac{\sum_{i=1}^{n} P_i z_i}{P} \tag{5-19}$$

若物体是均质的,其单位体积的重力为 γ,各微小体积为 ΔV_i,则整个物体的体积为 $V = \sum \Delta V_i$,$P_i = \gamma \Delta V_i$,$P = \gamma V$,代入上式,得

$$x_C = \frac{\sum_{i=1}^{n} x_i \Delta V_i}{V} \qquad y_C = \frac{\sum_{i=1}^{n} y_i \Delta V_i}{V} \qquad z_C = \frac{\sum_{i=1}^{n} z_i \Delta V_i}{V} \tag{5-20}$$

这时,物体重心的位置完全取决于物体的几何形状,而与重力无关。物体几何形状的中心称为形心(center of area)。均质物体的重心与形心重合;对非均质物体,两者一般不重合。

若物体是均质薄壳或均质细杆,其形心坐标公式可表示为

$$x_C = \frac{\sum_{i=1}^{n} x_i \Delta S_i}{S} \qquad y_C = \frac{\sum_{i=1}^{n} y_i \Delta S_i}{S} \qquad z_C = \frac{\sum_{i=1}^{n} z_i \Delta S_i}{S} \tag{2-21}$$

$$x_C = \frac{\sum_{i=1}^{n} x_i \Delta L_i}{L} \qquad y_C = \frac{\sum_{i=1}^{n} y_i L_i}{L} \qquad z_C = \frac{\sum_{i=1}^{n} z_i \Delta L_i}{L} \tag{5-22}$$

式中 S,L 分别为物体的总面积和总长度;ΔS_i,ΔL_i 分别为微小部分的面积和长度。

对于连续分布的物体和图形,可将整个物体或图形无限细分,式(5-19)~(5-22)可表示为积分的形式。

若均质物体具有对称面、对称轴或对称中心,则其重心一定在对称面、对称轴或对称中心上。现将一些常用简单物体的重心列于表 5-1 中。

表 5-1　简单几何形状物体的重心

图　　形	重心位置	图　　形	重心位置
三角形 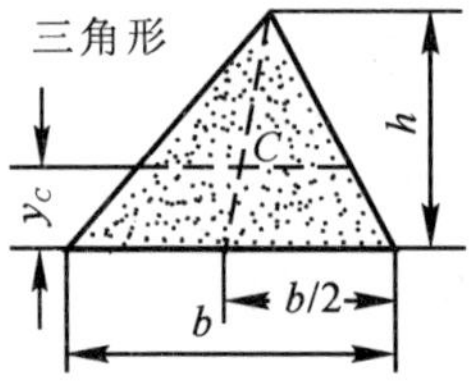	在中线的交点 $y_C=\frac{1}{3}h$	扇形 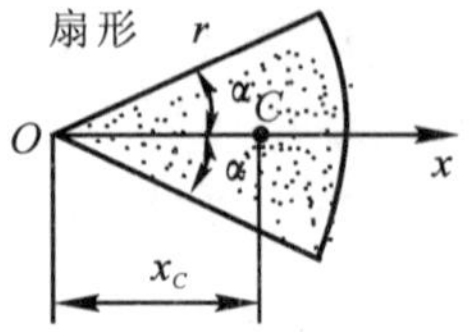	$x_C=\frac{2}{3}\frac{r\sin\alpha}{\alpha}$ 对于半圆 $x_C=\frac{4r}{3\pi}$
梯形 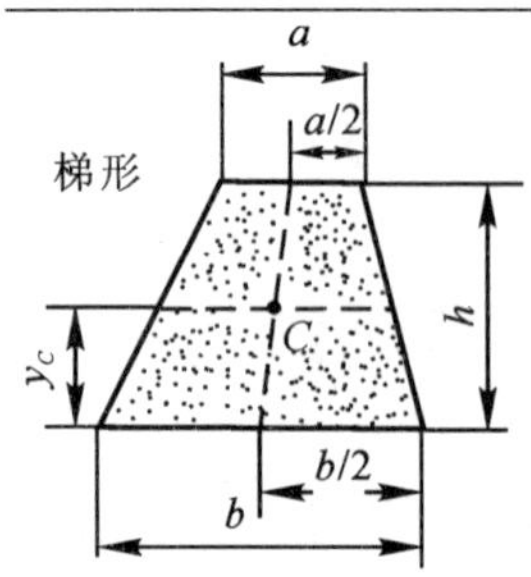	$y_C=\frac{h(2a+b)}{3(a+b)}$	部分圆环 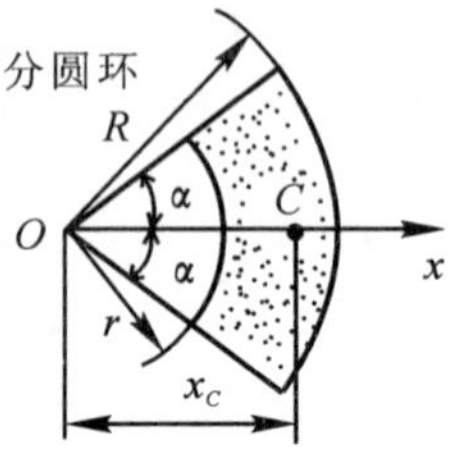	$x_C=\frac{2}{3}\frac{R^3-r^3}{R^2-r^2}\frac{\sin\alpha}{\alpha}$
圆弧 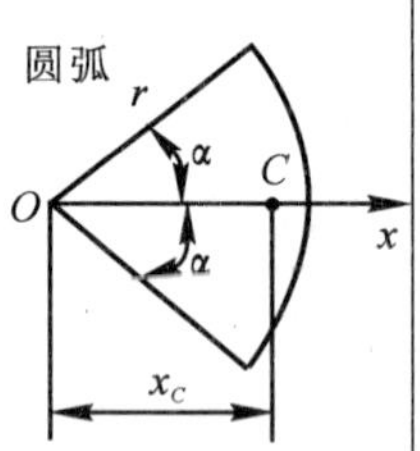	$x_C=\frac{r\sin\alpha}{\alpha}$ 对 $\alpha=\frac{\pi}{2}$，则 $x_C=\frac{2r}{\pi}$	抛物线面 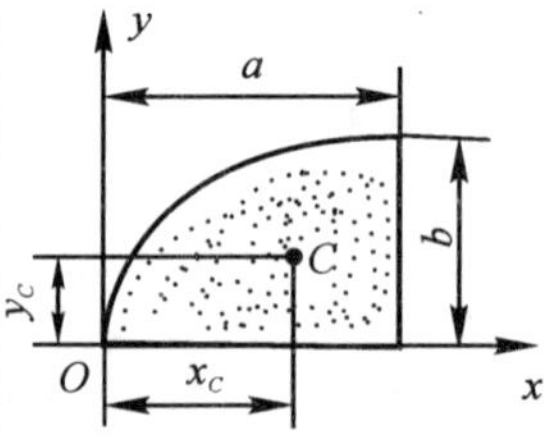	$x_C=\frac{3}{5}a$ $y_C=\frac{3}{8}b$
弓形 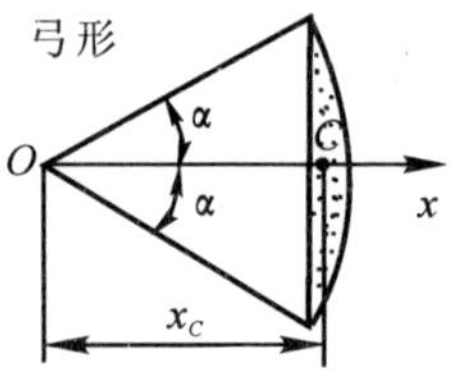	$x_C=\frac{2}{3}\frac{r^3\sin^3\alpha}{S}$ S 为面积	抛物线面 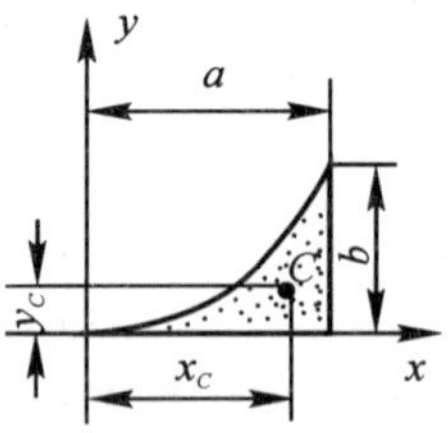	$x_C=\frac{3}{4}a$ $y_C=\frac{3}{10}b$
半圆球 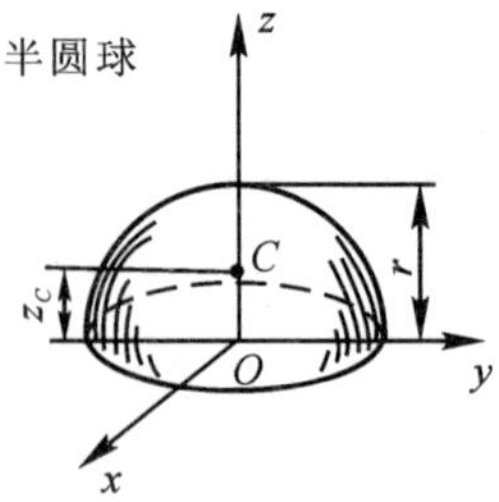	$z_C=\frac{3}{8}r$	正圆锥体 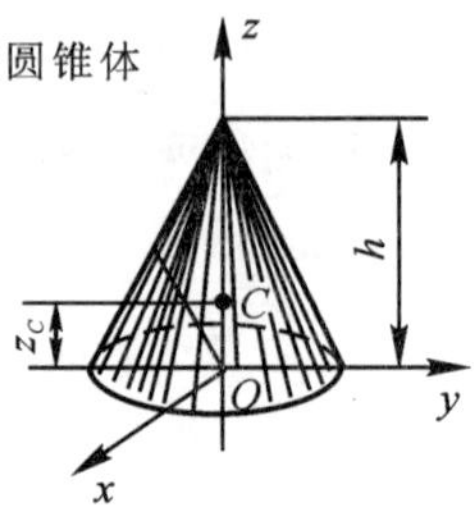	$y_C=\frac{1}{4}h$

2. 组合形体的重心

工程中一些比较复杂的物体往往可以看成是由几个简单形状物体的组合，我们称这类物体为组合形体。若这类形体中每一个简单体的重力 P_i 及其重心坐标 x_{iC}，y_{iC}，z_{iC} 是已知的，则利用式(5-19)～(5-22)中相应的公式，即可求得整个组合形体的重心。下面举例说明其计算方法。

(1) 分割法。

例 5-6 试求图 5-16 所示等厚、均质薄平板工件的重心位置。

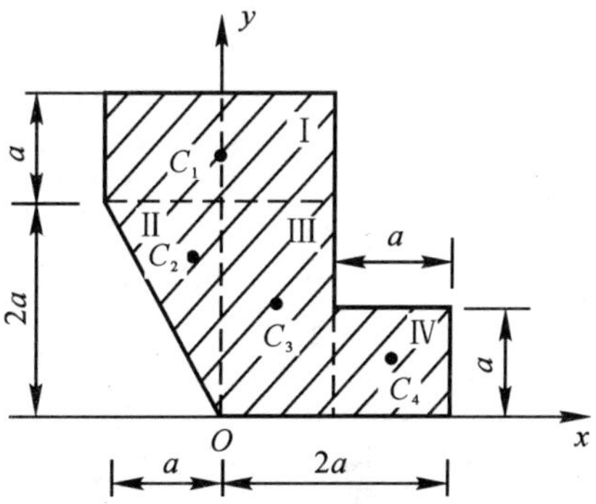

图 5-16

解 均质物体的重心即是物体的形心。如图 5-16 所示，将工件分割为四部分。取图示坐标系。C_1，C_2，C_3，C_4 为各部分的形心。各部分的面积和形心坐标为

$$S_1 = 2a^2, \quad x_1 = 0, \quad y_1 = \frac{5}{2}a$$

$$S_2 = a^2, \quad x_2 = \frac{-1}{3}a, \quad y_2 = \frac{4}{3}a$$

$$S_3 = 2a^2, \quad x_3 = \frac{1}{2}a, \quad y_3 = a$$

$$S_4 = a^2, \quad x_4 = \frac{3}{2}a, \quad y_4 = \frac{1}{2}a$$

由式(5-21)可以求得该工件的重心坐标为

$$x_C = \frac{x_1 S_1 + x_2 S_2 + x_3 S_3 + x_4 S_4}{S_1 + S_2 + S_3 + S_4} = \frac{-\frac{1}{3}aa^2 + \frac{1}{2}a2a^2 + \frac{3}{2}aa^2}{2a^2 + a^2 + 2a^2 + a^2} = \frac{13}{36}a$$

$$y_C = \frac{y_1 S_1 + y_2 S_2 + y_3 S_3 + y_4 S_4}{S_1 + S_2 + S_3 + S_4} = \frac{\frac{5}{2}a2a^2 + \frac{4}{3}aa^2 + a2a^2 + \frac{1}{2}aa^2}{2a^2 + a^2 + 2a^2 + a^2} = \frac{53}{36}a$$

(2) 负面积法。若在物体内切去一部分(例如有空穴或孔的物体)，要求剩余部分物体的重心时，仍可用与分割法相同的公式，只是切去部分的面积(或体积)应取负值。

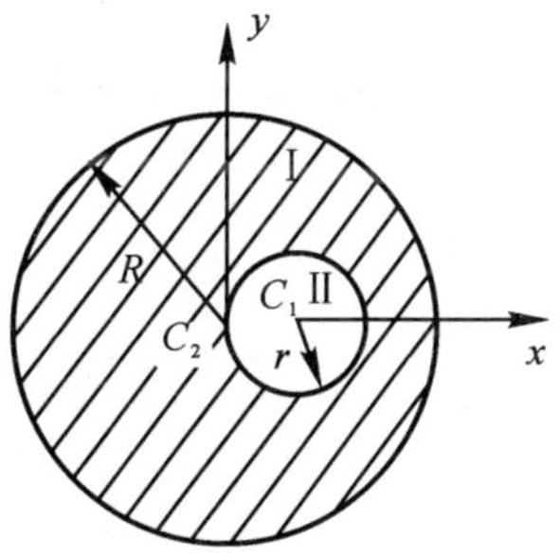

图 5-17

例 5-7 在均质薄圆板上钻一圆孔，如图 5-17 所示，已知 $R=30$ cm，$r=10$ cm，求板的重心位置。

解 取图示坐标系。将圆板分割成两部分：半径为 R，未钻孔的圆板和被挖去的半径为 r 的小圆板。

由于小圆板被挖去，其面积取负值。圆板关于 x 轴对称，其重心在对称轴上，所以

$$y_C = 0$$

所分两部分的面积和形心坐标为

$$S_1 = \pi R^2, \quad x_1 = 0$$

$$S_2 = -\pi r^2, \quad x_2 = r$$

于是，圆板的重心坐标为

$$x_C = \frac{x_1 S_1 + x_2 S_2}{S_1 + S_2} = \frac{-\pi r^3}{\pi(R^2 - r^2)} = \frac{-\pi \times 10^3}{\pi(30^2 - 10^2)} = -1.25 \text{ cm}$$

(3) 实验法。工程中经常会遇到外形复杂的物体，用计算的方法求重心位置将非常困难。实验法则可比较方便地确定出重心的位置，而且具有足够的准确度。常用的实验方法有两种。

1) 悬挂法。对于具有对称面或平板形状的物体，可将该物体先悬挂在任一点 A 上，如图5-18(a)所示，根据二力平衡原理，重心在过悬挂点 A 的铅垂线上，标出此线。然后再将它悬于另一点 D，同样可标出另一铅垂线(见图 5-18(b))。这两条铅垂线的交点 C 就是该物体的重心。

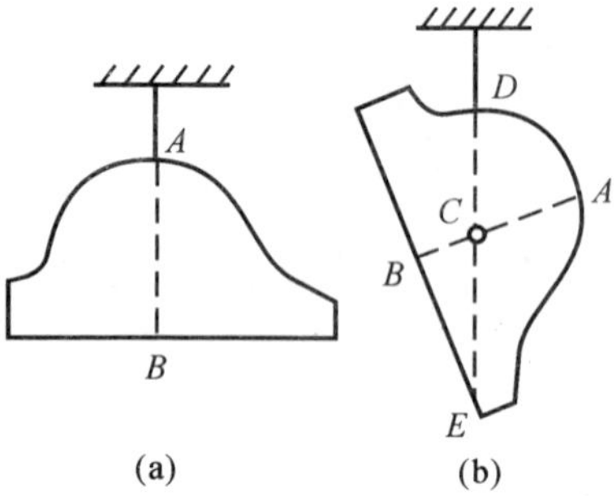

图 5-18

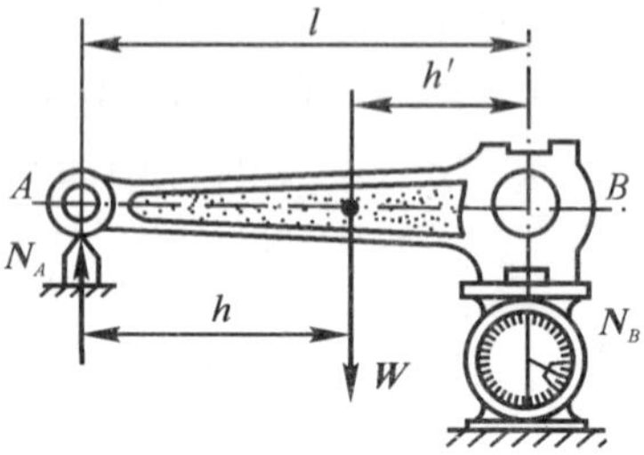

图 5-19

2) 称重法。对于形状复杂或体积较大的物体可用称重法测定重心。例如曲柄连杆机构中的连杆，因为具有对称轴，所以只要确定重心在此轴上的位置即可。先测得连杆的重力 $\boldsymbol{W}$，并测得连杆两端轴心 A,B 间的距离 l。将 B 端放在台称上，A 端尖角支承，并使 AB 水平(见图 5-19)，测得 B 端反力 N_B 的大小，由力矩方程

$$\sum M_A(\boldsymbol{F}) = 0, \qquad N_B l - Wh = 0$$

可得

$$h = \frac{N_B}{W} l$$

对于空间形状非对称的物体，可通过三次称重的方法确定其重心位置。

思 考 题

5-1 将两个等效的空间力系分别向 O_1,O_2 两点简化，得 $\boldsymbol{R'}_1$,$\boldsymbol{M}_{O_1}$ 及 $\boldsymbol{R}_2'$,$\boldsymbol{M}_{O_2}$。因两力系等效，故 $R_1' = R_2'$,$M_{O_1} = M_{O_2}$，这个结论对吗？

5-2 平面力系能用两个力来平衡，空间力系是否也总可以用两个力来平衡？为什么？

5-3 设一空间力系对不共线的任意三点的主矩都等于零，该力系是否一定平衡？为什么？

5-4 设有一力 $\boldsymbol{F}$，试问在何种情况下有 $F_x = 0$，$M_x(\boldsymbol{F})=0$？在什么情况下有 $F_x = 0$，$M_x(\boldsymbol{F}) \neq 0$？在何种情况下有 $F_x \neq 0$,$M_x(\boldsymbol{F}) = 0$？

5-5 若：(1)空间力系中各力的作用线平行于某一固定平面；(2)空间力系中各力的作用线分别汇交于两个固定点，试分析这两种力系中各有几个平衡方程。

5-6 对空间汇交力系，其平衡方程有三个；对于空间平行力系(当力的作用线平行于 z 轴

时)，其平衡方程也只有三个，试回答为什么？

5-7 计算一等截面体的重心位置时，如果选取的坐标轴不同，重心坐标是否改变？重心在物体内的位置是否改变？

5-8 当物体质量分布不均时，重心和形心还重合吗？为什么？

5-9 如果组合体是由两种材料做成的，在求这种物体的重心时，应注意些什么问题？

习　题　五

5-1 如图题 5-1 所示，已知 $P=20$ N，求力 $\boldsymbol{P}$ 在 x,y,z 轴的投影，以及对该三轴的力矩。

5-2 如图题 5-2 所示，已知 $T=10$ kN，求：(1)力 $\boldsymbol{T}$ 对 x,y 轴的矩；(2)$\boldsymbol{T}$ 对 OA 轴之矩。

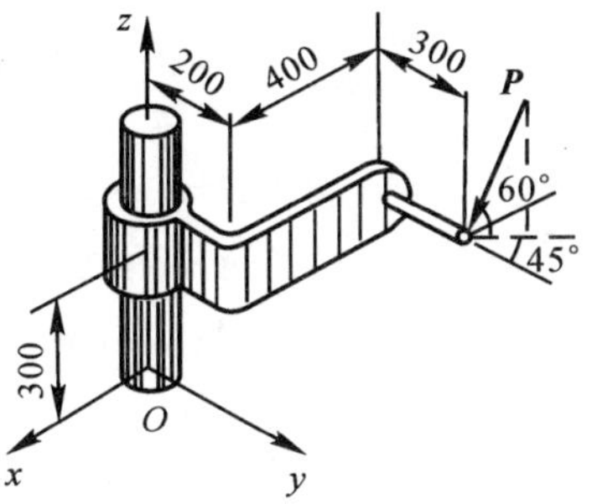

图题　5-1

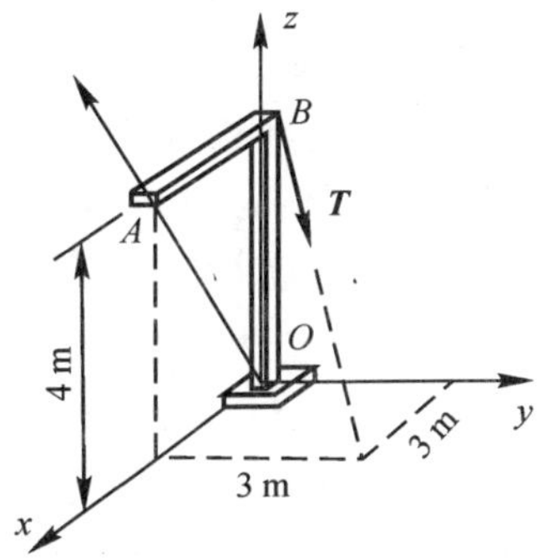

图题　5-2

5-3 如图题 5-3 所示力系中 $P_1=100$ N，$P_2=100$ N，$P_3=100$ N，各力作用线的位置 A,B,C 如图所示。试将该力系向原点 O 简化。

5-4 如图题 5-4 所示，一力系由四个力组成，若 $F_1=60$ N，$F_2=400$ N，$F_3=50$ N，$F_4=200$ N。试求该力系向点 A 简化的结果。

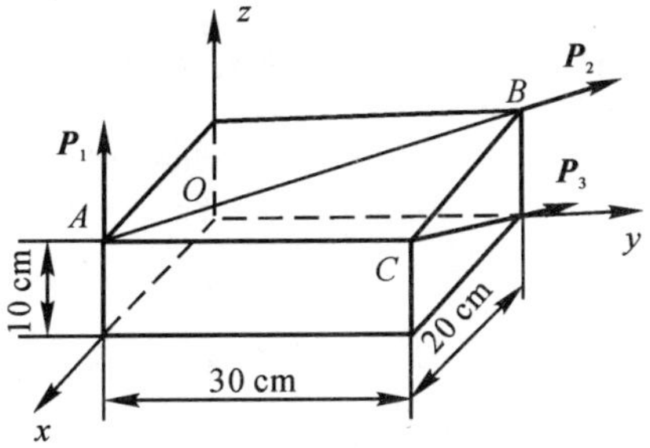

图题　5-3

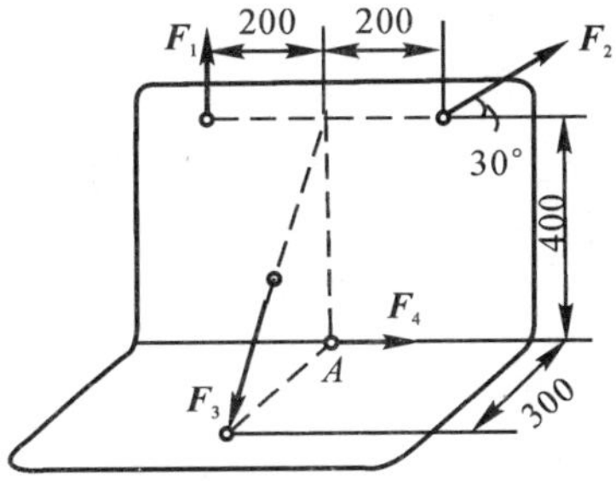

图题　5-4

5-5 图题 5-5 所示三轮车连同上面的货物的总重力 $G=3\ 000$ N，重力作用线通过点 C，求车子静止时各轮对水平地面的压力。

5-6 如图题 5-6 所示，三脚圆桌的半径 $r=50$，重力 $P=600$ N。圆桌的三个脚 $A,B,$

C 形成一等边三角形。若在中线 CD 上距圆心为 a 的点 M 处作用铅直力 $Q=1\ 500$ N，求使圆桌不致翻倒的最大的距离 a。

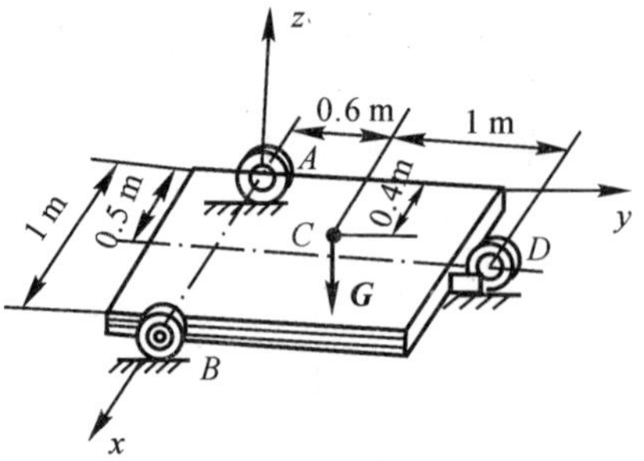

图题 5-5

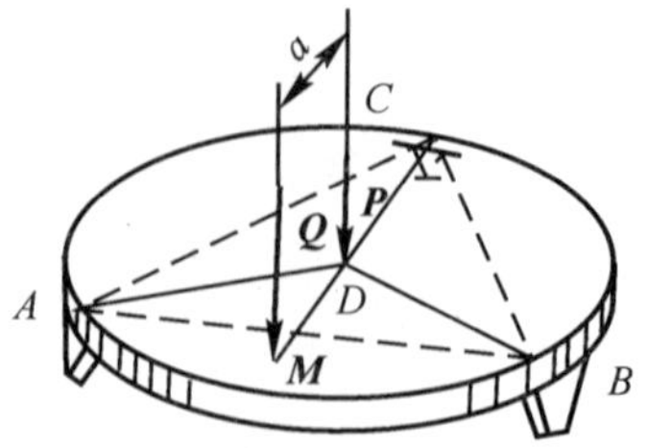

图题 5-6

5-7 如图题 5-7 所示，水平轴支承在轴承 A,B 上，轴上轮子半径为 20 cm，重物的重力 $Q=250$ N，重锤 E 的重力 $P=1\ 000$ N，长度大小如图所示。平衡时 DE 与铅直线成 30°角，求重锤到轴的距离以及轴承 A,B 处的反力。

5-8 图题 5-8 所示铰车系统中，轮 C 的半径为轴半径的 6 倍，轴上绕绳挂有重物 E，轮 C 上绕有绳子沿与水平线成 30°角的切线引出，跨过轮 D 后挂以重力 $P=60$ N的重物。长度大小如图所示，轮和轴的重力及各处摩擦均略去不计。求平衡时物 E 的重力 Q，以及轴承 A 和 B 的反力。

5-9 使水涡轮转动的力偶矩为 $M_z=1\ 200$ N·m，在锥齿轮 B 处受到的力分解为三个分力，$\boldsymbol{P}_t$,$\boldsymbol{P}_a$ 和 $\boldsymbol{P}_r$，其比例关系为 $P_t:P_a:P_r=1:0.32:0.17$。若水涡轮连同轴和锥齿轮的总重力 Q—12 kN，作用线沿轴 Cz，锥齿轮平均半径 $OB=0.6$ m，其余长度大小如图题 5-9 所示。求止推轴承 C 和轴承 A 的反力。

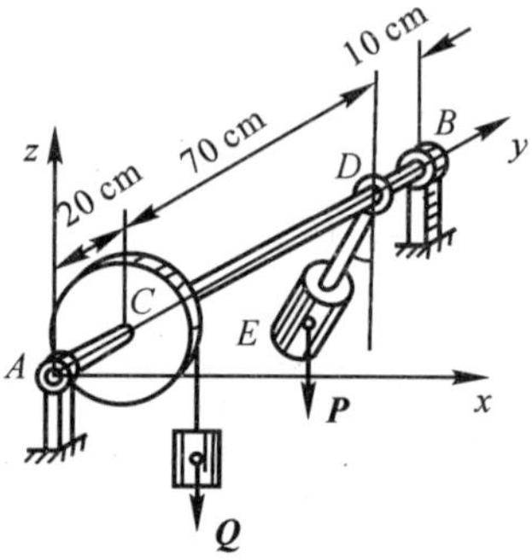

图题 5-7

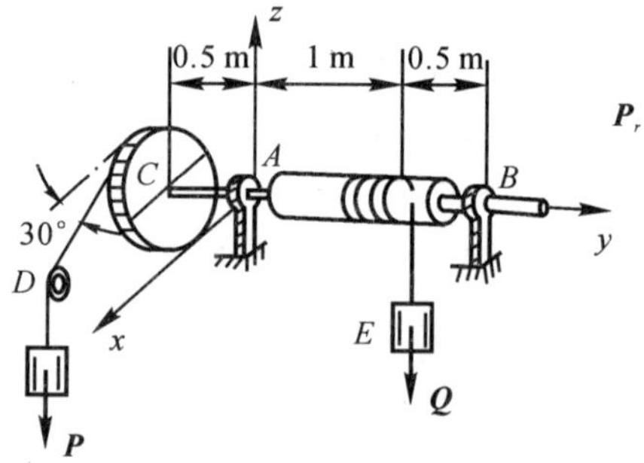

图题 5-8

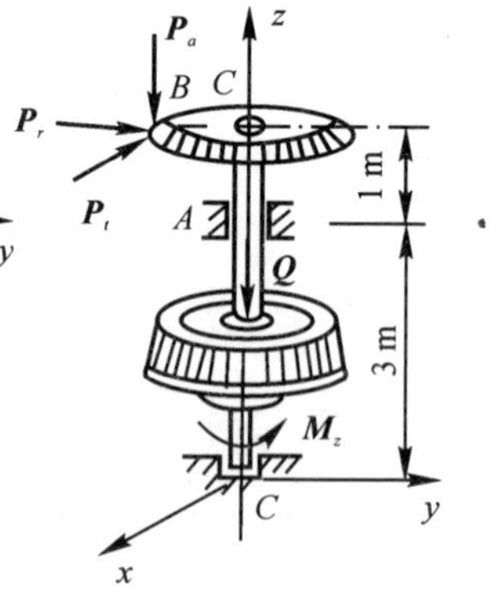

图题 5-9

5-10 如图题 5-10 所示，水平轴上装有两个带轮 C 和 D，轮的半径 $r_1=20$ cm，$r_2=25$ cm，轮 C 的胶带是水平的，拉力 $T_1=2t_1=5\ 000$ N，轮 D 的胶带与铅垂线成 30° 角，拉力 $T_2=2t_2$；不计轮、轴的重力，求平衡时 $\boldsymbol{T}_2$ 和 $\boldsymbol{t}_2$ 的大小及轴承反力。

5-11 如图题 5-11 所示，板 $ABCD$ 的 A 处用球铰支承，B 处用蝶铰与墙相连，CD 中点 E 系一绳，使板在水平位置平衡，GE 铅直。若板重力 $Q_1=8$ kN，$Q_2=2$ kN，试求 A,B 处的反力和绳中的张力。

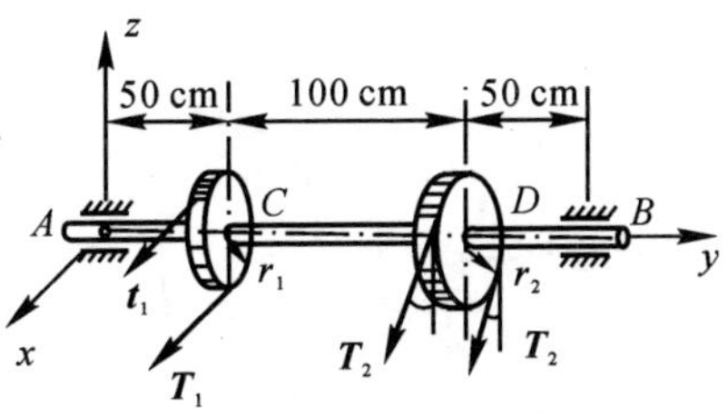

图题　5－10

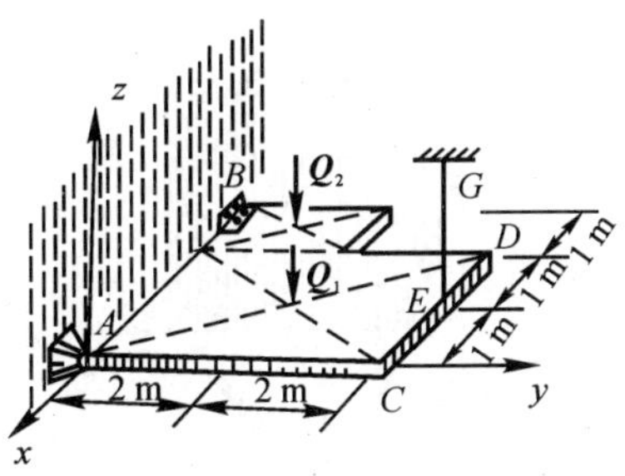

图题　5－11

5-12　矩形薄板 $ABDC$ 重力不计，用球铰链 A 和蝶铰链 B 固定在墙上，另用细绳 CE 维持于水平位置。板在 D 点受到一个平行于 z 轴的力 $G=500$ N。角度关系如图题 5－12 所示，求细绳的拉力和 A，B 处的反力。

5-13　如图题 5－13 所示，均质正方形薄板 $ABCD$ 重力 $P=50$ N，边长 $a=30$ cm，点 A 用球铰固定，点 B 用蝶铰固定。AB 边水平，E 点搁在尖角上，在薄板的 H 点作用一平行于 AB 边的力 $\boldsymbol{F}$，其大小为 100 N，若 $CE=ED$，$BH=10$ cm，板与水平面成 30° 角，求支座 A，B 和 E 的反力。

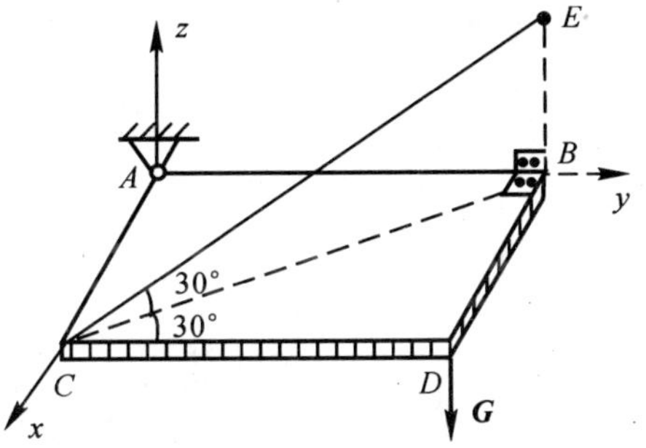

图题　5－12

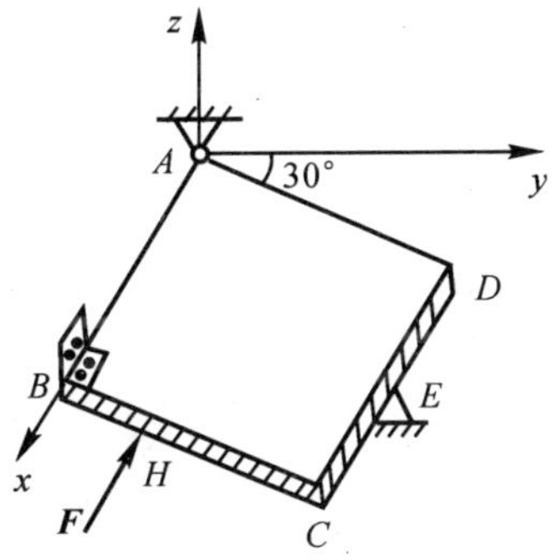

图题　5－13

5-14　如图题 5－14 所示，均质杆 AB 重力为 $\boldsymbol{P}$，长为 l，A 端靠在光滑墙面上并用一绳 AC 系住，AC 平行于 x 轴，B 端用球铰连于水平面上。求杆 A，B 两端所受的力。

5-15　图题 5－15 所示平板 $ABCD$ 由六根不计重力的直杆支承，若板重力 $P=10$ kN，$AB=DC=100$ cm，$AD=BC=Aa=50$ cm，求各杆的内力。

5-16　边长为 a 的等边三角形板 ABC 用六根连杆支承，如图题 5－16 所示。板面内作用一力偶，其矩为 $\boldsymbol{M}$，如板和杆的重力不计，求各杆的内力。

5-17　如图题 5－17 所示，两球重力分别为 $\boldsymbol{W}_1$ 和 $\boldsymbol{W}_2$。证明：两球总重力的重心 C 位于连心线 O_1O_2 上，并且 C 与球心的距离和球的重力成反比，即 $\dfrac{CO_1}{CO_2}=\dfrac{W_2}{W_1}$。

5-18　求图题 5－18 所示截面等厚度物体重心的位置。

5-19　图题 5－19 所示两薄板各被挖去一块，求剩余部分重心的位置。

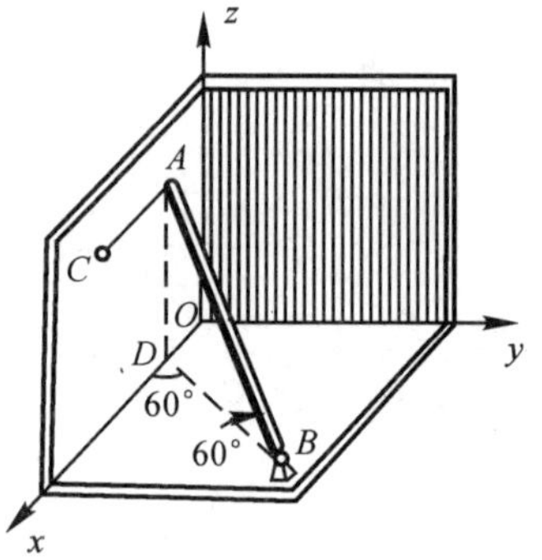

图题　5-14

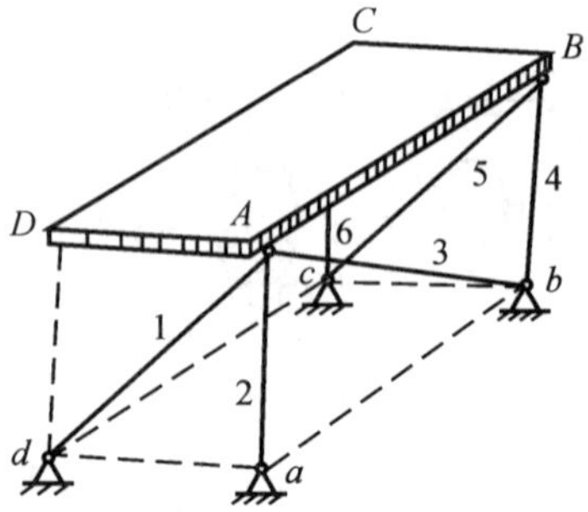

图题　5-15

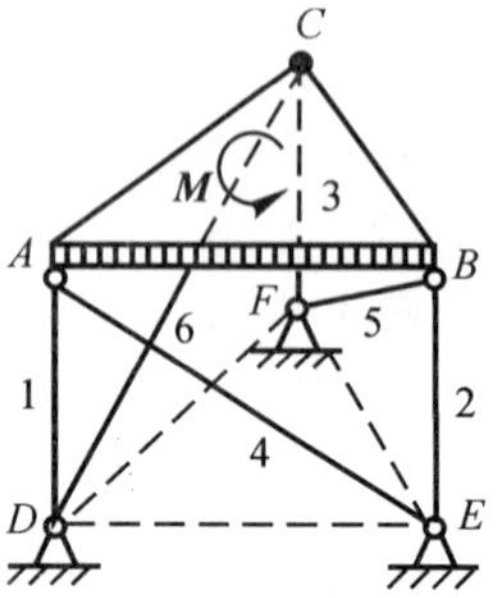

图题　5-16

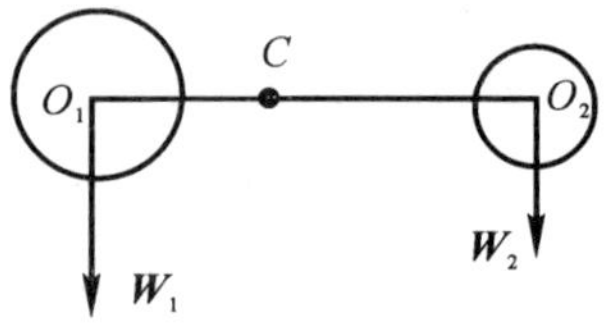

图题　5-17

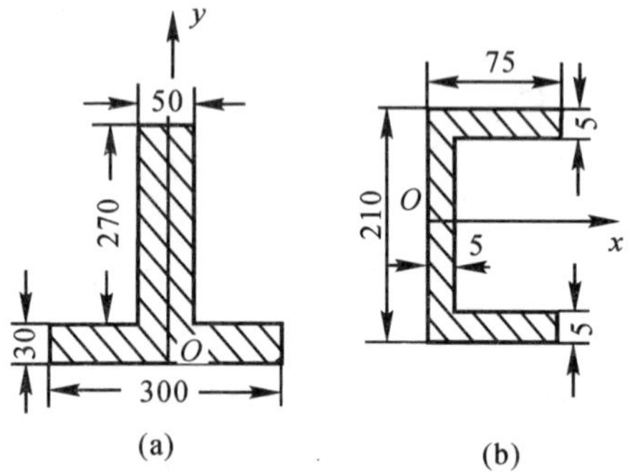

图题　5-18

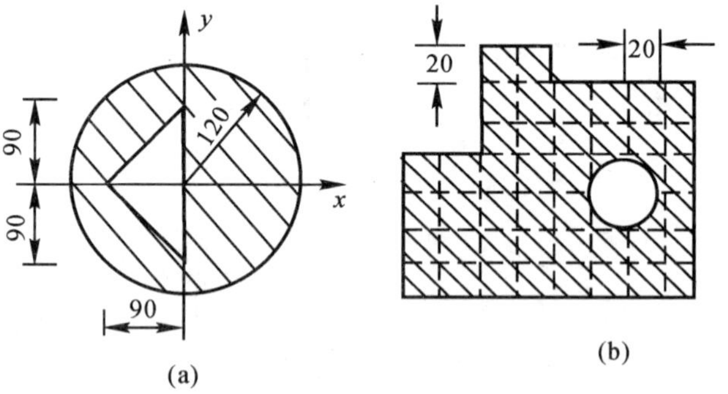

图题　5-19

5-20　将图题 5-20 所示梯形板 $ABED$ 在点 E 挂起，欲使 AD 边保持水平，BE 应等于多少？设 $AD=a$。

5-21　图题 5-21 所示均质物体由半径为 r 的圆柱体和半径为 r 的半球体结合而成。如均质物体的重心位于半球体的球心，求圆柱体的高。

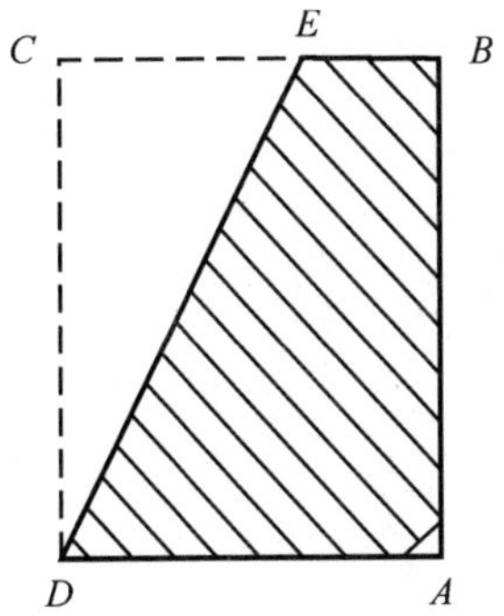

图题　5－20

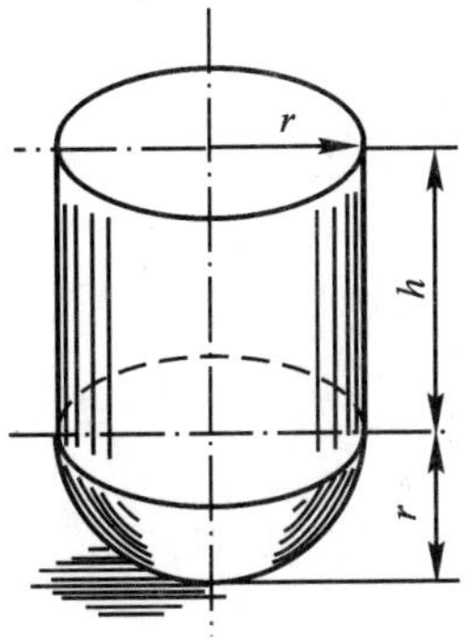

图题　5－21

第二篇　静应力与静变形分析

引　言

本篇将在第一篇静力分析的基础上研究构件(member)的强度(strength)、刚度(rigidity)和稳定性(stability)问题。这些问题均属于材料力学范畴。

一、材料力学的任务

工程结构、机器或设备中的每一个基本组成部分都被称为构件。当机器或设备工作时,每个构件都将承受一定的外力(external force),即受到载荷(load)的作用。构件所能承受的外力是有限度的,超过一定的限度,构件便会丧失正常功能,这种现象称为失效或破坏。构件的失效形式很多,但材料力学范畴内的失效通常可分为三类:强度失效、刚度失效和稳定性失效。

所谓强度是指构件在载荷作用下,能保持不发生塑性变形或断裂的能力。而强度失效是指构件在载荷作用下,发生的不可恢复的塑性变形或断裂。

所谓刚度是指构件在载荷作用下,能保持不发生过大的弹性变形或弹性位移的能力。而刚度失效是指构件在载荷作用下,发生的过量的弹性变形或弹性位移。

所谓稳定性是指构件在载荷作用下,保持其原有平衡形式的能力。而稳定性失效是指构件在载荷作用下,平衡形式突然转变,从而导致其丧失了正常功能。

工程设计中,不仅要知道构件何时发生失效,而且要知道怎样以最经济、合理的办法来防止构件失效。材料力学的任务就是在保证构件具有足够的强度、刚度和稳定性条件下,为设计既安全又经济的构件提供必要的理论基础和计算方法。

二、变形固体的基本假设

构件一般由固体制成,而且在载荷作用下会发生变形,故被称为变形固体(deformable solid)。固体在载荷作用下产生的变形可分为两种:一种是除去载荷后可自行消失的变形,称为弹性变形;另一种是除去载荷后不能消失的变形,称为塑性变形。在材料力学中,主要研究的是在弹性阶段内的受力性质。

为了便于理论分析和简化计算，根据材料的主要属性，材料力学对变形固体作了下列基本的假设：

1. 连续性(continuous) 假设

认为组成固体的物质毫无空隙地充满了固体的体积。实际的变形固体的粒子之间存在着空隙，但这种空隙与构件的尺寸相比极其微小，可以不计。于是认为固体在其整个体积内是连续的。

2. 均匀性(homogenious) 假设

认为固体内各点处的力学性能(mechanical property) 都相同。实际的变形固体，其基本组成部分(例如金属的晶粒) 的性能都有不同程度的差异，但因构件的任一部分中都包含为数极多的晶粒，而且晶粒是无规则的排列，固体的力学性能是各晶粒的力学性能的统计平均值，故可认为各部分的性能是均匀的。

3. 各向同性(isotropic) 假设

认为固体沿任何方向的力学性能都是相同的。实际上，组成物体的各个晶粒在不同方向有不同的性质。但是一般物体远大于单个晶粒，且这些无数的晶粒在物体内又是杂乱无章的排列着，因而物体的宏观性质接近于各向同性。工程上大多数材料都可以看成是各向同性材料，如铸钢、混凝土、玻璃等。而沿不同方向力学性能不同的材料，则称为各向异性材料，如木材、胶合板等。

连续、均匀和各向同性的可变形固体，是对实际材料的一种科学抽象。实践证明，在此前提下建立的有关理论和由它们所得到的计算结果，是符合工程实际的。

此外，为简化分析计算，材料力学研究的问题限于变形的大小远远小于构件原始尺寸的小变形。这样在对构件进行静力平衡和运动分析时，就可按构件在变形前的原始尺寸进行分析。

三、杆件的基本变形形式

在工程实际中，构件的几何形状是多种多样的。材料力学主要研究长度远大于横截面的构件，称为杆件或杆。杆是工程中最基本、最常用的构件，如传动轴、梁、立柱等。杆件的轴线是杆件各横截面形心的连线，按杆轴线的曲直，可分为直杆(straight bar) 和曲杆(curved bar)。各横截面均相同的杆称为等截面杆，否则称为变截面杆。由于等截面直杆(等直杆(prismatic bar)) 在工程实际中应用最为广泛，所以它是材料力学研究的主要对象。

杆件在载荷作用下，可能发生各种各样的变形。归纳起来，有以下四种基本变形形式：

(1) 轴向拉伸(tension) 和压缩(compression)(见图 1(a)，(b))

(2) 剪切(shear)(见图 1(c))

(3) 扭转(torsion)(见图 1(d))

(4) 弯曲(bending)(见图 1(e))

杆件的变形不外乎是以上四种基本变形之一，或是几种基本变形的组合，称为组合变形。

作用在杆件上的载荷，按载荷作用的性质，分为静载荷与动载荷。所谓静载荷是指恒定不变的载荷或从零逐渐缓慢增加到某一定数值的载荷，在静载荷加载过程中，杆件内各质点的加速度很小，可以忽略不计。而动载荷是指随时间显著变化的载荷，在动载荷作用下，杆件内各质点具有不可忽略的加速度，这是动载荷与静载荷最显著的区别。杆件受静载荷作用而产生的应力(stress) 和变形(deformation),分别称为静应力和静变形;而杆件在动载荷作用下产生的应力和变形,分别称为动应力和动变形。

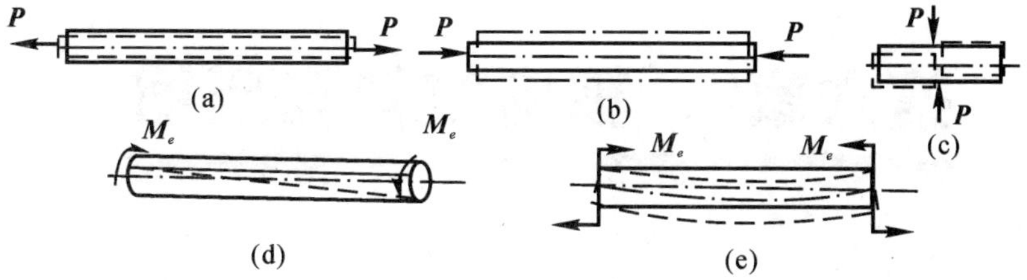

图 1

本篇主要研究直杆在静载荷作用下的四种基本变形以及组合变形的强度、刚度和稳定性问题。

第六章　轴向拉伸与压缩

§6－1　轴向拉伸与压缩的概念

在工程实际中，有许多受到轴向拉伸(axial tension)或压缩(compression)的杆件。如简易吊车(见图6－1(a))中的AB和AC两杆，内燃机的连杆(见图6－1(b))，油压千斤顶的顶杆(见图6－1(c))都可以看成是受轴向拉伸或压缩的直杆。

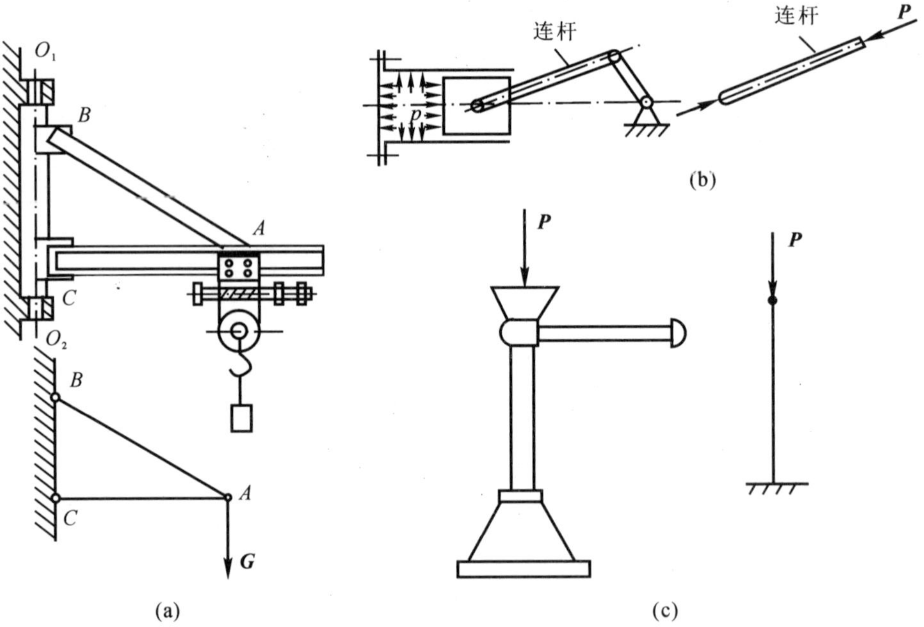

图　6－1

这些受拉或受压的杆件虽然外形各有差异，加载方式也并不相同，但它们的共同特点是：作用于杆件上外力的合力作用线与杆件轴线重合，杆件的变形是沿轴线方向的伸长或缩短。杆的这种变形形式称为**轴向拉伸**或**轴向压缩**。若把这些杆件的形状和受力情况进行简化，都可以简化为如图6－2所示的力学模型。图中虚线表示变形后的形状。通常将轴向拉伸的杆称为**拉杆**，如图6－2(a)所示，轴向压缩的杆称为**压杆**，如图6－2(b)所示。图6－2称为受力简图。

图　6-2

§6-2　轴向拉伸与压缩时的内力

为了对拉(压)杆进行强度计算，首先介绍内力(internal force)的概念和计算方法。

杆件在外力作用下将发生形状和尺寸的改变，这时杆件的内部将产生一种抵抗变形的抗力，这种抗力称为内力。显然，内力随外力的增加而增加，达到某一极限时杆件就会受到破坏。可见，内力与构件的强度是密切相关的。可以说，内力的计算是分析构件强度、刚度和稳定性等问题的基础，必须十分重视。

计算杆件内力的方法是截面法(method of section)。现以轴向拉伸为例，具体说明如何用截面法求拉(压)杆的内力。

如图6-3(a)所示拉杆，现欲求任一横截面A—A上的内力。首先假想用一截面沿A—A将杆截开，使杆分为Ⅰ,Ⅱ两段，留下杆段Ⅰ，移去杆段Ⅱ，将移去的杆段Ⅱ对留下的杆段Ⅰ的作用以A—A面上的内力$\boldsymbol{N}$来代替(见图6-3(b))。再根据平衡条件求出A—A面上的内力。

即由$\sum X=0$，得

$$N-P=0$$

$$N=P \qquad (6-1)$$

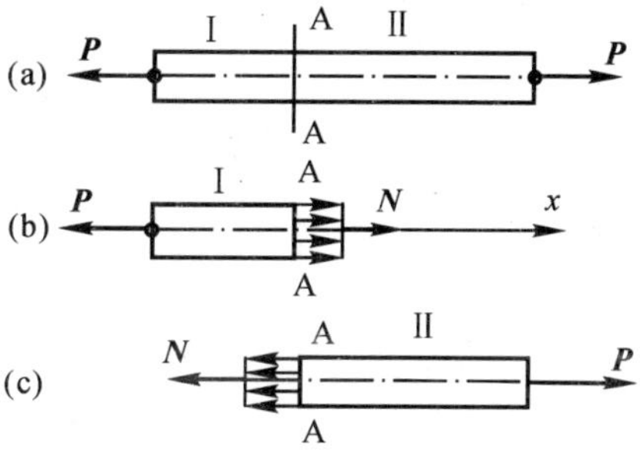

图　6-3

综上所述，用截面法求内力的步骤可归纳为：一截二代三平。

截：假想将杆截成两段，任意去掉一段，保留另一段。

代：用内力代替去掉部分对保留部分的作用。

平：列出保留部分的静力平衡方程，即可解出所要求的内力。

根据上面的分析，拉(压)杆横截面上的内力$\boldsymbol{N}$的作用线与杆轴线重合，故称$\boldsymbol{N}$为轴力(axial force)。

由作用与反作用原理可知，杆段Ⅱ在横截面A—A上也必然有轴力，其轴力与式(6-1)相同，而指向则与上述的相反(见图6-3(c))。这一结论也可从杆段Ⅱ的平衡方程得到。

对于压杆也可通过上述方法求得任一横截面上的轴力。

杆件产生拉伸变形时，轴力的指向离开横截面；压缩变形时，轴力则指向横截面。习惯上，把拉伸时的轴力规定为正，压缩时的轴力规定为负。

若沿杆件轴线作用的外力多于两个，则在杆件各部分的横截面上轴力不尽相同，这时往往用轴力图表示轴力沿杆件轴线变化的情况。关于轴力图的绘制，下面举例说明。

例6-1　试绘出如图6-4(a)所示直杆的轴力图。

解 1. 求支反力

为了求内力方便，可先求出 A 端的支反力 $\boldsymbol{R}$。取整体为研究对象(见图 6-4(b))，由平衡方程

$$\sum X = 0 \qquad P_1 - P_2 + P_3 - R = 0$$

$$R = P_1 - P_2 + P_3 = 5\ \text{kN}$$

2. 求各段的轴力

首先计算 AB 段的轴力，沿截面 A_1—A_1 将杆假想地截开，取左段杆为研究对象，假设该截面的轴力 $\boldsymbol{N}_1$ 为拉力(见图 6-4(c))，由平衡方程

$$\sum X = 0 \qquad N_1 - R = 0$$

得
$$N_1 = R = 5\ \text{kN}$$

结果为正值，表示假设 N_1 为拉力是正确的。

再求 BC 段的轴力，考虑截面 A_2—A_2 左段杆的平衡，假设轴力 $\boldsymbol{N}_2$ 为拉力(见图 6-4(d))。由平衡方程

$$\sum X = 0 \qquad N_2 + P_1 - R = 0$$

得
$$N_2 = R - P_1 = 5 - 20 = -15\ \text{kN}$$

结果为负值，表示所设 $\boldsymbol{N}_2$ 的方向与实际受力方向相反，即为压力。

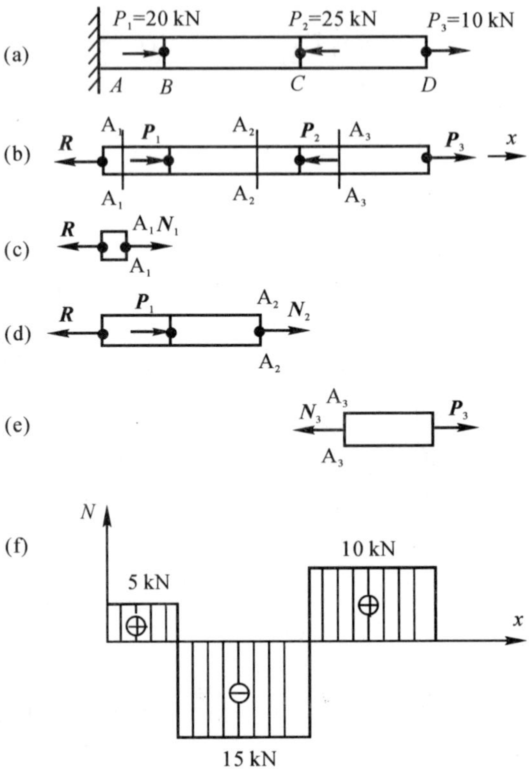

图 6-4

计算 CD 段的轴力 $\boldsymbol{N}_3$ 时，取截面 A_3—A_3 右段杆为研究对象比较简单(见图 6-4(e))。同理可得

$$N_3 = 10\ \text{kN}$$

3. 绘制轴力图

取平行于杆轴线的 x 轴为横坐标轴，以坐标 x 表示横截面的位置；取垂直于 x 轴的 N 轴为纵坐标轴，以坐标 N 表示相应截面的轴力。按适当比例将正值轴力绘于 x 轴的上侧，负值轴力绘于下侧，可得轴力图如图 6-4(f) 所示。这样，轴力图不但可显示出杆件各段内轴力的大小，而且还可以表示出各段内的变形是拉伸还是压缩以及最大轴力所在的位置。由图可见，绝对值最大的轴力在 BC 段内，其值为

$$N_{\max} = 15\ \text{kN}$$

由此例可以看出，在应用截面法研究留下部分的平衡时，将未知轴力均假设为拉力，因为这样可使答案中的正号或负号具有双重含义，即表明该轴力所设指向的正确与否，又表明该轴力是拉力还是压力。

§6-3 轴向拉伸与压缩时的应力

一、应力的概念

求出轴力以后，还不能判断杆件是否会受到破坏。例如用同样材料制成粗细不同的两根杆，在相同的拉力下，两杆的轴力相同。但当拉力逐渐增大时，细杆必定先被拉断。这表明虽然两杆横截面上的内力相等，但分布内力在横截面上各点处的强弱程度（简称集度）不相同，细杆横截面上分布内力集度比粗杆的内力分布集度大。所以，在材料相同的情况下，判断杆件破坏与否的依据不是内力的大小，而是内力分布集度。内力分布集度工程上通常称为应力。

为了确定截面上某点 C 的应力，可围绕点 C 取一微面积 ΔA，根据连续性假设 ΔA 上必定有微内力 $\Delta \boldsymbol{P}$（见图 6-5(a)），则点 C 的应力为

$$\boldsymbol{p} = \lim_{\Delta A \to 0} \frac{\Delta \boldsymbol{P}}{\Delta A} = \frac{\mathrm{d}\boldsymbol{P}}{\mathrm{d}A}$$

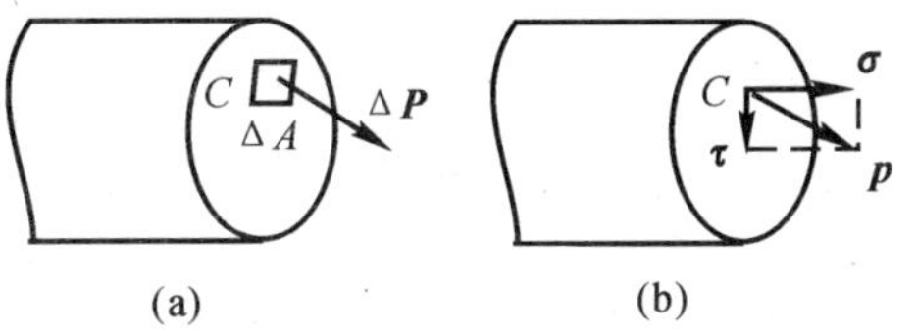

图 6-5

$\boldsymbol{p}$ 是 C 点的总应力，是一个矢量，它可以分解成沿截面法向的分量 $\boldsymbol{\sigma}$ 和沿截面切向的分量 $\boldsymbol{\tau}$（见图 6-5(b)）。$\boldsymbol{\sigma}$ 称为正应力，$\boldsymbol{\tau}$ 称为剪应力。在国际单位制中，应力的单位为帕斯卡或简称为帕（Pa）。工程上常用兆帕（MPa）或吉帕（GPa），1 Pa = 1 N/m^2。其换算关系为 1 MPa = 10^6 Pa，1 GPa = 10^9 Pa。

二、轴向拉伸（压缩）时横截面上的应力

为了确定拉（压）杆横截面上的应力，必须了解内力在其横截面上的分布规律。由于内力与变形是相关联的，因此，可由杆件的变形来研究内力分布规律。下面通过实验观察来研究杆件的变形。

以等直杆拉伸为例。拉伸前，先在杆件上画上垂直于杆轴线的横向线和平行于轴线的纵向线（见图 6-6(a)）。轴向拉伸后，可观察到横向线仍为直线，并彼此平行，但距离均匀变大，纵向线仍平行于轴线，但距离均匀减小（见图 6-6(a) 中虚线）。根据这一现象，可以推想杆件内部的变形情况也是如此。所以提出假设：变形前为平面的横截面，变形后仍为平面，称为平面假设。由这一假设可以推断，拉杆所有纵向纤维的伸长相等。又因材料是均匀的，各纵向纤维的性质相同，因而其受力也就一样，所以杆件横截面上的内力是均匀分布的，且与横截面垂直（见图 6-6(b)）。因此，拉杆横截面上各点处的应力是正应力 σ，且 σ 为常量，组成一组空间平行力系，于是可得

$$N = \int_A \sigma \mathrm{d}A = \sigma A$$

$$\sigma = \frac{N}{A} \tag{6-2}$$

式中 A 为横截面面积。

对于压杆，式(6-2) 同样适用。正应力的正负号与轴力一致，即拉应力为正，压应力为负。

例 6-2 一阶梯形直杆如图 6-7(a) 所示，已知 $P_1 = 100$ kN，$P_2 = 50$ kN，$P_3 = 150$ kN，

AB 段横截面面积 $A_1 = 10\ \text{cm}^2$，BC 段横截面面积 $A_2 = 20\ \text{cm}^2$，试计算各段的正应力。

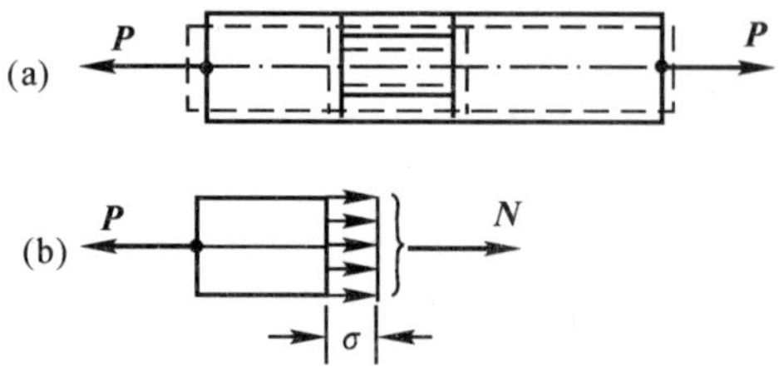

图 6-6

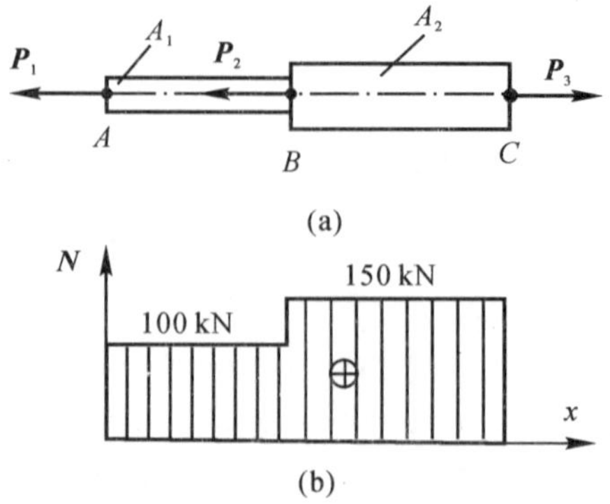

图 6-7

解 用截面法求出各段轴力后，画轴力图如图 6-7(b) 所示。

AB 段：

$$\sigma = \frac{N_1}{A_1} = \frac{100 \times 10^3}{10 \times 10^{-4}} = 100 \times 10^6\ \text{N/m}^2 = 100\ \text{MPa(拉)}$$

BC 段：

$$\sigma = \frac{N_2}{A_2} = \frac{150 \times 10^3}{20 \times 10^{-4}} = 75 \times 10^6\ \text{Pa}$$

故最大正应力在 AB 段。

三、轴向拉伸(压缩)时斜截面上的应力

为了能全面了解杆的强度，还需要研究轴向拉伸(压缩)时直杆在任意斜截面上的应力。设一受轴向拉伸的直杆，如图 6-8(a) 所示，假想用一平面沿斜面 A—A 将杆截开，取左面部分为研究对象(见图 6-8(b))来研究。由静力平衡方程 $\sum X = 0$，可得到斜截面上的内力为

$$N_\alpha = P = N$$

由平面假设可知，直杆受轴向拉伸时，所有的纵向纤维的伸长相同，可推断斜截面上各点的应力 p_α 也是均匀分布的，它的方向与轴线平行，故有

$$p_\alpha = \frac{N_\alpha}{A_\alpha}$$

式中 A_α 为直杆斜截面 A—A 的面积。若斜截面 A—A 与横截面 A—K 所成的角为 α，则 A_α 与横截面面积 A 之间有关系式

$$A_\alpha = A/\cos\alpha$$

代入上式，得

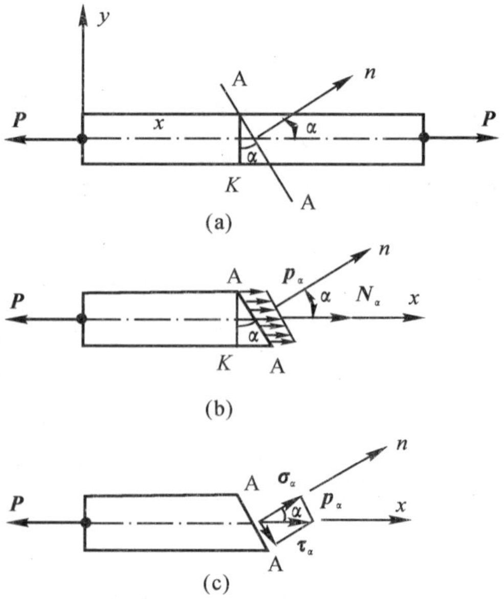

图 6-8

$$p_\alpha = \frac{N_\alpha}{A_\alpha} = \frac{N}{A}\cos\alpha = \sigma\cos\alpha$$

式中 σ 为横截面上的正应力。

为了便于研究，通常将应力分解为沿斜截面法线方向的正应力 $\boldsymbol{\sigma}_\alpha$ 和沿斜截面切线方向的剪应力 $\boldsymbol{\tau}_\alpha$（见图 6－8(c)）。

由图可知

$$\sigma_\alpha = p_\alpha\cos\alpha = \sigma\cos^2\alpha \tag{6-3}$$

$$\tau_\alpha = p_\alpha\sin\alpha = \sigma\cos\alpha\sin\alpha = \frac{\sigma}{2}\sin2\alpha \tag{6-4}$$

从以上公式可看出，$\boldsymbol{\sigma}_\alpha$ 和 $\boldsymbol{\tau}_\alpha$ 都是 α 的函数，所以斜截面的方位不同，截面上的应力也就不同。当 $\alpha = 0°$ 时，斜截面 A—A 成为垂直于轴线的横截面，$\boldsymbol{\sigma}_\alpha$ 达到最大值，且

$$\sigma_{\max} = \sigma \qquad \tau_\alpha = 0$$

当 $\alpha = 45°$ 时，$\boldsymbol{\tau}_\alpha$ 达到最大值，且

$$\tau_{\max} = \frac{\sigma}{2}$$

即直杆受轴向拉伸（压缩）时，在与横截面成 45° 角的斜截面上的剪应力值最大，它的值等于横截面上正应力数值的一半。

§6－4　材料在拉伸与压缩时的力学性能

分析构件的强度时，除要计算构件在外力作用下的应力外，还应了解材料的力学性能或机械性能，即材料在外力作用下表现出的变形和破坏方面的特性，而这些特性必须通过试验得到。

一、材料在拉伸时的力学性能

在室温下，以缓慢平稳加载的方式进行拉伸试验，称为常温静载拉伸试验。为了便于比较不同材料的试验结果，按国家标准《金属拉力试验法》，将材料做成标准试件。对于金属材料通常采用圆柱形试件（见图 6－9），试件中部一段为等截面，在该段中标出长度为 l 的工作段（称为标距）。对圆截面标准试件，标距 l 与横截面直径 d 有两种比例：$l = 10d$ 和 $l = 5d$。由于材料品种很多，本节主要介绍低碳钢（含碳质量分数低于 0.3% 的碳素钢）和铸铁这两种典型材料的力学性能。

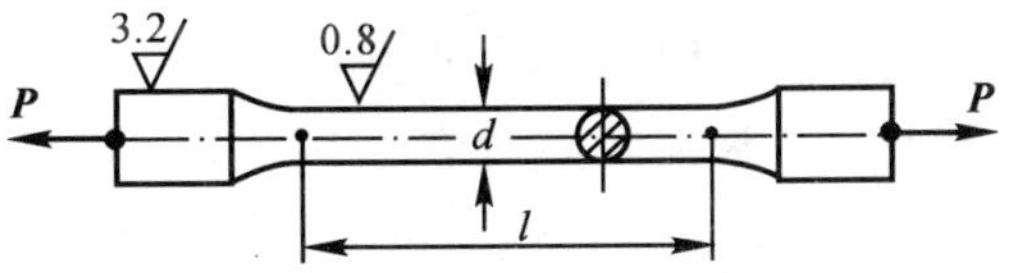

图　6－9

1. 低碳钢在拉伸时的力学性能

试验时，将试件两端安装在试验机的夹具中，然后缓慢加载，试件逐渐变形伸长，直到拉断为止。在试验过程中，注意观察出现的各种现象，并记录一系列载荷 P 值和与它对应的试件标距的伸长量 Δl 值。以 Δl 为横坐标，P 为纵坐标，可画出 $P-\Delta l$ 曲线，称为拉伸图(tensile diagram)（见图 6－10）。

$P-\Delta l$ 曲线与试件的尺寸有关。为消除试件尺寸的影响，把载荷 P 除以试件横截面的原始

面积A，得正应力$\sigma = P/A$为纵坐标。因伸长量Δl均匀地发生在标距l上，以相对伸长$\varepsilon = \Delta l/l$为横坐标，而ε称为线应变(linear strain)，因此可将$P-\Delta l$曲线改为$\sigma-\varepsilon$曲线或应力-应变图(见图 6－11)。显然，应力-应变图的形状与拉伸图相似，只是两者的纵、横坐标的比例尺有了改变。

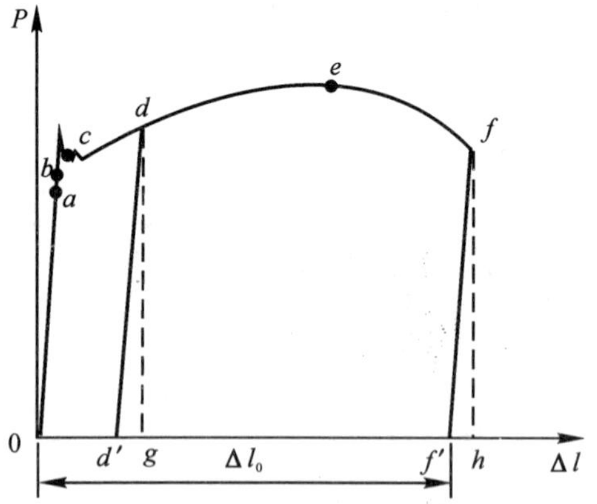

图 6－10

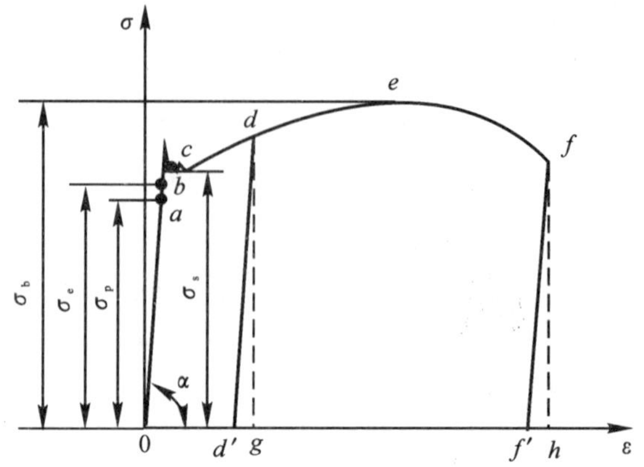

图 6－11

根据试验结果，低碳钢的力学性能大致如下：

(1) 弹性阶段　在拉伸的初始阶段，σ与ε的关系为直线Oa段，该段σ与ε成正比，即

$$\sigma \propto \varepsilon$$

引入比例系数E，则有

$$\sigma = E\varepsilon \qquad (6-5)$$

这一比例关系称为拉伸或压缩的胡克定律(Hooke's law)。E称为弹性模量(modulus of elasticity)，是一个与材料有关的比例系数，可由试验测得。因为应变ε没有量纲，故E的量纲与σ相同，常用单位是 GPa。

直线Oa最高点a所对应的应力称为比例极限(proportional limit)，用σ_p表示。

超过比例极限后，从a点到b点，σ与ε不再是线性关系。但变形仍然是弹性的，即解除拉力后变形将完全消失。b点对应的应力是材料只产生弹性变形的极限值，称为弹性极限(elastic limit)，用σ_e表示。弹性极限与比例极限虽有不同的物理含义，但由于它们的数值十分接近，所以工程上并不严格区分。

(2) 屈服阶段　过了b点，曲线出现近似水平线的小锯齿线段，这表明，材料所受的应力几乎不增加，但应变却迅速增加，这种现象称为材料的屈服或流动。在此阶段内的最低应力称为屈服极限(yield limit)或流动极限(slide limit)，用σ_s表示。这一阶段材料的变形主要是塑性变形。

若试件的表面经过抛光，则当材料进入屈服阶段时，在试件表面将出现与轴线成 45°倾角的条纹(见图 6－12(a))，称为滑移线，它是由于材料内部晶格间发生滑移的结果。

(3) 强化阶段　过了屈服阶段后，材料又恢复了抵抗变形的能力，要使它继续变形必须增加拉力。这种现象称为材料的强化(harden)。在图 6－11 中，强化阶段中的最高点e所对应的应力，是材料所能承受的最大应力，称为强度极限，用σ_b表示。

(4) 颈缩阶段　载荷到达最高值后，可以看到试件在某一小段内的横截面显著缩小，出现颈缩(necking) 现象(见图 6-12(b))。由于局部的横截面急剧收缩，使试件继续变形所需的拉力越来越小，因此，应力-应变曲线就开始下降，最后当曲线达到 f 点时，试件断裂。

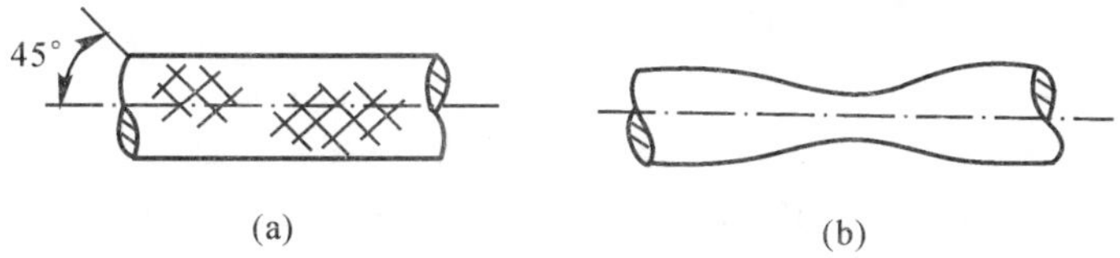

图　6-12

(5) 延伸率和截面收缩率　试件拉断后，弹性变形消失，而塑性变形依然保留。试件的长度由原始长度 l 变为 l_1。用百分比表示的比值

$$\delta = \frac{l_1 - l}{l} \times 100\% \tag{6-6}$$

称为延伸率(percentage of elongation)。试件的塑性变形($l_1 - l$) 越大，延伸率 δ 也就越大。因此，延伸率是衡量材料塑性的一个重要指标。一般将占 $\delta > 5\%$ 的材料称为塑性材料，如碳钢、黄铜、铝合金等；将 $\delta < 5\%$ 的材料称为脆性材料，如灰口铸铁、玻璃、陶瓷等。低碳钢的 δ 值约为 $20\% \sim 30\%$，故可认为是典型的塑性材料。

材料的塑性也可用试件断裂后颈缩处截面面积减少的程度来衡量，用百分比表示的比值

$$\psi = \frac{A - A_1}{A} \times 100\% \tag{6-7}$$

称为截面收缩率(percentage of crossection)。式中 A 为试件横截面的原始面积，A_1 为试件断裂后断口的横截面积。

(6) 卸载定律及冷作硬化在上述试验过程中，如果加载至材料的强化阶段中的任一点 d(见图 6-11) 时，逐渐卸载，应力和应变的关系，将沿斜线 dd'，回到 d' 点。此直线段近似地平行于 Oa。这说明：在卸载这程中，应力和应变按直线规律变化，即卸载定律。卸载后，应力-应变曲线中，$d'g$ 表示消失了的弹性变形，而 Od' 表示不再消失的塑性变形。

如果卸载后再缓慢加载，则应力、应变关系大致上沿卸载的斜直线 dd' 变化，到 d 点后，又沿曲线 def 变化。可见在再次加载过程中，直到 d 点以前，材料的变形是弹性的，过了 d 点才开始出现塑性变形，可以认为 d 点的应力值是材料卸载后又重新加载时的比例极限，它显然比原来的比例极限提高了。但塑性变形却比原来少了 Od' 这一段。这种在常温下经过塑性变形后材料比例极限提高、塑性降低的现象，称为冷作硬化。冷作硬化现象经退火后可以消除。

2. 其他材料在拉伸时的力学性能

图 6-13 中给出了其他几种金属材料在拉伸时的 $\sigma-\varepsilon$ 曲线。为了便于比较，将它们画在同一坐标系中。将这些曲线与低碳钢拉伸时的 $\sigma-\varepsilon$ 曲线比较，这些材料都没有明显的屈服阶段。

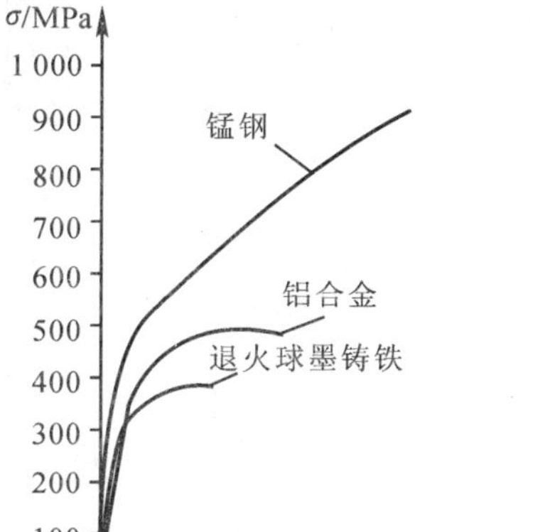

图　6-13

对于没有明显屈服阶段的材料，按照国家标准规定，取对应于试件产生 0.2% 的塑性应变时的应力值作为材料的屈服极限，并称之为名义屈服极限，用 $\sigma_{0.2}$ 表示(见图 6－14)。它与屈服极限 σ_s 一样，都是衡量材料强度的一个重要指标。这些材料与低碳钢材料的共同点就是延伸率 δ 都较大，因此，它们也是塑性材料。

3. 铸铁拉伸时的力学性能

灰口铸铁拉伸时的 $\sigma-\varepsilon$ 曲线如图 6－15 所示，它是一条微弯曲线，没有明显的直线部分，也无屈服阶段。此外，直到拉断时应变都很小。因此，通常近似地用一条割线(见图 6－15 中的虚线)来代替原来的曲线，从而认为在这一段中，材料符合胡克定律，并可求得其弹性模量 E。

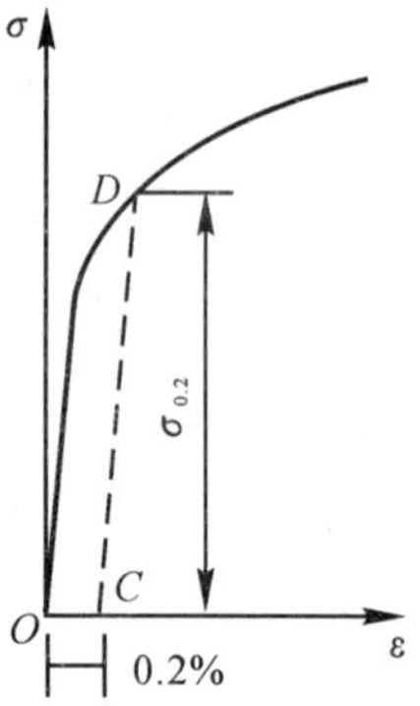

图　6－14

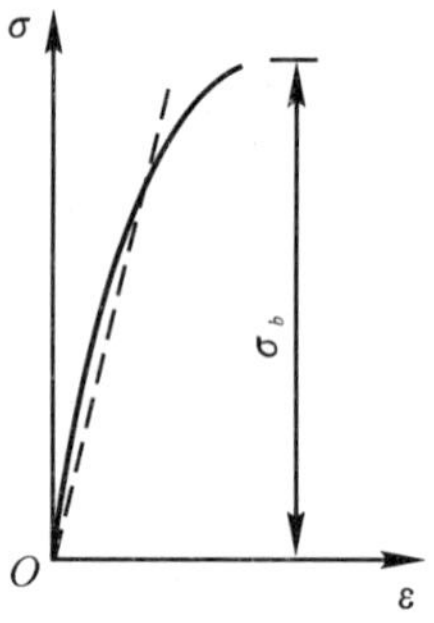

图　6－15

铸铁拉伸时的强度指标只有强度极限 σ_b，它的延伸率约为 0.5% ～ 0.6%，是典型的脆性材料。

二、材料在压缩时的力学性能

金属材料的压缩试件通常做成圆柱形，高度约为直径的 1.5 ～ 3 倍，以免试件被压弯。对于混凝土、石料等非金属材料，常用立方块形试件。

低碳钢在压缩时的 $\sigma-\varepsilon$ 曲线如图 6－16 所示。试验结果表明：低碳钢压缩时的弹性模量 E、屈服极限 σ_s 都与拉伸时大致相同。屈服阶段以后，试件越压越扁，横截面面积不断增大，直到压成薄块状而不会断裂，故测不出其抗压强度极限。因此，对于低碳钢这一类塑性材料，可直接从拉伸试验了解它在压缩时的主要力学性能，而不必再做压缩试验。

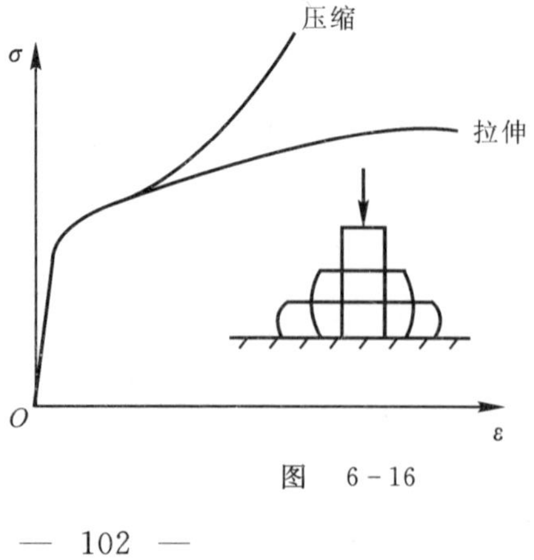

图　6－16

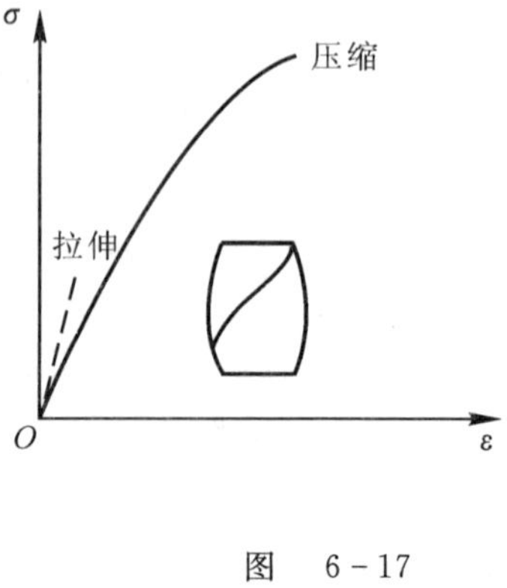

图　6－17

脆性材料在压缩时的力学性能与拉伸时有很大的差别。以铸铁为例，由压缩试验得到的 $\sigma-\varepsilon$ 曲线如图 6－17 所示，图中虚线表示受拉伸时的 $\sigma-\varepsilon$ 曲线。铸铁压缩时的强度极限约为受拉伸时的 2～4 倍，所以易做承压的构件。试件破坏断面与轴线约成 45° 角，这是由最大剪应力引起的。

其他脆性材料，如混凝土、石料等，它们的抗压强度也远远高于抗拉强度。

§6－5　轴向拉伸与压缩时的强度计算

为了保证构件在载荷作用下能正常工作，一般不允许构件产生较大的塑性变形或断裂，否则就认为构件不能安全正常地工作。因此，把塑性材料的屈服极限 σ_s（或 $\sigma_{0.2}$）和脆性材料的强度极限 σ_b 作为应力的极限值，统称为材料的极限应力(limit stress)，以 σ° 表示。显然要保证构件正常工作，构件在载荷作用下的工作应力(working stress) 应低于极限应力。强度计算中，把极限应力除以大于 1 的因数作为设计时应力的最大允许值，称为材料的许用应力(allowable stress)，用 $[\sigma]$ 表示，即

$$[\sigma]=\frac{\sigma^\circ}{n} \tag{6-8}$$

式中大于 1 的因数 n 称安全因数(factor of safety)。于是可得确保拉（压）杆能正常工作的强度条件为

$$\sigma=\frac{N}{A}\leqslant[\sigma] \tag{6-9}$$

在工程实际中，根据这一强度条件可以解决以下三种类型的强度计算；

1. 强度校核

已知杆件的材料、尺寸及所受载荷（即已知 $[\sigma]$，A 及 N），用强度条件(6－9) 检验杆件是否满足强度要求。

2. 截面设计

已知杆件的材料和所受载荷（即已知 $[\sigma]$，N），可把强度条件(6－9) 改写成

$$A\geqslant\frac{N}{[\sigma]}$$

由此可确定杆件所需要的横截面面积。

3. 确定许可载荷

已知杆件的材料及尺寸（即已知 $[\sigma]$，A），由强度条件(6－9) 有

$$N_{max}\leqslant[\sigma]A$$

由此可以确定杆件所能承受的最大轴力。根据杆件的最大轴力又可以确定结构或机器的许可载荷。

应当指出，如果工作应力超过了许用应力 $[\sigma]$，但只要超过量（即 $\sigma_{max}-[\sigma]$）小于 $[\sigma]$ 的 5%，在工程计算中仍然是允许的。

下面举例说明轴向拉伸（压缩）时杆件的强度计算

例 6－3　图 6－18(a) 所示等直杆由铸铁制成，其横截面面积 $A=50\ \text{mm}^2$，材料的许用拉应力 $[\sigma_T]=40$ MPa，许用压应力 $[\sigma_C]=100$ MPa。试校核其强度。

解　对由抗拉、抗压性能不同的材料制成的杆件进行强度计算时，应使其最大拉应力和

最大压应力分别不超过材料的许用拉应力和许用压应力，杆件才能安全正常地工作。

计算各段轴力并作轴力图如图 6-18(b) 所示。可见在 AB 段有最大拉应力，CD 段有最大压应力，分别校核这两段强度

$$\sigma_{\text{Tmax}} = \frac{N_{AB}}{A} = \frac{2\times10^3}{50\times10^{-6}} = 40\ \text{MPa} \leqslant [\sigma_{\text{T}}]$$

$$\sigma_{\text{Cmax}} = \frac{N_{CD}}{A} = \frac{3\times10^3}{50\times10^{-6}} = 60\ \text{MPa} \leqslant [\sigma_{\text{C}}]$$

故该杆满足强度要求。

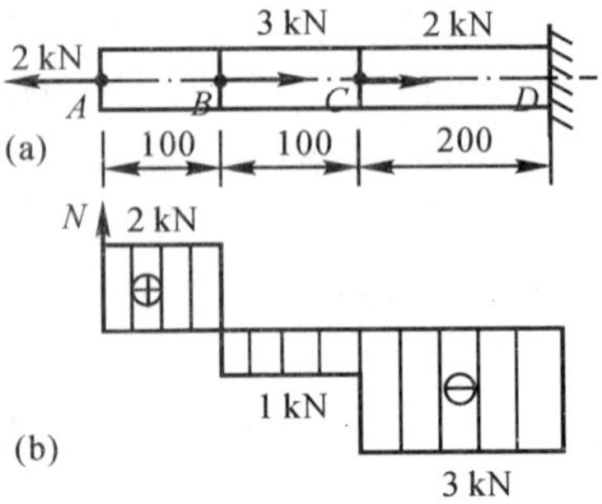

图　6-18

例 6-4　图 6-19 所示起重机的起重链条是由圆钢制成，受到最大的拉力为 $P = 15$ kN，已知圆钢的许用应力 $[\sigma] = 40$ MPa。若只考虑链环两边所受的拉力，试确定圆钢的直径 d。

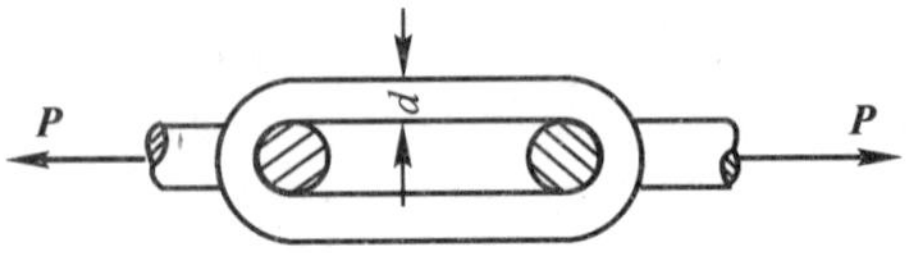

图　6-19

解　因为链环有两个横截面，故每个横截面上的轴力为

$$N = \frac{P}{2} = 7.5\ \text{kN}$$

由强度条件，可得所需的钢环的横截面面积为

$$A \geqslant \frac{N}{[\sigma]} = \frac{7.5\times10^3}{40\times10^6} = 0.187\ 5\times10^{-3}\ \text{m}^2$$

由此可得圆钢直径为

$$d \geqslant \sqrt{\frac{4A}{\pi}} = \sqrt{\frac{4\times0.187\ 5\times10^{-3}}{\pi}} = 15.5\ \text{mm}$$

故选 $d = 16$ mm 的圆钢。

例 6-5　一悬臂吊车如图 6-20(a) 所示。已知斜杆 AB 的横截面面积 $A_1 = 21.7\ \text{cm}^2$，横杆 AC 的横截面面积 $A_2 = 25.48\ \text{cm}^2$，材料都是 A3 钢，许用应力 $[\sigma] = 120$ MPa，夹角 $\alpha = 30°$。忽略自重，试求吊车的许可载荷。

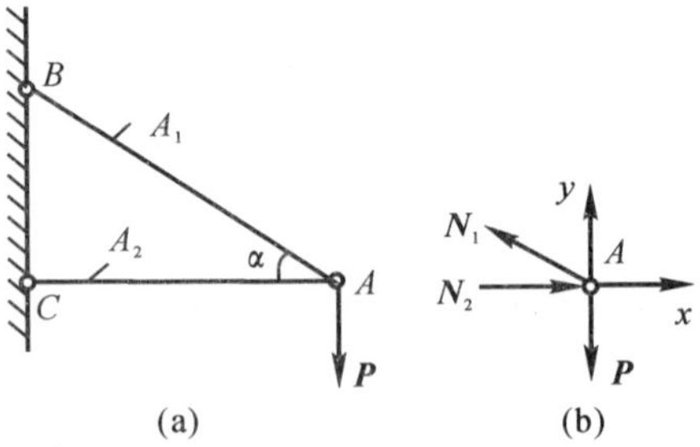

图　6-20

解　(1) 受力分析　取节点 A 为分离体，设二杆的轴力分别为 N_1 和 N_2，其受力图如图 6-20(b) 所示。由汇交力系的平衡方程

$$\sum X = 0,\ N_2 - N_1\cos\alpha = 0 \qquad (1)$$

$$\sum Y = 0,\ N_1\sin\alpha - P = 0 \qquad (2)$$

由式(2) 得

$$N_1 = \frac{P}{\sin\alpha} = \frac{P}{\sin30°} = 2P \qquad (3)$$

代入式(1) 得

$$N_2 = N_1\cos\alpha = 2P\cos30° = 1.73P \qquad (4)$$

(2) 计算许可载荷由斜杆 AB 的强度条件，有

$$\sigma_{AB} = \frac{N_1}{A_1} = \frac{2P}{A_1} \leqslant [\sigma]$$

所以 $$P \leqslant \frac{[\sigma]A_1}{2} = \frac{120 \times 10^6 \times 21.7 \times 10^{-4}}{2} = 130.2\ \text{kN}$$

由横杆 AC 的强度条件，有

$$\sigma_{AC} = \frac{N_2}{A_2} = \frac{1.73P}{A_2} \leqslant [\sigma]$$

所以 $$P \leqslant \frac{[\sigma]A_2}{1.73} = \frac{120 \times 10^6 \times 25.48 \times 10^{-4}}{1.73} = 176.7\ \text{kN}$$

要使二杆都能安全工作，吊车的最大许可载荷 $[P]$ 应在上述两个 P 的许可值中取较小值，即

$$[P] = 130.2\ \text{kN}$$

在强度计算中，为保证构件有必要的强度储备，便引入了安全因数，将极限应力适当降低，得到许用应力。如何选择安全因数是既重要又比较复杂的问题，它直接影响设计的安全性和经济性。一般应根据构件的材料、具体工作条件，并结合积累的实践经验来决定。在有关规范和设计手册中可查到各种不同构件的安全因数和材料的许用应力值。

§6－6　轴向拉伸与压缩时的变形

实验表明：拉(压)杆在轴向外力作用下将产生纵向伸长(缩短)，通常称为纵向变形。同时，杆横向长度还会有缩小(增大)，称为横向变形。

设等直杆的原长为 l(见图 6－21)，横截面面积为 A。在轴向拉力 $\boldsymbol{P}$ 的作用下，长度变为 l_1。杆件在轴线方向的伸长为

$$\Delta l = l_1 - l \tag{1}$$

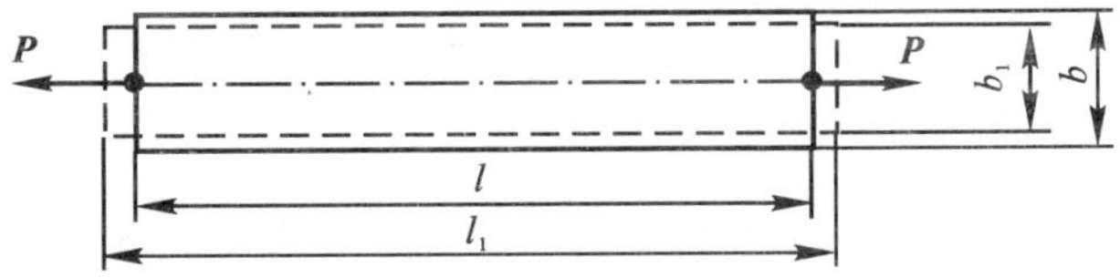

图　6－21

Δl 称为杆的绝对伸长，它反映了杆的总的纵向变形量。对于均匀伸长的拉杆，其每单位长度的伸长为

$$\varepsilon = \frac{\Delta l}{l} \tag{2}$$

比值 ε 为杆的相对伸长，称为杆的纵向线应变(简称线应变)。ε 是一无量纲的量，其正负号与 Δl 的正负号相同，即拉伸时为正，压缩时为负。

此外，在杆横截面上的应力为

$$\sigma = \frac{N}{A} = \frac{P}{A} \tag{3}$$

胡克定律(见式(6－5))指出：当应力不超过材料的比例极限时，应力与应变成正比，即

$$\sigma = E\varepsilon$$

式中弹性模量的值随材料不同而不同。表 6－1 中给出了几种常用材料的 E 值，供查用。

表 6-1　几种常用材料的 E 和 μ 的约值

材料名称	E/GPa	μ
碳 钢	196 ~ 216	0.24 ~ 0.28
合金钢	186 ~ 206	0.25 ~ 0.30
灰铸铁	78.5 ~ 157	0.23 ~ 0.27
铜及其合金	72.6 ~ 128	0.31 ~ 0.42
铝合金	70	0.33

若把式(2),(3) 代入式(6-5),得

$$\Delta l = \frac{Nl}{EA} = \frac{Pl}{EA} \tag{6-10}$$

这是胡克定律的另一表达形式。表示当应力不超过比例极限时,杆的伸长 Δl 与拉力 $\boldsymbol{P}$ 和杆的原长 l 成正比,与横截面面积 A 成反比。以上结果同样可以用于轴向压缩的情况,只要把拉力改为压力,把伸长 Δl 改为缩短即可。

从公式(6-10)看出,对长度相同,受力相等的杆件,EA 越大则变形 Δl 越小,所以 EA 称为杆件的抗拉(抗压)刚度(rigidity of tension or compression)。它反映了杆件抵抗拉伸(压缩)变形的能力。

若杆件变形前的横向尺寸为 b,变形后为 b_1,则横向应变为

$$\varepsilon' = \frac{\Delta b}{b} = \frac{b_1 - b}{b} \tag{4}$$

试验表明:当应力不超过比例极限时,横向应变 ε',与轴向应变 ε 之比的绝对值为一常数,即

$$\mu = \left|\frac{\varepsilon'}{\varepsilon}\right| \tag{6-11}$$

μ 称为横向变形因数或泊松比(Poisson's ratio),是一个没有量纲的量,和弹性模量一样,μ 也是材料固有的弹性常数,表 6-1 给出几种材料的 μ 值。

因为当杆轴向伸长时横向缩小,而轴向缩短时横向增大,所以 ε' 和 ε 的符号总是相反。这样,ε' 和 ε 的关系又可以写成

$$\varepsilon' = -\mu\varepsilon \tag{6-12}$$

例 6-6　图 6-22(a) 所示阶梯形钢杆,AB 段横截面面积 $A_1 = 500\ \text{mm}^2$,CD 段横截面面积 $A_2 = 200\ \text{mm}^2$,材料的弹性模量 $E = 200\ \text{GPa}$。试求杆的总伸长量。

解　用截面法计算各段轴力,画轴力图如图 6-22(b) 所示。

式(6-10) 是计算等直杆且轴力为常量的轴向变形公式。对于阶梯杆或轴力沿轴线变化的杆,需分段计算变形,再求各段绝对变形的代数和。本题根据轴力和截面的变化情况,应分 AB,BC,CD 三段计算。杆的总变形为

$$\Delta l = \Delta l_{AB} + \Delta l_{BC} + \Delta l_{CD} =$$

$$\frac{N_{AB} l_{AB}}{EA_1} + \frac{N_{BC} l_{BC}}{EA_1} + \frac{N_{CD} l_{CD}}{EA_2} =$$

$$\frac{1}{200 \times 10^9}\left[\frac{20 \times 10^3 \times 100 \times 10^{-3}}{500 \times 10^{-6}} - \frac{10 \times 10^3 \times 100 \times 10^{-3}}{500 \times 10^{-6}} - \frac{10 \times 10^3 \times 100 \times 10^{-3}}{200 \times 10^{-6}}\right] =$$

$$-0.015 \times 10^{-3}\ \text{m} = -0.015\ \text{mm}$$

计算结果为负值，说明杆的总长度缩短了 0.015 mm。

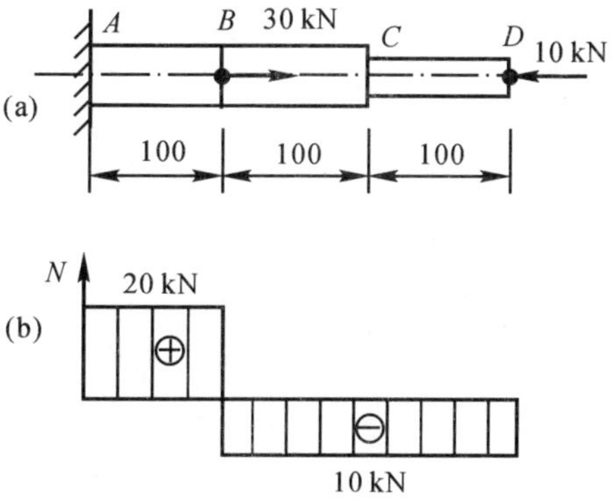

图 6-22

例 6-7 在图 6-20 所示吊车中，已知起吊重力 $P = 130$ kN，钢的弹性模量 $E = 200$ GPa，杆 AB 长 2 m。试求 AB 和 AC 两杆的变形，以及节点 A 的位移。

解 在例 6-5 中已根据静力平衡条件得到

$$N_1 = 2P = 260\ \text{kN} \quad (\text{拉力})$$

$$N_2 = 1.73P = 224.9\ \text{kN} \quad (\text{压力})$$

由式(6-10)可求出 AB 和 AC 两杆的纵向变形分别为

$$\Delta l_1 = \frac{N_1 l_1}{EA_1} = \frac{260 \times 10^2 \times 2}{200 \times 10^9 \times 21.7 \times 10^{-4}} =$$

$$1.198 \times 10^{-3}\ \text{m} = 1.198\ \text{mm} \quad (\text{伸长量})$$

$$\Delta l_2 = \frac{N_2 l_2}{EA_2} = \frac{224.9 \times 10^3 \times 2 \times \cos 30^\circ}{200 \times 10^9 \times 25.48 \times 10^{-4}} = 0.764\ \text{mm} \quad (\text{压缩量})$$

从上述结果可见，在弹性范围内杆件的变形是很小的。

为了计算节点 A 的位移，可假想地将 AB 和 AC 两杆在 A 点拆开，并在其原长上分别增加和减去长度 Δl_1 和 Δl_2，然后分别以 B,C 点为圆心，以两杆变形后的长度 BA_1,CA_2 为半径作两弧，它们的交点 A' 就是点 A 在两杆变形后的新位置。因两杆的变形很微小，故该两圆弧可分别用垂直于 BA_1 和 CA_2 的垂线来代替，两垂线的交点就是点 A'(见图 6-23(a))。显然，AA' 就是节点 A 的位移。

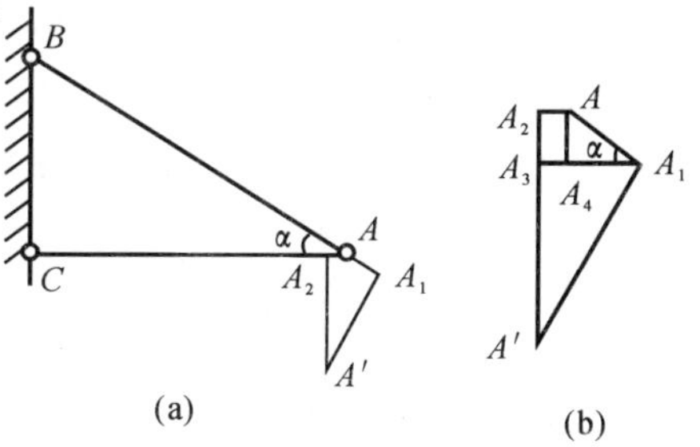

图 6-23

计算时可将表示变形几何关系的图画得大一些，如图 6-23(b) 所示。节点 A 的位移 AA' 可由解析法或图解法求得。

1. *解析法*

画辅助线。$A_1A_3 \parallel AA_2$ 及 $AA_4 \parallel A_2A_3$。节点 A 的水平位移为

$$\delta_H = AA_2 = \Delta l_2 = 0.764\ \text{mm} \quad (\text{向左})$$

节点 A 的垂直位移为

$$\delta_V = A_2A' = A_2A_3 + A_3A' =$$

$$AA_1 \sin\alpha + A_1A_3 \cot\alpha =$$

$$\Delta l_1 \sin 30^\circ + (\Delta l_1 \cos 30^\circ + \Delta l_2)\cot 30^\circ =$$

$$1.198 \sin 30^\circ + (1.198 \cos 30^\circ + 0.764)\cot 30^\circ =$$

$$3.719\ \text{mm} \quad (\text{向下})$$

节点 A 的总线位移 AA' 为

$$AA' = \sqrt{\delta_H^2 + \delta_V^2} = \sqrt{(0.764)^2 + (3.719)^2} = 3.797\ \text{mm}$$

2. *图解法*

把多边形 $AA_1A'A_2$ 按比例放大(见图 6-23(b))，从图中可以直接量出节点 A 的总线位移 AA' 以及它的垂直和水平分量。

§6－7 拉压静不定问题

一、静不定的概念及解法

在前面所研究的杆或杆系问题中，杆件的内力或结构的约束反力用静力平衡方程就能求解，这类问题称为静定问题。例如图6－24(a)所示的结构，在节点A受到载荷$\boldsymbol{P}$的作用，求AB和AC两杆的未知内力时，可以列出两个平衡方程，所以是静定问题，该结构称为静定结构。

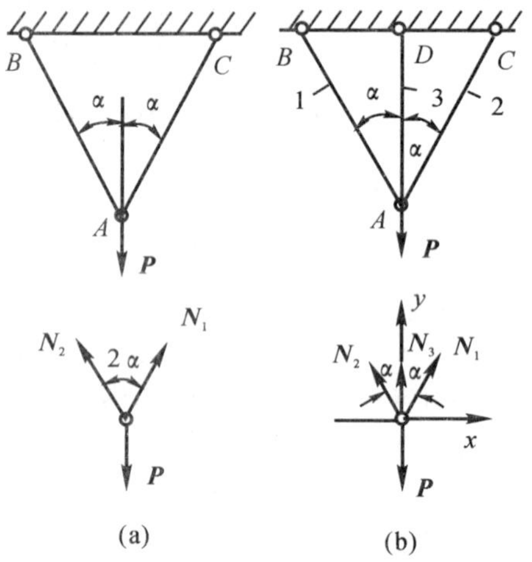

图 6－24

在工程上，有时为了提高结构的强度或减小变形，往往需要在原静定结构上增加杆件或支座。例如在图6－24(a)所示结构中增加一根3杆(见图6－24(b))，显然，仅由两个静力平衡方程不能求出三个未知内力。这种未知力数目多于独立静力平衡方程数目，只用静力平衡方程不能求出全部未知力的问题，称为超静定问题(static indeterminate problem)或静不定问题。超过独立平衡方程数目的未知力个数，称为静不定次数。图6－24(b)所示的结构为一次静不定问题，这种结构称为静不定结构。显然，在静不定结构中，存在着多于维持静力平衡所必需的支座或杆件，习惯上称之为"多余"约束(statical redundant)，相应的约束反力，称为多余约束反力。

求解静不定问题时，除列出静力平衡方程外，还需建立与静不定次数相同数目的补充方程，才能求得解。而补充方程可以根据变形协调条件来建立。例如图6－24(b)所示结构受到外力$\boldsymbol{P}$的作用时，杆AB，AC和AD都将伸长，但它们的变形受到铰链A的约束，三根杆在变形后必须仍连接于一点。为此，三根杆的伸长量之间应满足一定的几何关系，即构件与其约束相适应的变形协调条件。

下面以图6－24(b)所示的结构为例，来说明求解静不定问题的一般方法。

例6－8 设AB，AC和AD三杆组成的结构均为铰接，在节点A受到沿铅垂方向的外力$\boldsymbol{P}$作用(见图6－25(a))。已知1，2两杆的横截面面积及材料均相同，即$l_1=l_2=l$，$S_1=S_2=S$，$E_1=E_2=E$；3杆的横截面面积为S_3，材料的弹性模量为E_3。试求三根杆的内力。

解 由于各杆均为铰接，所以都是二力杆，假设各杆均受拉力，研究节点A的平衡(见图6－25(b))。列静力平衡方程为

$$\sum X=0 \qquad N_2\sin\alpha-N_1\sin\alpha=0$$

得

$$N_1=N_2 \tag{1}$$

$$\sum Y=0 \qquad N_1\cos\alpha+N_2\cos\alpha+N_3-P=0 \tag{2}$$

在上面两个方程中有三个未知力，故为一次静不定问题，需要建立一个补充方程。

为此，根据杆件受力后的变形协调条件建立一个变形几何方程。在考虑各杆变形时，应注

意变形与受力的一致，前面已假设各杆受拉力，故各杆的相应变形应为伸长。但它们的伸长不能是任意的，由于铰接A的约束，变形后的三根杆仍连接于一点。由于结构的几何形状、材料性质及受力情况都是对称的，故节点A只有铅垂方向的位移，没有水平方向的位移，图 6-25(c) 表示节点A位移的情况。由图可见，各杆变形之间的关系为

$$\Delta l_1 = \Delta l_3 \cos\alpha \tag{3}$$

式(3) 就是结构的变形几何方程。

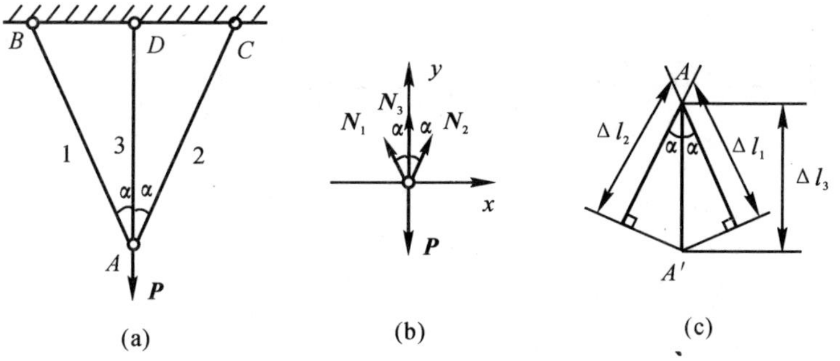

图 6-25

应用胡克定律，将式(3) 写为

$$\frac{N_1 l_1}{E_1 S_1} = \frac{N_3 l_3}{E_3 S_3}\cos\alpha \tag{4}$$

由图 6-25(a) 可得

$$l_3 = l_1 \cos\alpha$$

故得

$$N_1 = N_3 \frac{ES}{E_3 S_3}\cos^2\alpha \tag{5}$$

式(5) 就是所需的补充方程。

解联立方程组(1)，(2) 及(5)，得

$$N_1 = N_2 = \frac{P}{2\cos\alpha + \dfrac{E_3 S_3}{ES\cos^2\alpha}}$$

$$N_3 = \frac{P}{1 + 2\dfrac{ES}{E_3 S_3}\cos^3\alpha}$$

由上面结果可以看出，在静不定杆系问题中，每根杆的内力不仅与载荷 $\boldsymbol{P}$ 有关，还与杆的刚度有关。任一杆件刚度的改变，都将引起杆系中所有各杆内力的重新分配，这是静不定问题区别于静定问题的特点之一。

二、装配应力的概念

在工程中，杆件制成后的尺寸有微小误差是难免的，也是允许的。这种误差，在静定结构中，仅会引起结构的几何形状发生微小的改变，而不会在杆内产生内力(见图 6-26(a))。但在静不定结构中，由于存在“多余”约束，情况就不同了。例如图 6-26(b) 所示的杆系中，若杆AD

的尺寸有微小误差，比其应有的尺寸 l 略短 $\delta(\delta \ll l)$，则在结构装配好后，各杆的位置如图中虚线所示，并产生相应的内力。显然，杆3的内力是拉力，1，2两杆的内力是压力。这种由于杆件制造的误差在装配时产生的内力称为装配内力，与之相应的应力称为装配应力(assembly stress)。装配应力是在载荷作用之前已在杆中存在的应力，是一种初应力，这种应力的存在，对于结构往往是不利的，它会降低构件的承载能力。但有时又可以利用它来达到一定的目的，例如机械上的紧配合，就是有意识地利用装配应力来解决的。又如预应力钢筋混凝土构件，也是利用装配应力来提高承受载荷能力的。

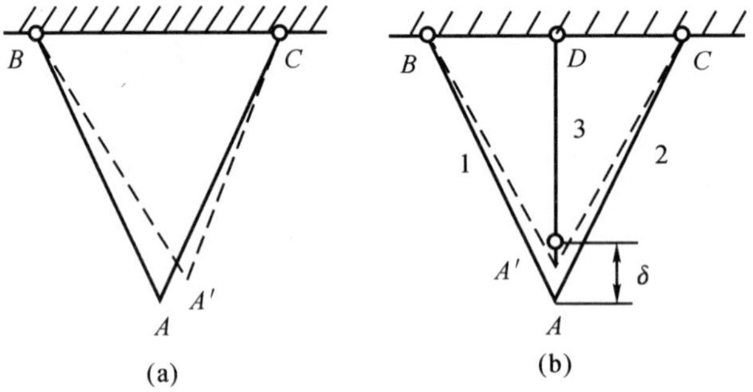

图 6-26

装配应力的计算方法和上述解静不定问题的方法类似，其关键仍在于根据问题的变形协调条件建立变形几何方程。

三、温度应力的概念

温度变化(例如工作条件的温度改变或季节更替)将引起杆件尺寸的微小改变。对静定结构，均匀的温度变化在杆内不会产生内力。而对静不定结构，这种变化将使杆内产生内力。例如长 l 的直杆(见图6-27(a))，A 端与刚性支承面连接，B 端自由，当温度变化时，B 端能自由伸缩，在杆内不会引起内力。如果直杆两端都与刚性支承面连接(见图6-27(b))，则直杆因温度升高引起的伸长将被支承面阻止。在两端势必有约束力作用，这将在杆内产生应力，称为温度应力(thermal stress)或热应力。

温度应力问题也属于静不定问题，其计算方法与上述静不定问题的解法类似，不同之处是除考虑杆的弹性变形外，还要考虑因温度变化引起的变形。

对上述两端固定的 AB 杆来说，由平衡方程方程只能得出

$$R_A = R_B \tag{1}$$

但不能确定反力的数值，必须再补充一个变形协

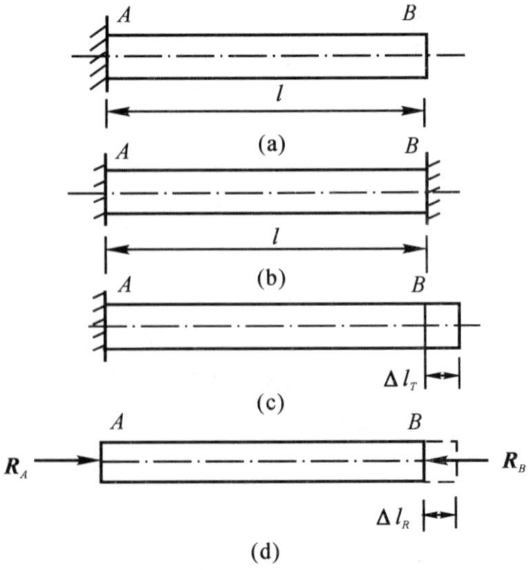

图 6-27

调方程。设想拆除右端支座(见图 6－27(c))。允许杆件自由胀缩，当温度变化 ΔT 时，杆件的温度变形(伸长)应为

$$\Delta l_T = \alpha \Delta T l \tag{2}$$

式中 α 为材料线膨胀系数，l 为杆长。然后，再在右端作用 R_B，杆件因 R_B 而产生的缩短为

$$\Delta l_R = \frac{R_B l}{EA} \tag{3}$$

实际上，由于两端固定，杆件长度不能变化，得到变形几何方程为

$$\Delta l_T = \Delta l_R \tag{4}$$

将式(2)和式(3)代入式(4)，得

$$\alpha \Delta T l = \frac{R_B l}{EA} \tag{5}$$

由式(5)求出

$$R_B = EA\alpha\Delta T$$

温度应力为

$$\sigma_T = \frac{R_B}{A} = E\alpha\Delta T4$$

若杆件为碳钢，则有

$$\alpha = 12.5 \times 10^{-6}\ 1/℃$$

$$E = 200\ \text{GPa}$$

$$\sigma_T = 12.5 \times 10^{6} \times 200 \times 10^{3} \Delta T = 2.5 \Delta T\ \text{MPa}$$

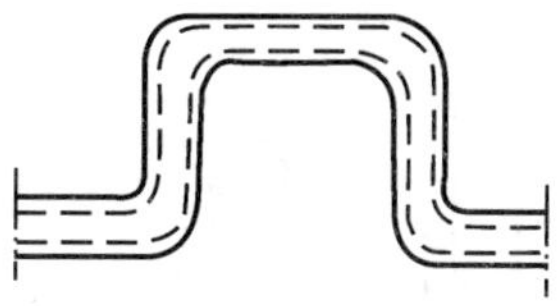

图　6－28

可见当 ΔT 较大时，σ_T 的数值便非常可观，在设计时不可忽视。为了避免过高的温度应力，在管道中有时增加伸缩节(见图 6－28)，在铁轨间留伸缩缝，都可以降低温度应力。

§6－8　应力集中的概念

等截面直杆或截面缓慢改变的变截面杆，受轴向拉伸与压缩时，横截面上的应力是均匀分布的。但是在工程中常因结构或工艺需要，有些构件必须有切口、切槽、油孔、轴肩等，以致在这些部位上截面尺寸发生突然变化。实验结果和理论分析表明，在构件尺寸突然改变处的横截面上，应力并不是均匀分布的。例如开有圆孔和浅槽的杆件(见图 6－29(a)，(b))受拉时，在圆孔或浅槽附近的局部区域内应力剧增，但在离开圆孔或浅槽切口稍远处，应力就迅速降低而趋于均匀。这种因构件局部尺寸急剧变化而引起局部应力急剧增大的现象，称为应力集中(stress concentration)。

发生应力集中的截面上的最大应力 σ_{max} 与同一截面上的平均应力 σ 之比，称为理论应力集中因数(factor of concentration)，用 α 表示，即

$$\alpha = \frac{\sigma_{max}}{\sigma} \tag{6-13}$$

它反映了应力集中的程度，是一个大于 1 的因数。实验结果表明；构件的截面尺寸改变越急剧、缺口角越尖、构件中的孔越小，应力集中的程度就越严重。因此，构件上应尽量避免带尖角、小孔和槽，在阶梯轴的轴肩处要用圆弧过渡，而且应尽量使圆弧半径大一些。

不同材料对应力集中的敏感程度是不相同的。对塑性材料，当孔边的最大应力达到屈服极

限 σ_s 时，该处的应力保持不变，而塑性变形可继续增大。当载荷不断增加时，塑性区将逐渐扩大(见图 6-30)。从而缓和了应力集中的影响。因此，由塑性材料制成的构件，在静载荷下应力集中的影响不大。对组织均匀致密的脆性材料，因其没有屈服阶段，所以当载荷增加时，应力集中处的最大应力始终领先，最后达到强度极限 σ_b 而开裂。所以对于脆性材料制成的构件，应力集中的危害性显得严重。因此，即使在静载荷下，也应考虑应力集中对构件承载能力的削弱。至于灰口铸铁一类的材料；由于其内部组织的不均匀性和缺陷往往是产生应力集中的主要因素。因此，构件外形改变所引起的应力集中就成为次要因素，对构件的承载能力不一定造成明显的影响。若构件内的应力随时间改变，则对任何材料制成的构件，都必须考虑应力集中的影响(详见第十四章)。

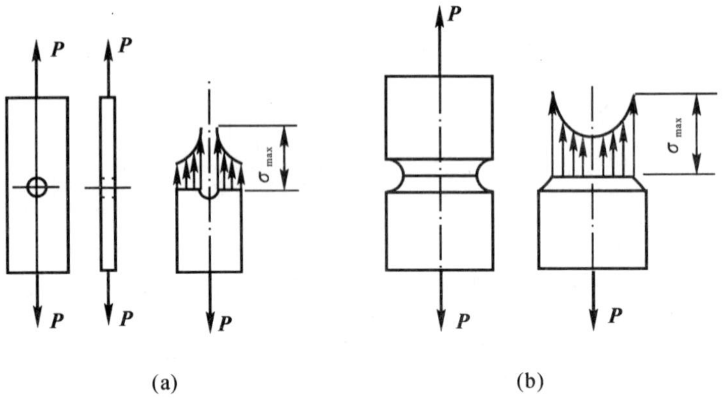

图 6-29

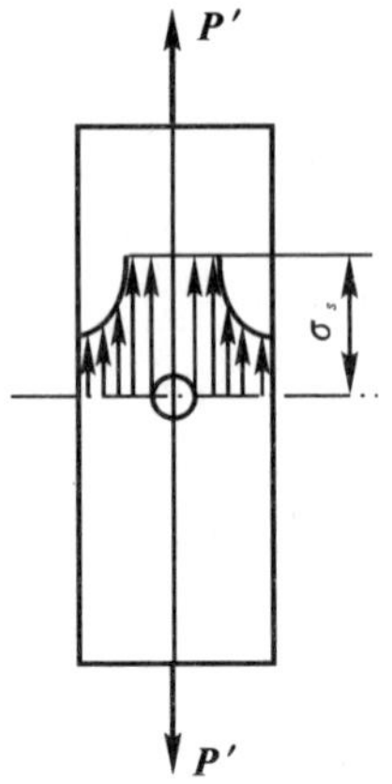

图 6-30

思考题

6-1 材料力学的研究对象与理论力学的研究对象有什么区别和联系？

6-2 在分析图题 6-1(a) 所示杆件的内力时，能否应用“力的可移性原理”，将轴向载荷移到图题 6-1(b) 所示的位置？

图题 6-1

6-3 构件的内力与应力有什么区别和联系？

6-4 判断图题 6-2(a)，(b)，(c)，(d)，(e) 所示各杆中哪个杆产生轴向拉伸变形。

6-5 拔河比赛，绳子无缺陷，问：假如绳子拉断，将断在哪里，为什么？

6-6 指出低碳钢应力-应变曲线上的四个特性点，它们代表的物理意义是什么？

6-7 三根不同材料的拉伸试件，拉伸试验所得 $\sigma-\varepsilon$ 图如图题 6-3 所示。试问：哪种材料的(1) 强度高？(2) 刚度大？(3) 塑性好？

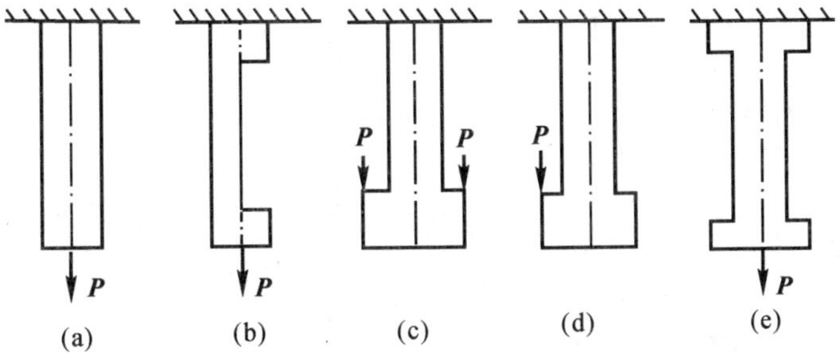

图题 6-2

6-8 一托架如图题6-4所示，若AB杆的材料选用铸铁，AC杆选用低碳钢，从材料力学的观点看是否合理？为什么？

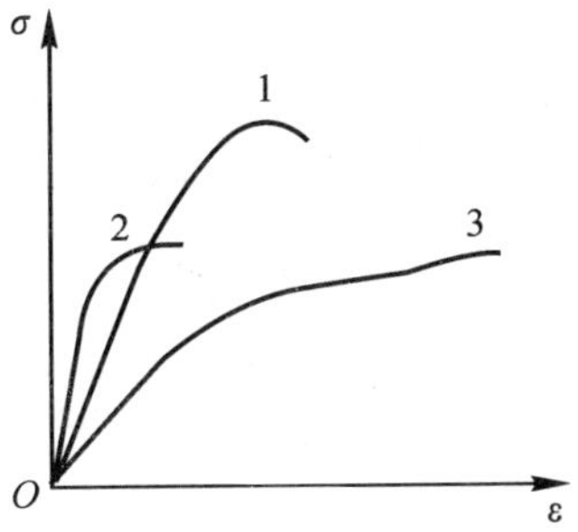

图题 6-3

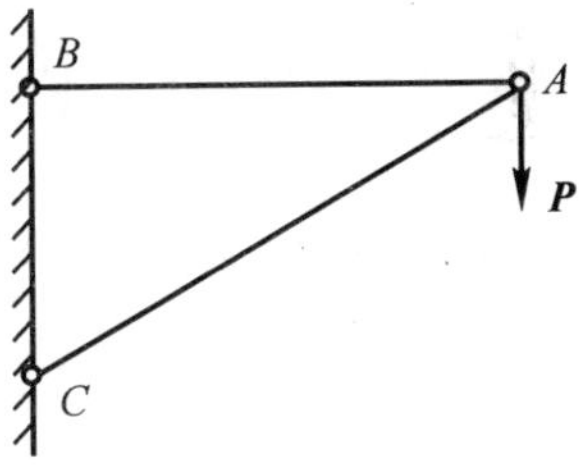

图题 6-4

6-9 已计算得图题6-5示两杆的伸长量Δl_1，Δl_2，有人认为，节点的位移是向量，所以按平行四边形定律，以"位移分量"Δl_1和Δl_2。为两边作平行四边形，则对角线就表示A点的"总位移"Δ，这样对吗？为什么？

6-10 判断图题6-6示结构，哪个是静不定结构？

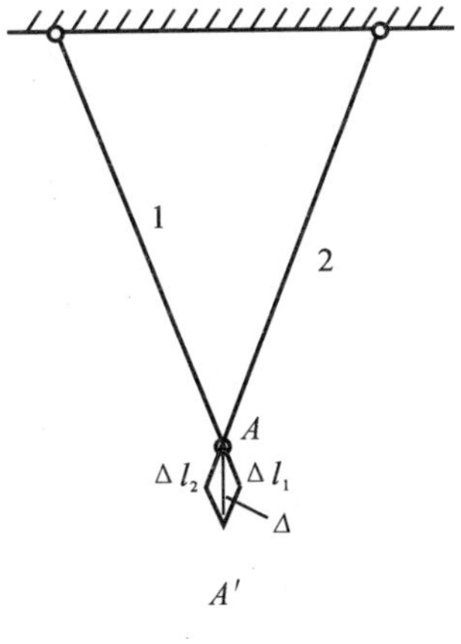

图题 6-5

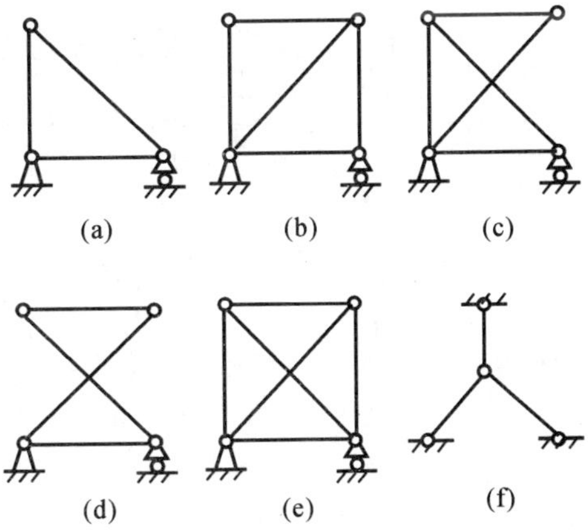

图题 6-6

6-11　图题6-7所示结构中，能产生因温度变化而引起温度应力的结构有哪些？

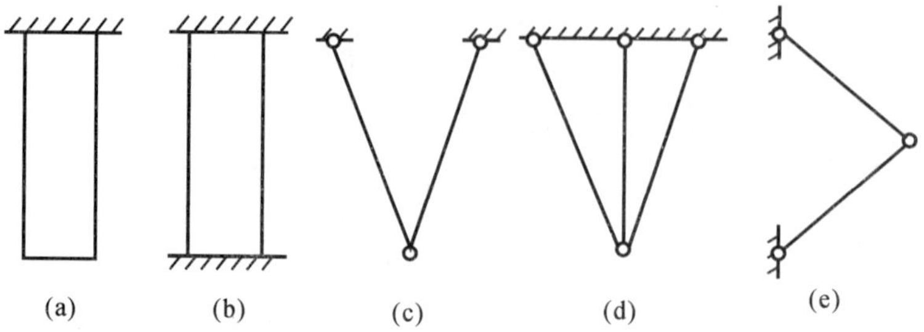

图题　6-7

6-12　阶梯形拉杆，判断图题6-8三种情况，哪种应力集中最严重，哪种最不严重？

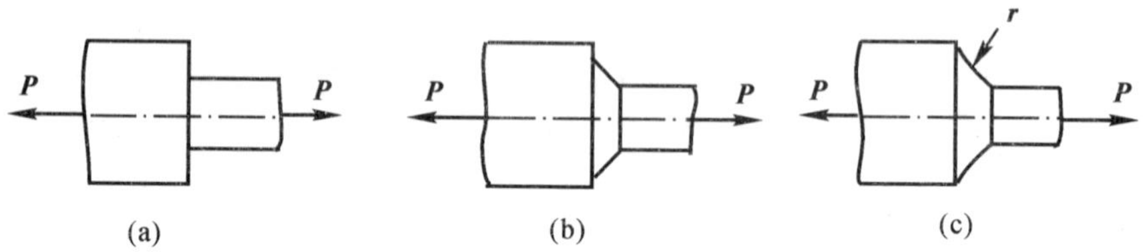

图题　6-8

习　题　六

6-1　试求图题6-9所示各杆指定截面的轴力，并作轴力图。

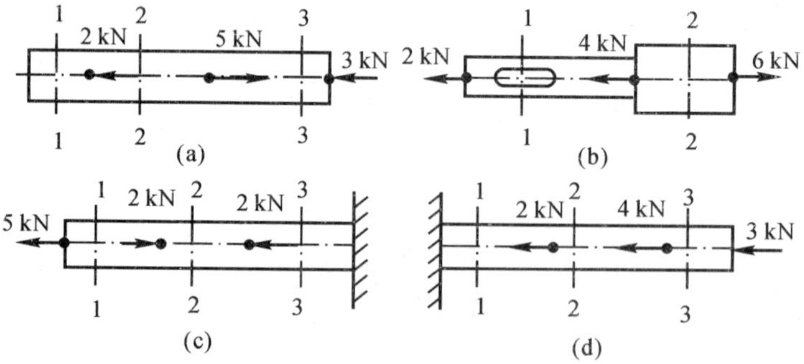

图题　6-9

6-2　试求图题6-10所示结构中，杆 AB 和 BC 的轴力。

6-3　如图题6-11所示，已知二圆截面杆，承受的拉力 $\boldsymbol{P}$ 相等，直径 $d_1 = 2d_2$，试求二杆应力之比值。

6-4　如图题6-12所示的吊环螺钉，其外径 $d = 48$ mm，内径 $d_1 = 42.6$ mm，吊环重力 $P = 50$ kN，求螺钉横截面上的应力。

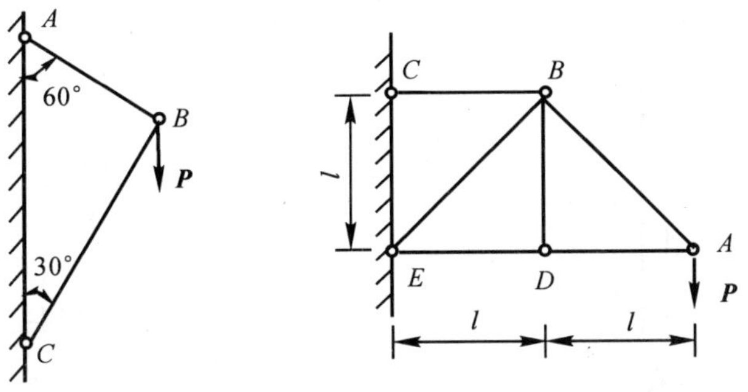

(a) (b)

图题 6-10

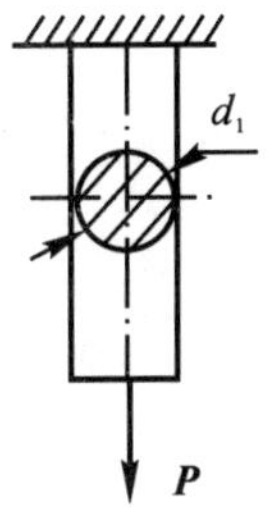

图题 6-11

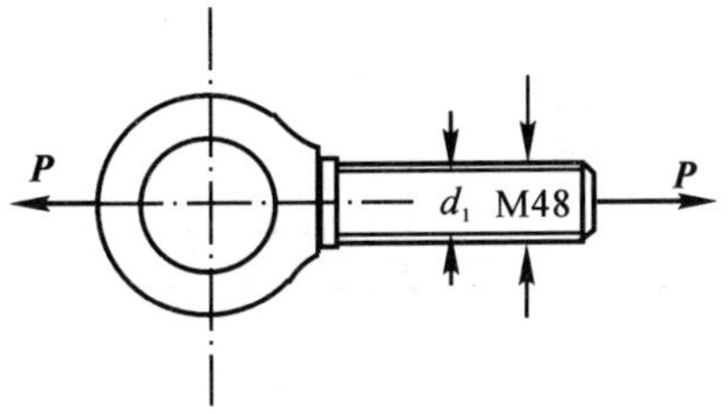

图题 6-12

6-5 在图题 6-13 所示结构中，若钢拉杆 BC 的横截面直径为 10 mm，试求拉杆内的应力。设由 BC 连接的 1 和 2 两部分均为刚体。

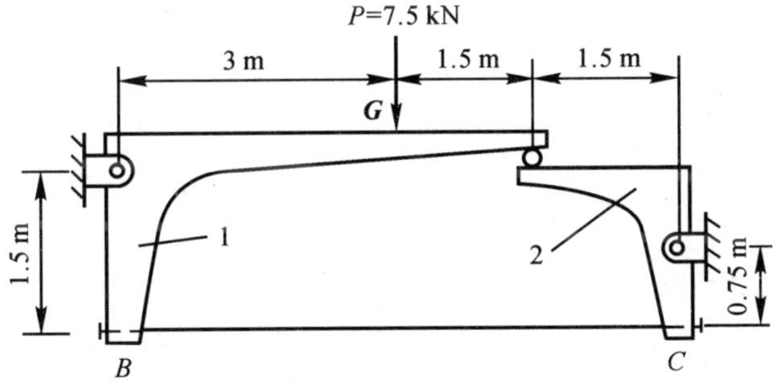

图题 6-13

6-6 作用于图题 6-14 所示零件上的拉力 $P = 38$ kN，试问零件内最大拉应力发生于哪个截面上？并求其值。

6-7 图题 6-15 所示结构中，1，2 两杆的横截面直径分别为 10 cm 和 20 cm，试求两杆内的应力。设两根横梁皆为刚体。

6-8 一等直钢杆如图题 6-16 所示，杆的横截面面积为 1 200 mm^2，试作杆轴力图并求最大正应力。

6-9 图题 6-17 所示拉杆承受轴向拉力 $P = 10$ kN，杆的横截面面积 $A = 100$ mm^2，试

求当 $\alpha = 30°, 45°, 60°, 90°$ 时各斜截面上的正应力及剪应力。

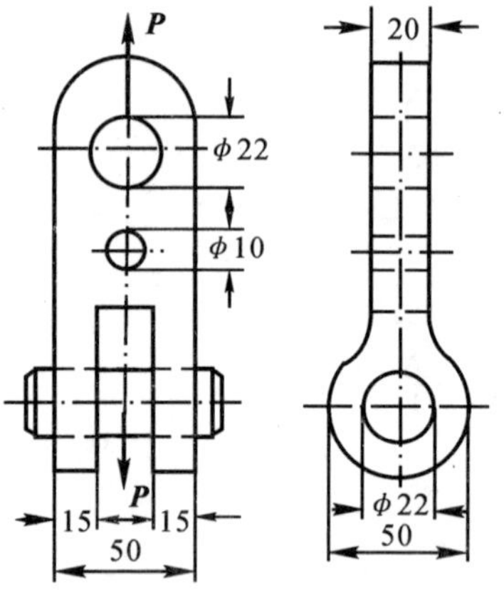

图题　6-14

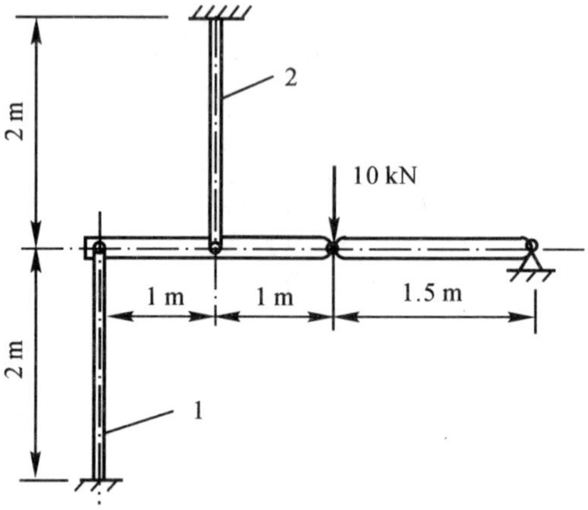

图题　6-15

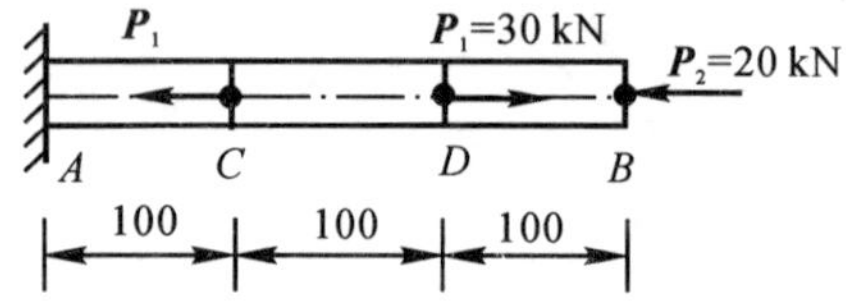

图题　6-16

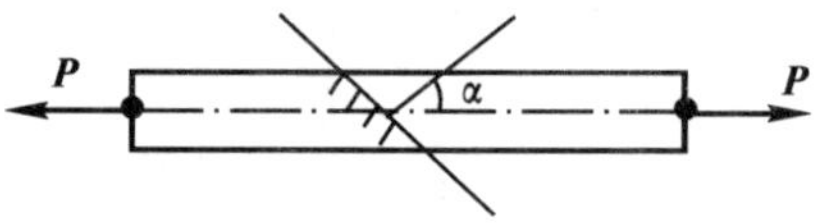

图题　6-17

6-10　起重机吊钩在上端用螺母固定，如图题6-18所示。若吊钩材料的许用应力 $[\sigma] = 80$ MPa，试校核螺牙处杆的拉伸强度。

6-11　起重吊环如图题6-19所示，已知 $P = 1\,000$ kN，夹角 $\alpha = 30°$，两臂 OA，OB 的横截面为矩形，$h/b = 3$，材料的许用应力 $[\sigma] = 140$ MPa，试确定两臂的截面长度 h 与 b。

6-12　起重链条如图题6-20所示，链环由A3钢制成，许用应力 $[\sigma] = 60$ MPa。需起吊重力 $P = 30.8$ kN 的物体。试根据链环受轴向拉伸部分的强度，选择链环圆钢直径 d。

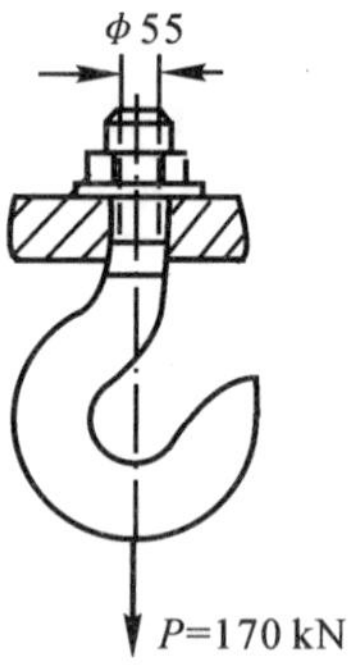

图题　6-18

6-13　如图题6-21所示的简单构架中，AB 杆为钢质，许用应力 $[\sigma]_{钢} = 120$ MPa，AC 杆为铜质，许用应力 $[\sigma]_{钢} = 60$ MPa，AB 杆的横截面面积 $A_1 = 20\ \text{cm}^2$，AC 杆的横截面面积 $A_2 = 12\ \text{cm}^2$。求该构架的许可载荷 $[P]$。

6-14　某铣床工作台进给油缸如图题6-22所示，缸内工作油压 $p = 2\ \text{MN/m}^2$，油缸内径 $D = 75$ mm，活塞杆直径 $d = 18$ mm。已知活塞杆材料的许用应力 $[\sigma] = 50$ MPa，试校核活塞杆的强度。

6-15　一水压机如图题6-23所示。若两立柱材料的许用应力 $[\sigma] = 80$ MPa，试校核立柱的强度。

6-16　一杆结构如图题6-24所示。杆 AB 的重力和变形可忽略不计。钢杆1和2的许用应力 $[\sigma] = 170$ MPa，弹性模量 $E = 210$ GPa。试校核两杆的强度，并求出刚性杆上 F 点的位移。

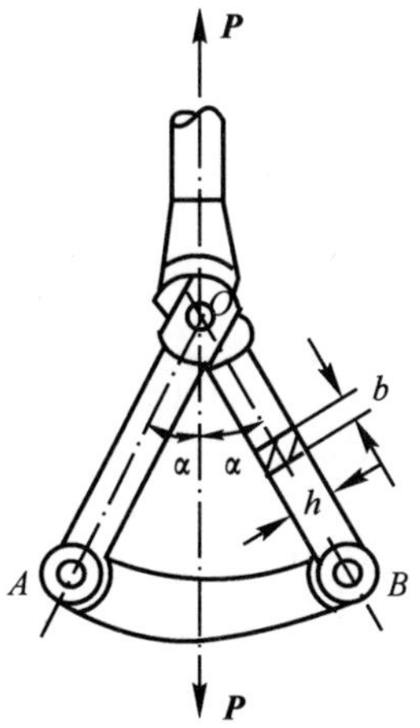

图题　6－19

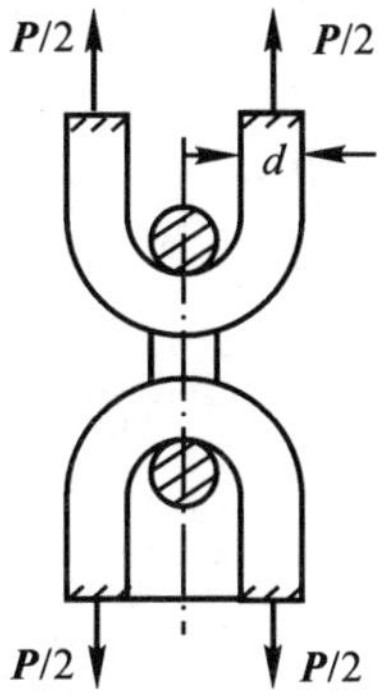

图题　6－20

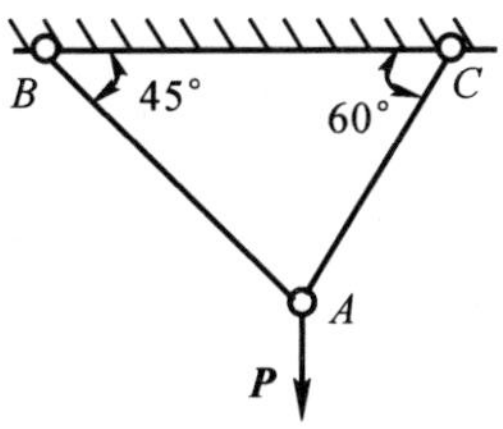

图题　6－21

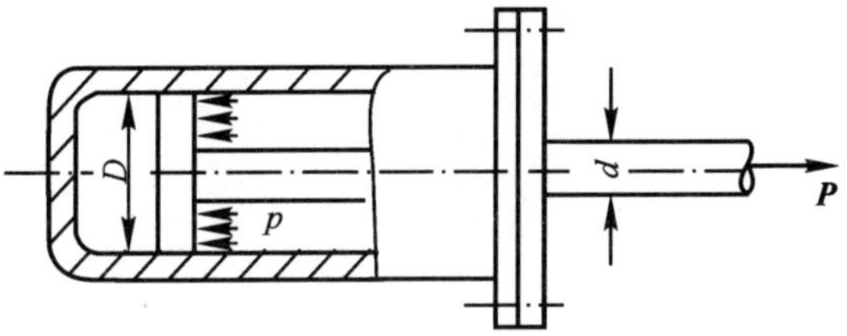

图题　6－22

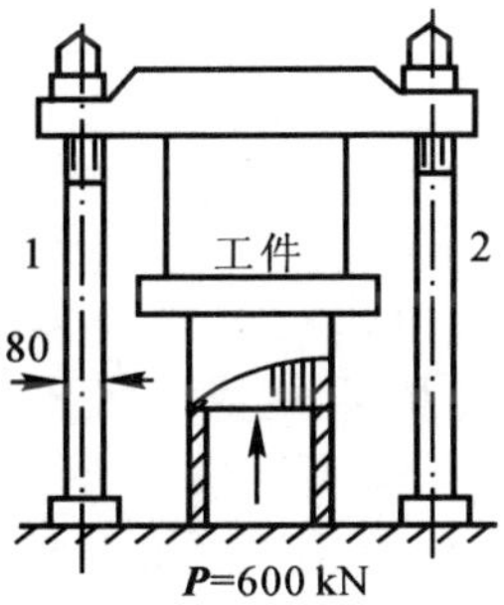

图题　6－23

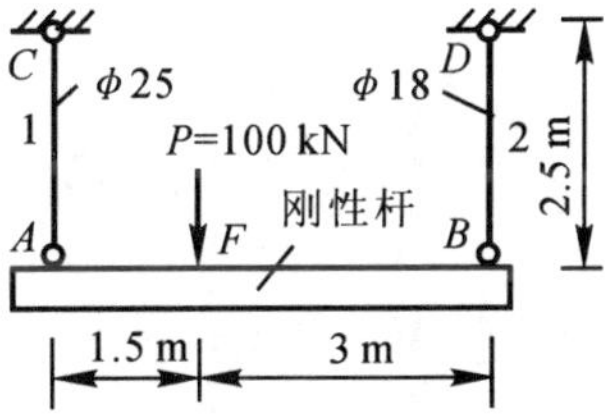

图题　6－24

6－17　试求习题 6－8 杆件的总变形。已知材料的弹性模量 $E = 200$ GPa。

6－18　阶梯杆受载荷如图题 6－25 所示。AC 段是铜的，横截面面积 $A_1 = 20\ \text{cm}^2$，$E_1 = 100$ GPa。CD 段是钢的，横截面面积 $A_2 = 10\ \text{cm}^2$，$E_2 = 200$ GPa。试求各段内的应力及杆 AC 的总变形，并绘制轴力图。

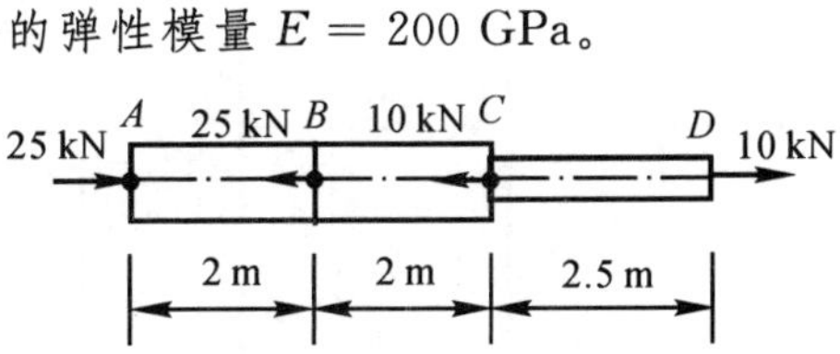

图题　6－25

6－19　三角构架的 AB 长 30 cm，AB，AC 均为钢质杆，弹性模量 $E = 210$ GPa，横截面面积均为 $A = 5\ \text{cm}^2$。有三种加载方式，载荷 $\boldsymbol{P}$ 均为 50

kN，如图题 6－26(a)，(b)，(c) 所示。分别计算三种情况下节点 A 的水平线位移和垂直线位移。

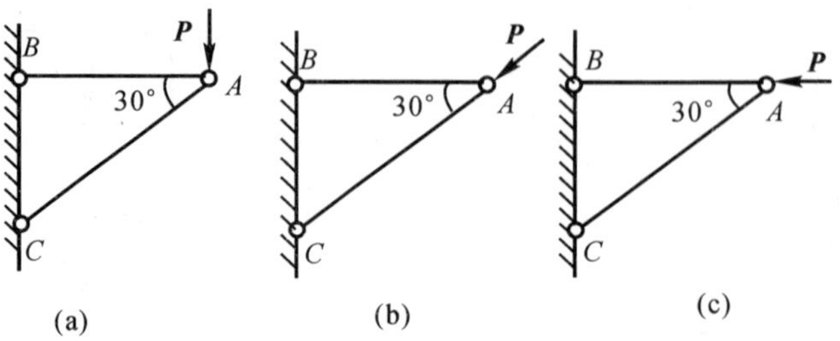

图题 6－26

6－20 如图题 6－27 所示，在两端固定的杆件的截面 C 上，沿轴线作用 P 力。试求两端的反力。

6－21 在图题 6－28 所示结构中，假设 AC 梁为刚杆，杆 1，2，3 的横截面面积相等，材料相同。试求三根杆的轴力。

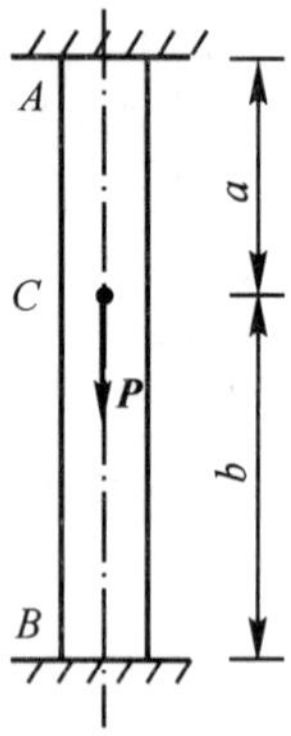

图题 6－27

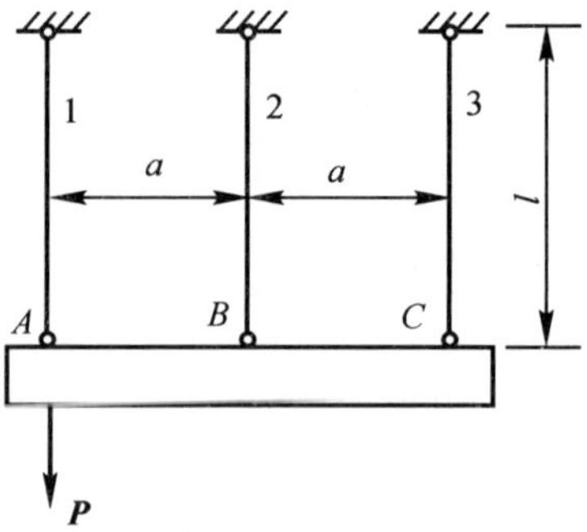

图题 6－28

6－22 如图题 6－29 所示，刚性横梁 AB 悬挂于三根平行杆上，2 杆比名义长度略短 δ。已知 $l = 2$ m，$a = 1.5$ m，$\delta = 0.2$ mm，三杆材料及横截面面积均相同。试求三根装配后各杆的内力。$E = 200$ GPa，$A = 2\ \text{cm}^2$。

6－23 如图题 6－30 所示，已知等直杆 AB 的横截面面积 $A = 10\ \text{cm}^2$，长 $l = 50$ cm，杆材料的弹性模量 $E = 100$ GPa，加载 $P = 100$ kN，间隙 $\delta = 0.02$ cm，试求支反力 R_A。

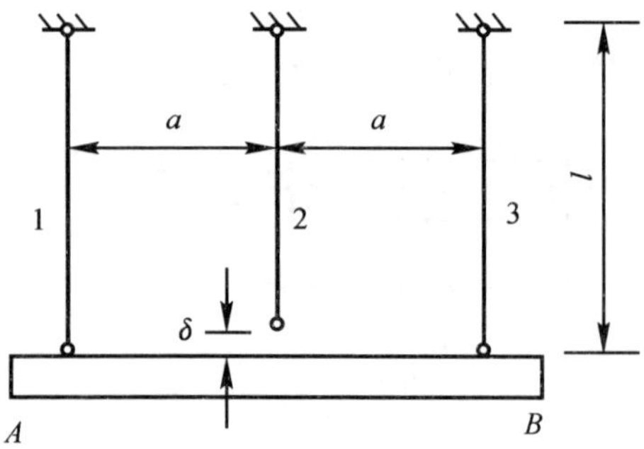

图题 6－29

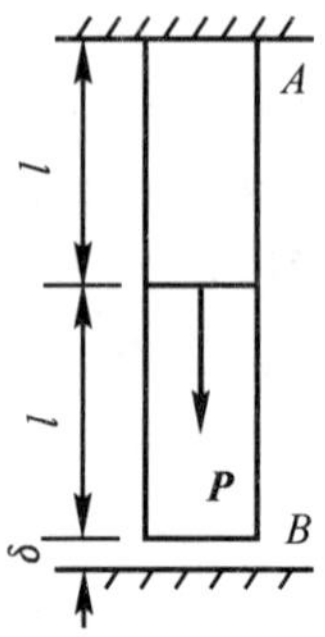

图题 6－30

6－24　两端固定的等直杆如图题6－31所示。两段杆材料的线膨胀系数分别为 $\alpha_1 = 12.5 \times 10^{-6}\ 1/℃$ 和 $\alpha_2 = 16.5 \times 10^{-6}\ 1/℃$，弹性模量分别为 $E_1 = 200$ GPa 和 $E_2 = 100$ GPa。当温度升高 50 ℃ 时，试求各段杆横截面上的温度应力。

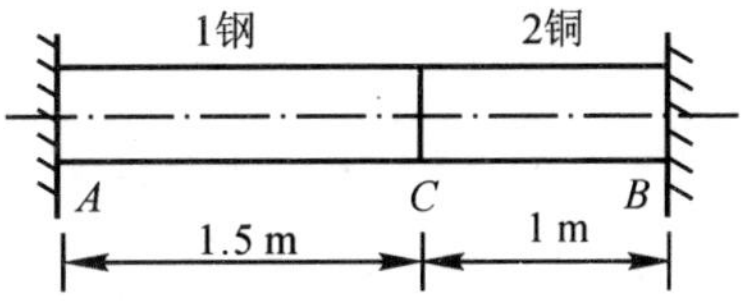

图题　6－31

6－25　铁道部门在铺设钢轨时温度为 10 ℃，夏天钢轨的最高温度是 60 ℃。试问为使夏天钢轨不发生挤压需留多大空隙？已知钢的线膨胀系数 $\alpha = 12.5 \times 10^{-6}\ 1/℃$，弹性模量 $E = 200$ GPa，每根钢轨长 $l = 8$ m。

第七章　剪　　切

§7-1　剪切的概念

工程中许多构件之间的连接常用铆钉、销钉和键等连接件，这些连接件主要承受剪切与挤压作用，如图7-1所示。它们的受力和变形特点是：作用在构件两侧面上的外力大小相等、方向相反、作用线相距很近，并将使作用力之间的交界面（如图 7-1(a)，(b)，(c) 中的，A—A，B—B 截面，通常称为剪切面（shearing section））发生平行相对滑移（即错动）的变形，这种变形称为剪切（shear）。同时，在连接件与被连接件的接触面上还伴随着相互压紧，而导致构件表面局部受压的现象称为挤压（bearing）。本章将讨论这类连接件的剪切强度与挤压强度的计算方法。

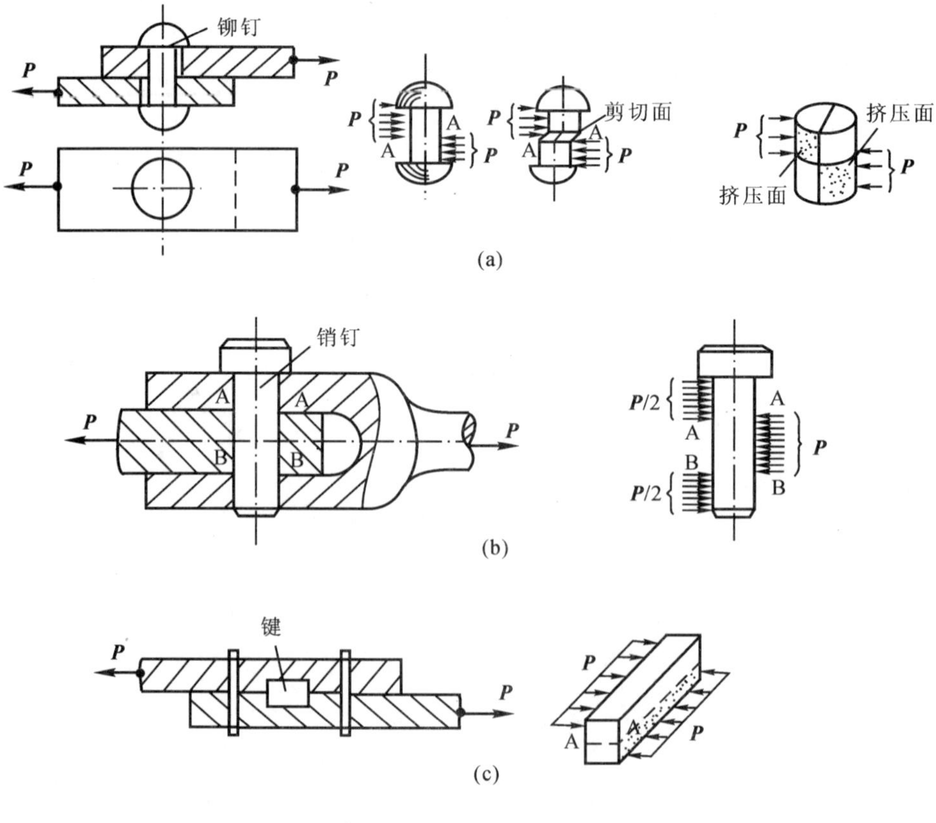

图　7-1

§7-2　剪切和挤压的实用计算

一、剪切的实用计算

现以图 7-1(a) 所示的铆钉为例说明剪切强度计算。首先应用截面法求剪切面 A—A 上的内力。假想将 A—A 面切开，取其下部为研究对象，如图 7-2 所示。由平衡条件可知，在剪切面 A—A 必定有平行于截面的内力 $\boldsymbol{Q}$ 存在，且 $Q=P$。这个与截面相切的内力称为剪力(shearing forces)，它是截面上分布内力的合力。由于这类受剪切构件的变形很复杂，伴随着剪切还有挤压和弯曲等变形，很难确定剪应力(shearing stress)在截面上的真实分布规律。因此，工程上通常采用实用计算法(practical method of calculate)(或称假定计算法)，即假定剪应力在剪切面上均匀分布。于是，剪切面上的剪应力为

$$\tau=\frac{Q}{A} \tag{7-1}$$

式中 A 为剪切面面积，$\boldsymbol{Q}$ 为剪切面上的剪力。剪应力 $\boldsymbol{\tau}$ 的方向与剪力 $\boldsymbol{Q}$ 的方向相同。

为了保证铆钉工作时安全可靠，必须使其工作时的剪应力不超过材料的许用剪应力$[\tau]$，即

$$\tau=\frac{Q}{A}\leqslant[\tau] \tag{7-2}$$

式(7-2)称为剪切强度条件。其中许用剪应力$[\tau]$是由材料的剪切试验(shear test)确定的，即使试件的受力条件尽可能接近实际连接件的受力情况，将试件的剪切极限载荷 P^0 除以剪切面积 A，得材料的极限剪应力 $\tau^0=\dfrac{P^0}{A}$，再除以安全因数 n 而得到，即

$$[\tau]=\frac{\tau^0}{n} \tag{3}$$

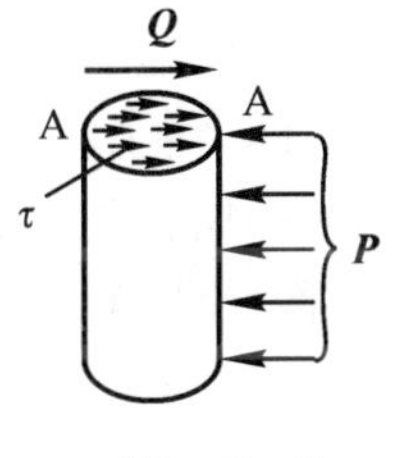

图　7-2

由于 τ^0 是在与实际连接件受力情况相似的试验下测得的，所以剪切实用计算对于强度计算的结果不会引起很大的误差。

各种材料的$[\tau]$可从有关手册中查到。根据材料试验资料的积累统计，许用剪应力$[\tau]$与许用拉应力$[\sigma_T]$之间存在下面近似关系：

对塑性材料：$[\tau]=(0.6\sim0.8)[\sigma_T]$；

对脆性材料：$[\tau]=(0.8\sim1.0)[\sigma_T]$。

二、挤压的实用计算

铆钉、销钉和键等连接件，除了承受剪切作用外，在连接件与被连接件的接触面上还存在相互的挤压作用，通常把这种接触面称为挤压面(bearing surface)(如图 7-1(a))，挤压面上的压力称为挤压力(bearing force)，记为 $\boldsymbol{P}_{bs}$，挤压面上作用的正应力，称为挤压应力(bearing stress)，记为 $\boldsymbol{\sigma}_{bs}$。若挤压应力过大，则可能使挤压面的局部区域产生明显塑性变形或压溃，称为挤压破坏，如板孔被挤压成椭圆形。由于挤压应力在挤压面上的分布情况也比较复杂，工程上也常采取实用计算法，假定挤压应力在挤压计算面积上均匀分布，故有

$$\sigma_{bs}=\frac{P_{bs}}{A_{bs}} \tag{7-4}$$

式中 A_{bs} 为挤压计算面积。关于 A_{bs} 的计算，要根据挤压面的具体情况而定。若挤压面为平面，则该平面面积即为挤压计算面积，如图 7-3(a) 所示的键，$A_{bs}=\frac{h}{2}l$。若挤压面为半圆柱面，如图 7-3(c) 的铆钉，则以该半圆柱面的直径投影面作为挤压计算面积，故 $A_{bs}=td$，这样由式(7-4) 得出的挤压应力与半圆柱面上的实际最大应力大致相等（见图 7-3(b) 所示为半圆柱表面上的挤压应力的大致分布图）。于是，挤压强度条件为

$$\sigma_{bs}=\frac{P_{bs}}{A_{bs}}\leqslant[\sigma_{bs}] \tag{7-5}$$

式中$[\sigma_{bs}]$为材料的许用挤压应力，是采用与确定许用剪应力$[\tau]$类似的方法确定的。对于钢材等塑性材料可近似取

$$[\sigma_{bs}]=(1.7\sim2.0)[\sigma_T]$$

其中的$[\sigma_T]$为材料的许用拉应力。若连接件与被连接件的材料不同，$[\sigma_{bs}]$应按抵抗挤压能力较弱者选取。

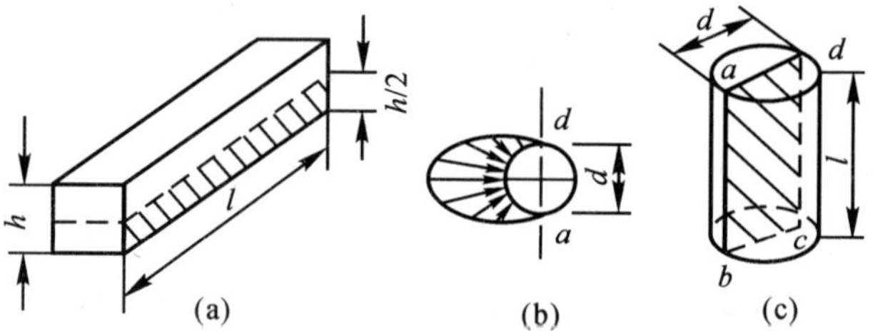

图　7-3

上面所建立的剪切和挤压的实用计算方法，从理论上看虽不够完善，但由于其计算简便，切合实际，在工程计算中被广泛应用。

与轴向拉压问题一样，利用剪切和挤压强度条件可以解决连接件的三类问题，即强度校核、截面设计和确定许可载荷。

§7-3　计算实例

例 7-1　图 7-4(a) 所示为齿轮传动轴，轴径 $d=32$ mm，通过键将力偶传递给齿轮。已知键的尺寸为：$b\times h\times l=10\times8\times50$ mm，键和齿轮的材料相同，其许用应力$[\tau]=87$ MPa，$[\sigma_{bs}]=100$ MPa，试确定此连接允许传递的最大力偶 M(N·m)。

解　(1) 分析键的受力并判断它可能发生哪些形式的破坏　从键的受力知道(图7-4(c) 所示为半个键块的受力图)，它可能发生剪切破坏和挤压破坏。相应地要进行剪切强度计算和挤压强度计算。需要说明，在键受挤压时，齿轮也要受到挤压。由于它们的挤压面相等，挤压力相等，材料相同，所以两者只要计算一个便可。

设轮毂给键的作用力为 $\boldsymbol{P}$，如图 7-4(b) 所示，由 $\sum M_O=0$，得

$$M-P\frac{d}{2}=0$$

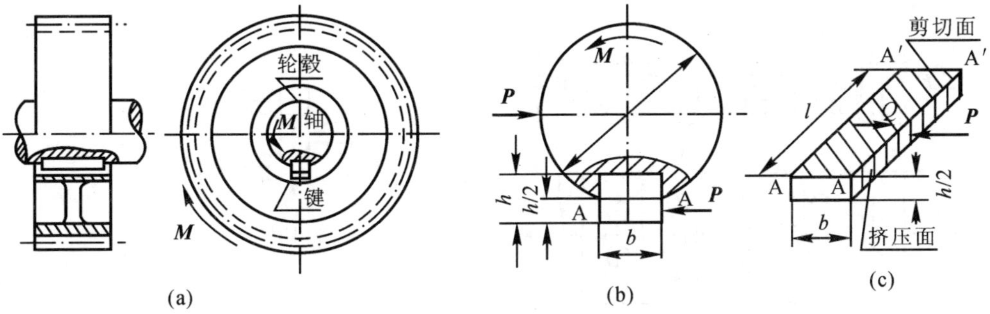

图　7－4

所以 $$P=\frac{2M}{d}=\frac{2M}{32\times10^{-3}}=\frac{1\ 000M}{16}=62.5\ M\quad(\text{N})$$

(2) 键的剪切强度计算　用截面法求出键剪切面上的剪力 Q，如图 7－4(c) 所示，得

$$Q=P=62.5\ M$$

所以 $$\tau=\frac{Q}{A}=\frac{Q}{bl}=\frac{62.5M}{10\times50\times10^{-6}}=0.125\times10^{6}M\leqslant87\times10^{6}$$

所以 $$M\leqslant696\ \text{N}\cdot\text{m}$$

(3) 键的挤压强度计算　由图 7－4(c) 可知，挤压力 $P_{bs}=P$，挤压计算面积 $A_{bs}=\frac{h}{2}l$，将其代入式(7－5)，得

$$\sigma_{bs}=\frac{P_{bs}}{A_{bs}}=\frac{P}{\frac{h}{2}l}=\frac{62.5M}{4\times50\times10^{-6}}\leqslant100\times10^{6}$$

所以 $$M\leqslant320\ \text{N}\cdot\text{m}$$

所以此连接允许传递的最大力偶矩 $[M]=320\ \text{N}\cdot\text{m}$。

例 7－2　如图 7－5(a) 所示，主板通过上下两块盖板和 10 个铆钉连接。铆钉、盖板与主板材料相同，$[\sigma]=160$ MPa，$[\tau]=140$ MPa，$[\sigma_{bs}]=320$ MPa；铆钉直径 $d=16$ mm，主板厚度 $t_1=20$ mm，盖板厚度 $t_2=12$ mm，宽度 $b=120$ mm。在 $P=240$ kN 作用下，试校核铆接件强度。

解　(1) 分析每个构件的受力并判断它们可能发生哪些形式的破坏　当各铆钉直径相等，且拉力 P 通过该组铆钉的截面形心时，可以假定每个铆钉受力相等。从每个铆钉的受力(见图 7－5(b)) 知道，它可能发生剪切破坏和挤压破坏，相应地要进行剪切强度和挤压强度校核。

从右主板的受力(见图 7－5(c)) 知道，它可能发生挤压破坏及在 A—A 和 B—B 截面上被拉断，所以要进行挤压强度和拉伸强度校核。

从盖板的受力(见图 7－5(d)) 知道，它可能发生挤压破坏及在 C—C 截面上被拉断。因为主板与铆钉相互挤压，挤压力相等，挤压面相同，材料又相同，所以只须校核其中之一的挤压强度。对盖板与铆钉的相互挤压同样只须校核其中之一的挤压强度。由于主板孔上的挤压力是盖板的两倍，但主板孔的挤压计算面积不到盖板的两倍，故主板的挤压应力较大，因此只须校核铆钉中间部分的挤压强度。

(2) 铆钉的剪切和挤压强度校核　从图 7－5(b) 知，剪切面 D—D 或 E—E 的面积为

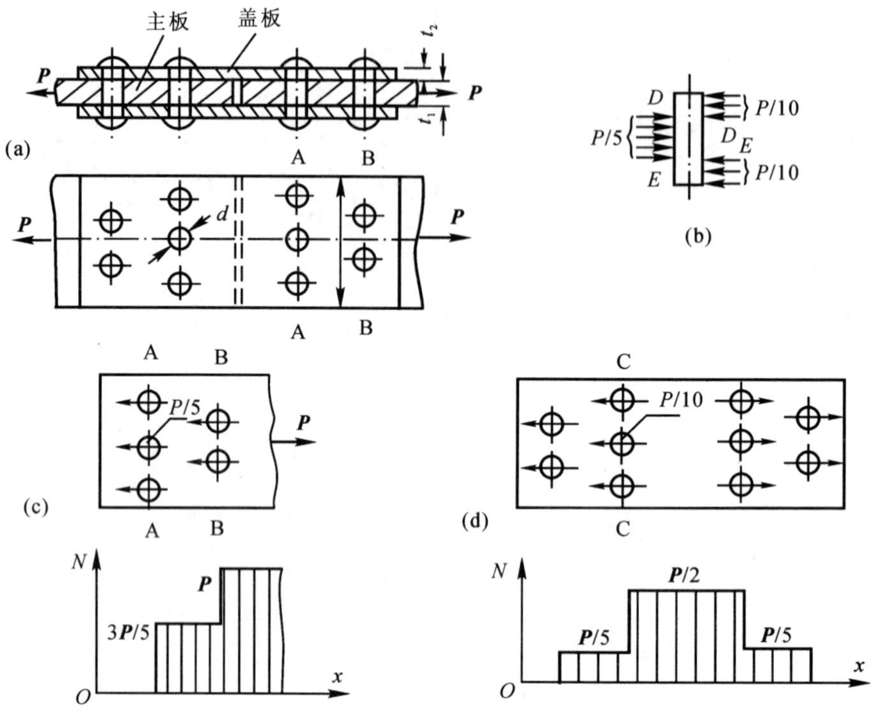

图 7-5

$$A=\frac{\pi}{4}d^2$$

剪切面上的剪力 $Q=\dfrac{P}{10}$,故

$$\tau=\frac{Q}{A}=\frac{\dfrac{P}{10}}{\dfrac{\pi d^2}{4}}=\frac{240\times10^3\times4}{10\pi\times16^2\times10^{-6}}\approx119\ \text{MPa}<[\tau]$$

故铆钉剪切强度足够。

从图 7-5(b) 知,铆钉中间部分挤压面的挤压教育处面积 $A_{bs}=t_1 d$,挤压力 $P_{bs}=\dfrac{P}{5}$,故

$$\sigma_{bs}=\frac{P_{bs}}{A_{bs}}=\frac{\dfrac{P}{10}}{t_1 d}=\frac{240\times10^3}{5\times20\times16\times10^{-6}}=150\ \text{MPa}<[\sigma_{bs}]$$

故铆钉挤压强度足够。

(3) 主板的抗拉强度校核

对 A—A 截面:

$$\sigma_T=\frac{\dfrac{3}{5}P}{(b-3d)t_1}=\frac{\dfrac{3}{5}\times240\times10^3}{(120-3\times16)\times20\times10^{-6}}=100\ \text{MPa}<[\sigma]$$

对 B—B 截面:

$$\sigma_T = \frac{P}{(b-2d)t_1} = \frac{240 \times 10^3}{(120 - 2 \times 16) \times 20 \times 10^{-6}} \approx 136\ \text{MPa} < [\sigma]$$

故主板拉伸强度足够。

(4) 盖板的抗拉强度校核

对 C—C 截面：

$$\sigma_T = \frac{\frac{P}{2}}{(b-3d)t_2} = \frac{\frac{1}{2} \times 240 \times 10^3}{(120 - 3 \times 16) \times 20 \times 10^{-6}} \approx 139\ \text{MPa} < [\sigma]$$

思考题

7-1　剪切变形的受力特点、变形特点与轴向拉伸相比较有何不同？

7-2　什么叫挤压？挤压作用与压缩作用有何区别？

7-3　什么是剪切与挤压的实用计算方法？为什么要采用这种方法？应用这种实用计算方法进行强度计算时，关键要弄清哪些方面？

7-4　如图题 7-1 所示两种不同材料的构件相互作用时，应对哪一个构件进行挤压强度计算？

7-5　分析图题 7-2 所示各零件的剪切面、挤压面和拉断面：(1) 试件；(2)“直齿形”榫接；(3) 汽轮机叶片根部。

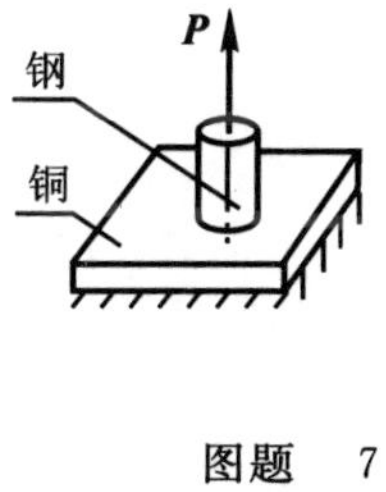

图题　7-1

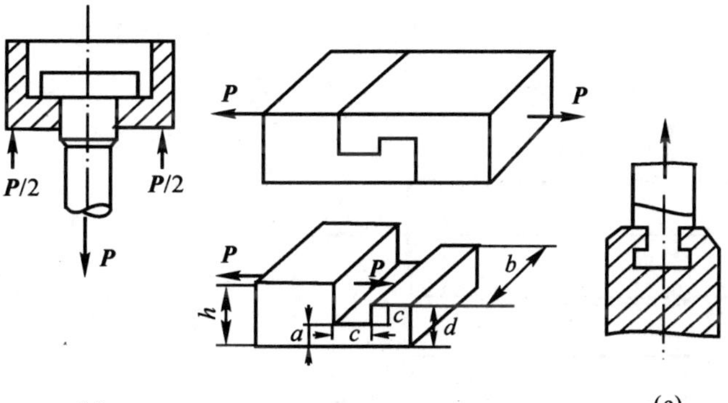

(a)　(b)　(c)

图题　7-2

7-6　从强度观点看，图题 7-3 所示两种铆钉布置的位置哪一种较为合理？

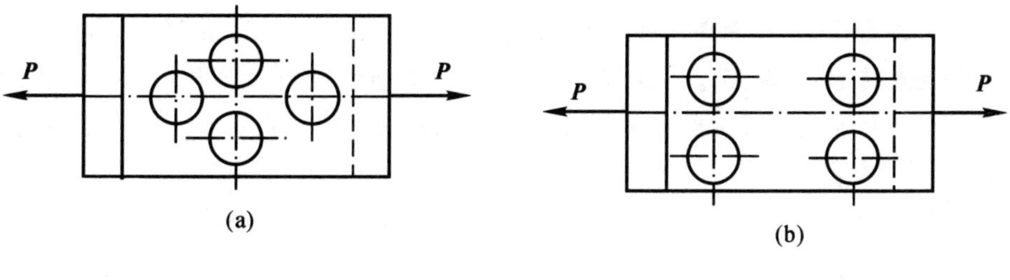

(a)　(b)

图题　7-3

习　题　七

7-1　杆件结构如图题7-4所示，已知$[\sigma]=120\ \text{MPa}$，$[\tau]=90\ \text{MPa}$，$[\sigma_{bs}]=240\ \text{MPa}$，试计算杆件的允许拉力$[P]$。

7-2　如图题7-5所示接头，受轴向载荷$\boldsymbol{P}$作用，试校核其强度。已知：$P=80\ \text{kN}$，$b=80\ \text{mm}$，$t=10\ \text{mm}$，$d=16\ \text{mm}$，$[\sigma]=160\ \text{MPa}$，$[\tau]=120\ \text{MPa}$，$[\sigma_{bs}]=340\ \text{MPa}$。

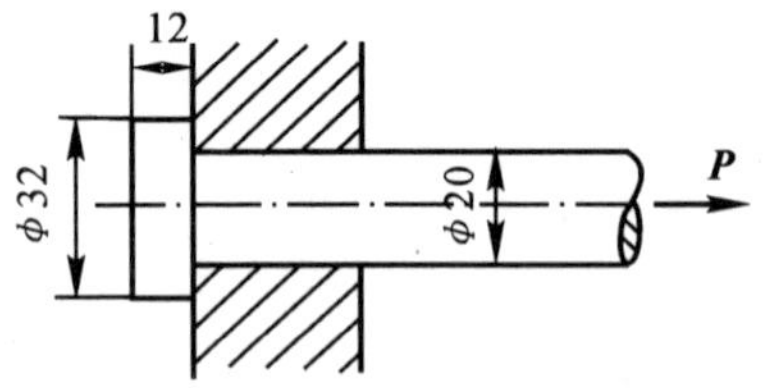

图题　7-4

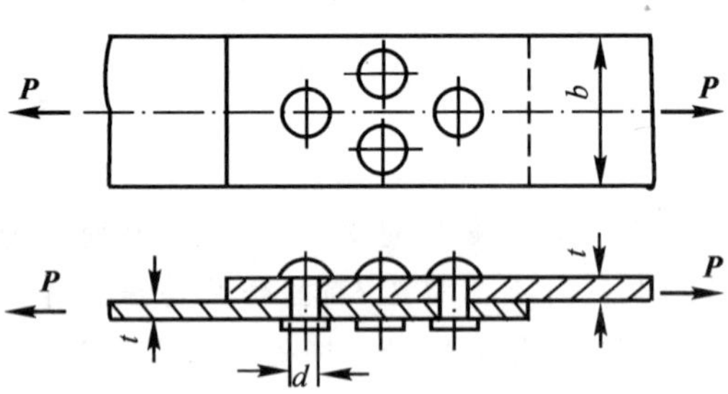

图题　7-5

7-3　如图题7-6所示矩形截面木杆，用两块钢板连接在一起，受轴向载荷$P=45\ \text{kN}$作用。已知截面宽度$b=250\ \text{mm}$，木材顺纹许用拉应力$[\sigma_T]=6\ \text{MPa}$，许用挤压应力$[\sigma_{bs}]=10\ \text{MPa}$，许用剪应力$[\tau]=1\ \text{MPa}$。试确定接头的$\delta$，$l$和$h$长度。

7-4　在厚度$t=5\ \text{mm}$的薄钢板上，冲出一个如图题7-7所示形状的孔，钢板的剪切强度极限$\tau_b=320\ \text{MPa}$，求冲床必须具有的冲力$\boldsymbol{P}$。

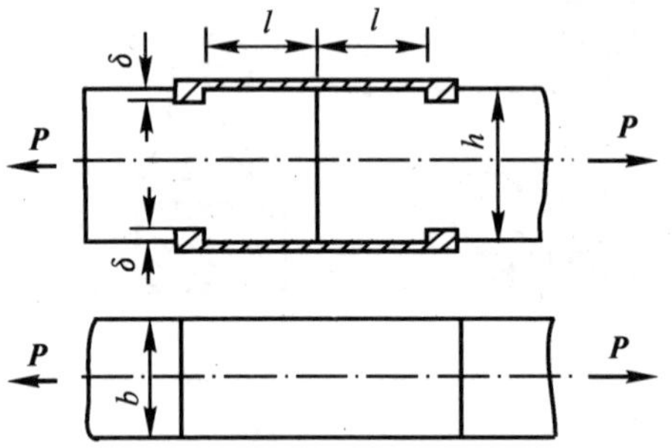

图题　7-6

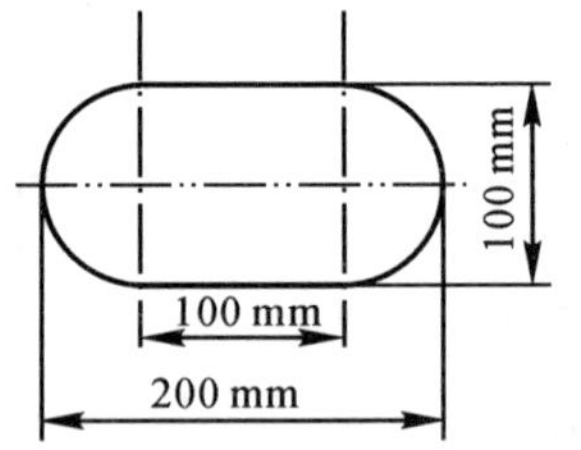

图题　7-7

7-5　如图题7-8所示两轴用凸缘相连接，沿直径$D=150\ \text{mm}$的圆周上对称地分布着四个连接螺栓来传递力偶$\boldsymbol{M}_e$。已知螺栓直径$d=12\ \text{mm}$，$M=2.5\ \text{kN}\cdot\text{m}$，凸缘厚度$t=10\ \text{mm}$，螺栓材料为A3钢，许用剪应力$[\tau]=80\ \text{MPa}$，许用挤压应力$[\sigma_{bs}]=200\ \text{MPa}$。试校核螺栓的强度。

7-6　如图题7-9所示，冲床的最大冲力为400 kN，冲头材料的$[\sigma]=440\ \text{MPa}$，被冲钢板的剪切强度极限$\tau_b=360\ \text{MPa}$。求在最大冲力作用下所能冲剪的圆孔的最小直径d和板的最大厚度t。

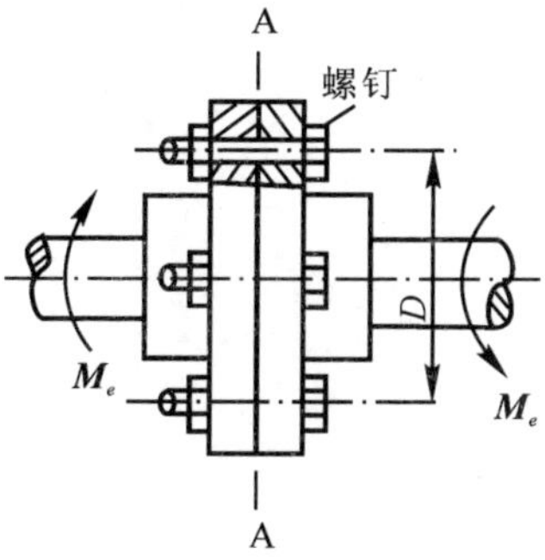

图题 7-8

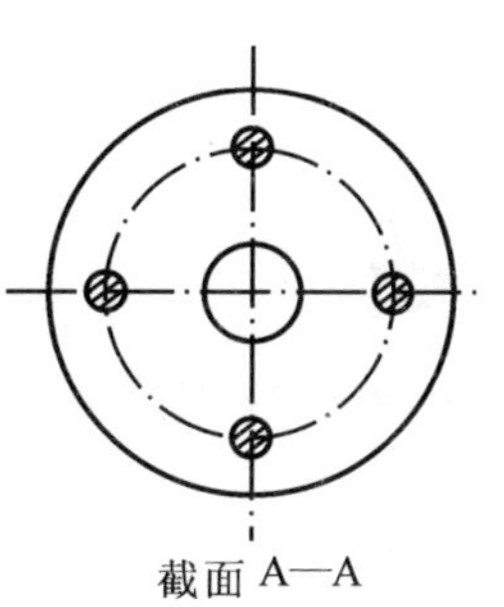

图题 7-9

7-7 如图题 7-10 所示摇臂，试确定轴销 B 的直径。已知：$P_1 = 50$ kN，$P_2 = 35.4$ kN，$[\tau] = 100$ MPa，$[\sigma_{bs}] = 240$ MPa。

7-8 如图题 7-11 所示一矩形截面的拉伸试件，试件两端开有可插销钉的圆孔，载荷通过销钉传至试件。若试件和销钉材料相同，$[\tau] = 100$ MPa，$[\sigma_{bs}] = 320$ MPa，$[\sigma] = 160$ MPa，拉伸强度极限 $\sigma_b = 400$ MPa。为了保证试件在中部被拉断，求试件端部所需长度 a，b 及销钉直径 d。

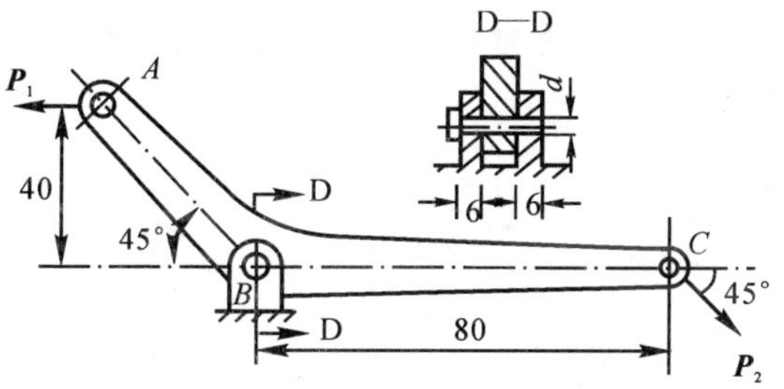

图题 7-10

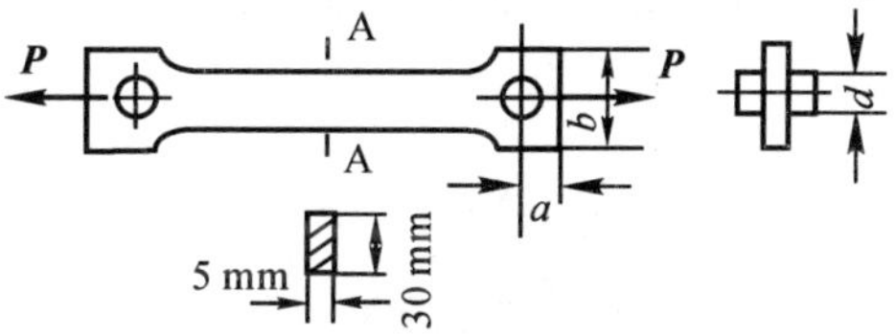

图题 7-11

第八章　扭　　转

§8-1　扭转的概念

工程中有些杆件如车床中的主轴、传动轴，汽车方向盘下的转向轴 AB、攻丝用丝锥的锥杆(见图 8-1) 等，均属于受扭转的杆件。它们都有相同的受力特点和变形形式，从而均可抽象为如图 8-2 所示的力学模型。由图可见，它们的受力和变形特点是：在杆件的两端作用有两个大小相等、转向相反，且作用面垂直于杆件的轴线的力偶，致使杆件的任意两个横截面发生绕杆轴作相对转动的变形。这种变形称为扭转(torsion)。扭转时两个横截面相对转动的角度，称为扭转角，一般用 φ 表示(见图 8-2)，以扭转变形为主的杆件通常称为轴(shaft)。截面形状为圆形的轴称为圆轴，圆轴在工程上是常见的一种受扭转的杆件。

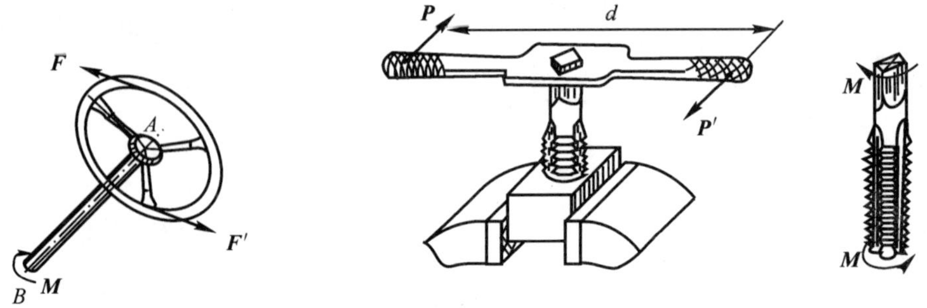

图　8-1

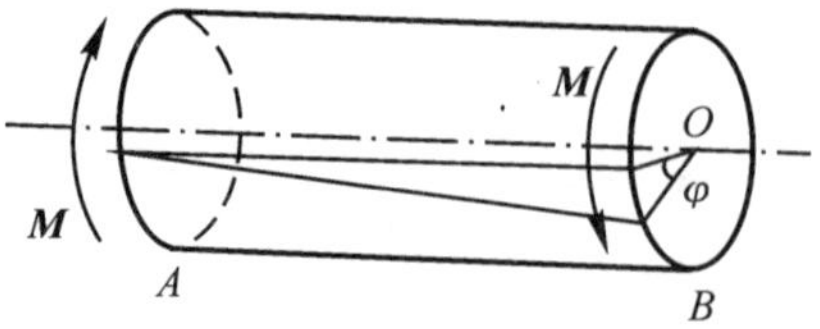

图　8-2

本章主要讨论圆轴扭转时的应力、变形、强度和刚度的计算问题，并简要介绍非圆截面杆的扭转问题。

§8-2 外力偶矩的计算　扭矩和扭矩图

一、功率、转速和外力偶矩间的关系

工程中作用于轴上的外力偶矩有时并不直接给出，而往往给出轴的转速和所传递的功率，它们的换算关系为

$$M = 9\,549\,\frac{N}{n} \tag{8-1}$$

式中，M为外力偶矩，单位为牛[顿]·米(N·m)；N为轴传递的功率，单位为千瓦(kW)；n为轴的转速，单位为转/分(r/min)。

二、扭矩和扭矩图

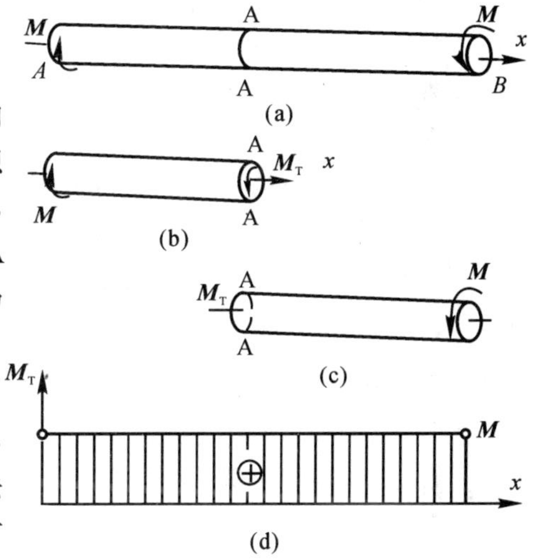

图　8-3

对于图 8-3(a) 所示的圆轴，为分析其内力，按截面法，在轴的任一横截面 A—A 处假想地把圆轴截开分成左、右两部分，保留左部分，考虑其平衡。在外力偶矩M作用下，截面 A—A 上必有与M转向相反的内力偶，设其矩为M_T(见图 8-3(b))，由平衡条件得

$$M_T = M$$

内力偶矩M_T称为扭矩(torsional moment, torque)。扭矩的符号规定如下：按右手螺旋法则，用拇指指向表示M_T的矢量方向，当扭矩方向与截面的外法线方向一致时定为正号，反之为负(见图 8-4)。按照这一符号规定，图 8-3(b) 中所示扭矩M_T为正。当保留右部分时(见图 8-3(c))，所得扭矩的大小、符号与按保留左半部分的计算结果相同。

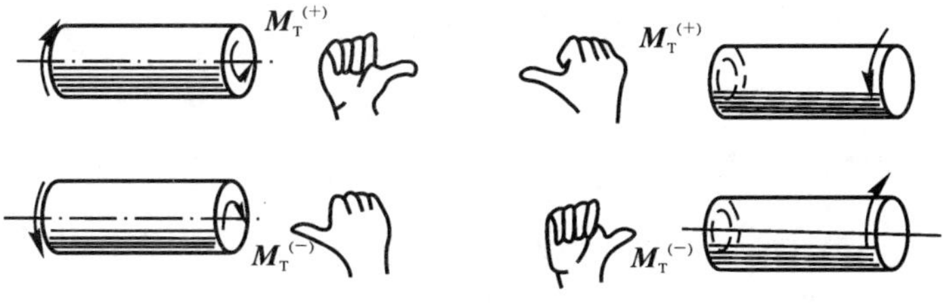

图　8-4

若作用于轴上的外力偶矩多于两个，则在轴各段的横截面上，扭矩不尽相同，这时往往用图线形象地表示截面上扭矩沿轴线变化的情况。如以平行于轴线的坐标表示横截面的位置，垂直于轴线的坐标表示相应截面上的扭矩，这样绘成的图形称为扭矩图。图 8-3(d) 为图 8-3(a) 所示轴的扭矩图。

例 8-1　一传动系统主轴 AC(见图 8-5(a)),其转速 $n=960\ \mathrm{r/min}$,输入功率 $N_A=27.5\ \mathrm{kW}$,输出功率 $N_B=20\ \mathrm{kW}$,$N_C=7.5\ \mathrm{kW}$,不计轴承摩擦等功率消耗,试作 AC 轴的扭矩图。

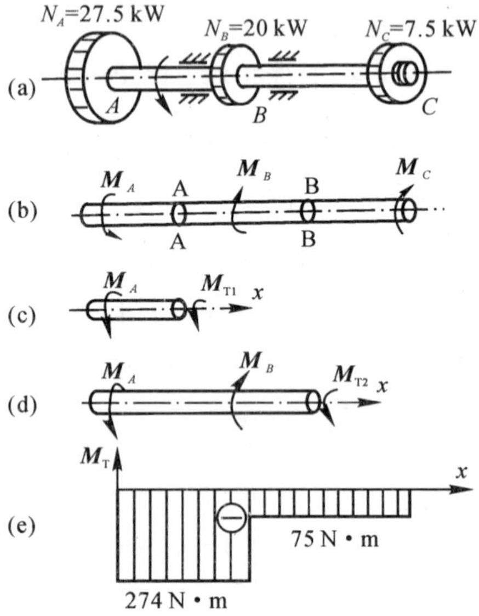

图　8-5

解　(1) 计算外力偶矩　由式(8-1)得

$$M_A=9\,549\frac{N_A}{n}=9\,549\times\frac{27.5}{960}\ \mathrm{N\cdot m}=274\ \mathrm{N\cdot m}$$

$$M_B=9\,549\frac{N_B}{n}=9\,549\times\frac{20}{960}\ \mathrm{N\cdot m}=199\ \mathrm{N\cdot m}$$

$$M_C=9\,549\frac{N_C}{n}=9\,549\times\frac{7.5}{960}\ \mathrm{N\cdot m}=75\ \mathrm{N\cdot m}$$

M_A 为主动力偶矩,AC 轴转向与 M_A 相同,M_B,M_C 为阻力偶矩,其转向与 M_A 相反。

(2) 计算扭矩　在 AB 段以截面 A—A 将 AC 轴分成两部分,取左段为研究对象,以 M_{T1} 表示 A—A 截面上的扭矩,M_{T1} 的方向按正向设定(见图 8-5(b)),由平衡条件

$$\sum M_x=0\qquad M_{T1}+M_A=0$$

解得　$$M_{T1}=-M_A=-274\ \mathrm{N\cdot m}$$

所得为负数,说明 M_T 的转向与所设相反。

同样,在 BC 段以 B—B 截面将 AC 轴分成两部分,保留左段为研究对象,以 M_{T2} 为 B—B 截面上的扭矩,由于衡方程(见图 8-5(c))

$$\sum M_x=0\qquad M_{T2}-M_B+M_A=0$$

解得　$$M_{T2}=-M_A+M_B=(-274+199)\ \mathrm{N\cdot m}=-75\ \mathrm{N\cdot m}$$

(3) 画扭矩图　根据以上结果,按比例画扭矩图(见图 8-5(d))。

§8-3　薄壁圆筒的扭转　剪应力互等定理　剪切胡克定律

一、薄壁圆筒的扭转、剪应变的概念

薄壁圆筒指的是壁厚 δ 远小于其平均半径 r_0 的圆筒(见图 8-6(a))。当其两端作用一对大小相等、转向相反的外力偶矩 $\boldsymbol{M}$ 时,即发生扭转变形。

在施加外力偶矩之前,可先在圆筒表面上画出一系列纵向线和距筒端稍远处的圆周线。施加外力偶矩 $\boldsymbol{M}$ 后,当圆筒产生不大的扭转角 φ(见图 8-6(c))时,可以观察到如下现象:

(1) 各圆周线形状、大小和间距均无改变,只是绕轴线相对旋转了不同的角度。

(2) 各纵向线均倾斜了同一微小角度 γ,原来的小矩形变成了相同形状的平行四边形。

由于圆筒沿纵向和周向均无尺寸改变,且筒沿这两个方向的变形并未受到约束,故它沿纵向和周向将不会有正应力。

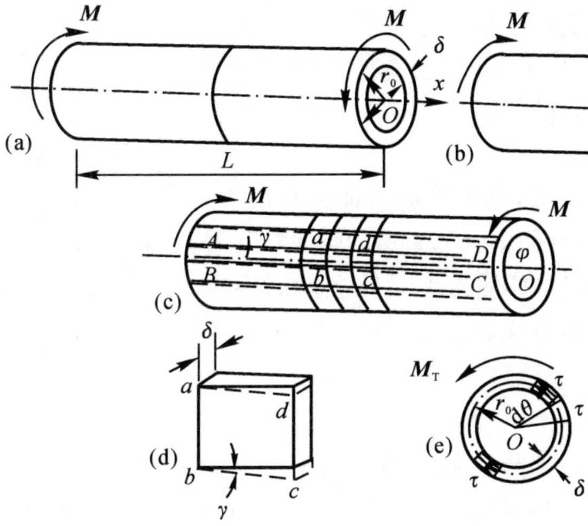

图 8-6

若以筒的横截面及径向截面从筒中截取微小的直角六面体 $abcd$，如图 8-6(d) 所示，则上述角度 γ 就是此微小直角六面体上原矩形 $abcd$ 的直角改变量。这种直角改变量称为剪应变(shearing strain)。直角六面体发生剪应变，在它的侧面上必有剪应力作用，根据剪应变 γ 的倾斜方位，可以断定剪应力 τ 的方向与过该点的半径垂直，其指向顺同 M_T 的转向。由于所有纵向线的倾角 γ 相同，说明沿圆周上各点的剪应变相等，因而可知在同一圆周上各点的剪应力 τ 也大小相等。由于筒壁很薄，故可近似地认为剪应力沿壁厚均匀分布，如图 8-6(e) 所示。

在横截面上取一微面积 $dA = \delta r_0 d\theta$，则作用在其上的微内力为 τdA(见图 8-6(e))。由静力分析可知，在整个截面上所有这些微内力矩之和即为截面上的扭矩 M_T，即

$$M_T = \int_A r_0 \tau dA = \int_0^{2\pi} \tau \delta r_0^2 d\theta = 2\pi \delta r_0^2 \tau$$

得薄壁圆筒截面上剪应力的计算公式为

$$\tau = \frac{M_T}{2\pi \delta r_0^2} \tag{8-2}$$

从几何关系可得

$$\gamma = \frac{r\varphi}{L} \tag{8-3}$$

式中 φ 为筒两端面的扭转角，δ, r, r_0, L 的含义如图 8-6(a) 所示。

二、剪应力互等定理

将图 8-6(d) 中微小直角六面体尺寸取为 $ab = dy$，$bc = dx$，厚度用 dz 表示，即如图 8-7 所示。称该微小直角六面体为单元体(element)。由上面分析可知，该单元体的左、右两侧面上有剪应力 $\tau dydz$，构成矩为 $(\tau dydz)dx$ 的力偶，它使单元体具有转动趋势，由于筒处于平衡状态，故该单元体也应是平衡的。因此单元体上、下两面必有剪应力 τ'(见图 8-7)，才能由剪应力 $(\tau' dxdz)$ 构成矩为 $(\tau' dxdz)dy$ 的力偶，以保持平衡。由力偶的平衡条件可知

$$(\tau' dxdz)dy = (\tau dydz)dx$$

得

$$\tau' = \tau \tag{8-4}$$

此式表明，通过物体内一点处两个互相垂直的截面上必然存在着垂直两截面交线的剪应力，它们数值相等，其方向均指向或背离此交线。这一关系称为剪应力互等定理(theorem of conjugate shearing stress)。

图 8-7 所示单元体的四个侧面上，只有剪应力而无正应力，这种情况称为纯剪切(shearing state of stresses)。剪应力互等定理虽然是从纯剪切的情况证明的，但是当单元体上同时存在正应力时，仍然成立，它是具有普遍意义的。

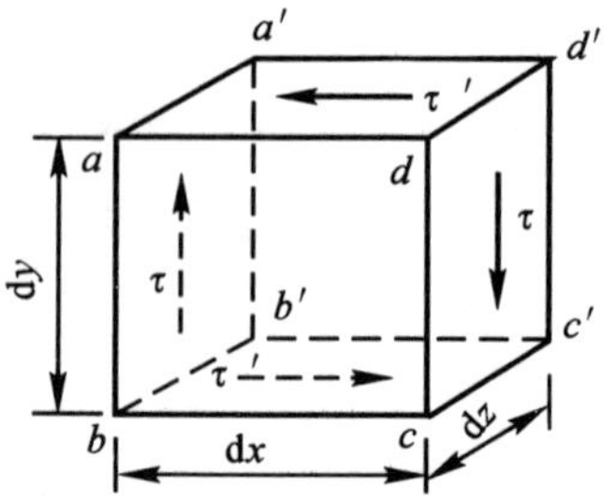

图 8-7

三、剪切胡克定律

从薄壁圆筒的扭转试验可以得到与拉伸图相似的 $M_T - \varphi$ 图(见图 8-8)，其中有一部分是直线。利用公式(8-2)，(8-3) 即可以从此图得到剪应力 τ 与剪应变 γ 间的关系图线(见图 8-9)，其中，直线部分说明 τ 与 γ 成正比，即有

$$\tau = G\gamma \tag{8-5}$$

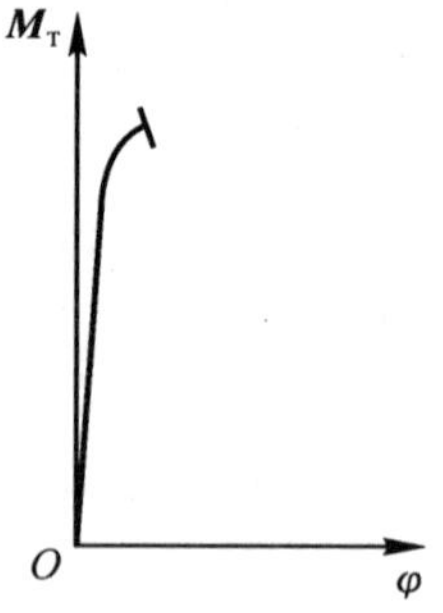

图 8-8

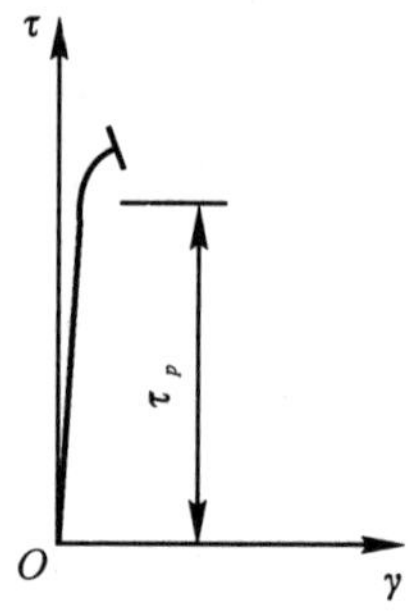

图 8-9

这一关系称为剪切胡克定律(Hooke's law in shear)。式中比例常数 G 称为材料的剪切弹性模量，它反映了材料抵抗剪切变形的能力。G 值也随材料而异，可由试验测定。G 和 E 单位和量纲相同。几种常用材料的 G 值见表 8-1。

表 8-1 几种常用材料的剪切弹性模量

材料	G/(GPa)	材料	G/(GPa)
碳钢	78.4 ~ 79.3	铜	39.2 ~ 45.0
铸铁	44.1	铝	25.5 ~ 26.4
球墨铸铁	60.7 ~ 62.7	木材	0.55
镍铬钢	79.3		

图 8-9 中直线部分最高点的剪应力值称为剪切比例极限，用 τ_p 表示，其值也随材料而不同，须由试验测定。当剪应力超过这一极限值时公式(8-5) 所表达的关系不再成立。

§8-4 圆轴扭转时的应力和变形

一、圆轴扭转时横截面上的应力

工程中最常见的轴是圆截面轴。我们要研究的是其受扭时横截面上应力分布规律，并求出横截面上的最大应力。显然，此种问题仅仅用静力平衡条件是不能解决的，而应像分析轴向拉压和薄壁圆筒扭转应力那样，从研究变形入手，并利用应力应变关系和静力平衡条件，即从几何、物理和静力三个方面综合进行分析。

1. 几何方面

试验说明，扭转时圆轴的表面变形与薄壁圆筒表面变形相似(见图 8-10)。当变形很小时各圆周线的形状、大小和间距均不改变，仅绕轴作相对转动，各纵向线则倾斜同一角度，成为一系列螺旋线。

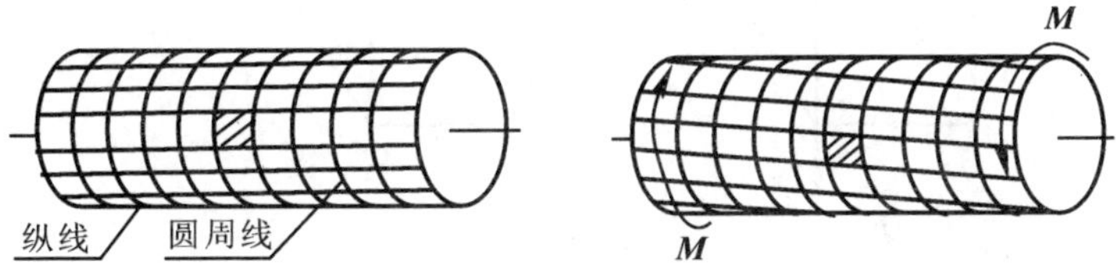

图 8-10

如果认为轴内变形与其表面变形相似，那么可以假定：

变形后横截面仍保持平面，其形状和大小均不改变，半径仍为直线，此假设称为圆轴扭转的平面假设。

根据上述假设，若用相距 $\mathrm{d}x$ 的两个横截面以及夹角无限小的两个径向截面从轴中切取一楔形体 O_1O_2ABCD(见图 8-11(a))，则其变形如图 8-11(b) 所示，轴表面矩形 $ABCD$ 变为平行四边形 $ABC'D'$，距轴线 ρ 处的矩形 $abcd$ 变为平行四边形 $abc'd'$，即均产生剪切变形。

设所切楔形体左、右两截面间相对转角即扭转角为 $\mathrm{d}\varphi$，矩形 $abcd$ 的剪应变为 γ_ρ，则由图中可以看出：

$$\gamma_\rho \approx \tan\gamma_\rho = \frac{\overline{dd'}}{\overline{ad}} = \frac{\rho\mathrm{d}\varphi}{\mathrm{d}x}$$

或

$$\gamma_\rho = \rho\frac{\mathrm{d}\varphi}{\mathrm{d}x} \tag{1}$$

式中 $\frac{\mathrm{d}\varphi}{\mathrm{d}x}$ 代表扭转角沿杆轴的变化率。对于同一截面，$\frac{\mathrm{d}\varphi}{\mathrm{d}x}$ 为常数，可见剪应变 γ_ρ 与 ρ 成正比。

2. 物理方面

由剪切胡克定律可知，在线弹性范围内，有

$$\tau = G\gamma$$

将式(1) 代入上式，得横截面上半径为 ρ 处的剪应力为

$$\tau_\rho = G\rho \frac{\mathrm{d}\varphi}{\mathrm{d}x} \tag{2}$$

其方向则垂直于半径(见图 8－11(c)),因为剪切变形发生在垂直于半径的平面内。

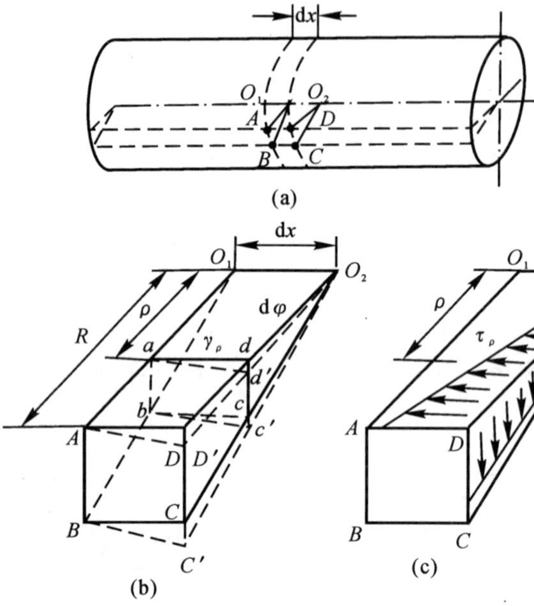

图 8－11

式(2) 表明:圆轴横截面上的扭转剪应力 τ_ρ 与到轴心距离 ρ 成正比,即剪应力大小沿半径方向按直线规律变化,在离圆心等远的各点处,剪应力值均相等。实心圆截面轴和空心圆截面轴的扭转剪应力分布情况分别如图 8－12(a) 和图 8－12(b) 所示。

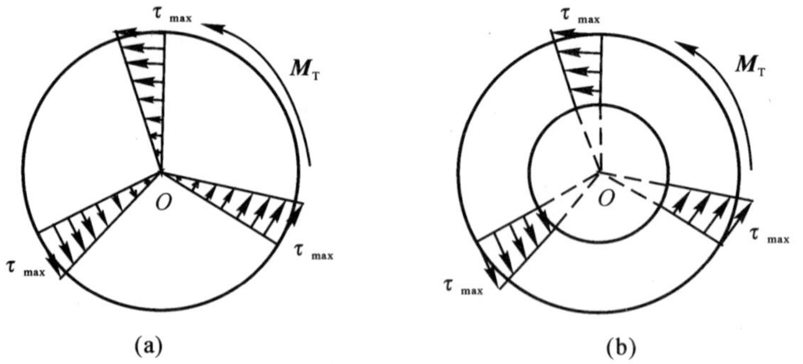

图 8－12

3. **静力方面**

在公式(2) 中,由于$\frac{\mathrm{d}\varphi}{\mathrm{d}x}$值尚为未知,故由该式尚不能确定剪应力的大小。此问题需利用扭矩 M_T 与剪应力 τ 的静力关系来解决。

如图 8－13 所示,在距圆心 ρ 处的微面积 $\mathrm{d}A$ 上作用微剪力 $\tau_\rho \mathrm{d}A$,它对圆心的微力矩为 $\rho\tau_\rho \mathrm{d}A$。在整个横截面上,所有这些微力矩之和应该等于该截面上的扭矩 M_T,因此

$$\int_A \rho\tau_\rho \mathrm{d}A = M_T$$

将式(2) 代入上式，并令

$$I_P = \upsilon_A\rho^2 \mathrm{d}A \qquad (8-6)$$

则

$$G\frac{\mathrm{d}\varphi}{\mathrm{d}x}\beta_A\rho^2 \mathrm{d}A = GI_P\frac{\mathrm{d}\varphi}{\mathrm{d}x} = M_T$$

由此得

$$\frac{\mathrm{d}\varphi}{\mathrm{d}x} = \frac{M_T}{GI_P} \qquad (8-7)$$

此即圆轴扭转变形的基本公式。式中，I_P 称为圆截面的极惯性矩(polar moment of inertia for crosssection)，它是一个只与横截面几何尺寸有关的量。

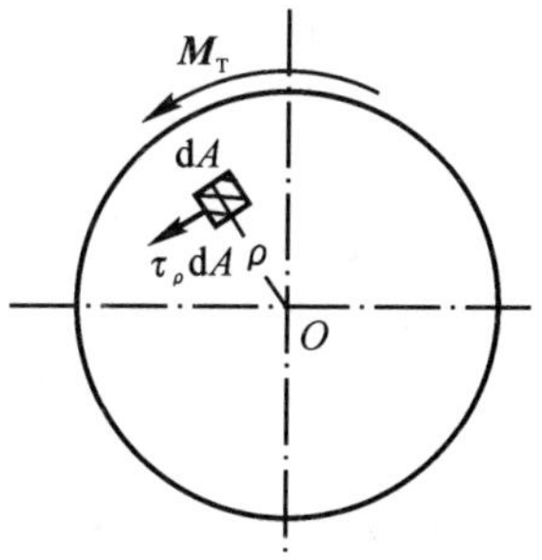

图　8-13

最后将式(8-7) 代入式(2)，于是得

$$\tau_\rho = \frac{M_T}{I_P}\rho \qquad (8-8)$$

式(8-8) 为圆轴扭转时，横截面上任意一点处剪应力的计算公式。

由公式(8-8) 可以看出，剪应力的最大值发生于横截面外边缘 $\rho = \frac{D}{2}$ 处，其值为

$$\tau_{max} = \frac{M_T}{I_P}\frac{D}{2} = \frac{M_T}{I_P\Big/\left(\frac{D}{2}\right)}$$

在上式中，分母 $I_P\Big/\left(\frac{D}{2}\right)$ 也是一个仅与横截面几何尺寸有关的量，称为抗扭截面模量(section modulus in torsion)，并用 W_P 表示，即

$$W_P = I_P\Big/\left(\frac{D}{2}\right) \qquad (8-9)$$

于是，圆轴的最大扭转剪应力即为

$$\tau_{max} = \frac{M_T}{W_P} \qquad (8-10)$$

公式(8-7)，(8-8) 和(8-10) 都得到了实验的证实，说明在分析中所采用的假设是正确的。

由于在分析中应用了剪切胡克定律，因此式(8-7)，(8-8) 和式(8-10) 须在横截面上最大剪应力不超过材料的剪切比例极限 τ_p 的条件下使用。同时也须指出它们只适用于圆截面轴。

二、圆轴扭转时的变形计算

圆轴扭转时的变形用扭转角 φ 表示。从式(8-7) 得

$$\mathrm{d}\varphi = \frac{M_T}{GI_P}\mathrm{d}x \qquad (8-11)$$

$\mathrm{d}\varphi$ 表示相距 $\mathrm{d}x$ 的两横截面间的相对扭转转角(见图 8-11(b))。沿轴线 x 积分，得到距离 l 的两横截面间相对扭转角为

$$\varphi = \int_l \mathrm{d}\varphi = \int_0^l \frac{M_T}{GI_P}\mathrm{d}x$$

当两横截面间扭矩 M_T 为常量，且轴为同一材料等截面圆轴时，上式即为

$$\varphi = \frac{M_T l}{GI_P} \tag{8-12}$$

上式所求扭转角 φ 的单位为弧度。由上式可见 GI_P 越大，在同样扭矩作用下，扭转角 φ 越小，所以称 GI_P 为圆轴的抗扭刚度(torsional rigidity)。

上述实心圆轴扭转时的应力与变形公式对空心圆轴同样适用。

三、极惯性矩与抗扭截面模量

对图 8-14 所示的空心圆截面，极惯性矩为

$$I_P = \int_A \rho^2 \mathrm{d}A = 2\pi\int_{\frac{d}{2}}^{\frac{D}{2}} \rho^3 \mathrm{d}\rho = \frac{\pi}{32}(D^4 - d^4) = \frac{\pi D^4}{32}(1-\alpha^4) \tag{8-13}$$

抗扭截面模量为

$$W_P = \frac{I_P}{D/2} = \frac{\pi}{16D}(D^4 - d^4) = \frac{\pi D^3}{16}(1-\alpha^4) \tag{8-14}$$

式中 $\alpha = d/D$，d 和 D 分别为空心圆截面的内径与外径。在式(8-13)和式(8-14)中，令 $\alpha = 0$，即可分别得到实心圆截面轴的 I_P 和 W_P 的表达式。

I_P 的量纲为[长度]^4，W_P 的量纲为[长度]^3。

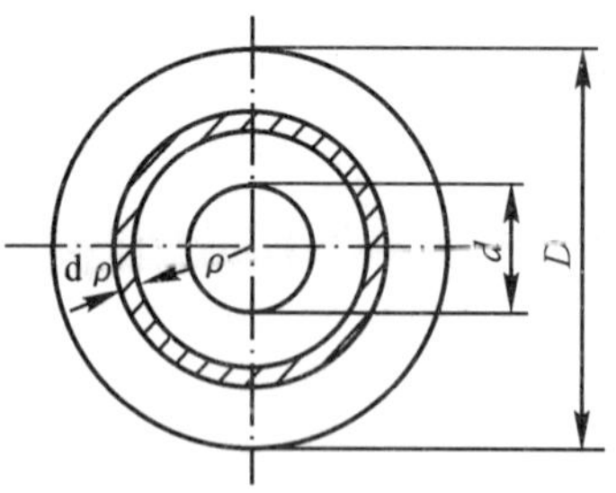

图 8-14

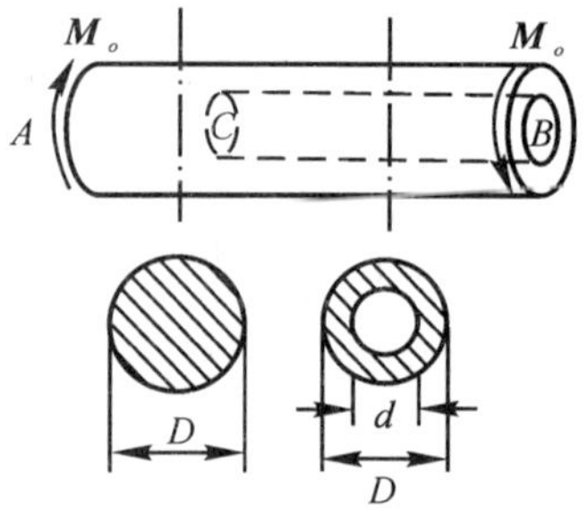

图 8-15

例 8-2 一轴 AB 传递功率为 $N = 7.5$ kW，转速 $n = 360$ r/min。轴的 AC 段为实心圆截面，CB 段为空心圆截面，如图 8-15 所示。已知 $D = 3$ cm，$d = 2$ cm。试计算 AC 段横截面边缘处剪应力以及 CB 段横截面上外边缘和内边缘处的剪应力。

解 (1) 计算扭矩 由式(8-1)知，轴所受外力偶矩为

$$M = 9\,549\,\frac{N}{n} = 9\,549 \times \frac{7.5}{360} = 199\ \mathrm{N \cdot m}$$

由截面法，各横截面上扭矩均为

$$M_T = M = 199\ \mathrm{N \cdot m}$$

(2) 计算极惯性矩 由式(8-13)知，AC 段和 BC 段的极惯性矩分别为

$$I_{P1} = \frac{\pi D^4}{32} = \frac{3.14 \times 3^4}{32} = 7.95\ \mathrm{cm}^4$$

$$I_{P2} = \frac{\pi}{32}(D^4 - d^4) = \frac{3.14}{32}(3^4 - 2^4) = 6.38\ \mathrm{cm}^4$$

(3) 计算应力　由式(8－8)知，AC 段轴在横截面外边缘处剪应力为

$$\tau_{外}^{AC}=\frac{M_T}{I_{P1}}\frac{D}{2}=\frac{199}{7.95\times10^{-6}}\times0.015=$$

$$37.5\times10^6\ \text{Pa}=37.5\ \text{MPa}$$

CB 段轴横截面内、外边缘处剪应力分别为

$$\tau_{内}^{CB}=\frac{M_T}{I_{P2}}\frac{d}{2}=\frac{199}{6.38\times10^{-6}}\times0.01=31.2\times10^6\ \text{Pa}=31.2\ \text{MPa}$$

$$\tau_{外}^{CB}=\frac{M_T}{I_{P2}}\frac{D}{2}=\frac{199}{6.38\times10^{-6}}\times0.015=46.8\times10^6\ \text{Pa}=46.8\ \text{MPa}$$

§8－5　圆轴扭转时的强度和刚度计算

一、强度计算

为保证轴安全地工作，要求轴内最大剪应力(maximum shearing stresses)必须小于材料的许用扭转剪应力$[\tau]$，因此圆轴扭转的强度条件为

$$\tau_{max}=\frac{M_T}{W_P}\leqslant[\tau] \tag{8-15}$$

式中的许用扭转剪应力$[\tau]$，是根据扭转试验并考虑适当的安全因数确定的，它与许用拉应力有如下的近似关系：

对于塑性材料　$[\tau]=(0.5\sim0.6)[\sigma_T]$；

对于脆性材料　$[\tau]=(0.8\sim1.0)[\sigma_T]$。

工程中一般轴类传动构件，考虑到载荷多为非静载荷等因素的影响，所取许用扭转剪应力$[\tau]$常较上述值为低。

二、刚度计算

用θ表示单位长度扭转角(angle of twist per unit length of the shaft)，由公式(8－7)有

$$\theta=\frac{d\varphi}{dx}=\frac{M_T}{GI_P}$$

为保证轴的刚度，通常规定单位长度扭转角的最大值θ_{max}不能超过许用单位长度扭转角$[\theta]$，即

$$\theta_{max}=\frac{M_{Tmax}}{GI_P}\leqslant[\theta] \tag{8-16}$$

式(8－16)称为扭转刚度条件，式中θ的单位为弧度／米，即 rad/m。在工程中，$[\theta]$的单位习惯用度／米，即(°)/m 给出，于是有

$$\theta_{max}=\frac{M_{Tmax}}{GI_P}\times\frac{180°}{\pi}\leqslant[\theta] \tag{8-17}$$

许用单位长度的扭转角$[\theta]$，是根据载荷性质、工作条件和工作要求等因素决定的。在精密、稳定的传动中，$[\theta]=(0.25\sim0.5°)$/m；在一般传动中，$[\theta]=(0.5\sim1°)$/m；在精度要求不高的传动中，$[\theta]=(1\sim2.5°)$/m。具体数值可在有关设计手册中查到。

类似拉(压)强度条件的应用,强度条件(8-15)和刚度条件(8-17)可对受扭圆轴进行三个方面的计算:校核轴的强度和刚度、截面设计和确定许可荷载。下面通过例子说明圆轴的强度和刚度计算。

例 8-3 设有一钢制传动轴受到外力偶矩 $M = 4\ \text{kN}\cdot\text{m}$ 的作用。如已知轴的许可扭转剪应力 $[\tau] = 40\ \text{MPa}$,许用单位长度扭轴角 $[\theta] = 0.25\ ^\circ/\text{m}$,剪切弹性模量 $G = 80\ \text{GPa}$,试设计该轴的直径 d。

解 (1) 按强度条件设计直径 由式(8-15)有

$$\tau_{\max} = \frac{M_T}{W_P} = \frac{M_T}{\dfrac{\pi d^3}{16}} = \frac{16M_T}{\pi d^3} \leqslant [\tau]$$

求得轴直径为
$$d \geqslant \sqrt[3]{\frac{16M_T}{\pi[\tau]}} = \sqrt[3]{\frac{16 \times 4 \times 10^6}{3.14 \times 40}} = 79.8\ \text{mm}$$

(2) 按刚度条件设计直径 由式(8-17)有

$$\theta = \frac{M_T}{GI_P} \times \frac{180^\circ}{\pi} = \frac{32M_T}{\pi G d^4} \times \frac{180^\circ}{\pi} \leqslant [\theta]$$

所以
$$d \geqslant \sqrt[4]{\frac{32M_T \times 180}{G\pi^2[\theta]}} =$$

$$\sqrt[4]{\frac{32 \times 4 \times 10^6 \times 180}{8 \times 10^4 \times 3.14^2 \times 0.25 \times 10^{-3}}} = 104\ \text{mm}$$

为同时满足强度和刚度要求,应取一个较大的直径,故取 $d = 104\ \text{mm}$。

在例 8-3 计算中,应力单位取 MPa,$1\ \text{N/mm}^2 = 1\ \text{MPa}$,长度单位为 mm,扭矩单位为 N·mm。

例 8-4 某汽车的传动轴(计算简图见图 8-16),由无缝钢管制成,其外径 $D = 90\ \text{mm}$,内径 $d = 85\ \text{mm}$,轴传递的最大力偶矩 $M = 1\ 500\ \text{N}\cdot\text{m}$。已知材料的许用扭转剪应力 $[\tau] = 60\ \text{MPa}$,许用单位长度扭转角 $[\theta] = 2\ ^\circ/\text{m}$,剪切弹性模量 $G = 80\ \text{GPa}$,试校核此轴强度和刚度。若采用实心轴,是否经济?

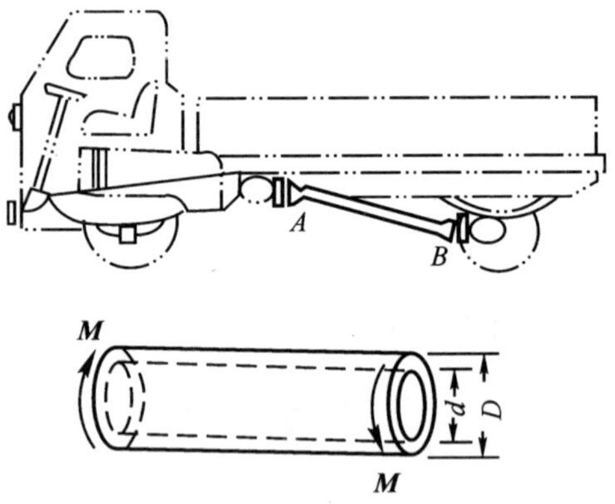

图 8-16

解 (1) 校核轴的强度

$$M_T = M = 1\ 500\ \text{N}\cdot\text{m}$$

空凡圆截面的抗扭截面模量为

$$W_P = \frac{\pi D^3}{16}(1 - \alpha^4)$$

$$\alpha = d/D = \frac{85}{90} = 0.94$$

代入强度条件式(8-15)有

$$\tau_{\max} = \frac{M_T}{W_P} = \frac{16M}{\pi D^3(1-\alpha^4)} = \frac{16 \times 1\ 500 \times 10^3}{3.14 \times 90^3 \times (1-0.94^4)} =$$

$$48\ \text{MPa} < [\tau] = 60\ \text{MPa}$$

(2) 校核轴的刚度　对空心圆截面则有　$I_{P} = \frac{\pi}{32}(D^4 - d^4)$

由刚度条件式(8-17)有

$$\theta = \frac{M_T}{GI_P} \times \frac{180°}{\pi} = \frac{32M \times 180}{G\pi^2(D^4 - d^4)} = \frac{32 \times 1\,500 \times 10^3 \times 180}{80 \times 10^3 \times 3.14^2 \times (90^4 - 85^4)} =$$

$$0.000\,816\ °/\text{mm} = 0.816\ °/\text{m} < [\theta] = 2\ °/\text{m}$$

经校核该轴满足强度和刚度要求。

(3) 若采用实心轴，分别按强度和刚度条件确定其直径。

按强度条件可求得其直径应为

$$d_1 \geqslant \sqrt[3]{\frac{16M_T}{\pi[\tau]}} = \sqrt[3]{\frac{16 \times 1\,500 \times 10^3}{3.14 \times 60}} = 50\ \text{mm}$$

按刚度条件可求得其直径应为

$$d_1 \geqslant \sqrt[4]{\frac{32M_T \times 180}{G\pi^2[\theta]}} = \sqrt[4]{\frac{32 \times 1\,500 \times 10^3 \times 180}{8 \times 10^4 \times 3.14 \times 2 \times 10^{-3}}} = 49\ \text{mm}$$

为同时满足强度和刚度条件，应取 $d_1 = 50$ mm，在空心轴与实心轴长度相等、材料相同情况下，其重量之比等于截面积之比，于是

$$\frac{G_{实}}{G_{空}} = \frac{A_{实}}{A_{空}} = \frac{\frac{\pi}{4}d_1^2}{\frac{\pi}{4}(D^2 - d^2)} = \frac{50^2}{90^2 - 95^2} = 2.86$$

可见实心轴重量是空心轴的 2.86 倍，采用实心轴不经济。

从上例中可见，空心轴可有效地减轻轴的重量，节省材料，故工程中多采用空心轴。

§8-6　非圆截面杆扭转简介

在工程中也会遇到非圆截面杆的扭转问题，例如内燃机曲轴的曲柄臂等都是矩形截面杆受扭的问题。实验表明，非圆截面杆受扭后横截面已不再保持平面，而变成了曲面，这一现象称为截面翘曲(warping)，如图 8-17(b) 所示为矩形截面杆(见图 8-17(a))受扭后的变形情况。因此，根据平面假设建立的圆轴扭转时的应力和变形公式，对非圆截面杆的扭转均不适用。非圆截面杆扭转时的应力和变形比较复杂。在非圆截面中常见的是矩形截面杆。因此，本节只介绍矩形截面杆扭转时应力与变形的情况。这些都是实验研究和弹性力学分析的结果。

经研究表明：矩形截面杆扭转时横截面上剪应力布规律如图 8-17(c) 所示。在图中画出了沿横截面边缘和对称轴上的剪应力分布情况。从图上可见，截面边缘各点处的剪应力的方向均平行于周边(或与周边相切)；角点和中心处剪应力为零，最大剪应力 τ_{max} 发生在长边中点 A 处；在短边中点 B 处的剪应力也有相当大的数值。其计算公式如下：

最大剪应力为　$\tau_{max} = \frac{M_T}{W_T} = \frac{M_T}{ahb^2}$

短边中点处的剪应力为　$\tau_B = \gamma\tau_{max}$

单位长度扭转角为　$\theta = \frac{M_T}{GI_T} = \frac{M_T}{\beta hb^3 G}$

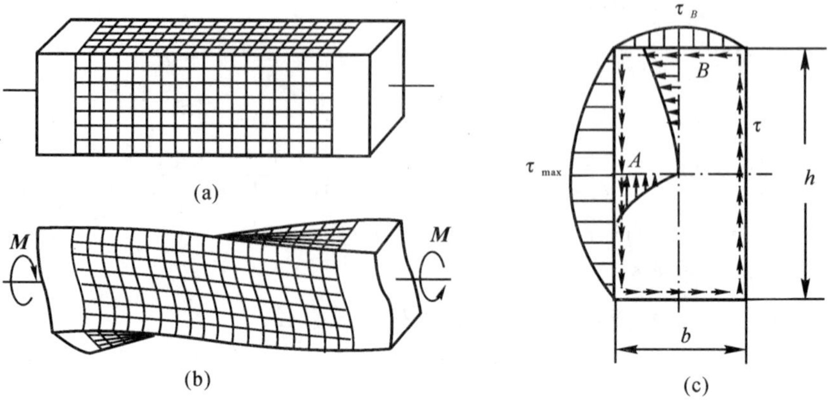

图 8-17

式中，$W_T = ahb^2$ 为截面的抗扭截面模量；$I_T = \beta hb^3$ 为截面的相当极惯性矩；h,b 分别为长边和短边的长度；α,β,γ 为与截面长度有关的因数，其值与边长比 $\frac{h}{b}$ 有关，可从表 8-2 中查得。

表 8-2　矩形截面杆扭转时的因数 α,β,γ

$\frac{h}{b}$	1.0	1.2	1.5	2.0	2.5	3.0	4.0	6.0	8.0	10.0	∞
α	0.208	0.219	0.231	0.246	0.258	0.267	0.282	0.299	0.307	0.313	0.333
β	0.141	0.166	0.196	0.229	0.249	0.263	0.281	0.299	0.307	0.313	0.333
γ	1.000	0.930	0.858	0.796	0.767	0.753	0.745	0.743	0.743	0.743	0.743

思　考　题

8-1　何谓剪应变，其单位是什么？

8-2　若将实心圆轴直径增大一倍，而其他条件不变，问最大剪应力、轴的扭转角将如何变化？

8-3　直径相同，材料不同的两根等长实心圆轴，在相同的扭矩作用下，最大剪应力、扭转角和极惯性矩是否相同？

8-4　空心圆轴的外径为 D，内径为 d，其抗扭截面模量能否用下式计算？为什么？

$$W_P = \frac{\pi D^3}{16} - \frac{\pi d^3}{16}$$

8-5　试从应力分布的角度说明空心轴较实心轴能更充分地发挥材料的作用。

8-6　从处于平衡的某受力构件中取出单元体如图题 8-1 所示，其中一个面上的剪应力为 τ。试问其他几个面上的剪应力如何确定？

8-7　说明图题 8-2 所示圆轴上三个轮子，在承担输入和输出时，如何布置才比较合理？

($M_A = 250\ \mathrm{N \cdot m}, M_B = 100\ \mathrm{N \cdot m}, M_C = 150\ \mathrm{N \cdot m}$)

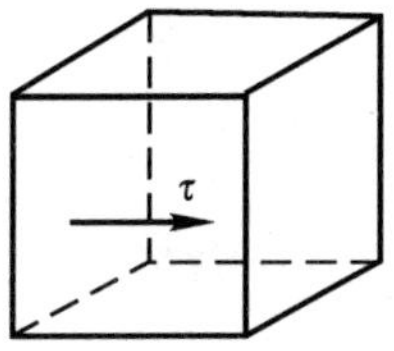

图题 8-1

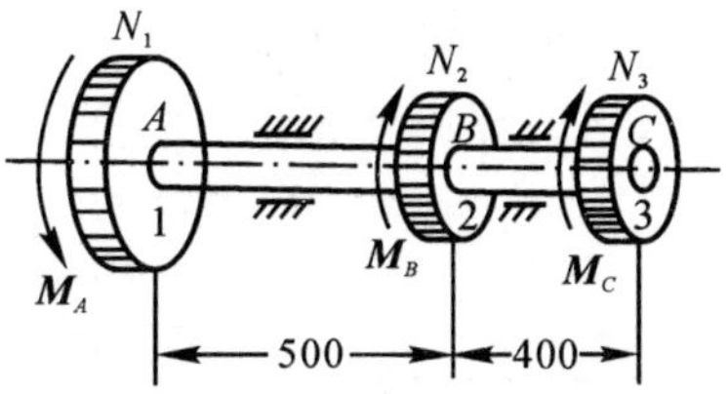

图题 8-2

8-8 试画出图题 8-3 所示各截面上与 $\boldsymbol{M}_\mathrm{T}$ 相对应的剪应力分布规律图。

8-9 受扭转外力偶 $\boldsymbol{M}$ 作用的薄壁圆筒如图题 8-4 中虚线所示。若从筒中截取实线部分为分离体，试画出该部分各纵、横截面上的剪应力分布图。

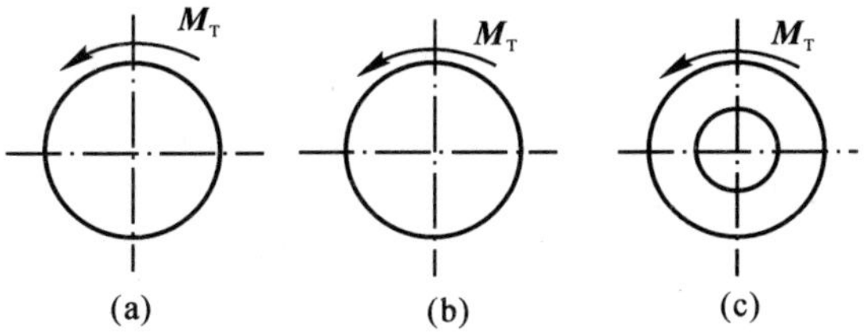

图题 8-3

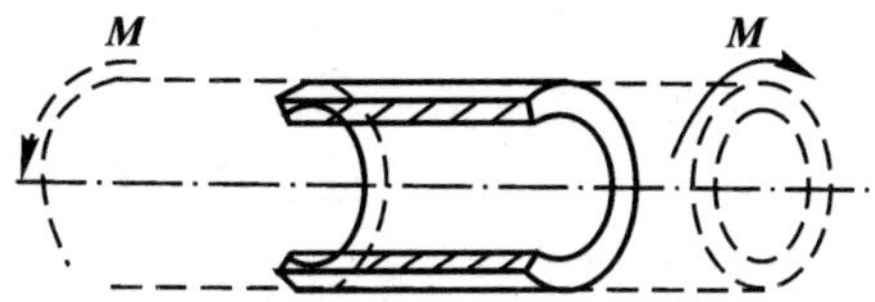

图题 8-4

习 题 八

8-1 试作图题 8-5 所示各杆的扭矩图，并确定最大扭转矩。

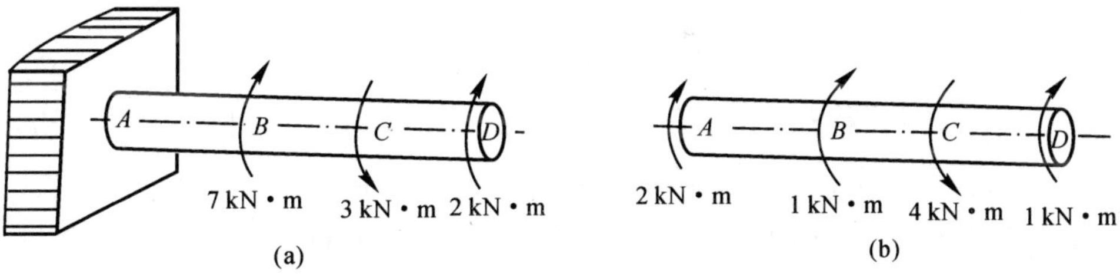

图题 8-5

8-2 圆轴直径 $d = 100$ mm，长 $l = 1$ m，两端作用外力偶矩 $M = 14\ \mathrm{kN \cdot m}$，材料的剪切弹性模量 $G = 80$ GPa。试求：

(1) 图题 8-6 所示截面上 A, B, C 三点处的剪应力数值及方向；

(2) 最大剪应力。

8-3 用实验方法求钢的剪切弹性模量 G 时，其装置的示意图如图题 8-7 所示，AB 长为 $l = 0.1$ m，直径 $d = 10$ mm 的圆截面钢试件，其 A 端固定，B 端有长 $S = 80$ mm 的杆 BC 与截面固结为整体。当 B 端加扭转力偶 $M = 15\ \mathrm{N \cdot m}$ 时，测得 BC 杆顶点 C 的位移 $\Delta = 1.5$ mm。试求：

(1) 剪切弹性模量 G；

(2) 杆内的最大剪应力 τ_{max}；

(3) 杆表面的剪应变 γ。

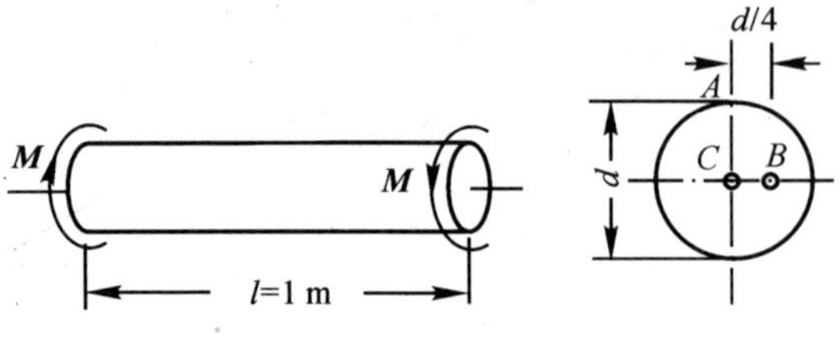

图题 8-6

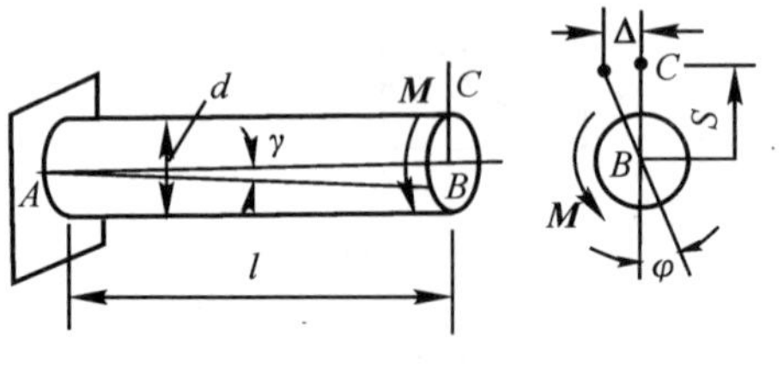

图题 8-7

8-4 如图题 8-8 所示，空心圆轴外径 $D=80$ mm，内径 $d=62.5$ mm，两端承受扭转力偶 $M=1$ kN·m 的作用。试求：

(1) 最大剪应力和最小剪应力；

(2) 在图题 8-8(b) 上绘出横截面上剪应力分布图。

8-5 一钢质圆轴长 $l=1$ m，承受内力扭矩 $M_T=18$ kN·m 而产生扭转，材料的许用剪应力 $[\tau]=40$ MPa，试按强度条件确定圆轴的直径 D。

8-6 图题 8-9 所示变截面圆轴受力偶作用而产生扭转变形，已知 $M_1=1.8$ kN·m，$M_2=1.2$ kN·m，圆轴直径 $d_1=75$ mm，$d_2=50$ mm。试求轴内的最大剪应力 τ_{max}。

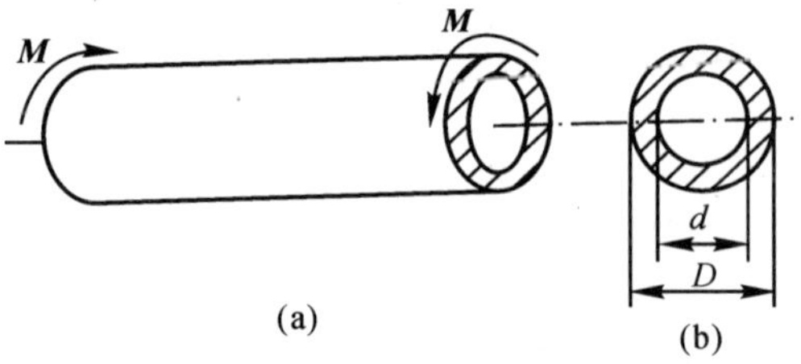

图题 8-8

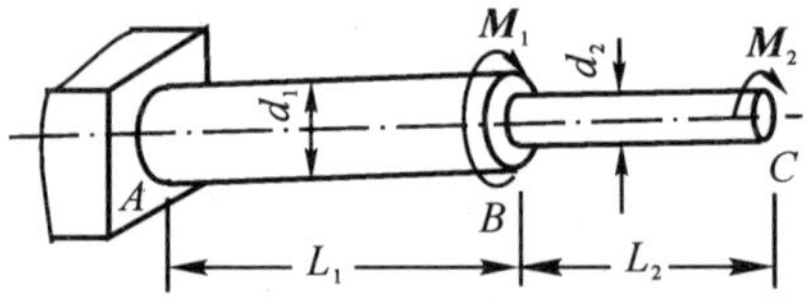

图题 8-9

8-7 图题 8-10 所示实心圆轴，横截面直径 $d=100$ mm，在自由端受到 $M=14$ kN·m 的外力偶作用。已知 $G=79$ GPa，试求 A,B 两截面相对扭转角 φ_{AB} 及 A,C 两截面的相对扭转角 φ_{AC}。

8-8 有一圆轴受到扭转后，其轴内最大扭矩 $M_T=3.7$ kN·m。已知轴材料为低碳钢，$[\tau]=60$ MPa，剪切弹性模量 $G=79$ GPa，轴的容许单位长度扭转角 $[\theta]=0.3$ °/m。试确定圆轴应有的最小直径。

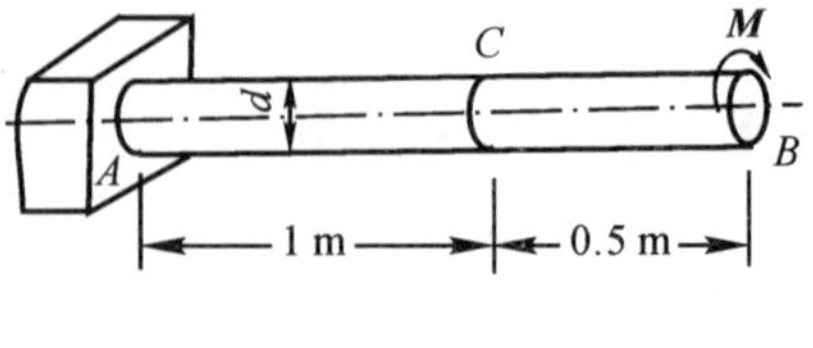

图题 8-10

8-9 直径为 90 mm 的圆轴，其转速为 45 r/min，设截面上最大剪应力为 $\tau_{max}=50$ MPa，试求轴所传递的功率。

8-10 某钢轴，转速 $n=250$ r/min，所传递功率 $N=60$ kW，该轴仅在两端受扭转力偶，许用剪应力 $[\tau]=40$ MPa，单位长度的容许扭转角 $[\theta]=0.8$ °/m，剪切弹性模量 $G=80$ GPa，试设计该轴直径。

8－11　如将上题中的轴改为 $d/D=\alpha=0.8$ 的空心轴，则其内径 d 和外径 D 应分别为多少？并与原设计实心轴相比较，空心轴重量为原设计重量的百分之几？

8－12　一直径为 $d=100$ mm 的实心圆轴，转速 $n=120$ r/min，材料的剪切弹性模量 $G=80$ GPa，设由试验测得该轴单位长度扭转角为 $\theta=0.02$ rad/m，试计算该轴所传递的功率。

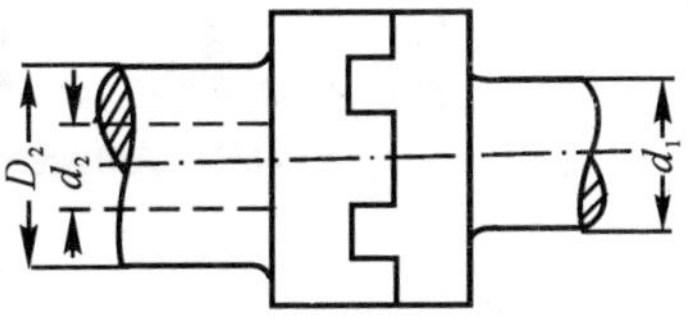

图题　8－11

8－13　有一直径 $d=25$ mm 的圆轴，其材料为低碳钢，剪切弹性模量 $G=79$ GPa，当两端受扭后两端面间相对扭转角为 6°，而此时横截面上最大剪应力为 95 MPa，试确定该轴的长度。

8－14　图题 8－11 所示圆轴通过牙嵌离合器把功率传给空心轴。传递的功率 $N=7.5$ kW，轴的转速 $n=100$ r/min，若材料为钢，$[\tau]=40$ MPa；空心轴的内、外径之比 $d_2/D_2=0.5$。试从强度要求出发选择实心轴直径 d_1 和空心轴外径 D_2。

8－15　如图题 8－12 所示船用推进器的轴，一段是实心的，直径为 280 mm，另一段为空心的，其内、外径之比为 $d/D=\frac{1}{2}$。从强度要求出发，求合理的空心部分外径 D。

8－16　阶梯形圆轴的直径分别为 $d_1=40$ mm，$d_2=70$ mm，轴上装有三个皮带轮，如图题 8－13 所示，已知由轮 3 输入的功率为 $N_3=30$ kW，轮 1 输出的功率为 $N_1=13$ kW。轴工作时以 $n=200$ r/min 的转速作匀速转动，若材料的剪切弹性模量 $G=80$ GPa，许用剪应力 $[\tau]=60$ MPa，轴的单位长度许可扭转角为 $[\theta]=2$ °/m，试校核其强度和刚度。

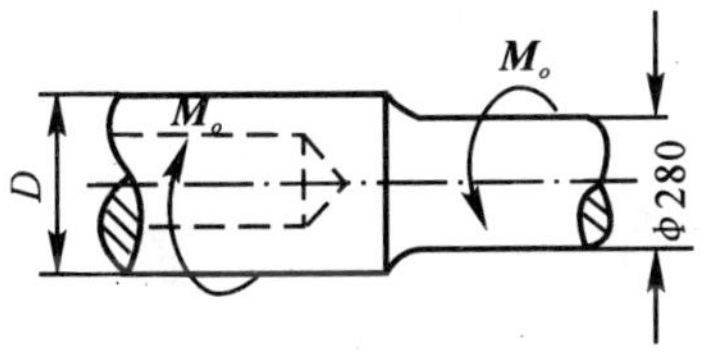

图题　8－12

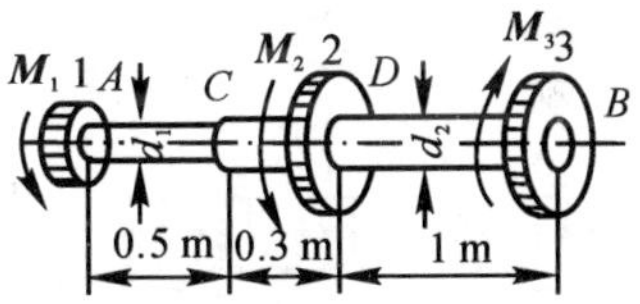

图题　8－13

第九章　弯曲应力分析与强度计算

§9-1　弯曲的概念

在工程中，有很多承受弯曲的杆件。例如，吊车梁(见图 9-1)，机车的轮轴(见图 9-2)、齿轮的齿(见图 9-3)等。这类杆件的受力和变形特点是：在轴线平面内受到外力偶或垂直于轴线方向的外力即横向力(lateral force)作用，杆件的轴线将由直线弯成曲线。这种变形称为弯曲(bending)。以弯曲为主要变形的杆件通常称为梁(beam)。

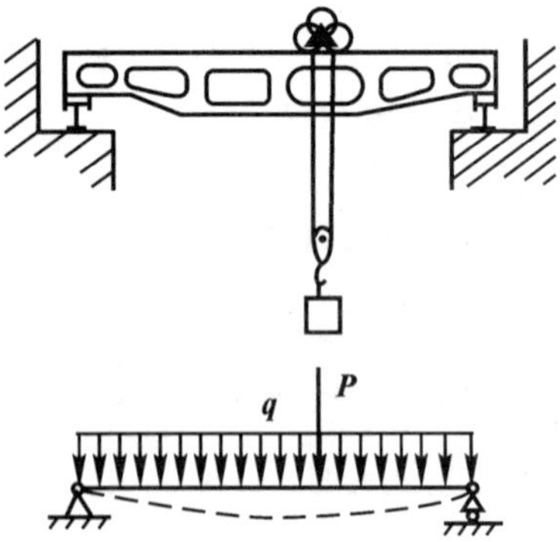

图 9-1

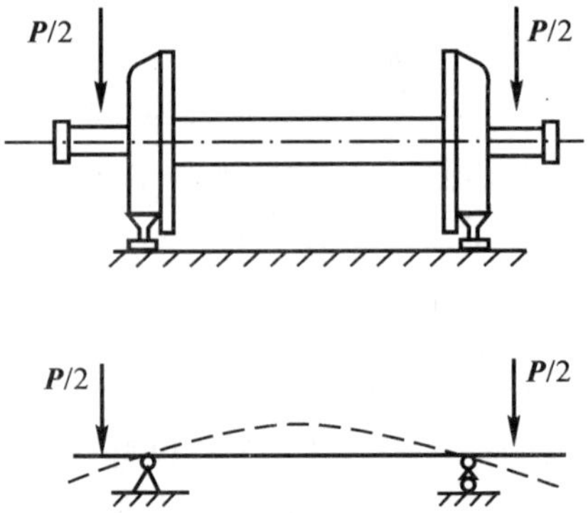

图 9-2

工程中大多数梁的横截面都具有对称轴，各横截面的对称轴所组成的平面，称为纵向对称面，如图 9-4 所示。若梁上所有外力都作用在此纵向对称面内，则梁变形后，其轴线将弯曲成在此纵向对称面上的一条平面曲线，这种弯曲称为平面弯曲(plane bending)，它是最常见最简单的一种弯曲变形形式。本章和下一章主要讲述平面弯曲时的内力、应力、变形和位移计算的问题。

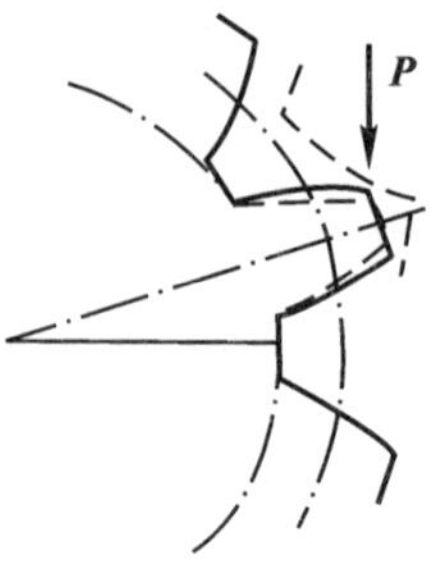

图 9-3

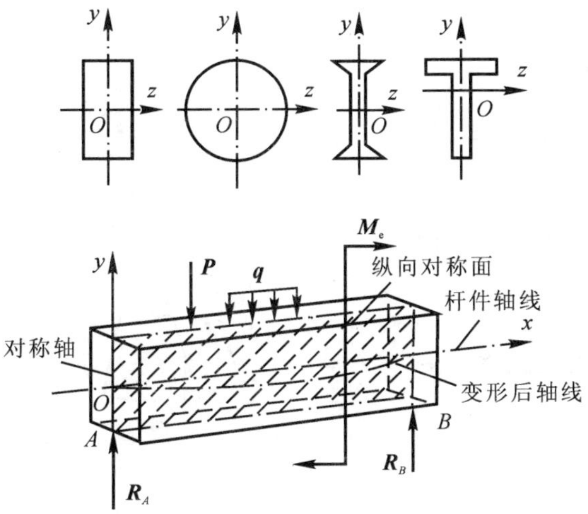

图 9-4

§9-2 弯曲时的内力——剪力和弯矩

一、剪力和弯矩

为了进行梁的强度和刚度计算，首先需要确定梁横截面上的内力。求弯曲内力的方法仍然是截面法。现以图 9-5(a)所示两端铰支的简支梁(simple beam)为例加以说明。先求出支反力为

$$R_A=\frac{Pb}{l}\qquad R_B=\frac{Pa}{l}$$

为求距离 A 端为 x 的任一横截面 A—A 上的内力，可假想将 A—A 截面截开，任取左段梁为研究对象(见图 9-5(b))，根据平衡条件，在截面 A—A 上必然有一个向下的内力 $\boldsymbol{Q}$ 和一个逆时针转向的内力偶 M，即

$$\sum Y=0$$

所以

$$Q=R_A=\frac{Pb}{l}$$

$$\sum M_O=0$$

所以

$$M=R_A x=\frac{Pb}{l}x$$

其中平行于 A—A 截面的内力 $\boldsymbol{Q}$，称为剪力；位于纵向对称面上的内力偶矩 $\boldsymbol{M}$，称为弯矩(bending moment)。同样，如果取右段梁为研究对象，如图 9-5(c)所示，可得

$$\sum Y=0$$

所以

$$Q'=P-R_B=P-\frac{Pa}{l}=\frac{Pb}{l}$$

$$\sum M_O=0$$

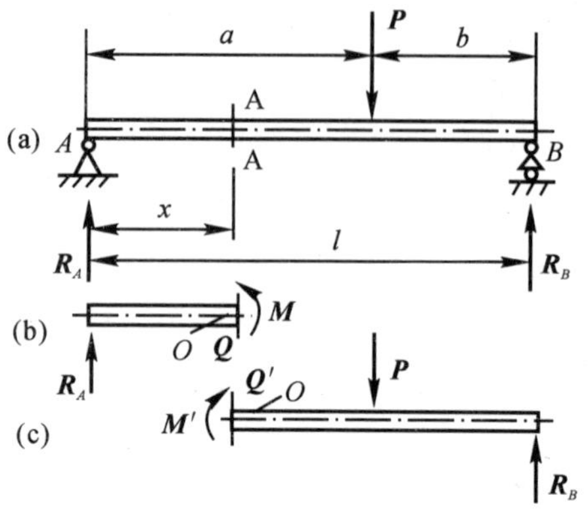

图 9-5

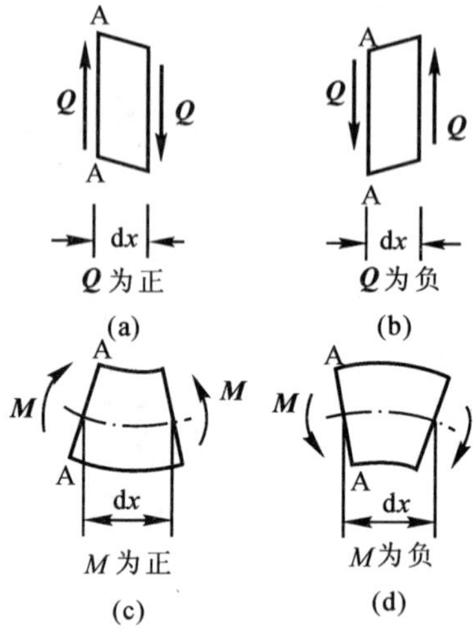

图 9-6

所以 $$M'=R_B(l-x)-P(a-x)=\frac{Pb}{l}x$$

可见,对同一个截面 A—A,取左、右两段不同研究对象所求得的内力 $\boldsymbol{Q}$,$\boldsymbol{M}$ 与 $\boldsymbol{Q}'$,$\boldsymbol{M}'$,大小相等,方向相反。这是由于它们互为作用力与反作用力的缘故。

为了使同一横截面上的剪力和弯矩无论取左段梁或右段梁为研究对象,都得到大小相等,符号相同的结果,必须对剪力和弯矩的符号加以规定。我们规定:在所截横截面的内侧截取长为 dx 的微段(见图 9-6),凡使微段有左端截面向上而右端截面向下的相对错动的剪力为正(见图 9-6(a)),反之为负(见图 9-6(b));凡使微段弯曲成向下凸时,此横截面上的弯矩为正(见图 9-6(c)),反之为负(见图 9-6(d))。按此规定,图 9-5 中横截面 A—A 上的剪力和弯矩均为正值。

综上所述,计算剪力和弯矩的方法可概括如下:

1) 在需要计算内力的横截面处,将梁假想地截开,并任选一段为研究对象;

2) 画出所选梁段的受力图,其中,剪力和弯矩一般设为正的;

3) 由平衡方程 $\sum Y=0$ 计算剪力 $\boldsymbol{Q}$;由平衡方程 $\sum M_O=0$ 计算弯矩 $\boldsymbol{M}$,其中 O 点为所截横截面的形心。

例 9-1 图 9-7(a)所示简支梁,已知 $q=2$ kN/m,$M_e=15$ kN·m。试求横截面 D,A_+,C_- 和 C_+ 上的剪力和弯矩。截面 C_- 代表离截面 C 无限近并位于其左侧的横截面,截面 C_+ 和 A_+ 分别代表离截面 C 或 A 无限近并位于其右侧的横截面。

解 (1) 求支反力 由平衡方程

$$\sum M_B=0 \qquad q\times3\times3.5+M_e-R_A\times5=0$$

$$\sum M_A=0 \qquad R_B\times5+M_e-q\times3\times1.5=0$$

得 $$R_A=7.2\ \text{kN} \qquad R_B=-1.2\ \text{kN}$$

再用 $\sum Y=0$ 校核:$R_A+R_B-q\times3=7.2+(-1.2)-2\times3=0$,支反力计算无误。

(2) 求截面 D 上的剪力和弯矩 在截面 D 处将梁假想地截开,并选左段为研究对象(见

图 9-7(b))。由平衡方程$\sum Y=0$,得截面 D 的剪力为

$$Q_D=R_A-q\times 2=7.2-2\times 2=3.2\ \text{kN}$$

由平衡方程$\sum M_D=0$,得截面 D 的弯矩为

$$M_D=R_A\times 2-q\times 2\times 1=7.2\times 2-2\times 2\times 1=10.4\ \text{kN}\cdot\text{m}$$

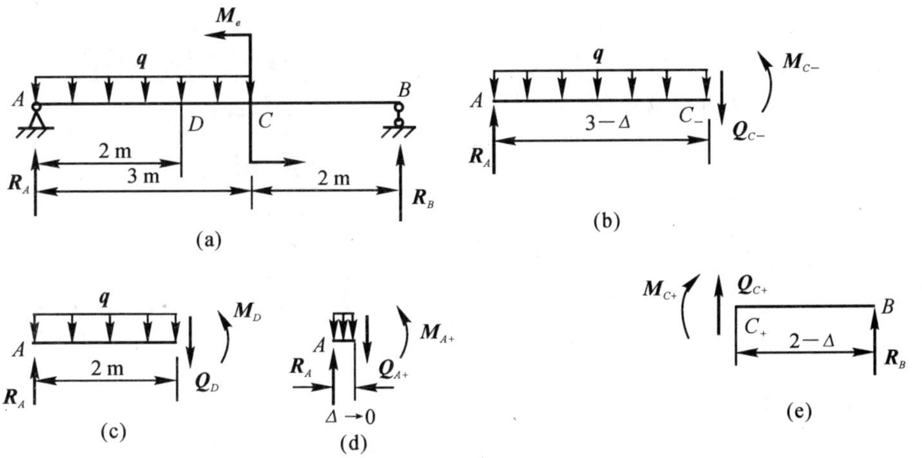

图 9-7

(3) 求截面 A_+ 上的剪力和弯矩　在截面 A_+ 处将梁假想地截开,并选左段为研究对象(见图 9-7(c))。由平衡方程$\sum Y=0$,并考虑到$\Delta\to 0$,得截面 A_+ 的剪力为

$$Q_{A+}=R_A-q\times\Delta=7.2-2\times 0=7.2\text{kN}$$

由平衡方$\sum M_{A+}=0$,得截面 A_+ 上的弯矩为

$$M_{A+}=R_A\times\Delta-q\times\Delta\times\frac{\Delta}{2}=0$$

(4) 求截面 C_- 和 C_+ 上的剪力和弯矩　分别在截面 C_- 和 C_+ 处将梁假想地截开,并分别选左段(见图 9-7(d))和右段(见图 9-7(e))为研究对象。由平衡方程$\sum Y=0$,$\sum M=0$ 和$\Delta\to 0$得

$$Q_{C-}=R_A-q\times(3-\Delta)=7.2-2\times(3-0)=1.2\ \text{kN}\cdot\text{m}$$

$$M_{C-}=R_A\times(3-\Delta)-\frac{1}{2}\times q\times(3-\Delta)^2=7.2\times(3-0)-\frac{1}{2}\times 2\times(3-0)^2=$$

$$12.6\ \text{kN}\cdot\text{m}$$

$$Q_{C+}=-R_B=-(-1.2)=1.2\ \text{kN}$$

$$M_{C+}=R_B\times(2-\Delta)=-1.2\times(2-0)=-2.4\ \text{kN}\cdot\text{m}$$

二、剪力图和弯矩图

通常梁不同,横截面上的剪力、弯矩不相同。对梁进行强度计算时,需要知道梁上剪力与弯矩的变化情况及它们的最大值和所在截面位置。为此,以梁左端为原点,沿梁轴方向选取坐标 x 表示截面的位置,将剪力、弯矩表示为坐标 x 的函数,即

$$Q=Q(x)\qquad M=M(x)$$

以上两式分别称为剪力方程和弯矩方程。为了形象地显示剪力、弯矩沿梁轴线的变化,常将上

述方程用图线表示，作图方法与轴力图和扭矩图的作法相仿，即以平行于梁轴线的 x 轴为横坐标，以横截面上的剪力或弯矩为纵坐标，按适当的比列尺绘出 $Q=Q(x)$，$M=M(x)$ 的图线，分别被称为剪力图和弯矩图。

现举例具体说明如何画剪力图和弯矩图。

例 9-2 图 9-8(a)所示为一受均布载荷作用的简支梁。试列出其剪力方程（Q 方程），弯矩方程（M 方程），并作剪力图（Q 图），弯矩图（M 图）。

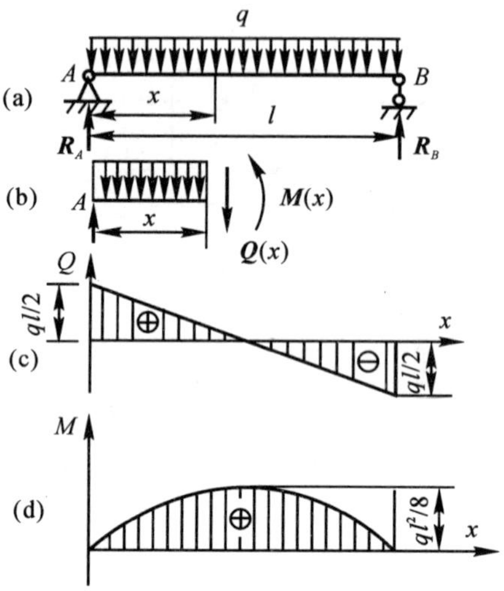

图 9-8

解 (1) 求支反力 由于梁和载荷对称，故可得

$$R_A=R_B=\frac{ql}{2}$$

(2) 列剪力方程和弯矩方程 以梁左端 A 点为坐标原点，在截面 x 处将梁截开，考察左段的平衡（见图 9-8(b)），得梁的 Q，M 方程分别为

$$Q(x)=R_A-qx=\frac{ql}{2}-qx \quad (0<x<l) \qquad (1)$$

$$M(x)=R_Ax-qx\frac{x}{2}=\frac{ql}{2}x-\frac{q}{2}x^2 \quad (0\leqslant x\leqslant l) \qquad (2)$$

(3) 作剪力图和弯矩图 由式(1)知，Q 图为一斜直线，只需确定其两端的坐标点即可作图，即

$$x=0,\quad Q=\frac{ql}{2};\quad x=l,\quad Q=-\frac{ql}{2}$$

得 Q 图，如图 9-8(c)所示。

由式(2)知，M 图为一条二次抛物线。作此抛物线，需确定其两端的坐标点和中间的极值点（若存在极值），还要判断此曲线的凹凸向。两端的两个坐标点为

$$x=0,\quad M=0;\quad x=l,\quad M=0$$

由式(2)对 x 求导数并令其为零，得极值点位置，则有

$$\frac{\mathrm{d}M(x)}{\mathrm{d}x}=\frac{ql}{2}-qx=0$$

所以

$$x=\frac{l}{2}$$

将 $x=\dfrac{l}{2}$ 代入式(2)，得弯矩的极值 $M=\dfrac{ql^2}{8}$。

至于 M 曲线的凹凸向则由 $\dfrac{\mathrm{d}^2M}{\mathrm{d}x^2}$ 确定，由高等数学知：$\dfrac{\mathrm{d}^2M}{\mathrm{d}x^2}>0$，$M$ 曲线下凸；$\dfrac{\mathrm{d}^2M}{\mathrm{d}x^2}<0$，$M$ 曲线上凸。由式(2)得 $\dfrac{\mathrm{d}^2M}{\mathrm{d}x^2}=-q<0$，所以此 M 曲线上凸，用上凸曲线连接上述三点即得 M 图，如图 9-8(d)所示。

由 Q，M 图可知，$Q_{\max}=\dfrac{ql}{2}$ 在二支座的内侧截面上；$M_{\max}=\dfrac{ql^2}{8}$ 在梁的中点截面上。

例 9-3 图 9-9(a)所示简支梁，受集中力 $\boldsymbol{P}$ 的作用。试作此梁的 Q，M 图。

解 (1) 求支反力 由平衡方程$\sum M_B=0$和$\sum M_A=0$分别求得

$$R_A=\frac{Pb}{l} \qquad R_B=\frac{Pa}{l}$$

(2) 列剪力方程和弯矩方程 由于C处作用集中力，AC和CB两段梁的Q方程或M方程不同，故必须分别列出。

AC段：坐标原点设在梁的左端A点（见图 9-9(b)），列得Q方程和M方程分别为

$$Q(x_1)=R_A=\frac{Pb}{l} \qquad (0<x_1<a) \qquad (1)$$

$$M(x_1)=R_Ax_1=\frac{Pb}{l}x_1 \qquad (0\leqslant x_1\leqslant a) \qquad (2)$$

CB段：为计算方便，将坐标原点设在右端B处，并取截面右侧梁段为研究对象（见图 9-9(c)），列得Q方程和M方程分别为

$$Q(x_2)=-R_B=-\frac{Pa}{l} \qquad (0<x_2<b) \qquad (3)$$

$$M(x_2)=R_Bx_2=\frac{Pa}{l}x_2 \qquad (0\leqslant x_2\leqslant b) \qquad (4)$$

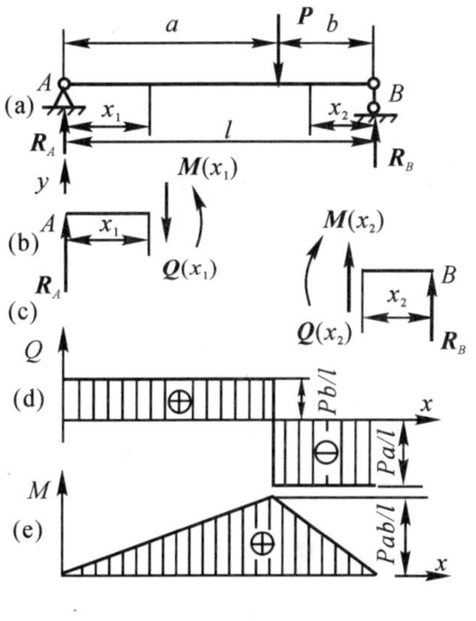

图 9-9

(3) 作剪力图和弯矩图 式(1)，(3)均为常量，故Q图为二水平直线，作得Q图如图 9-9(d)所示。式(2)，(4)为二线性方程，故M图为二斜直线，每段定出二点即得M图，如图 9-9(e)所示。由Q，M图可知

$$M_{\max}=\frac{Pab}{l}$$

$$Q_{\max}=\frac{Pa}{l} \qquad (若\ a>b)$$

从图 9-9(a)，(d)可看出，在梁上集中力作用处，Q图产生突变，例如C处，$Q_{C-}=\frac{Pb}{l}$，$Q_{C+}=-\frac{Pa}{l}$，其突变值等于该集中力之值：$|Q_{C+}-Q_{C-}|=|-\frac{Pa}{l}-\frac{Pb}{l}|=P$；而$M$图在$C$处有一个尖角，如图 9-9(a)，(e)所示。之所以出现这种精况，是由于假设集中力作用在梁的一点上的结果。其实，所谓集中力不可能真正集中作用在一个点上，而是分布在一个微小长度Δx上的（见图 9-10(a)）。若设其为均布，则Q图将为图 9-10(b)所示的情况，即剪力由$\frac{Pb}{l}$连续地过渡到$-\frac{Pa}{l}$；而M图则是一段光滑上凸曲线（见图 9-10(c)）。由图 9-10 可见，将微小长度上的实际分布载荷简化为作用于一点的集中力，对于梁的剪力和弯矩计算以及剪力图和弯矩图的绘制带来不少方便，而引起的误差是很小的。

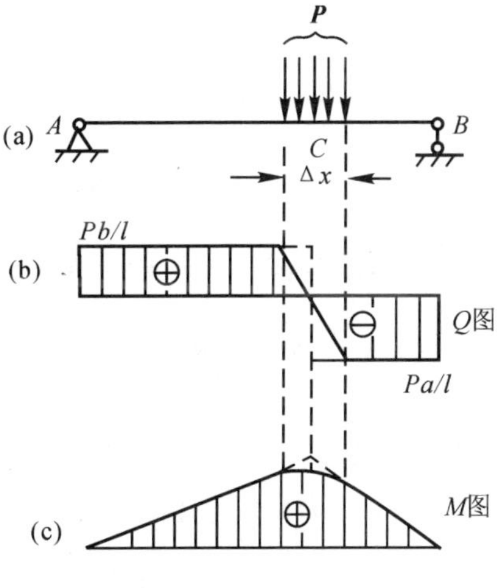

图 9-10

例 9-4 试作图 9-11(a)所示简支梁的 Q,M 图。

解 (1) 求支反力　由平衡方程 $\sum M_B=0$ 和 $\sum Y=0$ 分别求得

$$R_A=\frac{M_e}{l}(\uparrow)\qquad R_B=\frac{M_e}{l}(\downarrow)$$

(2) 列剪力方程和弯矩方程　由于梁上 C 处作用有集中力偶 M_e，故将梁分为 AC 和 CB 两段，分别列出 Q 方程和 M 方程。

AC 段：

$$Q(x_1)=R_A=\frac{M_e}{l}\qquad(0<x_1\leqslant a)\tag{1}$$

$$M(x_1)=R_Ax_1=\frac{M_e}{l}x_1\qquad(0\leqslant x_1<a)\tag{2}$$

CB 段：

$$Q(x_2)=R_B=\frac{M_e}{l}\qquad(0<x_2\leqslant b)\tag{3}$$

$$M(x_2)=-R_Bx_2=-\frac{M_e}{l}x_2\qquad(0\leqslant x_2<b)\tag{4}$$

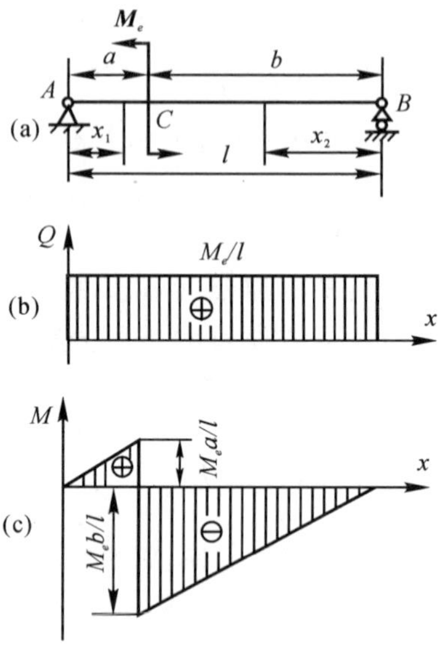

图　9-11

(3) 作剪力图和弯矩图　根据式(1)，(3)作 Q 图，如图 9-11(b)所示；据式(2)，(4)作 M 图，如图 9-11(c)所示。

由 Q 图和 M 图可看出，在集中力偶作用处，其左、右两侧横截面上的剪力相同，但弯矩则发生突变，突变量等于该集中力偶之矩，例如图 9-11 中的 C 处，$Q_{C-}=Q_{C+}$，$M_{C-}=\frac{M_ea}{l}$，$M_{C+}=-\frac{M_eb}{l}$，$|M_{C+}-M_{C-}|=\left|-\frac{M_eb}{l}-\frac{M_ea}{l}\right|=M_e$。实际梁上也并不存在这种突变，因集中力偶也是通过微小长度作用于梁上的，弯矩是由 $M_{C-}=\frac{M_ea}{l}$ 连续地过渡到 $M_{C+}=-\frac{M_eb}{l}$。

三、剪力、弯矩与分布载荷集度间关系及其在作 Q,M 图上的应用

1. 剪力、弯矩与分布载荷集度间的关系

分析例 9-2 的结果可知，弯矩 $M(x)$ 对 x 的一阶导数等于剪力 $Q(x)$，剪力 $Q(x)$ 对 x 的一阶导数等于载荷集度 $q(x)$。事实上，这种关系是普遍存在的。现证明如下：

如图 9-12(a)所示，设梁上作用有任意载荷。分布载荷 $q(x)$ 以向上规定为正。现从 x 截面处截取长度为 $\mathrm{d}x$ 的微段梁，如图 9-12(b)所示。设 x 截面上的剪力为 $Q(x)$，弯矩为 $M(x)$；经过 $\mathrm{d}x$ 后，剪力和弯矩将有一个微小增量，在微段梁右截面上的剪力为 $Q(x)+\mathrm{d}Q(x)$，弯矩为 $M(x)+\mathrm{d}M(x)$；以上各内力均取正向。

由微段梁的平衡方程 $\sum Y=0$，得

$$Q(x)+q(x)\mathrm{d}x-Q(x)-\mathrm{d}Q(x)=0$$

所以

$$\frac{\mathrm{d}Q(x)}{\mathrm{d}x}=q(x)\tag{9-1}$$

由平衡方程方程 $\sum M_C=0$，得

$$M(x)+Q(x)\mathrm{d}x+q(x)\mathrm{d}x\frac{\mathrm{d}x}{2}-M(x)-\mathrm{d}M(x)=0$$

略去二阶微量，并化简可得

$$\frac{\mathrm{d}M(x)}{\mathrm{d}x}=Q(x) \qquad (9-2)$$

由式(9-1)，(9-2)又可得

$$\frac{\mathrm{d}^2M(x)}{\mathrm{d}x^2}=q(x) \qquad (9-3)$$

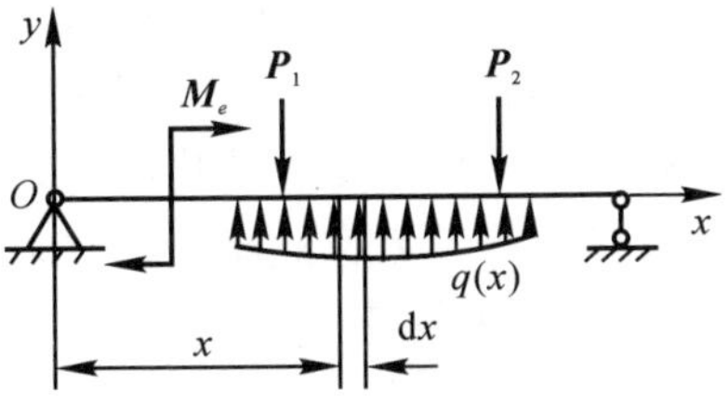

(a)

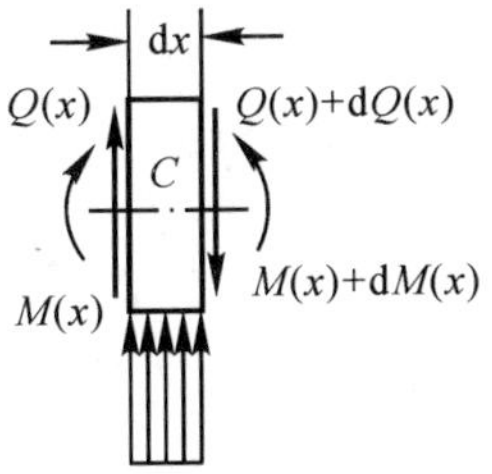

(b)

图 9-12

以上三式就是剪力 $Q(x)$、弯矩 $M(x)$ 和载荷集度 $q(x)$ 间的微分关系。必须指出，上述关系要求 $Q(x)$，$M(x)$ 在所讨论的区间内是 x 的连续函数，即在所讨论的区间内没有集中力或集中力偶。

式(9-1)和(9-2)说明：剪力图上某点处的斜率等于梁上对应点处的载荷集度；弯矩图上某点处的斜率等于梁的对应截面上的剪力。式(9-3)说明，弯矩图上某点处的凹凸方向是由梁上对应点处载荷集度的符号决定的。在理解这些关系时，应注意分布载荷的符号规定和坐标轴指向的规定：分布载荷向上为正，x 轴向右为正，剪力图中的 Q 轴和弯矩图中的 M 轴均向上为正。

根据上述微分关系和例 9-2 至例 9-4，在上面的载荷符号和坐标系的规定下，剪力图和弯矩图的一些规律可归纳如下：

(1) 在无载荷作用的梁段($q(x)=0$)，Q 图为一条平行于 x 轴的直线，M 图为一倾斜直线。

(2) 在有均布载荷作用的梁段($q(x)=q=$常数)，Q 图为倾斜直线，M 图为二次抛物线。并且当 $q>0$(q 向上)时，M 图为下凸抛物线，当 $q<0$(q 向下)时，M 图为上凸抛物线。

(3) 在集中力作用处，Q 图有突变，突变值等于该集中力之值。若集中力向上，从左侧截面至右侧截面 Q 图纵坐标增大；若集中力向下，从左至右 Q 图纵坐标减小。而在集中力作用处，M 图的切线斜率突然改变，成一尖角。

在集中力偶作用处，Q 图无变化，但 M 图有突变，突变值等于该集中力偶之矩。若集中力偶顺时针转向，从左侧截面至右侧截面 M 图纵坐标增大；若集中力偶逆时针转向，从左至右 M 图纵坐标减小。

(4) 在 $\frac{\mathrm{d}M}{\mathrm{d}x}=Q=0$ 的横截面上，M 取极值。有时极值弯矩就是全梁的最大弯矩 $M_{\max}$，如例 9-2；但有时 $M_{\max}$ 发生在集中力作用处，如例 9-3；有时 $M_{\max}$ 发生在集中力偶作用处，如例 9-4。因此，求 $M_{\max}$ 时应考虑上述几种可能性。

2. 剪力、弯矩与分布载荷集度间关系的应用

利用上述规律，不但可校核梁的 Q 图和 M 图，而且可使绘制 Q 图、M 图大为简化。作图步骤是：首先以集中力、集中力偶及分布载荷起始面为分界面将梁分成若干梁段，再判断各梁段 Q 图和 M 图的形状，求出各控制截面(指各段梁的分界面和极值弯矩所在截面)上的 Q 值和 M 值；然后逐段画出梁的 Q 图和 M 图。应当指出，在求各控制截面上的 Q 值和 M 值时应

注意利用各相邻控制截面上 Q 值和 M 值的关系，使计算得到简化。下面举列说明。

例 9-5 外伸梁所受载荷，如图 9-13(a) 所示，试用微分关系作此梁的 Q 图和 M 图。

解 (1) 求支反力

由 $\sum M_D=0$ 得 $R_B=148\ \text{kN}$

由 $\sum M_B=0$ 得 $R_D=72\ \text{kN}$

检验：$\sum Y=0$ $R_B+R_D-P-10q=148+72-20-200=0$，所求反力无误。

(2) 作剪力图 根据梁上的外力情况，将梁分为 AB，BC，CD 三段，自左至右依次画出 Q 图。

AB 段：有均布载荷作用，故 Q 图为斜直线。起点：$Q_{A+}=Q_{A-}-P=0-20=-20\ \text{kN}$，终点：$Q_{B-}=Q_{A+}-2q=-20-2\times20=-60\ \text{kN}$。

BC 段：有均布载荷作用，故 Q 图为斜直线。起点：$Q_{B+}=Q_{B-}+R_B=-60+148=88\ \text{kN}$，终点：$Q_{C-}=Q_{B+}-8q=88-8\times20=-72\ \text{kN}$。

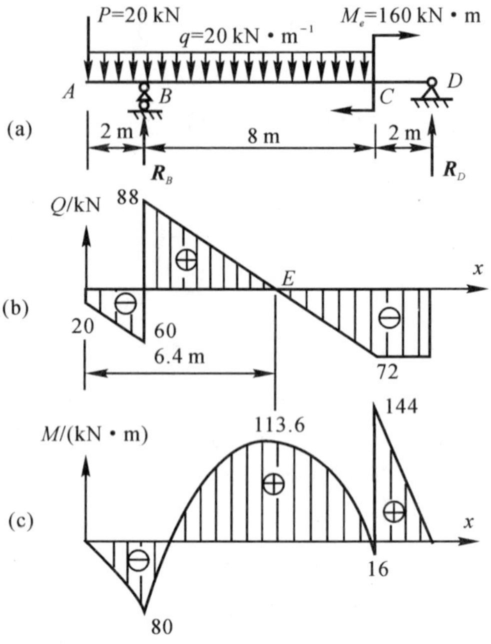

图 9-13

CD 段：$q(x)=0$，Q 图为水平直线，$Q_{C+}=Q_{C-}=-72\ \text{kN}$，于是画得 Q 图，如图 9-13(b) 所示。

(3) 作弯矩图 自左至右依次画出 M 图。

AB 段：$q(x)$ 向下，故 M 图为上凸曲线。AB 间 $Q\neq0$，所以弯矩无极值。起点：$M_A=0$，终点：$M_{B-}=-P\times2-q\times2\times\dfrac{2}{2}=-20\times2-20\times2\times1=-80\ \text{kN}\cdot\text{m}$。

BC 段：$q(x)$ 向下，故 M 图为上凸曲线。在 BC 间截面 E 上 $Q=0$，弯矩有极值。由 Q 图可得 E 至 B 的距离 x_0 为

$$Q_{B+}-qx_0=0$$

所以

$$x_0=\overline{BE}=\frac{Q_{B+}}{q}=\frac{88}{20}=4.4\ \text{m}$$

起点：$M_{B+}=M_{B-}=-80\ \text{kN}\cdot\text{m}$，极值点：$M_E=M_{B+}+Q_{B+}\times4.4-q\times4.4\times\dfrac{4.4}{2}=-80+88\times4.4-20\times4.4\times\dfrac{4.4}{2}=113.6\ \text{kN}\cdot\text{m}$，终点：$M_{C-}=M_E-q\times3.6\times\dfrac{3.6}{2}=113.6-20\times3.6\times\dfrac{3.6}{2}=-16\ \text{kN}\cdot\text{m}$。

CD 段：$q(x)=0$，且 $Q(x)\neq0$，故 M 图为斜直线。起点：$M_{C+}=M_{C-}+M_e=-16+160=144\ \text{kN}\cdot\text{m}$，终点：$M_{D-}=M_{D+}=0$。于是画得 M 图如图 9-13(c) 所示。

用文字叙述本例的演算过程显然很繁琐。实际作图时，文字全可省略，只须照此步骤直接画 Q 图和 M 图即可。绝大部分计算非常简单，仅用心算就够了。因此，用微分关系作 Q 图和 M 图是很方便的。

§9-3 弯曲时的正应力

由弯曲内力分析可知，梁弯曲时横截面上的内力是剪力 Q 和弯矩 M，它们是横截面上分布内力的合成结果(见图 9-14)。显然，只有切向分布内力 $\tau \mathrm{d}A$ 才能合成剪力 Q；只有法向分布内力 $\sigma \mathrm{d}A$ 才能合成弯矩 M。因而横截面上既有剪力 Q 又有弯矩 M 时，横截面上将同时有剪应力 τ 和正应力 σ，这种弯曲称为剪切弯曲或横力弯曲。有时各横截面上只有弯矩 M，因而横截面上只有正应力 σ，这种弯曲称为纯弯曲(pure bending)。如图 9-15(a)所示简支梁，从梁的 Q 图和 M 图可知，AC 和 DB 两段梁是剪切弯曲，CD 段梁是纯弯曲。本节研究平面弯曲时梁横截面上的正应力。

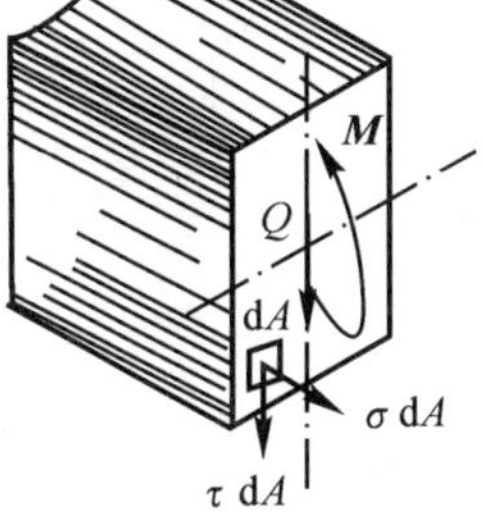

图 9-14

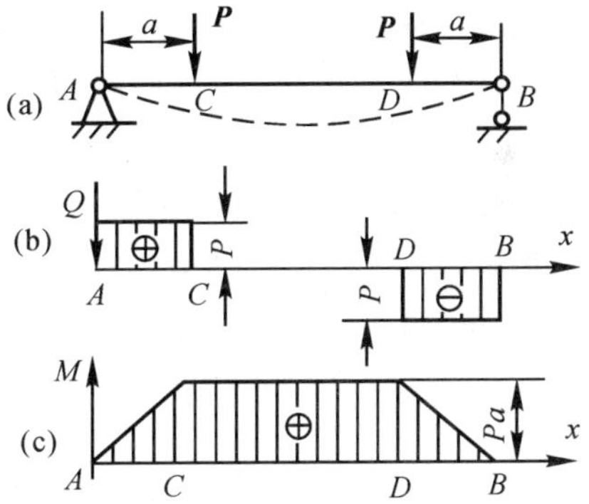

图 9-15

一、纯弯曲时梁横截面上的正应力

在研究梁横截面上的弯曲正应力分布规律时，为了不涉及剪力的影响，先从纯弯曲的情况入手。

1. 纯弯曲试验及假设

变形前，在梁的侧面上作平行于轴线的纵线 aa，bb，垂直于轴线的横线 mm，nn(见图 9-16(a))，然后加载，使梁产生纯弯曲(见图 9-16(b))。可观察到下列现象：①横线 mm，nn 仍为直线，只是相对地转过了一个角度；②纵线 aa 和 bb 都弯曲成弧线，与横线仍保持垂直，凹侧的弧线 aa 缩短，凸侧的弧线 bb 伸长。根据该表面变形现象，我们推想梁内部的变形与表面相同，于是可作如下假设：梁在纯弯曲变形后，其横截面仍保持为平面，且仍垂直于变形后的轴线，只是绕截面上某一轴转了一个角度，称为平面假设。

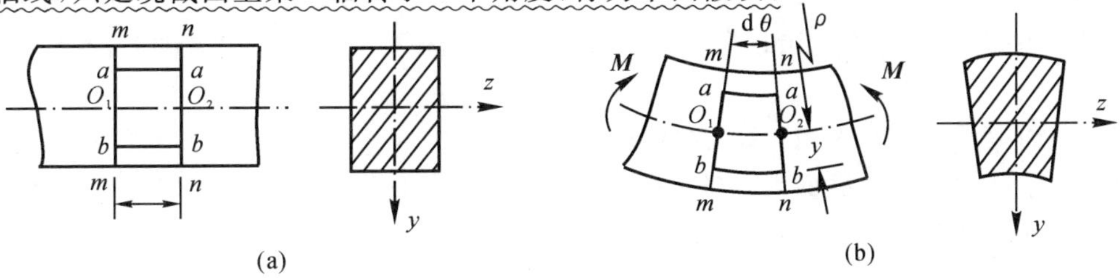

图 9-16

设想梁是由无数根纵向纤维组成的，由于横截面相对转动的结果，凹侧的纵向纤维缩短，凸侧的纵向纤维伸长，而梁的变形是连续的，因此由缩短过渡到伸长，其间必定存在一层长度不变的纤维，称为中性层(neutral surface)。中性层与横截面的交线称为中性轴(neutral axis)，如图 9-17 所示。弯曲变形时，梁横截面绕中性轴旋转。由于梁有一纵向对称面，载荷也作用在该对称面内，故变形必对称于该纵向对称面，中性轴一定与该横截面对称轴垂直，如图 9-17 所示。

2. 弯曲正应力公式的建立

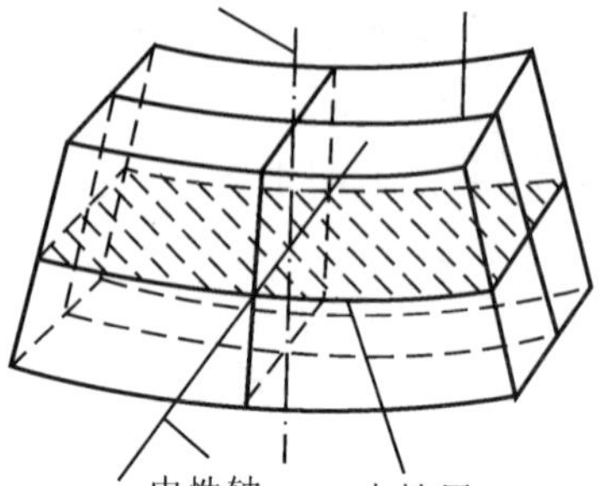

图 9-17

研究梁横截面上正应力的方法，与推导圆轴扭转时的剪应力公式相似，也需要考虑变形几何、物理和静力关系三个方面。

(1) 变形几何关系　现根据平面假设，分析梁弯曲时的变形规律。取长为 dx 的微段，横截面的对称轴为 y 轴，中性轴为 z 轴(图 9-16(a))。变形后该微段如图 9-16(b)所示，设 m—m、n—n 截面绕中性轴相对转过 $d\theta$ 角，中性层$\widehat{O_1O_2}$的曲率半径(radius of curvature)为 ρ，则距中性层为 y 处的纤维$\overline{bb}$变形后的长度$\widehat{bb}$为

$$\widehat{bb}=(\rho+y)d\theta$$

其线应变为

$$\varepsilon=\frac{\widehat{bb}-\overline{bb}}{\overline{bb}}=\frac{(\rho+y)d\theta-dx}{dx}=\frac{(\rho+y)d\theta-\rho d\theta}{\rho d\theta}=\frac{y}{\rho} \tag{1}$$

此式表明，横截面上任一点处的线应变与它到中性层的距离成正比。

(2) 物理关系　试验现象(见图 9-16(b))还表明，纵向纤维伸长区梁的宽度缩小，纵向纤维压缩区梁的宽度增大，犹如杆在轴向拉伸或压缩时横向变形的规律一样，故假设各纤维受简单的拉伸或压缩，即设纵向纤维间无挤压。因此，当应力不超过材料的比例极限时，可应用胡克定律

$$\sigma=E\varepsilon$$

将式(1)代入上式，得

$$\sigma=E\frac{y}{\rho} \tag{2}$$

式(2)说明，横截面上任意点处的正应力与它到中性轴的距离成正比，也就是正应力沿截面高度成线性规律分布(见图 9-18)。距中性轴等远处的各点正应力相等，中性轴两侧正应力符号相反。

(3) 静力关系　式(2)虽已解决了正应力的变化规律，但式中还含有未知的 ρ；同时，中性轴的位置也未确定，故还不能用它来计算正应力 σ，这需要利用应力和内力间的静力关系来解决。

在横截面上无数微小面积 dA 上的微内力 σdA(见图 9-18)，组成了垂直于截面的空间平行力系。由于纯弯曲时横截面上无轴力 N，只有位于纵向对称面内的弯矩 M，所以微内力沿 x 方向投影的代数和应等于零，即

$$N=\int_A \sigma dA=0 \tag{3}$$

微内力对 z 轴之矩的代数和则应等于弯矩 M 的大小，即

$$\int_A y\sigma \mathrm{d}A = M \tag{4}$$

将式(2) 代入式(3)，得

$$\int_A E\,\frac{y}{\rho}\mathrm{d}A = \frac{E}{\rho}\int_A y\,\mathrm{d}A = 0 \tag{5}$$

由于 $\frac{E}{\rho} \neq 0$，故 $\int_A y\,\mathrm{d}A = 0$，据截面形心的公式

$$y_C = \frac{\int_A y\,\mathrm{d}A}{A}$$

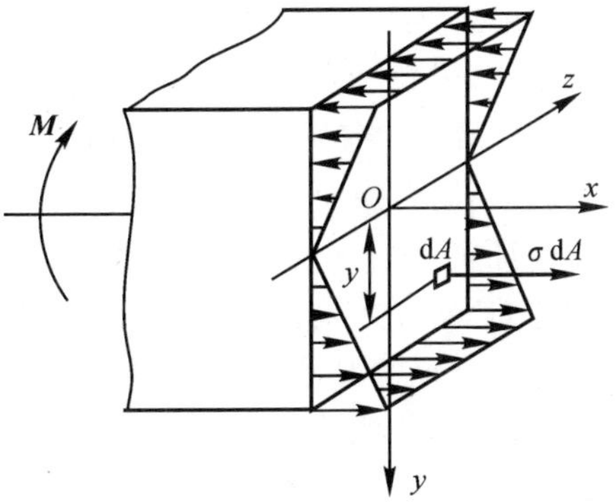

图 9-18

所以 $y_C = 0$，即中性轴 z 通过横截面形心。这样就确定了中性轴的位置。再将式(2) 代入式(4)，得

$$\int_A yE\,\frac{y}{\rho}\mathrm{d}A = \frac{E}{\rho}\int_A y^2\,\mathrm{d}A = M \tag{6}$$

积分式 $\int_A y^2\,\mathrm{d}A$ 是一个只与横截面的形状和尺寸有关的几何量，称为截面对中性轴 z 的惯性矩(moment of inertia)，以 I_z 表示(具体运算在后面讨论)

$$I_z = \int_A y^2\,\mathrm{d}A \tag{9-4}$$

于是式(6)可写成

$$\frac{1}{\rho} = \frac{M}{EI_z} \tag{9-5}$$

此式说明，中性层的曲率 $\frac{1}{\rho}$ 与弯矩 M 成正比，与 EI_z 成反比，EI_z 越大，$\frac{1}{\rho}$ 越小，梁越不易变形，故 EI_z 称为梁的抗弯刚度(flexural rigidity)。式(9-5)是研究纯弯曲变形的一个基本公式。

将式(9-5)回代入式(2)，得

$$\sigma = \frac{My}{I_z} \tag{9-6}$$

此式即为梁在纯弯曲时横截面上正应力 σ 的计算公式。应用式(9-6)时，要将 M 和 y 按规定的正负号代入，得到的 σ 为正，即为拉应力，反之为压应力。但在实际计算中，通常用 M 和 y 的绝对值来计算 σ 的大小，σ 是拉应力还是压应力，可由该点处于凸边一侧，还是凹边一侧直观判定。

二、纯弯曲应力和变形公式的应用范围

(1) 式(9-5)和式(9-6)虽然是以矩形截面梁为例导出的，但在推导过程中，并未用到矩形截面的特殊性质。凡是具有纵向对称面的平面弯曲的梁，都能满足推导过程的各项要求。因此，式(9-5)和式(9-6)对于所有横截面存在对称轴(载荷作用在梁的纵向对称面内)的梁都是适用的。

(2) 在推导式(9-5)和式(9-6)时，曾经应用了胡克定律，故只有当正应力不超过材料的比例极限时，式(9-5)和(9-6)才成立。

(3) 当梁发生剪切弯曲时，梁横截面上既有弯矩又有剪力。由于剪力的作用，梁的横截面将发生翘曲，同时横向力的作用将使纵向纤维间产生挤压应力。但根据弹性理论进一步地分析和试验证实，对于一般细长梁(梁的跨度 l 与横截面高度 h 之比 $l/h>5$)，剪力对正应力分布规律和弯曲变形的影响很小，所以纯弯曲正应力公式(9-6)和变形公式(9-5)对剪切弯曲仍可适用。不过该情况下 ρ 和 M 不是常量，它随截面位置而变。

(4) 式(9-5)和(9-6)是从直梁导出的，但在工程上也常把这两个公式近似用于小曲率梁(梁轴线的原始曲率半径 ρ_0 与梁的高度 h 之比 $\rho_0/h\geqslant 5$ 的情况)，所得结果还是能满足工程精度要求的。

三、惯性矩和平行移轴公式

1. 简单截面的惯性矩

当梁的横截面是矩形、圆形等简单几何图形时，其惯性矩可直接根据定义式(9-4)求得。

(1) 矩形截面　图 9-19 所示矩形截面，高为 h，宽为 b，求对过形心的水平轴 z 的惯性矩，取平行于 z 轴的微面积 $dA=bdy$，则由惯性矩的定义，积分得

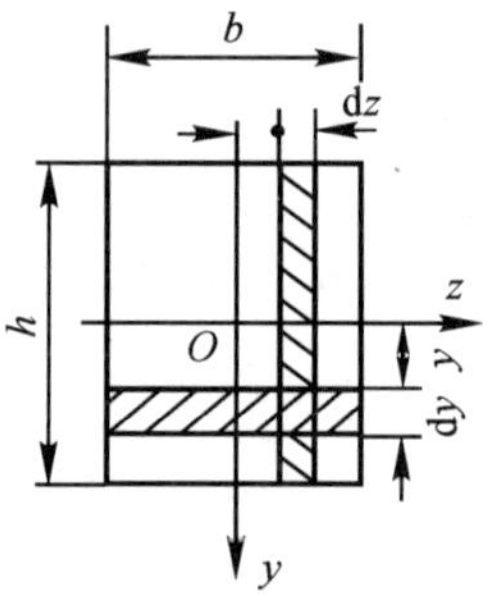

图 9-19

$$I_z=\int_A y^2\mathrm{d}A=\int_{-h/2}^{h/2}y^2b\mathrm{d}y=\frac{bh^3}{12} \qquad (9-7)$$

同理可得截面对 y 轴的惯性矩为

$$I_y=\frac{hb^3}{12} \qquad (9-8)$$

(2) 圆形截面　图 9-20 所示的实心圆截面，直径为 D，求截面对形心轴 z 的惯性矩。在扭转一章中，我们曾得到实心圆截面的极惯性矩为

$$I_P=\int_A\rho^2\mathrm{d}A=\frac{\pi D^4}{32}$$

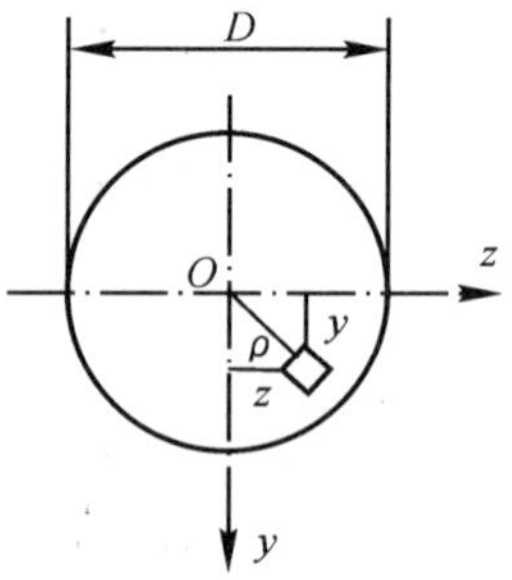

图 9-20

因为 $\rho^2=y^2+z^2$，所以有

$$I_P=\int_A\rho^2\mathrm{d}A=\int_A(y^2+z^2)\mathrm{d}A=\int_A y^2\mathrm{d}A+\int_A z^2\mathrm{d}A=I_z+I_y=\frac{\pi D^4}{32}$$

对于圆截面 $I_z=I_y$，于是可得

$$I_z=I_y=\frac{\pi D^4}{64} \qquad (9-9)$$

同理可得空心圆截面(见图 9-21) 的轴惯性矩为

$$I_y=I_z=\frac{I_P}{2}=\frac{\pi D^4(1-\alpha^4)}{64} \qquad (9-10)$$

式中 $\alpha=d/D$。

2. 平行移轴公式

在工程实际中常遇到一些由若干简单形状截面组合而成的组合截面(见图 9-22(a)，(b)，

(c))。例如T字形截面可看做是由二个矩形组成，槽形截面可看做是由大矩形减去小矩形组成。设组合截面由 n 部分组成，每部分的面积为 $A_1, A_2, \cdots, A_n$，则根据惯性矩的定义有

$$I_z = \int_A y^2 \mathrm{d}A = \int_{A_1} y^2 \mathrm{d}A_1 + \int_{A_2} y^2 \mathrm{d}A_2 + \cdots + \int_{A_n} y^2 \mathrm{d}A_n = \sum_{i=1}^{n} I_{zi} \qquad (9-11)$$

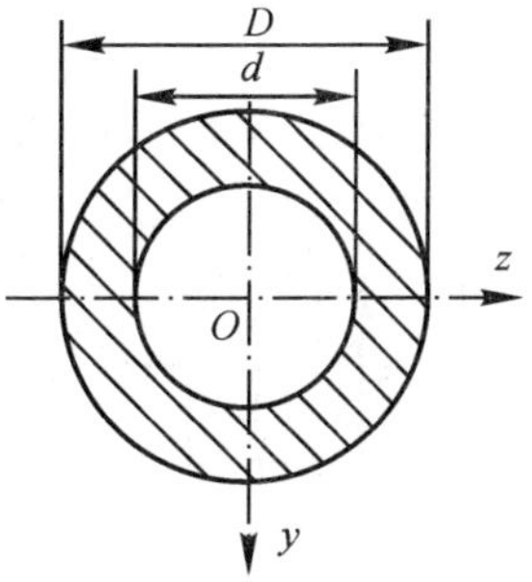

图 9-21

即组合截面对某轴的惯性矩等于各组成部分对同一轴的惯性矩的代数和，该公式称为组合公式。在计算各组成部分对某轴的惯性矩时，利用平行移轴公式是较为方便的。图 9-23 所示为任意形状的截面，其对形心轴 z_C 的惯性矩为

$$I_{z_C} = \int_A {y_C}^2 \mathrm{d}A$$

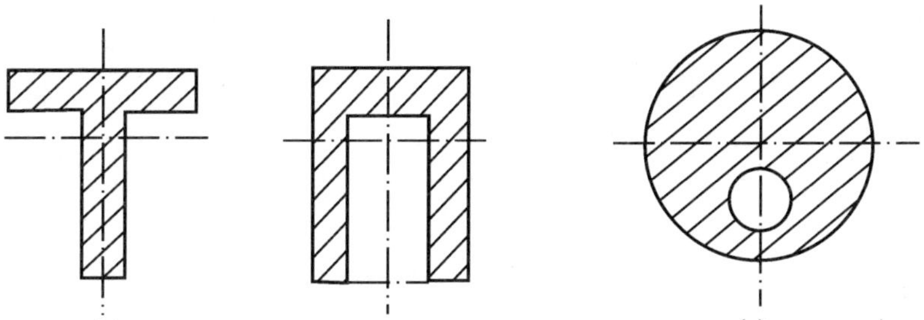

图 9-22

该截面对与 z_C 轴平行、间隔距离为 a 的 z 轴的惯性矩为

$$I_z = \int_A y^2 \mathrm{d}A = \int_A (y_C + a)^2 \mathrm{d}A = \int_A {y_C}^2 \mathrm{d}A + 2a\int_A y_C \mathrm{d}A + a^2\int_A \mathrm{d}A$$

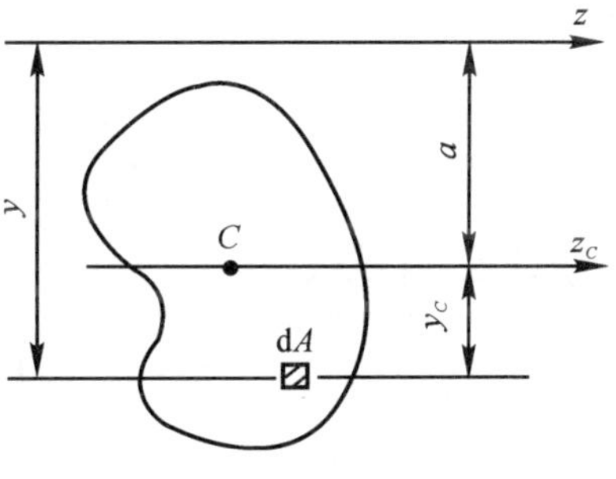

图 9-23

上式右边第一项为截面对 z_C 轴的惯性矩 I_{z_C}，第二项因 z_C 轴过形心 C，故 $\int_A y_C \mathrm{d}A = 0$，于是得

$$I_z = I_{z_C} + Aa^2 \qquad (9-12)$$

式(9-12)称为惯性矩的平行移轴公式。该公式建立了截面对二相互平行轴(其中一轴过形心)的惯性矩之间的关系，即截面对某轴 z 的惯性矩等于对与其平行的形心轴 z_C 的惯性矩，再加上截面积和二轴间距离的平方的乘积。

为了便于计算组合图形的惯性矩，表 9-1 给出了一些常用简单截面的形心位置和对形心轴的惯性矩。各种型钢的惯性矩可由型钢表中查得。

表 9－1 简单截面的几何性质

编号	截面形状和形心轴位置	面积	惯性矩		惯性半径（$i=\sqrt{I/A}$）	
		A	I_x	I_y	i_x	i_y
1	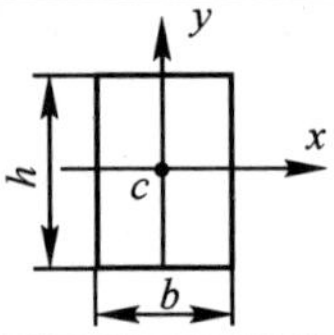	bh	$\frac{bh^3}{12}$	$\frac{hb^3}{12}$	$\frac{h}{2\sqrt{3}}$	$\frac{b}{2\sqrt{3}}$
2	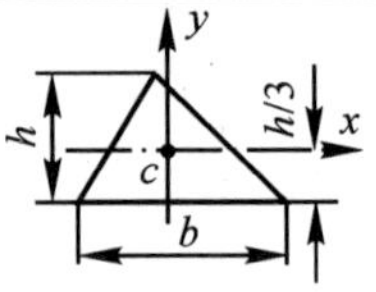	$\frac{bh}{2}$	$\frac{bh^3}{36}$	$\frac{bh}{36}(b^2-bc+c^2)$	$\frac{h}{3\sqrt{2}}$	$\sqrt{\frac{b^2-bc+c^2}{18}}$
3	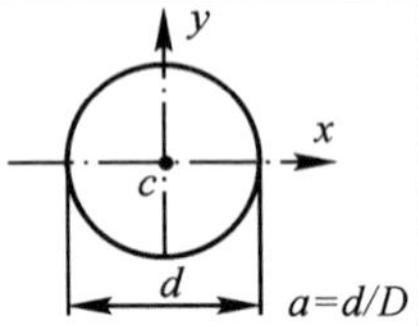	$\frac{\pi d^2}{4}$	$\frac{\pi d^4}{64}$	$\frac{\pi d^4}{64}$	$\frac{d}{4}$	$\frac{d}{4}$
4	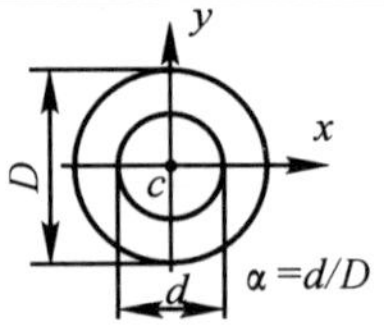	$\frac{\pi D^2}{4}(1-\alpha^2)$	$\frac{\pi D^4}{64}(1-\alpha^4)$	$\frac{\pi D^4}{4}(1-\alpha^4)$	$\frac{D}{4}\ \sqrt{1+\alpha^2}$	$\frac{D}{4}\ \sqrt{1+\alpha^2}$
5	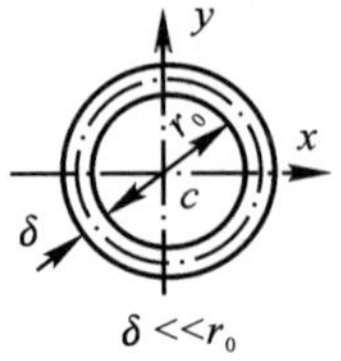	$2\pi r_0\delta$	$\pi r_0^2\delta$	$\pi r_0^2\delta$	$\frac{r_0}{\sqrt{2}}$	$\frac{r_0}{\sqrt{2}}$
6	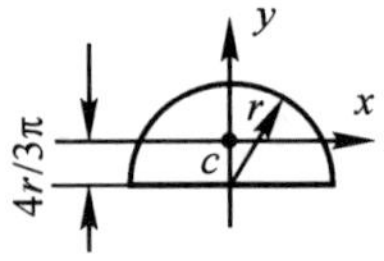	$\frac{\pi r^2}{2}$	$(\frac{\pi}{8}-\frac{8}{9\pi})r^4$ $\approx 0.1098r^4$	$\frac{\pi r^4}{8}$	$0.264r$	$0.5r$
7	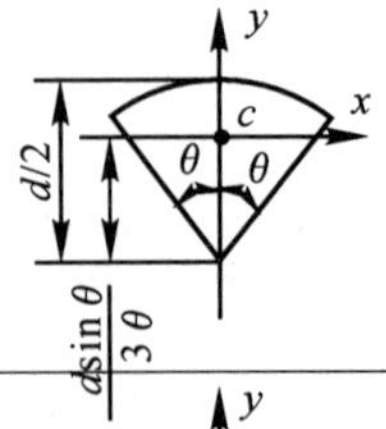	$\frac{\theta d^2}{4}$	$\frac{d^4}{64}(\theta+\sin\theta\times\cos\theta-\frac{16\sin^2\theta}{9\theta})$	$\frac{d^4}{64}(\theta-\sin\theta\times\cos\theta)$	$i_x=\sqrt{\frac{I_x}{A}}$	$i_y=\sqrt{\frac{I_y}{A}}$
8	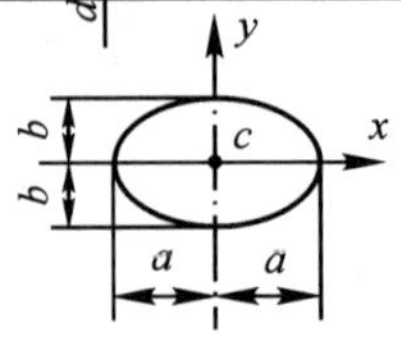	πab	$\frac{\pi}{4}ab^3$	$\frac{\pi}{4}a^3b$	$\frac{b}{2}$	$\frac{a}{2}$

例 9-6 试求图 9-24 所示截面对通过其形心 C 的 z 轴的惯性矩。

解 将 T 字形截面看做是由Ⅰ,Ⅱ两个矩形组成的。由式(9-11),得

$$I_z = I_{z\text{I}} + I_{z\text{II}} \quad (1)$$

设 z_1,z_2 分别为两矩形的形心轴。由平行移轴公式(9-12)得两矩形对 z 轴的惯性矩分别为

$$I_{z\text{I}} = \frac{40\times200^3}{12} + 60^2\times40\times200 = 554.67\times10^5\ \text{mm}^4 \quad (2)$$

$$I_{z\text{II}} = \frac{200\times40^3}{12} + 60^2\times40\times200 = 298.67\times10^5\ \text{mm}^4 \quad (3)$$

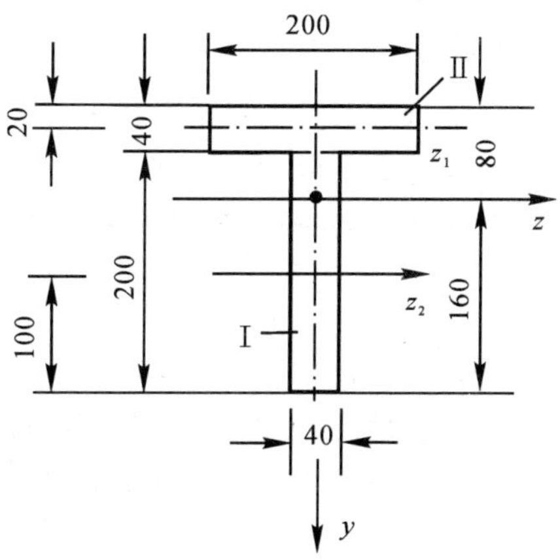

图 9-24

将式(2),(3)代入式(1),得 T 字形截面对形心轴 z 的惯性矩

$$I_z = I_{z\text{I}} + I_{z\text{II}} = 554.67\times10^5 + 298.67\times10^5 = 853.3\times10^5\ \text{mm}^4$$

§9-4 弯曲正应力强度条件

由式(9-6)可知,等截面直梁在平面弯曲时,最大正应力发生在弯矩最大横截面上距中性轴最远处即横截面上最外边缘处,故计算公式为

$$\sigma_{\max} = \frac{M_{\max}y_{\max}}{I_z} = \frac{M_{\max}}{I_z/y_{\max}}$$

令

$$\frac{I_z}{y_{\max}} = W_z \quad (9-13)$$

则

$$\sigma_{\max} = \frac{M_{\max}}{W_z} \quad (9-14)$$

式中的 W_z 称为抗弯截面模量(section modulus),其值只与截面的形状和尺寸有关。对于矩形截面(见图 9-19,其宽为 b,高为 h),则有

$$W_z = \frac{I_z}{y_{\max}} = \frac{bh^3/12}{h/2} = \frac{bh^2}{6} \quad (9-15)$$

对于实心圆截面(直径为 D),则有

$$W_z = \frac{I_z}{y_{\max}} = \frac{\pi D^4/64}{D/2} = \frac{\pi D^3}{32} \quad (9-16)$$

对于空心圆截面(内径为 d,外径为 D),则有

$$W_z = \frac{I_z}{y_{\max}} = \frac{\pi D^4(1-\alpha^4)/64}{D/2} = \frac{\pi D^3}{32}(1-\alpha^4) \quad (9-17)$$

式中 $\alpha=\dfrac{d}{D}$。

各种型钢的 W_z 值可从型钢表中查得。

在横截面上最外边缘的各点处，由剪应力互等定理可知，其剪应力等于零。因而最大弯曲正应力所作用的各点，只受简单拉伸或压缩。故梁的弯曲正应力强度条件为

$$\sigma_{\max}=\frac{M_{\max}}{W_z}\leqslant[\sigma] \tag{9-18}$$

即梁的最大工作应力 $\sigma_{\max}$ 不得超过材料的许用应力 $[\sigma]$。

对于拉伸许用应力 $[\sigma_T]$ 和压缩许用应力 $[\sigma_C]$ 不相等的材料制成的梁，则应分别按最大拉应力和最大压应力建立其强度条件，即

$$\sigma_{T\max}\leqslant[\sigma_T] \qquad \sigma_{C\max}\leqslant[\sigma_C] \tag{9-19}$$

例 9-7 图 9-25(a)所示一端固定的悬臂梁，在自由端受一集中力 $P=27$ kN，材料的许用应力 $[\sigma]=140$ MPa。试在下列三种截面形状下，比较所耗材料：①高宽比 $h/b=2$ 的矩形；②圆形；③工字形。

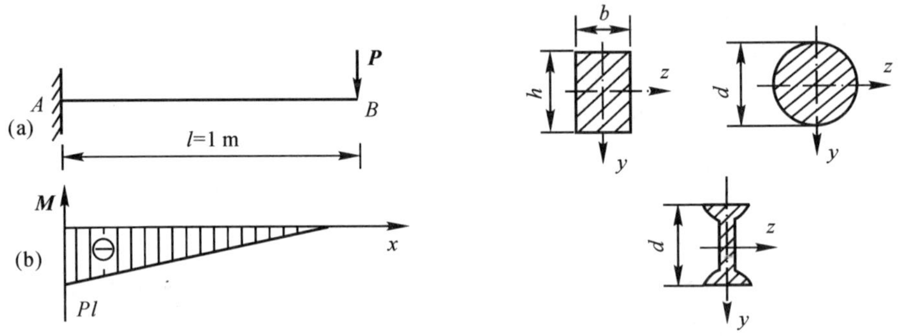

图 9-25

解 (1) 作梁的弯矩图 AB 间无载荷作用，M 图为斜直线。由 $M_A=-Pl=-27$ kN·m，$M_B=0$ 得梁的 M 图，如图 9-25(b)所示。固定端 A 处弯矩最大是危险截面，其上的弯矩为

$$M_{\max}=|M_A|=27 \text{ kN}\cdot\text{m}$$

(2) 确定截面尺寸 由弯曲正应力强度条件式(9-18)，得

$$W_z\geqslant\frac{M_{\max}}{[\sigma]}=\frac{27\times10^3}{140\times10^6}=193\times10^{-6}\text{ m}^3=193\text{ cm}^3$$

对矩形：

$$W_z=\frac{bh^2}{6}=\frac{b(2b)^2}{6}=193\text{ cm}^3$$

所以 $b=6.6\text{ cm}=66\text{ mm}, A_{矩}=bh=66\times132=8\ 712\text{ mm}^2$

对圆形：

$$W_z=\frac{\pi D^3}{32}=193\text{ cm}^3$$

所以 $D=12.5\text{ cm}=125\text{ mm}, A_{圆}=\dfrac{\pi D^2}{4}=\dfrac{\pi\times125^2}{4}=12\ 272\text{ mm}^2$

对工字钢：根据 $W_z=193\ \text{cm}^3$ 查型钢表，取 18 号工字钢（$W_z=185\ \text{cm}^3$，$A_\text{I}=30.6\ \text{cm}^2=3\ 060\ \text{mm}^2$），其工作应力将稍为超过$[\sigma]$，但未超过 5%是允许的。

三根梁用料之比等于三根梁体积之比，即

$$V_\text{I}:V_\text{矩}:V_\text{圆}=A_\text{I}l:A_\text{矩}l:A_\text{圆}l=3\ 060:8\ 712:12\ 272=1:2.85:4.01$$

可见圆形截面最费料，工字形截面最省料。因此，选择合理的截面形状是梁的设计中的一个重要问题。

例 9-8 试校核图 9-26(a)所示 T 字形铸铁梁的强度。已知：截面的惯性矩 $I_z=26.1\times 10^6\ \text{mm}^4$，$y_1=48\ \text{mm}$，$y_2=142\ \text{mm}$，材料的许用拉应力$[\sigma_\text{T}]=40\ \text{MPa}$，许用压应力$[\sigma_\text{C}]=110\ \text{MPa}$。

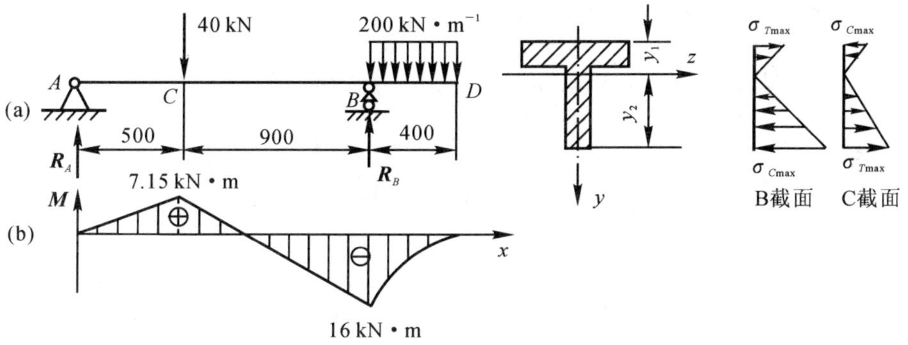

图 9-26

解 分析题意，有两点值得注意：①铸铁的抗拉和抗压强度不同，要分别校核；②T 字形截面的中性轴不是对称轴，$y_1\neq y_2$，注意全梁的最大拉应力和最大压应力所在截面位置。

(1) 求支反力 由平衡方程$\sum M_B=0$，$\sum M_A=0$，得

$$R_A=14.3\ \text{kN}\qquad R_B=105.7\ \text{kN}$$

校核$\sum Y=R_A+R_B-40-200\times 0.4=14.3+105.7-40-80=0$，支反力计算无误。

(2) 作梁的弯矩图 作出 M 图如图 9-26(b)所示。最大负弯矩在 B 截面上，$M_B=-16\ \text{kN}\cdot\text{m}$，最大正弯矩在 C 截面上，$M_C=7.15\ \text{kN}\cdot\text{m}$。

(3) 求最大拉应力和最大压应力 B 截面弯矩最大，是危险截面。由于该截面弯矩是负值，所以该截面中性轴以上部分为拉应力，以下部分为压应力。B 截面上的最大拉应力和最大压应力分别为

$$\sigma_\text{Tmax}=\frac{|M_B|y_1}{I_z}=\frac{16\times 10^6\times 48}{26.1\times 10^6}=29.4\ \text{N/mm}^2=29.4\ \text{MPa}<[\sigma_\text{T}]$$

$$\sigma_\text{Cmax}=\frac{|M_B|y_2}{I_z}=\frac{16\times 10^6\times 142}{26.1\times 10^6}=87\ \text{N/mm}^2=87\ \text{MPa}<[\sigma_\text{C}]$$

除 B 截面外，C 截面也是危险截面，因为 M_C 是与 M_B 转向相反的最大弯矩，C 截面中性轴以下各点受拉，它们离中性轴的距离较远($y_2>y_1$)，其最大拉应力值可能比 B 截面的大，所以也需校核。C 截面的最大拉应力为

$$\sigma_\text{Tmax}=\frac{M_C y_2}{I_z}=\frac{7.15\times 10^6\times 142}{26.1\times 10^6}=38.9\ \text{MPa}<[\sigma_\text{T}]$$

结果表明：梁的最大拉应力在 C 截面上，最大压应力在 B 截面上，梁的绝对值最大的应力在弯矩绝对值最大的 B 截面上。由于最大拉应力和最大压应力均未超过材料的许用应力，故梁满足强度要求。从本例可知，对于中性轴不是对称轴的脆性材料（其$[\sigma_T]\neq[\sigma_C]$）的梁，一般来说，其正、负最大弯矩所在的截面都是危险截面。

例 9-9 图 9-27(a)所示铸铁材料制成的槽形截面梁，在外伸端受一集中力 P。已知材料的许用拉应力$[\sigma_T]=40$ MPa，许用压应力$[\sigma_C]=120$ MPa，截面的惯性矩 $I_z=464\times105$ mm^4，$h_1=65$ mm，$h_2=145$ mm。试按弯曲正应力强度条件求梁允许承受的载荷$[P]$。

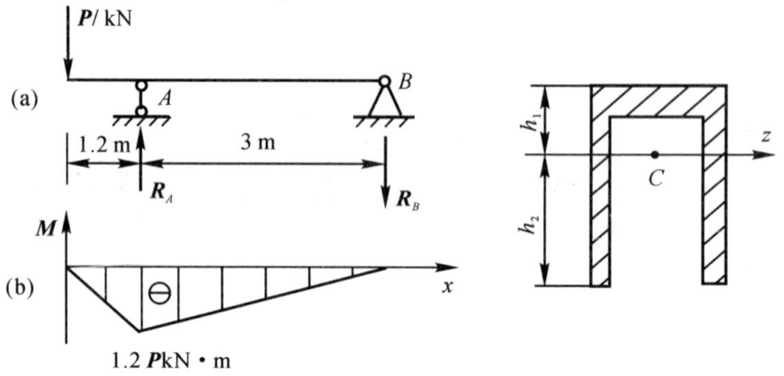

图 9-27

解 (1) 求支反力 由平衡条件，得

$$R_A=1.4P \qquad R_B=0.4P$$

(2) 作梁的弯矩图 梁的弯矩图如图 9-27(b)所示，A 截面是危险截面，其上具有最大弯矩 $M_{max}=1.2P$ kN · m，它使该截面上部受拉，下部受压。

(3) 按弯曲正应力强度条件求许可载荷$[P]$ 分别按抗拉强度和抗压强度计算 P，然后取两者中较小的一个，便得$[P]$，即

$$\sigma_{Tmax}=\frac{1.2Ph_1}{I_z}\leqslant[\sigma_T]$$

所以
$$P\leqslant\frac{[\sigma_T]I_z}{1.2h_1}=\frac{40\times10^6\times464\times10^{-7}}{1.2\times65\times10^{-3}}=23.8\ \text{kN}$$

$$\sigma_{Cmax}=\frac{1.2Ph_2}{I_z}\leqslant[\sigma_C]$$

所以
$$P\leqslant\frac{[\sigma_C]I_z}{1.2h_2}=\frac{120\times10^6\times464\times10^{-7}}{1.2\times145\times10^{-3}}=32\ \text{kN}$$

所以许可载荷$[P]=23.8$ kN。

§9-5 弯曲剪应力简介

梁在剪切弯曲时横截面上还存在剪应力 τ。τ 的分布规律随截面形状的不同而不同，分别介绍如下：

一、矩形截面

当截面高度 h 大于宽度 b 时，对矩形截面上的剪应力可作如下的假设(见图 9－28(a))：

1) 各点剪应力 τ 的方向平行于剪力 Q；

2) 剪应力 τ 沿截面宽度均匀分布。

根据以上假设可推得矩形截面上距中性轴为 y 处横线上各点的剪应力计算公式为

$$\tau(y)=\frac{QS_z}{I_zb} \tag{9-20}$$

式中 Q 为横截面上的剪力，I_z 为整个横截面对中性轴 z 的惯性矩，b 为横截面在所求应力点处的宽度，S_z 为横截面上 τ 所在的横线一侧部分面积(即图 9－28(a)中阴影部分)对中性轴 z 的静矩。

对于高为 h，宽为 b 的矩形截面，则有

$$S_z=\frac{b}{2}\left(\frac{h^2}{4}-y^2\right) \qquad I_z=\frac{bh^3}{12}$$

将其代入式(9－20)，得

$$\tau(y)=\frac{6Q}{bh^3}\left(\frac{h^2}{4}-y^2\right) \tag{9-21}$$

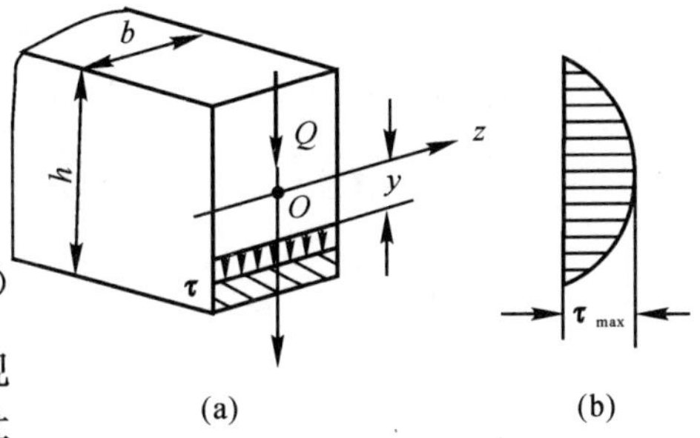

图 9－28

式(9－21)表明剪应力 τ 的大小沿高度呈抛物线规律分布(见图 9－28(b))，τ_{max}在中性轴($y=0$)处，其大小为

$$\tau_{max}=\frac{3}{2}\frac{Q}{bh}=\frac{3}{2}\frac{Q}{A} \tag{9-22}$$

τ_{max}是平均剪应力的 1.5 倍。

二、工字形截面

工字形截面由腹板和翼缘组成(见图 9－29(a))。其中腹板为一狭长矩形，主要承受剪力 Q。腹板上的剪应力可直接应用公式(9－20)计算，它的大小也是沿腹板的高度按抛物线规律分布(见图 9－29(b))。最大剪应力仍在中性轴上，其值为

$$\tau_{max}=\frac{QS_{zmax}}{I_zb} \tag{9-23}$$

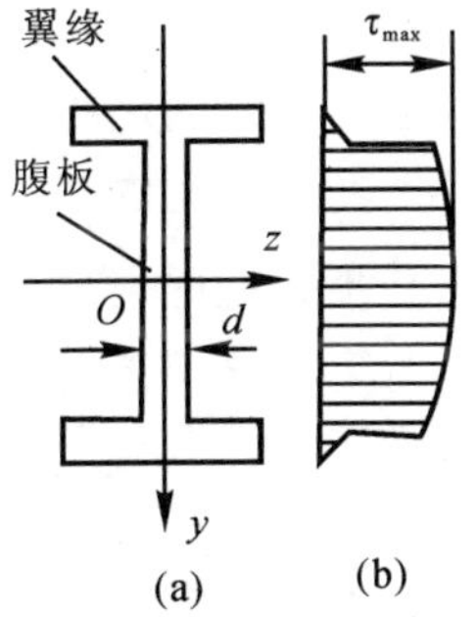

图 9－29

式中 S_{zmax}为中性轴一侧(上侧或下侧)横截面积对中性轴 z 的静距。对于工字形的型钢截面，I_z/S_{zmax}可在型钢规格表中查得。至于翼缘上的剪应力，因其分布较复杂，而且其数值远小于腹板上的剪应力，一般不予考虑。

三、实心圆、空心圆和薄壁圆环形截面

实心圆截面、空心圆截面和薄壁圆环形截面上剪应力 τ 的分布较复杂，但可以证明 τ_{max}均发生在中性轴处，其方向与剪力 Q 平行(见图 9－30)，其大小分别为

实心圆截面

$$\tau_{max}=\frac{4Q}{3A} \tag{9-24}$$

空心圆截面

$$\tau_{max}=\frac{4Q}{3A}\frac{D^2+Dd+d^2}{D^2+d^2} \tag{9-25}$$

薄壁圆环形截面

$$\tau_{max}=2\frac{Q}{A} \tag{9-26}$$

式中 A 为实心圆、空心圆和薄壁圆环的横截面面积。

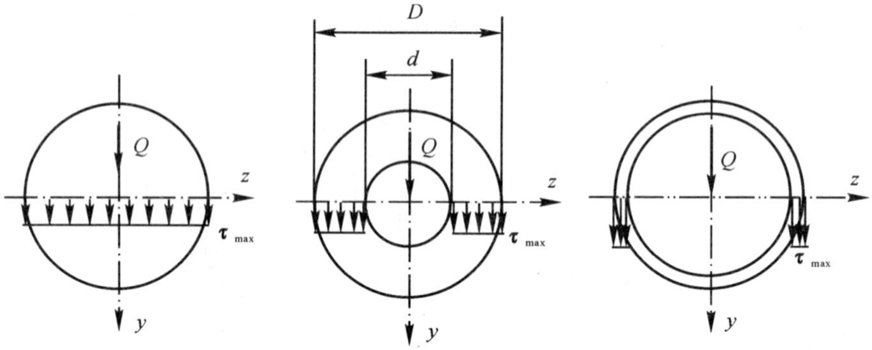

图 9-30

根据上述分析可知,对整个梁来说,最大剪应力 τ_{max} 在最大剪力 Q_{max} 所在截面的中性轴上。为保证梁的剪切强度,梁内 τ_{max} 应不超过材料的许用剪应力 $[\tau]$,即

$$\tau_{max}\leqslant[\tau] \tag{9-27}$$

式(9-27)就是梁的弯曲剪应力强度条件。

梁必须同时满足弯曲正应力和弯曲剪应力的强度条件。在设计梁的截面时,通常先按正应力强度条件设计梁的截面,再按剪应力强度条件进行强度校核。对于一般细长梁,正应力强度条件是主要的,正应力强度条件满足时,剪应力强度条件一般都能满足,故可不作剪应力强度校核。但对于下述情况的梁应作剪应力强度校核:①短而粗的梁或支座附近有较大载荷作用的梁,它们的弯矩不大,剪力可能很大;②铆接或焊接的薄壁截面梁,如工字形、槽形等截面的梁,它们的 τ 可能达到较大的值;③木梁,由于木梁顺纹方向抗剪能力差,在中性层处,因剪应力过大,会使木梁沿中性层破坏。

例 9-10 图 9-31(a)所示为梁式楼板的主梁,它由工字钢制成。已知材料的许用应力 $[\sigma]=160\ \text{MPa}$, $[\tau]=100\ \text{MPa}$,试选择工字钢的型号。

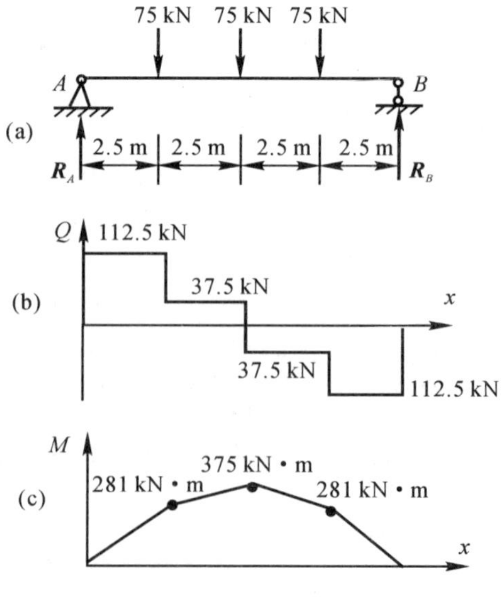

图 9-31

解 (1) 求支反力 由于工字钢对称，其支座反力为

$$R_A = R_B = \frac{1}{2}(75+75+75) = 112.5 \text{ kN}$$

(2) 作剪力图和弯矩图 用微分关系法作 Q 图如图 9-31(b)所示，作 M 图如图 9-31(c)所示，易知

$$Q_{max} = 112.5 \text{ kN} \qquad M_{max} = 375 \text{ kN} \cdot \text{m}$$

(3) 按弯曲正应力强度条件选择截面 据正应力强度条件得

$$W_z \geqslant \frac{M_{max}}{[\sigma]} = \frac{375 \times 10^3}{160 \times 10^6} = 2\ 344 \times 10^{-6} \text{ m}^3 = 2\ 344 \text{ cm}^3$$

由型钢表查得 56*a* 号工字钢，其 $W_z = 2\ 342 \text{ cm}^3$。

(4) 按弯曲剪应力强度条件校核 由型钢表查得 56a 号工字钢的 $I_z/S_{zmax} = 47.73$ cm，$b = 12.5$ mm，将其代入式(9-23)得梁的最大弯曲剪应力为

$$\tau_{max} = \frac{Q_{max}}{\dfrac{I_z}{S_{zmax}} b} = \frac{112.5 \times 10^3}{47.73 \times 10^{-2} \times 12.5 \times 10^{-3}} = 18.9 \text{ MPa} < [\tau]$$

弯曲剪应力强度条件也能满足。因此选用 56a 号工字钢。

§9-6 提高梁弯曲强度的主要措施

对于一般细长梁来说，弯曲正应力是控制梁强度的主要因素。因此，提高梁的强度，实质上是采取各种可能措施来降低梁横截面上的正应力。

一、合理安排梁的支座和载荷

合理安排梁的支座和载荷可以降低梁的最大弯矩值。例如图 9-32(a)所示的承受均布载荷的简支梁，若将两个支座向内侧移动 $l/5$ 跨长（见图 9-32(b)），则其最大弯矩将从 $0.125ql^2$ 降为 $0.025ql^2$，当然还可以通过计算得出支座的最佳位置。又如图 9-33(a)所示的集中力，如果能分散为几个较小的集中力，如图 9-33(b)所示在 AB 梁上安置一副梁 CD，或改为分布力（见图 9-33(c)），也可降低 AB 梁的 M_{max}。再如在简支梁中间加一支座以减小支座间的距离，也能显著降低 M_{max}，但这时梁从静定梁（梁的支反力可由静力平衡方程解得）变为静不定梁（梁的支反力个数多于静力平衡方程的数目，仅用静力平衡方程不能解得支反力）。关于静不定梁的解法将在第十章中讨论。

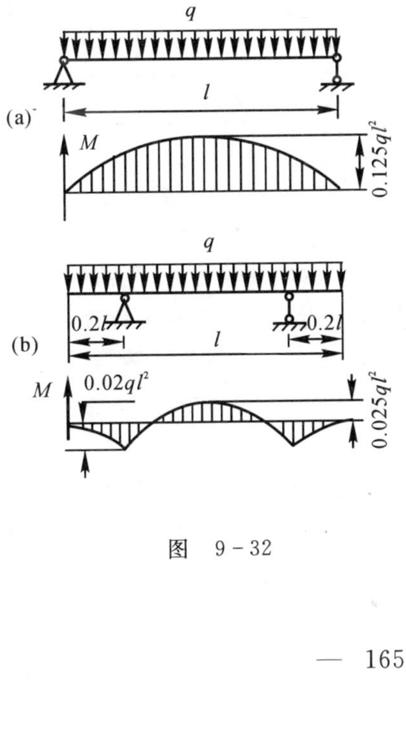

图 9-32

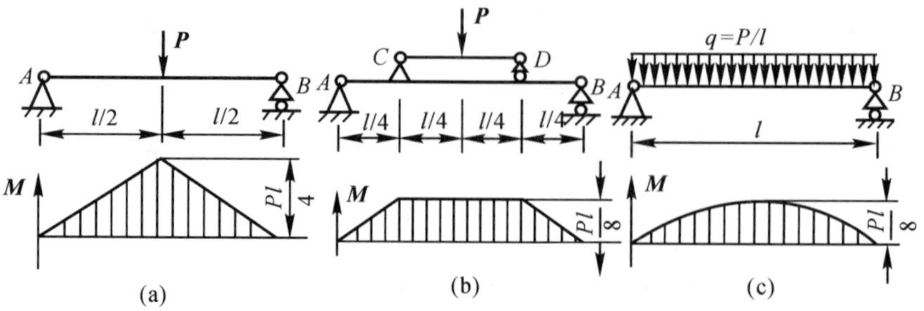

图 9-33

二、采用合理的截面形状

根据最大正应力计算式，梁的抗弯截面模量 W_z 愈大，正应力愈小。因此，在设计中应该力求在同样大小的截面积 A（即用料相同）的条件下，使截面的 W_z 值尽可能增大，即应使截面的 W_z/A 尽可能的大。W_z/A 值越大，截面越趋于合理。例如同一矩形截面竖直放置且载荷作用在竖直对称面内时，比值 $\frac{W_z}{A}=\frac{bh^2/6}{bh}=0.167h$，而横向放置且载荷作用在短轴对称面内时，比值 $\frac{W_z}{A}=\frac{hb^2/6}{bh}=0.167b$，若 $\frac{h}{b}=2$，则后者只有前者的一半。可见，对于矩形截面梁，竖直放置要合理些。常见截面的 W_z/A 比值列于表 9-2。

表 9-2　几种常见截面的 W_z/A 比值

	圆　形	矩　形	圆 环 形	槽　形	工 字 形
截面形状	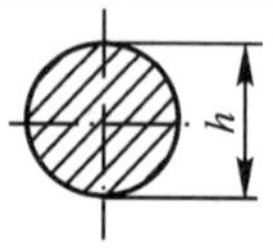	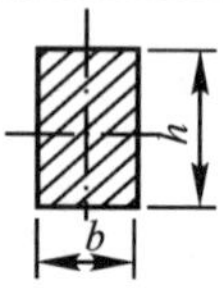	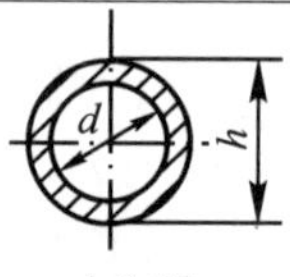 d=0.8h	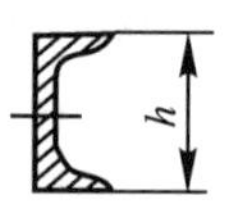	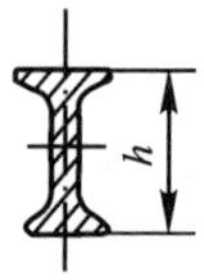
W_z/A	$0.125h$	$0.167h$	$0.205h$	$(0.27\sim0.31)h$	$(0.27\sim0.31)h$

表中的数据表明，材料远离中性轴的截面（如圆环形、工字形等）较好。这是因为梁横截面上的正应力沿高度线性分布，中性轴附近的应力值较小，该处的材料远未发挥作用，若将这些材料移至离中性轴较远处，则该部分材料也能负担较大的应力，从而使它们得到充分利用，形成较为合理的截面。工程中合理截面构件的实例是很多的，例如机车常采用空心圆轴，桥梁和房屋建筑中常用工字钢梁、钢筋混凝土圆孔板等。需要注意的是，采用竖放矩形截面梁时，截面不能过于窄长，否则在发生强度失效之前，先发生扭曲（即失稳）而使梁过早地丧失承载能力。

对于拉、压许用应力不相等的材料（例如大多数脆性材料 $[\sigma_C]>[\sigma_T]$），用 T 字形或槽形等只有一根对称轴的截面较为合理。这种截面的中性轴一般偏于截面的一侧，在加载和安置支座时，应尽量使最大拉应力 σ_{Tmax} 发生在距中性轴较近的一侧，最大压应力 σ_{Cmax} 发生在距中性轴较远的一侧，这样可使 σ_{Tmax} 和 σ_{Cmax} 同时接近各自的许用应力 $[\sigma_C]$ 和 $[\sigma_T]$。

三、采用变截面梁

由于强度条件是以危险截面上的最大正应力为依据的，所以当危险截面上的最大正应力达到材料的许用应力值时，其余截面上的最大正应力尚未达到这一数值，甚至远小于这一数值。因此，为了节省材料，减轻结构的重量，常将受弯构件设计成变截面的，即截面的尺寸随弯矩的变化而变化，这就是变截面梁。

理想的变截面梁是各横截面上的最大正应力都同时达到材料的许用应力，即

$$\sigma_{\max}=\frac{M(x)}{W_z(x)}=[\sigma]$$

或

$$W_z(x)=\frac{M(x)}{[\sigma]} \tag{9-28}$$

这种梁又称为等强度梁(beam of uniform strength)。由此式设计出的截面尺寸通常是沿梁轴连续变化的，这在制造工艺上有一定的困难。因此，工程中常用近似等强度梁代替理论上的等强度梁。例如阶梯轴(见图 9-34)、车辆中的叠板弹簧(见图 9-35)和厂房建筑中的鱼腹梁(见图 9-36)等。

应该指出，实际构件的截面形状和加载方式等不仅与强度有关，还与结构要求、加工工艺及经济上的要求有关，因而在工程设计中应当作全面考虑。例如传动轴由于结构、加工等因素还是采取圆截面。

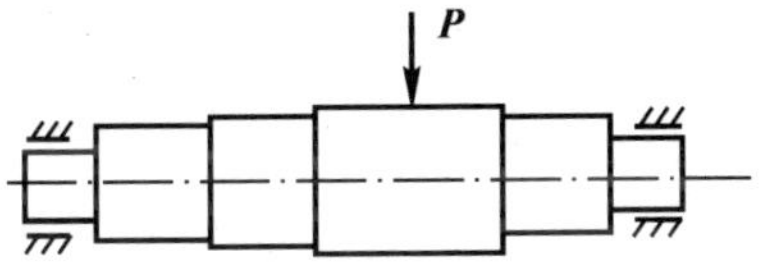

图 9-34

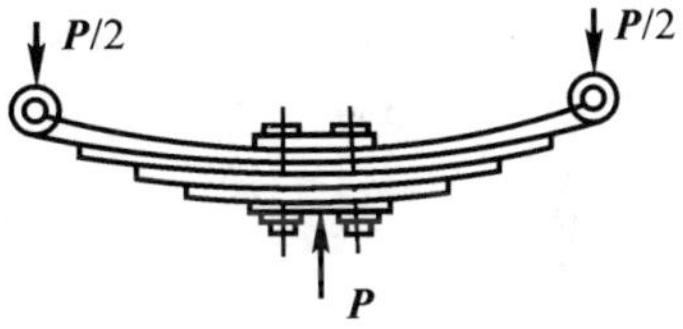

图 9-35

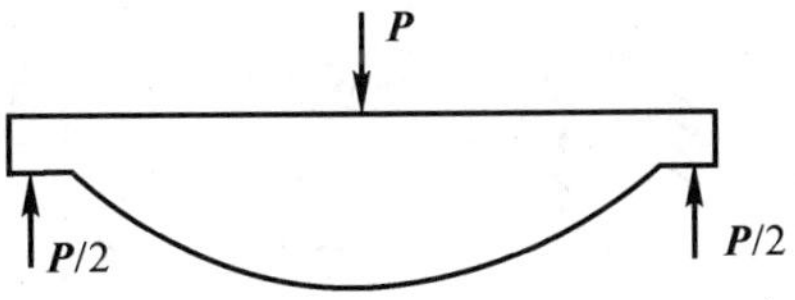

图 9-36

思考题

9-1 何谓平面弯曲、纯弯曲和剪切弯曲？

9-2 图题 9-1 所示梁上作用有分布载荷 q。在求梁的内力时，试问什么情况下可以用静力等效的集中力代替分布载荷？什么情况下不可以？

9-3 在图题 9-2 所示梁中，求 A—A 截面内力时，若取左段梁为研究对象，则截面上的

内力 Q_1 和 M_1 仅与 R_A 和 P 有关，那么能否说 A—A 截面的内力与右段梁的外力 M_e 和 R_B 无关呢？

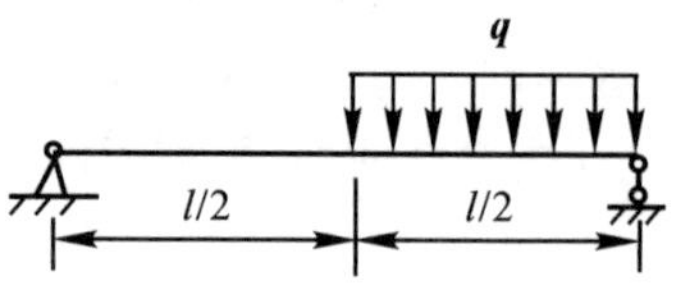

图题 9-1

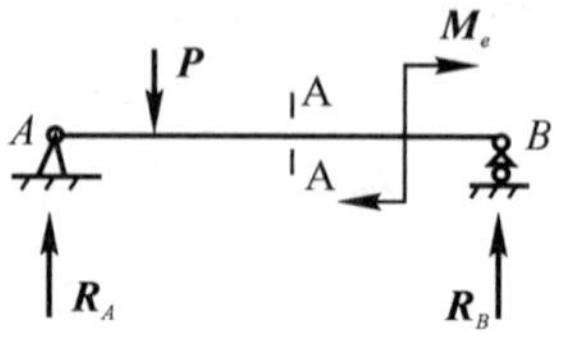

图题 9-2

9-4 试问图题 9-3 所示两梁各截面上的内力是否相等？

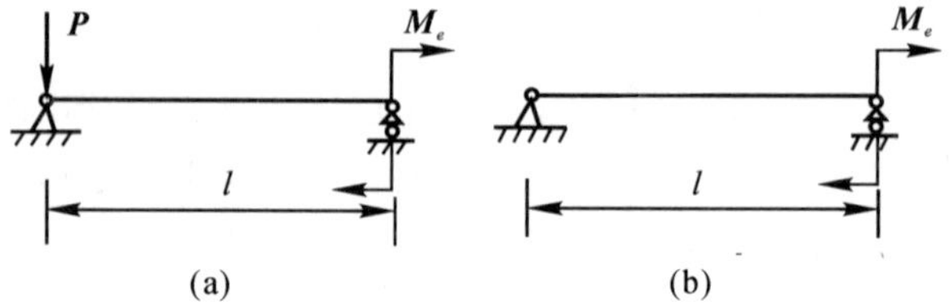

图题 9-3

9-5 用截面法将杆件截开后，取左段梁或右段梁为研究对象时，剪力 Q 和弯矩 M 的正方向分别是怎样的？

9-6 如何列 Q,M 方程？列 Q,M 方程时，为什么要分段？如何分段？

9-7 在集中力和集中力偶处，Q,M 图有何特征？

9-8 从梁的强度条件 $\sigma_{\max}=\dfrac{M_{\max}}{W_z}\leqslant[\sigma]$ 和拉伸强度条件 $\sigma_{\max}=\dfrac{N_{\max}}{A}\leqslant[\sigma]$ 相对比，说明 W_z 的物理意义。

9-9 试画出图题 9-4 所示梁在平面弯曲时，各横截面上正应力沿高度的大致分布图。

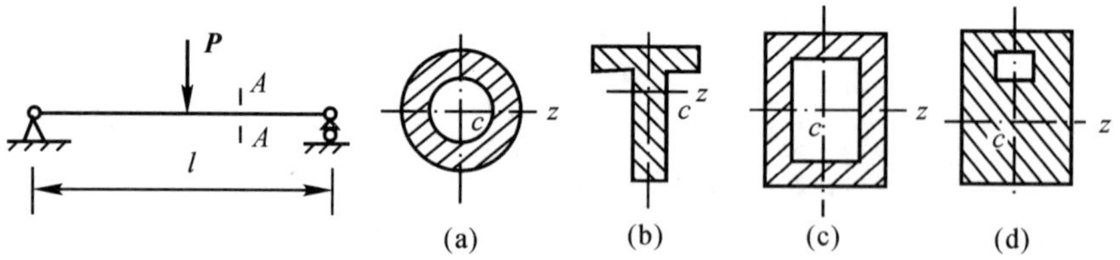

图题 9-4

9-10 梁横截面上正应力的分布是以中性轴为界，一侧为拉应力，另一侧为压应力，有人说中性轴的位置实质上是使截面上受拉部分的合力等于受压部分的合力，这种说法对否？

9-11 为何对于抗拉和抗压强度相同材料制成的梁，其横截面一般选择具有两个对称轴的形式(如矩形截面)？而对于抗拉和抗压强度不同材料制成的梁，其横截面为何应选如槽形那样的只有一个对称轴的形式？

9-12 已知木梁和钢梁的跨度、横截面尺寸和受力情况均相同。试问二梁的 Q,M 图是否相同？对应横截面上的正应力和剪应力是否也相同？

9－13　矩形截面梁，当横截面高度和宽度分别增大一倍时，该梁的抗弯能力分别增大几倍？当圆截面梁的直径增大一倍时，该梁的抗弯能力增大几倍？

9－14　内外径分别为 d 和 D 的空心圆截面梁，其轴惯性矩 I_z 和抗弯截面模量 W_z 分别为

$$I_z = I_{z大} - I_{z小} = \frac{\pi D^4}{64} - \frac{\pi d^4}{64}$$

$$W_z = W_{z大} - W_{z小} = \frac{\pi D^3}{32} - \frac{\pi d^3}{32}$$

是否正确？为什么？

9－15　试总结比较一下建立弯曲正应力公式和扭转剪应力公式所作的假设、推演过程以及它们的结论的共同性和特殊性。

9－16　在剪应力公式 $\tau = \frac{QS_z}{I_z b}$ 中，S_z 是何面积对中性轴 z 的静距？I_z 是何截面对中性轴 z 的惯性矩？

习　题　九

9－1　试求图题 9－5 示各梁在截面 1—1，2—2，3—3 上的剪力和弯矩。

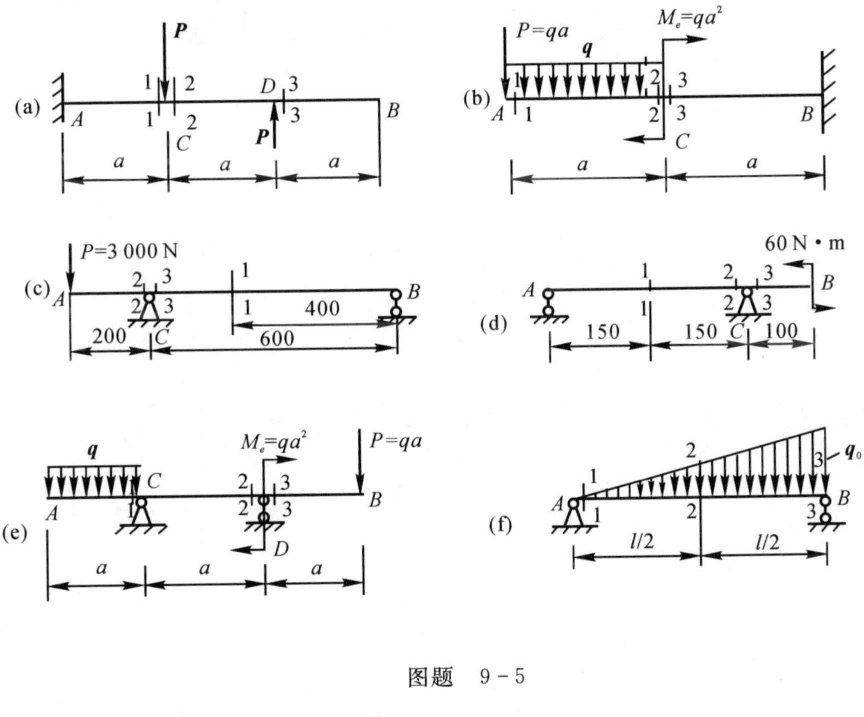

图题　9－5

9－2　试列出图题 9－6 所示各梁的剪力方程和弯矩方程，作出其剪力图和弯矩图，并求 $\boldsymbol{Q}_{\max}$ 和 $\boldsymbol{M}_{\max}$。

9－3　利用 $\boldsymbol{q}, \boldsymbol{Q}, \boldsymbol{M}$ 间的微分关系作出图题 9－7 所示各梁的剪力图和弯矩图，并求出 $\boldsymbol{Q}_{\max}$ 和 $\boldsymbol{M}_{\max}$。

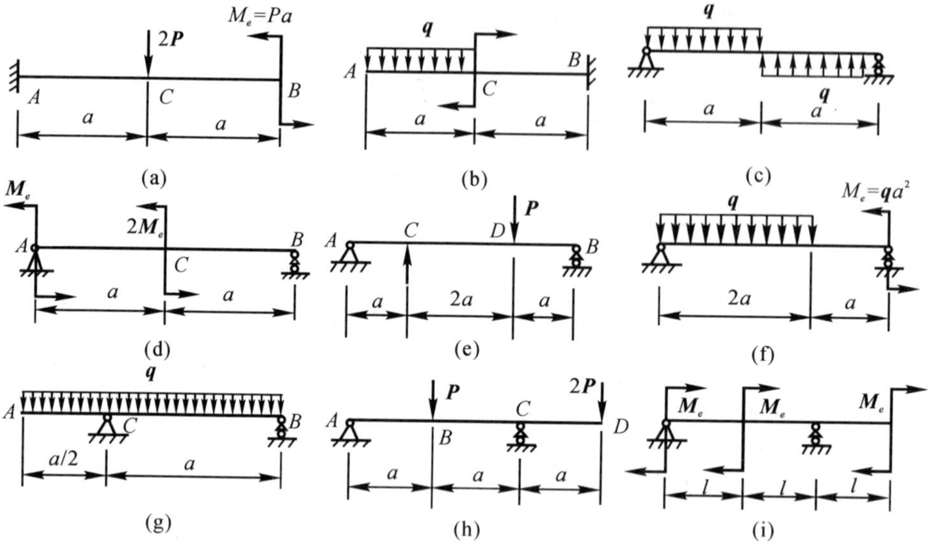

图题 9－6

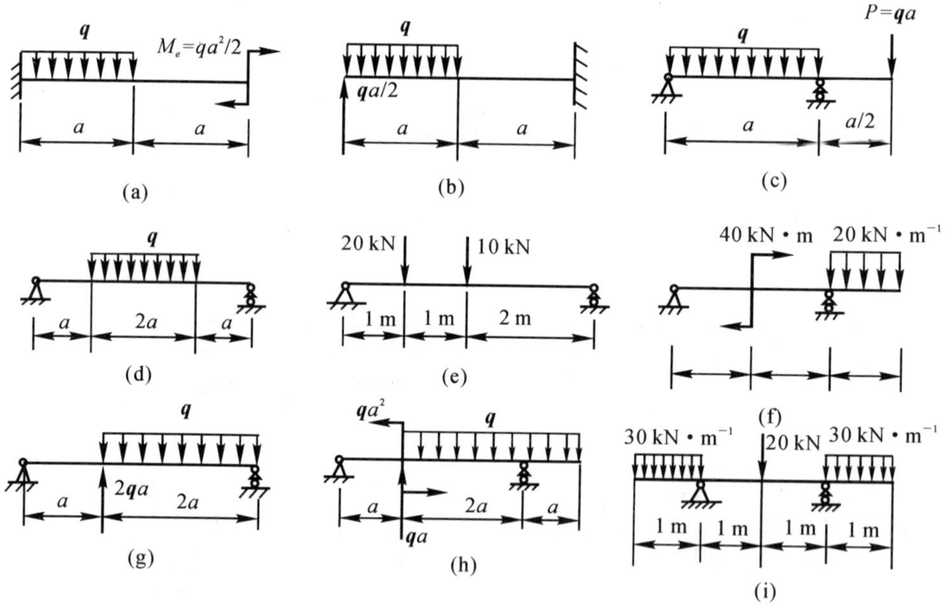

图题 9－7

9－4　已知梁的剪力图和弯矩图如图题 9－8 所示，试求其载荷。

9－5　试作出图题 9－9 所示多跨梁的剪力图和弯矩图。

9－6　试作图题 9－10 所示各 AB 梁的剪力图和弯矩图。

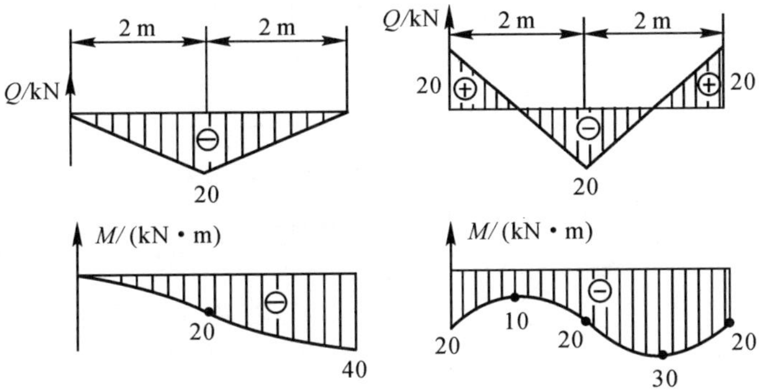

(a) (b)

图题 9-8

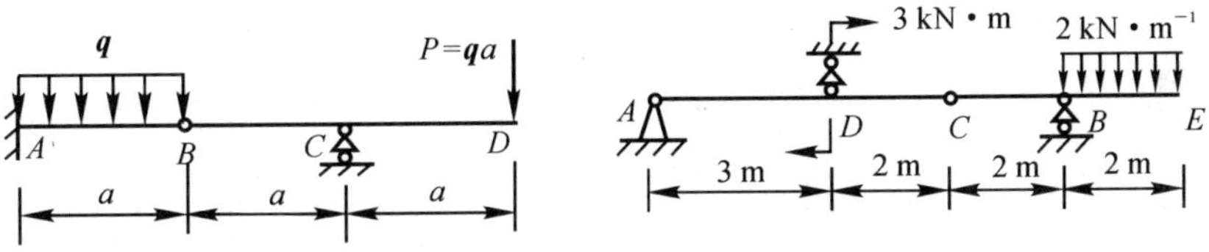

(a) (b)

图题 9-9

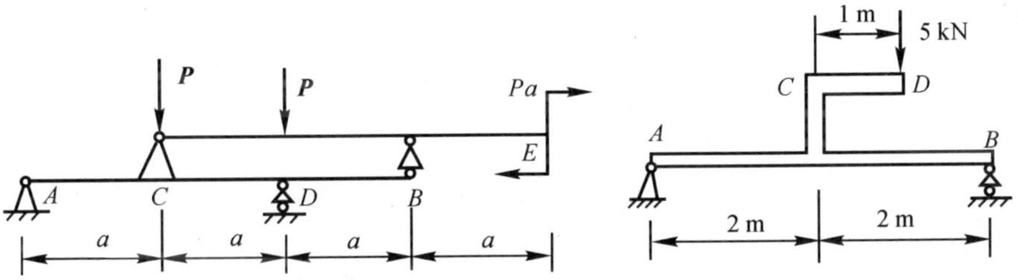

(a) (b)

图题 9-10

9-7 如图题 9-11 所示，一书架由对称地放置在二支架上的一块长 l 的木板构成。书的重力可看做均布载荷，设其载荷集度为 $\boldsymbol{q}$，试求此二支架间距离 x 多大时，结构最为合理？

9-8 如图题 9-12 所示，一跳水跳板长 l，人从 A 端上跳板，从 C 端跳入水中。试从弯矩方面考虑支座 B 在什么位置（即 x 为多少），跳板的受力最合理？已知人重力为 $\boldsymbol{P}$。

9-9 如图题 9-13 所示吊车梁，承受吊车轮子传来的压力 $\boldsymbol{P}$ 作用，试求：(1) 吊车在什么位置时，梁

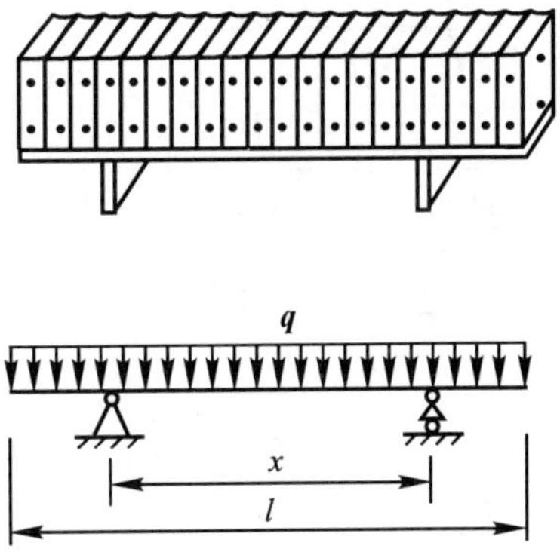

图题 9-11

内的弯矩最大？最大弯矩等于多少？(2)吊车在什么位置时，梁的支座反力最大？最大支座反力和最大剪力各是多少？

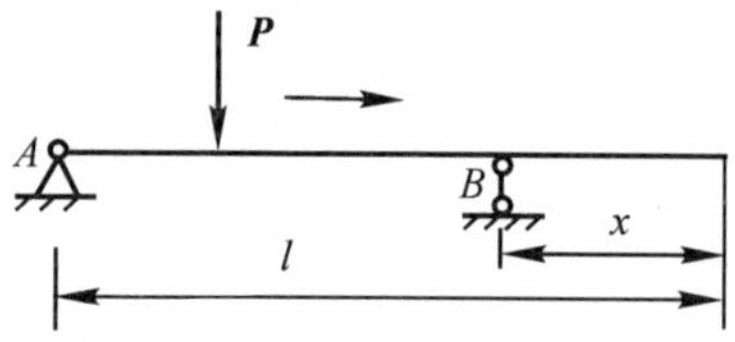

图题　9－12

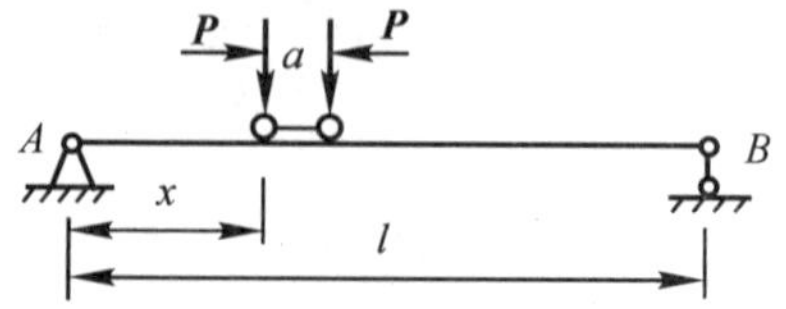

图题　9－13

9－10　试计算图题 9－14 所示截面对水平形心轴 z 的惯性矩 I_z。

9－11　如图题 9－15 所题示矩形，$b=2h/3$，从左右两侧切去半圆($d=h/2$)。试求：(1)切去部分面积占原面积的百分比；(2)切后惯性矩 I_z' 与原矩形惯性矩 I_z 之比。

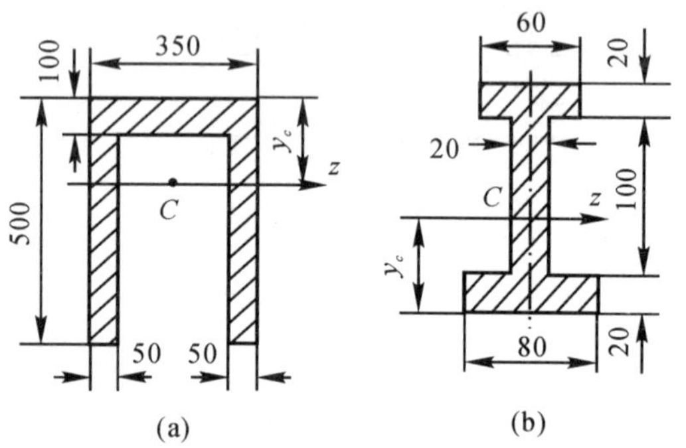

图题　9－14

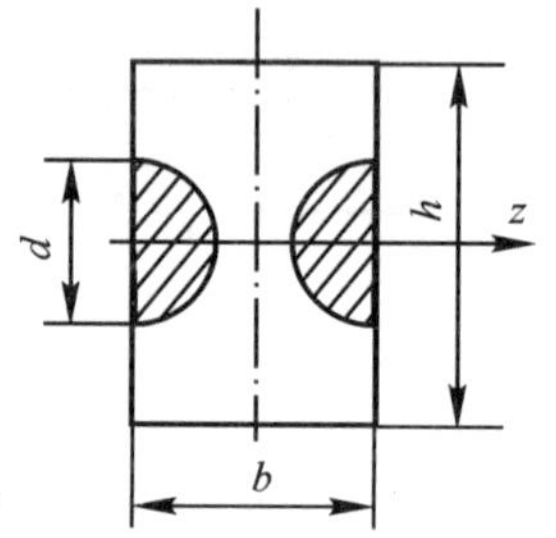

图题　9－15

9－12　图题 9－16 所示平行四边形截面和三角形截面，形心轴 z 平行于截面底边，试证明它们对形心轴 z 的惯性矩分别为 $I_z=bh^3/12$ 和 $I_z=bh^3/36$。

9－13　试求图题 9－17 所示工字钢与槽钢组合截面的形心坐标 y_C 与对形心轴 z 的惯性矩 I_z。

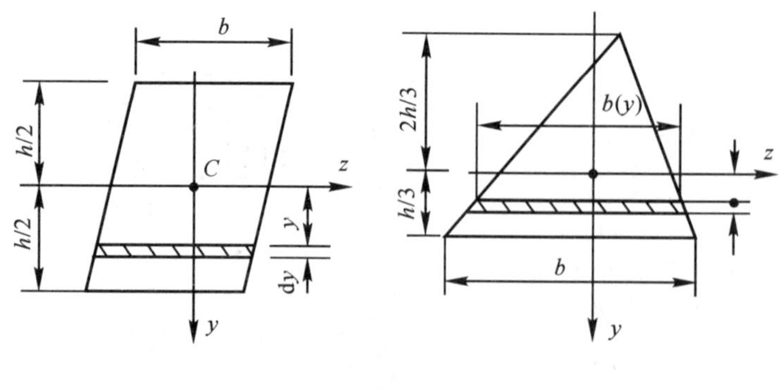

图题　9－16

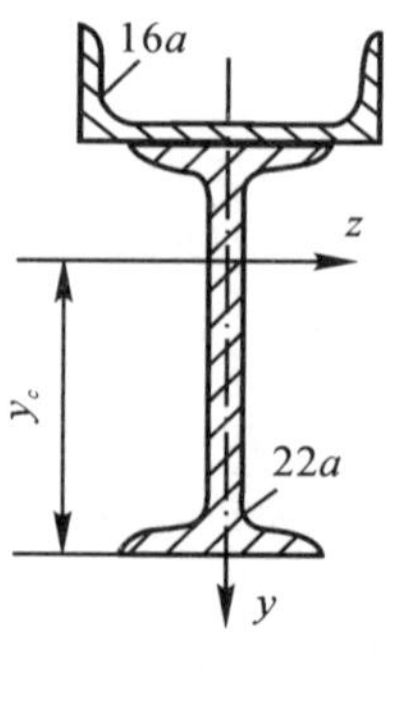

图题　9－17

9－14　把直径 $d=1$ mm 的钢丝绕在直径为 $D=2$ m 的卷筒上，试计算该钢丝中产生的最大应力，设 $E=200$ GPa。

9-15　图题 9-18 所示圆截面悬臂梁，自由端受力偶作用。试计算自由端截面形心的垂直位移。已知材料的弹性模量为 E(注：当 θ 很小时，$\cos\theta\approx1-\theta^2/2$)。

9-16　矩形截面悬臂梁受力如图题 9-19 所示。试求Ⅰ—Ⅰ和Ⅱ—Ⅱ截面上 A,B,C,D 四点处的弯曲正应力。

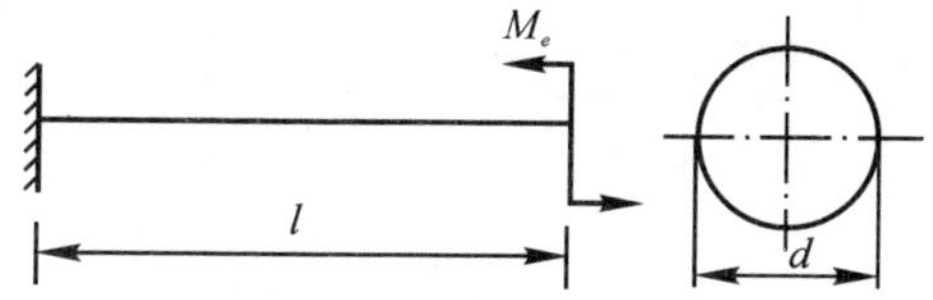

图题　9-18

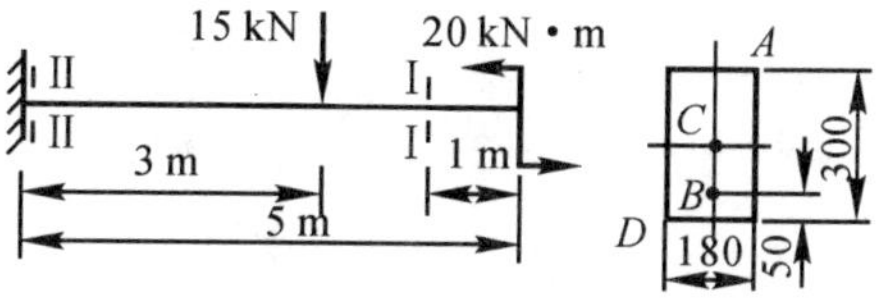

图题　9-19

9-17　某圆轴的外伸部分系空心圆截面，所受横向载荷如图题 9-20 所示。试作该轴的弯矩图，并求轴内的最大正应力。

9-18　球墨铸铁梁，受力和截面尺寸如图题 9-21 所示，已知横截面对中性轴的惯性矩 $I_z=2\ 980\ \text{cm}^4$。(1) 作出最大正弯矩和最大负弯矩所在截面的应力分布图；(2)求全梁的最大拉应力和最大压应力。

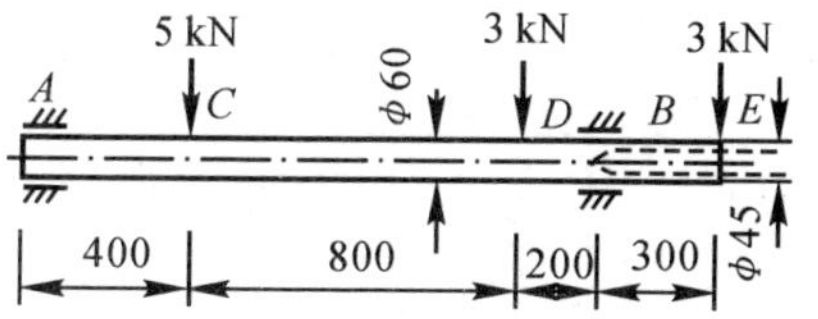

图题　9-20

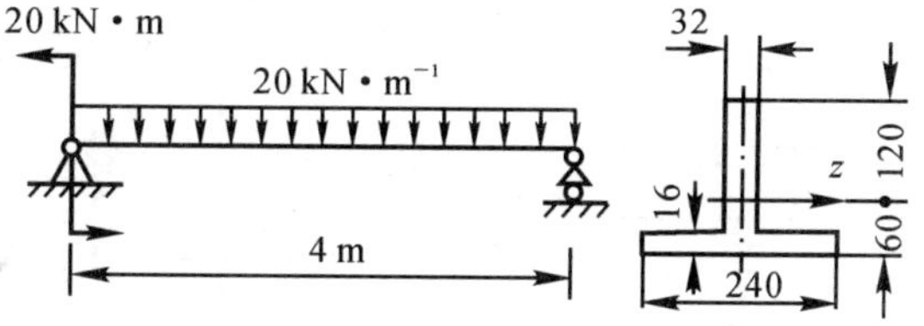

图题　9-21

9-19　图题 9-22 所示 T 字形截面梁，已知梁的最大正弯矩为 3100 N・m。试求：(1)上、下边缘处的正应力；(2)中性轴以上和以下与横截面垂直的分布内力系的合力。

9-20　一矩形截面梁，长度如图题 9-23 所示，许用应力$[\sigma]=160$ MPa。试按下列两种情况校核此梁的强度：(1)梁的 120 mm 边坚直放置；(2)120 mm 边水平放置。

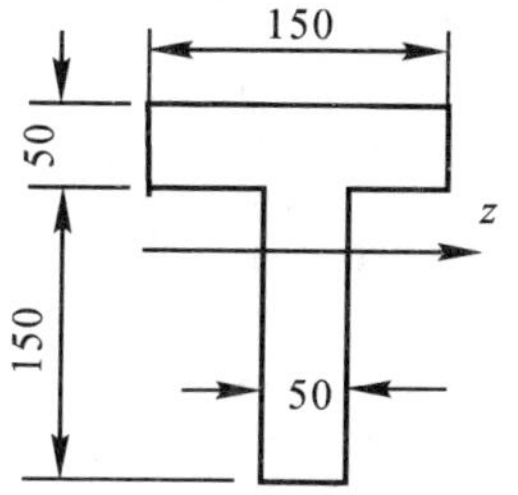

图题　9-22

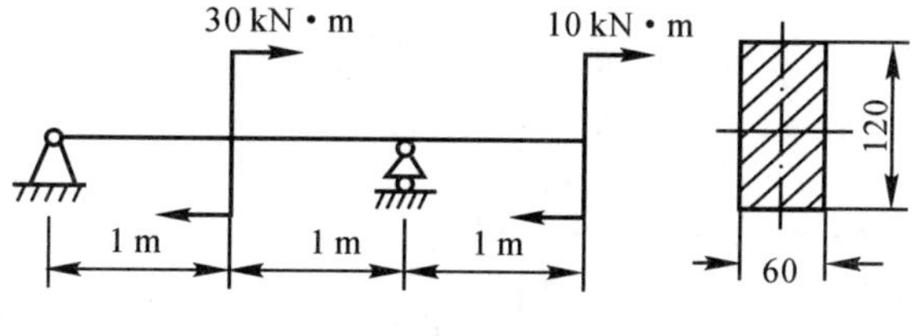

图题　9-23

9-21　如图题 9-24 所示简支梁 AB 由 No.16 工字钢制成，跨度 $l=1.5$ m，在梁中间截面 D 处作用集中力 $\boldsymbol{P}$。为测得 $\boldsymbol{P}$ 的大小，在距中点 250 mm 处，于梁的下沿 C 点装有一杠杆式应变计，梁受力后，由应变计测得 C 点的线应变 $\varepsilon=4.01\times10^{-4}$。已知钢材的弹性模量 $E=210$ GPa。试求载荷 $\boldsymbol{P}$ 的数值。

9-22　空气泵的操纵杆、受力及长度大小如图题 9-25 所示，Ⅰ—Ⅰ和Ⅱ—Ⅱ截面大小相同，$h/b=3$，试求Ⅱ—Ⅱ截面的长度 b 和 h。已知$[\sigma]=50$ MPa。

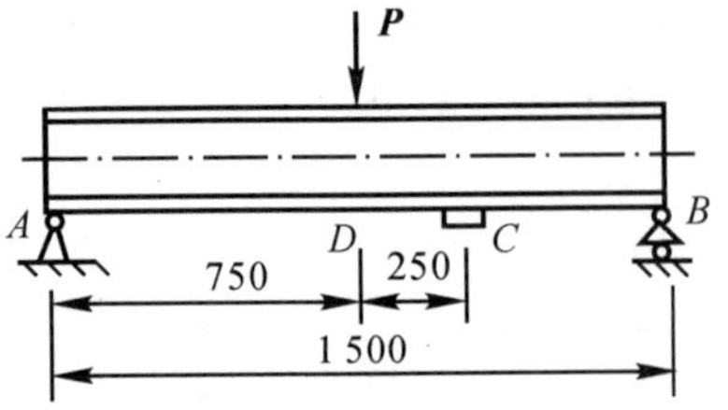

图题 9-24

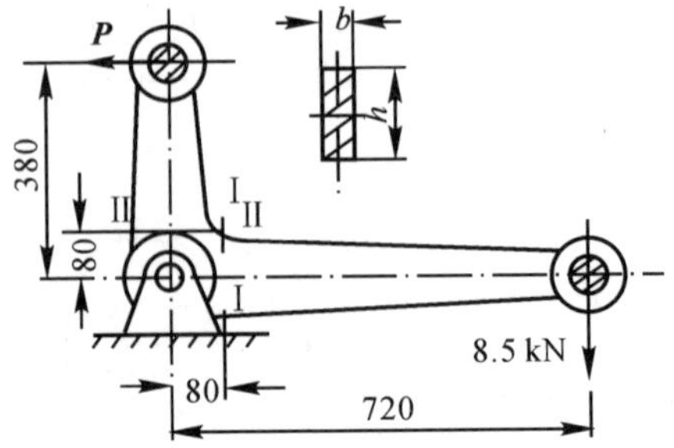

图题 9-25

9-23 如图题 9-26 所示，如果载荷 $\boldsymbol{P}$ 直接作用于筒支梁 AB 的中点，则梁的最大弯曲正应力将超过许用应力值 30%。为了避免出现过载现象，在梁上增加一辅助梁 CD。试求 CD 梁的最小跨度 a。已知 $l=6$ m。

9-24 压板的长度大小和载荷情况如图题 9-27 所示。材料为 45 号钢，$\sigma_S=380$ MPa，取安全因数 $n=1.5$。试校核压板的强度。

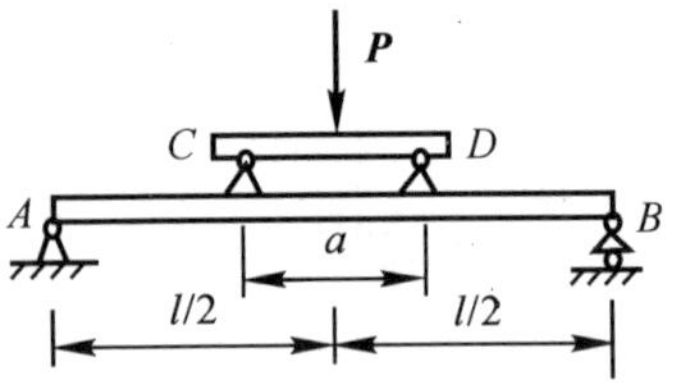

图题 9-26

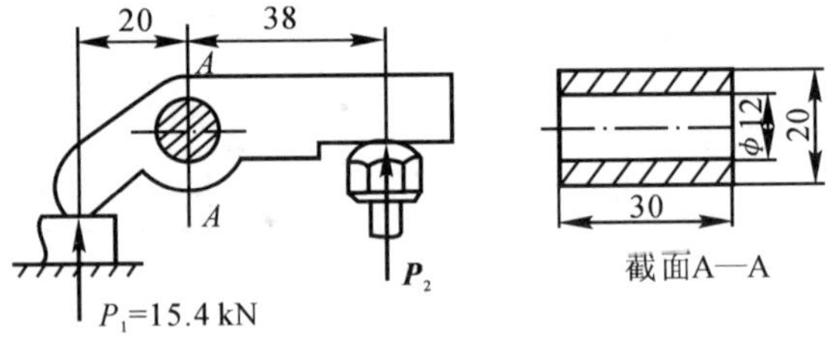

图题 9-27

9-25 图题 9-28 所示轧辊的直径 $D=280$ mm，跨长 $L=1\ 000$ mm，$l=300$ mm，$b=400$ mm，轧辊材料的许用应力$[\sigma]=100$ MPa。求轧辊所能承受的最大轧制力 $\boldsymbol{q}$。

9-26 工厂用两台起重机和一辅助梁共同起吊一重力 $P=300$ kN 的设备，如图题 9-29 所示。二起重机的最大起重重力分别为 150 kN 和 200 kN。若不计辅助梁的自重，试求：(1) x 在何范围内，才能保证两台起重机都不超载？(2)若用工字钢作此辅助梁，试选工字钢型号。已知许用应力$[\sigma]=160$ MPa。

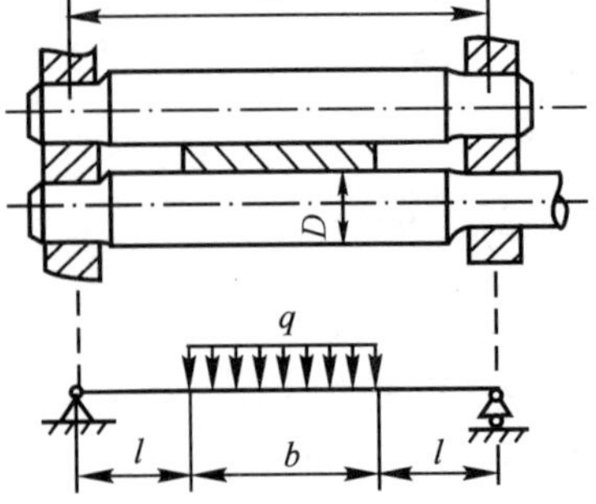

图题 9-28

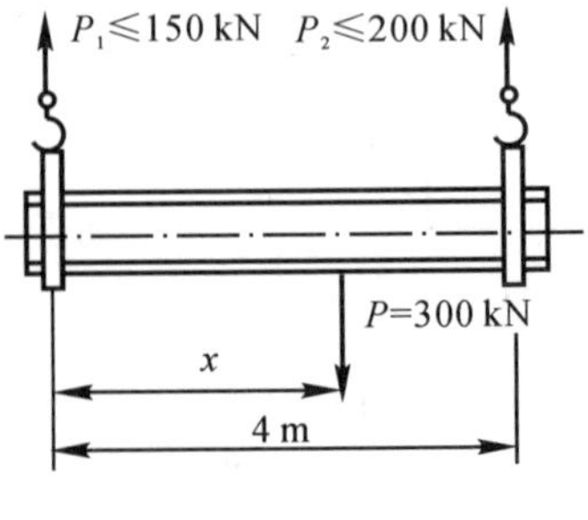

图题 9-29

9－27　T字形截面铸铁悬臂梁，长度大小及载荷如图题9－30所示。设材料的许用应力$[\sigma_T]=40$ MPa，$[\sigma_C]=160$ MPa，截面对中性轴z的惯性矩$I_z=10\ 180\ \text{cm}^4$，$h_1=9.64$ cm，试计算该梁的许可载荷$[P]$。

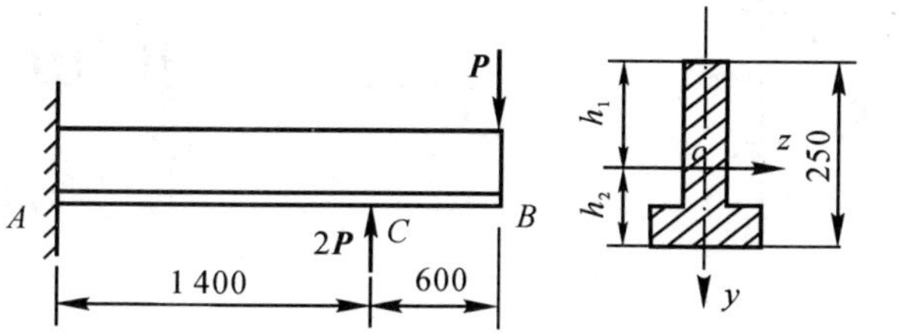

图题　9－30

9－28　由圆柱形木料锯成的矩形截面简支梁如图题9－31所示。材料的许用应力$[\sigma]=$ 10 MPa。试求抗弯截面模量为最大时矩形截面的高宽比h/b，以及锯成此梁所需木料的最小直径d。

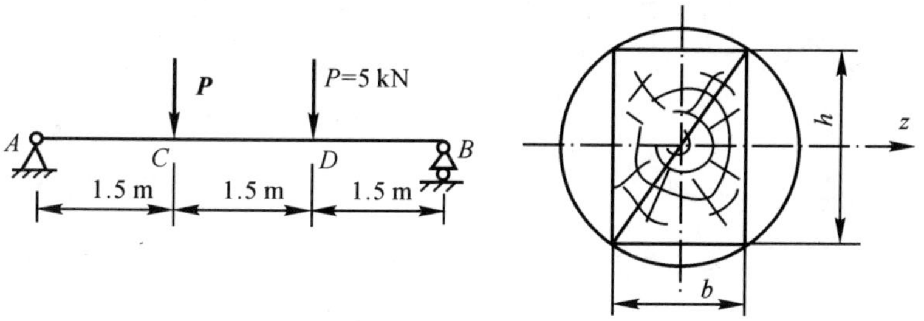

图题　9－31

9－29　图题9－32所示20号槽钢受纯弯曲时，测出A，B两点间长度的改变为$\Delta l=27\times 10^{-3}$ mm。试求梁截面上的弯矩$\boldsymbol{M}$。已知材料的弹性模量$E=200$ GPa。

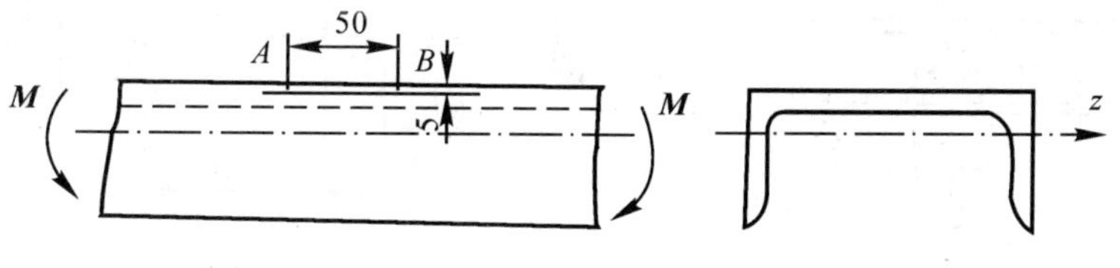

图题　9－32

9－30　图题9－33所示简支梁用20a号工字钢制成。由于正应力强度不足，故在梁中间一段的上、下翼缘上各焊一块截面为120 mm×10 mm的钢板来加强。若材料的许用应力$[\sigma]$ $=160$ MPa。试求所加钢板的最小长度$2l$。

9－31　一矩形截面外伸梁如图题9－34所示。已知材料的许用应力$[\sigma]=100$ MPa。试校核梁的强度。

9－32　铸铁制成的外伸梁如图题9－35所示。材料的许用应力$[\sigma_T]=30$ MPa，$[\sigma_C]=$ 90 MPa，$P=8.5$ kN。试校核此梁的强度。

9-33　如图题 9-36 所示截面为 10 号工字钢的梁 AB，在 D 点由圆钢杆 CD 支承，已知梁和杆的$[\sigma]=160$ MPa。试求许可均布载荷 $\boldsymbol{q}$ 及圆杆的直径 d。

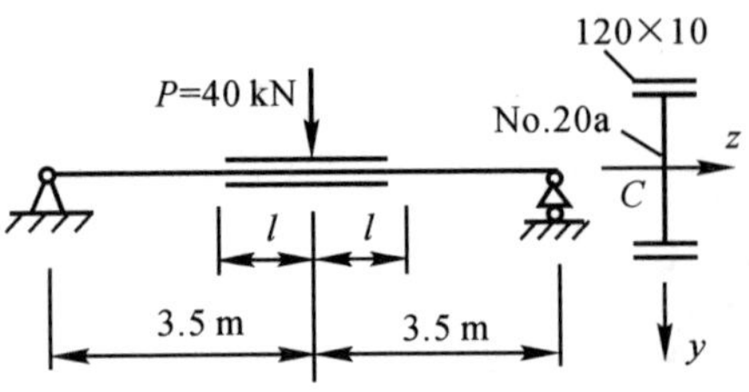

图题　9-33

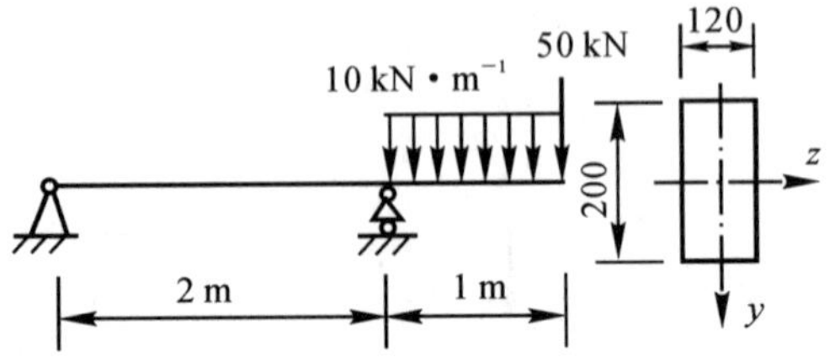

图题　9-34

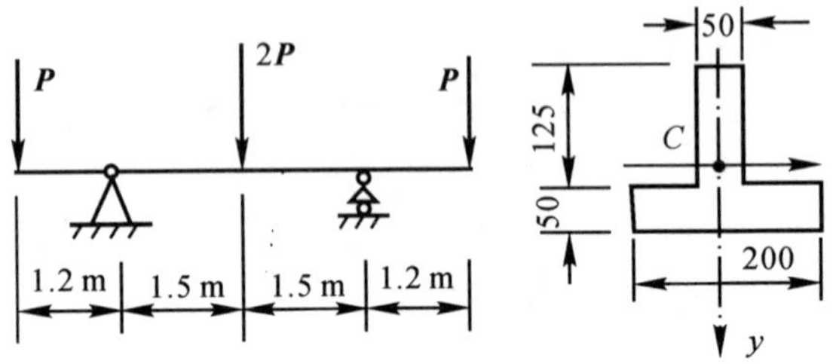

图题　9-35

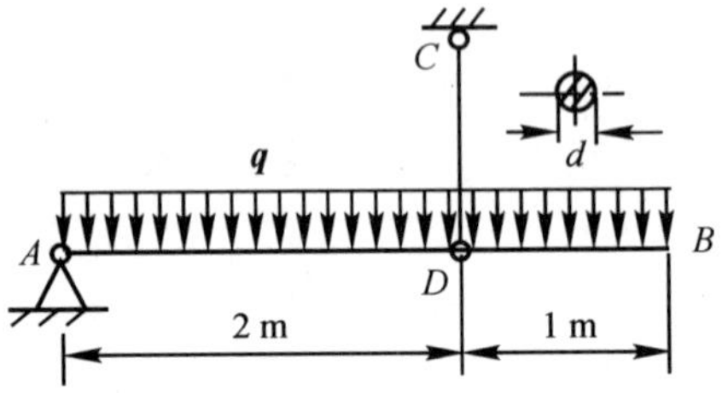

图题　9-36

9-34　某车间行车用 28b 号工字钢制成，如图题 9-37 所示。跨度 $l=6$ m，最大起吊重力为 30 kN。现需起吊 50 kN 的重物，为此设法使小车轮距加大到 $a=1$ m，问此时大梁强度是否足够？已知$[\sigma]=140$ MPa。

9-35　矩形截面梁的长度大小如图题 9-38 所示。集中力 $P=88$ kN，试求：(1)截面 1—1上 a，b 两点的剪应力和最大剪应力；(2)全梁的 $\tau_{\max}$ 和 $\sigma_{\max}$。

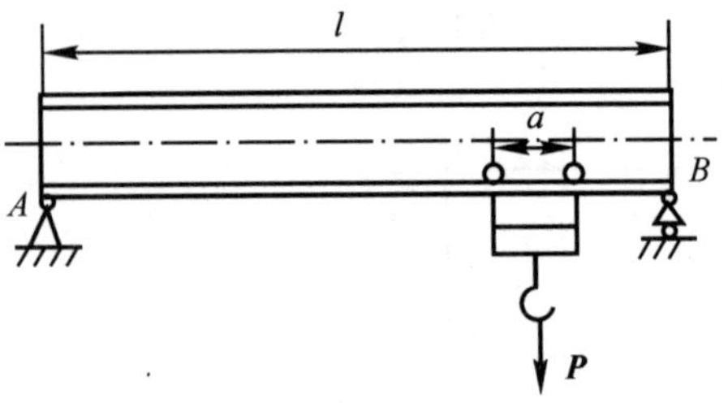

图题　9-37

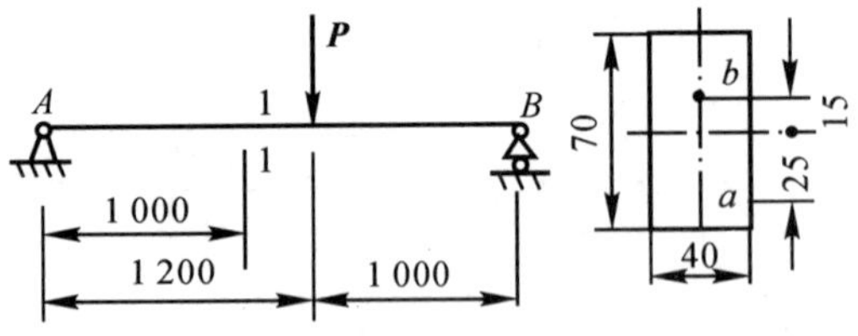

图题　9-38

9-36　图题 9-39 所示简支梁 AB 受均布载荷作用。试求梁内最大剪应力与最大正应力之比。

9-37　如图题 9-40 所示支梁，已知$[\sigma]=32$ MPa，$[\tau]=26$ MPa，试校核内外径分别为 $d=80$ mm、$D=100$ mm 的铸铁管梁的强度。

9-38　一钢梁承受载荷如图题 9-41 所示。材料的许用应力$[\sigma]=160$ MPa，$[\tau]=100$ MPa，试选择工字钢的型号。

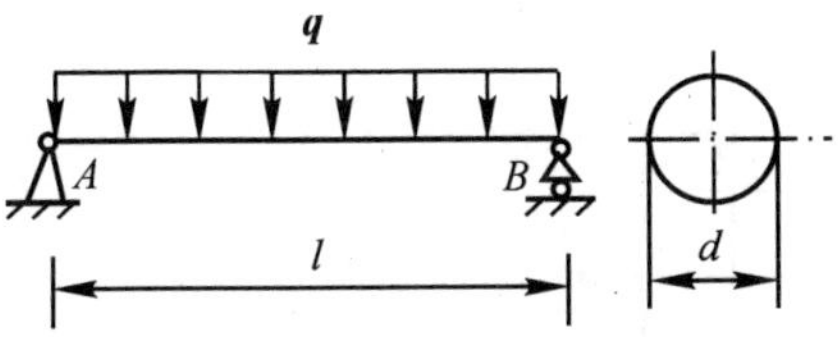

图题 9-39

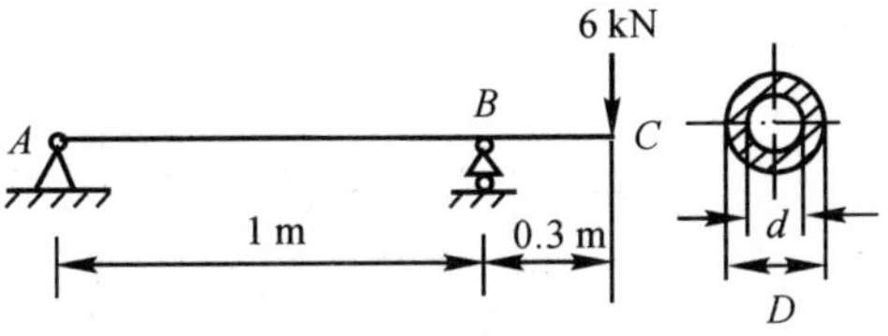

图题 9-40

9-39 如图题 9-42 所示起重机在梁上可来回运动。已知:起重机自重 $Q=50$ kN,最大起重力 $P=10$ kN,梁由两根 No. 28a 工字钢组成,材料的许用应力$[\sigma]=160$ MPa,$[\tau]=100$ MPa。试校核梁的强度。

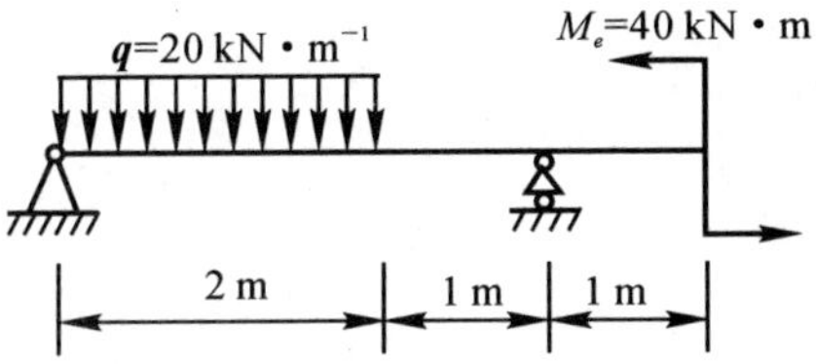

图题 9-41

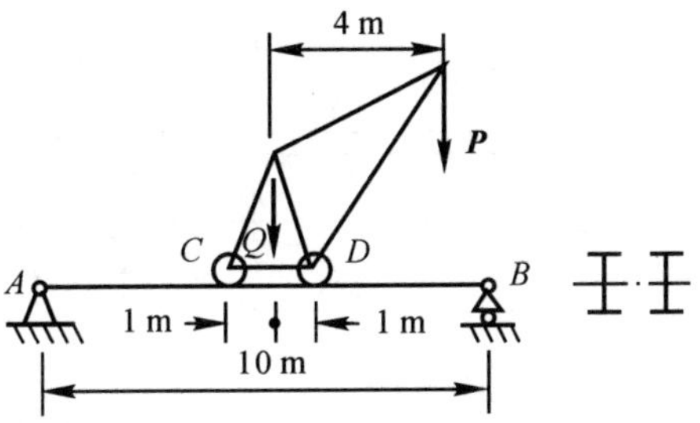

图题 9-42

9-40 图题 9-43 所示外伸梁由两根槽钢组成。已知材料的许用应力$[\sigma]=150$ MPa,试选择槽钢号数。

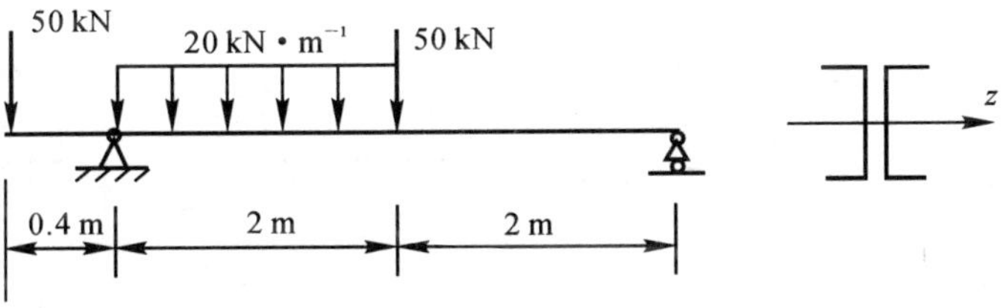

图题 9-43

9-41 由两根槽钢和上下盖板焊接成的梁,如图题 9-44 所示。设$[\sigma]=160$ MPa,试校核梁的强度。

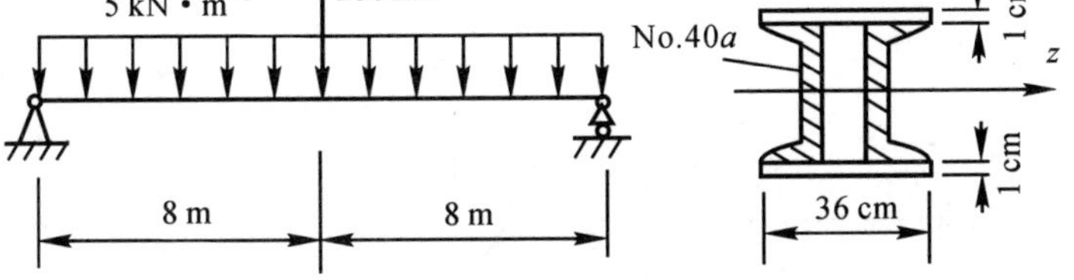

图题 9-44

9-42 矩形截面的木梁如图题 9-45 所示,截面的高宽比 $h/b=2$,梁材料的许用应力

$[\sigma]=9$ MPa,$[\tau]=1$ MPa。试确定梁的截面长度大小。

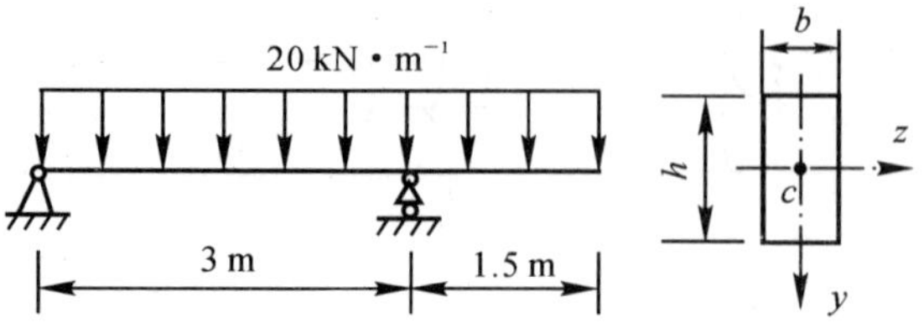

图题　9-45

9-43　如图题 9-46 所示,制动装置的杠杆用直径 $d=30$ mm 的销钉支承在 B 处。若杠杆的许用应力$[\sigma]=137$ MPa,销钉的许用剪应力$[\tau]=98$ MPa。试求许可载荷$[P_1]$和$[P_2]$。

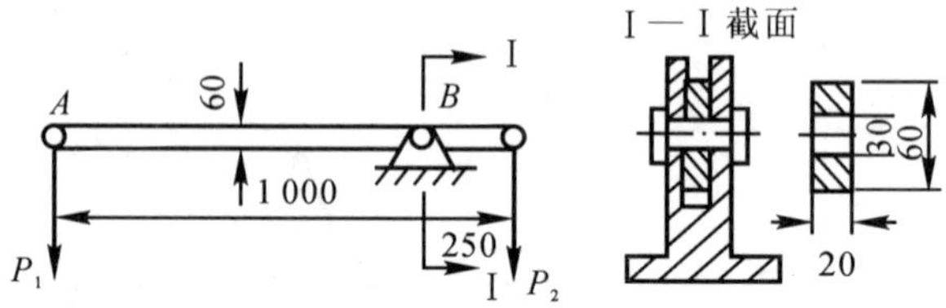

图题　9-46

9-44　图题 9-47 所示两根材料相同、横截面面积相等的简支梁,一根是整的矩形截面梁,另一根是二个矩形截面的叠合梁,若不计叠合梁之间的摩擦,试问:(1)这两种梁横截面上的正应力是怎样分布的?(2)这两种梁所能承受的载荷之比是多少?

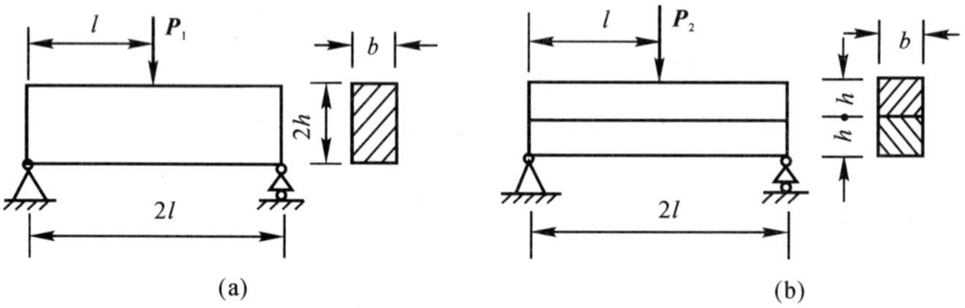

图题　9-47

9-45　由三根木条胶合而成的悬臂梁,截面长度大小如图题 9-48 所示。已知:跨度 $l=1$ m,胶合面上的许用剪应力$[\tau^*]=0.34$ MPa,木材的许用应力$[\sigma]=10$ MPa,$[\tau]=1$ MPa。试求许可载荷 $[P]$。

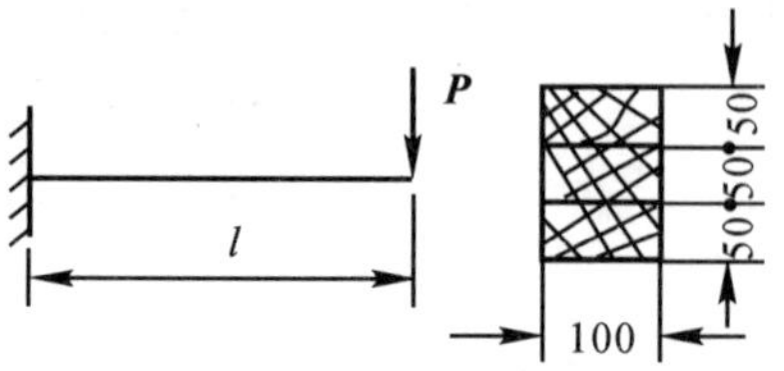

图题　9-48

第十章　弯曲位移分析与刚度计算

§10-1　引　言

一、弯曲位移的描述——挠度和转角

当梁受到纵向对称面内的载荷作用时，它产生平面弯曲，变形(deformation)后的轴线是一条仍在纵向对称面内的连续且光滑的平面曲线，该曲线称为挠曲线或弹性曲线(见图10-1)。如以变形前的轴线为 x 轴，截面对称轴为 y 轴，则梁的挠曲线可表示为

$$y=f(x) \tag{10-1}$$

上式称为梁的挠曲线方程。

由于弯曲变形，梁的任一横截面(例如图10-1中离原点为 x 的截面)将发生位移，它可分解为平行移动的位移和绕中性轴转动的位移(displacement)。

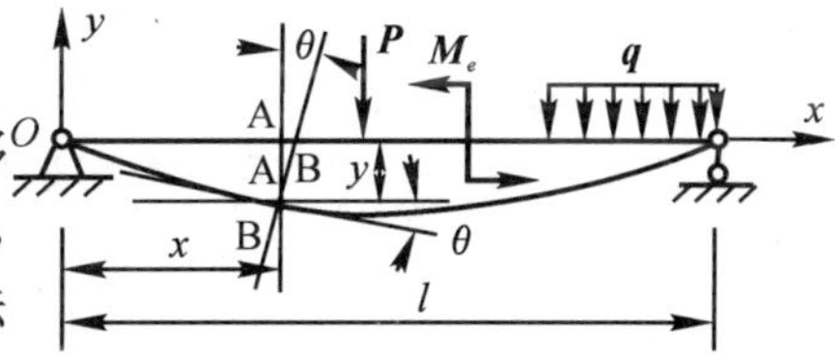

图　10-1

1. 横截面平行移动的位移　它可用其形心的位移来描述。横截面形心在垂直于梁轴(x 轴)方向的位移，称为挠度(deflection)，即图10-1中的 y。在图示坐标系中，挠度 y 向上为正。实际上由于轴线在中性层上，其长度不变，故横截面形心产生垂直位移时，还有沿轴线方向的位移。但由于工程中梁的挠度一般都很小，挠曲线为一平坦(flat)曲线，因而沿轴线方向的位移与挠度相比是高阶小量，可以忽略不计。

2. 横截面绕中性轴转动的位移

它可用其绕中性轴转过的角度(即横截面相对于其原位置转过的角度)来描述，称为截面的转角(angles of rotation)，用 θ 表示(见图10-1)。根据平面假设，变形后横截面仍垂直于挠曲线，故横截面的转角就等于挠曲线在该点的切线与 x 轴的夹角(见图10-1)。在小挠度情形下，应有

$$\theta\approx\tan\theta=\frac{dy}{dx}=\frac{df(x)}{dx} \tag{10-2}$$

由式(10-2)可知，挠曲线上任一点切线的斜率等于该点处横截面的转角，该式称为转角方程。在图10-1所示坐标系下，转角 θ 逆时针为正。

由上述分析可知，如能得出挠曲线方程 $y=f(x)$，则梁各横截面的挠度 y 和转角 θ 均可

得出。

二、工程中的弯曲位移问题

工程中的许多构件在承受弯曲时，对于弯曲位移都有一定的要求。一类要求是构件的弯曲位移不得超过一定的数值，否则构件不能正常工作。例如，在传动机构中两齿轮啮合处（见图 10－2），若齿轮轴有较大的挠度和转角，就要影响齿轮的正常啮合，加速齿轮的磨损。图 10－3(a)所示车床上加工的工件，若切削点处的位移过大，则此工件将难以满足设计要求而成为废品（见图 10－3(b)）；若行车大梁在起吊重物时弯曲位移过大，则行车行驶时就要发生剧烈振动。因此，必须限制这些构件的弯曲位移。

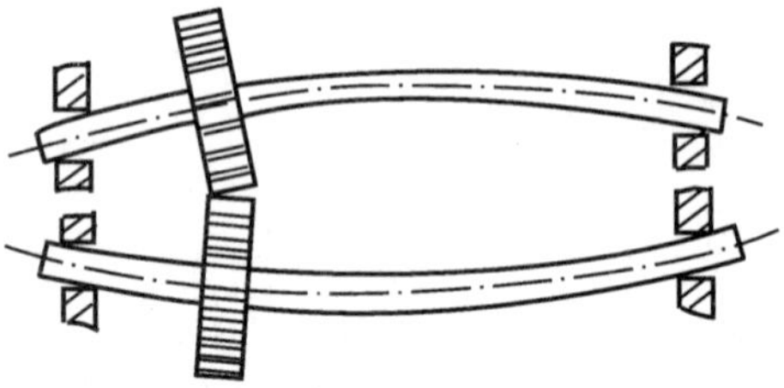

图 10－2

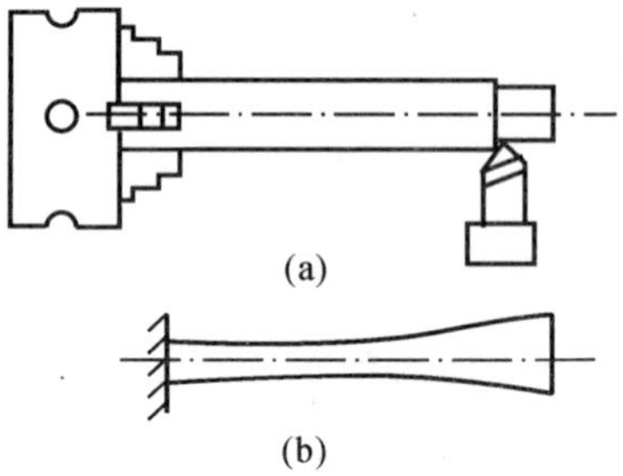

图 10－3

与上述情况相反，另一类要求是希望构件能产生较大的弯曲位移，以达到特定的目的。例如，车辆中用的叠板弹簧（见图 10－4），就是利用其在车箱轮轴处能够产生较大位移的特点，来减小车身的冲击，达到减振的目的。又如车床用的切削刀（见图 10－5），其头部做成弯曲形状，以增大刀尖的弹性位移，若切削时遇到硬点，能起到缓冲作用，防止断刀并提高切削速度。所以，在工程中，梁的刚度条件通常是根据弯曲位移来建立的而不是根据弯曲变形来建立的。

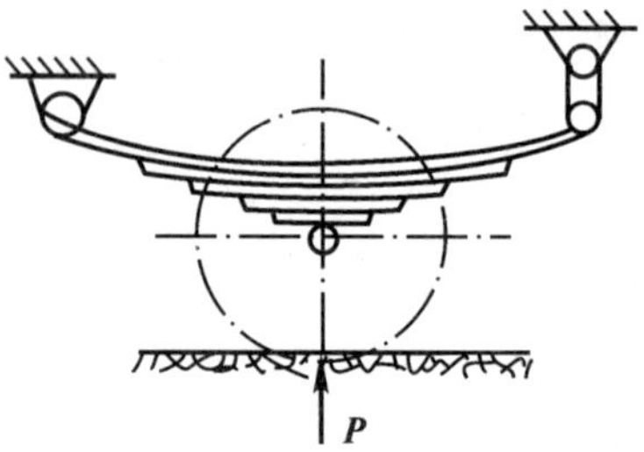

图 10－4

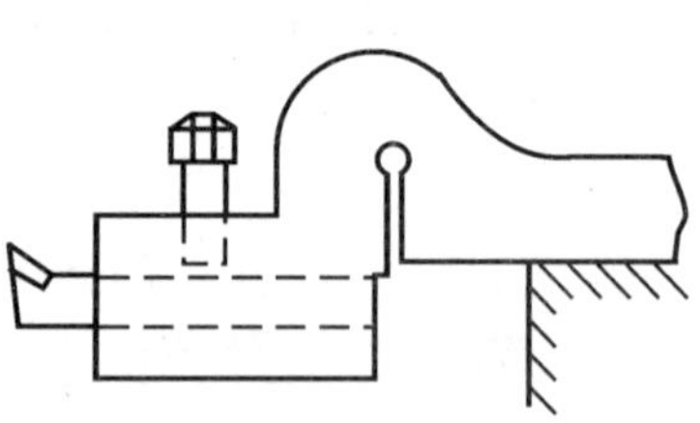

图 10－5

三、弯曲位移与弯曲变形的联系和区别

变形和位移是两个不同的概念。变形是指物体的形状和尺寸发生的变化，而位移则是指物体上各点、线、面在空间位置的改变。图 10－1 所示为一简支梁，在载荷作用下产生弯曲，其弯曲变形的程度可用梁的曲率 $1/\rho$ 来描述。如图 10－6 所示任一微段梁 $\mathrm{d}s$ 的曲率为

$$\frac{1}{\rho(x)}=\frac{\mathrm{d}\theta}{\mathrm{d}s} \tag{10-3}$$

即曲率就是经过单位弧长横截面相对转过的角度，它反映了微段梁弯曲变形的程度。将第九章式(9-5)代入式(9-3)，得

$$\frac{1}{\rho(x)}=\frac{\mathrm{d}\theta}{\mathrm{d}s}=\frac{M(x)}{EI} \tag{10-4}$$

即梁各处弯曲变形的程度与弯矩成正比，与抗弯刚度成反比。

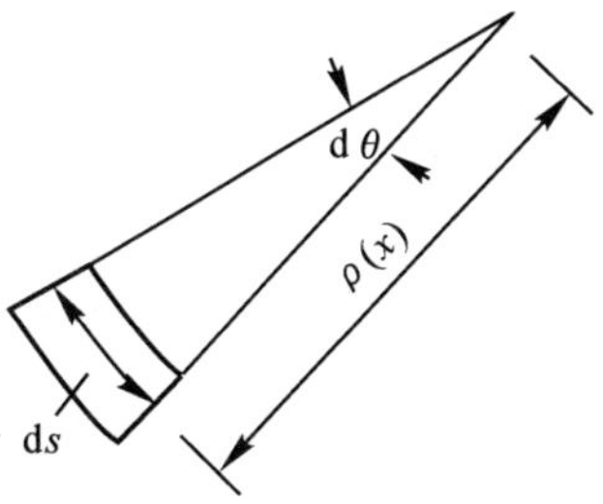

图 10-6

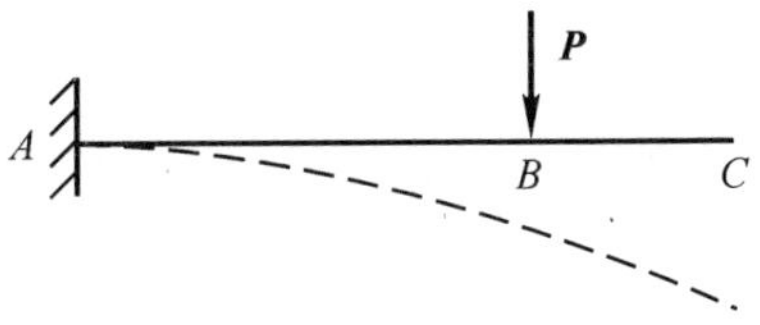

图 10-7

弯曲位移是指梁变形后的横截面位置相对于变形前的位置的改变，例如图 10-1 中的 A—A 截面位移后到 B—B 位置。弯曲位移通常用挠度和转角来描述。

弯曲位移与弯曲变形既有区别又有联系。变形将引起位移；但有位移却不一定有变形；就是无刚性位移的梁，其任一横截面的位移也含有刚性位移的成分；另外变形相同的梁，其位移也不一定相同。如图 10-7 所示悬臂梁，BC 段有较大的位移却无变形；图 10-8(a)所示 AB 梁整体无刚性位移，它可以看做是由 AC 和 CB 两段梁所组成，AC 段的变形将引起 CB 段梁整体的移动，所以 CB 段梁各横截面的位移均含有刚性位移成分；另外图 10-8(a)，(b)所示两梁，由于两梁的弯矩方程相同，所以两梁的弯曲变形完全相同，但两梁的位移完全不同，这是由于两梁的约束条件不同所致。综上所述，弯曲位移不能完全反映弯曲变形的大小，因而不能用弯曲位移(挠度和转角)来度量梁的变形。这一点特别提醒读者注意。

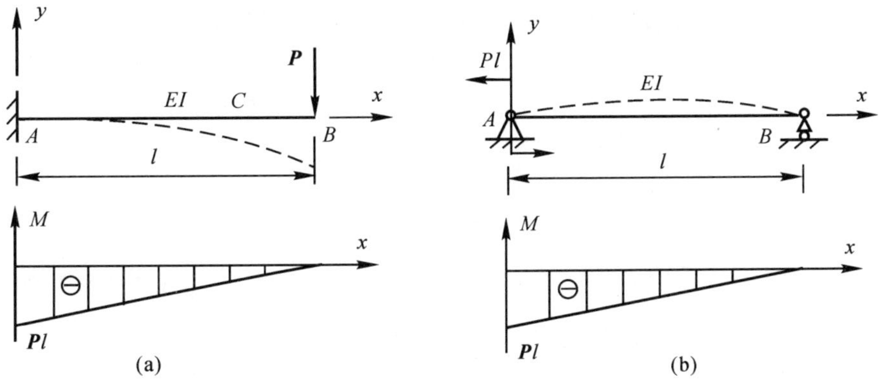

图 10-8

由于梁的刚度条件通常是用弯曲位移来建立的，这就需要掌握弯曲位移的计算方法。另外在求解弯曲静不定问题和梁的振动计算问题时，也要涉及到弯曲位移的计算。所以本章将研究梁的位移计算。

§10－2 挠曲线近似微分方程及其积分

在上一章中推导弯曲正应力公式时，曾得到中性层的曲率表达式，也就是挠曲线的曲率表达式(9-5)，即

$$\frac{1}{\rho(x)}=\frac{M(x)}{EI} \tag{1}$$

由高等数学知，任一平面曲线 $y=f(x)$ 上任意一点的曲率为

$$\frac{1}{\rho(x)}=\pm\frac{\dfrac{d^2y}{dx^2}}{\left[1+\left(\dfrac{dy}{dx}\right)^2\right]^{3/2}} \tag{2}$$

这一关系式，对梁的挠曲线当然适用，将式(2)代入式(1)，得

$$\pm\frac{\dfrac{d^2y}{dx^2}}{\left[1+\left(\dfrac{dy}{dx}\right)^2\right]^{3/2}}=\frac{M(x)}{EI} \tag{3}$$

上式即为梁的挠曲线微分方程，这是个二阶非线性常微分方程。显然，求解此方程是相当困难的。但考虑到，实际中梁的挠曲线只是一条微弯曲线，其斜率$\frac{dy}{dx}$很小，故$\left(\frac{dy}{dx}\right)^2\ll 1$，可忽略不计。这样，式(3)可简化为

$$\pm\frac{d^2y}{dx^2}=\frac{M(x)}{EI} \tag{4}$$

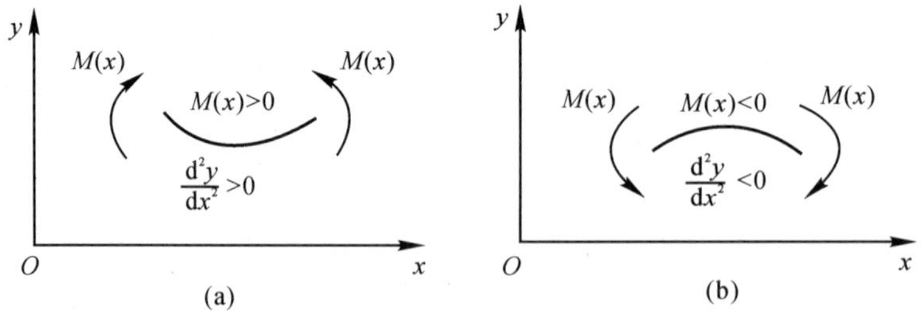

图 10－9

按照第九章中规定的弯矩 M 的正负，以及在现在所选的坐标系下，曲线二阶导数的正负，从图10－9可知，弯矩 $M(x)$ 与$\frac{d^2y}{dx^2}$同号，故式(4)左端应取正号。于是得

$$\frac{d^2y}{dx^2}=\frac{M(x)}{EI} \tag{10-5}$$

式(10－5)称为梁的挠曲线近似微分方程(approximate differential equation of the deflection curve of beams)。它是在弹性小挠度情况下研究梁弯曲位移的基本方程。将该方程积分两次

得

$$\frac{\mathrm{d}y}{\mathrm{d}x}=\theta=\int\frac{M(x)}{EI}\mathrm{d}x+C \tag{10-6}$$

$$y=\int\left[\int\frac{M(x)}{EI}\mathrm{d}x\right]\mathrm{d}x+Cx+D \tag{10-7}$$

上面两式中的 C,D 是两个积分常数,需由梁挠曲线上某些点的已知位移条件确定,这种已知条件称为梁的边界条件(boundary conditions)。例如梁在固定端处的挠度和转角都等于零,在铰支座截面处的挠度等于零。

如果外力将梁分为几段,就必须分段列出梁的弯矩方程,则各段梁的挠曲线近似微分方程也相应地不同。对各段梁的微分方程进行积分时,均出现两个积分常数。要确定这些积分常数,除利用边界条件外,还要考虑到整个梁的挠梁曲线是一条连续且光滑的曲线,故可利用两段梁在交界处的位移连续条件(displacement continuity condition)(即光滑连续条件),即两段梁在交界处具有相同的挠度和转角,否则两段梁在交界处发生错断(挠度不等)和裂开(转角不等)。

这种通过两次积分求弯曲位移的方法,称为积分法(method of integration)。现举例说明其具体应用。

例 10-1 图 10-10 所示悬臂梁,已知 $\boldsymbol{q}$ 和 l 及梁的抗弯刚度 EI,试求梁的转角方程和挠曲线方程,并确定梁的绝对值最大的转角 $\theta_{\max}$ 和挠度 $y_{\max}$。

解 以固定端为坐标原点,取坐标系如图 10-10 所示。

(1) 计算支反力,列弯矩方程

由 $\sum Y=0$, 得 $\qquad R_A=ql$

由 $\sum M_A=0$, 得 $\qquad M_A=\frac{1}{2}ql^2$

在距原点 x 处取截面,可列出弯矩方程为

$$M(x)=-M_A+R_Ax-\frac{1}{2}qx^2=-\frac{1}{2}ql^2+qlx-\frac{1}{2}qx^2$$

(2) 列挠曲线近似微分方程并进行积分

由式(10-5)可得

$$EI\frac{\mathrm{d}^2y}{\mathrm{d}x^2}=-\frac{1}{2}ql^2+qlx-\frac{1}{2}qx^2 \tag{1}$$

积分一次得

$$EI\frac{\mathrm{d}y}{\mathrm{d}x}=EI\theta=-\frac{1}{2}ql^2x+\frac{1}{2}qlx^2-\frac{1}{6}qx^3+C \tag{2}$$

再积分一次得

$$EIy=-\frac{1}{4}ql^2x^2+\frac{1}{6}qlx^3-\frac{1}{24}qx^4+Cx+D \tag{3}$$

(3) 确定积分常数

该悬臂梁的边界条件:在 $x=0$ 处,$\theta_A=0$,$y_A=0$。将这二条件分别代入式(2),(3)得

$$C=0 \qquad D=0$$

(4) 确定转角方程和挠曲线方程

把积分常数 $C=0$,$D=0$ 代入式(2),(3),得

转角方程 $$\theta=-\frac{qx}{6EI}(x^2-3lx+3l^2) \tag{4}$$

挠曲线方程 $$y=-\frac{qx^2}{24EI}(x^2-4lx+6l^2) \tag{5}$$

(5) 求最大转角和最大挠度　由图 10－10 可以看出，绝对值最大的挠度和转角都发生在 B 截面，将 $x=l$ 代入式(4)和式(5)，得

$$\theta_B=-\frac{ql^3}{6EI}$$

所以 $$\theta_{\max}=|\theta_B|=\frac{ql^3}{6EI}$$

$$y_B=-\frac{ql^4}{8EI}$$

所以 $$y_{\max}=|y_B|=\frac{ql^4}{8EI}$$

所得 θ_B 为负值，说明截面 B 作顺时针转动，y_B 为负值，说明 B 截面的挠度向下。

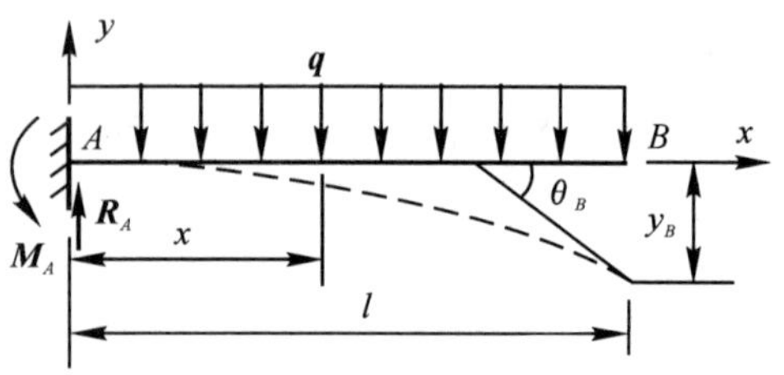

图　10－10

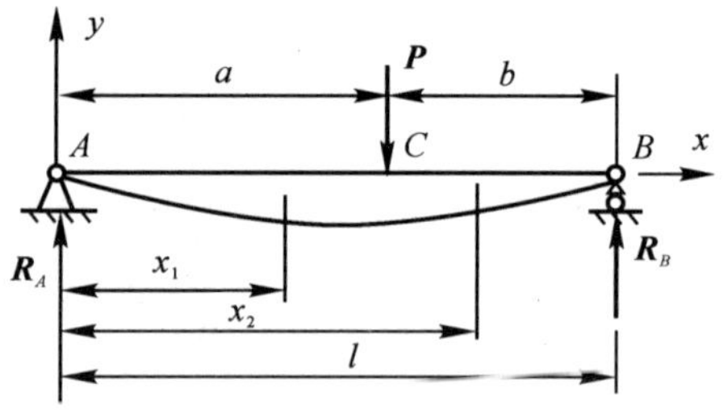

图　10－11

例 10－2　图 10－11 所示简支梁受集中力 P 作用。已知梁的抗弯刚度为 EI，试求梁的转角方程和挠曲线方程，并确定绝对值最大的转角 $\theta_{\max}$ 和挠度 $y_{\max}$。

解　(1) 计算支反力，列弯矩方程

由 $\sum M_A=0$，得　　$R_B=\frac{a}{l}P$

由 $\sum M_B=0$，得　　$R_A=\frac{b}{l}P$

取坐标系如图 10－11 所示，分别列出 AC，CB 两段梁的弯矩方程：

AC 段：

$$M(x_1)=\frac{bP}{l}x_1 \qquad (0\leqslant x_1\leqslant a)$$

CB 段：

$$M(x_2)=\frac{bP}{l}x_2-P(x_2-a) \qquad (a\leqslant x_2\leqslant l)$$

(2) 列挠曲线近似微分方程并进行积分　因两段梁弯矩方程不同，故须分别列出两段梁的挠曲线近似微分方程，并分别进行积分，即

AC 段($0\leqslant x_1\leqslant a$)：

$$EI\frac{d^2y_1}{dx_1^2}=\frac{bP}{l}x_1$$

所以

$$EI\frac{dy_1}{dx_1}=EI\theta_1=\frac{bP}{2l}x_1^2+C_1 \tag{1}$$

所以

$$EIy_1=\frac{bP}{6l}x_1^3+C_1x_1+D_1 \tag{2}$$

CB 段($a\leqslant x_2\leqslant l$):

$$EI\frac{d^2y_2}{dx_2^2}=\frac{bP}{l}x_2-P(x_2-a)$$

所以

$$EI\frac{dy_2}{dx_2}=EI\theta_2=\frac{bP}{2l}x_2^2-\frac{P}{2}(x_2-a)^2+C_2 \tag{3}$$

所以

$$EIy_2=\frac{bP}{6l}x_2^3-\frac{P}{6}(x_2-a)^3+C_2x_2+D_2 \tag{4}$$

为了简化确定积分常数的运算,对含有(x_2-a)的项积分时以(x_2-a)作为自变量.

(3) 确定积分常数　两段梁共有四个积分常数 C_1,D_1,C_2,D_2,可由分段处的光滑、连续条件和梁的边界条件确定。

分段处的光滑连续条件:梁的挠曲线是一条光滑、连续曲线,在 AC,CB 两段所共有的 C 点,应具有惟一的转角和挠度(否则,挠曲线在该点将出现开裂或间断,这是不可能或不允许的),即在 $x_1=x_2=a$ 处,有

$$\theta_1=\theta_2 \tag{5}$$

$$y_1=y_2 \tag{6}$$

由式(1)、式(3)和式(5)得　$C_1=C_2$

由式(2)、式(4)和式(6)得　$D_1=D_2$

再根据边界条件:在 A,B 两端的铰支座处,挠度为零,即

在 $x_1=0$ 处,$y_1=0$,代入式(2),得

$$D_1=D_2=0$$

在 $x_2=l$ 处,$y_2=0$,代入式(4),得

$$C_1=C_2=-\frac{bP}{6l}(l^2-b^2)$$

(4) 确定转角方程和挠曲线方程　将所求得的四个积分常数代入式(1),式(2),式(3),式(4),得 AC 段和 CB 段的转角方程和挠曲线方程。

AC 段($0\leqslant x_1\leqslant a$):

$$EI\theta_1=\frac{bP}{2l}x_1^2-\frac{bP}{6l}(l^2-b^2) \tag{7}$$

$$EIy_1=\frac{bP}{6l}x_1^3-\frac{bP}{6l}x_1(l^2-b_2) \tag{8}$$

CB 段($a\leqslant x_2\leqslant l$):

$$EI\theta_2=\frac{bP}{2l}x_2^2-\frac{P}{2}(x_2-a)^2-\frac{bP}{6l}(l^2-b^2) \tag{9}$$

$$EIy_2=\frac{bP}{6l}x_2^3-\frac{P}{6}(x_2-a)^3-\frac{bPx_2}{6l}(l^2-b^2) \tag{10}$$

（5）求绝对值最大的转角和挠度　由图 10－11 的挠曲线大致形状可以判定，梁 A 端或 B 端截面的转角可能最大。以 $x_1=0$ 代入式(7)，得梁 A 端截面转角为

$$\theta_A=-\frac{bP(l^2-b^2)}{6EIl}=-\frac{abP(l+b)}{6EIl} \qquad (\downarrow)$$

以 $x_2=l$ 代入式(9)，得梁 B 端截面的转角为

$$\theta_B=\frac{abP(l+a)}{6EIl} \qquad (\uparrow)$$

当 $a>b$ 时，θ_B 为最大转角，即 $\theta_{\max}=|\theta_B|=\frac{abP(l+a)}{6EIl}$。

根据 $\frac{\mathrm{d}y}{\mathrm{d}x}=0$，可求得挠度的极值位置。当 $a>b$ 时，最大挠度一定在 AC 段，所以令 $\frac{\mathrm{d}y_1}{\mathrm{d}x_1}=\theta_1=0$，由式(7)得

$$EI\theta_1=\frac{bP}{2l}{x_1}^2-\frac{bP}{6l}(l^2-b^2)=0$$

所以

$$x_1=\sqrt{\frac{l^2-b^2}{3}}=\sqrt{\frac{(a+2b)}{3}a} \qquad (\text{当 } a\geqslant b \text{ 时}, x_1\leqslant a) \tag{11}$$

把 x_1 值代入式(8)，得

$$y_{\max}=\frac{\sqrt{3}bP}{27EIl}(l^2-b^2)^{3/2} \tag{12}$$

（6）讨论　由式(11)可以看出，当载荷 $\boldsymbol{P}$ 无限靠近 B 端支座，即 $b\to 0$ 时，则 $x_1\to\frac{l}{\sqrt{3}}=0.577l$，说明即使在这种极限情况下，梁最大挠度的位置仍与梁的中点非常接近。因此可以近似地用梁中点处的挠度代替梁的实际最大挠度，所产生的误差不超过 3%。

当载荷 P 位于梁的中点，即 $a=b=l/2$ 时，由式(12)得

$$y_{\max}=\frac{Pl^3}{48EI}$$

§10－3　计算弯曲位移的叠加法

积分法是求弯曲位移的基本方法。但当梁上有多个载荷作用时，需要分段列出弯矩方程。分段愈多，积分常数就愈多。根据边界条件和连续光滑条件来确定积分常数的运算是相当繁琐的，特别是并不需要知道转角方程、挠曲线方程，只需求出个别特定截面的挠度和转角，如刚度校核、解弯曲静不定问题等，这时积分法就显得更是事倍功半、很不理想。

在材料服从胡克定律和小挠度条件下导出的挠曲线近似微分方程，表明梁的转角和挠度与梁内的弯矩成线性关系，即

$$\frac{\mathrm{d}\theta}{\mathrm{d}x}=\frac{\mathrm{d}^2y}{\mathrm{d}x^2}=\frac{M(x)}{EI} \tag{1}$$

在小挠度情况下，当梁上同时有多个载荷作用时，任意截面的弯矩，可以按各个载荷分别作用时在该截面上产生的弯矩，然后代数相加得到，即可用叠加原理(principle of superposition)求多个载荷产生的弯矩，即

$$M(x)=M_1(x)+M_2(x)+\cdots+M_n(x)=\sum_{i=1}^{n}M_i(x) \tag{2}$$

将式(2)代入式(1)，得

$$\frac{\mathrm{d}\theta}{\mathrm{d}x}=\frac{\mathrm{d}^2y}{\mathrm{d}x^2}=\frac{\sum_{i=1}^{n}M_i(x)}{EI}=\sum_{i=1}^{n}\frac{M_i(x)}{EI} \tag{3}$$

由式(3)知道，可分别计算各个 $M_i(x)$ 产生的转角 θ_i 和挠度 y_i，然后叠加得到总的转角 θ 和挠度 y，即

$$\theta=\sum_{i=1}^{n}\theta_i \qquad y=\sum_{i=1}^{n}y_i$$

所以，如果梁上同时有几个载荷作用，可分别计算各个载荷单独作用时所引起的位移(转角和挠度)，然后将它们代数相加，即得几个载荷同时作用时的总位移(总转角和总挠度)，这种方法称为叠加法(method of superposition)。

叠加法求弯曲位移包括两种类型：一种是上面所述的叠加法，称为载荷叠加法；另一种是把整个梁看做是由几段梁构成的，前一段梁的变形将引起后一段梁的整体移动，使后一段梁产生刚性位移，另外后一段梁的弯曲变形也将引起位移。所以，每段梁的位移都是由两部分组成的，一是它自身的弯曲变形产生的位移，二是它随其他梁段的刚性移动产生的位移。于是，可首先单独考虑梁的一段变形效果，而把其他各段梁刚化，求出指定截面的位移(挠度和转角)。然后将其余各段按照同样做法逐段轮换一遍。最后将它们代数相加，即得该截面的总位移(总的挠度和总的转角)。这类叠加法称为位移叠加法，由于它的逐段令其刚化的特点，又称为逐段刚化法。

表 10－1 给出了几种常用梁在简单载荷作用下的转角和挠度，这些都是用积分法得到的。有了这些结果，利用叠加法求梁的位移将非常方便。下面举例说明叠加法的应用。

例 10－3 简支梁 AB 所受载荷如图 10－12(a)所示。试用叠加法求梁中点 C 处的挠度 y_C 和支座 A、B 处的转角 θ_A，θ_B。梁的抗弯刚度 EI 已知。

解 (1) 分解力学模型 把图 10－12(a)所示梁的受力分解为图 10－12(b)，(c)，(d)所示三种受力形式的叠加，于是有

$$y_C=y_{CP}+y_{Cq}+y_{CM}$$
$$\theta_A=\theta_{AP}+\theta_{Aq}+\theta_{AM}$$
$$\theta_B=\theta_{BP}+\theta_{Bq}+\theta_{BM}$$

(2) 查表求解每一种载荷作用下梁的位移 由表 10－1(9)查得 P 单独作用下梁的位移，即

$$y_{CP}=\frac{Pl^3}{48EI}(\uparrow) \qquad \theta_{AP}=-\theta_{BP}=\frac{Pl^2}{16EI}(\uparrow)$$

由表 10－1(11)查得 q 单独作用下梁的位移，即

$$y_{Cq}=-\frac{5ql^4}{384EI}(\downarrow) \qquad \theta_{Aq}=-\theta_{Bq}=-\frac{ql^3}{24EI}(\downarrow)$$

由表 10－1(6)查得 M_e 单独作用下梁的位移，即

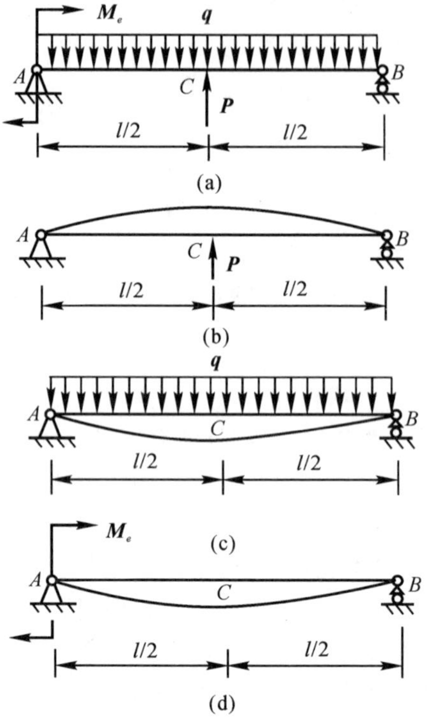

图　10－12

$$y_{CM}=-\frac{M_e l^2}{16EI}\ (\downarrow)\qquad \theta_{AM}=-\frac{M_e l}{3EI}\ (\downarrow)\qquad \theta_{BM}=\frac{M_e l}{6EI}\ (\uparrow)$$

(3) 叠加相应截面的位移,得总的位移为

$$y_C=y_{CP}+y_{Cq}+y_{CM}=\frac{Pl^3}{48EI}-\frac{5ql^4}{384EI}-\frac{M_e l^2}{16EI}$$

$$\theta_A=\theta_{AP}+\theta_{Aq}+\theta_{AM}=\frac{Pl^2}{16EI}-\frac{ql^3}{24EI}-\frac{M_e l}{3EI}$$

$$\theta_B=\theta_{BP}+\theta_{Bq}+\theta_{BM}=-\frac{Pl^2}{16EI}+\frac{ql^3}{24EI}+\frac{M_e l}{6EI}$$

表 10－1　简单载荷作用下梁的位移

序号	梁的简图	挠曲线方程	挠度和转角
1	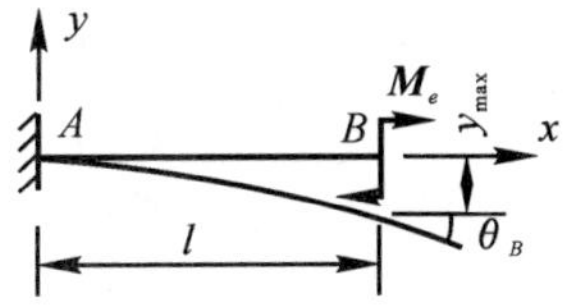	$y(x)=-\dfrac{M_e x^2}{2EI}$	$y_{\max}=\|y_B\|=\dfrac{M_e l^2}{2EI}$ $\theta_B=-\dfrac{M_e l}{EI}$
2	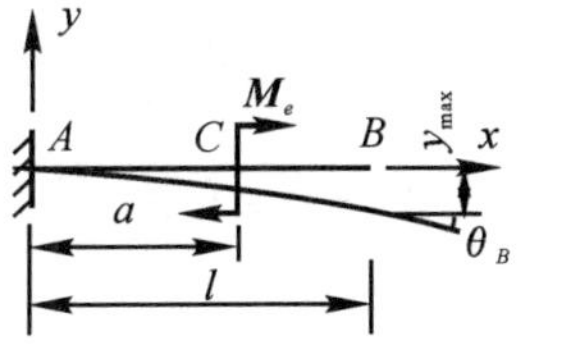	$y(x)=-\dfrac{M_e x^2}{2EI}\quad(0\leqslant x\leqslant a)$ $y(x)=-\dfrac{M_e a}{EI}\left[(x-a)+\dfrac{a}{2}\right](a\leqslant x\leqslant l)$	$y_{\max}=\|y_B\|=\dfrac{M_e a}{EI}\left(l-\dfrac{a}{2}\right)$ $\theta_B=-\dfrac{M_e a}{EI}$
3	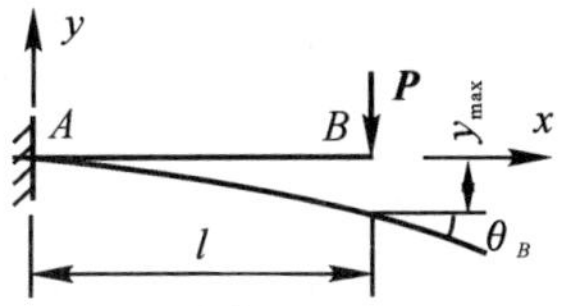	$y(x)=-\dfrac{Px^2}{6EI}(3l-x)$	$y_{\max}=\|y_B\|=\dfrac{Pl^3}{3EI}$ $\theta_B=-\dfrac{Pl^2}{2EI}$
4	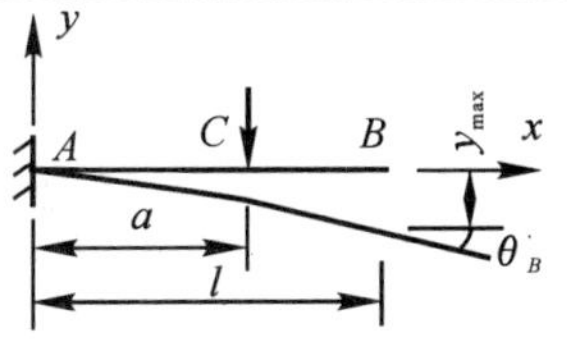	$y(x)=-\dfrac{Px^2}{6EI}(3a-x)$ $(0\leqslant x\leqslant a)$ $y(x)=-\dfrac{Pa^2}{6EI}(3x-a)$ $(a\leqslant x\leqslant l)$	$y_{\max}=\|y_B\|=\dfrac{Pa^2}{6EI}(3l-a)$ $\theta_B=-\dfrac{Pa^2}{2EI}$
5	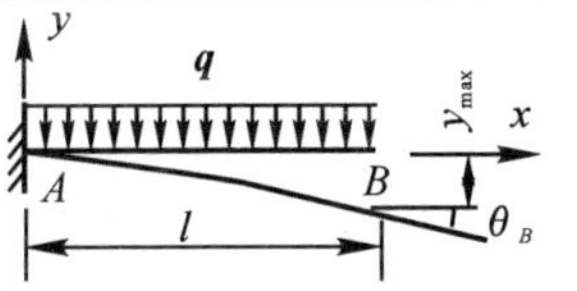	$y(x)=-\dfrac{qx^2}{24EI}(x^2-4lx+6l^2)$	$y_{\max}=\|y_B\|=\dfrac{ql^4}{8EI}$ $\theta_B=-\dfrac{ql^3}{6EI}$
6	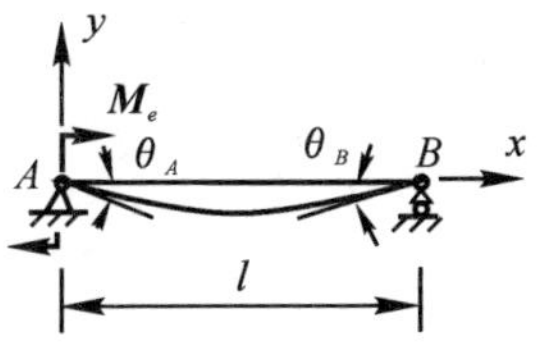	$y(x)=-\dfrac{M_e x}{6lEI}(l-x)(2l-x)$	在 $x=\left(1-\dfrac{1}{\sqrt{3}}\right)l$ 处， $y_{\max}=\dfrac{M_e l^2}{9\sqrt{3}EI}$ 在 $x=\dfrac{l}{2}$ 处，$y_{l/2}=-\dfrac{M_e l^2}{16EI}$ $\theta_A=-\dfrac{M_e l}{3EI}$，　$\theta_B=\dfrac{M_e l}{6EI}$
7	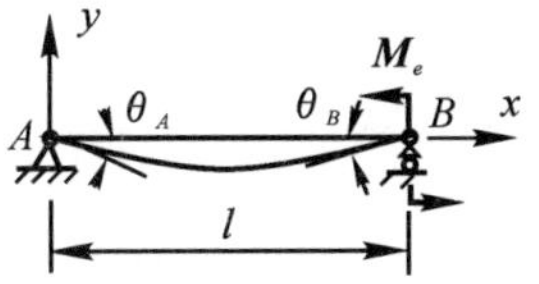	$y(x)=-\dfrac{M_e x}{6lEI}(l^2-x^2)$	在 $x=\dfrac{l}{\sqrt{3}}$ 处， $y_{\max}=\dfrac{M_e l^2}{9\sqrt{3}EI}$ 在 $x=\dfrac{l}{2}$ 处，$y_{l/2}=-\dfrac{M_e l^2}{16EI}$ $\theta_A=-\dfrac{M_e l}{6EI}$，　$\theta_B=\dfrac{M_e l}{3EI}$

续表

序号	梁的简图	挠曲线方程	挠度和转角
8	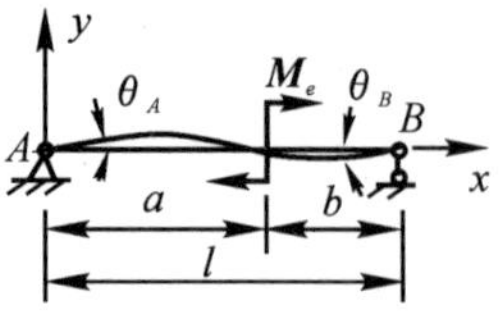	$y(x)=\frac{M_e x}{6lEI}(l^2-3b^2-x^2)$ $(0\leqslant x\leqslant a)$ $y(x)=\frac{M_e}{6lEI}[-x^3+3l(x-a)^2+(l^2-3b^2)x]$ $(a\leqslant x\leqslant l)$	在 $x=\sqrt{\frac{l^2-3b^2}{3}}$ 处， $y=\frac{M_e(l^2-3b^2)^{3/2}}{9\sqrt{3}lEI}$ 在 $x=\sqrt{\frac{l^2-3a^2}{3}}$ 处， $y=-\frac{M_e(l^2-3a^2)^{3/2}}{9\sqrt{3}lEI}$ $\theta_A=\frac{M_e}{6lEI}(l^2-3b^2)$ $\theta_B=\frac{M_e}{6lEI}(l^2-3a^2)$ $\theta_C=-\frac{M_e}{6lEI}(3a^2+3b^2-l^2)$
9	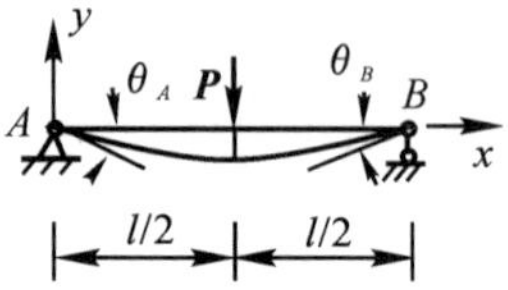	$y(x)=-\frac{Px}{48EI}(3l^2-4x^2)$ $(0\leqslant x\leqslant \frac{l}{2})$	在 $x=l/2$ 处，$y_{\max}=\frac{Pl^3}{48EI}$ $\theta_A=-\theta_B=-\frac{Pl^2}{16EI}$
10	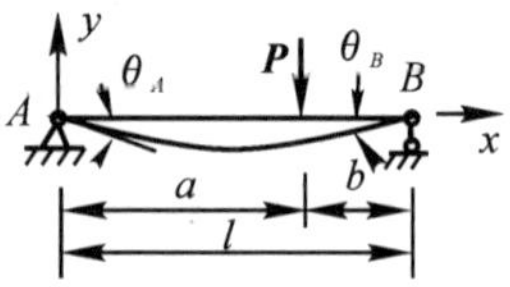	$y(x)=-\frac{Pbx}{6lEI}(l^2-x^2-b^2)$ $(0\leqslant x\leqslant a)$ $y(x)=-\frac{Pb}{6lEI}[\frac{l}{b}(l-a)^3+(l^2-b^2)x-x^3]$ $(a\leqslant x\leqslant l)$	设 $a>b$，在 $x=\sqrt{\frac{l^2-b^2}{3}}$ 处， $y_{\max}=\frac{Pb(l^2-b^2)^{3/2}}{9\sqrt{3}lEI}$ 在 $x=l/2$ 处， $y_{l/2}=-\frac{Pb(3l^2-4b^2)}{48EI}$ $\theta_A=-\frac{Pab(l+b)}{6lEI}$ $\theta_B=\frac{Pab(l+a)}{6lEI}$
11	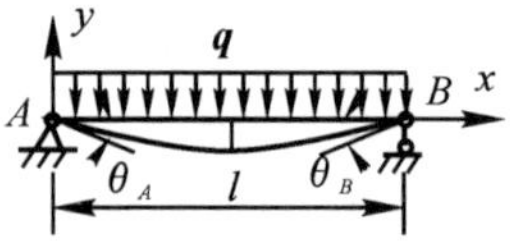	$y(x)=-\frac{qx}{24EI}(l^3-2lx^2+x^3)$	在 $x=l/2$ 处， $y_{\max}=\frac{5ql^4}{384EI}$ $\theta_A=-\theta_B=-\frac{ql^3}{24EI}$
12	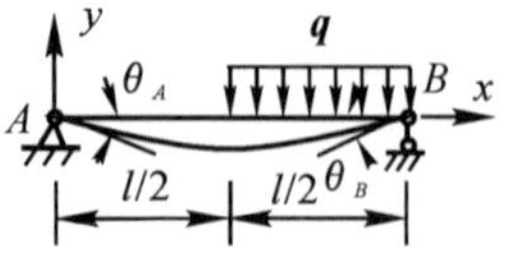	$y(x)=-\frac{ql}{48EI}[\frac{7}{8}l^2x-x^3]$ $(0\leqslant x\leqslant \frac{l}{2})$ $y(x)=-\frac{q}{48EI}[\frac{7}{8}l^3x+\frac{1}{8}\times(2x-l)^4-lx^3]$ $(\frac{l}{2}\leqslant x\leqslant l)$	$y_{\max}\approx\lvert y_{l/2}\rvert=\frac{5ql^4}{768EI}$ $\theta_A=-\frac{7ql^3}{384EI}$ $\theta_B=\frac{9ql^3}{384EI}$

例 10－4 悬臂梁 AB 所受载荷如图 10－13(a)所示，已知梁抗弯刚度 EI，试求自由端 B 点处的转角 θ_B 和挠度 y_B。

解 解法一

(1) 计算任意一个微段上的分布载荷引起的位移 在 CB 段内距 A 为 x 处，取长为 $\mathrm{d}x$ 的一微段(见图 10－13(b))，作用于该微段上的载荷 $q\mathrm{d}x$ 可视为一集中力，设该集中力使自由端 B 截面产生的挠度和转角分别为 $\mathrm{d}y_B$ 和 $\mathrm{d}\theta_B$，由表 10－1(4)查得

$$\mathrm{d}y_B=-\frac{q\mathrm{d}x\,x^2(3l-x)}{6EI}\qquad \mathrm{d}\theta_B=-\frac{q\mathrm{d}x\,x^2}{2EI}$$

(2) 叠加 CB 段上分布载荷引起的位移 将 $\mathrm{d}y_B$ 和 $\mathrm{d}\theta_B$ 沿 CB 段积分即得

$$\theta_B=-\frac{q}{2EI}\int_{l-a}^{l}x^2\mathrm{d}x=\frac{q[(l-a)^3-l^3]}{6EI}$$

$$y_B=-\frac{q}{6EI}\int_{l-a}^{l}x^2(3l-x)\mathrm{d}x=$$

$$-\frac{ql^4}{8EI}+\frac{q(l-a)^3a}{6EI}+\frac{q(l-a)^4}{8EI}$$

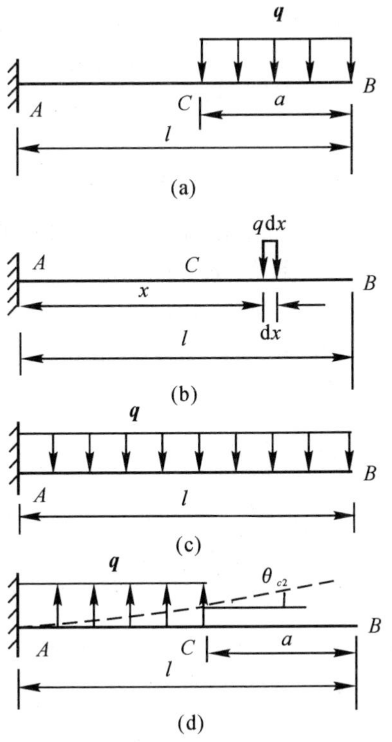

图 10－13

解法二

(1) 分解力学模型 把图 10－13(a)所示梁的受力视为图 10－13(c)，(d)二种受力形式的叠加，于是有

$$\theta_B=\theta_{B1}+\theta_{B2}\qquad y_B=y_{B1}+y_{B2}$$

(2) 查表求解每一种载荷作用下的位移 由表 10－1(5)查得图 10－13(c)情形下 B 截面的转角和挠度为

$$\theta_{B1}=-\frac{ql^3}{6EI}\qquad y_{B1}=-\frac{ql^4}{8EI}$$

图 10－13(d)中，CB 段无载荷作用，为直线段，其各横截面转角相等，由表 10－1(5)查得图 10－13(d)情形 B 截面的转角和挠度为

$$\theta_{B2}=\theta_{C2}=\frac{q(l-a)^3}{6EI}\qquad y_{B2}=y_{C2}+a\theta_{C2}=\frac{q(l-a)^4}{8EI}+\frac{q(l-a)^3a}{6EI}$$

(3) 叠加相应截面的位移

$$\theta_B=\theta_{B1}+\theta_{B2}=\frac{q[(l-a)^3-l^3]}{6EI}$$

$$y_B=y_{B1}+y_{B2}=-\frac{ql^4}{8EI}+\frac{q(l-a)^4}{8EI}+\frac{q(l-a)^3a}{6EI}$$

可见解法一与解法二结果相同，在解法一中，除了查表外，还要做积分；在解法二中，除了查表外，还要做简单的几何计算。

例 10－5 图 10－14(a)所示的外伸梁，在其外伸端受均布载荷作用，已知抗弯刚度 EI，试求外伸端 C 截面的转角 θ_C 和挠度 y_C。

解 在均布载荷 $\boldsymbol{q}$ 作用下，全梁均产生弯曲变形。变形在 C 点引起的转角和挠度，不仅

与 BC 段的变形有关，而且与 AB 段的变形有关。因此，可先分别求出这两段梁的变形在 C 点引起的转角和挠度，然后将其叠加，即得 C 点处的转角和挠度。

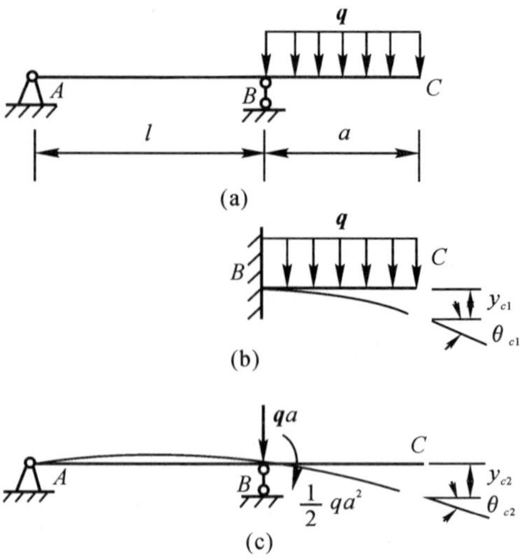

图 10-14

(1) 令 AB 段刚化，只考虑 BC 段的变形　在此情况下，由于挠曲线的光滑连续性，B 截面既不允许产生挠度，也不能出现转角。于是，此时 BC 段可视为悬臂梁，如图 10-14(b)所示。在均布载荷 $\boldsymbol{q}$ 作用下，C 点的转角和挠度可由表 10-1(5)查得。

$$\theta_{C1}=-\frac{qa^3}{6EI}(\downarrow) \qquad y_{C1}=-\frac{qa^4}{8EI}(\downarrow)$$

(2) 令 BC 段刚化，只考虑 AB 段的变形　由于 BC 段刚化为刚体，所以力在 BC 段上做静力等效代替不改变对其的作用。将均布载荷 $\boldsymbol{q}$ 向 B 点简化为一个等效的集中力 $\boldsymbol{q}a$ 和一个集中力偶 $\boldsymbol{q}a^2/2$，如图 10-14(c)所示。集中力 $\boldsymbol{q}a$ 作用在支座处，不会使整个梁产生任何位移，而集中力偶 $\boldsymbol{q}a^2/2$ 将使 AB 梁段弯曲，从而在 B 截面引起转角。由表 10-1(7)查得

$$\theta_B=-\frac{\frac{1}{2}qa^2l}{3EI}=-\frac{qa^2l}{6EI}$$

由于 B 截面的转角，使刚化的 BC 段发生整体的转动，于是在 C 截面引起转角和挠度，其值分别为

$$\theta_{C2}=\theta_B=-\frac{qa^2l}{6EI}(\downarrow) \qquad y_{C2}=a\theta_B=-\frac{qa^3l}{6EI}(\downarrow)$$

(3) 求 C 截面的转角和挠度　由叠加法得

$$\theta_C=\theta_{C1}+\theta_{C2}=-\frac{qa^3}{6EI}-\frac{qa^2l}{6EI}=-\frac{qa^2(a+l)}{6EI}\ (\downarrow)$$

$$y_C=y_{C1}+y_{C2}=-\frac{qa^4}{8EI}-\frac{qa^3l}{6EI}=-\frac{qa^3(3a+4l)}{24EI}\ (\downarrow)$$

§10-4　梁的刚度计算　提高梁刚度的主要措施

一、梁的刚度计算

梁的设计中，除了要求有足够的强度外，在很多情形下，还要求梁的最大挠度和最大转角(或某些特定截面处的挠度和转角)不超过某一限度，即满足刚度条件

$$y_{\max}\leqslant[y] \qquad \theta_{\max}\leqslant[\theta] \tag{10-8}$$

式中：$[y]$为许可挠度；$[\theta]$为许可转角，单位为弧度(rad)。一般根据实际工作条件规定它们的具体数值。例如，对于一般用途的轴$[y]=(0.000\ 3\sim0.000\ 5)l$($l$ 为轴承间距；对于吊车梁

$[y]=(0.0013\sim0.0025)l$；对于架空管道$[y]=0.002l$；转轴在装齿轮处的许可转角$[\theta]=0.001$ rad，转轴在滚动轴承处的许可转角$[\theta]=0.0016\sim0.0075$ rad 等。此外，也可参考有关规范及手册来确定$[y]$和$[\theta]$值。

应用刚度条件时，主要是计算弯曲位移。从式(10－5)和例 10－1～例 10－5 可知，梁挠曲线上任意一点的位移都与整个梁的抗弯刚度 EI 有关，这不同于梁横截面上的应力分布，只与该截面的几何性质有关。不过，梁局部的截面削弱对挠曲线上各点的位移(即梁的整体弯曲形状)影响甚微，在刚度计算中可不予考虑。因此，无论是采用积分法，还是采用叠加法计算弯曲位移时，均采用未削弱的截面惯性矩。这一点在进行刚度计算时应该加以注意。

在工程设计中，通常先按强度条件选择梁的截面尺寸，然后再对梁进行刚度校核。

例 10－6 机床主轴的支承和受力可以简化为如图 10－15(a)所示的外伸梁，其中 $\boldsymbol{P}_1$ 为由于切削而施加于卡盘上的力，$\boldsymbol{P}_2$ 为齿轮间相互作用力(主动力)。主轴为空心圆截面，外径 $D=80$ mm，内径 $d=40$ mm，$l=400$ mm，$a=100$ mm。$P_1=2$ kN，$P_2=1$ kN。材料的弹性模量 $E=210$ GPa。规定主轴的许可挠度和许可转角为：卡盘 C 处的挠度不超过两轴承间距的 $1/10^4$，轴承 B 处的转角不超 $1/10^3$ rad，即$[y_C]=0.0001l$，$[\theta_B]=0.001$ rad，试校核主轴的刚度。

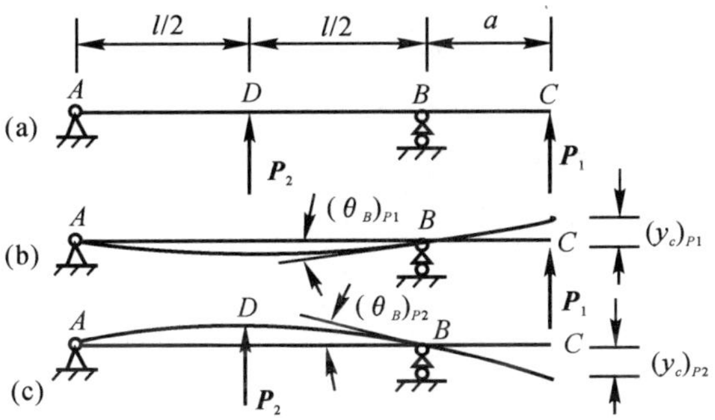

图 10－15

解 (1) 梁的位移计算

1) 主轴截面的惯性矩为

$$I=\frac{\pi D^4}{64}(1-\alpha^4)=\frac{\pi\times80^4}{64}\left[1-\left(\frac{40}{80}\right)^4\right]=1.885\times10^{-6}\ \mathrm{m}^4$$

2) 求 θ_B 和 y_C 将梁分解为图 10－15(b)，(c)所示两种情况。对于图 10－15(b)所示的外伸梁，用逐段刚化法求得

$$(\theta_B)_{P1}=\frac{P_1al}{3EI}=\frac{2\times10^3\times100\times10^{-3}\times400\times10^{-3}}{3\times210\times10^9\times1.885\times10^{-6}}=0.674\times10^{-4}\ \mathrm{rad}$$

$$(y_C)_{P1}=\frac{P_1a^2(l+a)}{3EI}=\frac{2\times10^3\times0.1^2\times(0.4+0.1)}{3\times210\times10^9\times1.885\times10^{-6}}=8.42\times10^{-6}\ \mathrm{m}$$

对于图 10－15(c)所示的外伸梁，从表 10－1(9)查得

$$(\theta_B)_{P2}=-\frac{P_2l^2}{16EI}=-\frac{1\times10^3\times(400\times10^{-3})^2}{16\times210\times10^9\times1.885\times10^{-6}}=-0.253\times10^{-4}\ \mathrm{rad}$$

$$(y_C)_{P2}=(\theta_B)_{P2}\times a=-0.253\times10^{-4}\times100\times10^{-3}=-2.53\times10^{-6}\ \mathrm{m}$$

叠加后得

$$\theta_B=(\theta_B)_{P1}+(\theta_B)_{P2}=0.674\times10^{-4}-0.253\times10^{-4}=0.421\times10^{-4}\ \text{rad}\quad(\uparrow)$$

$$y_C=(y_C)_{P1}+(y_C)_{P2}=8.42\times10^{-6}-2.53\times10^{-6}=5.89\times10^{-6}\ \text{m}\quad(\uparrow)$$

(2) 刚度校核

$$\theta_B=0.421\times10^{-4}=0.0421\times10^{-3}<[\theta_B]=10^{-3}\ \text{rad}$$

按题意 $[y_C]=0.0001l=10^{-4}\times0.4=40\times10^{-6}$ m

$$y_C=5.89\times10^{-6}\ \text{m}<[y_C]=40\times10^{-6}\ \text{m}$$

所以主轴满足刚度条件。

二、提高梁刚度的主要措施

从表 10-1 可知,梁的挠度和转角与所受载荷、抗弯刚度、支承条件及梁的跨度有关,并可统一地表示为如下形式,即

$$\text{位移}=\frac{\text{载荷}}{\text{系数}}\frac{l^n}{EI}$$

因此,可采取以下措施来提高梁的刚度,减小其位移。

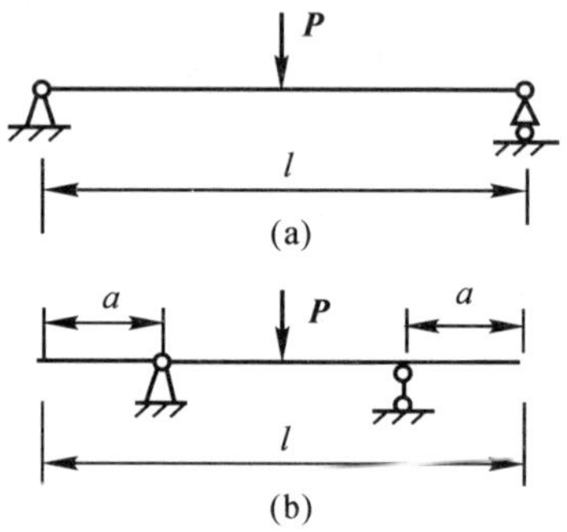

图 10-16

1. 减小梁的跨度或增加梁的约束

因为梁的挠度和转角与跨度的 n 次幂成正比,所以,如果能设法减小梁的跨度,将能显著地减小它的挠度和转角。这是提高梁刚度的一个卓有成效的措施。例如图 10-16(a)所示的受集中力 P 的简支梁,若将两端支座向内移动某一距离 a,从而减小两支座间的跨度,如图 10-16(b)所示,则可使梁的位移明显减小。

在梁的跨度不允许缩小的情况下,增加梁的约束也是提高梁的刚度的有效途径。例如在车床上用卡盘夹住工件切削时,工件相当于自由端受集中力的悬臂梁,切削力引起工件弯曲位移致使吃刀深度不足,从而使工件形成锥度(见图10-17(a))。如果在工件的自由端加装尾架顶针,则加工后工件的锥度将显著减小(见图10-17(b))。当然,增加约束后,静定梁将变成静不定梁,对于静不定梁,将在下一节中讨论。

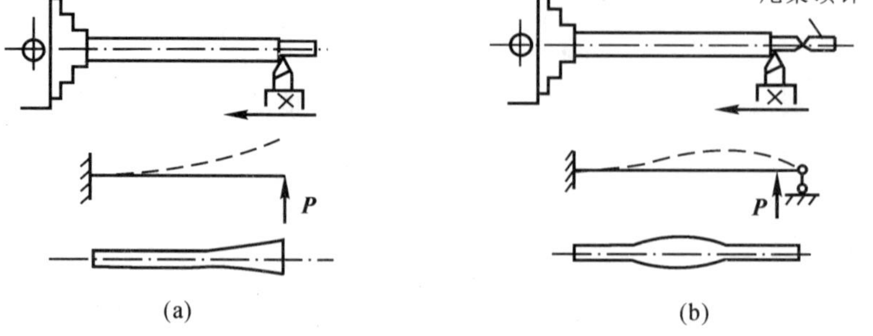

图 10-17

2. 增大梁的抗弯刚度

梁的位移与抗弯刚度 EI 成反比,所以选择弹性模量大的材料可减小梁的位移。如钢材

的弹性模量比铸铁大，在其他条件相同的情况下，钢产生的弯曲位移就小。但应注意，各类钢材的弹性模量大致相同，故采用高强度优质钢材对提高弯曲刚度意义不大。

增大截面惯性矩 I 也可减小梁的位移，在截面积相同的情况下，应选择截面惯性矩 I 大的截面形状。所以工程中的梁常采用工字形、槽形和空心圆或箱形等截面形状。

3. 调整加载方式

通过调整加载方式可改善梁的受力情况，减小弯矩，从而减小梁的位移。例如，对于承受集中载荷的梁（见图 10－18(a)），若有可能，应将集中载荷变为分布载荷（见图 10－18(b)），其自由端的位移将会明显减小。此外，在结构允许的条件下，应使轴上的齿轮、皮带轮等尽可能地靠近支座，以降低弯矩、减小位移。

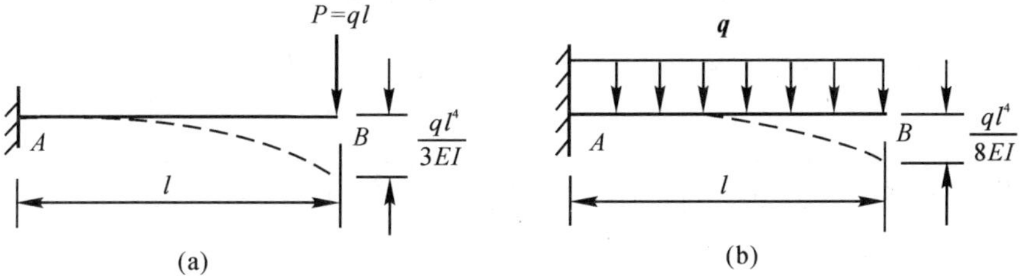

图　10－18

§10－5　弯曲静不定问题

一、静不定梁的概念

以上研究的梁，仅由静力平衡方程就能确定其支座反力，从而可求出梁的内力、应力和位移并进行强度、刚度计算，这类梁称为静定梁（statically determinate beam）。在工程中，为了提高梁的强度与刚度，常在静定梁（见图 10－19(a)，(b)）上增加一些约束。这些约束对梁的平衡要求来说是多余的，因而常称为多余约束（redundant constraint），如图 10－19(c)，(d)中所示的支座 B。该约束处的支座反力称为多余约束反力（redundant reaction）。具有多余约束的梁，其未知的约束反力数目超过了独立静力平衡方程的数目，因而仅由静力平衡方程不能解出全部的约束反力，也就无法进一步求梁的内力、应力和位移，就无法进行强度与刚度计算，这类梁称为静不定梁（statically indeterminate）（或超静定梁）。多余约束反力的数目即为静不定次数。图 10－19(c)，(d)均为一次静不定。

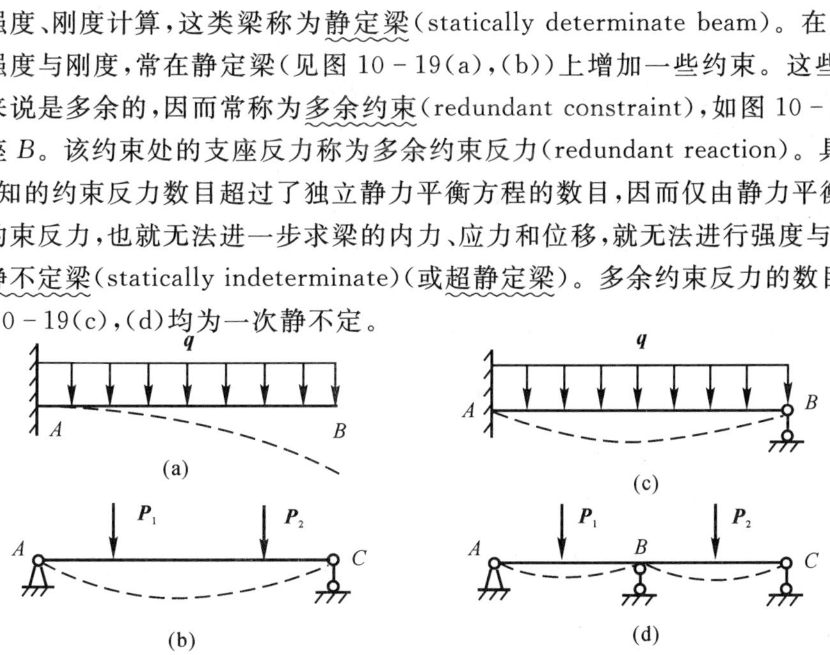

图　10－19

研究静不定梁的强度和刚度问题，其方法、步骤与静定梁基本上是一样的，只是在求梁的支座反力时有所不同，这正是本节讨论静不定梁的主要内容。

二、静不定梁的基本解法

解弯曲静不定问题与解拉压静不定问题类似，除了要列出静力平衡方程外，还需要根据位移协调条件，列出补充方程，才能求得梁的全部约束反力。下面通过例题说明其解法。

例 10-7 试求图 10-20(a)所示梁的支反力。

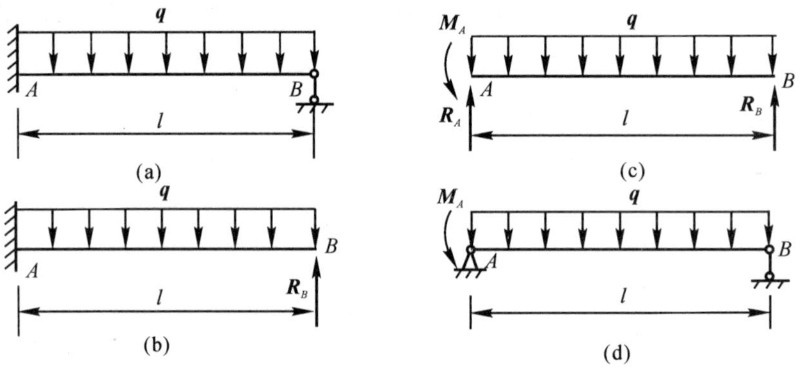

图 10-20

解 如果设想去掉静不定梁 B 支座的多余约束，代之其相应的多余约束反力 $\boldsymbol{R}_B$，如图 10-20(b)所示，则静不定梁将变成在原已知载荷 $\boldsymbol{q}$ 和未知多余约束反力 $\boldsymbol{R}_B$ 共同作用下的静定悬臂梁。这个静定梁称为原静不定梁的静定基。为了使静定基的弯曲位移与原静不定梁的弯曲位移完全相同，必须使静定基在载荷 $\boldsymbol{q}$ 和未知约束反力 $\boldsymbol{R}_B$ 作用下所产生的 B 点挠度 y_B 等于原静不定梁 B 点的挠度，即

$$y_B=0 \tag{1}$$

式(1)就是位移协调条件(equation of compatibility of displacement)。由叠加法有：$y_B=y_{Bq}+y_{BR}$，将其代入式(1)得

$$y_B=y_{Bq}+y_{BR}=0 \tag{2}$$

查表 10-1(5)得载荷 q 所产生的 B 点挠度为

$$y_{Bq}=-\frac{ql^4}{8EI} \tag{3}$$

由表 10-1(3)得未知约束反力 $\boldsymbol{R}_B$ 所产生的 B 点挠度为

$$y_{BR}=\frac{R_Bl^3}{3EI} \tag{4}$$

将式(3)，(4)代入式(2)，解之得

$$R_B=\frac{3}{8}ql \tag{5}$$

多余约束反力 $\boldsymbol{R}_B$ 求出后，固定端的支反力(见图 10-20(c))可由平衡方程求得

$$R_A=\frac{5}{8}ql \qquad M_A=\frac{1}{8}ql^2$$

求得静不定梁的支反力后，梁的内力、应力、位移以及强度和刚度计算就与静定梁完全一

样了。

必须指出，在静不定梁中，多余约束可以任意先取，只要不是维持梁平衡所必须的约束，均可取为多余约束。具体如何选取，可根据解题时的方便而定。比如在本例中，也可将固定端 A 处的转动约束视为多余约束，解除此转动约束后，以相应的约束反力偶 $\boldsymbol{M}_A$ 来代替。这时，其静定基为一简支梁，如图 10－20(d)所示。其相应的位移协调条件为

$$\theta_A=\theta_{Aq}+\theta_{AM}=0 \tag{6}$$

查表 10－1(11)得载荷 q 所产生的 A 点转角为

$$\theta_{Aq}=-\frac{ql^3}{24EI} \tag{7}$$

由表 10－1(6)得未知约束反力偶所产生的 A 点转角为

$$\theta_{AM}=\frac{M_A l}{3EI} \tag{8}$$

将式(7),(8)代入式(6)，解之得

$$M_A=\frac{1}{8}ql^2$$

例 10－8 AB 梁两端固定，承受均布载荷，如图 10－21(a)所示，梁的抗弯刚度 EI 为常数。试作梁的剪力图和弯矩图。

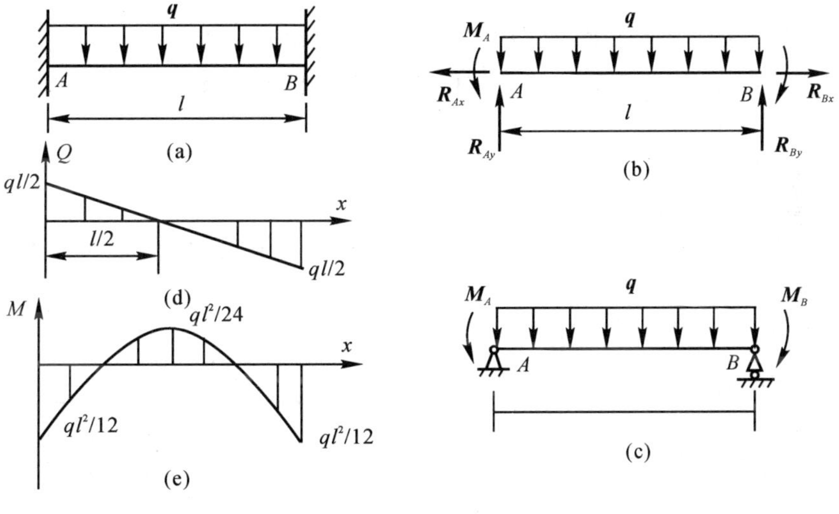

图 10－21

解 (1) 判定静不定次数　一般每个固定端有三个约束反力，本例共有六个约束反力(见图 10－21(b))，而平面一般力系只能提供三个独立的平衡方程，故此梁为三次静不定梁。但是，在小挠度情况下，梁的轴向位移很小，可忽略不计，所以固定端不产生水平约束反力，即 $R_{Ax}=R_{Bx}=0$。此外，考虑到结构和载荷都是对称的，两固定端的约束反力也应对应相等，即 $R_{Ay}=R_{By}$，$M_A=M_B$。再由平衡方程 $\sum Y=0$，得 $R_{Ay}=R_{By}=ql/2$。这样只剩下约束反力偶是未知的，原来的三次静不定问题简化为一次静不定问题。

(2) 选取合适的静定基　将两固定端的转动约束解除，用相应的多余约束反力偶 $\boldsymbol{M}_A$，$\boldsymbol{M}_B$ 代替，于是静定基为一简支梁，如图 10－21(c)所示。

(3) 列位移补充方程　比较图 10－21(a)和(c)所示的两梁，在多余约束处位移应相同，即

$$\theta_A=-\theta_B=0 \tag{1}$$

因为 $M_A=M_B=M$，故只需利用条件 $\theta_A=0$ 或 $\theta_B=0$。查表 10－1(6)，(7)，(11)，得

$$\theta_A=-\theta_B=-\frac{Ml}{3EI}-\frac{Ml}{6EI}+\frac{ql^3}{24EI} \tag{2}$$

将式(2)代入式(1)，解之得

$$M=M_A=M_B=\frac{ql^2}{12}$$

(4) 作剪力图和弯矩图　现在所有的支座反力均已知，便可按静定梁绘制出静不定梁的剪力图和弯矩图，如图 10－21(d)，(e)所示。由图中可看出

$$Q_{\max}=\frac{ql}{2} \qquad M_{\max}=\frac{ql^2}{12}$$

最后需要指出，静不定梁虽然具有提高梁的强度和刚度的优点，但与其他静不定结构一样，当温度变化或构件尺寸有制造误差时，将会产生温度应力或装配应力，这在设计中须加以考虑。

思　考　题

10－1　为什么要研究弯曲位移？在工程上有什么实用意义？

10－2　什么是梁的挠曲线？什么是梁的挠度和转角？梁的挠度和转角之间有什么关系？挠度和转角的正负号是如何规定的？

10－3　梁的变形和位移有何不同。在图题 10－1 所示悬臂梁中，何处弯曲变形最大？何处弯曲位移最大？

10－4　在图题 10－2 所示外伸梁中，BC 段梁有没有弯曲变形？有没有弯曲位移？BC 段梁的挠度是怎样产生的？

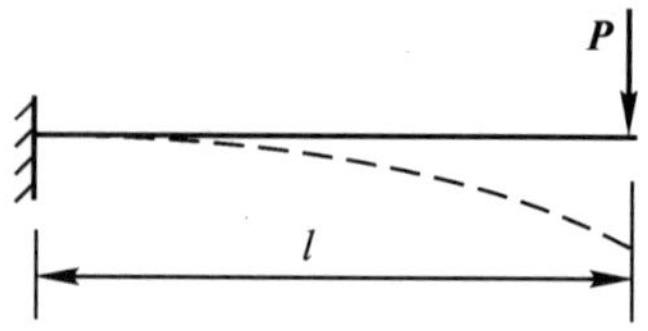

图题　10－1

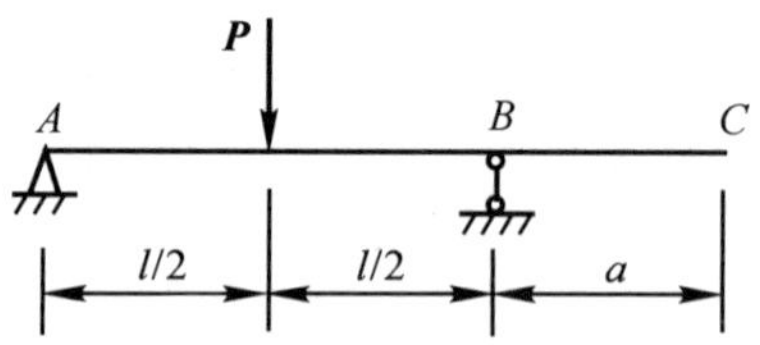

图题　10－2

10－5　说明梁的挠曲线形状与弯矩图形状之间的区别和联系，并结合图题 10－3 所示梁的弯矩图与挠曲线加以讨论。

10－6　梁的挠曲线近似微分方程的应用条件是什么？

10－7　试写出图题 10－4 所示各梁的边界条件及光滑连续条件。

10－8　怎样求梁的最大挠度？梁上最大挠度处的截面转角是否一定等于零？梁上最大弯矩处的转角是否也具有最大值？

10－9　用叠加法求梁的位移有什么条件限制？如何应用叠加法求梁的位移？

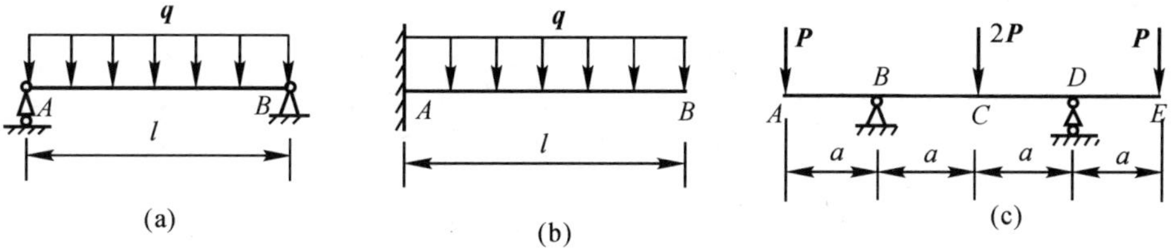

图题 10-3

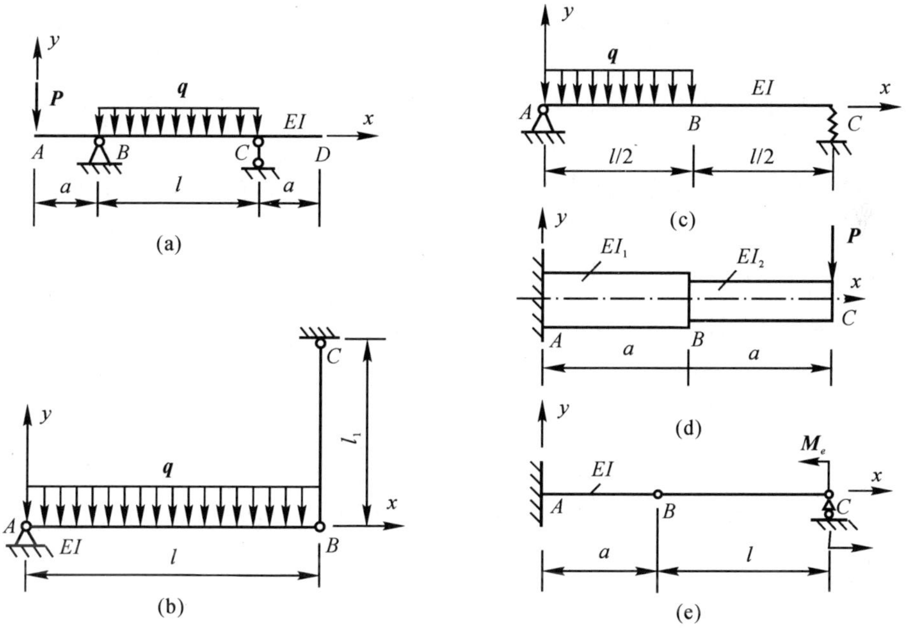

图题 10-4

10-10 怎样区别静定梁和静不定梁？怎样确定静不定梁的次数？静不定梁比静定梁有什么优缺点？

10-11 试问图题 10-5 示各梁的静定基有几种取法，相应的位移协调条件怎样？

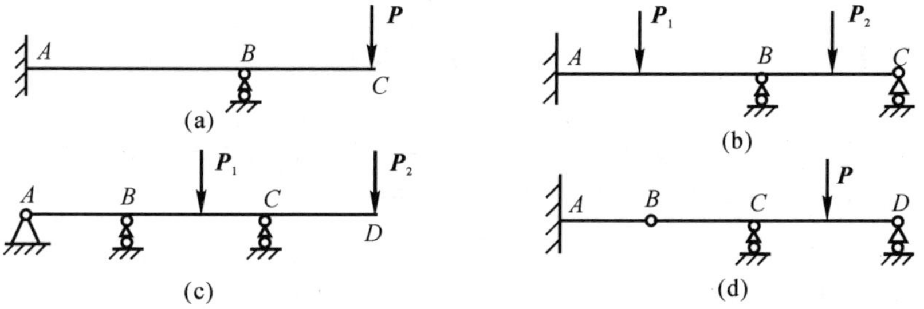

图题 10-5

10-12 试判断图题 10-6 所示两梁是否静不定，若是静不定梁，是几次静不定？

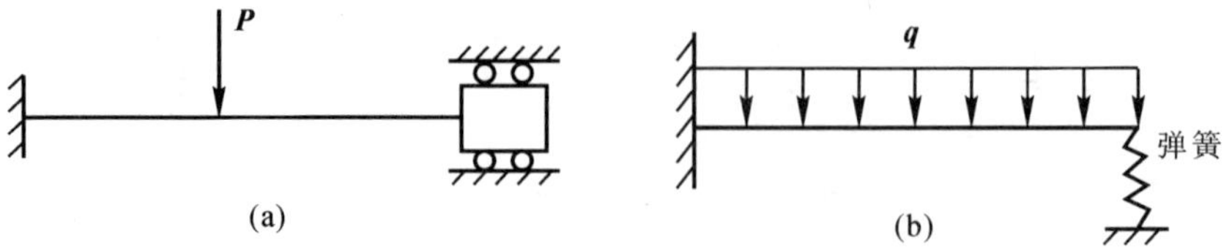

图题 10-6

习 题 十

10-1 试用积分法验算表 10-1 中各梁的挠曲线方程、最大挠度、梁端截面转角的表达式。

10-2 试根据弯矩及支座情况画出图题 10-7 所示各梁的挠曲线的大致形状。

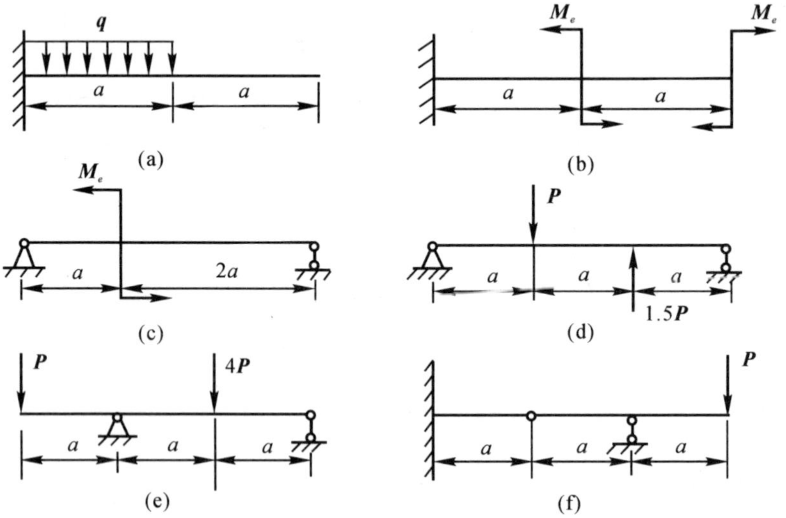

图题 10-7

10-3 试用积分法求图题 10-8 所示各梁的转角方程、挠曲线方程及指定截面的转角和挠度。设梁的抗弯刚度为 EI。

10-4 试用积分法求图题 10-9 所示各梁指定截面的挠度与转角。设梁的抗弯刚度为 EI，弹簧刚度为 K。

10-5 图题 10-10 所示滚轮在梁上滚动，若要求滚轮在梁上恰好走一水平路径，问应将梁轴线预先弯曲成怎样的曲线？已知梁的抗弯刚度 EI。

10-6 试用叠加法求图题 10-11 所示各梁的 y_A 和 θ_B。已知梁的抗弯刚度 EI。

10-7 如图题 10-12 所示简支梁，中间 CD 段受均布载荷 $\boldsymbol{q}$ 作用，已知 EI 为常量。试用叠加法求梁中点 H 的挠度。

10-8 试用叠加法求图题 10-13 所示多跨梁的 θ_B 和 y_C。已知 EI 为常量。

10-9 试用叠加法求图题 10-14 所示各梁 C 截面的挠度和转角。

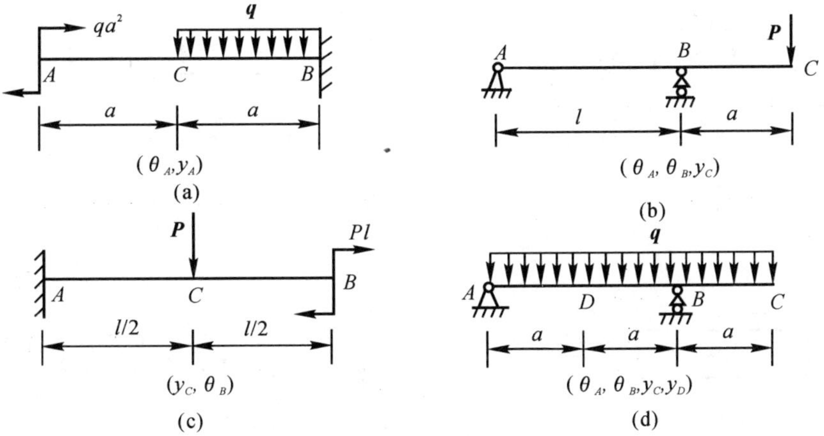

图题　10－8

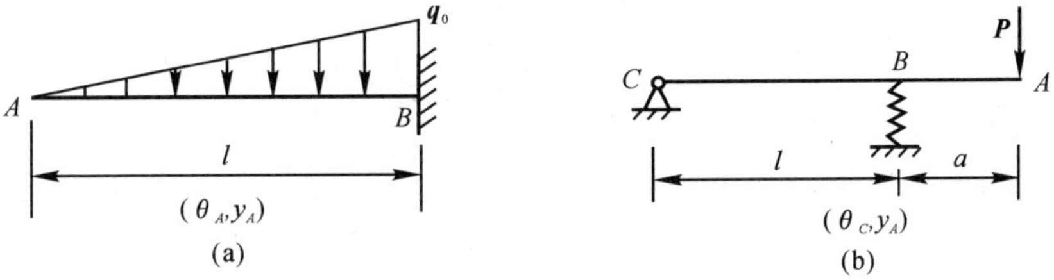

图题　10－9

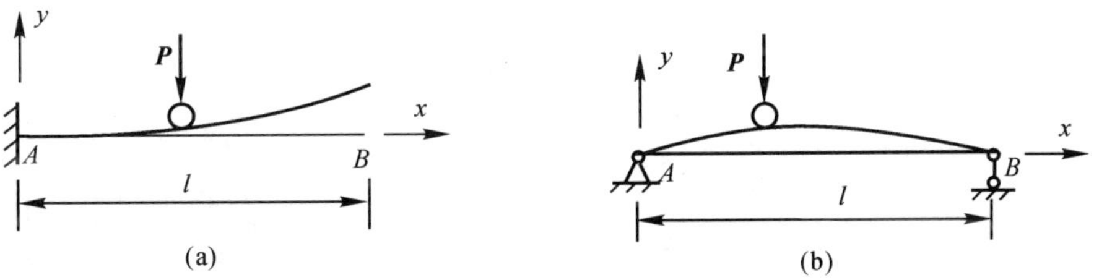

图题　10－10

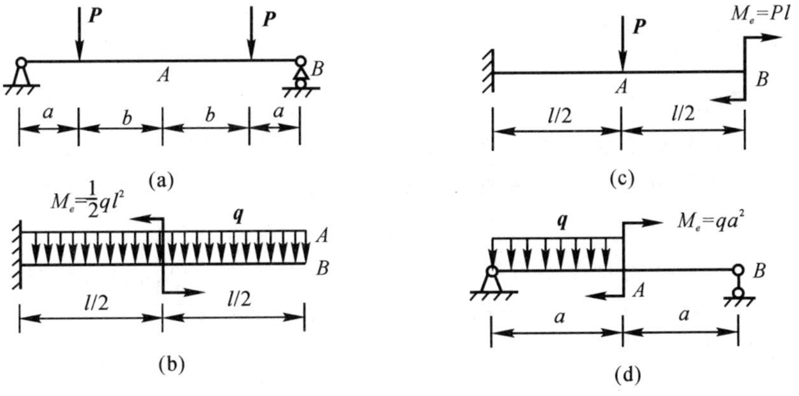

图题　10－11

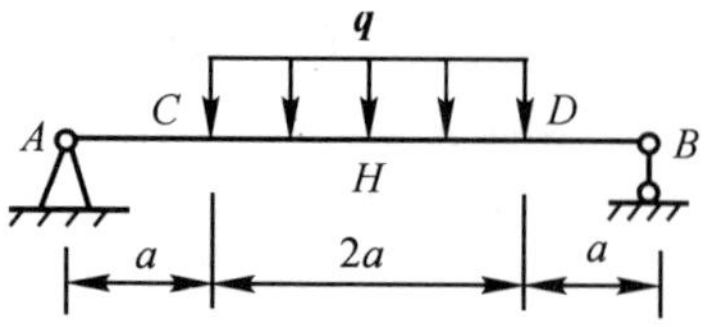

图题　10－12

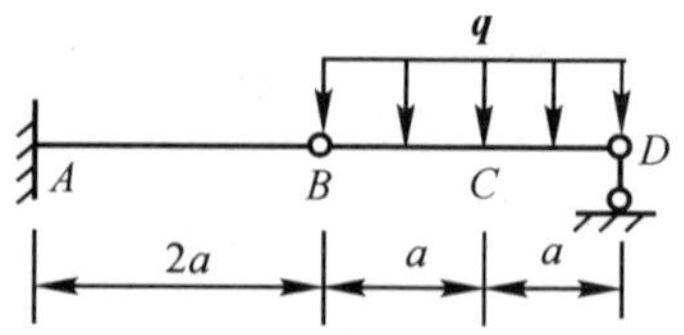

图题　10－13

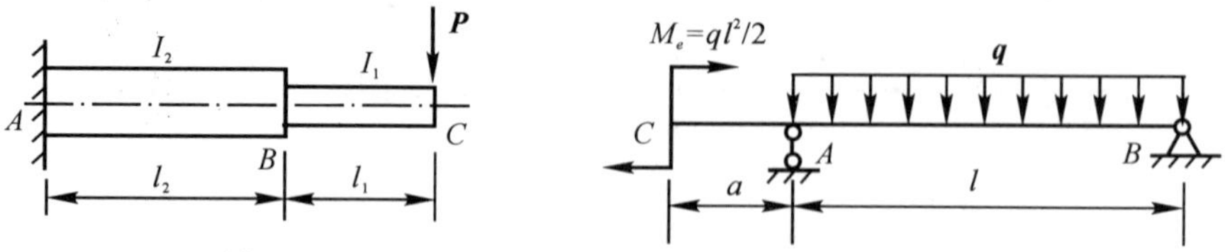

(a)　　(b)

图题　10－14

10－10　在悬臂梁 AB 的自由端上固定一个刚性弯架 BCD，如图题 10－15 所示。集中力 P 作用于 D 点处，试求使 B 点挠度为零时的 a/l 比值。

10－11　图题 10－16 所示木梁 AB，其右端用钢拉杆吊起。若已知梁的横截面为边长为 $a=200$ mm 的正方形，其弹性模量 $E_1=10$ GPa；钢拉杆的横截面面积为 $A_2=250\ \text{mm}^2$，$E_2=210$ GPa。试用叠加法求拉杆 BD 的伸长 Δl 和梁中点 C 的挠度 y_C。

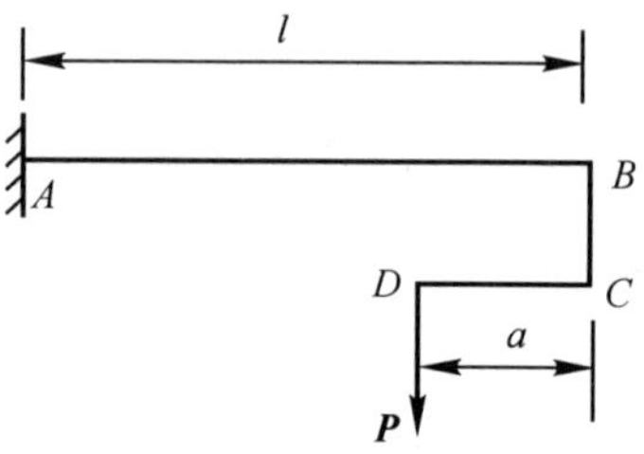

图题　10－15

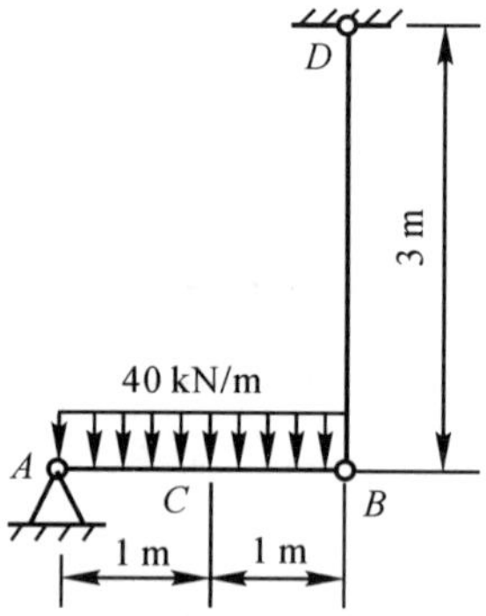

图题　10－16

10－12　如图题 10－17 所示，车床上用三爪卡盘夹住工件进行切削。车刀作用于工件上的径向切削力 $P=360$ N，工件材料为碳钢，$E=200$ GPa。试求工件的最大挠度。若由工件的弯曲位移而引起工件的直径误差不准超过 0.08 mm，问这种加工方案能否满足？若不满足时可用什么方法改进？

10－13　某齿轮轴经简化后如图题 10－18 所示，试求轴承处截面的转角 θ_A 和 θ_B。已知 $E=200$ GPa，若许可转角$[\theta]=0.01$ rad，问刚度条件满足否？

10－14　如图题 10－19 所示工字钢梁 $l=5$ m，$M_{e1}=5\ \text{kN}\cdot\text{m}$，$M_{e2}=10\ \text{kN}\cdot\text{m}$，许用应力$[\sigma]=160$ MPa，弹性模量 $E=200$ GPa，许可挠度$[y]=l/500$。试选择工字钢型号。（注：梁

的最大挠度可近似取中点的挠度）

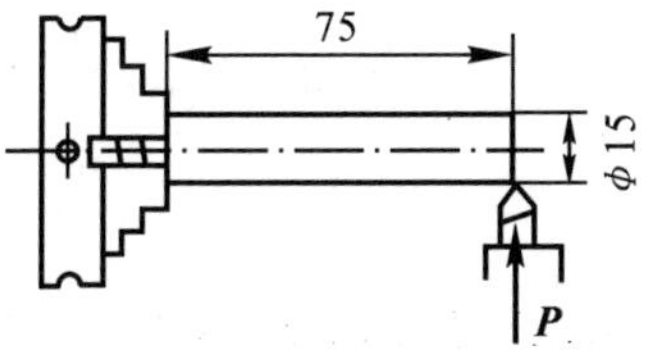

图题　10－17

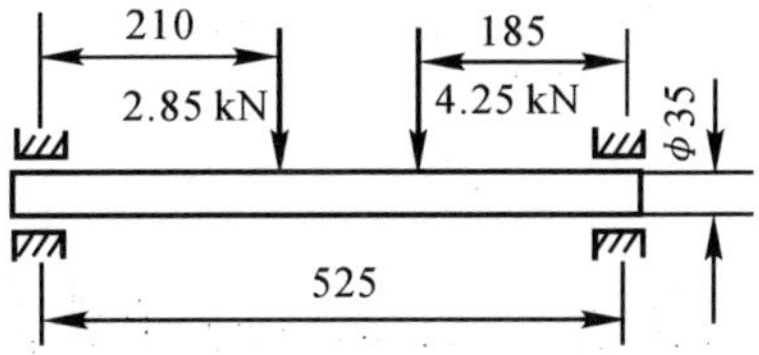

图题　10－18

10－15　如图题 10－20 所示，已知一钢轴上的飞轮重力 $P=20$ kN，而轴承 B 处允许转角 $[\theta]=0.5°$，试确定轴所需的直径 d（弹性模量 $E=200$ GPa）。

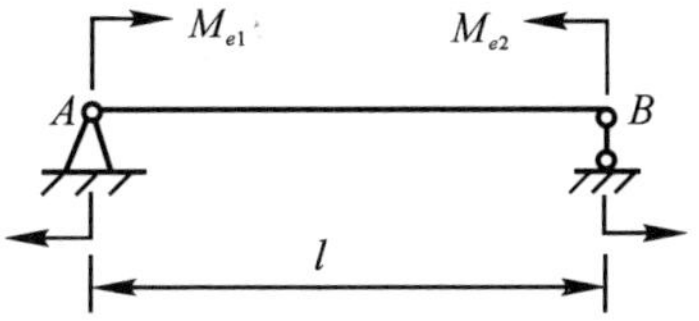

图题　10－19

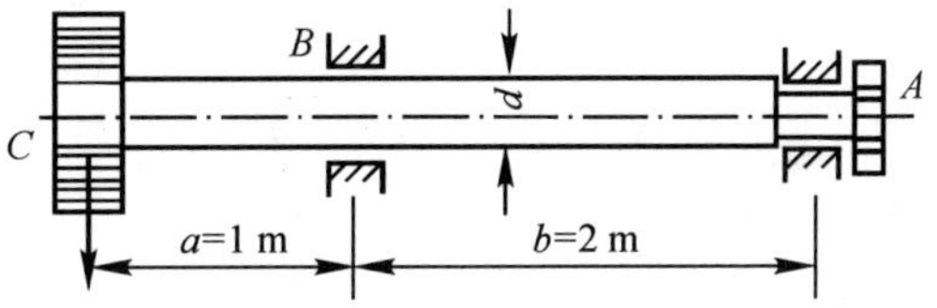

图题　10－20

10－16　如图题 10－21 所示外伸梁由两根槽钢组成。设材料的弹性模量 $E=200$ GPa，许用应力 $[\sigma]=160$ MPa，梁的许可挠度 $[y]=5$ mm。试选择槽钢的型号。

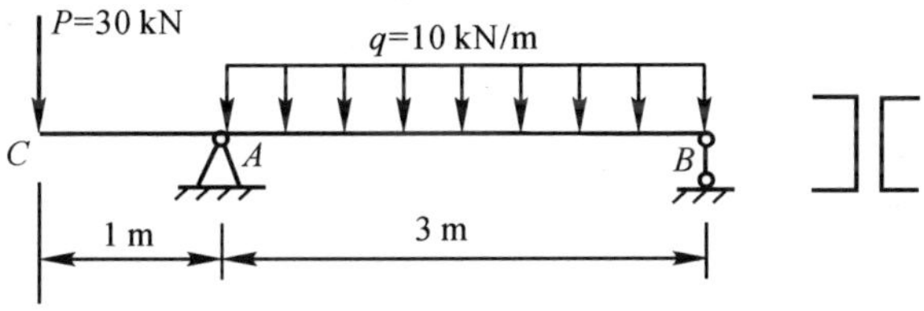

图题　10－21

10－17　试求图题 10－22 所示各梁的支座反力，并作剪力图和弯矩图。EI 为已知量。

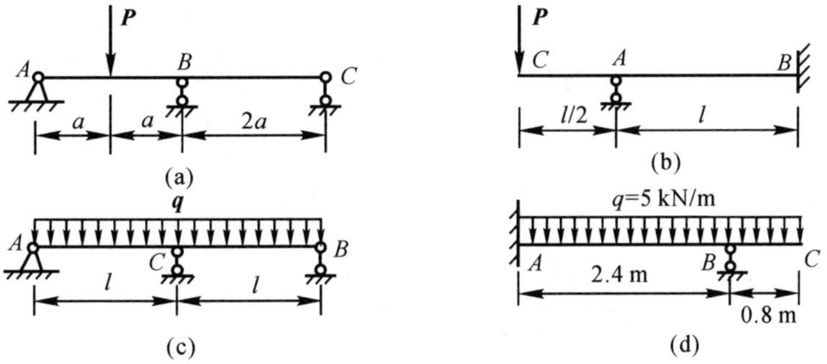

图题　10－22

10－18　试求图题 10－23 所示各静不定梁的支座反力和 CD 杆的轴力。已知梁的抗弯刚度 EI 和杆的抗拉刚度 EA。

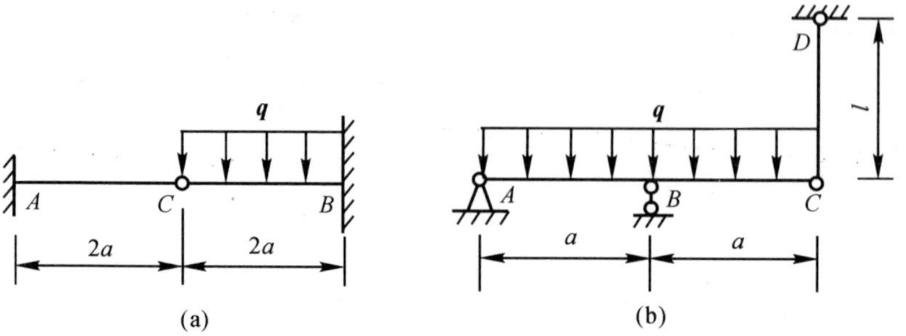

图题　10－23

10－19　两端固定的梁 AB，如图题 10－24 所示。已知梁的右端 B 有一竖向微小位移 δ 和梁的抗弯刚度 EI。试作此梁的弯矩图。

10－20　图题 10－25 所示梁 AB 因强度和刚度不足，用同一材料和同样截面的短梁 AC 加固，试求：(1)二梁接触处的压力 R_C；(2)加固后梁 AB 的最大弯矩和点 B 的挠度各减小的百分数。

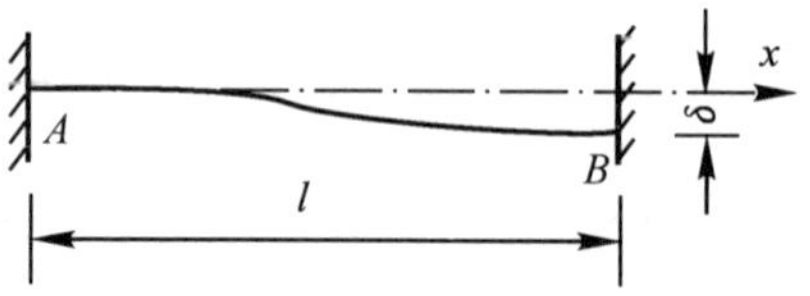

图题　10－24

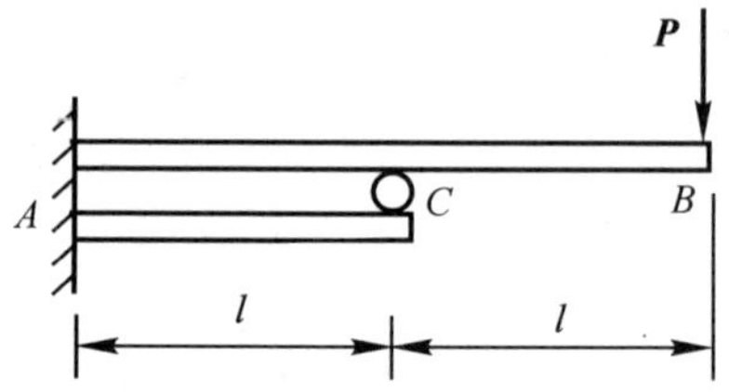

图题　10－25

10－21　图题 10－26 所示一板条梁，其横截面尺寸为 2×6 mm。若将它弯成半圆形，求所需的力偶矩 M_e 及这时的最大正应力 $\boldsymbol{\sigma}_{\max}$。(设 E＝200 GPa)

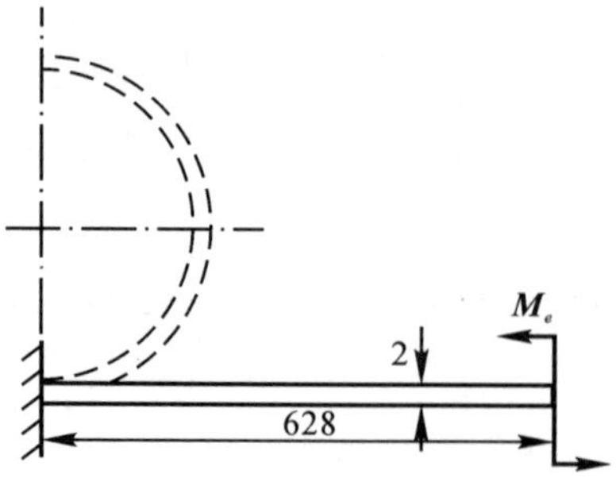

图题　10－26

第十一章　应力状态和强度理论

§11-1　应力状态的概念

前文介绍了轴向拉伸(或压缩)、扭转、弯曲等基本变形构件的强度问题，这些构件的危险点处于单向拉(压)或纯剪切的应力状态，因此，建立了相应的强度条件。

$$\sigma_{max} \leqslant [\sigma] \qquad \tau_{max} \leqslant [\tau]$$

然而在实际工程问题中，许多构件的危险点处于复杂的受力状态。例如矿山牙轮钻的钻杆就同时存在扭转和压缩变形，这时杆横截面上危险点处不仅有正应力 σ，还有剪应力 τ。对于这类构件，是否可以仍用上述强度条件分别对正应力和剪应力进行强度计算呢?实践证明，这将导致错误的结果。因为在危险点处的正应力和剪应力并不是分别对构件起破坏作用，而是有所联系的，因而应考虑它们的综合影响。这就促使人们联系到构件的破坏现象。

事实上，拉压、扭转、弯曲等基本变形情况下的构件，并不都是沿构件的横截面破坏的。例如，在拉伸试验中，低碳钢屈服时在与试件轴线成 45° 的方向出现滑移线；铸铁压缩时，试件沿与轴线成接近 45° 的斜截面破坏。这表明构件的破坏还与斜截面上的应力有关。因此为分析各种破坏现象，建立组合变形下构件的强度条件，还必须研究构件各个不同斜截面上的应力。对于应力非均匀分布的构件，则必须研究危险点处的应力状态。所谓一点的应力状态(stress state at a point)，就是通过受力构件内某一点的各个截面上应力情况。

由于构件内的应力分布一般是不均匀的，所以在分析各个不同方向截面上的应力时，不宜截取构件的整个截面来研究，而是围绕构件中的危险点截取一单元体(element)来分析，以此来反映一点的应力状态。例如，螺旋桨轴工作时既受拉、又受扭(见图 11-1(a))，若围绕轴表面上一点用纵、横截面截取单元体，其应力情况如图 11-1(b) 所示，即处于正应力和剪应力的共同作用下；又如，在导轨和车轮的接触处(见图 11-2(a))，单元体 A 除在垂直方向直接受压外，因其横向变形受到周围材料的阻碍，侧向也受到压力作用，即单元体 A 处于三向受压状态。

显然，要解决这类构件的强度问题，除应全面研究危险点处各截面的应力外，还应研究材料在复杂应力作用下的破坏规律。前者为应力状态理论的范畴，后者则为强度理论所要研究的问题。

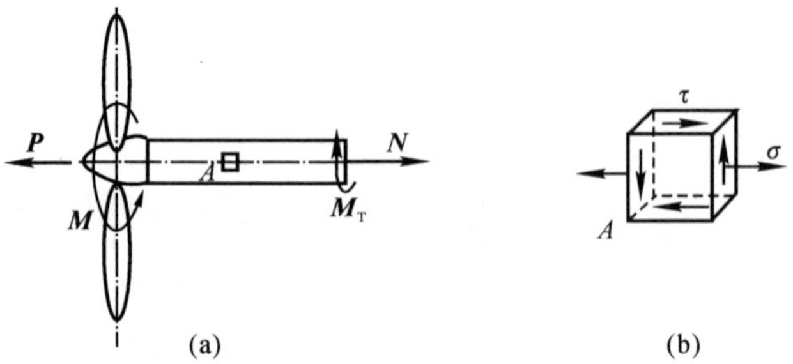

图　11-1

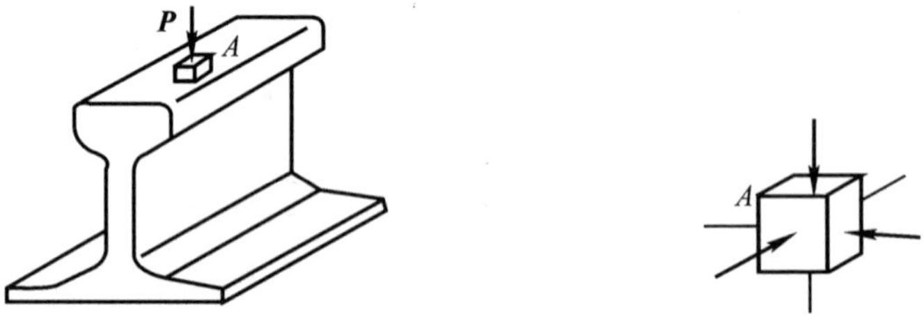

图　11-2

§11-2　平面应力状态的应力分析　主应力概念

一、平面应力状态分析的解析法

由于单元体的边长均为无穷小量，因而，当围绕一点所取单元体各截面应力均已知时，则该点处的应力状态亦完全确定。在一般情况下，构件处于平衡状态，在构件中所取的单元体显然也满足平衡条件。因此，可利用静力平衡条件来分析单元体各个平面上的应力。

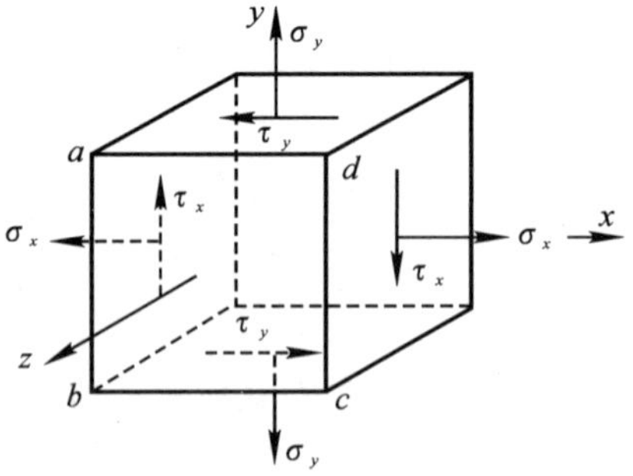

图　11-3

应力状态的类型有多种，其中较常见的是所谓平面应力状态(plane state of stresses)。以前我们介绍过的纯剪应力状态和图 11-1(b) 所示单元体都是平面应力状态。平面应力状态的一般形式如图 11-3 所示，即在单元体的六个侧面中，只有四个侧面上作用有应力，而且它们的作用线均平行于同一平面。图 11-3 所示的单元体，在 x 面(外法线沿 x 轴的面)上作用有 σ_x，τ_x，在 y 面上作用有应力 σ_y，τ_y。现研究与 z 轴平行的任一斜截面 A—B 上的应力(见图 11-4(a))。斜面 A—B 的外法线与 x 轴成 α 角，称其为 α 面，α 面上的正应力和剪应力分别用 σ_α 和 τ_α 表示。

利用截面法，沿 A—B 面截单元体为二部分，取左半部分为研究对象。若设斜截面面积为 $\mathrm{d}A$，则截面 A—b 和 b—B 面积分别为 $\mathrm{d}A\cos\alpha$ 和 $\mathrm{d}A\sin\alpha$。这样保留部分 AbB 的受力图即为图

11－4(b) 所示，该部分沿斜面的法向和切向的平衡方程(见图 11－4(c)) 则分别为

$$\sum N = 0, \quad \sigma_\alpha dA + (\tau_x dA\cos\alpha)\sin\alpha - (\sigma_x dA\cos\alpha)\cos\alpha + (\tau_y dA\sin\alpha)\cos\alpha - (\sigma_y dA\sin\alpha)\sin\alpha = 0$$

$$\sum T = 0, \quad \tau_\alpha dA - (\tau_x dA\cos\alpha)\cos\alpha - (\sigma_x dA\cos\alpha)\sin\alpha + (\tau_y dA\sin\alpha)\sin\alpha + (\sigma_y dA\sin\alpha)\cos\alpha = 0$$

由此得

$$\sigma_\alpha = \sigma_x\cos^2\alpha + \sigma_y\sin^2\alpha - (\tau_x + \tau_y)\sin\alpha\cos\alpha \tag{1}$$

$$\tau_\alpha = (\sigma_x - \sigma_y)\sin\alpha + \tau_x\cos^2\alpha - \tau_y\sin^2\alpha \tag{2}$$

根据剪应力互等定理可知，τ_x 和 τ_y 的数值相等；若将三角函数变换公式

$$\cos2\alpha = 2\cos^2\alpha - 1 = 1 - 2\sin^2\alpha$$

$$\sin2\alpha = 2\sin\alpha\cos\alpha$$

代入式(1)，(2)，于是可得

$$\sigma_\alpha = \frac{\sigma_x + \sigma_y}{2} + \frac{\sigma_x - \sigma_y}{2}\cos2\alpha - \tau_x\sin2\alpha \tag{11-1}$$

$$\tau_\alpha = \frac{\sigma_x + \sigma_y}{2}\sin2\alpha + \tau_x\cos2\alpha \tag{11-2}$$

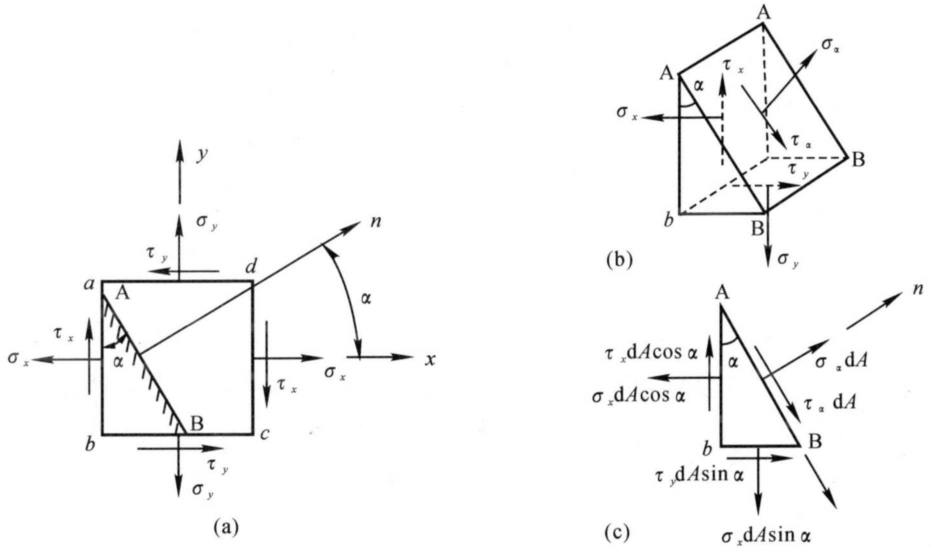

图 11－4

此即为斜截面上应力的一般解析表达式。利用该公式可由已知应力 σ_x，σ_y 和 τ_x 计算任一 α 截面上的应力 σ_α 和 τ_α，必须指出，在使用该式时，正应力拉为正，剪应力以绕单元体内一点顺时针方向旋转者为正，而 α 则以 x 轴正向起，逆时针方向旋转至斜截面外法向者为正。

二、平面应力状态分析的图解法

由式(11－1) 和式(11－2) 可知，任一斜截面 α 上的正应力 σ_α 和剪应力 τ_α 均随参量 α 变化。所以 σ_α 和 τ_α 之间必有确定的函数关系。为建立它们之间的直接关系式，先将式(11－1) 和式(11

-2）改写为

$$\sigma_\alpha - \frac{\sigma_x + \sigma_y}{2} = \frac{\sigma_x - \sigma_y}{2}\cos 2\alpha - \tau_x \sin 2\alpha \tag{3}$$

$$\tau_\alpha = \frac{\sigma_x - \sigma_y}{2}\sin 2\alpha + \tau_x \cos 2\alpha \tag{4}$$

将式(3)，式(4) 两边平方相加，即有

$$\left(\sigma_\alpha - \frac{\sigma_x + \sigma_y}{2}\right)^2 + \tau_\alpha^2 = \left(\frac{\sigma_x - \sigma_y}{2}\right)^2 + \tau_x^2 \tag{5}$$

从式(5) 可以看出，在以 τ，σ 为纵、横坐标轴的平面内，式(5) 所对应的曲线为圆（见图 11-5），其圆心 C 的坐标为 $\left(\frac{\sigma_x + \sigma_y}{2}, 0\right)$，半径为 $\sqrt{\left(\frac{\sigma_x - \sigma_y}{2}\right)^2 + \tau_x^2}$，而圆上任何一点的纵、横坐标分别代表了单元体上某斜截面上的剪应力和正应力。此圆称为应力圆（stress circle）。并按以下步骤绘制应力图。

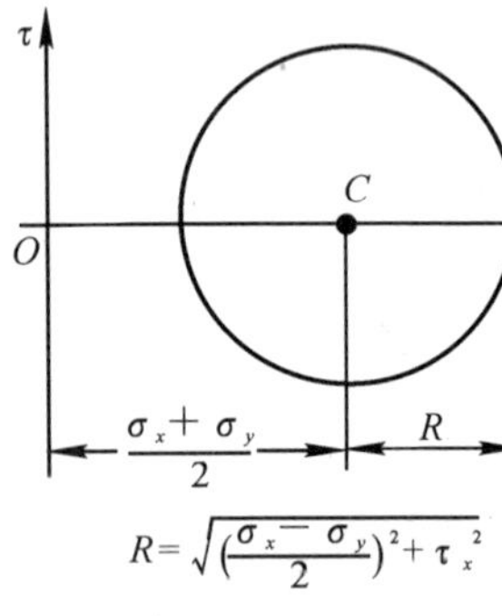

图 11-5

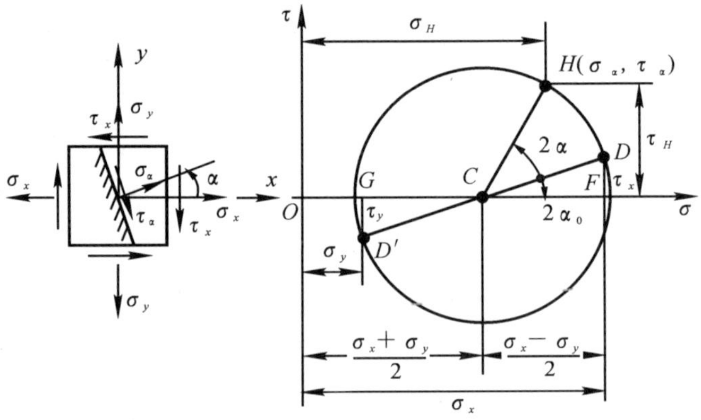

图 11-6

1）选取 $\sigma - \tau$ 直角坐标系，横轴 σ 向右为正，纵轴 τ 向上为正，如图 11-6 所示。

2）按选定的比例尺，在横轴上量取 $\overline{OF} = \sigma_x$，在纵轴 τ 上量取 $\overline{DF} = \tau_x$ 可得 D 点，再用相同比例尺量取 $\overline{OG} = \sigma_y$，$\overline{GD'} = \tau_y$（此处 τ_y 为负，故向下量取）得 D' 点。

3）连接 D 和 D' 点的直线交横轴于 C 点，以 C 点为圆心，以 $\overline{CD}$ 或 CD' 为半径作圆，即为该单元体所对应的应力圆。

应力圆确定后，若欲求 α 面应力，则只需将半径 $\overline{CD}$ 沿逆时针方向旋转 2α 角到 $\overline{CH}$ 处，所得 H 点横坐标 σ_H 和纵坐标 τ_H，分别代表了 α 面上正应力 σ_α 和剪应力 τ_α。

以上用作图法所求 σ_α，τ_α 的正确性可证明如下：

由图 11-6 可以看出

$$\begin{aligned}\sigma_H &= \overline{OC} + \overline{CH}\cos(2\alpha_0 + 2\alpha) = \overline{OC} + \overline{CD}\cos(2\alpha_0 + 2\alpha) = \\ &\overline{OC} + \overline{CD}\cos 2\alpha_0 \cos 2\alpha - \overline{CD}\sin 2\alpha_0 \sin 2\alpha = \\ &\frac{\sigma_x + \sigma_y}{2} + \frac{\sigma_x - \sigma_y}{2}\cos 2\alpha - \tau_x \sin 2\alpha\end{aligned} \tag{6}$$

$$\begin{aligned}\tau_H &= \overline{CH}\sin(2\alpha_0 + 2\alpha) = \overline{CD}\sin(2\alpha_0 + 2\alpha) = \\ &\overline{CD}\sin 2\alpha_0 \cos 2\alpha + \overline{CD}\cos 2\alpha_0 \sin 2\alpha =\end{aligned}$$

$$\tau_x \cos 2\alpha + \frac{\sigma_x - \sigma_y}{2} \sin 2\alpha \tag{7}$$

将式(6),式(7) 和式(11－1),式(11－2) 比较,可见

$$\sigma_H = \sigma_\alpha \qquad \tau_H = \tau_\alpha$$

即 H 点的横坐标和纵坐标分别等于 α 面的正应力和剪应力。

例 11－1　图 11－7(a) 所示单元体,$\sigma_x = 100$ MPa,$\tau_x = -20$ MPa,$\sigma_y = 30$ MPa,$\tau_y = 20$ MPa,试求 $\alpha = 40°$ 斜截面上的正应力和剪应力。

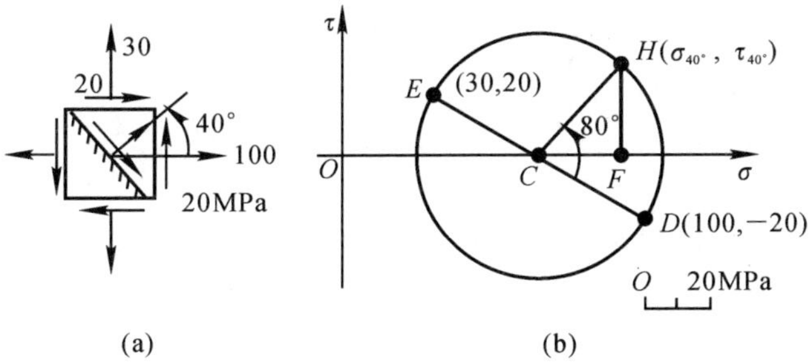

图　11－7

解　(1) 解析法　由式(11－1) 和式(11－2) 可得

$$\sigma_{40°} = \frac{100+30}{2} + \frac{100-30}{2}\cos 80° - (-20)\sin 80° =$$

$$65 + 6.077 + 19.70 = 90.77 \text{ MPa}$$

$$\tau_{40°} = \frac{100-30}{2}\sin 80° + (-20)\cos 80° =$$

$$34.47 - 3.47 = 31 \text{ MPa}$$

(2) 图解法　在 $\sigma-\tau$ 坐标系中,按选定比例长度,由坐标(100,－20) 和(30,20) 分别确定 D,E 两点(见图 11－7(b)),以 $\overline{DE}$ 为直径作圆。

在该圆上将半径 $\overline{CD}$ 沿逆时针方向转动 $2\alpha = 80°$ 角至 $\overline{CH}$ 处,所得 H 点坐标即代表 $\alpha = 40°$ 斜截面的应力。按选定的比例尺,量得 $\overline{OF} = 91$ MPa,$\overline{FH} = 31$ MPa,由此得 $\alpha = 40°$ 截面上应力为

$$\sigma_{40°} = 91 \text{ MPa} \qquad \tau_{40°} = 31 \text{ MPa}$$

说明用解析法和图解法同样可求某斜截面上的应力。

三、平面应力状态的最大应力和主应力

图 11－8(a) 为图 11－8(b) 所示单元体的应力圆,其中 D,E 两点代表了 x,y 面上应力,由图 11－8(a) 可以看出,应力圆与 σ 轴相交于 A,B 点,由此可得,单元体在平行于 z 轴的各截面中最大正应力和最小正应力分别为

$$\left.\begin{aligned} \sigma_{\max} = \sigma_A = \overline{OC} + \overline{CA} = \frac{\sigma_x + \sigma_y}{2} + \sqrt{\left(\frac{\sigma_x - \sigma_y}{2}\right)^2 + \tau_x^2} \\ \sigma_{\min} = \sigma_B = \overline{OC} + \overline{CA} = \frac{\sigma_x + \sigma_y}{2} - \sqrt{\left(\frac{\sigma_x - \sigma_y}{2}\right)^2 + \tau_x^2} \end{aligned}\right\} \tag{11-3}$$

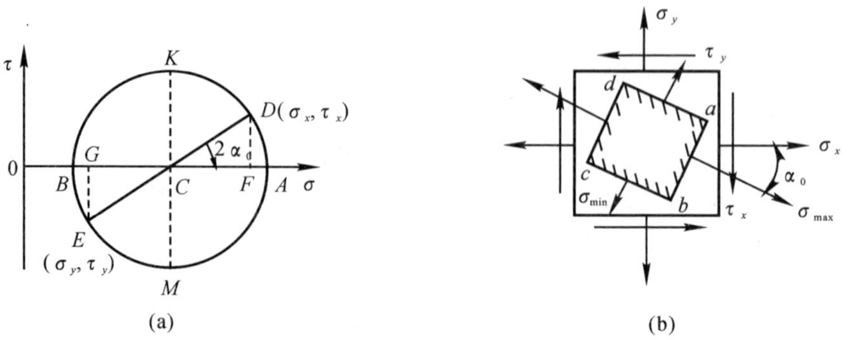

图　11 - 8

而最大正应力的方位角 α_0 则可由下式确定，即

$$\tan 2\alpha_0 = -\frac{\overline{DF}}{\overline{CF}} = -\frac{\tau_x}{\frac{\sigma_x - \sigma_y}{2}} = -\frac{2\tau_x}{\sigma_x - \sigma_y} \tag{11-4}$$

式中负号表示由 x 面到最大正应力作用面沿顺时针方向旋转。因为 $\tan 2\alpha_0 = \tan(180° + 2\alpha)$，所以式(11 - 4) 给出两个相差 90° 的 α_0 角，即 α_0 和 $\alpha_0' = 90° + \alpha_0$(或 $\alpha_0 = \alpha_0 - 90°$)，即这两个面互相垂直。考虑到图 11 - 8(a) 中 A,B 两点位于应力圆上同一直径两端，即最大正应力所在截面和最小正应力所在截面互相垂直，所以式(11 - 4) 所求两个 α_0 值即是 A,B 两点所代表截面的方向。它们之间的对应关系可以利用下述规则来确定：在 α_0 和 $\alpha_0 + 90°$ 两个方向中，σ_{max} 的方向总是在 τ_x 所指向的那一侧。所以，最大和最小正应力所在截面的方位如图 11 - 8(b) 所示。

从图 11 - 8(a) 中还可以看出，应力圆上存在 K,M 两个极值点，由此得单元体在平行于 z 轴的截面中最大和最小剪应力分别为

$$\left.\begin{aligned} \tau_{max} &= \tau_K = \frac{1}{2}(\sigma_{max} - \sigma_{min}) = \sqrt{\left(\frac{\sigma_x - \sigma_y}{2}\right)^2 + \tau_x^2} \\ \tau_{min} &= \tau_M = -\sqrt{\left(\frac{\sigma_x - \sigma_y}{2}\right)^2 + \tau_x^2} \end{aligned}\right\} \tag{11-5}$$

它们所在的截面也相互垂直，且与最大和最小正应力所在面方向相差 45°。

需要特别指出的是，以上所求的最大正应力和最大剪应力，只是平行于 z 轴斜截面上的正应力和剪应力的最大值，它不一定是过一点的所有斜截面上的正应力和剪应力的最大值。

以上各结论同样可以由公式(11 - 1) 和(11 - 2) 的分析得到。

由图 11 - 8(a) 所示的应力圆中还可以看出，A,B 两点纵坐标为零。这说明，在正应力取得极值的面上剪应力为零。

我们定义剪应力为零的面为主平面(principal plane)，所以图 11 - 8(b) 中所示的截面 ab, bc,cd 和 da 均为主平面。此外，单元体前后两面没有应力作用，剪应力也为零，故也是主平面。由这三对两两正交的主平面所构成的单元体称为主单元体。主平面上的正应力称为主应力(principal stress)，所以式(11 - 3) 中的 σ_{max} 和 σ_{min} 均为主应力。主单元体三对面上作用有三对主应力，通常按其代数值大小依次用 σ_1,σ_2 和 σ_3 表示，即 $\sigma_1 \geqslant \sigma_2 \geqslant \sigma_3$。

根据主应力的数值，可将应力状态分为三类：三个主应力中，只有一个不为零的应力状态

称为单向应力状态(uniaxial stress state);三个主应力中,两个主应力不为零的称为二向应力状态(biaxial stress state)(或平面应力状态);三个主应力均不为零的应力状态称为三向应力状态(triaxial stress state)(或空间应力状态)。二向和三向应力状态统称为复杂应力状态(complex stress state)。

例 11-2 试计算图 11-9(a) 所示单元体内的主应力,并指出所在方位。

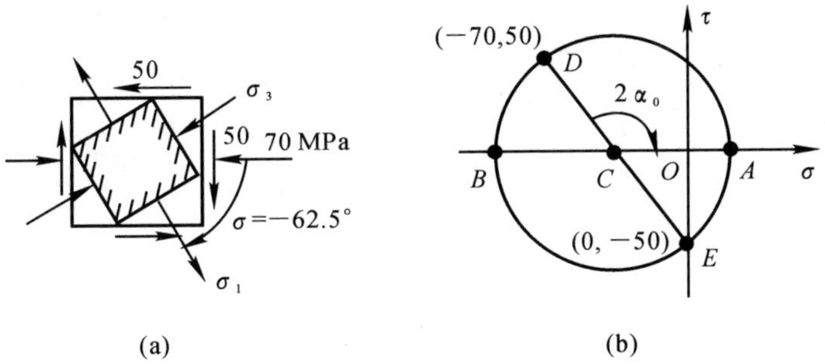

图 11-9

解 (1) 解析法 从图已知 $\sigma_x=-70$ MPa,$\sigma_y=0$,$\tau_x=50$ MPa,所以,利用式(11-3)可得

$$\begin{matrix}\sigma_{max}\\ \sigma_{min}\end{matrix}=\frac{\sigma_x+\sigma_y}{2}\pm\sqrt{\left(\frac{\sigma_x-\sigma_y}{2}\right)^2+\tau_x^2}=$$

$$\frac{-70}{2}\pm\sqrt{\left(\frac{-70}{2}\right)^2+50^2}=-35\pm61.03=$$

$$26.03\ \text{MPa 或}-96.03\ \text{MPa}$$

所以其主应力分别为 $\sigma_1=26.03$ MPa,$\sigma_2=0$,$\sigma_3=-96.03$ MPa。

主应力方向可由式(11-4)求出,则有

$$\tan2\alpha_0=-\frac{2\tau_x}{\sigma_x-\sigma_y}=-\frac{100}{-70}=1.428\,57$$

所以 $$\alpha_0=27.5°,\qquad \alpha_0'=-90°+\alpha_0=-62.5°$$

(2) 图解法 同前例作应力圆如图 11-9(b) 所示,按选定比例尺,量得 $OA=26$ MPa,$OB=96$ MPa(压应力),并从应力圆中量得 $\angle DCA=125°$,且由半径 CD 至 CA 为顺时针方向,所以 σ_1 方向的方位角为

$$\alpha_0=-\frac{1}{2}\angle DCA=-\frac{125°}{2}=-62.5°$$

所以,$\sigma_1=26$ MPa,$\sigma_2=0$,$\sigma_3=-96$ MPa,主单元体方位如图 11-9(a) 中所示。

§11-3 三向应力状态的最大应力

设自受力物体内某一点,按主平面方向取出一个单元体(见图 11-10) 来研究其各斜截面上的应力。

首先分析与 σ_3 平行的任意斜截面 $abcd$ 上的应力。不难看出图 11-10(b) 所示斜截面的应

力 σ,τ 与 σ_3 无关，而仅仅取决于 σ_1 和 σ_2。所以，在 $\sigma-\tau$ 平面内，该类斜截面对应的点均位于由 σ_1 和 σ_2 所确定的应力圆上（见图 11－10(c)）。同理可知：以 σ_2 和 σ_3 所作应力圆代表单元体中与 σ_1 平行的各斜截面的应力；以 σ_3,σ_1 所作应力圆代表单元体中与 σ_2 平行的各斜截面的应力。

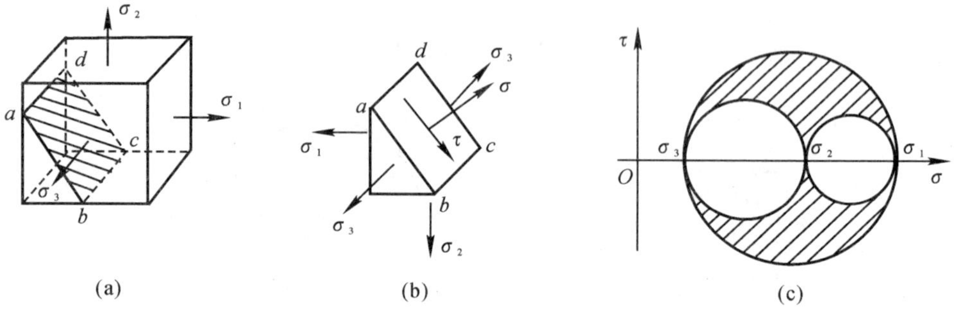

图　11－10

还可以证明，对于与三个主应力均不平行的任意斜截面，它们在 $\sigma-\tau$ 平面的对应点必位于由上述三圆所构成的阴影区域内（证明从略）。

综上所述，在 $\sigma-\tau$ 平面内，代表任一斜截面的应力的点或位于应力圆上，或位于由三个应力圆所构成的阴影区域内。

由此可见，在三向应力状态下，最大正应力与最小正应力分别为最大和最小主应力，即

$$\sigma_{max}=\sigma_1 \qquad \sigma_{min}=\sigma_3 \tag{11-6}$$

而最大剪应力则为

$$\tau_{max}=\frac{1}{2}(\sigma_1-\sigma_3) \tag{11-7}$$

并位于与 σ_1 和 σ_3 均成 45° 的截面内。

上述结论同样适用于单向和二向应力状态。

§11－4　广义胡克定律

现研究图 11－11 中所示的主应力单元体沿三个主应力 σ_1,σ_2 和 σ_3 方向的三个线应变。这种线应变称为主应变(principal strain)，并分别用 $\varepsilon_1,\varepsilon_2$ 和 ε_3 表示。

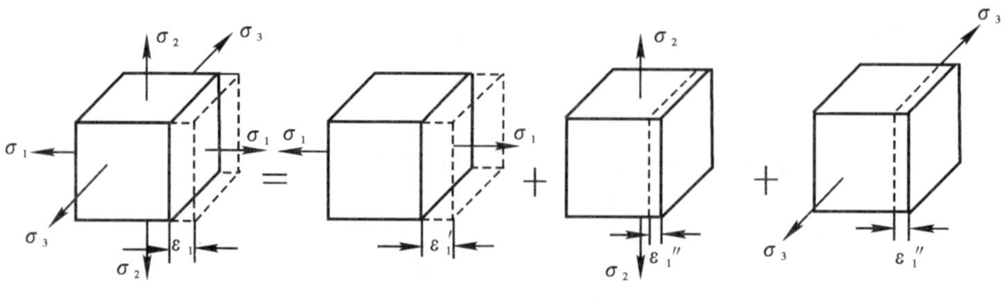

图　11－11

对于各向同性材料，在最大正应力不超过材料的比例极限条件下，可以应用胡克定律及叠

加法来求得主应变。为此，将此三向应力状态看做是三个单向应力状态的组合(见图 11-11)。首先分析 ε_1。由于对每一个主应力都有与之相应的纵向线应变和横向线应变，故由公式(11-5) 可求得在 σ_1 作用下沿 σ_1 方向的纵向线应变为 $\frac{\sigma_1}{E}$，再由公式(6-12) 可求得 σ_2，σ_3 作用下沿 σ_1 方向的横向线应变分别为 $-\mu\frac{\sigma_2}{E}$，$-\mu\frac{\sigma_3}{E}$。将这三项叠加，得

$$\varepsilon_1 = \frac{\sigma_1}{E} - \mu\frac{\sigma_2}{E} - \mu\frac{\sigma_3}{E}$$

同理，可得 ε_2 和 ε_3，经整理后即得

$$\left.\begin{aligned} \varepsilon_1 &= \frac{1}{E}[\sigma_1 - \mu(\sigma_2 + \sigma_3)] \\ \varepsilon_2 &= \frac{1}{E}[\sigma_2 - \mu(\sigma_3 + \sigma_1)] \\ \varepsilon_3 &= \frac{1}{E}[\sigma_3 - \mu(\sigma_1 + \sigma_2)] \end{aligned}\right\} \tag{11-8}$$

此即复杂应力状态下一点处主应力与主应变之间的关系，它是以主应力表示的广义胡克定律(generalized hooke's law)。
式中 E 和 μ 分别为材料的弹性模量和横向变形因数。

当主应力中有压应力时，应将上式中相应的应力按负值代入。若所得结果 ε_1 等主应变为正号，则此主应变为相对伸长；若为负号，则为相对缩短。

由式(11-8) 求得的主应变也应按代数值排列，即 $\varepsilon_1 \geqslant \varepsilon_2 \geqslant \varepsilon_3$，可以证明，$\varepsilon_1$ 是一点处的最大线应变，即

$$\varepsilon_{max} = \varepsilon_1 \tag{11-9}$$

当应力单元体的各表面上既有正应力，又有剪应力时，由于对各向同性材料，在小变形情况下，线应变只与正应力有关，而与剪应力无关，故沿正应力 σ_x，σ_y，σ_z 方向的线应变 ε_x，ε_y，ε_z 与 σ_x，σ_y，σ_z 的关系仍可用公式(11-8) 来表达，即只需将该公式中各应力、应变字符的下标 1，2，3 分别改为 x，y，z 即可。

例 11-3 由实验测得圆轴表面一点处与母线成 45° 方向(见图 11-12) 的线应变 $\varepsilon_x = 360\times10^{-6}$，以及在与之垂直方向的线应变 $\varepsilon_y = -360\times10^{-6}$。若弹性模量 $E = 210$ GPa，横向变形因数 $\mu = 0.28$，试求该点处横截面上的剪应力 τ。

解 (1) 由于受扭轴上该点是二向应力状态，式(11-8) 成为

$$\varepsilon_x = \frac{1}{E}(\sigma_x - \mu\sigma_y)$$

$$\varepsilon_y = \frac{1}{E}(\sigma_y - \mu\sigma_x)$$

将这两式联立可解得

$$\sigma_x = \frac{E}{1-\mu^2}(\varepsilon_x + \mu\varepsilon_y)$$

$$\sigma_y = \frac{E}{1-\mu^2}(\varepsilon_y + \mu\varepsilon_x)$$

将已知数据代入，可得

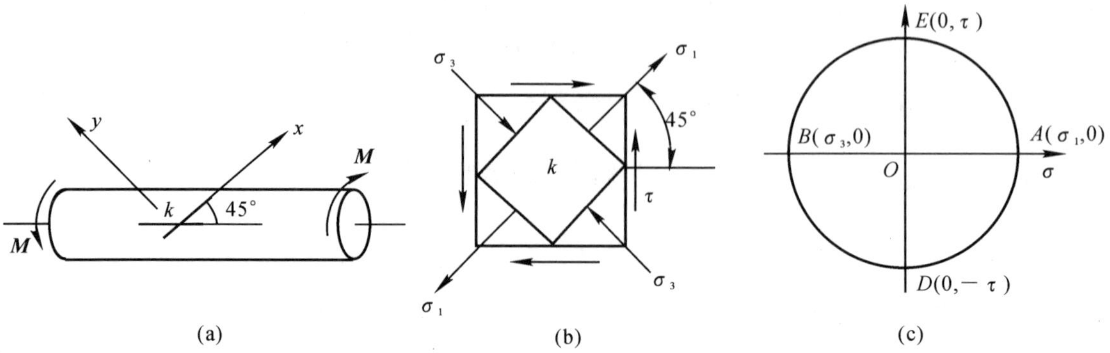

图 11-12

$$\sigma_x = \frac{210\times10^9}{1-0.28^2}(360\times10^{-6}-0.28\times360\times10^{-6}) = 59.1\ \text{MPa}$$

$$\sigma_y = \frac{210\times10^9}{1-0.28^2}(-360\times10^{-6}+0.28\times360\times10^{-6}) = -59.1\ \text{MPa}$$

(2) 圆轴受扭其表面上点为纯剪应力状态，单元体如图 11-12(b) 所示，按图解法作应力圆如图 11-12(c) 所示。从应力圆可分析得出 45° 的 x，y 方向皆为主应力方向，所以 $\sigma_1=\sigma_x$，$\sigma_3=\sigma_y$，亦可分析出 $\sigma_1=\tau$，$\sigma_3=-\tau$。

所以，该点横截面上剪应力 $\tau = 59.1$ MPa。

铸铁试件从与轴线成夹角 45° 的螺旋面断裂，正是由于该方向为 σ_1 方向，而铸铁材料抗拉能力弱，以致被拉断。

§11-5 强度理论的概念

前文在有关各基本变形强度的分析中，建立了相应的强度条件，它们可以被概括为 $\sigma_{max}\leqslant[\sigma]$ 或 $\tau_{max}\leqslant[\tau]$。这里许用应力是从试验测得的极限应力除以安全因数而得到的。这样建立强度条件的方法，对处于单向拉(压) 和纯剪切应力状态的危险点是可行的，但对于危险点处于复杂应力状态的情况不再适用。因为复杂应力状态下三个主应力值的配比组合有多种多样的情况，要对每一种组合都用试验的方法来确定极限应力，是不切实际的。所以，如何建立材料在复杂应力状态下的强度条件，是工程中的一个重要问题。

为解决这一问题，人们根据工程实践和大量的试验资料，提出了一系列关于材料在复杂应力状态下失效的主要原因的各种假说，称之为强度理论(theory of strength)。这些假说认为：同一类型的失效是由某一个共同因素引起的，这一共同因素适用于所有的应力状态。显然，若能确定这一因素，就可以利用简单应力状态下的试验(例如拉伸试验) 的结果，来建立复杂应力状态下的强度条件。材料的强度失效可分为塑性屈服和脆性断裂这两类形式。强度理论也可分为两类，一类是解释材料脆性断裂失效的强度理论，另一类是解释材料塑性屈服失效的强度理论。

§11－6　常用的四个强度理论

1. **最大拉应力理论**(maximum-tensile-stress theory)(**第一强度理论**)

这一理论认为引起材料脆性断裂失效的主要因素是最大拉应力。即无论在何种应力状态下，只要构件内一点处的最大拉应力达到单向应力状态下的极限应力 σ°，材料就发生脆性断裂失效。于是危险点处于复杂应力状态的构件发生脆性断裂的条件为

$$\sigma_1 = \sigma^{\circ}$$

由此即可得出依这一强度理论所建立的强度条件为

$$\sigma_1 \leqslant [\sigma] \tag{11-10}$$

式中的 σ_1 是拉应力，$[\sigma]$ 是由材料在轴向拉伸时强度极限 σ_b 确定的许用应力。

试验表明，脆性材料在二向或三向受拉断裂时，这个理论与试验结果基本一致，而当存在有压应力情况下，只要最大压应力值不超过最大拉应力，这个理论也是正确的。但它对于一点处在任何截面上都没有拉应力的情况就不再适用。

2. **最大拉应变理论**(maximum-tensile-strain theory)(**第二强度理论**)

这一理论认为引起材料脆性断裂失效的主要因素是最大拉应变。即无论材料处于何种应力状态下，只要构件内一点处最大拉应变 ε_1 达到了单向应力状态下断裂时的最大拉应变值 ε°，材料就要发生脆性断裂失效。因此，材料发生脆性断裂的条件为

$$\varepsilon_1 = \varepsilon^{\circ}$$

若认为材料直到发生脆断失效时都符合胡克定律，则 $\varepsilon^{\circ} = \dfrac{\sigma^{\circ}}{E}$，其中 σ° 为材料拉伸时的强度极限 σ_b。又由广义胡克定律知，$\varepsilon_1 = \dfrac{1}{E}[\sigma_1 - \mu(\sigma_2 + \sigma_3)]$。因此上述失效条件又可写为

$$\sigma_1 - \mu(\sigma_2 + \sigma_3) = \sigma^{\circ}$$

由此即可得出根据这一强度理论所建立的强度条件为

$$\sigma_1 - \mu(\sigma_2 + \sigma_3) \leqslant [\sigma] \tag{11-11}$$

式中的$[\sigma]$是由材料在轴向拉伸时的强度极限 σ_b 确定的许用应力。σ_1，σ_2 和 σ_3 是危险点的主应力。

试验表明，脆性材料在二向(拉伸-压缩) 应力状态下，当压应力值超过拉应力时，该理论与试验结果比较接近。但在一般情况下，它并不比最大拉应力理论更符合试验结果。

以上两个强度理论是以脆性断裂为失效的标志。适用于砖石、铸铁等脆性材料。

3. **最大剪应力理论**(maximum-shearing-stress theory)(**第三强度理论**)

这一理论认为引起材料塑性屈服失效的主要因素是最大剪应力。即无论在何种应力状态下，只要构件一点处的最大剪应力 τ_{max} 达到单向应力状态下的极限剪应力 τ°，材料就要发生塑性屈服失效。于是，危险点处于复杂应力状态的构件发生塑性屈服的条件为

$$\tau_{max} = \tau^{\circ}$$

由于单向拉伸应力状态下 $\sigma_2 = \sigma_3 = 0$，故 $\tau^{\circ} = \dfrac{\sigma^{\circ} - 0}{2} = \dfrac{\sigma^{\circ}}{2}$。又由公式(11－7) 可知 $\tau_{max} = \dfrac{\sigma_1 - \sigma_3}{2}$。因而可将上述屈服条件改写为

$$\sigma_1 - \sigma_3 = \sigma^{\circ}$$

由此即可获得依此强度理论所建立的强度条件为

$$\sigma_1 - \sigma_3 \leqslant [\sigma] \tag{11-12}$$

式中的$[\sigma]$是由材料在轴向拉伸的屈服极限σ_s确定的许用应力。

试验表明，该理论与有关塑性材料的多种试验结果比较接近，计算较简便，因而应用相当广泛。但试验说明，主应力σ_2对材料的屈服是有影响的，而该理论未考虑σ_2的影响，这是不够合理的。

4. 形状改变比能理论(theory of strain-energy density corresponding to distortion)(第四强度理论)

弹性体在外力作用下发生变形，载荷作用点随之产生位移。因此在弹性体变形过程中，载荷在相应位移上做功。由能量守恒定律可知，若所加外力是静载荷，则载荷所做之功全部转化为积蓄在弹性体内部的能量，称之为弹性变形能。处在应力作用下的单元体，其形状和体积一般均发生改变，故变形能又可分解成为体积改变能和形状改变能，而单位体积内的形状改变能称为形状改变比能。在复杂应力状态下，形状改变比能的表达式(推导略)为

$$u_f = \frac{(1+\mu)}{6E}[(\sigma_1 - \sigma_2)^2 + (\sigma_2 - \sigma_3)^2 + (\sigma_3 - \sigma_1)^2] \tag{11-13}$$

形状改变比能理论认为引起材料塑性屈服的主要因素是形状改变比能，即无论材料处于何种应力状态，只要其形状改变比能u_f达到单向拉伸屈服时的形状改变比能u°_f，材料即发生塑性屈服，由于单向拉伸应力状态下在屈服时$\sigma_1 = \sigma^{\circ}$，$\sigma_2 = \sigma_3 = 0$，故由式(11-12)，可得

$$u^{\circ}_f = \frac{1+\mu}{3E}(\sigma^{\circ})^2$$

再由式(11-13)可得该理论的塑性屈服失效条件为

$$\frac{(1+\mu)}{6E}[(\sigma_1 - \sigma_2)^2 + (\sigma_2 - \sigma_3)^2 + (\sigma_2 - \sigma_3)^2] = \frac{1+\mu}{3E}(\sigma^{\circ})^2$$

或

$$\frac{1}{2}[\sigma_1 - \sigma_2)^2 + (\sigma_2 - \sigma_3)^2 + (\sigma_3 - \sigma_1)^2] = (\sigma^{\circ})^2$$

由此可得依该理论所建立的强度条件为

$$\sqrt{\frac{1}{2}[(\sigma_1 - \sigma_2)^2 + (\sigma_2 - \sigma_3)^2 + (\sigma_3 - \sigma_1)^2]} \leqslant [\sigma] \tag{11-14}$$

同最大剪应力理论一样，式中$[\sigma]$是拉伸试验的屈服极限σ_s所确定的许用应力。

形状改变比能理论是从反映受力和变形的综合影响的变形能出发来研究材料强度的，因此更全面和完善了。试验表明；对塑性材料，该理论较最大剪应力理论更符合试验结果，工程上使用也较广泛。

从 §11-3 的分析知，在平行于σ_3各截面中，其最大剪应力为

$$\tau_{1,2} = \frac{1}{2}(\sigma_1 - \sigma_2)$$

而在平行于σ_1或σ_2的各截面中，其最大剪应力分别为

$$\tau_{2,3} = \frac{1}{2}(\sigma_2 - \sigma_3) \qquad \tau_{3,1} = \frac{1}{2}(\sigma_3 - \sigma_1)$$

从这三个剪应力极值的统计平均值的观点出发，同样可以获得公式(11－14)的强度条件，因而该理论也可称为统计平均剪应力理论。其强度条件(11－14)又可表达为

$$\sqrt{2(\tau_{1,2}^2+\tau_{2,3}^2+\tau_{3,1}^2)}\leqslant[\sigma] \tag{11-15}$$

以上四种强度理论的强度条件可以写成统一的形式，即

$$\sigma_{eq}\leqslant[\sigma]$$

式中 σ_{eq} 称为相当应力，它代表某一个强度理论在复杂应力状态下的主应力组合表达式。由式(11－10)，(11－11)，(11－12)和式(11－14)可知，对不同的强度理论有不同的相当应力(equivalent stress)表达式，它们分别为

$$\left.\begin{aligned}&\sigma_{eq1}=\sigma_1\\&\sigma_{eq2}=\sigma_1-\mu(\sigma_2+\sigma_3)\\&\sigma_{eq3}=\sigma_1-\sigma_3\\&\sigma_{eq4}=\sqrt{\frac{1}{2}[(\sigma_1-\sigma_2)^2+(\sigma_2-\sigma_3)^2+(\sigma_3-\sigma_1)^2]}\end{aligned}\right\} \tag{11-16}$$

应当指出：在常温静载荷下脆性材料一般发生脆性断裂失效，故宜采用第一或第二强度理论；而塑性材料一般发生塑性屈服失效，故常采用第三或第四强度理论。但是材料的失效形式不仅取决于材料的性质，还与其所处的应力状态、温度和加载速度等有关。例如，三向受拉的应力状态下，即使是塑性材料，也将发生脆性断裂，故常采用第一强度理论；在三向压应力的状态下，即使是脆性材料，也将发生塑性屈服，故应采用第三或第四强度理论。

例 11－4　试按强度理论建立纯剪切应力状态的强度条件，并寻求剪切许用应力$[\tau]$与拉伸许用应力$[\sigma]$之间的关系。

解　(1) 纯剪切应力状态如图 11－13 所示，其主应力值为 $\sigma_1=\tau$，$\sigma_2=0$，$\sigma_3=-\tau$。为二向应力状态。

(2) 对脆性材料　按第一强度理论得

$$\sigma_1=\tau\leqslant[\sigma] \tag{1}$$

而剪切强度条件为

$$\tau\leqslant[\tau] \tag{2}$$

比较式(1)，式(2)，得

$$[\tau]=[\sigma]$$

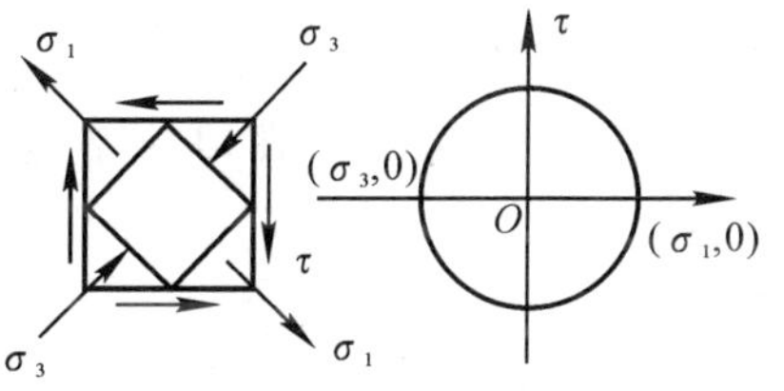

图　11－13

按第二强度理论，得

$$\sigma_1-\mu(\sigma_2+\sigma_3)=\tau(1+\mu)\leqslant[\sigma]$$

即

$$\tau\leqslant\frac{[\sigma]}{1+\mu} \tag{3}$$

比较式(2)，式(3)，得

$$[\tau]=\frac{[\sigma]}{1+\mu}$$

若取 $\mu=0.25$，$[\tau]=0.8[\sigma]$。
所以对于脆性材料$[\tau]=(0.8\sim1.0)[\sigma]$。

(3) 对塑性材料　按第三强度理论得

$$\sigma_1-\sigma_3\leqslant[\sigma]$$

即 $$\tau \leqslant 0.5[\sigma]$$

所以 $$[\tau] = 0.5[\sigma]$$

按第四强度理论，得

$$\sqrt{\frac{1}{2}[(\sigma_1-\sigma_2)^2+(\sigma_2-\sigma_3)^2+(\sigma_3-\sigma_1)^2]} \leqslant [\sigma]$$

即 $$\tau \leqslant [\sigma]/\sqrt{3}$$

所以 $$[\tau] = \frac{1}{\sqrt{3}}[\sigma] \approx 0.6[\sigma]$$

所以对于塑性材料 $[\tau] = (0.5 \sim 0.6)[\sigma]$。

试验结果也可证明$[\tau]$和$[\sigma]$间的这种比例关系。

例 11-5 从某构件危险点取出一单元体，如图 11-14(a) 所示，已知钢材屈服极限 $\sigma_s =$ 280 MPa。试按最大剪应力理论和形状改变比能理论计算构件的工作安全因数。

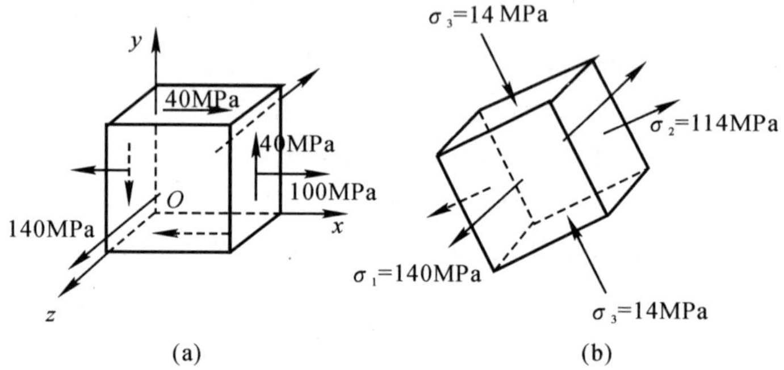

图 11-14

解 单元体处于空间应力状态，在垂直 z 轴平面上的应力 σ_z 是主应力，但位于 xOy 平面内的应力却不是主应力。

(1) 求主应力 在 xOy 平面内，已知 $\sigma_x = 100$ MPa，$\tau_x = -40$ MPa，$\sigma_y = 0$，利用式(11-3)，可得

$$\left.\begin{matrix}\sigma'_主 \\ \sigma''_主\end{matrix}\right\} = \frac{\sigma_x}{2} \pm \sqrt{\left(\frac{\sigma_x}{2}\right)^2 + \tau_x^2} = \frac{100}{2} \pm \sqrt{\left(\frac{100}{2}\right)^2 + 40^2} = \begin{matrix}+114\ \text{MPa} \\ -14\ \text{MPa}\end{matrix}$$

所以 $\sigma_1 = 140$ MPa，$\sigma_2 = 114$ MPa，$\sigma_3 = -14$ MPa

其主应力单元体如图 11-14(b) 所示。

(2) 计算工作安全因数 按第三强度理论，得

$$\sigma_{eq3} = \sigma_1 - \sigma_3 = 140 - (-14) = 154\ \text{MPa}$$

$$n_3 = \frac{\sigma_s}{\sigma_{eq3}} = \frac{280}{154} = 1.82$$

若按第四强度理论，单元体的相当应力为

$$\sigma_{eq4} = \sqrt{\frac{1}{2}[(\sigma_1-\sigma_2)^2+(\sigma_2-\sigma_3)^2+(\sigma_3-\sigma_1)^2]} =$$

$$\sqrt{\frac{1}{2}[(140-114)^2+(114+14)^2+(-14-140)^2]} = 143\ \text{MPa}$$

单元体的工作安全因数为

$$n_4 = \frac{\sigma_s}{\sigma_{eq4}} = \frac{280}{143} = 1.95$$

通过计算可知，按最大剪应力理论较形状改变比能理论计算的工作安全因数要小些，若设计截面则计算值要大一些，因而第三强度理论较第四强度理论在应用中偏于安全。

例 11－6 圆筒式封闭薄壁容器如图 11－15(a) 所示。已知最大内压强为 p，容器直径为 D，厚度为 $t(t \ll D)$，材料许用应力为$[\sigma]$，试按第三、第四强度理论建立容器壁的强度条件。

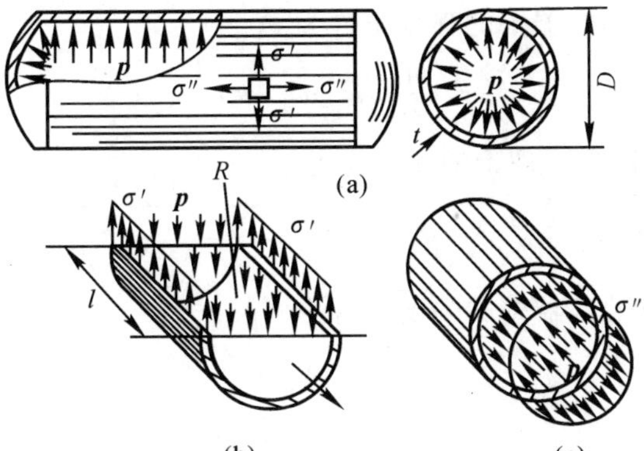

图 11－15

解 (1) 应力分析 由于容器结构和所受载荷均对称于轴线，故容器壁无剪应力，只发生沿轴向和周向伸长，因此在容器壁横截面和径向纵截面上只有拉应力。

先分析径向纵截面上拉应力 σ'：

假想以通过直径的纵截面把容器连同内部气体介质截开，并沿轴向截取 l 长度，取下半部分(见图 11－15(b)) 为研究对象。作用在径向截面上全体介质压力的合力 $\boldsymbol{R}$，其值为

$$R = l \times D \times p$$

作用在筒壁上沿圆周切线方向的拉应力 σ'，由于 t 很小，故可认为 σ' 均匀分布，由平衡方程，得

$$2(t \times l \times \sigma') = l \times D \times p$$

从而有

$$\sigma' = \frac{pd}{2t} \gg p \quad (因为 \quad t \ll D) \tag{1}$$

再分析横截面上应力 σ''，从某横截面把容器连同介质假想截开，取其左部分为研究对象(见图 11－15(c))，由平衡方程，得

$$\sigma'' \pi Dt = \frac{\pi D^2}{4} p$$

所以

$$\sigma'' = \frac{pd}{4t} \gg p \quad (因为 \quad t \ll D) \tag{2}$$

(2) 确定主应力 由式(1)，(2) 表达的 σ'，σ'' 均系主应力。从容器受力情况可知，在内壁还受到内压 p 作用，但 $p \ll \sigma' = 2\sigma''$，故可略去。于是容器壁内取出主应力单元体的三个主应力应为

$$\left.\begin{aligned}\sigma_1 &= \sigma' = \frac{pD}{2t} \\ \sigma_2 &= \sigma'' = \frac{pD}{4t} \\ \sigma_3 &= 0\end{aligned}\right\} \tag{3}$$

(3) 按强度理论建立强度条件　由式(11-16)知，第三强度理论的相当应力为

$$\sigma_{eq3} = \sigma_1 - \sigma_3 = \frac{pD}{2t}$$

从而得按第三强度理论建立的容器壁的强度条件为

$$\frac{pD}{2t} \leqslant [\sigma]$$

由式(11-16)可知，第四强度理论的相当应力为

$$\sigma_{eq4} = \sqrt{\frac{1}{2}[(\sigma_1-\sigma_2)^2+(\sigma_2-\sigma_3)^2+(\sigma_3-\sigma_1)^2]} = \sqrt{3}\,\frac{pD}{4t}$$

从而得按第四强度理论建立的容器壁的强度条件为

$$\sqrt{3}\,\frac{pD}{4t} \leqslant [\sigma]$$

若某容器内压 $p=15$ MPa，$D=1$ m，$t=1$ cm，若材料为钢，$[\sigma]=100$ MPa，则依第三强度理论(见式(4))可知

$$\sigma_{eq3} = \frac{pD}{2t} = \frac{1.5\times10^6\times1}{2\times10^{-2}} = 75\ \text{MPa} \leqslant [\sigma]$$

依第四强度理论，由式(5)得

$$\sigma_{eq4} = \sqrt{3}\,\frac{pD}{4t} = \sqrt{3}\times\frac{1.5\times10^6\times1}{4\times10^{-2}} = 64.95\ \text{MPa} \leqslant [\sigma]$$

可见此容器满足强度条件。

思　考　题

11-1　何谓一点的应力状态？为何要研究一点的应力状态？

11-2　主应力与正应力有何区别？

11-3　用解析法确定平面应力状态任一斜截面上应力时，应力和方位角正负号是怎样规定的？

11-4　平面应力状态的单元体与相应的应力圆有哪些对应关系？

11-5　铸铁试件在轴向压缩和纯扭转时，其断面与轴向成45°角。试分析其破坏面存在什么应力，并用应力状态理论和材料特性解释所发生破坏的现象。

11-6　自来水管道在冬季结冰时，常因受内压而胀裂，而管中冰也受同样压力作用，为何冰不破坏而管破坏？试用强度理论解释。

11-7　将沸水倾入厚玻璃杯时，常发生玻璃杯破裂，破裂是从外壁还是从内壁开始？试说明之。

11-8　二向及三向应力状态中，最大剪应力发生在哪些平面？最大剪应力数值与主应力关系如何？

11－9　脆性材料的破坏一定是脆性断裂，塑性材料的破坏一定是塑性屈服，对吗？

11－10　工程常用的强度理论有几个？指出它们的应用范围。

习　题　十一

11-1　直径 $d=25$ mm 的拉伸试件，当与杆轴线成45°的斜截面上的剪应力 $\tau=150$ MPa 时，试件所受拉力 P 为多少？

11－2　应力单元体分别如图题11－1(a)，(b)，(c)所示。试求指定截面上的应力，并标注在单元体上。

11－3　从木质构件内沿与木纹成30°角的方向截取一应力单元体，如图题11－2所示。试确定沿木纹方向的剪应力。

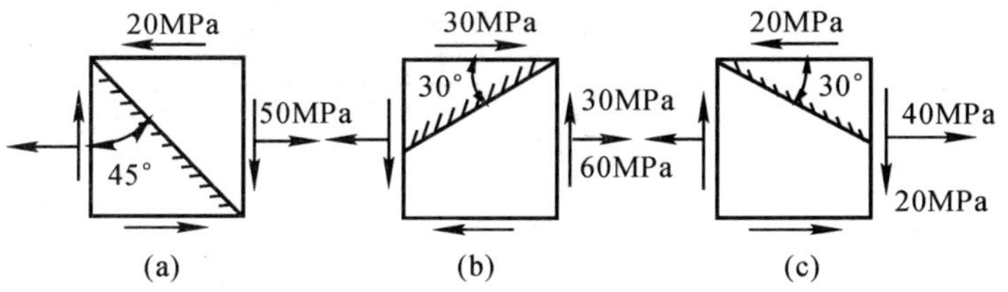

图题　11－1

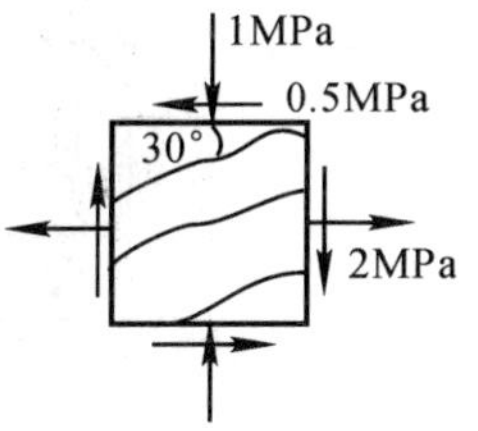

图题　11－2

11－4　已知如图题11－3(a)，(b)，(c)，(d)所示各单元体的应力状态（应力单位为MPa），试求：

(1) 主应力之值及其方向，并画在单元体上；

(2) 最大剪应力之值。

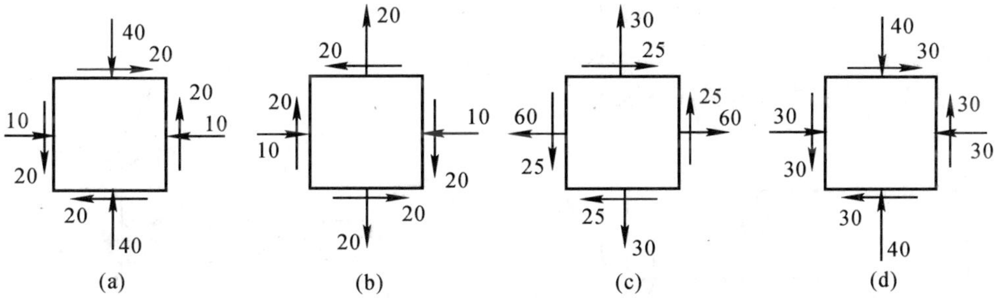

图题　11－3

11－5　试求图题11－4所示各应力状态的主应力和最大剪应力（应力单位为MPa）。

11－6　如图题11－5所示，在一槽形刚体的槽内放置一边长为1 cm的正立方体钢块，钢块与槽壁无空隙。当钢块上表面受到6 kN的压力时，试求钢块内任意点的主应力。已知材料的横向变形因数 $\mu=0.33$。

11－7　如图题11－6所示扭转力偶 $M=2.5$ kN·m，作用在直径 $D=60$ mm的钢轴上，试求圆轴表面上任一点处与母线成 $\alpha=30°$ 方向上的线应变。已知材料的弹性模量 $E=210$ GPa，横向变形因数 $\mu=0.28$。

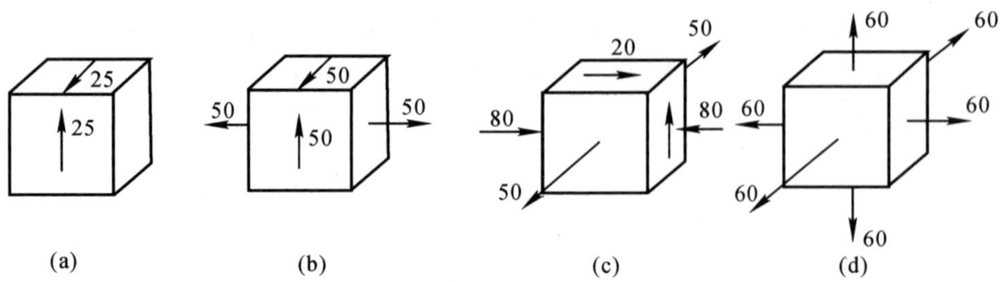

图题　11-4

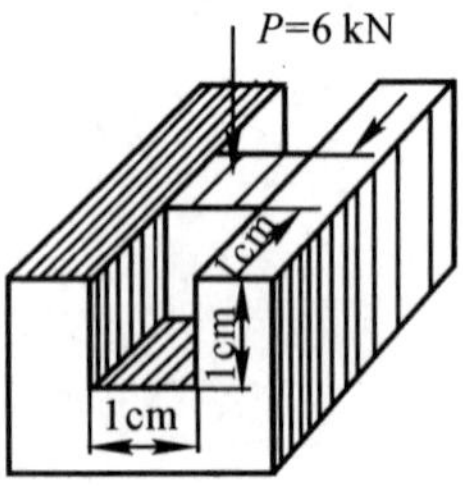

图题　11-5

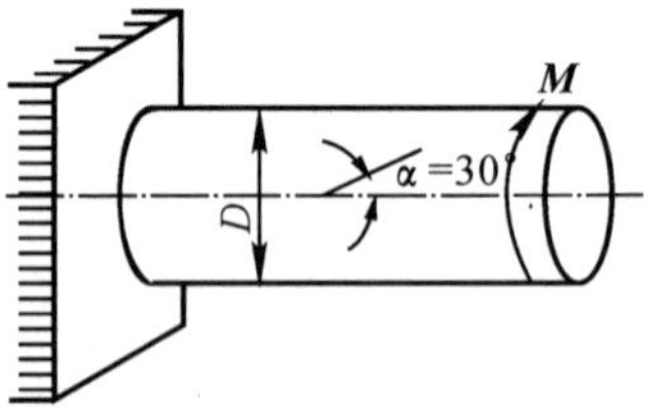

图题　11-6

11-8　如图题11-7所示圆杆，受弯矩$\boldsymbol{M}$和扭转力偶$\boldsymbol{M}_1$作用。设由试验测得圆杆表面A点处沿轴向的线应变$\varepsilon_0 = 5.0\times10^{-4}$，$B$点沿与轴向成45°方向的线应变$\varepsilon_{45°} = 4.5\times10^{-4}$，已知圆杆的抗弯截面模量$W = 6\times10^3\ \text{mm}^3$，弹性模量$E = 200$ GPa，横向变形因数$\mu = 0.25$，试求其M和M_1。

11-9　一圆轴受力如图题11-8所示，已知固定端截面上最大弯曲应力为40 MPa，最大扭转剪应力为30 MPa，不考虑剪力引起的剪应力。

(1) 用单元体表示A,B,C,D点的应力状态。

(2) 求A点的主应力和最大剪应力。

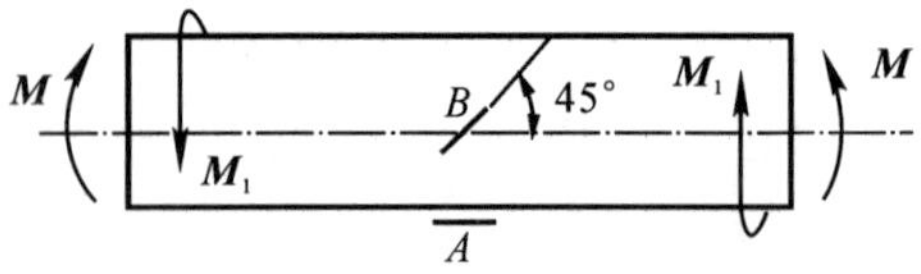

图题　11-7

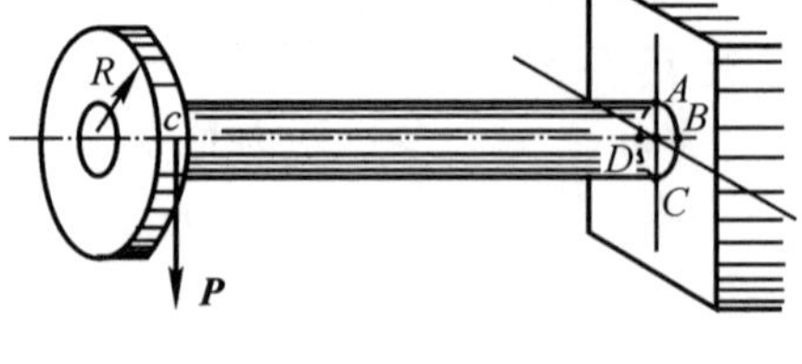

图题　11-8

11-10　从某受力构件危险点处取出的单元体，其应力状态如图题11-9所示。已知材料的弹性模量$E = 200$ GPa，横向变形因数$\mu = 0.3$，许用应力$[\sigma] = 170$ MPa。试求：

(1) 主应力和最大剪应力；

(2) 最大线应变；

(3) 用第三强度理论校核其强度。

11－11　从低碳钢制成的某构件中，取出危险点的单元体如图题 10－10 所示。已知 $\sigma_x = 40$ MPa，$\sigma_y = 40$ MPa，$\tau_x = 60$ MPa。材料许用应力$[\sigma] = 140$ MPa。试按第三和第四强度理论分别进行强度核校。

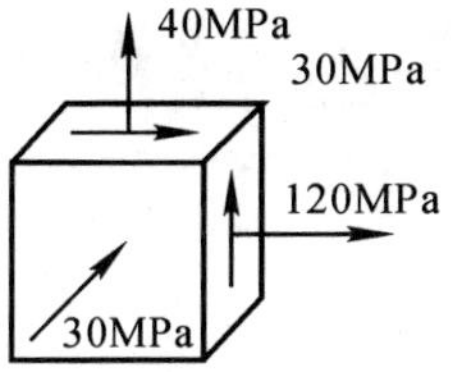

图题　11－9

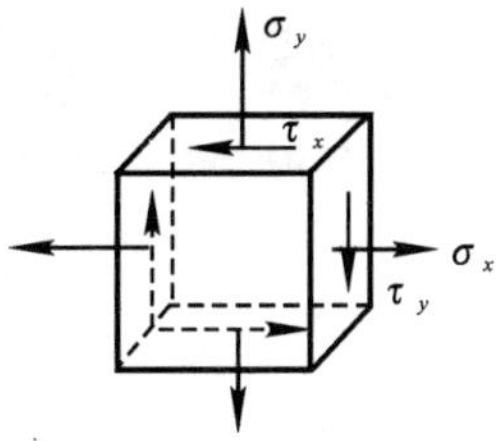

图题　11－10

11－12　如图题 11－11 所示钢制圆筒形薄壁容器，内径为 800 mm，壁厚 $t = 4$ mm，$[\sigma] = 120$ MPa。试用第三和第四强度理论确定允许承受的内压强 p。

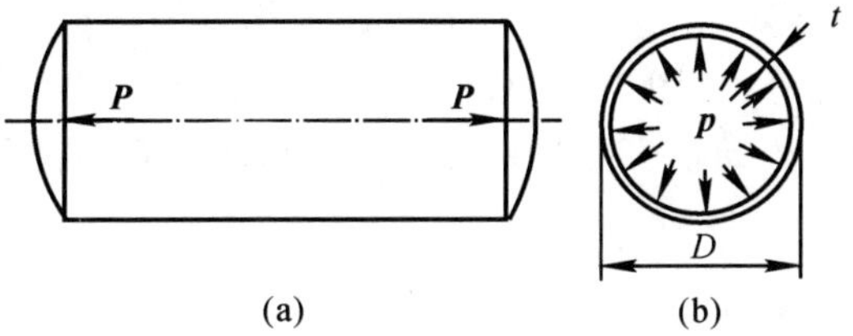

图题　11－11

11－13　薄壁锅炉的平均直径为 1 250 mm，最大内压为 2.3 MPa，在高温下工作，屈服极限 $\sigma_s = 182.5$ MPa。若安全因数为 1.8，试按第三强度理论设计锅炉的壁厚。

第十二章　组合变形时杆件的强度计算

§12-1　组合变形概述

在工程实际中有很多构件，在外力作用下所产生的变形并不是单一的基本变形，而是同时产生了两种或两种以上的基本变形，这类变形形式称为组合变形（combined deformation）。例如，小型压力机框架的立柱部分（见图12-1(a)），在 $\boldsymbol{P}$ 力作用下，将同时发生拉伸及弯曲变形（见图12-1(b)）。又如机器中传动轴（见图12-2(a)）在齿轮啮合力的作用下，将同时产生扭转和弯曲变形。

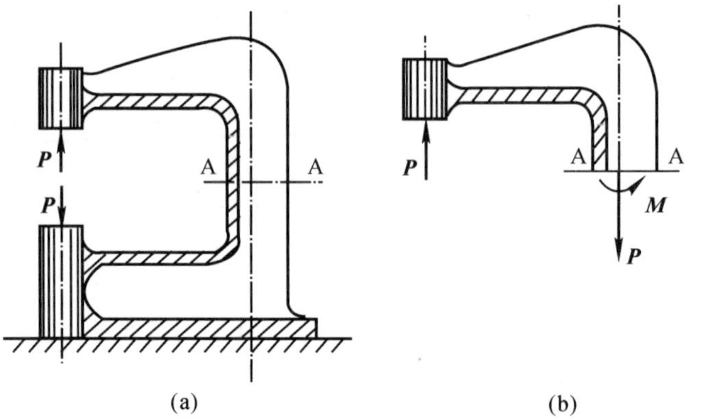

图　12-1

在组合变形的计算中，通常先将作用于杆件上的载荷简化为一系列与其静力等效的载荷，使简化后的载荷各自产生一种基本变形。例如，在图12-2(a)所示的传动轴上，将齿轮啮合力 $\boldsymbol{P}_B$ 简化为作用于轴线上的横向力 $\boldsymbol{P}_B$ 和力偶矩 $\boldsymbol{M}_B$（见图12-2(b)），横向力 $\boldsymbol{P}_B$ 使轴产生弯曲变形，而力偶矩 $\boldsymbol{M}_B$ 使轴产生扭转变形。在材料服从胡克定律而且变形很小的情况下，杆件虽然同时发生几种基本变形，但其中任一种基本变形都不会改变其他另一种基本变形所产生的应力和变形。即每一种基本变形是各自独立，互不影响的。所以，当杆件发生组合变形时，可首先计算出每种基本变形所引起的应力，然后将所得结果叠加，即得杆件在组合变形时的应力。这就是力作用的叠加原理。再根据危险点处应力计算的结果，即可对构件进行强度计算。

组合变形包括多种形式，其中最常见的是拉（压）弯组合（bending with axially loading）和弯扭组合（bending with torsion loading）。本章主要介绍杆件在拉（压）弯和弯扭组合变形时的强度计算，其分析方法同样适用于其他组合变形形式。

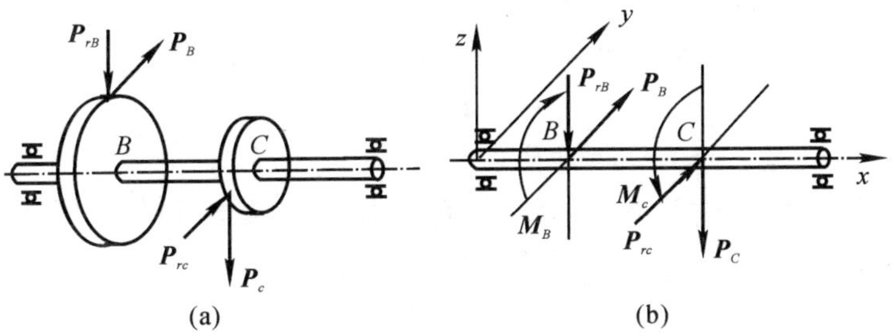

图　12－2

§12－2　拉伸(压缩)与弯曲组合时杆件的强度计算

一、拉伸(压缩)与弯曲的组合

拉伸(压缩)与弯曲的组合变形(bending with axially loading)是工程中常见的一种组合变形，现以图 12－3(a)所示矩形截面悬臂梁为例来说明如何进行强度计算。设外力 $\boldsymbol{P}$ 位于梁纵向对称面内，作用线与轴线成 φ 角，力学模型如图 12－3(b)所示。

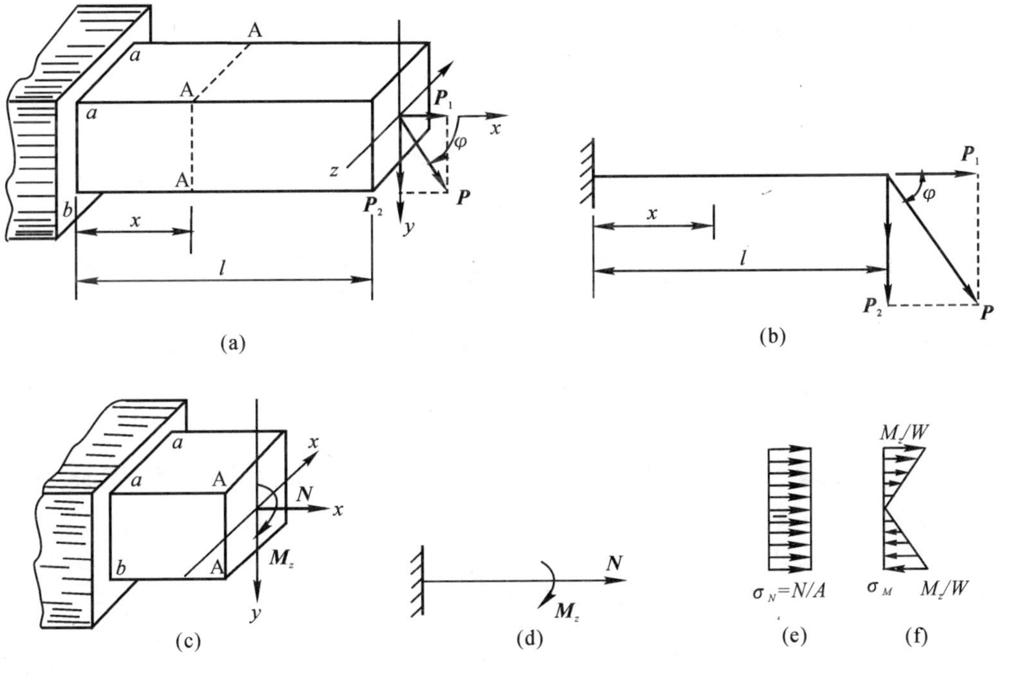

图　12－3

(1) 外力分析　将力 P 向 x，y 轴分解得

$$P_1 = P\cos\varphi \qquad P_2 = P\sin\varphi$$

轴向拉力 $\boldsymbol{P}_1$ 使梁产生轴向拉伸变形，横向力 $\boldsymbol{P}_2$ 使梁产生弯曲变形。

(2) 内力分析　轴向拉力 $\boldsymbol{P}_1$ 和横向力 $\boldsymbol{P}_2$ 将分别在任意横截面 A—A 上产生轴力和弯矩（略去剪力），如图 12 - 3(c) 所示，A—A 面上轴力和弯矩值分别为

$$N = P_1 = P\cos\varphi$$

$$M_z(x) = -P_2(l-x) = -P(l-x)\sin\varphi$$

(3) 应力分析　任一横截面 A—A 上，有轴力 $\boldsymbol{N}$，引起均匀分布的拉应力 $\boldsymbol{\sigma}_N$（见图 12 - 3(e)）；同时有弯矩 $\boldsymbol{M}$，引起线性分布的正应力 $\boldsymbol{\sigma}_M$（见图 12 - 3(f)）。它们的计算式分别为

$$\sigma_N = \frac{N}{A} \qquad \sigma_M = \frac{M_z(x)}{I_z}y$$

由于两种基本变形都在截面上引起正应力，所在截面上距中性轴为 y 处任一点总应力可根据叠加法求得

$$\sigma = \sigma_N + \sigma_M = \frac{N}{A} + \frac{M_z(x)}{I_z}y$$

(4) 强度条件　进行强度计算，首先要确定危险截面和危险点，而后才能确定危险点的应力大小。危险截面在弯矩绝对值最大处，显然在固定端处，该面上内力为

$$N = P_1 = P\cos\varphi \qquad M_{z\max} = P_2 l = Pl\sin\varphi$$

所以固定端截面 $aabb$ 是危险截面。其上边缘 aa 和下边缘 bb 各点（见图 12 - 3(a)）分别为全梁取大拉应力危险点和最大压应力危险点（当 $N/A < \dfrac{M_{z\max}}{W}$ 时）。又因这些点均处于单向应力状态，故强度条件可表示为

$$\begin{aligned} \sigma_{\mathrm{Tmax}} &= \sigma_{a-a} = \frac{N}{A} + \frac{M_{z\max}}{W} \leqslant [\sigma_{\mathrm{T}}] \\ \sigma_{\mathrm{Cmax}} &= \sigma_{b-b} = -\frac{N}{A} + \frac{M_{z\max}}{W} \leqslant [\sigma_{\mathrm{C}}] \end{aligned} \qquad (12-1)$$

若材料为塑性材料 $[\sigma_{\mathrm{T}}] = [\sigma_{\mathrm{C}}]$，则需按(12-1)中第一式校核应力绝对值最大的危险点的强度即可；若为脆性材料 $[\sigma_{\mathrm{T}}] \neq [\sigma_{\mathrm{C}}]$，则需按式(12 - 1)分别校核最大拉应力点和最大压应力点处材料的抗拉和抗压强度。

例 12 - 1　悬壁式起重机如图 12 - 4(a) 所示。横梁 AB 为 No. 18 工字钢，电动滑车行走于横梁上，滑车自重与起重重力总和为 $P = 30$ kN，已知材料的许用应力 $[\sigma] = 160$ MPa，试校核横梁强度。

解　当滑车走到横梁中间 D 处位置时，对横梁最不利，此时梁内弯矩最大，下面就校核在这种情况时横梁 AB 的强度。

(1) 外力分析　画出梁 AB 的受力简图（见图 12 - 4(b)）。将拉杆 BC 对 AB 梁的作用力 N_{BC} 分解为 X_B 和 Y_B 两个分力。由平衡条件可得

$$Y_A = Y_B = \frac{P}{2} = 15\ \text{kN}$$

$$X_A = X_B = Y_B\cot\alpha = 15\cot 30^\circ = 26\ \text{kN}$$

(2) 内力分析　作 AB 梁的轴力图与弯矩图，如图 12 - 4(c) 和图 12 - 4(d) 所示。最大弯矩在 D 截面，所以 D 为危险截面，其上内力为

$$N = X_A = X_B = 26\ \text{kN}$$

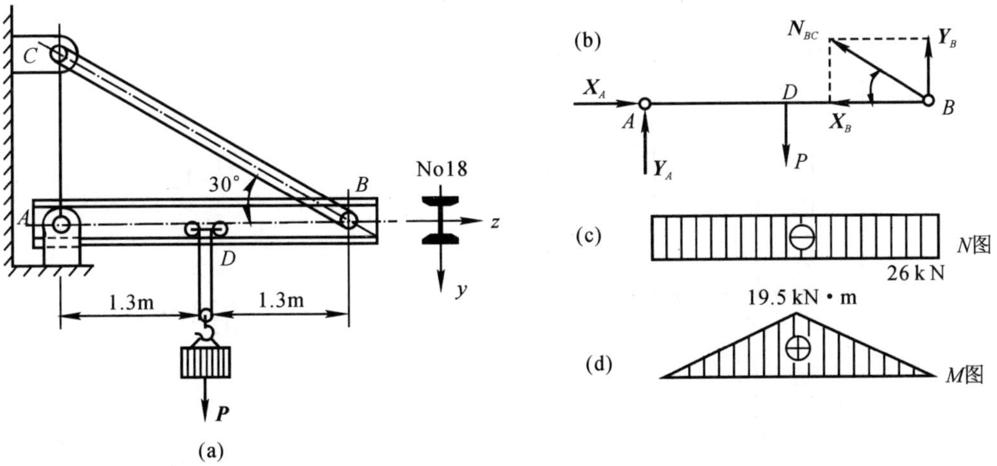

图 12-4

$$M_D = \frac{1}{4}Pl = \frac{1}{4} \times 30 \times 2.6 = 19.5 \text{ kN} \cdot \text{m}$$

(3) 应力分析　D 截面上边缘有最大压应力，为正应力绝对值的最大值，其值为

$$\sigma_{C\max} = \frac{N}{A} + \frac{M_D}{W}$$

从型钢表中可查 No.18 工字钢 $A = 30.6 \text{ cm}^2$　$W = 185 \text{ cm}^3$，代入上式得

$$\sigma_{C\max} = \frac{26 \times 10^3}{30.6 \times 10^{-4}} + \frac{19.5 \times 10^3}{185 \times 10^{-6}} =$$
$$8.5 \times 10^6 + 105.4 \times 10^6 =$$
$$113.9 \text{ MPa} < [\sigma] = 160 \text{ MPa}$$

所以，该梁强度足够。

上例中由于横梁是由塑性材料制成，其抗拉与抗压能力相同，因此，可只验算 D 截面的上边缘处强度即可。

二、偏心拉伸(压缩)

在工程实际中，有些构件所受外力的作用线与轴线平行，但不通过横截面的形心，这种情况称为偏心拉伸(压缩)(eccentric axially)。它是拉(压)与弯曲组合变形的另一种形式。所以上述分析方法及强度条件式(12-1)仍然适用，只需要将式中最大弯矩 $\boldsymbol{M}_{\max}$ 改为因载荷偏心而产生的弯矩 $M = Pe$ 即可(见图 12-5)。

如图12-5(a)所示，当偏心压力 P 作用于杆端截面的某一对称轴(例如 y 轴)上的 K 点时，杆件产生偏心压缩。

(1) 外力分析　根据组合变形分析方法，先将外力分解成产生基本变形的静力等效载荷。为此，将 $\boldsymbol{P}$ 力向上端截面形心简化，得到等效载荷为一个轴向压力和一个力偶 $M_e = Pe$(见图 12-5(b))。

(2) 内力分析　用截面法可求得任意截面 A—A 上的内力(见图 12-5(c))。

轴力为　　　　$N = -P$

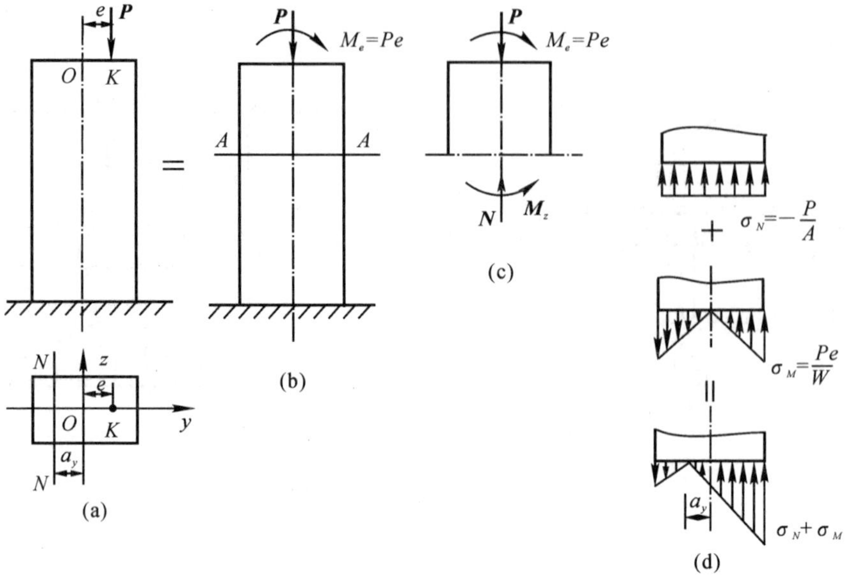

图　12－5

弯矩为　　　　　　　　　　$M_z = M_e = Pe$

显然，各截面内力相同，是压弯组合变形。

(3) 应力分析　按基本变形公式，分别计算压缩和弯曲应力。轴力 $\boldsymbol{N}$ 与弯矩 $\boldsymbol{M}_z$ 都引起正应力，分别为

$$\sigma_N = \frac{N}{A} \qquad \sigma_M = \frac{M_z}{I_z} y$$

其应力分布规律如图 12－5(d) 所示。

根据叠加原理，将两种应力叠加起来，即得偏心压缩时任一点处的正应力计算式，即

$$\sigma = \frac{N}{A} \pm \frac{M_z}{I_z} y = -\frac{P}{A} \pm \frac{Pe}{I_z} y$$

(4) 最大应力　由应力分布图(见图 12－5(d)) 可知最大拉应力与最大压应力分别发生在横截面上距中性轴最远的左、右两条边缘线上，其计算公式为

$$\begin{matrix}\sigma_{\text{Tmax}} \\ \sigma_{\text{Cmax}}\end{matrix} = \left| -\frac{P}{A} \pm \frac{Pe}{W} \right| \tag{12-2}$$

这里 $\frac{Pe}{W} > \frac{P}{A}$，若 $\frac{Pe}{W} \leqslant \frac{P}{A}$，则横截面上无拉应力。

例 12－2　图 12－6 所示的钻床，钻孔时受压力 $P = 2$ kN，已知偏心距 $e = 15$ cm，立柱横截面为外径 $D = 4$ cm，内径 $d = 3$ cm 的空心圆截面，材料的许用应力 $[\sigma] = 100$ MPa。试校核此钻床立柱的强度。

解　立柱受到外力 $\boldsymbol{P}$ 作用，产生偏心拉伸。立柱任一截面与内外壁的交点 m，n 上的内力如下：

轴力为　　　　　　　　　　$N = P = 2$ kN

弯矩为　　　　　　　　　　$M_e = Pe = 2 \times 0.15 = 0.3$ kN·m

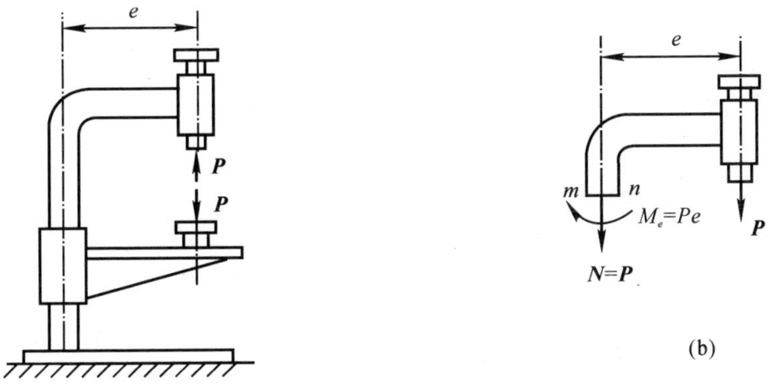

图　12－6

故可从立柱中任选一横截面进行强度校核。由于轴力 **N** 引起拉应力，弯矩 **M** 使立柱内侧边缘上的 n 点产生最大拉应力；外侧边缘上的 m 点产生最大压应力，叠加后 n 点为最大拉应力危险点，m 点的正应力较之为小，故应对 n 点进行拉应力强度校核心，即

$$\sigma_n = \sigma_{\mathrm{Tmax}} = \frac{N}{A} + \frac{M}{W} = \frac{P}{A} + \frac{Pe}{W} =$$

$$\frac{2\times 10^3}{\frac{\pi}{4}(4^2-3^2)\times 10^{-4}} + \frac{2\times 10^3\times 0.15}{\frac{\pi}{32}\times 4^3\left[1-\left(\frac{3}{4}\right)^4\right]\times 10^{-6}} =$$

$$3.64\times 10^6 + 69.85\times 10^6 = 73.5\times 10^6 =$$

$$73.5\ \mathrm{MPa} < [\sigma] = 100\ \mathrm{MPa}$$

故立柱强度足够。

例 12－3　一带槽钢板受力如图 12－7(a) 所示，已知钢板宽 $b = 8$ cm，厚度 $\delta = 1$ cm，边缘上半圆形槽半径 $r = 1$ cm，沿钢板中心线方向的拉力（如图 12－7 所示方向）$P = 80$ kN，钢板许用应力 $[\sigma] = 140$ MPa，试对钢板进行强度校核。

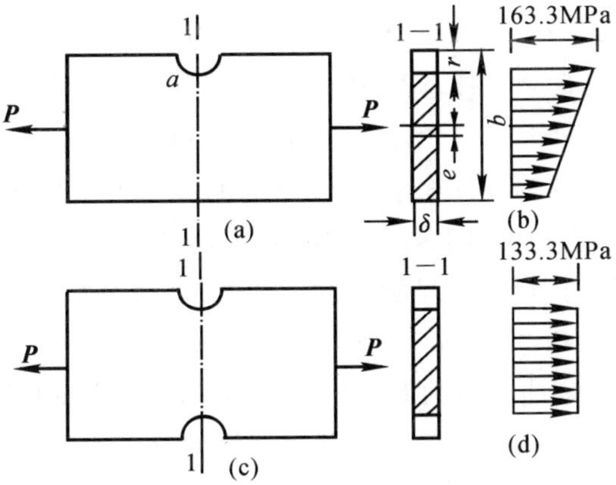

图　12－7

解　因钢板在截面 1—1 处有一半圆槽，所以外力对该截面为偏心拉伸，其偏心距 e 为

$$e = \frac{b}{2} - \frac{b-r}{2} = \frac{r}{2} = 0.5 \text{ cm}$$

截面 1—1 的轴力和弯矩分别为

$$N = P = 80 \text{ kN}$$

$$M = Pe = 80 \times 0.5 \times 10^{-2} = 0.4 \text{ kN} \cdot \text{m}$$

轴力与弯矩都引起圆槽底部 a 点处产生拉应力(见图 12-7(b)),此处即危险点,应进行校核。

$$\sigma_{\text{Tmax}} = \frac{N}{A} + \frac{M}{W} = \frac{P}{\delta(b-r)} + \frac{Pe \times 6}{\delta(b-r)^2} =$$

$$\frac{80 \times 10^3}{1 \times (8-1) \times 10^{-4}} + \frac{400 \times 6}{1 \times (8-1)^2 \times 10^{-6}} =$$

$$114.3 \times 10^6 + 49.0 \times 10^6 =$$

$$163.3 \times 10^6 \text{ MPa} = 163.3 \text{ MPa} > [\sigma] = 140 \text{ MPa}$$

计算结果表明,钢板在 1—1 截面处强度不够。

由上述分析可知,钢板强度不够的原因是因偏心拉伸而引起弯矩 Pe,使截面上 a 点处应力显著增加。为保证钢板强度,在可能情况下,可在槽的对称位置再开一槽(见图 12-7(c)),这样消除了偏心拉伸,使钢板成为轴向拉伸。此时截面 1—1 上的应力(见图 12-7(d))为

$$\sigma = \frac{P}{\delta(b-2r)} = \frac{80 \times 10^3}{1 \times (8-2) \times 10^{-4}} =$$

$$133.3 \text{ MPa} < [\sigma] = 140 \text{ MPa}$$

故可见,开两槽后,尽管使横截面面积减小,但由于避免了偏心拉伸,最大应力比只开一槽时大为降低,使钢板强度得到满足。

§12-3 弯曲与扭转组合变形时杆件的强度计算

图 12-8(a) 所示为处于水平位置的曲拐,其 AB 段为一等截面圆杆,A 端固定,在曲拐自由端 C 处作用有铅垂向下的集中载荷 $\boldsymbol{P}$,图中所示 AB 轴线与 BC 轴线垂直。下面以此曲拐的 AB 杆为例,说明杆在弯曲与扭转这种组合变形时的强度计算方法和步骤。

(1) 外力分析　将 C 端的 P 力向 AB 杆 B 截面形心平移,即得到一作用在 B 端的横向力 $\boldsymbol{P}$ 和扭转外力偶矩 $M_T = PL_2$,画出 AB 杆的受力图如图 12-8(b) 所示。$\boldsymbol{P}$ 力使 AB 杆发生平面弯曲,外力偶矩 M_T 使 AB 杆发生扭转,所以 AB 杆受到弯曲和扭转的联合作用。

(2) 内力分析　作出 AB 杆的弯矩图和扭矩图如图 12-8(d) 和(c) 所示,略去剪力影响,由图可见,固定端(即 A 截面)上的内力最大,显然是危险截面,该面上弯矩和扭矩分别为

$$M = M_{\max} = PL_1 \qquad M_T = PL_2$$

(3) 应力分析　危险截面上的弯曲正应力和扭转剪应力分布规律如图 12-8(e) 所示。可见 a,b 两点是危险点,该点弯曲正应力和扭转剪应力绝对值均为最大,其值为

$$\sigma = \frac{M}{W} \qquad \tau = \frac{M_T}{W_P} \tag{1}$$

(4) 建立强度条件　因危险点处于二向应力状态(见图 12-8(f)),所以需用强度理论求出相当应力,以建立强度条件。由此可将 $\sigma_x = \sigma$,$\sigma_y = 0$,$\tau_x = \tau$ 代入主应力计算公式(11-3) 得

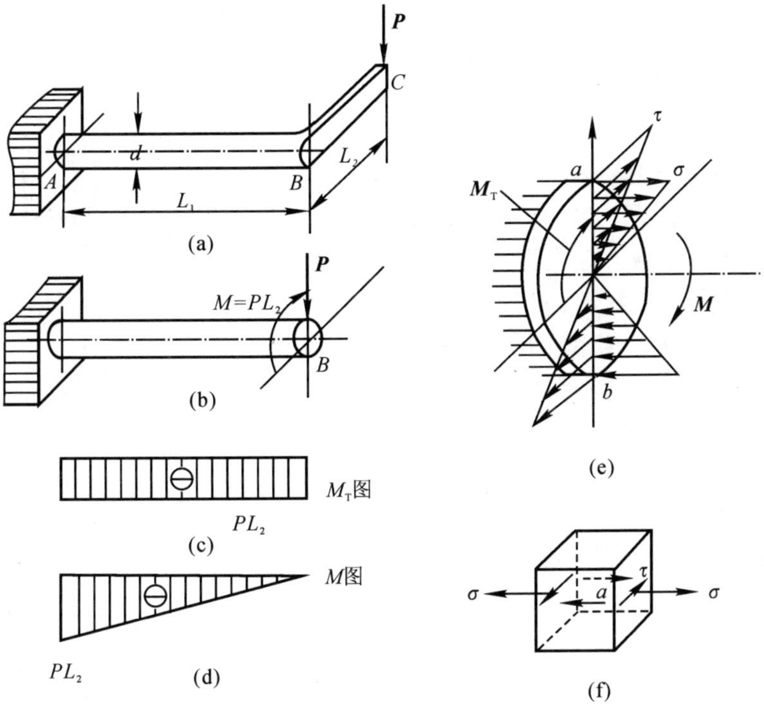

图　12 - 8

$$\left.\begin{aligned}\sigma_1 &= \frac{\sigma}{2}+\sqrt{\left(\frac{\sigma}{2}\right)^2+\tau^2}\\ \sigma_3 &= \frac{\sigma}{2}-\sqrt{\left(\frac{\sigma}{2}\right)^2+\tau^2}\\ \sigma_2 &= 0\end{aligned}\right\} \tag{2}$$

工程中承受弯扭作用的轴一般采用塑性材料制成，所以应选第三或第四强度理论建立强度条件，将式(1) 分别代入式(11 - 16) 中后两式，得到第三、四强度理论的相当应力为

$$\left.\begin{aligned}\sigma_{eq3} &= \sigma_1-\sigma_3=\sqrt{\sigma^2+4\tau^2}\\ \sigma_{eq4} &= \sqrt{\frac{1}{2}[(\sigma_1-\sigma_2)^2+(\sigma_2-\sigma_3)^2+(\sigma_3-\sigma_1)^2]}=\sqrt{\sigma^2+3\tau^2}\end{aligned}\right\} \tag{3}$$

可见 a,b 两点相当应力相同，危险程度相同。对于圆截面杆，其抗弯截面模量与抗扭截面模量间有 $2W=W_P$，所以将式(1) 代入式(2) 后可得用内力表达的强度条件为

$$\sigma_{eq3}=\frac{1}{W}\sqrt{M^2+M_T^2}\leqslant[\sigma]$$

$$\sigma_{eq4}=\frac{1}{W}\sqrt{M^2+0.75M_T^2}\leqslant[\sigma] \tag{12-3}$$

运用上述强度条件可对弯扭组合杆件进行强度计算，但应注意：

1）公式(12 - 3) 只适用于塑性材料的实心或空心圆截面杆，对非圆截面杆不适用。

2）工程中经常会遇到同时发生两个方向平面弯曲和扭转组合作用的轴类构件。在危险面上互相垂直的两个方向内，分别有 $\boldsymbol{M}_z$ 和 $\boldsymbol{M}_y$ 的弯矩作用。但因圆截面任一直径均可作为平面弯曲的中性轴，故可按矢量合成方法，先求出 $\boldsymbol{M}_y$ 和 $\boldsymbol{M}_z$ 的合成弯矩

$$M=\sqrt{M_y^2+M_z^2}$$

然后将合成弯矩代入强度条件式(12－3)中进行强度计算。

例 12－4 图 12－9(a)所示为手摇卷扬机，已知机轴直径 $d=30$ mm，绕绳轮 C 半径 $R=180$ mm，材料为钢，许用应力$[\sigma]=160$ MPa。试按第三强度理论确定卷扬机的最大起重重力 $\boldsymbol{P}$。

解 (1) 外力分析　将外力 $\boldsymbol{P}$ 向轴心 C 简化，得到一个竖直力 $\boldsymbol{P}$ 和一扭转力偶矩 $\boldsymbol{M}_\mathrm{T}=PR$(见图 12－9(b))，由平衡关系知作用在摇柄上的力对轴心力矩应与 $\boldsymbol{M}_\mathrm{T}$ 平衡，也为 $\boldsymbol{M}_\mathrm{T}$。

(2) 内力分析　作各基本变形的内力图，轴的弯矩图和扭矩图分别如图 12－9(c) 和(d) 所示，可知危险截面为 C 截面左侧，其上内力为

扭矩　$M_\mathrm{T}=PR=0.18P$ (N·m)

弯矩　$M=\dfrac{1}{4}P\times 0.8=0.2P$ (N·m)

又圆轴的抗弯截面模量为

$$W=\frac{\pi d^3}{32}=\frac{3.14\times 30^3}{32}=2\ 650\ \mathrm{mm}^3=2\ 650\times 10^{-9}\ \mathrm{m}^3$$

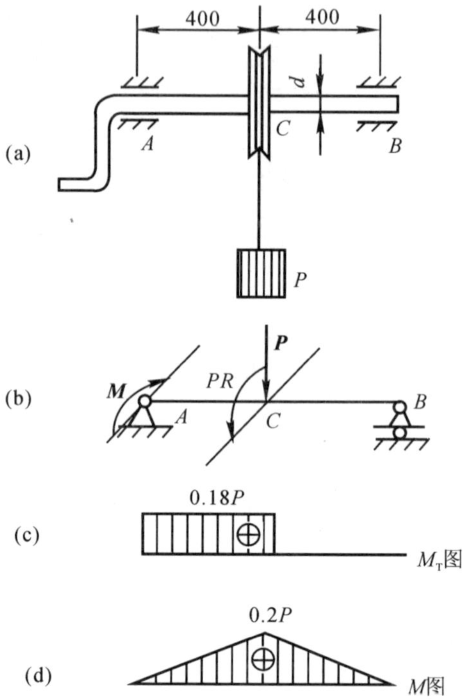

图　12－9

(3) 强度计算　按第三强度理论建立强度条件，代入公式(12－3)得

$$\sigma_{\mathrm{eq3}}=\frac{1}{W}\sqrt{M^2+M_\mathrm{T}^2}\leqslant[\sigma]$$

代入数据

$$\frac{P}{2\ 650\times 10^{-9}}\sqrt{0.2^2+0.18^2}\leqslant 160\times 10^6$$

解得

$$P\leqslant 1\ 580\ \mathrm{N}=1.58\ \mathrm{kN}$$

例 12－5 一钢制圆轴，装有两相同胶带轮 A，B。两轮直径 $D=1$ m，重力 $P=5$ kN，A 轮胶带张力为水平方向，B 轮胶带张力沿铅重方向，张力大小如图 12－10(a) 所示。圆轴材料的许用应力$[\sigma]=80$ MPa，试按第三强度理论求所需轴径 d。

解 (1) 外力分析　将胶带张力向轴线简化，可得作用于 A，B 处集中力和附加集中力偶矩 $M_A=M_B=1.5$ kN·m，两轮重力也向轴线简化，C，D 处轴承可视为简支约束，其受力简图如图 12－10(b) 所示。

(2) 内力分析　作 AD 杆弯矩图和扭矩图如图 12－10(c)，(d)，(e) 所示，其中图 12－10(d) 为在铅垂平面内弯曲的弯矩图，用 $\boldsymbol{M}_z$ 表示，图 12－10(e) 为在水平平面内的弯矩图，用 $\boldsymbol{M}_z$ 表示。由内力图可见危险截面在 C，B 两截面处，可分别求其合成弯矩再加以比较。

$$M_C=\sqrt{M_z^2+M_y^2}=\sqrt{(1.5)^2+(2.1)^2}=2.58\ \mathrm{kN\cdot m}$$

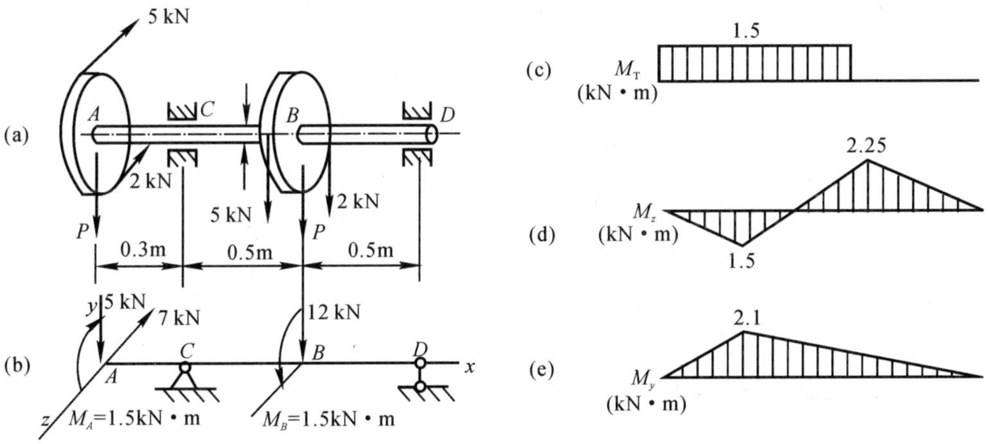

图　12 - 10

$$M_B = \sqrt{M_z^2 + M_y^2} = \sqrt{(2.25)^2 + \left(\frac{1}{2} \times 2.1\right)^2} = 2.40\ \text{kN} \cdot \text{m}$$

由于 $M_C > M_B$，故 C 为危险截面。

(3) 强度计算　将 C 截面上内力 $M_T = M = 1.5\ \text{kN} \cdot \text{m}$ 和 $M_C = 2.58\ \text{kN} \cdot \text{m}$ 代入强度条件(12 - 3) 式，由

$$\sigma_{eq3} = \frac{1}{W}\sqrt{M^2 + M_T^2} \leqslant [\sigma]$$

所以
$$W \geqslant \frac{\sqrt{M_C^2 + M_T^2}}{[\sigma]} = \frac{\sqrt{(2.58)^2 + (1.5)^2}}{80 \times 10^6} = 37.3 \times 10^{-6}\ \text{m}^3$$

因为 $W = \frac{\pi}{32}d^3$，故圆轴所需直径为

$$d \geqslant \sqrt[3]{\frac{32W}{\pi}} = \sqrt[3]{\frac{32 \times 37.3 \times 10^{-6}}{3.14}} = 7.2 \times 10^{-2}\ \text{m}$$

所以　$d = 72\ \text{mm}$。

思　考　题

12 - 1　何谓组合变形？当杆件处于组合变形时，应力分析的理论依据是什么？有何限制？

12 - 2　当杆件处于拉(压) 弯组合变形时，横截面上有何种内力？正应力是如何分布的？

12 - 3　当圆轴处于弯扭组合变形时，横截面上有哪些内力和应力？其应力是怎样分布的？危险点处于何种应力状态？

12 - 4　当圆轴在两个互相垂直的纵向平面内产生弯曲变形时，如何计算横截面上的最大弯曲正应力？

12 - 5　对于圆轴可按 $M = \sqrt{M_z^2 + M_y^2}$ 求合弯矩，而对矩形截面杆则不可，为什么？

12 - 6　强度条件(12 - 3) 式适用范围如何？

12 - 7　试建立圆轴受到拉(压) 与扭转组合时的强度条件，比较其和公式(12 - 3) 的异同点。

12－8　若钢制圆轴同时受到拉伸、弯曲和扭转作用，试写出它的强度条件。

习　题　十二

12－1　梁的截面为 100×100 mm 的正方形，若 $P=3$ kN，约束及几何长度如图题 12－1 所示，求梁内最大拉应力和最大压应力。

12－2　图题 12－2 所示构架的立柱 A 刀用 No. 25a 工字钢制成，已知 $P=20$ kN，$[\sigma]=160$ MPa，试作立柱内力图，并校核其强度。

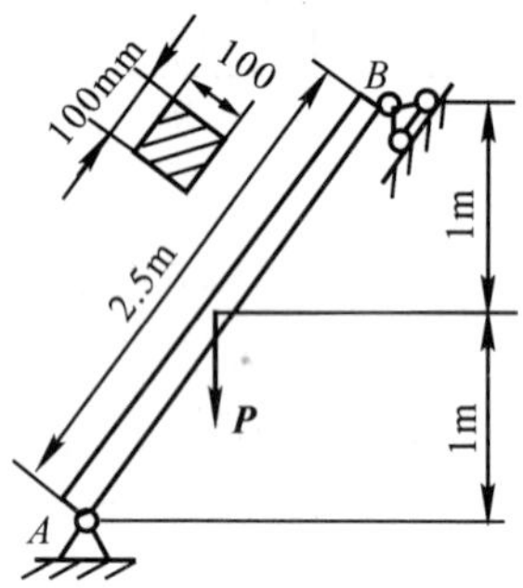

图题　12－1

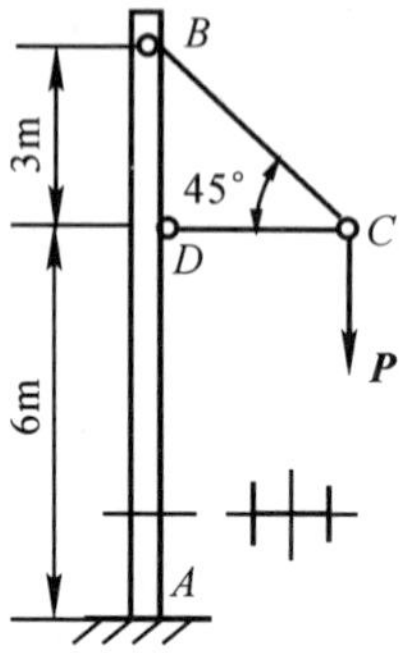

图题　12－2

12－3　如图题 12－3 所示，起重架的最大起重重力 $P=40$ kN，横梁 AB 由两根 No. 18 槽钢组成，材料的 $[\sigma]=120$ MPa，试校核 AB 梁的强度。

12－4　一开口链环如图题 12－4 所示。试求链环中段的最大拉应力。

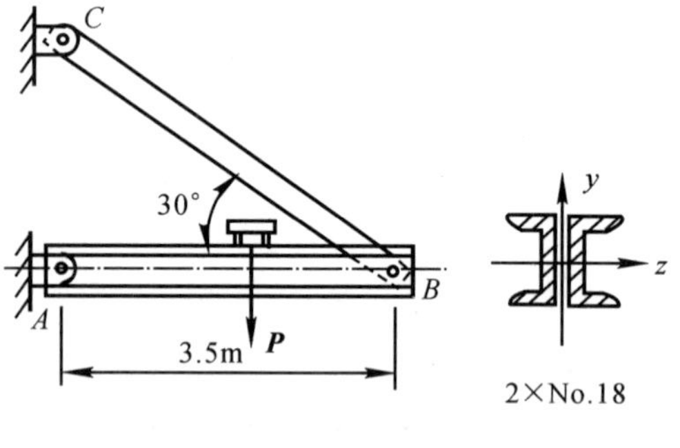

图题　12－3

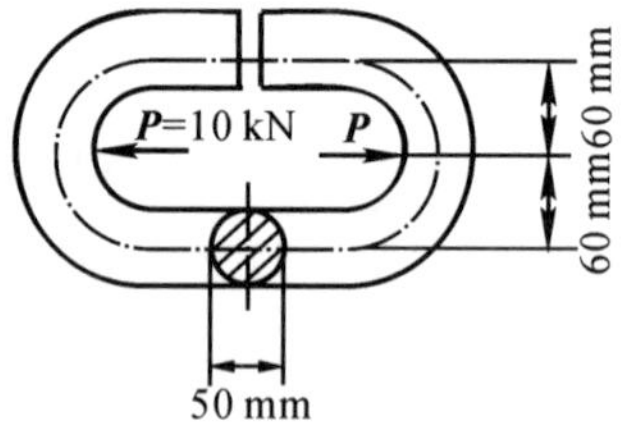

图题　12－4

12－5　如图题 12－5 所示板件，$P=12$ kN，$[\sigma]=100$ MPa，试求切口的允许深度 x。

12－6　图题 12－6 所示为一边长为 60 mm 的正方形截面折杆，外力通过 A，B 两截面的形心连线方向作用于 A 点，若 $P=10$ kN，求杆内最大正应力。

12－7　如图题 12－7 所示，若在正方形截面短柱的中间处开一切槽，其截面积为原来的一半，问最大压力增加几倍？

12－8　一铸铁的螺旋夹具如图题 12－8 所示。等直段 AB 的横截面尺寸如图 12－8(b) 所示。夹紧力 $P=300$ N，材料许用拉应力 $[\sigma_T]=30$ MPa，许用压应力 $[\sigma_C]=60$ MPa。试校核该段的强度。

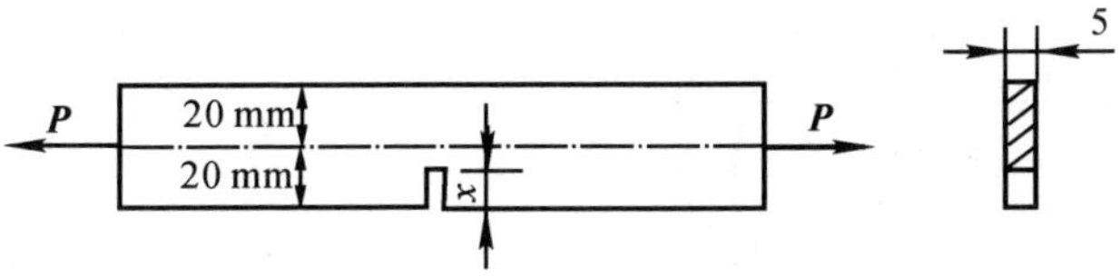

图题　12－5

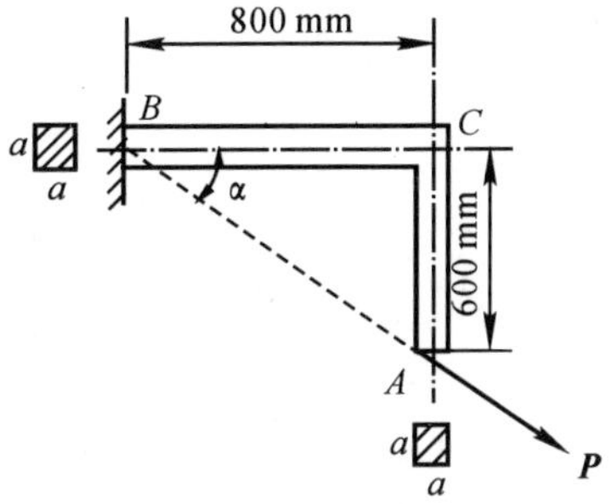

图题　12－6

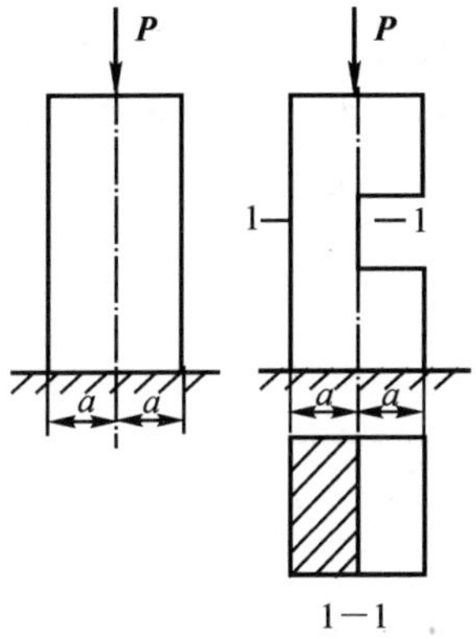

图题　12－7

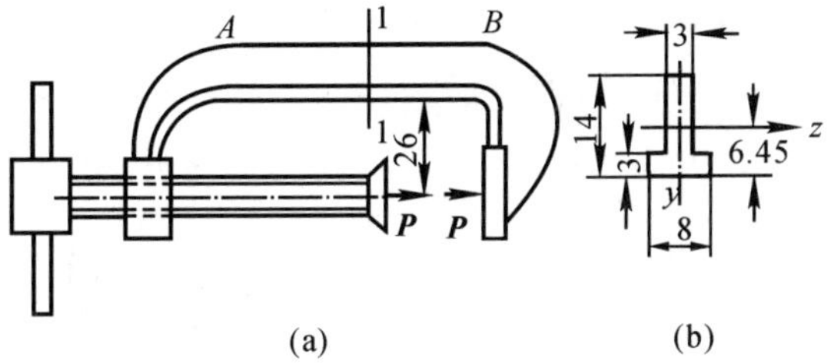

图题　12－8

12－9　直径为 d 的圆截面杆，受到偏心距为 e 的偏心压力作用，试证明当 $e \leqslant \frac{d}{8}$ 时，横截面上不存在拉应力。

12－10　铁道路标圆信号板，装在外径 $D = 60$ mm 的空心圆柱上。信号板所受风压 $p = 2$ kPa。若结构尺寸如图题 12－9 所示，材料许用应力$[\sigma] = 60$ MPa，试按第三强度理论选定空心圆柱的厚度。

12－11　一电动机如图题 12－10 所示。皮带轮直径 $D = 250$ mm，电动机轴的外伸臂长度为 $L = 120$ mm，轴直径 $d = 40$ mm，许用应力$[\sigma] = 60$ MPa。若皮带松边张力 $P = 960$ N，试按第三强度理论校核该轴的强度。

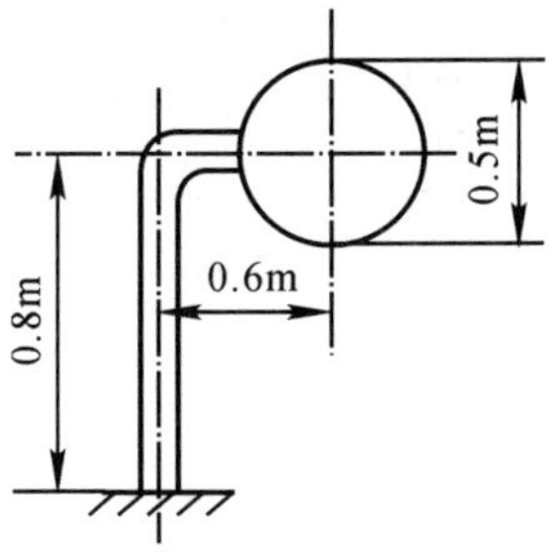

图题　12－9

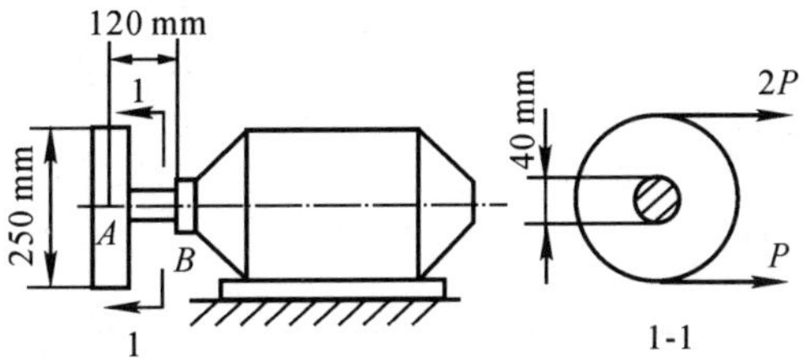

图题　12－10

12－12　一轴上装有两圆轮，如图题12－11所示，**P**,**Q**两力分别作用于两轮上并处于平衡状态。已知 $P=3$ kN，若$[\sigma]=60$ MPa，试按第三和第四强度理论选择轴的直径。

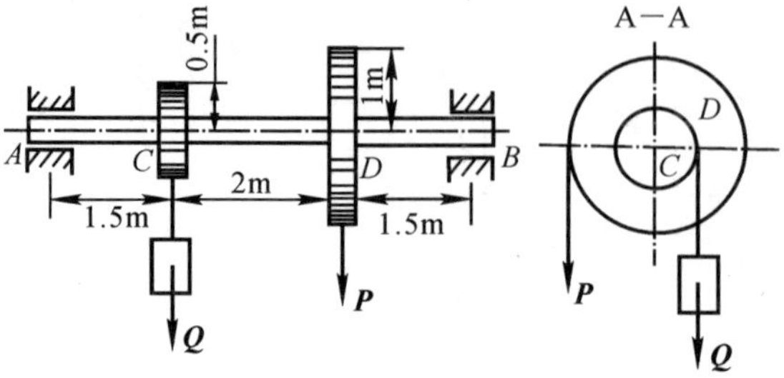

图题　12－11

12－13　电动机功率 $N=8.8$ kW，转速 $n=800$ r/min，皮带轮的直径 $D=250$ mm，皮带轮重力 $G=700$ N，轴可看成长度为 $l=120$ mm 的悬臂梁，结构及各力方向如图题12－12所示。若材料的许用应力$[\sigma]=100$ MPa，试按第三强度理论设计轴的直径 d。

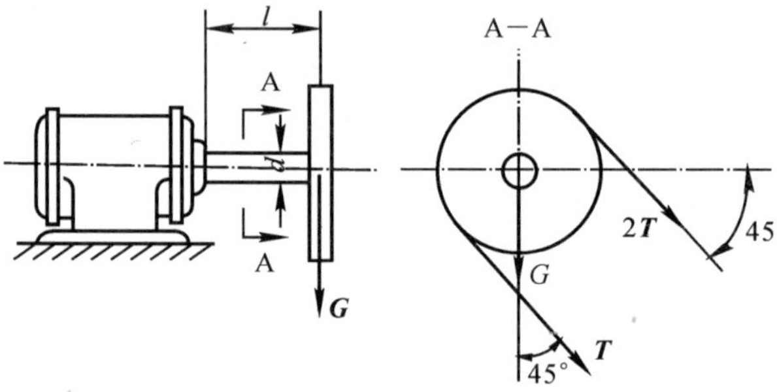

图题　12－12

12－14　如图题12－13所示钢制圆轴上有两个齿轮，齿轮 C 上作用有铅垂方向的切向力 $P_1=5$ kN，齿轮 D 上切向力沿水平方向。工作时轴作匀角速转动。齿轮 C 直径 $d_C=300$ mm，齿轮 D 直径为 $d_D=150$ mm，$[\sigma]=100$ MPa，试用第四强度理论设计轴径。

12－15　如图题12－14所示圆截面杆，受荷载 $\boldsymbol{P}_1$，$\boldsymbol{P}_2$ 和 $\boldsymbol{M}$ 作用。已知：$P_1=500$ N，$P_2=1.5$ kN，$M=1.2$ kN·m，杆的许用应力$[\sigma]=160$ MPa，$d=50$ mm，杆长 $l=0.9$ m，试按第三强度理论校核心杆的强度。

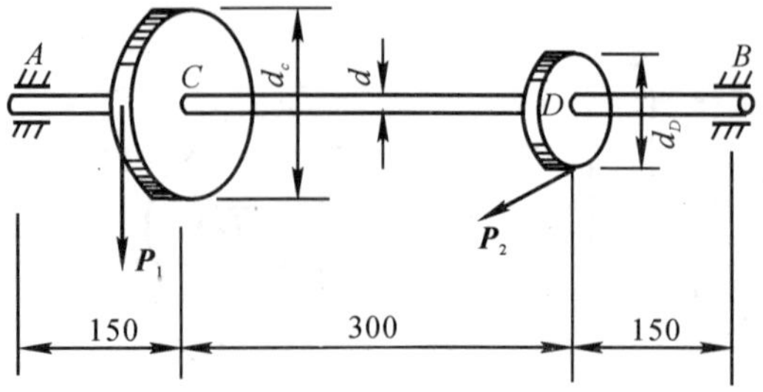

图题　12－13

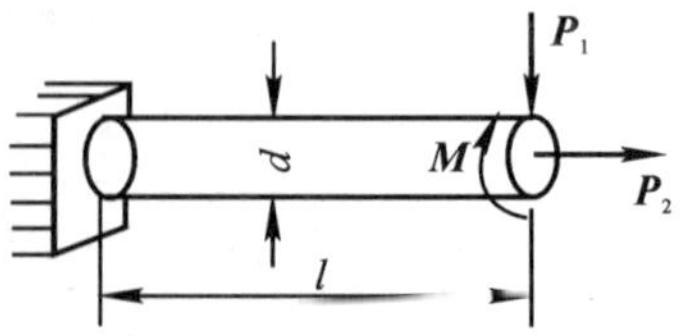

图题　12－14

第十三章　压杆的稳定性问题

§13-1　压杆稳定性的概念

在研究受拉压直杆的强度问题时，认为只要拉压杆满足强度条件，就能保证其安全工作。但是，实践指出：这个结论对拉杆是正确的，对于受压杆，情况则并不这样简单。例如，图 13-1(a) 为一矩形截面低碳钢杆，其横截面尺寸为 $A = 10 \times 2$ mm，长度 $l = 300$ mm，材料的屈服极限 $\sigma_s = 235$ MPa，承受轴向压力 $\boldsymbol{P}$ 作用。按强度计算，此压杆的屈服压力 $P_s = \sigma_s A = 235 \times 10^6 \times 10 \times 2 \times 10^{-6} = 4\ 700$ N，但实际上，当压杆所受压力 P 远小于 P_s 时，便不能保持原有直线形式的平衡状态，变成弯曲形状(见图 13-1(a))，从而丧失了承载能力。减小压杆的长度，所能承受的压力便提高，直到当压杆很短，受压后不再发生弯曲时，此杆所能承受的压力才等于上述屈服压力的数值(见图 13-1(b))。可见，对于压杆来说，短杆与长杆的破坏性质是不同的，短杆是能否满足强度要求的问题，而长杆则是能否保持原有直线形式平衡状态的问题，这类问题称为压杆的稳定性(stability)问题。

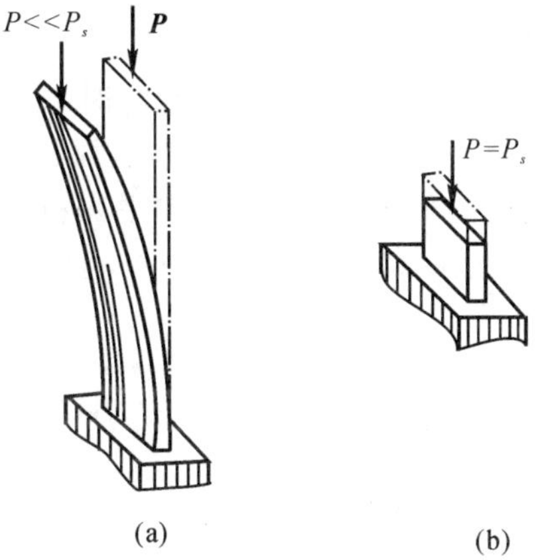

图　13-1

为了说明压杆稳定性的概念，我们先分析小球的平衡状态的稳定性。图 13-2(a) 表示球放在凹面的最低点，图 13-2(b) 表示球在凸面的最高点，图 13-2(c) 表示球在水平面上，这三种情况下球均处于平衡状态。如果给小球一个干扰力，使其偏离原来的平衡位置，当外加干扰力去掉后，则有：① 对于凹面上的球经过几次摆动后将回到原来的平衡位置，这时，小球原来的平衡状态称为稳定平衡(stable equilibrium)；② 对于凸面上的小球将继续滚下，不再回到原来的平衡位置，这时，小球原来的平衡状态称为不稳定平衡(unstable equilibrium)；③ 对于水平面上的小球，将在新的位置 O_1 再次处于平衡，它既无恢复原位的趋势也无继续偏离的趋势，这时，小球原来的平衡状态称为随遇平衡。由此可见，平衡状态可以分为三类：一类是经得起干扰的稳定平衡状态；一类是经不起一点干扰的不稳定平衡状态；一类是从稳定平衡变成不稳定平衡的过渡状态即随遇平衡状态，也就是稳定和不稳定平衡之间的临界状态(critical equilibrium)。

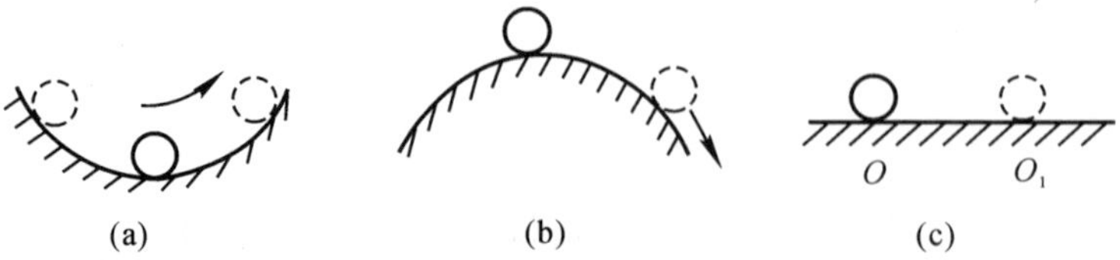

图　13－2

对于受压杆件也有上述三类不同的平衡状态。我们可作如下试验。取一根两端铰支的细长杆，在两端施加轴向压力 P，使其在直线形状下保持平衡（见图 13－3(a)）。给压杆施以微小干扰力后，杆离开直线平衡位置而呈微弯形状，如图 13－3(b) 所示。去除干扰力后，压杆的形状将随轴向压力 P 大小的变化而出现下述情况。

(1) 当压力 P 较小时，去除干扰力后，杆能自动恢复到原来的直线平衡状态（见图 13－3(c)）。这说明压杆原来的直线平衡状态是稳定平衡。

(2) 当压力 P 超过某一限度 P_{cr} 时，只要有微小的横向干扰力，杆件就会在微弯的基础上继续弯曲，发生很大的弯曲变形，再也不能恢复原状（见图 13－3(e)）。这说明压杆原来的直线平衡状态是不稳定平衡。

(3) 当压力 P 正好等于 P_{cr} 时，去掉干扰力后，杆件将在被干扰成的微弯状态下，达到新的平衡（见图 13－3(d)），既不恢复原状，也不再继续弯曲。这说明压杆原来的直线平衡状态是随遇平衡，这种状态是介于稳定平衡和不稳定平衡之间的临界状态。压杆处于临界状态时的轴向压力称为临界力(critical load)，通常用 P_{cr} 表示。

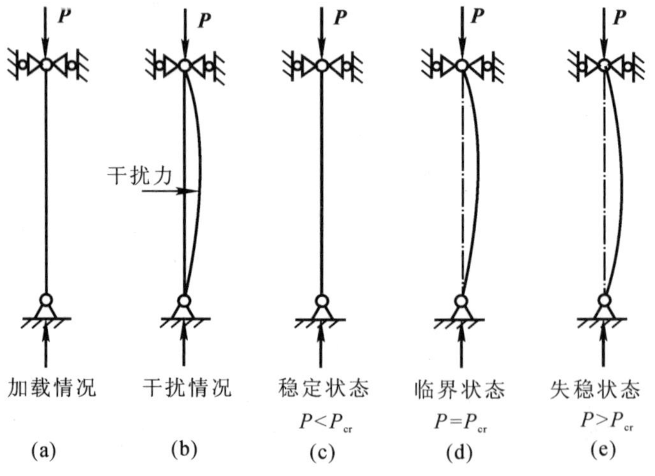

图　13－3

由于一般杆件总有某些缺陷，如杆的初曲率、材料的不均匀，还有载荷的偏心等，所以，当轴向压力 $P > P_{cr}$ 时，压杆即发生突然弯曲，杆件的受力性质将发生改变（不再是轴向压缩），压力的微小增加将引起弯曲变形的明显增大，压杆丧失了承载能力，这是杆件的又一种失效形式，称为压杆丧失稳定(lost stability)，简称失稳(buckling)。

归纳上述分析，轴向压力 $P < P_{cr}$ 时，压杆保持稳定；$P > P_{cr}$ 时，压杆失稳。所以，研究压杆的稳定性问题，关键在于确定临界力 P_{cr} 的数值。

在工程实际中有许多较细长的受压杆，例如千斤顶丝杠(见图 13-4(a))、压缩机活塞杆(见图 13-4(b))、发动机连杆(见图 13-4(c))、桁架中的受压杆等都存在稳定性问题。历史上曾发生过多起因压杆失稳而导致整个工程结构毁坏的严重事故，造成重大损失。因此，对压杆的稳定性问题必须给予应有的重视。

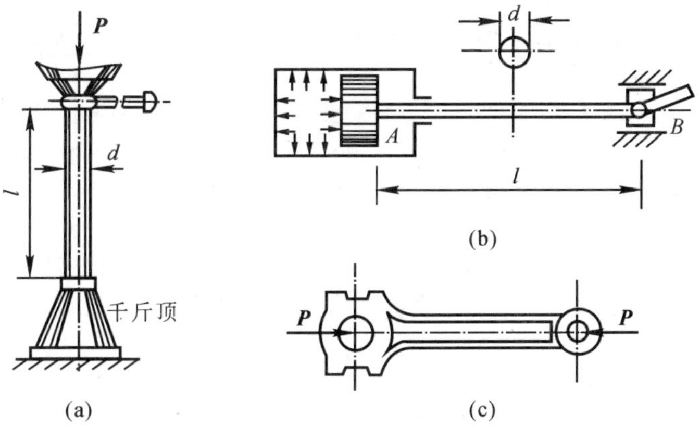

图 13-4

还应指出，除了压杆处，还有许多其他形式的构件也存在稳定性问题，例如，截面窄而高的梁受弯曲时，可能发生侧向弯曲(见图 13-5(a))；薄壁容器承受均匀外压时，可能发生如图 13-5(b) 中虚线所示的变形状态，等等。这些现象都是失稳的结果。但本章不研究这些问题，只研究受压直杆的稳定性问题。

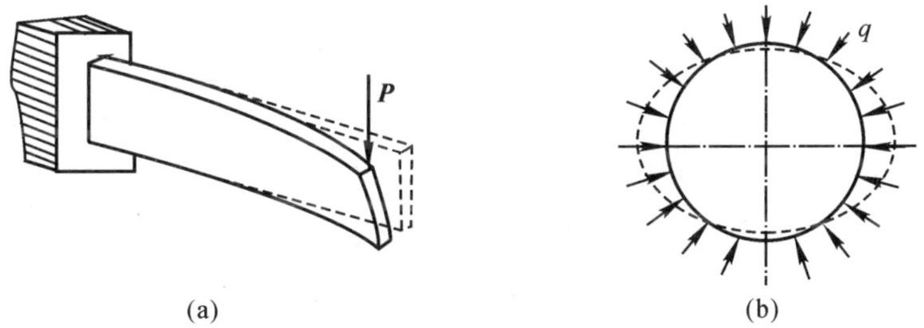

图 13-5

§13-2 细长压杆的临界力

首先研究两端为球形铰支座的细长压杆的临界力。从上节分析知，当压杆所承受的轴向压力达到临界力 P_{cr} 时，它将在微弯状态下保持平衡(见图 13-6(a))。因此，问题归结为 P_{cr} 等于多大时，压杆才能维持微弯状态下的平衡。即从研究压杆在微弯状态下平衡的挠曲线入手，来确定压杆的临界力。

选坐标系 xAy，如图 13-6(a) 所示。设 x 截面的挠度为 y，弯矩为 $M(x)$(见图 13-6(b))，

则

$$M(x) = -P_{cr}y \tag{1}$$

注意式中 P_{cr} 是一个不考虑正负号的数值。又因 $M(x)$ 与 y 的符号相反，即 y 为负时 $M(x)$ 为正，y 为正时 $M(x)$ 为负，所以式中出现一个负号。

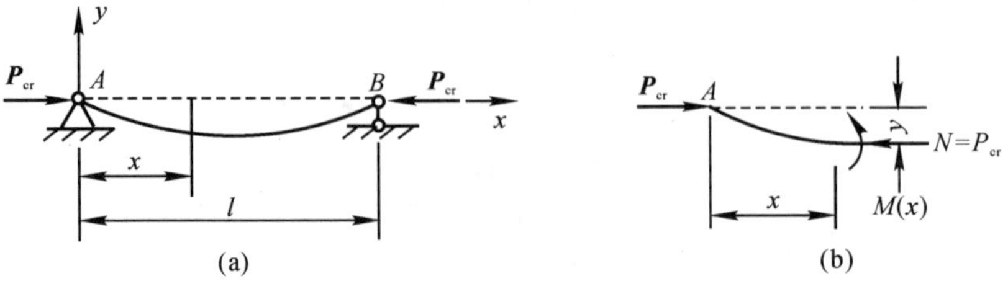

图 13-6

根据弯曲理论(见 §10-2)，当截面上的应力不超过比例极限时，有

$$\frac{d^2y}{dx^2} = \frac{M(x)}{EI}$$

将式(1) 代入此式，得

$$\frac{d^2y}{dx^2} = -\frac{P_{cr}y}{EI}$$

由于两端为球铰，它在任何方向的约束相同。因此压杆必将在其抗弯刚度最小的纵向平面内发生弯曲，所以式(2) 中的 EI 应是压杆的最小抗弯刚度。

若令 $k^2 = \frac{P_{cr}}{EI}$，则式(2) 可改写为

$$\frac{d^2y}{dx^2} + k^2y = 0 \tag{3}$$

其通解为

$$y = a\sin kx + b\cos kx \tag{4}$$

式中 a，b 为两个积分常数，$k = \sqrt{\frac{P_{cr}}{EI}}$ 为待定值。

根据杆端的边界条件可知：当 $x = 0$ 时，$y = 0$，代入式(4) 得 $b = 0$。于是式(4) 可写为

$$y = a\sin kx \tag{5}$$

当 $x = l$ 时，$y = 0$，代入式(5) 得 $a\sin kl = 0$，要满足此式，a 或 $\sin kl$ 应等于零。若 $a = 0$，代入式(5) 得 $y = 0$，表示压杆的轴线保持直线，没有弯曲，这与压杆在临界力作用下产生微弯的前提相矛盾。因此，只可能是 $\sin kl = 0$。满足此条件的 kl 值应为

$$kl = n\pi$$

式中 $n = 0,1,2,\cdots$，即为任意正整数。由此得

$$k = \sqrt{\frac{P_{cr}}{EI}} = \frac{n\pi}{l}$$

所以压杆的临界力为

$$P_{cr} = \frac{n^2\pi^2EI}{l^2} \tag{6}$$

对应挠曲线为

$$y = a\sin\frac{n\pi}{l}x \tag{7}$$

因为 $n = 0,1,2,\cdots$，所以从理论上说临界力可以有无限多个。如 n 分别取 1，2，3…，则对应的挠曲线分别为一个、两个、三个、…… 半波正弦曲线（见图 13-7）。但是从实际上来看，只能采用其中的最小值。这是因为在其最小值的临界力作用下，受压杆的直线状态平衡形式就已丧失稳定了。很明显我们不能取 $n = 0$，因为从式(6) 知，$n = 0$ 对应着 $P_{cr} = 0$，即杆件不受力，这与讨论前提不相符。因此只有取 $n = 1$ 才能得到 P_{cr} 的最小值，即

$$P_{cr} = \frac{\pi^2 EI}{l^2} \tag{13-1}$$

式(13-1) 就是两端铰支压杆临界力的计算公式，由于此式最早由欧拉(L. Euler) 于 1774 年导出，所以也称为欧拉公式。

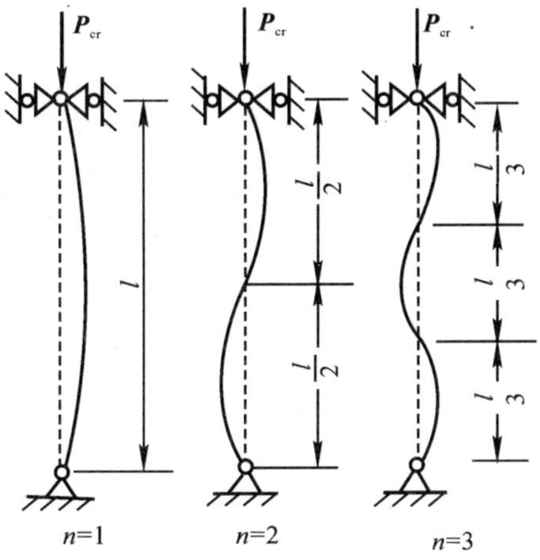

图 13-7

由式(7) 可得相应挠曲线方程为

$$y = a\sin\frac{\pi x}{l} \tag{8}$$

对于其他约束情况下的细长压杆，可用同样方法推导出临界力计算公式，并可统一写成

$$P_{cr} = \frac{\pi^2 EI}{(\mu l)^2} \tag{13-2}$$

式(13-2) 为欧拉公式的普遍形式(generalized Euler's formula)。式中 μl 称为压杆的相当长度(equivalent length)；μ 称为长度因数(factor of length)，它由杆端约束情况决定，见表 13-1。

表 13-1　几种理想杆端约束情况下的临界力

杆端约束情况	两端铰支	一端固定 另一端自由	两端固定	一端固定 另一端铰支
压杆挠曲线形状	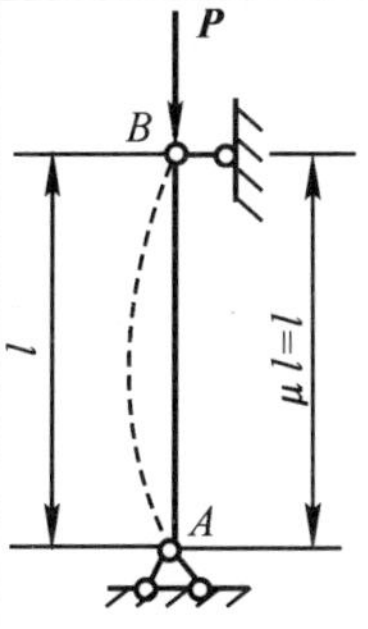	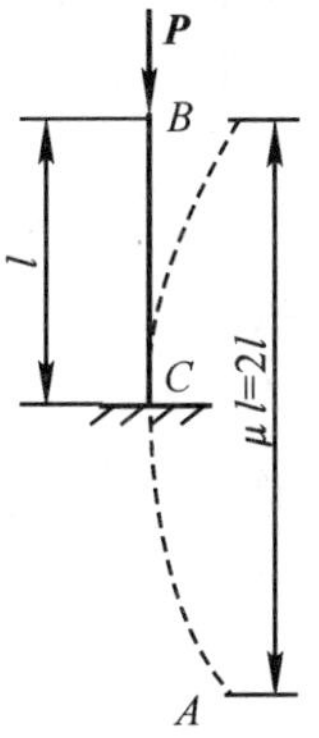	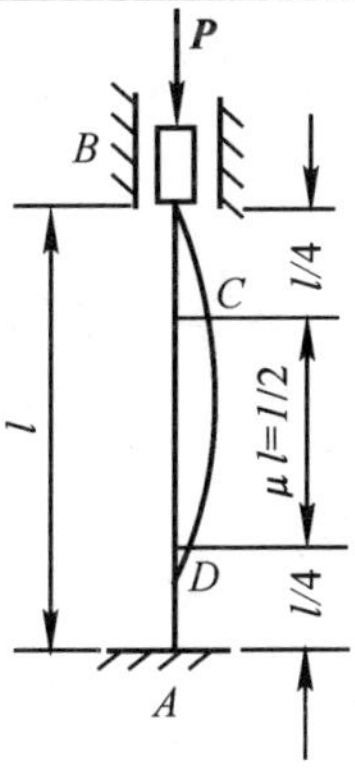	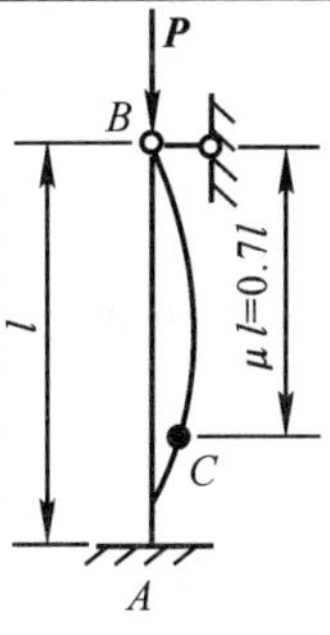
临界力公式的普遍形式 $P_{cr} = \frac{\pi^2 EI}{(\mu l)^2}$				
长度因数 μ	$\mu = 1$	$\mu = 2$	$\mu = 0.5$	$\mu = 0.7$

应该指出，在工程实际中，杆端的约束往往是很复杂的，需要根据具体情况进行简化。特别是只要杆端截面稍有转动的可能，就不能简化为理想的固定端，而应看成是接近铰支座，将长度因数 μ 取为接近于1.0的值，因为按固定端计算是偏于危险的。对于各种实际结构的杆端约束的 μ 值，可在有关的设计手册或规范中查得。

例 13-1　一钢质细长杆，两端铰支，长 $l = 1.5\ \text{m}$，横截面直径 $d = 50\ \text{mm}$，如图13-8(a)所示。设材料为A3钢，弹性模量 $E = 200\ \text{GPa}$，试确定其临界力。

解　杆横截面的惯性矩为

$$I = \pi d^4/64 = \pi \times 0.05^4/64 = 3.07 \times 10^{-7}\text{m}^4$$

据式(13-1)得该杆的临界力为

$$P_{cr} = \frac{\pi^2 EI}{l^2} = \frac{\pi^2 \times 200 \times 10^9 \times 3.07 \times 10^{-7}}{1.5^2} = 269 \times 10^3\ \text{N} = 269\ \text{kN}$$

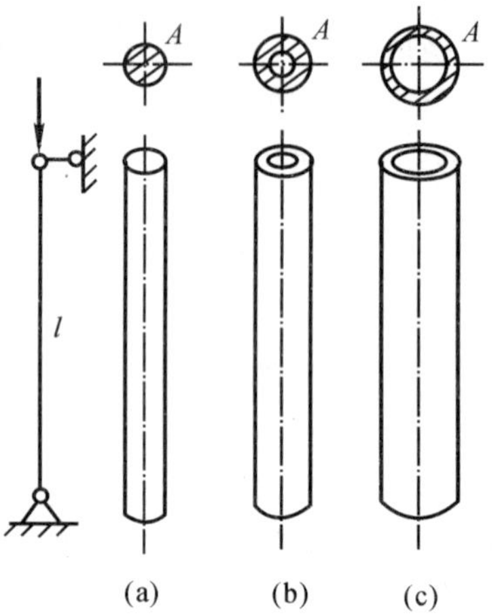

图　13-8

从临界力公式看，压杆的临界力与杆横截面的面积无关，而与横截面的抗弯刚度 EI 有关。所以对于同样长度的杆，用同样横截面积和材料做成不同的形状(如图13-8(b)，(c)所示)，它们的临界力可以相差很大。这一点也可说明压杆稳定问题完全不同于杆件的拉、压强度问题。图13-8(a)所示的压杆在临界力 P_{cr} 作用下的应力为

$$\sigma = \frac{P_{cr}}{A} = \frac{269 \times 10^3}{\pi \times 0.05^2/4} = 137\ \text{MPa}$$

这一数值不仅比钢的屈服极限小得多，而且也比钢的比例极限低。所以细长压杆的失效并不是材料的强度不够，而是由于稳定性不够。

§13-3　欧拉公式的应用范围
中长杆和粗短杆的临界应力

以压杆的横截面积 A 除临界力 P_{cr} 得压杆临界状态时横截面上的正应力，此应力称为压杆的临界应力(critical stress)，以 σ_{cr} 表示。由公式(13-2)可得

$$\sigma_{cr} = \frac{P_{cr}}{A} = \frac{\pi^2 EI}{A(\mu l)^2} \tag{1}$$

式中 I 与 A 都是与压杆横截面的尺寸和形状有关的量。令 $I/A = i^2$，即

$$i = \sqrt{\frac{I}{A}} \tag{13-3}$$

i 称为截面的惯性半径(radius of gyration of an area)，于是式(1)可写为

$$\sigma_{cr} = \frac{\pi^2 E}{(\mu l/i)^2} \tag{2}$$

在式(2)中引进

$$\lambda = \frac{\mu l}{i} \tag{13-4}$$

λ 是个无量纲的量，称为压杆的柔度或长细比(slenderness ratio)，它反映了压杆长度、杆端的

约束情况及杆的截面形状和尺寸等结构因素对临界力的影响。由此，式(2) 可改写为

$$\sigma_{cr} = \frac{\pi^2 E}{\lambda^2} \tag{13-5}$$

必须指出，式(13-5) 和式(13-2) 的推导都是建立在挠曲线近似微分方程的基础上，而该方程只有在压杆内的应力不超过比例极限 σ_P 时才成立。因此欧拉公式的适用范围为

$$\sigma_{cr} = \frac{\pi^2 E}{\lambda^2} \leqslant \sigma_P$$

所以

$$\lambda \geqslant \sqrt{\frac{\pi^2 E}{\sigma_P}}$$

令

$$\lambda_P = \sqrt{\frac{\pi^2 E}{\sigma_P}} \tag{13-6}$$

λ_P 是压杆临界应力等于比例极限时的柔度，是压杆能应用欧拉公式计算的最小柔度值，其值由材料的力学性质决定。如 A3 钢，$E \approx 200$ GPa，$\sigma_P = 200$ MPa，$\sigma_P = 200$ MPa，代入式(13-6)得

$$\lambda_P = \sqrt{\frac{\pi^2 \times 200 \times 10^9}{200 \times 10^6}} \approx 100$$

显然，对 A3 钢制成的压杆在 $\lambda \geqslant 100$ 时，才能用欧拉公式计算其临界力。一般把 $\lambda \geqslant \lambda_P$ 的压杆称为大柔度杆或细长杆(long columns)，其失效是由于弹性范围内的失稳所致。

对于 $\lambda < \lambda_P$ 的压杆，根据其失效形式的不同，可分为两类：

一类是短而粗的压杆，它们的柔度很小，通常称为粗短杆或小柔度杆(short columns)。这类压杆不存在失稳问题，它的失效主要取决于压缩强度，因此其临界应力就等于材料的极限应力 σ°，即

$$\sigma_{cr} = \sigma^\circ = \begin{cases} \sigma_s & (\text{塑性材料}) \\ \sigma_b & (\text{脆性材料}) \end{cases} \tag{13-7}$$

设临界应力等于极限应力 σ° 时的柔度为 λ_0，则粗短杆就是 $\lambda \leqslant \lambda_0$ 的压杆。

另一类介于细长杆与粗短杆之间的压杆，称为中长杆或中柔度杆(intermediate columns)，其柔度在 λ_P 与 λ_0 之间：$\lambda_P > \lambda > \lambda_0$，是工程中最常遇到的压杆。这类压杆与细长杆类似，存在稳定问题，但它的失稳现象发生在杆内应力超过材料的比例极限之后，故称为非弹性失稳。对这类压杆的临界力需根据弹塑性稳定理论确定。目前设计中多采用经验公式，较简单的经验公式为直线经验公式，即

$$\sigma_{cr} = a - b\lambda \tag{13-8}$$

式中 λ 是压杆的柔度，a，b 为与材料的力学性质有关的常数，其单位与应力的单位相同。将式(13-7) 代入式(13-8) 可求得 λ_0

$$\lambda_0 = \frac{a - \sigma^\circ}{b} \tag{13-9}$$

由此可知 λ_0 的大小也决定于材料的力学性质。对于工程上一些常用材料的 a，b，λ_P 和 λ_0 值列于表 13-2 中。根据表 13-2 和式(13-8) 就可计算由这些材料制成的中柔度杆的临界应力，其值介于 σ_P 和 σ° 之间。

表 13-2 λ_0，λ_P 及 a，b

材料 /MPa	a/MPa	b/MPa	λ_0	λ_P
碳钢(A3 钢 $\sigma_b = 372$，$\sigma_s = 235$)	304	1.12	61.4	100
碳钢(优质 $\sigma_b = 470$，$\sigma_s = 306$)	460	2.57	60	100
硅钢($\sigma_b = 510$，$\sigma_s = 353$)	577	3.74	60	100
铸铁	332	1.45		80
铬钼钢	980	5.3		55
强铝	372	2.14		50
松木	39	0.2		59

综上所述，可将压杆按其柔度值分为三类，如图 13-9 所示，此图清楚地表明了压杆的临界应力随其柔度而变化的情况，称为临界应力总图。这三类压杆的临界应力计算公式归纳如下：

1）对于细长杆(即大柔度杆，$\lambda \geqslant \lambda_P$)，用欧拉公式，即

$$\sigma_{cr} = \frac{\pi^2 E}{\lambda^2}$$

2）对于中长杆(即中柔度杆，$\lambda_P > \lambda > \lambda_0$)，用直线经验公式，即

$$\sigma_{cr} = a - b\lambda$$

3）对于粗短杆(即小柔度杆，$\lambda \leqslant \lambda_0$)，用压缩强度公式，即

$$\sigma_{cr} = \sigma^{\circ} = \begin{cases} \sigma_s (\text{塑性材料}) \\ \sigma_b (\text{脆性材料}) \end{cases}$$

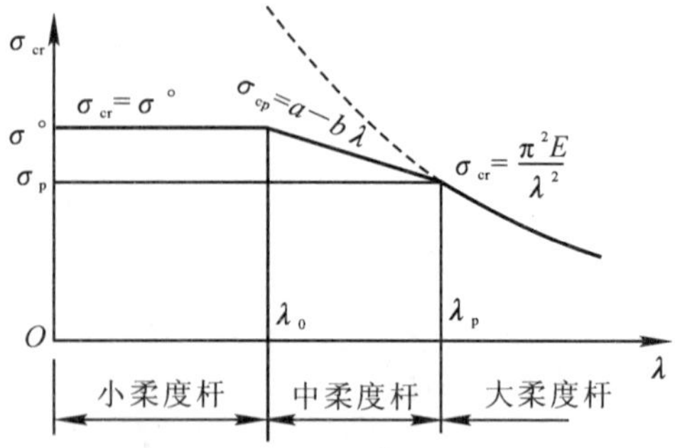

图 13-9

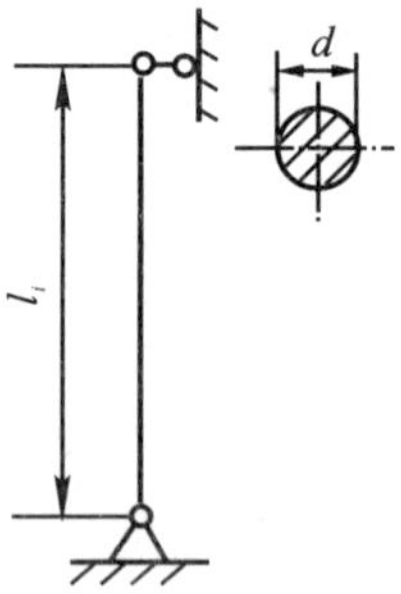

图 13-10

例 13-2 三根圆截面压杆如图 13-10 所示，其直径 $d = 16$ cm，材料均为 A3 钢。已知杆的两端均为铰支，长度分别为 l_1，l_2，l_3，且 $l_1 = 1.6l_2 = 4l_3 = 5$ m，$E = 200$ GPa，试求各杆的临界力。

解 (1) 计算各杆横截面积、惯性矩和惯性半径

$$A = \frac{\pi d^2}{4} = \frac{\pi \times 16^2}{4} = 201 \text{ cm}^2$$

$$I = \frac{\pi d^4}{64} = \frac{\pi \times 16^4}{64} = 3\ 217 \text{ cm}^4$$

$$i = \sqrt{\frac{I}{A}} = \sqrt{\frac{\pi d^4/64}{\pi d^2/4}} = \frac{d}{4} = \frac{16}{4} = 4\ \text{cm}$$

(2) 计算各杆的柔度 λ

l_1 杆：$\lambda_1 = \frac{\mu l_l}{i} = 1 \times 500/4 = 125 > \lambda_P = 100$，它属于大柔度杆，故用欧拉公式求临界力。

l_2 杆：$\lambda_2 = \frac{\mu l_2}{i} = 1 \times 312.5/4 = 78.1$，则 $\lambda_0 = 61.4 < \lambda_2 < \lambda_P = 100$，它属于中柔度杆，故要用直线经验公式计算临界力。

l_3 杆：$\lambda_3 = \frac{\mu l_3}{i} = 1 \times 125/4 = 31.25$，则 $0 < \lambda_3 < \lambda_0 = 61.4$，它属于小柔度杆，故有 $\sigma_{cr} = \sigma^{\circ} = \sigma_s = 235\ \text{MPa}$。

(3) 计算各杆的临界力

l_1 杆：$P_{cr} = \frac{\pi^2 EI}{(\mu l)^2} = \frac{\pi^2 \times 200 \times 10^9 \times 3\,217 \times 10^{-8}}{(1 \times 5)^2} = 2\,540\ \text{kN}$

l_2 杆：查表 13-2 得 $a = 304\ \text{MPa}$，$b = 1.12\ \text{MPa}$，将 a，b 及 λ_2 的值代入式(13-8)，得

$$\sigma_{cr} = a - b\lambda = 304 - 1.12 \times 78.1 = 217\ \text{MPa}$$

所以
$$P_{cr} = \sigma_{cr} A = 217 \times 10^6 \times 201 \times 10^{-4} = 4\,362\ \text{kN}$$

l_3 杆：因为 $\sigma_{cr} = \sigma_s = 235\ \text{MPa}$，所以

$$P_{cr} = \sigma_{cr} A = \sigma_s A = 235 \times 10^6 \times 201 \times 10^{-4} = 4\,724\ \text{kN}$$

例 13-3 A3 钢制成的矩形截面杆的受力及两端约束状况如图 13-11 所示，其中图(a) 为正视图，图(b) 为俯视图。已知 $E = 200\ \text{GPa}$，试求此杆的临界力。

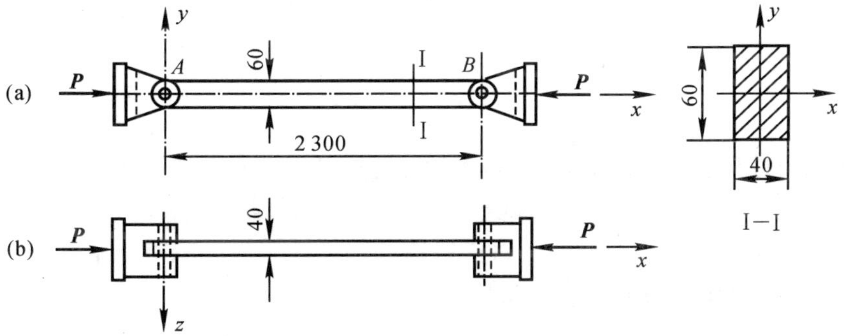

图 13-11

解 由于给定的压杆在 A，B 两处为销钉连接，因而在正视图(a) 和俯视图(b) 平面内，压杆的约束条件不同。在正视图(xy) 平面内失稳时，A，B 两处可以自由转动，约束条件相当于两端铰支。在俯视图(xz) 平面内失稳时，A，B 两处不能转动，故约束条件相当于两端固定。另外，压杆为矩形截面，$I_y \neq I_z$。因此，为确定临界力，应先分别算出杆件在两个平面内的柔度并加以比较，判定压杆在哪一平面内容易失稳。

(1) 计算柔度 λ 在正视图平面内：

$$I_z = \frac{bh^3}{12} \qquad A = bh \qquad \mu = 1 \qquad i_z = \sqrt{\frac{I_z}{A}} = \sqrt{\frac{bh^3/12}{bh}} = \frac{h}{2\sqrt{3}}$$

$$\lambda_z = \frac{\mu l}{i_z} = \frac{\mu l}{h/(2\sqrt{3})} = \frac{1 \times 2\ 300 \times 2\sqrt{3}}{60} = 133$$

在俯视图平面内：

$$I_y = \frac{bh^3}{12} \qquad A = bh \qquad \mu = 0.5 \qquad i_y = \sqrt{\frac{hb^3/12}{bh}} = \frac{b}{2\sqrt{3}}$$

$$\lambda_y = \sqrt{\frac{I_y}{A}} = \frac{\mu l}{i_y} = \frac{\mu l}{b/(2\sqrt{3})} = \frac{0.5 \times 2\ 300 \times 2\sqrt{3}}{40} = 99.6$$

由于 $\lambda_z > \lambda_y$，所以压杆将在正视图（xy）平面内失稳。

（2）计算临界力 P_{cr}

由于 $\lambda_z = 133 > \lambda_P = 100$，故可用欧拉公式计算其临界力，即

$$P_{cr} = \frac{\pi^2 EI}{(\mu l)^2} = \frac{\pi^2 \times 200 \times 10^9 \times 40 \times 60^3 \times 10^{-12}/12}{(1 \times 2.3)^2} = 269\ \text{kN}$$

§13－4　压杆的稳定性计算

要使压杆不丧失稳定，必须使压杆所承受的压力 P 小于压杆的临界力。此外，还要考虑压杆应有必要的稳定性储备，使压杆具有足够的稳定性。因此，压杆的稳定条件为

$$P \leqslant \frac{P_{cr}}{[n_{st}]} \tag{13-10}$$

式中 $[n_{st}]$ 为规定的稳定安全因数。临界力 P_{cr} 与压杆工作压力 P 的比值，表示压杆工作时的实际稳定性储备，称为压杆工作时的实际稳定安全因数，用 n_{st} 表示。于是得到用安全因数表示的压杆稳定条件

$$n_{st} = \frac{P_{cr}}{P} \geqslant [n_{st}] \tag{13-11}$$

考虑到压杆的初曲率、载荷偏心、材料不均匀等因素对压杆临界力的影响大于对强度的影响以及压杆失稳大都具有突发性，危害比较大，故 $[n_{st}]$ 的取值应比强度安全因数大些。通常在静载荷下，对于钢材 $[n_{st}] = 1.8 \sim 3.0$；对于铸铁 $[n_{st}] = 5.0 \sim 5.5$；对于木材 $[n_{st}] = 2.8 \sim 3.2$。在实际工作中，应按有关设计规范查取 $[n_{st}]$ 值。

应该指出，压杆的临界力是根据压杆的整体弯曲形状确定的。由 §10－4 的讨论知，在稳定性计算中同样可不考虑压杆局部的截面削弱。因此，无论是根据欧拉公式还是根据经验公式计算临界力，均采用未削弱的截面积 A、惯性矩 I 和惯性半径 i。不过对这类压杆，还需对削弱的横截面进行强度校核。

压杆的稳定性计算包括压杆的截面设计、压杆许可载荷的确定和压杆的稳定性校核。在一般设计中，往往先按强度估算，初步确定构件的截面，再校核其稳定性。本节只讨论压杆稳定性的校核，其步骤如下：

（1）根据压杆的实际尺寸及其支承情况，分别计算其在各个弯曲平面内弯曲时的柔度 λ，从而得出 λ_{max}。

（2）根据最大柔度 λ_{max}，确定计算该压杆的临界应力 σ_{cr} 的公式，并算出 σ_{cr} 和临界力 P_{cr}。

（3）利用压杆的稳定条件对压杆进行稳定性校核。

例 13-4 图 13-12 所示工字钢立柱的两端被固定，腹板上开有一个 40 mm×40 mm 的方形小孔。已知工字钢材料为 A3 钢，$E=200$ GPa，屈服极限 $\sigma_s=235$ MPa，立柱的规定稳定安全因数 $[n_{st}]=1.8$，强度安全因数 $n=1.5$。试选择工字钢的型号。

解 (1) 按开孔削弱处的强度条件估算截面

材料的许用应力

$$[\sigma]=\frac{\sigma_s}{n}=\frac{235}{1.5}=156.7\ \text{MPa}$$

设开孔削弱处的截面积为 A_1，则根据压缩强度条件，有

$$A_1\geqslant\frac{P}{[\sigma]}=\frac{220\times10^3}{156.7\times10^6}=1.4\times10^{-3}\ \text{m}^2=14\ \text{cm}^2$$

设工字钢横截面积为 A，因开孔而削去的横截面积为 A_2，为了保证强度，则有

$$A-A_2\geqslant A_1$$

查型钢表，若选 10 号工字钢，得 $A=14.3\ \text{cm}^2$，腹板厚度 $d=0.45$ cm，则

$$A-A_2=14.3-4\times0.45=12.5\ \text{cm}^2<A_1$$

所以再加大型号，取 12.6 号工字钢，得 $A=18.1\ \text{cm}^2$，$d=0.5$ cm，则

$$A-A_2=18.1-4\times0.5=16.1\ \text{cm}^2>A_1$$

所以按强度要求，初选工字钢型号为 12.6 号。

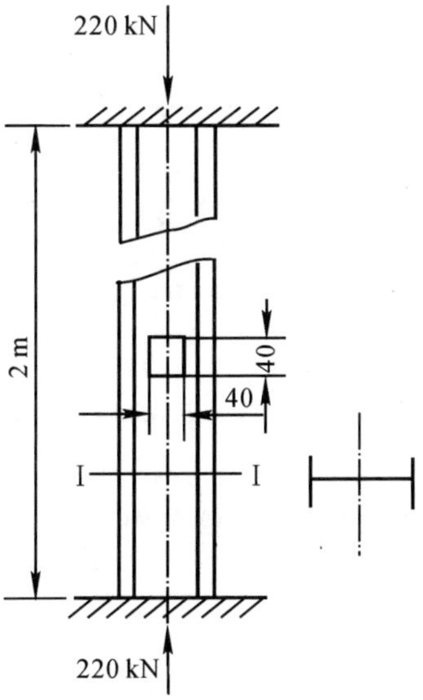

图 13-12

(2) 按估算结果进行稳定性校核

查型钢表得 12.6 号工字钢截面最小惯性半径 $i_{max}=1.61$ cm，查表 13-1 得 $\mu=0.5$，所以

$$\lambda=\frac{\mu l}{i_{max}}=\frac{0.5\times200}{1.61}=62.1$$

由表 13-2 可知 A3 钢的 $\lambda_0=61.4$，$\lambda_P=100$，所以 $\lambda_0<\lambda<\lambda_P$，属中柔度杆，应按直线经验公式计算临界应力。由表 13-2 可知：$a=304$ MPa，$b=1.12$ MPa，代入式(13-8)得

$$\sigma_{cr}=a-b\lambda=304-1.12\times62.1=234\ \text{MPa}$$

$$P_{cr}=\sigma_{cr}A=234\times10^6\times18.1\times10^{-4}=424\ \text{kN}$$

所以
$$n_{st}=\frac{P_{cr}}{P}=\frac{424}{220}=1.93>[n_{st}]$$

因此，选用 12.6 号工字钢的压杆，其稳定性也是足够的。

若稳定性不够，可加大工字钢型号，再校核其稳定性。

例 13-5 如图 13-13 所示结构中，梁 AB 为 No.14 普通热轧工字钢，支柱 CD 的直径 $d=20$ mm，二者材料均为 A3 钢。结构受力如图所示，A，C，D 三处均为球铰约束。已知 $P=25$ kN，$l_1=1.25$ m，$l_2=0.55$ m，$E=200$ GPa。规定稳定安全因数 $[n_{st}]=2.0$，梁的许用应力 $[\sigma]=160$ MPa。试校核此结构是否安全。

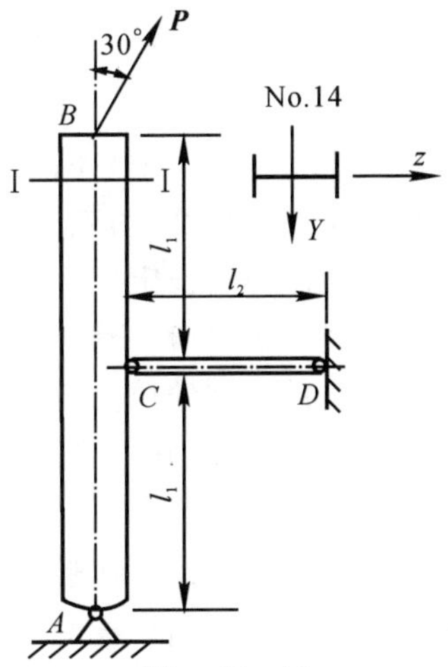

图 13-13

解 此结构中梁 AB 受拉伸与弯曲的组合作用，是强度问

题；支柱 CD 承受压力，是稳定问题。下面分别加以校核。

（1）梁 AB 的强度校核　梁 AB 在 C 处弯矩最大，故为危险截面，其上弯矩和轴力分别为

$$M_{ymax} = P\sin30^\circ \times l_1 = 25 \times 0.5 \times 1.25 = 15.63 \text{ kN} \cdot \text{m}$$

$$N = P\cos30^\circ = 25 \times \frac{\sqrt{3}}{2} = 21.65 \text{ kN}$$

由型钢表查得 No. 14 工字钢的几何性质，则有

$$A = 21.5 \times 10^{-4} \text{ m}^2 \qquad W_y = 102 \times 10^{-6} \text{ m}^3$$

根据拉弯组合变形最大正应力公式，得

$$\sigma_{max} = \frac{M_{ymax}}{W_y} + \frac{N}{A} = \frac{15.63 \times 10^3}{102 \times 10^{-6}} + \frac{21.65 \times 10^2}{21.5 \times 10^{-4}} = 163 \text{ MPa}$$

此值略大于 $[\sigma] = 160$ MPa，但不超过 5%，所以仍认为梁强度是足够的。

（2）压杆 CD 的稳定性校核　由梁 AB 的平衡条件可得支柱 CD 的受力为

$$N_{CD} = 2P\sin30^\circ = P = 25 \text{ kN}$$

因为 CD 杆是圆截面杆，故

$$i = \sqrt{\frac{I}{A}} = \sqrt{\frac{\pi d^4/64}{\pi d^2/4}} = \frac{d}{4} = \frac{20}{4} = 5 \text{ mm}$$

又因为两端为球铰约束 $\mu = 1$，所以有

$$\lambda = \frac{\mu l}{i} = \frac{1 \times 0.55}{5 \times 10^{-3}} = 110$$

查表 13－2 得 A3 钢的 $\lambda_0 = 61.4$，$\lambda_P = 100$。$\lambda > \lambda_P$，此杆属于细长杆，故可用欧拉公式计算临界力，得

$$P_{cr} = \sigma_{cr} A = \frac{\pi^2 E}{\lambda^2} \frac{\pi d^2}{4} = \frac{\pi^3 \times 200 \times 10^9 \times 20^2 \times 10^{-6}}{4 \times 110^2} = 51.3 \text{ kN}$$

压杆工作时的实际稳定安全因数 n_{st} 为

$$n_{st} = \frac{P_{cr}}{P} = \frac{51.3}{25} = 2.05 > [n_{st}]$$

故支柱 CD 具有足够的稳定性，此结构安全。

§13－5　提高压杆稳定性的一些措施

从压杆临界应力总图可以看出压杆的临界应力与其柔度和材料的性质有关，而柔度 λ 又综合了压杆的长度、约束情况和横截面的惯性半径等因素。因此，可根据上述因素，采取适当措施来提高压杆的稳定性。

1. 减少压杆的支承长度

在条件允许的情况下，尽量减小压杆的实际长度，以减小 λ 值，从而提高压杆的稳定性。若不允许减小压杆的实际长度，则可以采取增加中间支承的方法来减小压杆的支承长度。

2. 加强杆端约束

杆端的约束作用愈强，压杆的长度因数 μ 值愈小，其临界力越大，压杆的稳定性越好。从表 13－1 可以看出，当压杆两端铰支时，$\mu = 1$；一端铰支一端固定时，$\mu = 0.7$；而两端固定时，μ 降为 0.5。可见，加强杆端约束可以提高压杆的稳定性。

3. 合理选择截面形状

对于在两个纵向平面内杆端约束相同的压杆(即 μ 值相等),在截面面积一定时,应尽量使惯性矩大些,并使 $I_y = I_x$,例如采用空心截面,从而达到增大 i 值,减少 λ 值,提高稳定性的目的。

对于在两个纵向平面内杆端约束不相同的压杆(见例 13-3),应采用矩形或工字形截面,再与相应的支承条件相配合,使 $\lambda_z \approx \lambda_y$,使压杆在两个方向抵抗失稳的能力接近相等。

4. 合理选用材料

对于细长压杆,从公式 $\sigma_{cr} = \pi^2 E/\lambda^2$ 可知,选用 E 值较大的材料可以提高压杆的稳定性。但应注意,各种钢材的 E 值都很接近,选用合金钢、优质钢并不比普通碳钢优越,故应选用普通碳钢。

对于中长杆,从经验公式可知,临界应力与材料的强度指标有关。选用高强度材料可以提高中长杆的稳定性。至于粗短杆,则属于压缩强度问题,采用高强度材料,其优越性是明显的,一般以采用脆性材料为好。

思　考　题

13-1　压杆有几种失效形式?

13-2　什么叫压杆失稳?研究压杆稳定性有何实际意义?

13-3　拉杆或受内压的薄壁圆筒是否存在稳定性问题?

13-4　如何判断压杆在哪个方向失稳?图题 13-1 所示各截面形状的压杆,它们的两端均为球形铰支座,试问失稳时,其截面分别绕哪一根轴转动?

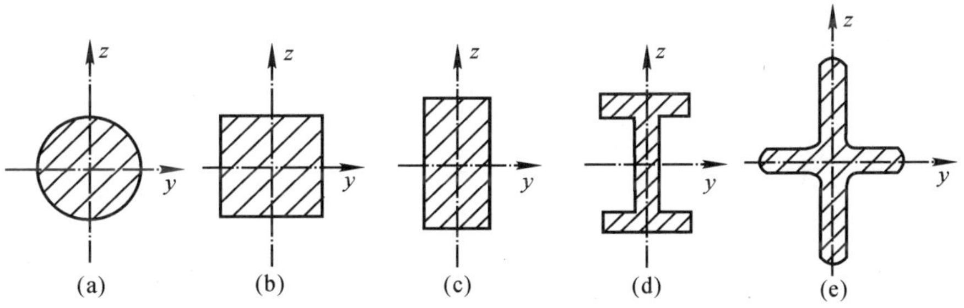

图题　13-1

13-5　何谓压杆的柔度,它与哪些因素有关?它对临界应力有什么影响?

13-6　临界力欧拉公式是如何建立的?该公式的适用范围是什么?如超过该范围继续使用,则计算结果偏于安全还是偏于危险?

13-7　怎样判断压杆是属于细长杆、中长杆,还是粗短杆?它们的临界应力如何确定?

13-8　如图题 13-2 所示发动机连杆,若将其工字形截面改为圆形或正方形截面,是否合理?

13-9　如图题 13-3 所示压杆,两端为球形铰支座,在跨度中点截面 Ⅰ—Ⅰ 处有一径向小孔。因此,该压杆失稳时截面将绕 z 轴转动,且在计算抗弯刚度 EI 时,应取危险截面的抗弯

刚度 $EI_z = E\left(\frac{\pi d^4}{64} - \frac{\delta d^3}{12}\right)$。这种说法对否？

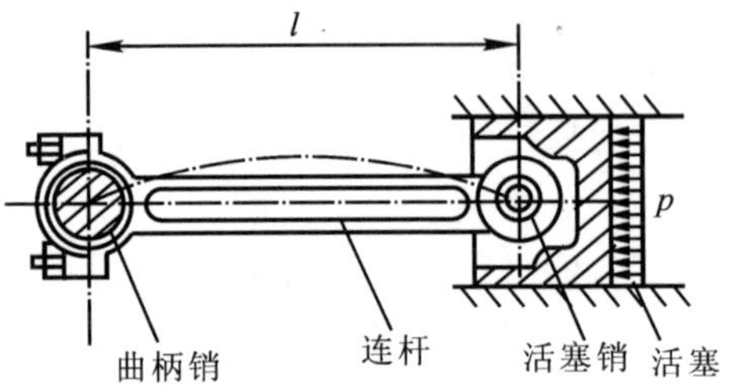

图题 13-2

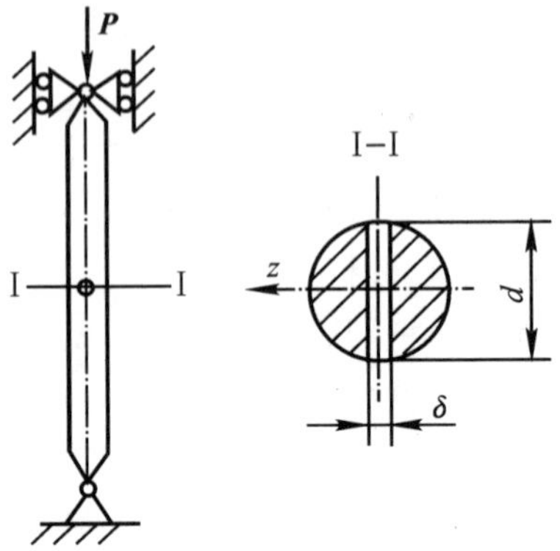

图题 13-3

13-10 铸铁抗压性能好，因此它适合做各类压杆，对否？

13-11 两端为球形铰支座的压杆，在横截面积 A 相同的情况下，一根采用正方形截面，一根采用 $h/b=2$ 的矩形截面，试问哪一根的临界力 P_{cr} 大？为什么？

习　题　十　三

13-1 如图题 13-4 所示各压杆，直径均为 d，材料都是 A3 钢，$E=200$ GPa。试判断哪一压杆的临界力 P_{cr} 最大？若 $d=16$ cm，求该杆的临界力 P_{cr}。

13-2 如图题 13-5 所示细长压杆，其两端为球形铰支座，杆材料的弹性模量 $E=200$ GPa，试用欧拉公式计算下列三种情况的临界力：

(1) 圆形截面：$d=25$ mm，$l=1$ m；

(2) 矩形截面：$h=2b=40$ mm，$l=1$ m；

(3) No. 16 工字钢：$l=2$ m。

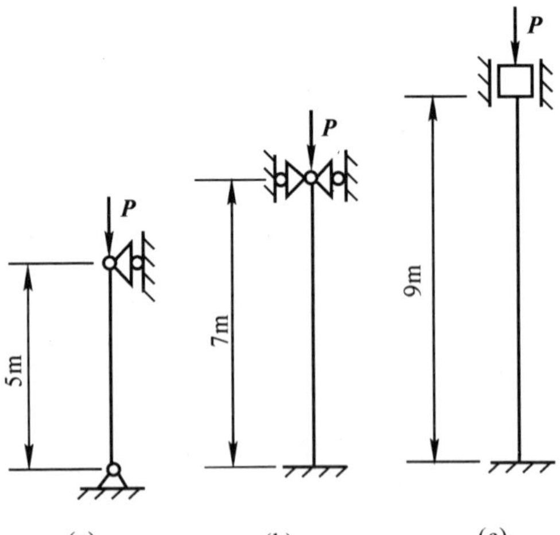

图题 13-4

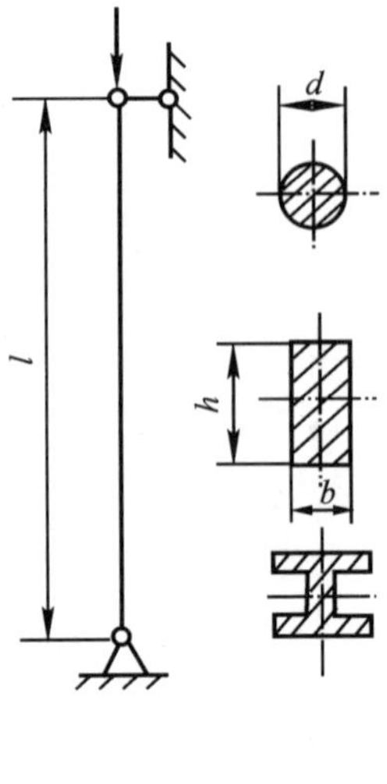

图题 13-5

13-3　有一根 20 mm×30 mm 的矩形截面压杆，其一端固定，另一端为球形铰支座。试求压杆的最短长度为何值时，即可开始应用欧拉公式。已知：弹性模量 $E=200$ GPa，比例极限 $\sigma_P=200$ MPa。

13-4　如图题 13-6 所示压杆，制成四种不同的截面形状，它们的截面积均为 3.2×10^3 mm^2，试计算它们的临界力，并进行比较。已知：材料为 A3 钢，$E=200$ GPa。

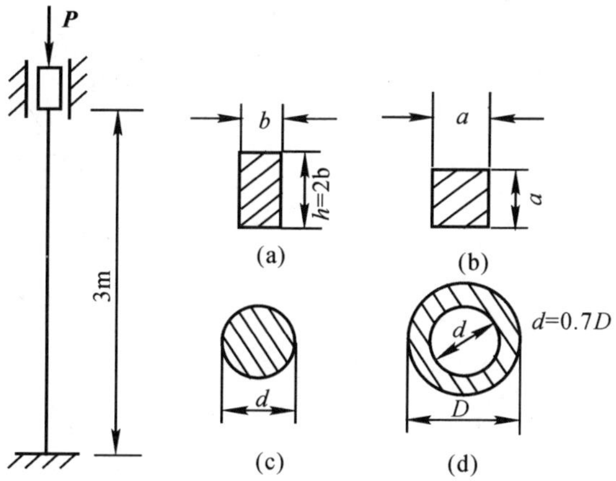

图题　13-6

13-5　松木柱高 7 m，截面为 12 cm×20 cm，$E=10$ GPa，柱在最小刚度平面两端固定，在最大刚度平面两端铰支，如图题 13-7 所示。试求此木柱的临界应力和临界力。

13-6　截面为工字形的蒸汽机车连杆如图题 13-8 所示。已知：材料为 A3 钢，两端约束为柱形铰，试求连杆的临界力。

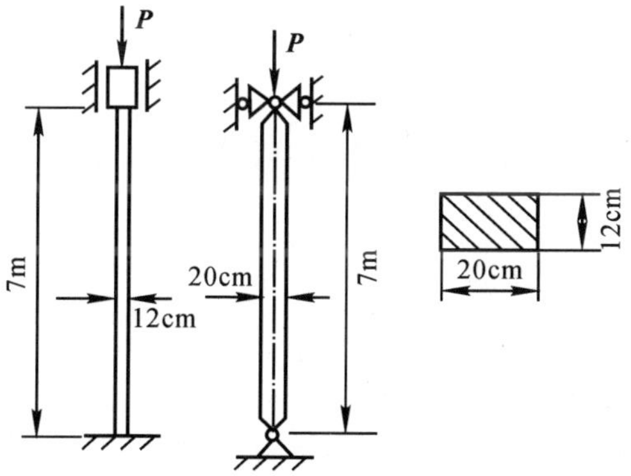

图题　13-7

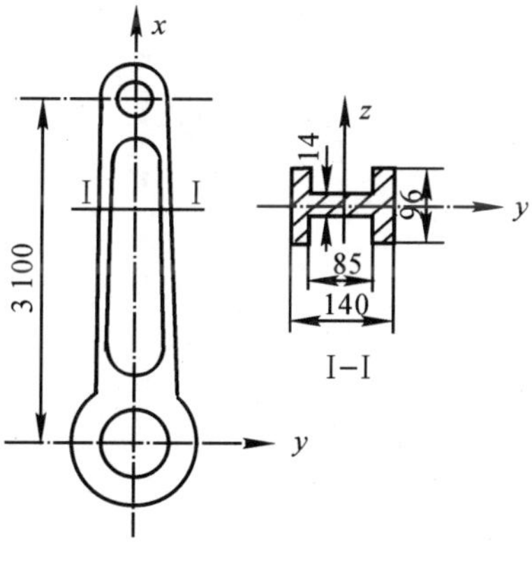

图题　13-8

13-7　如图题 13-9 所示，托架中的 AB 杆直径 $d=4$ cm，长度 $l=80$ cm，两端可认为是铰支，材料为 A3 钢。试求：(1) AB 杆的临界力；(2) 若已知工作载荷 $P=70$ kN，AB 杆的规定稳定安全因数 $[n_{st}]=2$，问此托架是否安全？(注：不考虑 CD 梁的强度)

13-8　如图题 13-10 所示，千斤顶的最大起重重力 $P=110$ kN，若已知丝杠内径 $d=52$ mm，$l=600$ mm，$h=100$ mm，材料为 A3 钢，规定的稳定安全因数 $[n_{st}]=3$，试校核千斤顶丝杠的稳定性。

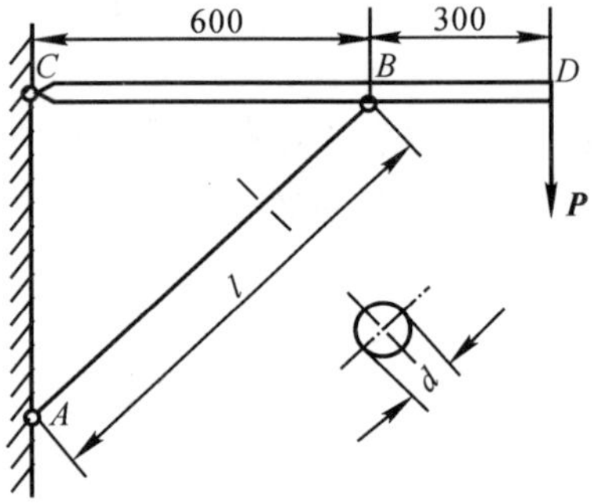

图题　13－9

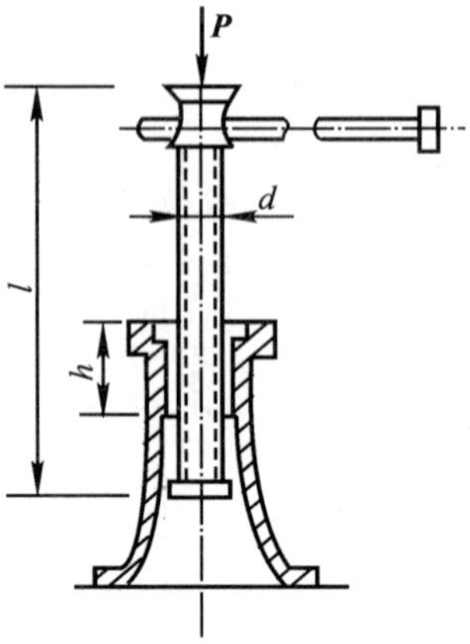

图题　13－10

13－9　如图题 13－11 所示结构中，AB 为圆形截面杆，直径 $d = 80$ mm，A 端固定，B 端为球铰，BC 为正方形截面杆，边长 $a = 70$ mm，C 端亦为球铰。AB 和 BC 杆可以各自独立发生弯曲变形（互不影响），两杆材料均为 A3 钢。已知 $l = 3$ m，规定的稳定安全因数 $[n_{st}] = 2.5$，$E = 200$ GPa，试求此结构的许可载荷 P。

13－10　由三根钢管构成的支架如图题 13－12 所示。钢管的外径为 30 mm，内径 $d = 22$ mm，长度 $l = 2.5$ m，$E = 210$ GPa。在支架的顶点三杆铰接并作用着垂直向下的载荷 $P = 7.4$ kN。若规定稳定安全因数 $[n_{st}] = 3$。试校核此结构是否安全。

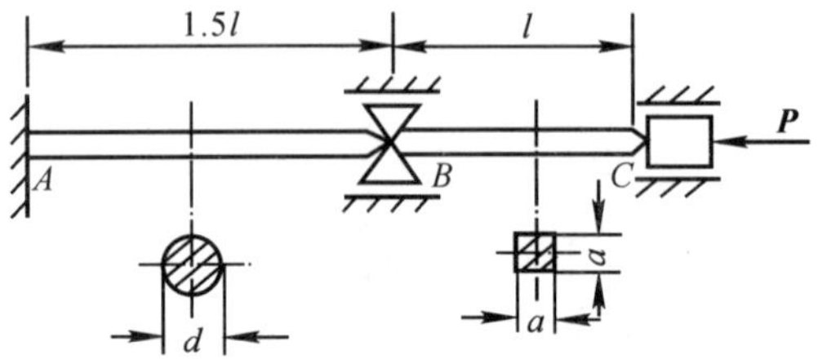

图题　13－11

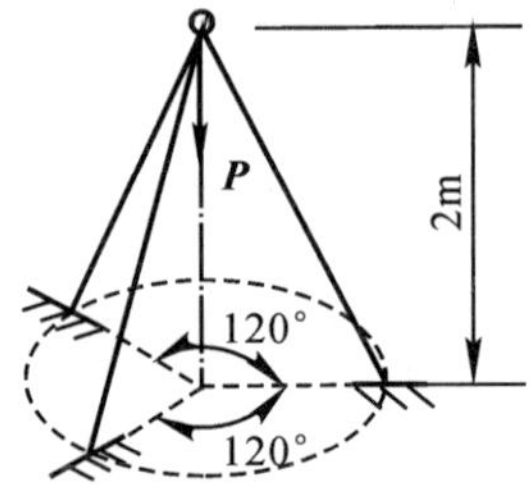

图题　13－12

13－11　如图题 13－13 所示，桁架在节点处受铅垂载荷 $\boldsymbol{P}$ 作用。已知杆 ① 和杆 ② 的横截面均为圆形，直径分别为 $d_1 = 30$ mm，$d_2 = 20$ mm，两杆均用 A3 钢制成，$E = 200$ GPa，强度安全因数 $n = 2$，规定稳定安全因数 $[n_{st}] = 3$，试确定许可载荷 $[P]$。

13－12　如图题 13－14 所示结构为正方形，由五根圆钢组成，各杆直径均为 $d = 40$ mm，边长 $a = 1$ m，材料均为 A3 钢，$[\sigma] = 160$ MPa，规定的稳定安全因数 $[n_{st}] = 2$，连接处均为铰接。

（1）试求结构的许可载荷 $[P]$；

（2）若 P 力的方向改为向外，问许可载荷为多少？已知 $E \approx 200$ GPa。

13－13　如图题 13－15 所示，工字钢直杆在温度 $T_1 = 20$℃ 时安装，此时杆不受力，试问当温度升高到多少度（T_2）时，杆将失稳。已知材料的线膨胀系数 $\alpha = 12.5 \times 10^{-6}$ 1/℃。

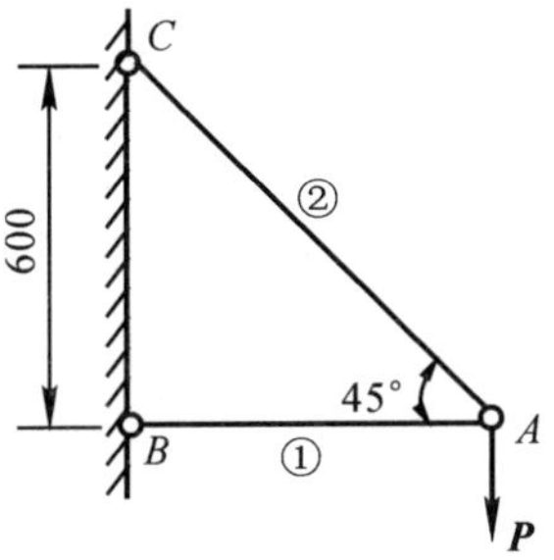

图题　13－13

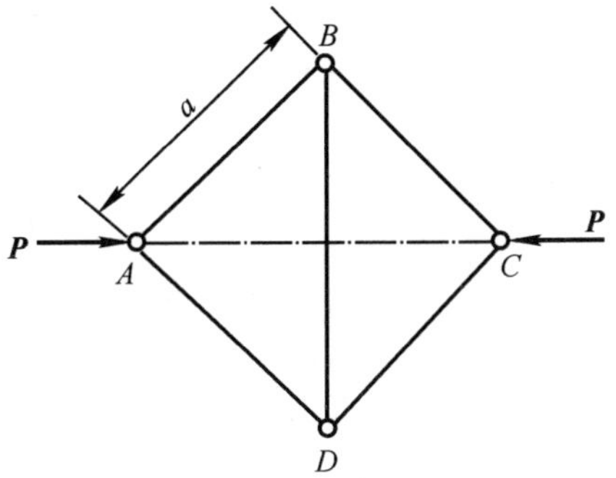

图题　13－14

13－14　如图题 13－16 所示结构，材料为 A5 钢，BC 杆直径为 28 mm，$P=52$ kN。试校核此结构是否安全。已知：$E=205$ GPa，$\sigma_s=275$ MPa，$a=338$ MPa，$b=1.21$ MPa，$\lambda_P=90$，$\lambda_0=50$，强度安全因数 $n=2$，规定稳定安全因数$[n_{st}]=3$。

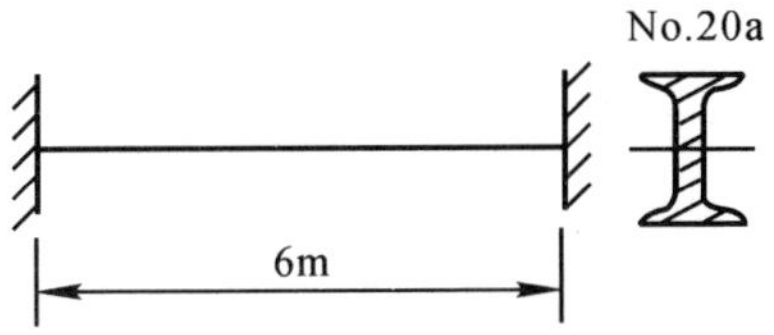

图题　13－15

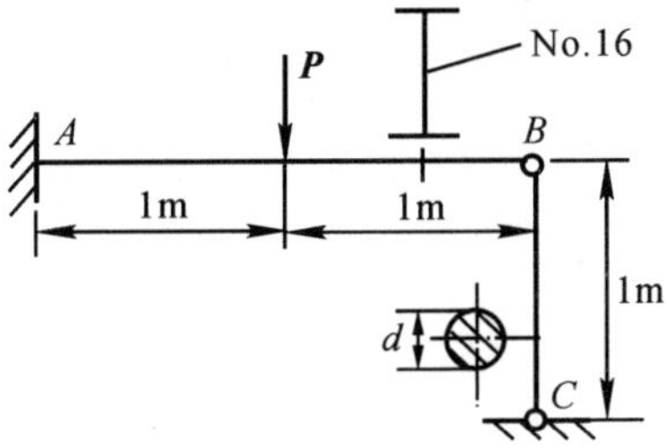

图题　13－16

13－15　如图题 13－17 所示，立柱长 $l=6$ m，其由两根 10 号槽钢组成。立柱的顶部为球形铰支，根部为固定端。试问当 a 为多大时立柱的临界力 P_{cr} 最大，并求其值。已知材料的 $E=200$ GPa，$\sigma_P=200$ MPa。

13－16　如图题 13－18 所示，起重机支架 ABC 由两根相同材料及相同截面的细长杆组成。试确定 θ 角等于多大时，支架可承受的载荷 P 最大（设 $0<\theta<\frac{\pi}{2}$）。

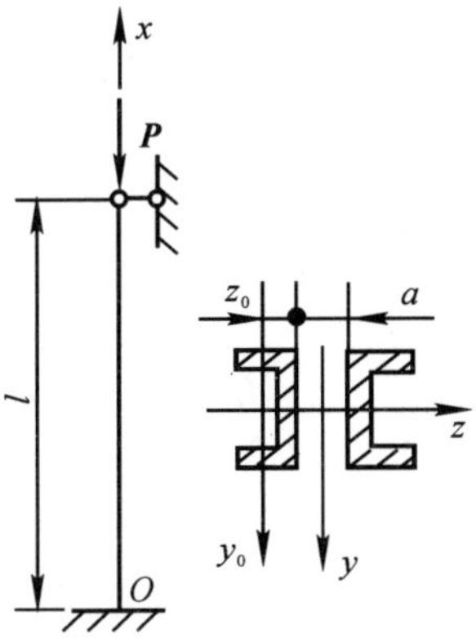

图题　13－17

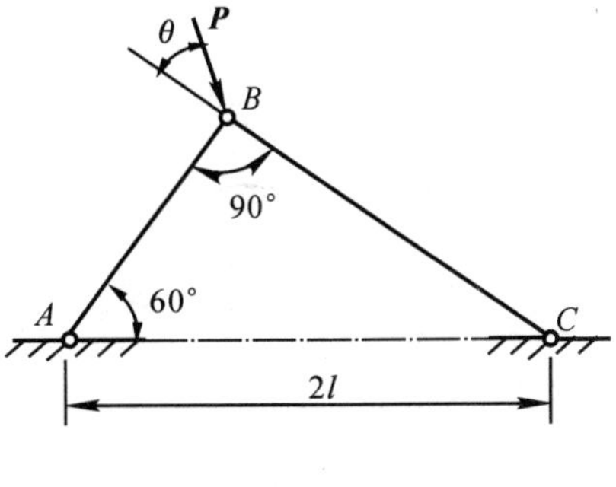

图题　13－18

第三篇　动应力分析

引　言

在第二篇引言中讲过，作用在构件上的载荷可分为静载荷与动载荷(dynamic load) 两类。而动载荷又可分为惯性载荷(intertia load)、冲击载荷(load of collision)、交变载荷(alternative load)，这些载荷都将在杆件内产生动应力(dynamic stress)。通常将惯性载荷、冲击载荷产生的动应力称为动荷应力，而将交变载荷产生的动应力称为交变应力(alternative stress)。

本篇主要讲述构件在动载荷作用下的强度问题。

第十四章　动荷应力

§14-1　引　言

第二篇中讲述的构件所承受的载荷都是静载荷。在静载荷作用下，构件内各点的加速度为零或微小到可以忽略不计。如果构件有了明显的加速度，则作用于构件上的载荷就是动载荷。例如起重机加速起吊重物时，吊索所受到的惯性力；又如飞轮等速旋转时，轮缘上将作用有惯性力；再如汽锤在锻造坯件时，在碰撞瞬间由于锤的速度在极短时间内发生急剧的变化，从而使汽锤和坯件受到很大的冲击力。这三个例子中，前两者属于惯性载荷，后者属于冲击载荷。构件在惯性载荷和冲击载荷的作用下所产生的应力称为动荷应力。

实验结果表明，只要动荷应力不超过比例极限，胡克定律就仍适用于动载荷下应力、应变的计算，弹性模量也与静载荷下的数值相同。

§14-2　考虑惯性力时构件的应力计算

当运动物体有加速度时，它将产生惯性力(inertia force)，惯性力的大小等于运动物体的质量 m 与加速度 a 的乘积，其方向与加速度的方向相反。例如有一矿井升降机起吊重力为 $\boldsymbol{P}$ 的重物(见图 14-1(a))，以加速度 a 上升，若钢绳横截面面积为 A，不计钢绳自重，求钢绳横截面上的动荷应力。

计算运动构件的内力，仍可应用截面法。在图 14-1(a) 中截取下段，如图 14-1(b) 所示，它受到重物的重力 $\boldsymbol{P}$ 和向上的加速度 a 的作用，则重物的惯性力为 $\frac{P}{g}a$。根据达朗伯原理，在运动构件上加上与加速度 a 方向相反的惯性力(见图 14-1(b))，这时构件在重力、内力和惯性力作用下处于平衡。由平衡方程，可得

$$N_d = P + \frac{P}{g}a = P\left(1 + \frac{a}{g}\right)$$

令

$$K_d = 1 + \frac{a}{g} \tag{14-1}$$

代入上式得

$$N_d = K_d P \tag{14-2}$$

式中 K_d 称为动荷因数(dynamic coefficient)。它表示动载荷与静载荷二者的比值，并与加速度

大小有关。将式(14－2)两边同除以横截面面积 A，求得钢绳的动荷应力

$$\sigma_d = K_d\sigma_{st} \tag{14-3}$$

式中 σ_{st} 为荷重以静载方式作用时，构件内的静应力。强度条件可以写成

$$\sigma_d = K_d\sigma_{st} \leqslant [\sigma] \tag{14-4}$$

式中$[\sigma]$为材料在静载下的许用应力。

例 14－1 如图 14－1 所示升降机，已知：重物 $P = 40\ \mathrm{kN}$，加速度 $a = 2\ \mathrm{m/s^2}$，重力加速度 $g = 9.8\ \mathrm{m/s^2}$，钢绳横截面面积 $A = 400\ \mathrm{mm^2}$，试求钢绳的最大动荷应力。

解 将已知数据代入式(14－3)，式(14－1)，得

$$\sigma_d = K_d\sigma_{st} = \left(1+\frac{a}{g}\right)\frac{P}{A} =$$

$$\left(1+\frac{2}{9.8}\right)\frac{40\times10^3}{400\times10^{-6}} = 120.4\ \mathrm{MPa}$$

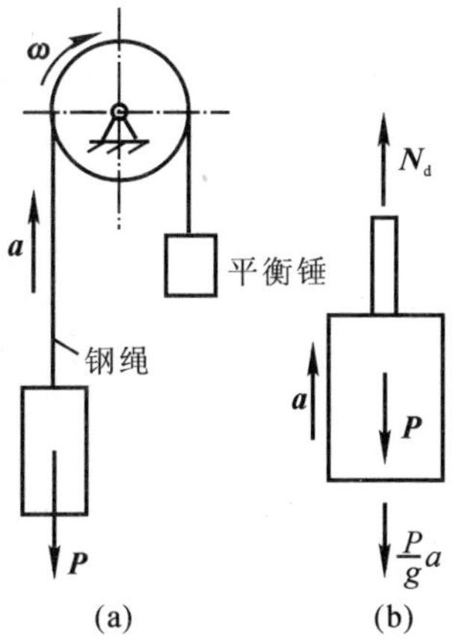

图 14－1

等速旋转的构件存在着向心加速度，在旋转构件上产生惯性力，下面举例说明这类问题的动荷应力计算。

例 14－2 一平均直径为 D 的薄壁圆环绕通过其圆心且垂直于环平面的轴作等速转动(见图 14－2(a))。若环的横截面面积为 A，材料单位体积的重力为 γ，角速度为 ω。试求此环横截面上的正应力。

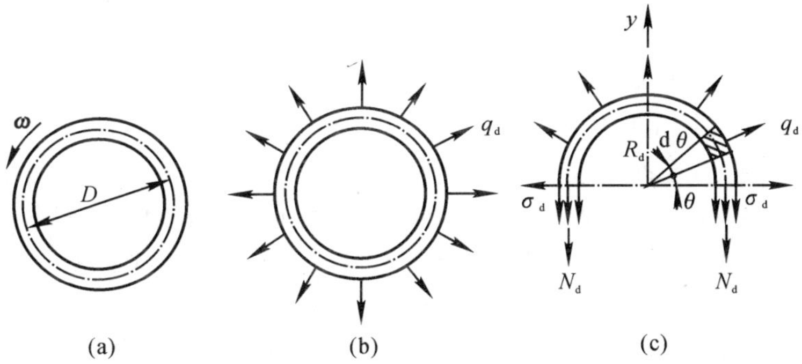

图 14－2

解 由于圆环作等速转动，因而环内各点只有向心加速度，又由于环壁很薄，便可近似地认为环内各点的向心加速度大小相等，且都等于 $a_n = \dfrac{D\omega^2}{2}$。于是沿轴线均匀分布的惯性力集度为 $q_d = \dfrac{A\gamma}{g}a_n = \dfrac{A\gamma D}{2g}\omega^2$，方向为背离圆心，如图 14－2(b) 所示。

用截面法，沿环的任一直径面假想地将圆环截分为二，并取上半环(见图 14－2(c))研究其平衡。在此半环上，惯性力沿 y 轴方向的合力为

$$R_d = \int_0^\pi \left(q_d\,\frac{D}{2}\mathrm{d}\theta\right)\sin\theta = \frac{A\gamma\omega^2D^2}{2g}$$

在环的每个横截面上的正应力，也可以根据环壁很薄这一条件认为是均匀分布的。因此，在截开面上的内力是轴力 N_d。由平衡方程

$$\sum Y = 0 \qquad -2N_d + R_d = 0$$

所以

$$N_d = \frac{R_d}{2} = \frac{A\gamma\omega^2 D^2}{4g}$$

由此求得环横截面上的正应力 σ_d 为

$$\sigma_d = \frac{N_d}{A} = \frac{\gamma\omega^2 D^2}{4g} = \frac{\gamma v^2}{g}$$

式中 $v = \frac{D\omega}{2}$ 是圆环轴线上点的线速度。强度条件是

$$\sigma_d = \frac{\gamma v^2}{g} \leqslant [\sigma]$$

从以上两式看出，环内应力与横截面面积 A 无关。要保证圆环的强度，关键在于应限制其转速，增加横截面面积 A 不能降低横截面上的应力。

§14-3　冲击应力计算

在冲击过程中，由于被冲击构件的阻碍，使冲击物的速度在极短时间内发生急剧的改变，这表示它获得了很大的负加速度。由于冲击持续的时间很短，这一加速度大小较难测得，故不能用惯性力方法来计算这类问题。在工程实际中，一般采用能量法来近似计算受冲击构件的应力和应变。

为了简化计算，对冲击问题常作如下假设：

1）冲击物变形很小，可视为刚体。

2）被冲击物的质量与冲击物的质量相比很小，可略去不计。

3）被冲击物为弹性体，在冲击过程中材料仍服从胡克定律，且比例常数与静载荷下相同。

若不计冲击过程的能量损失（如热能，声能等）。由机械能守恒定律，冲击物在冲击过程中所减少的动能 T 和位能 V，应等于被冲击物在冲击过程中所积蓄的变形能 U_d，即

$$T + V = U_d \tag{14-5}$$

下面以图 14-3(a) 所示杆件，受重力为 $\boldsymbol{P}$ 的刚体自由落下冲击为例，说明冲击应力的计算。

设杆件受重物冲击后，产生最大压缩变形为 Δ_d（见图 14-3(b)），则冲击物在冲击终了时所减少的位能为

$$V = P(h + \Delta_d) \tag{1}$$

由于冲击物的初速度和下落终止时的终速度都为零，故动能无变化，即

$$T = 0 \tag{2}$$

至于杆件的变形能 U_d，等于冲击载荷 P_d 在冲击过程中所做的功，由于冲击载荷 P_d 与动变形 Δ_d 都是由零开始增加到最终值，且成线性关系（见图14-4），故此功可按图14-4中的有阴影线的三角形面积来求得，即

$$U_d = \frac{1}{2}P_d\Delta_d \tag{3}$$

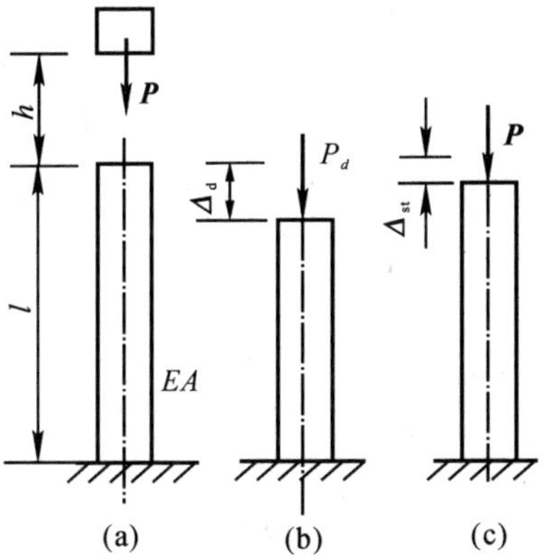

图 14-3

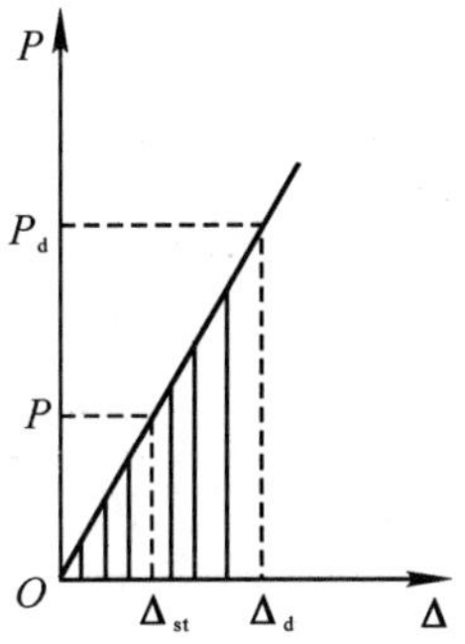

图 14-4

将式(1),(2),(3) 代入式(14-5) 中,得

$$P(h+\Delta_d)=\frac{1}{2}P_d\Delta_d \tag{4}$$

据图 14-4 所示关系有

$$\frac{P_d}{P}=\frac{\Delta_d}{\Delta_{st}}=K_d \tag{14-6}$$

将上式代入式(4),得

$$P(h+\Delta_d)=\frac{1}{2}\frac{P}{\Delta_{st}}\Delta_d^2$$

或

$$\Delta_d^2-2\Delta_{st}\Delta_d-2h\Delta_{st}=0$$

由此可解得冲击变形 Δ_d 为

$$\Delta_d=\left(1\pm\sqrt{1+\frac{2h}{\Delta_{st}}}\right)\Delta_{st}$$

Δ_d 应大于 Δ_{st},所以上式右端的根号前应取正号,即

$$\Delta_d=\left(1+\sqrt{1+\frac{2h}{\Delta_{st}}}\right)\Delta_{st}=K_d\Delta_{st} \tag{5}$$

动荷因数 K_d 为

$$K_d=1+\sqrt{1+\frac{2h}{\Delta_{st}}} \tag{14-7}$$

式中 h 为初速等于零的冲击物离杆端的高度,Δ_{st} 为冲击物的重力以静荷形式作用于杆件上,杆在被冲击点沿力方向的静位移如图 14-3(c) 所示。

由式(14-6) 的关系式,得冲击载荷为

$$P_d=K_dP=\left(1+\sqrt{1+\frac{2h}{\Delta_{st}}}\right)P \tag{6}$$

式(6) 两边同除以杆的横截面面积 A,得

$$\sigma_d=K_d\sigma_{st} \tag{14-8}$$

式中 σ_d 即所要求的冲击应力,它等于相应的静应力乘以冲击动荷因数。

若 $h=0$,则 $K_d=2$。相当于将重力突然加在杆件上,此时杆件的动应力、动变形都是静载

荷作用时的两倍。

例 14－3 一个重力 P 为 4 kN 的物体自高度 $h = 8$ cm 自由下落，如图 14－5(a) 所示，梁为 22a 号工字钢，跨长 $l = 400$ cm，$E = 200$ GPa，$[\sigma] = 160$ MPa。(1) 试校核梁的强度；(2) 若右支座改用弹簧支座(见图 14－5(b))，已知弹簧在 1 kN 静荷作用下缩短 1 mm，此时梁的强度如何？

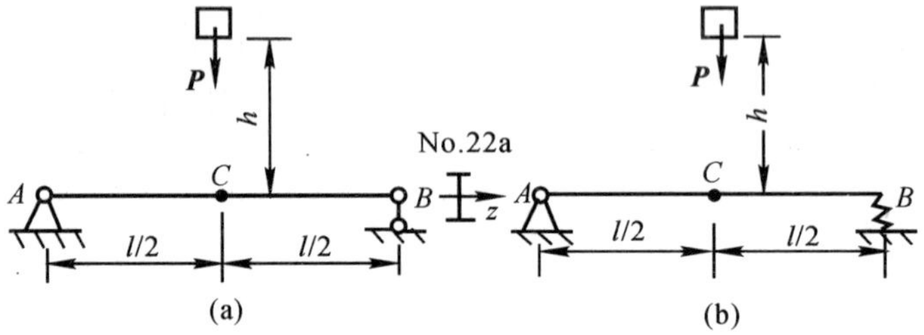

图 14－5

解 (1) 查型钢表 No. 22a 得 $I_z = 3\ 400\ \text{cm}^4$，$W_z = 309\ \text{cm}^3$。动荷因数表达式中的静位移 Δ_{st} 应为梁受冲击点 C 处的静挠度，即

$$\Delta_{st} = \frac{Pl^3}{48EI} = \frac{4 \times 10^3 \times 4^3}{48 \times 200 \times 10^9 \times 3\ 400 \times 10^{-8}} = 0.78 \times 10^{-3}\ \text{m}$$

代入式(14－7)，得

$$K_d = 1 + \sqrt{1 + \frac{2h}{\Delta_{st}}} = 1 + \sqrt{1 + \frac{2 \times 8 \times 10^{-2}}{0.78 \times 10^{-3}}} = 15.36$$

由受力分析，梁的最大静应力在 C 截面处，则有

$$\sigma_{stmax} = \frac{Pl}{4W_z} = \frac{4 \times 10^3 \times 4}{4 \times 309 \times 10^{-6}} = 12.94\ \text{MPa}$$

由式(14－8) 得

$$\sigma_{dmax} = K_d \sigma_{stmax} = 15.36 \times 12.94 = 198.6\ \text{MPa} > [\sigma]$$

此梁不安全。

(2) 如图 14－5(b) 所示的梁，其中点 C 静位移 Δ_{st} 除考虑上述梁中点处静位移外，还需考虑右支座弹簧变形引起梁中点处的静位移，即

$$\Delta_{st} = \frac{Pl_3}{48EI} + \frac{1}{2}(\Delta_{st})_B$$

而
$$(\Delta_{st})_B = \frac{P}{2} \times 1 \times 10^{-3} = 2 \times 10^{-3}\ \text{m}$$

所以
$$\Delta_{st} = 0.78 \times 10^{-3} + \frac{1}{2} \times 2 \times 10^{-3} = 1.78 \times 10^{-3}\ \text{m}$$

故动荷因数为

$$K_d = 1 + \sqrt{1 + \frac{2h}{\Delta_{st}}} = 1 + \sqrt{1 + \frac{2 \times 8 \times 10^{-2}}{1.78 \times 10^{-3}}} = 10.53$$

对于有弹簧支座梁的静应力与上述相同，但它们的动荷因数却不相同，因此动应力也不同，即

$$\sigma_d = K_d \sigma_{st} = 10.53 \times 12.94 = 136.3\ \text{MPa} < [\sigma]$$

因此图 14－5(b) 所示的梁是安全的。

以上介绍了重物自由下落冲击构件时的应力和变形的计算，这只是冲击形式的一种，对于其他形式的冲击问题，同样可以由式(14－5) 和式(14－6) 得到解决。

§14－4　提高构件承受冲击能力的措施

在工程实际情况中，人们常利用冲击载荷为生产服务，如锻造、冲压、粉碎矿石、落锤打桩等。但在更多的情况下则希望采取措施来降低冲击应力。

要想降低冲击应力，就要设法降低动荷因数 K_d。由落体冲击的动荷因数公式(14－7) 可知，如能增大静位移 Δ_{st}，就可以降低冲击应力。这是因为产生较大静位移的构件，其刚度较小，因而能更多地吸收冲击物的能量，如例题 14－3。但是，增加静位移应尽可能避免增加静应力 σ_{st}，否则，降低了动荷因数 K_d，却又增加了 σ_{st}，结果动荷应力未必就会降低。汽车大梁与轮轴之间安装叠板弹簧，火车车厢架与轮轴之间安装压缩弹簧，某些机器或零件上加橡皮座垫或垫圈，都是为了既提高静位移 Δ_{st}，又不改变构件的静应力。又如把承受冲击的汽缸螺栓，由短螺栓(见图 14－6(a)) 改为长螺栓(见图 14－6(b))，增加了螺栓的静位移就可以提高其承受冲击的能力。

需要注意，若把被冲击构件的部分面积增大，则其静位移将减小，动荷因数增大，但两构件危险截面上的静应力不变，从而保持原截面段上的应力增大。所以，应尽量避免把受冲击的构件设计成变截面的形状。例如图 14－7(a) 所示钤螺钉，其最小截面是螺纹处的有效面积。为了改善螺钉的抗冲击能力，常将无螺纹部分做得细一些(见图 14－7(b))，或将无螺纹部分做圆环形截面(见图 14－7(c))，以使螺钉全长内各截面面积基本相等。

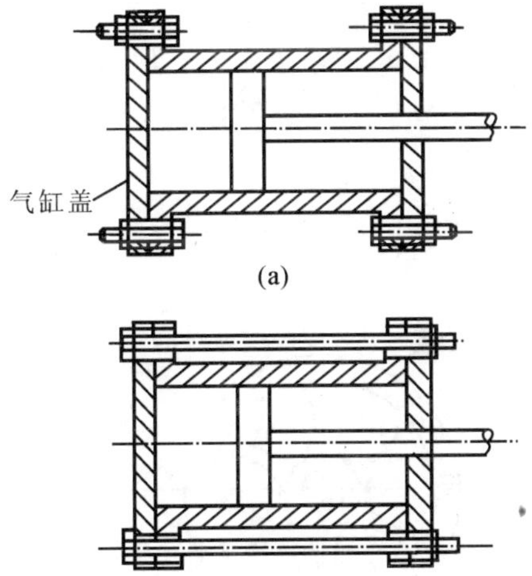

图　14－6

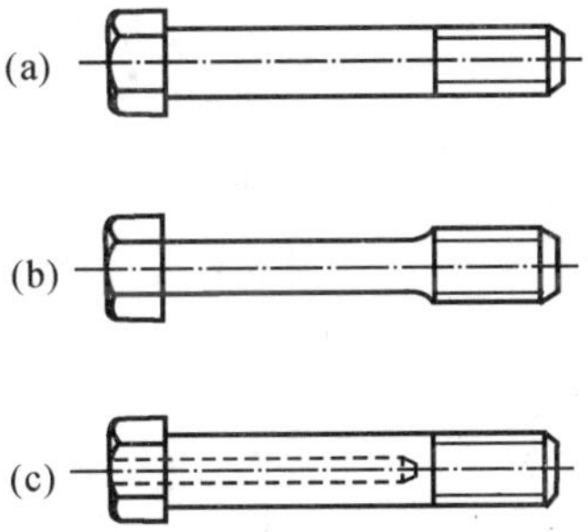

图　14－7

思　考　题

14－1　图题14－1所示的两杆材料和尺寸相同，图(a)所示杆受静载 $\boldsymbol{P}$ 的作用，图(b)所示杆置于光滑平面上，在力 $\boldsymbol{P}$ 作用下以等加速度运动，试问两根杆中哪一根杆的内力大？

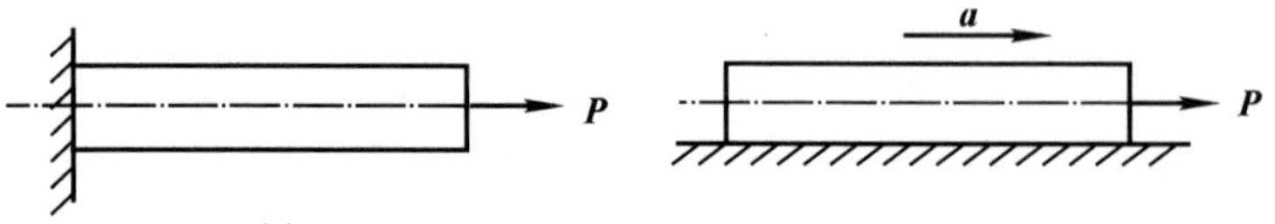

图题　14－1

14－2　为什么一根刚度大的杆件往往容易被冲击破坏？为什么缓冲弹簧能承受很大的冲击载荷？

14－3　试回答下列问题，并说明其共同原因：

(1) 为什么铁路要用碎石子而不用整块石条做路基？

(2) 一般扁担的横截面为什么是扁的而不制成方形或圆形？

(3) 起重机的吊索，为什么采用多股钢绳而不采用钢条？

14－4　有一铸铁制、圆环形飞轮，在机器开动后作匀速旋转时出现了轮缘破裂的现象。如采用加大轮缘截面的办法，问是否可防止破裂。

习　题　十四

14－1　如图题14－2所示一根长度 $l=12$ m，14号工字钢用两根吊索吊起，以等加速度 $a=10\ \mathrm{m/s^2}$ 平行地上升。已知吊索的横截面面积 $A=72\ \mathrm{mm^2}$。若吊索的自重可忽略不计，试分别计算工字钢和吊索内的最大动应力。

14－2　如图题14－3所示，飞轮的最大圆周速度 $v=25$ m/s，材料的重度是 72.6 kN/m³。若不计轮辐的影响，试求轮缘内的最大正应力。

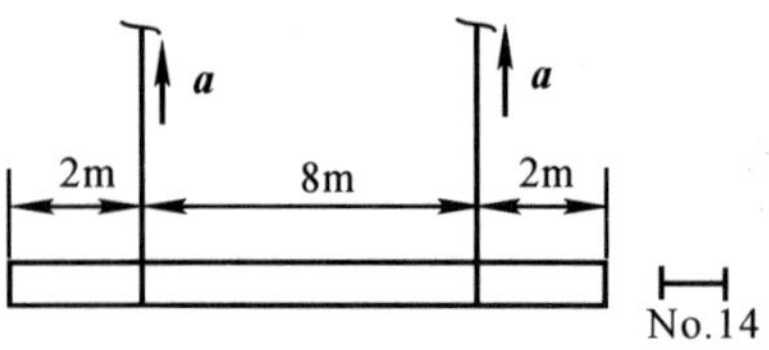

图题　14－2

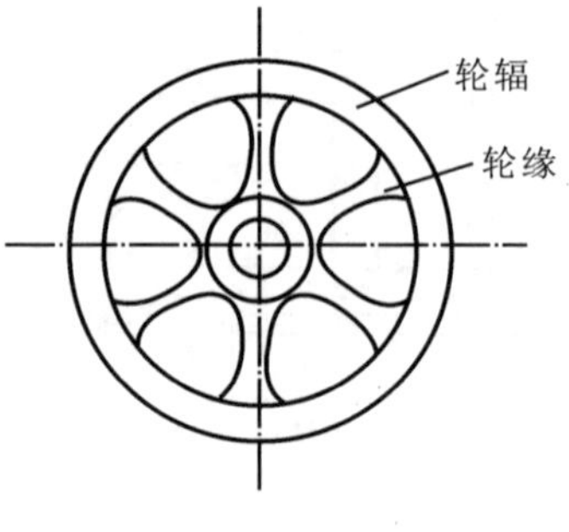

图题　14－3

14－3　游泳池的跳板 AC 如图题14－4所示，材料的弹性模量 $E=10$ GPa。若重力为700 N的跳水运动员从300 mm高处落到跳板上，试求跳板中的最大正应力和跳板的最大挠度。

14－4　图题14－5所示的两杆材料相同，$a=20$ cm，$A=1\ \text{cm}^2$，$h=10$ cm，重力$G=10$ N，试求这两杆的冲击应力。已知材料的$E=200$ GPa。

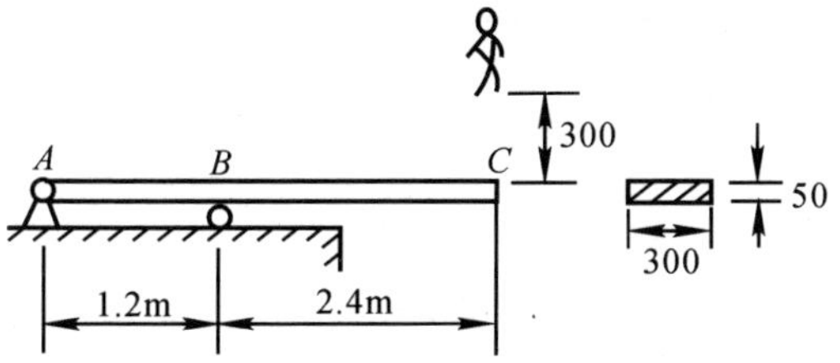

图题　14－4

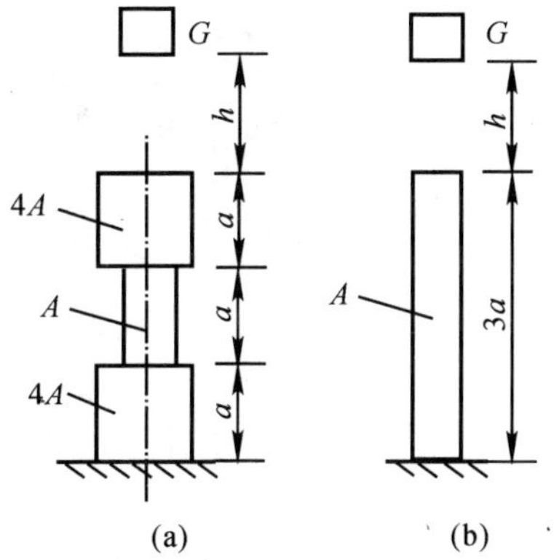

图题　14－5

14－5　重物$P=1$ kN，自高度0.04 m处自由下落在AB悬臂梁的自由端B上，如图14－6所示。已知梁的跨度$l=2$ m，截面为矩形，$h=240$ mm，$b=160$ mm，材料的弹性模量$E=10$ GPa，许用应力$[\sigma]=120$ MPa，试校核梁的强度。

14－6　一直径$d=30$ cm，长$l=6$ m的圆木桩，下端固定，上端受重力$P=5$ kN的重锤作用。木材$E_1=10$ GPa，试求下列三种情况下木桩的最大正应力。

(1) 重锤以静载荷的方式作用于木桩上；(见图14－7(a))

(2) 重锤从离桩顶1 m的高度自由落下；(见图14－7(b))

(3) 在桩顶放置直径为15 cm，厚度为2 cm的橡皮垫，其弹性模量$E_2=8$ MPa，重锤也是从离桩顶1 m的高度自由落下(见图14－7(c))。

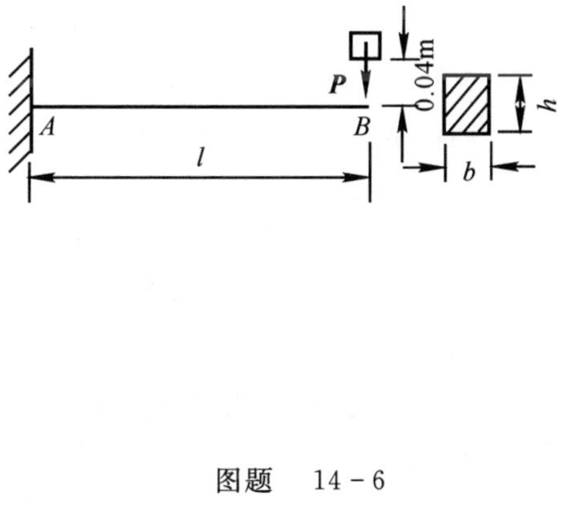

图题　14－6

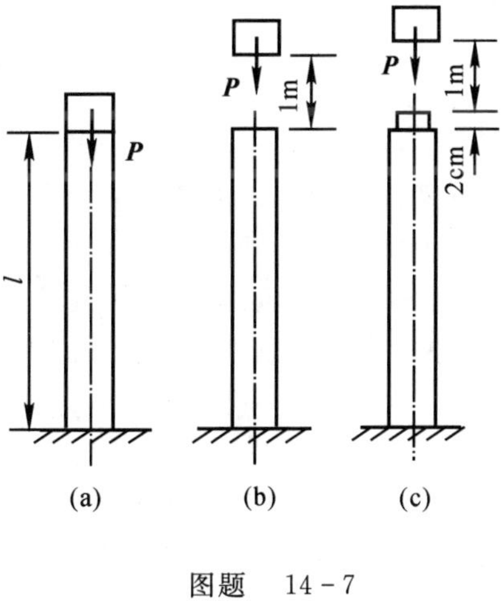

图题　14－7

第十五章　交变应力

§15－1　交变应力的概念

工程中有许多构件在工作时会受到随时间作周期性变化的应力作用，这种应力称为交变应力或重复应力(cycle stress)，它也是一种动应力。例如观察齿轮上任一齿的齿根处 A 点的应力(见图 15－1(a))，轴旋转一周，这个齿啮合一次，每一次啮合过程中，A 点的弯曲正应力就由零变化到某一最大值，然后再回到零。轴不断地旋转，A 点的应力也就不断地重复上述过程。若以时间 t 为横坐标，弯曲正应力 σ 为纵坐标，应力随时间变化的曲线如图 15－1(b) 所示。

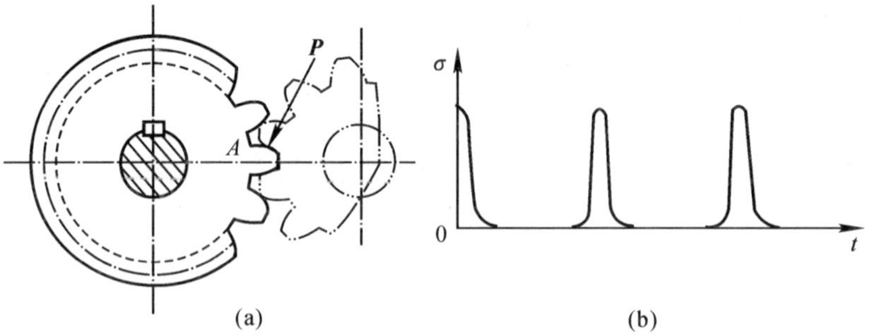

图　15－1

又如传动轴上的载荷虽然基本不变(见图 15－2(a))，但却因轴在转动，横截面上任一点处的弯曲正应力随时间作周期性变化。图 15－2(b) 表示传动轴横截面上 A 点处弯曲正应力的变化曲线。图中 σ_1，σ_2，σ_3，σ_4 分别表示当 A 点经过位置 1，2，3，4 时的瞬时应力。

实践表明，在交变应力作用下，即使是由塑性材料制成的构件，虽然其最大工作应力远低于材料的强度极限，但经过长期运行之后，也会出现突然断裂，造成严重的事故。人们曾误认为这是由于材料“疲劳”而引起的，故称为疲劳破坏(fatigue failure)。虽然这种说法已被近代实验研究所否定，但习惯上仍沿用“疲劳”这一名称。目前的研究结果指出，疲劳破坏的过程是：由于材料内部往往会存在一些缺陷，如空穴、夹杂物、疵点及外表面经加工留下的刻痕等，当交变应力超过一定限度时，在构件中应力最大处或材料有缺陷的地方，经过应力的多次交替变化后，将产生很细微的裂纹，这就是疲劳源。在裂纹的尖端有严重的应力集中，因而在交变应力的反复作用下将会导致裂纹的扩展。在裂纹的扩展过程中，裂纹两边的材料时分时合，发生类似研磨作用，逐渐形成一个如图 15－3 所示的光滑区域(图中白色区域)。在裂纹扩展到一定程度后，构件的截面积已遭到严重的削弱，直到不能承受所施加的载荷而突然断裂，形成图15-3所示的粗糙区域。所以，可认为构件的疲劳破坏是构件中裂纹的形成和逐渐扩展的结果。

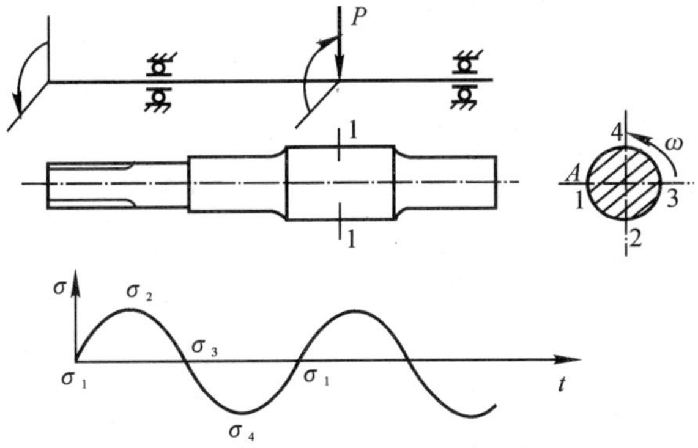

图 15-2

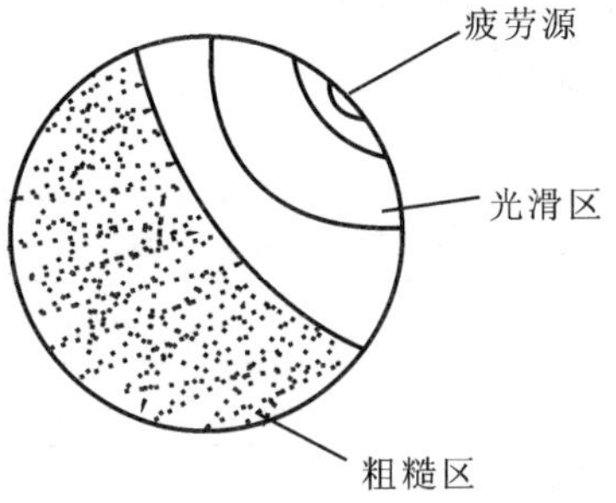

图 15-3

疲劳破坏往往是在没有明显预兆的情况下突然发生的，从而造成严重事故。据统计，机械零件的损坏大部分都是疲劳破坏。因此，对在交变应力下工作的零件，进行疲劳强度计算是非常必要的。

§15-2 交变应力的循环特征

构件在交变应力的作用下工作时，应力的变化情况可用应力随时间变化的曲线（σ-t 或 τ-t 曲线）来表示，如图 15-1(b) 和 15-2(b) 所示。将应力每重复变化一次，称为一个应力循环(stress cycle)（见图 15-4），重复变化的次数称为循环次数。而把最小应力和最大应力之比称为交变应力的循环特征，用 r 表示，即

$$r = \frac{\sigma_{\min}}{\sigma_{\max}} \tag{15-1}$$

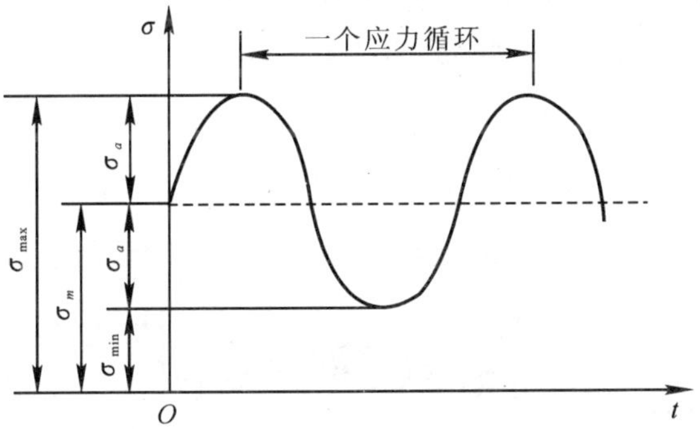

图 15-4

图 15-4 中，σ_m 表示 $\sigma_{\max}$ 和 $\sigma_{\min}$ 的平均值，称为应力循环中的平均应力(mean stress)

$$\sigma_m = \frac{1}{2}(\sigma_{\max} + \sigma_{\min}) \tag{15-2}$$

用 σ_a 表示应力变化幅度，称为应力循环中的应力幅度(stress amplitude)

$$\sigma_a = \frac{1}{2}(\sigma_{max} - \sigma_{min}) \tag{15-3}$$

在交变应力计算中，根据交变应力的循环特征将其分类，表 15－1 给出了各类应力循环以及相应的 r，σ_m，σ_a。

表 15－1　交变应力类型

交变应力类型	σ_{max} 与 σ_{min} 的关系	循环特征 r	平均应力 σ_m	应力幅度 σ_a
对称循环	$\sigma_{max} = -\sigma_{min}$	-1	0	σ_{max}
脉动循环	$\sigma_{max} \neq 0$，$\sigma_{min} = 0$	0	$\frac{1}{2}\sigma_{max}$	$\frac{1}{2}\sigma_{max}$
非对称循环	$\sigma_{max} \neq \sigma_{min}$	$-1 < r < +1$	$\frac{1}{2}(\sigma_{max} + \sigma_{min})$	$\frac{1}{2}(\sigma_{max} - \sigma_{min})$
静载应力	$\sigma_{max} = \sigma_{min}$	1	σ_{max}	0

以上概念对于交变剪应力完全适用，只需将 σ 改为 τ 即可。

在各种应力循环中，对称循环应力对受力构件是最危险的。在对称循环（symmetrical reversed cycle）交变应力下，构件强度的实验测试方法和理论计算是分析在各种非对称应力循环下构件强度问题的基础。因此，本章将研究对称循环交变应力下材料的极限应力、影响构件极限应力的主要因素以及疲劳强度计算等问题。

§15－3　对称循环交变应力下材料的持久极限

由上述分析可知，按静载荷试验测得的材料的极限应力已不适用于构件承受交变应力时的情况，要建立构件在交变应力下的强度条件，就必需先测定交变应力作用下材料的极限应力。

在纯弯曲变形下测定对称循环的极限应力比较简单。测定时将材料加工成直径为 7 ～ 10 mm、表面磨光的试件（光滑小试件）。每组试验 6 ～ 10 根试件；将试件装夹于疲劳试验机上（见图 15－5），在载荷作用下试件中间部分为纯弯曲，$M = Pa$。试件横截面上的最大弯曲正应力为

$$\sigma_{max} = \frac{M}{W} = \frac{Pa}{W}$$

当试件绕轴线旋转时，每转一周，横截面上的点便经受一次对称的应力循环。

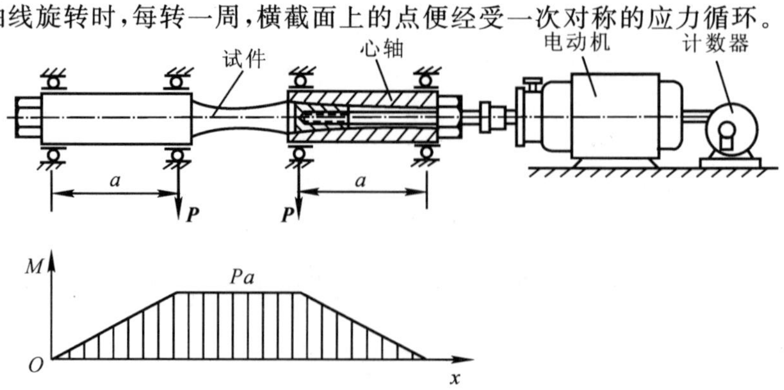

图　15－5

试验时，使第一根试件的最大应力 σ_{max1} 约等于强度极限 σ_b 的 60%，记录下断裂所经历的循环次数 N_1，然后逐根降低其最大应力值，记录下断裂时相应的循环次数 N。显然，由各试件所测得的循环次数 N 将随着最大应力的降低而逐渐增大。以 σ_{max} 为纵坐标，N 为横坐标，画出 $\sigma_{max}-N$ 曲线，称为疲劳曲线（见图 15-6）。工程上还常用 $\sigma_{max}-\lg N$ 坐标绘制疲劳曲线。

实验表明：当最大应力降低到某一值时，试件能经受无限次应力循环而不发生破坏，这一临界值称为材料的持久极限（endurance limit）或疲劳极限。

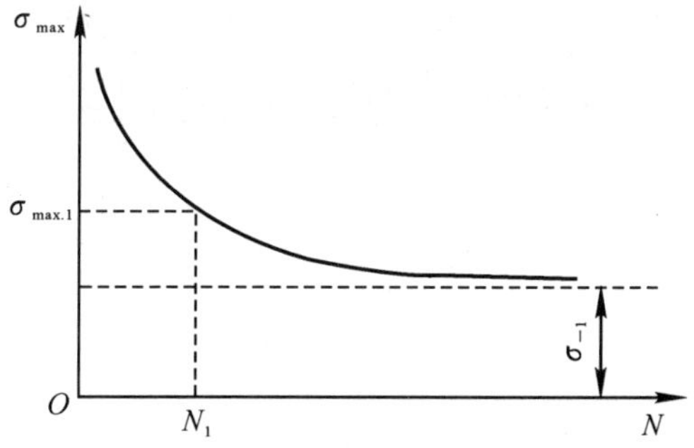

图 15-6

持久极限以符号 σ_r 表示，下标 r 为循环特征。例如，对称循环以 σ_{-1} 表示，脉动循环以 σ_0 表示。

实际上，试验不可能无限地进行下去。经验表明，在常温条件下，对于钢、铸铁等黑色金属材料来说，在 $N=10^7$ 次时，试件尚不破坏，则认为试件能经受无限次应力循环而不破坏，但对于某些有色金属及其合金，例如铝合金、镁合金，疲劳曲线并不趋于水平直线，对这类材料，一般将 $N=(5\sim10)\times10^7$ 次时，材料所能经受的最大应力作为持久极限，称为名义持久极限（offset endurance limit）。常用材料的持久极限可从有关手册中查得。

§15-4 影响构件持久极限的主要因素

实际构件的持久极限不仅与材料有关，而且还受构件形状、尺寸大小、表面质量和其他一些因素的影响。因此，用光滑小试件测定的材料的持久极限还不能代表实际构件的持久极限。下面将影响构件持久极限的主要因素作一简单介绍。

一、构件外形的影响

构件外形的突然变化，例如槽、孔、轴肩等，将引起应力集中。在应力集中的局部区域更容易形成疲劳裂纹，使构件的持久极限降低。把材料（光滑小试件）的持久极限 σ_{-1} 与具有应力集中的小试件的持久极限 $(\sigma_{-1})_K$ 的比值，称为有效应力集中因数（fatigue stress concentration factor），用 K_σ（或 K_τ）表示，即

$$K_\sigma=\frac{\sigma_{-1}}{(\sigma_{-1})_K} \tag{15-4}$$

显然，有效应力集中因数的数值均大于 1。工程上为了使用方便，把关于有效应力集中因

数的实验数据整理成曲线或表格。图 15-7、图 15-8 和图 15-9 依次给出了当 $D/d=2$，$d=30\sim50$ mm 时，钢制阶梯轴在弯曲、拉压、扭转对称循环下的有效应力集中因数。图中 σ_b 的单位均为 MPa。

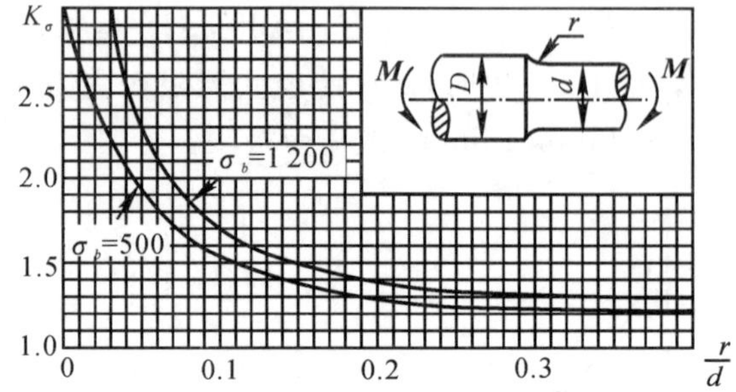

图 15-7

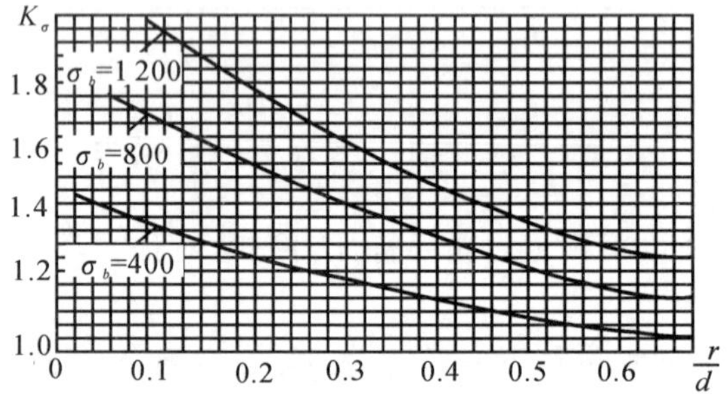

图 15-8

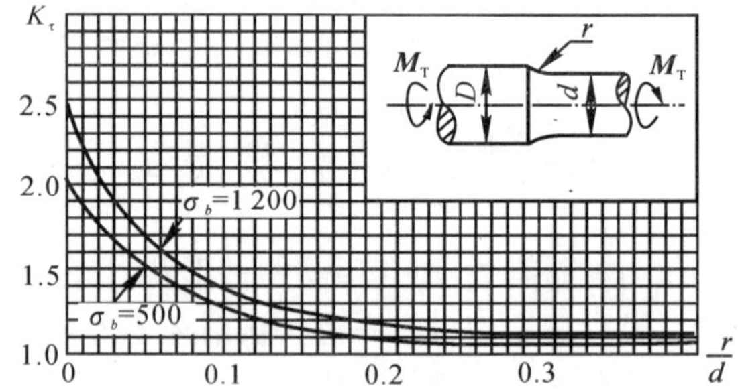

图 15-9

如果 $\frac{D}{d}<2$，有效应力集中因数应修正为

$$K_\sigma = 1+\zeta(K_{\sigma 0}-1)$$
$$K_\tau = 1+\zeta(K_{\tau 0}-1) \qquad (15-5)$$

式中 $K_{\sigma 0}$，$K_{\tau 0}$ 为 $D/d=2$ 时的有效应力集中因数，其值可由图 15-7，图 15-8 和图 15-9 中查得，ζ 是与 D/d 有关的修正因数，可从图 15-10 中查得。

图 15-11 和 15-12 为螺纹、键、花键及横孔处的有效应力集中因数 K_σ 和 K_τ 值。

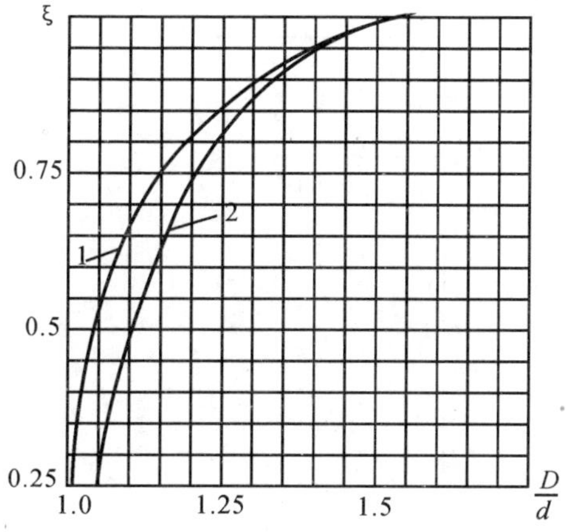

图　15-10

曲线 1— 弯曲或拉压；曲线 2— 扭转

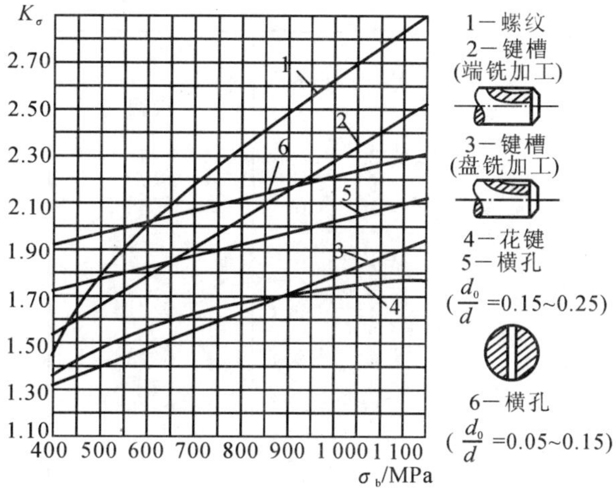

图　15-11

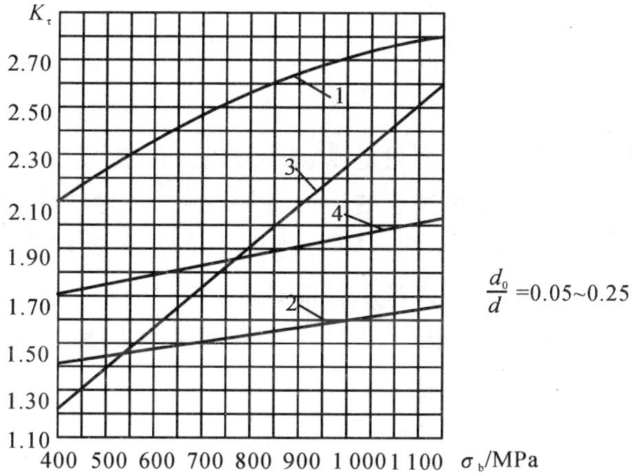

图　15-12

1— 矩形花键；2— 渐开线花键；3— 键槽；4— 槽孔

二、构件尺寸的影响

实验表明：材料相同但尺寸不同的试件，在交变应力下，其持久极限不相同，大试件的持久极限要比小试件的持久极限低。

在对称循环下，若光滑小试件的持久极限为 σ_{-1}，光滑大试件的持久极限为 $(\sigma_{-1})_d$，则比值

$$\varepsilon_\sigma = \frac{(\sigma_{-1})_d}{\sigma_{-1}} \tag{15-6}$$

称为尺寸因数，它的值小于 1。常用钢材的尺寸因数已列入表 15-2 中。

表 15-2　尺寸因数

直径 d/mm	ε_σ		ε_τ
	碳钢	合金钢	
$>20\sim30$	0.91	0.83	0.89
$>30\sim40$	0.88	0.77	0.81
$>40\sim50$	0.84	0.73	0.78
$>50\sim60$	0.81	0.70	0.76
$>60\sim70$	0.78	0.68	0.74
$>70\sim80$	0.75	0.66	0.73
$>80\sim100$	0.73	0.64	0.72
$>100\sim120$	0.70	0.62	0.70
$>120\sim150$	0.68	0.60	0.68
$>150\sim500$	0.60	0.54	0.60

三、构件表面质量的影响

构件的表面质量是指构件的表面粗糙度、表面强化等。在交变应力作用下，构件的表面质量将与构件表面应力集中的产生和裂纹的形成直接有关。因此，构件表面质量对构件的持久极限有着一定的影响。若构件的表面粗糙度较大，则构件的持久极限就低。若构件表面经过淬火、氮化、渗碳等强化处理，则构件的持久极限就能提高。

若表面磨光的试件的持久极限为$(\sigma_{-1})_{\mathrm{d}}$，而表面为其他加工情况时构件的持久极限为$(\sigma_{-1})_\beta$，则比值

$$\beta=\frac{(\sigma_{-1})_\beta}{(\sigma_{-1})_{\mathrm{d}}} \tag{15-7}$$

称为表面质量因数。不同表面粗糙度的 β 值列入表 15-3 中。

表 15-3　表面质量因数 $\boldsymbol{\beta}$

加工方法	轴表面粗糙度	σ_b/MPa		
	Ra/μm	400	800	1 200
磨削	$0.4\sim0.2$	1	1	1
车削	$3.2\sim0.8$	0.95	0.90	0.80
粗车	$25\sim6.3$	0.85	0.80	0.65
未加工的表面	$\sim$	0.75	0.65	0.45

综合上述三种因素，在对称循环下，构件的持久极限为

$$\sigma_{-1}^{0}=\frac{\varepsilon_\sigma\beta}{K_\sigma}\sigma_{-1} \tag{15-8}$$

$$\tau_{-1}^{0} = \frac{\varepsilon_{\tau}\beta}{K_{\tau}}\tau_{-1} \tag{15-9}$$

式中 σ_{-1}，τ_{-1} 为对称循环时材料的持久极限。

§15-5　对称循环下构件的疲劳强度计算

对称循环下，以式(15-8)求得的构件的持久极限除以规定的安全因数$[n_{\sigma}]$，得到构件的许用应力

$$[\sigma_{-1}] = \frac{\sigma_{-1}^{0}}{[n_{\sigma}]} = \frac{\varepsilon_{\sigma}\beta}{K_{\sigma}}\frac{\sigma_{-1}}{[n_{\sigma}]} \tag{15-10}$$

因此，构件的强度条件为

$$\sigma_{\max} \leqslant [\sigma_{-1}] \tag{15-11}$$

式中 $\sigma_{\max}$ 是构件危险点的最大工作应力。

在疲劳强度计算中，常常采用由安全因数表示的强度条件，由式(15-10)，(15-11)可得实际安全因数 n_{σ} 为

$$n_{\sigma} = \frac{\sigma_{-1}^{0}}{\sigma_{\max}} = \frac{\varepsilon_{\sigma}\beta}{K_{\sigma}}\frac{\sigma_{-1}}{\sigma_{\max}} \tag{15-12}$$

于是，用安全因数表示的强度条件为

$$n_{\sigma} \geqslant [n_{\sigma}] \tag{15-13}$$

即构件的实际安全因数 n_{σ} 应大于或等于规定的安全因数$[n_{\sigma}]$。

将式(15-12)代入式(15-13)中，得

$$n_{\sigma} = \frac{\sigma_{-1}}{\dfrac{K_{\sigma}}{\varepsilon_{\sigma}\beta}\sigma_{\max}} \geqslant [n_{\sigma}] \tag{15-14}$$

对扭转交变应力，将式(15-14)中 σ 改为 τ 即可。

例 15-1　如图 15-13 所示为一段转轴，受对称循环交变应力作用。轴的材料为 A5 钢，$\sigma_{b} = 520$ MPa，弯曲持久极限 $\sigma_{-1} = 220$ MPa，$D = 55$ mm，$d = 52$ mm，轴肩半径 $r = 1.5$ mm，表面为车削，受到弯矩为 $M = 900$ N·m 的作用。若规定安全因数$[n_{\sigma}] = 1.5$，试校核轴肩处的疲劳强度。

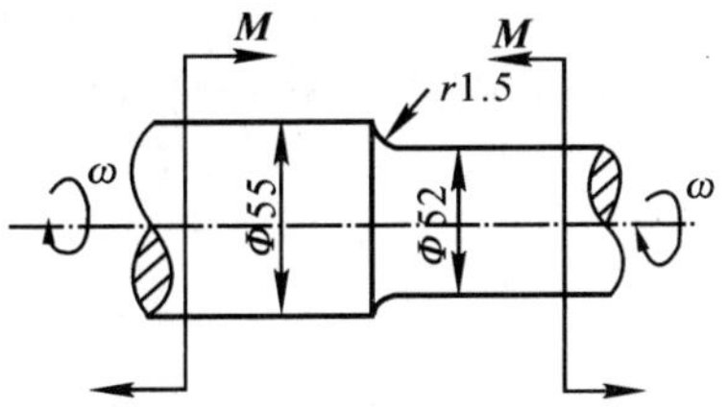

图　15-13

解　(1) 确定各种影响因素。由 $\dfrac{r}{d} = \dfrac{1.5}{52} = 0.029$ 和 $\sigma_{b} = 520$ MPa，从图 15-7 中得

$$K_{\sigma} = 2.22$$

由于 $\dfrac{D}{d} = \dfrac{55}{52} = 1.058$，代入式(15-5)得

$$K_{\sigma} = 1 + \zeta(K_{\sigma 0} - 1) = 1.65$$

其中 ζ 由图 15-10 查得为 0.53。

由 $d = 52$ mm，材料为碳钢，查表 15-2，得

$$\varepsilon_{\sigma} = 0.81$$

由车削，材料强度极限 $\sigma_{b} = 520$ MPa，查表 15-3，按插值法得

$$\beta = 0.95 - (0.95 - 0.90)\frac{520 - 400}{800 - 400} = 0.94$$

(2) 计算最大工作应力为

轴肩处的抗弯截面模量为

$$W = \frac{\pi}{32}d^3 = \frac{\pi}{32}(52 \times 10^{-3})^3 = 13.8 \times 10^{-6}\ \mathrm{m}^3$$

最大工作应力为

$$\sigma_{\max} = \frac{M}{W} = \frac{900}{13.8 \times 10^{-6}} = 65.2\ \mathrm{MPa}$$

(3) 疲劳强度校核

把 K_σ,ε_σ,β,$\sigma_{\max}$ 值代入式(15-14)可得实际安全因数为

$$\sigma_\sigma = \frac{\sigma_{-1}}{\dfrac{K_\sigma}{\varepsilon_\sigma \beta}\sigma_{\max}} = \frac{220}{\dfrac{1.65}{0.81 \times 0.94} \times 65.2} = 1.56 > [n] = 1.5$$

故此轴肩处疲劳强度足够。

构件在交变应力作用下很容易被损坏，因此要设法提高构件的疲劳强度。而提高构件的持久极限是提高疲劳强度的关键。为了提高构件的持久极限，材料选定后，在设计构件时要注意以下几个方面：

(1) 采用合理的结构形式以降低构件的应力集中。为此，在构件横截面尺寸有突然改变的地方，应采用如图15-14所示的圆弧作过渡。有些阶梯形轴，由于结构上的需要，截面变化处不能加大过渡圆角半径时，可采用如图15-15所示的环形减荷槽，这样同样可达到减缓应力集中的目的。

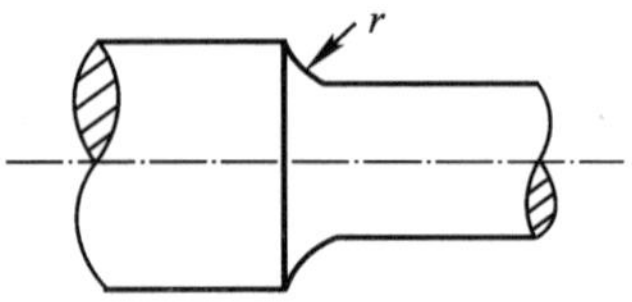

图 15-14

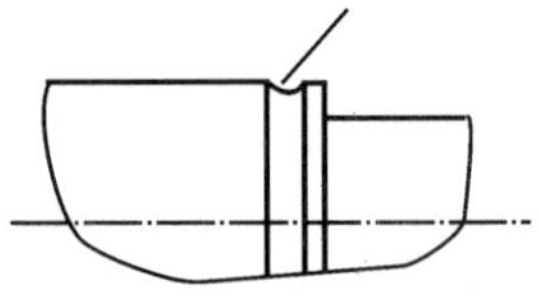

图 15-15

(2) 改善构件的表面质量。为此，在兼顾构件加工成本的同时，可选择适当的加工方法，降低构件表面的粗糙度；也可将构件表面层进行必要的强化，从而达到提高疲劳强度的目的。

思　考　题

15-1　每一种材料是否只有一个持久极限？

15-2　对于同一种材料而言(变形形式相同的情况下)，在哪种应力循环下的持久极限最低？

15-3　如图题15-1所示，受弯曲交变应力作用的轴段，当 D 与 d 一定时，过渡圆弧半径 r 越小，则轴的持久极限将如何变化？若 D 增大，其他条件不变，则持久极限又如何变化？

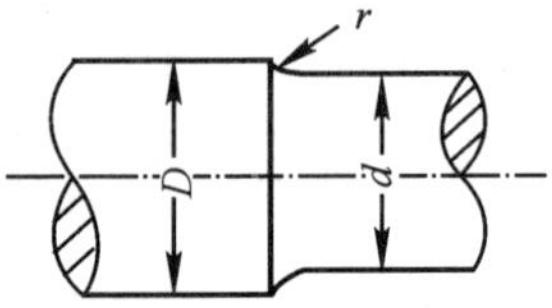

图题 15-1

习 题 十五

15-1 柴油发动机连杆大头螺钉在工作时受到最大拉力 $F_{max}=58.3$ kN，最小拉力 $F_{min}=55.8$ kN，螺纹处内径 $d=11.5$ mm，试作出 $\sigma-t$ 曲线，并求平均应力 σ_m、应力幅度 σ_a 及循环特征 r。

15-2 在直径 $D=40$ mm 的钢制圆杆上，钻一直径 $d=6$ mm 的横圆孔，如图题 15-2 所示。圆杆受对称循环拉压交变应力的作用，材料的持久极限 $\sigma_{-1}=196$ MPa，强度极限 $\sigma_b=600$ MPa，表面为车削。试求此圆杆的持久极限。

15-3 钢制转轴如图题 15-3 所示，其上作用一恒定弯矩 $M=2\ 400$ N·m。轴材料的 $\sigma_b=500$ MPa，$\sigma_{-1}=200$ MPa。表面经车削加上，若规定的安全因数 $[n_\sigma]=1.4$，试校核轴的疲劳强度。

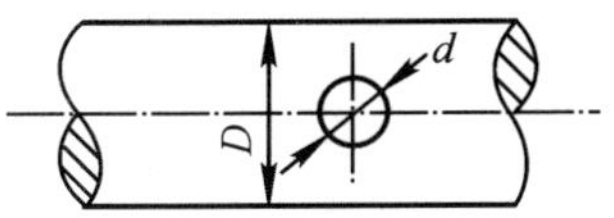

图题 15-2

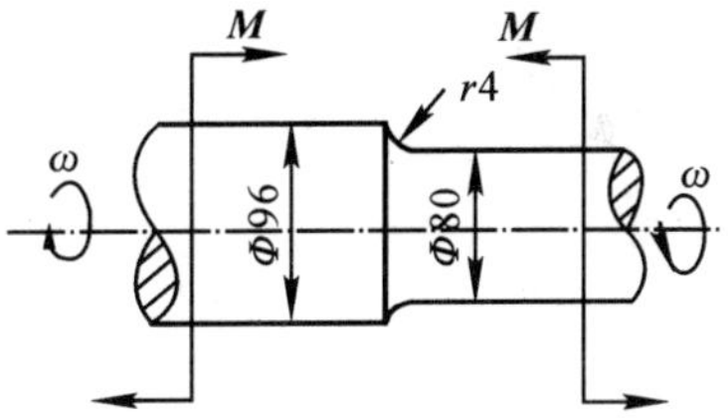

图题 15-3

15-4 如图题 15-4 所示阶梯形截面钢轴，材料的 $\sigma_b=600$ MPa，$\tau_{-1}=130$ MPa，轴表面经车削加工，受到对称循环的交变扭矩作用，其 $M_{Tmax}=1$ kN·m。若规定的安全因数 $[n_\tau]=2$，试校核轴在危险截面 A—A 处的疲劳强度。

15-5 如图题 15-5 所示，圆杆表面未加工，且因径向圆孔而削弱。杆受到对称循环下的交变轴向力作用。已知材料为普通碳钢，$\sigma_b=600$ MPa，$\sigma_{-1}=200$ MPa，规定安全因数为 $[n_\sigma]=1.7$，试求最大许可载荷。

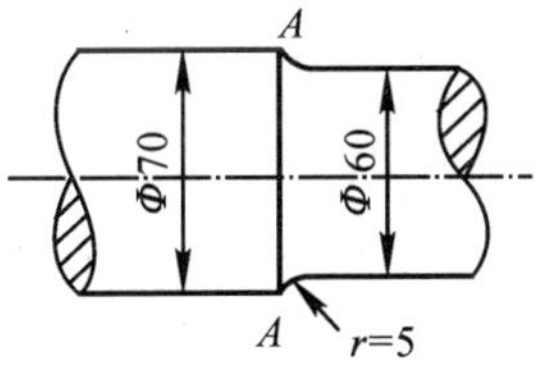

图题 15-4

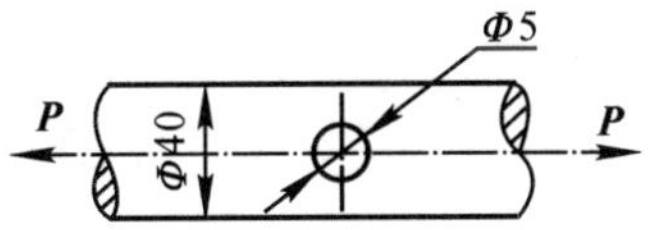

图题 15-5

附录Ⅰ　计算机在工程力学中的应用

§Ⅰ-1　程序一　平面一般力系约束反力的计算

一、说 明

由 n 个物体组成的物体系统平衡时，各个物体也是平衡的。若每个物体均受平面一般力系作用，则对每个物体可以建立三个独立的平衡方程，对该物体系统能够建立 $3n$ 个独立的平衡方程。求解这 $3n$ 个方程构成的线性代数方程组，便可得支座的约束反力、物体之间相互作用力等全部未知量。

本程序实际上是一个解线性代数方程组的列主元高斯消去法。用本程序求解物体系统的平衡问题时，首先应根据静力分析知识列出每个物体的独立平衡方程，并把它们写成矩阵形式，即

$$\boldsymbol{A}_{3n\times 3n}\boldsymbol{S}_{3n\times 1} = \boldsymbol{C}_{3n\times 1} \qquad (Ⅰ-1)$$

式(Ⅰ-1)中 $\boldsymbol{A}$ 是常数矩阵，$\boldsymbol{C}$ 是常数列向量，$\boldsymbol{S}$ 是未知量列向量。式(Ⅰ-1)可改写成下列形式：

$$\boldsymbol{B}_{3n\times(3n+1)}\boldsymbol{T}_{(3n+1)\times 1} = \boldsymbol{0}_{3n\times 1} \qquad (Ⅰ-2)$$

式中

$$\boldsymbol{B}_{3n\times(3n+1)} = [\boldsymbol{A},\boldsymbol{C}],\quad \boldsymbol{T}_{3n+1)\times 1} = [\boldsymbol{S}^{\mathrm{T}},-1]^{\mathrm{T}}$$

矩阵 $\boldsymbol{B}$ 称为增广矩阵。然后将矩阵 $\boldsymbol{B}$ 输入计算机中，运行后可得约束反力等全部未知量。可见，用计算机求解物体系统的平衡问题比较规范，容易掌握。列主元高斯消去法的计算流程路图如图Ⅰ-1所示，用 FORTRAN 语言设计的程序(PGEM)列于后。

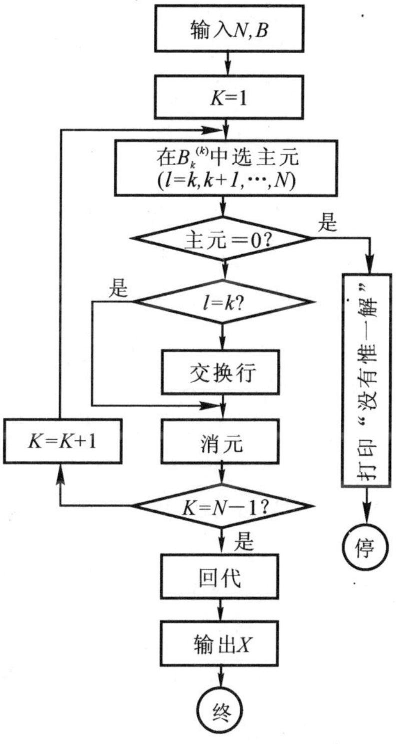

图　Ⅰ-1

应该指出，本程序是一个常用程序，不仅可以解静力分析问题，而且可以解运动分析和动力分析问题。凡可归结为解线性代数方程组的问题，都可应用本程序。

二、程 序

```
      PROGRAM OF GAUSS ELIMINATION METHOD
      DIMENSION B(69,70)
      WRITE( * , * )'INPUT N'
      READ( * , * ) N
      WRITE( * , * )'INPUT(B(I,J),J = 1,N + 1),I = 1,N)'
      READ( * , * )((B(I,J),J = 1,N + 1),I = 1,N)
      DO 50 K = 1,N - 1
      T = ABS(B(K,K))
      M = K
      DO 10L = K + 1,N
      IF(ABS(B(L,K)). LE. T) GOTO 10
      T = ABS(B(L,K))
      M = L
10    CONTINUE
      IF(T. EQ. 0. 0)GOTO 90
      IF(M. EQ. K)GOTO 30
      DO 20 J = 1,N + 1
      D = B(K,J)
      B(K,J. ) = B(M,J)
20    B(M,J) = D
30    C = 1. 0/B(K,K)
      DO 40 J = K 十 1,N + 1
40    B(K,J);B(K,J) * C
      DO 50 I = K + 1,N
      C =- B(I,K)
      DO 50 J = K + 1,N + 1
      B(I,J) = B(I,J) + C * B(K,J)
50    CONTINUE
      B(N,N + 1) = B(N,N + 1/B(N,N)
      DO 60 K = N - 1,1, - 1
      DO 60 J = K + 1,N
60    B(K,N + 1) = B(K,N + 1) - B(K,J) * B(J,N + 1)
      DO 70 I = 1,N
70    WRITE( * ,80)I,B(I,N + 1)
80    FORMAT(2X,2HX(,I2,2H) = ,F12. 5,1X,2HKN)
      GOTO 100
90    WRITE( * , * ) 'NO UNIQUE SOLUTION'
```

```
100  STOP
     END
```

程序说明：

(1) 使用本程序应输入下列数据：方程组的阶数 $N=3n$ 和增广矩阵 $\boldsymbol{B}$。

(2) 增广矩阵 $\boldsymbol{B}$ 的元素按行输入。

三、算 例

在图 Ⅰ-2(a) 所示的平面刚架中，已知 $q=2.7\ \mathrm{kN/m}$，$P_1=9.6\ \mathrm{kN}$，$P_2=5.4\ \mathrm{kN}$，图中长度单位均为 m。试求 A，B，C 处的约束反力。

解 取刚架的 AC 部分为研究对象(见图 Ⅰ-2(b))，作用在它上面的力有：固定铰链支座 A 的约束反力 $\boldsymbol{X}_1$，$\boldsymbol{X}_2$，中间铰链 C 的约束反力 $\boldsymbol{X}_3$，$\boldsymbol{X}_4$ 和载荷集度为 $\boldsymbol{q}$ 的均布载荷。建立平衡方程如下：

$$\sum X=0 \qquad X_1+X_3+2q=0$$

$$\sum Y=0 \qquad X_2+X_4=0$$

$$\sum M_A(\boldsymbol{F})=0 \qquad -2X_3+2X_4-1\times 2q=0$$

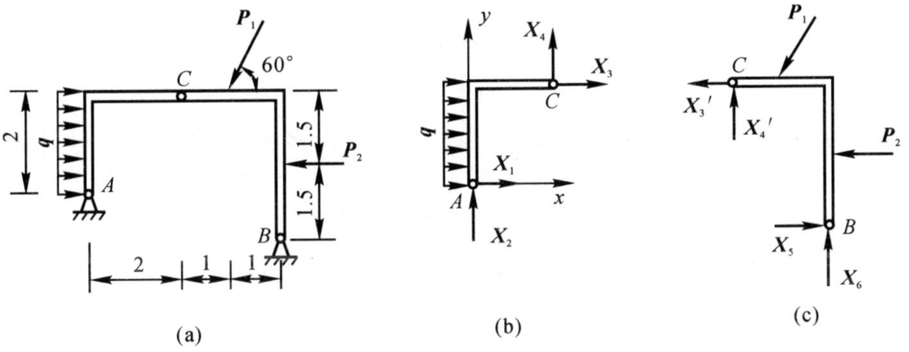

图 Ⅰ-2

再取刚架的 BC 部分为研究对象(见图 Ⅰ-2(c))，作用在它上面的力有；固定铰链支座 B 的约束反力 X_5，X_6，中间铰链 C 的约束反力 X_3'，X_4'，主动力 P_1，P_2。列平衡方程如下：

$$\sum X=0 \qquad -X_3+X_5-P_1\cos 60^\circ-P_2=0$$

$$\sum Y=0 \qquad -X_4+X_6-P_1\sin 60^\circ=0$$

$$\sum M_C(\boldsymbol{F})=0 \qquad 3X_5+2X_6-1.5P_2-1\times P_1\sin 60^\circ=0$$

联立上面六个方程，写成矩阵形式为

$$\begin{bmatrix} 1 & 0 & 1 & 0 & 0 & 0 \\ 0 & 1 & 0 & 1 & 0 & 0 \\ 0 & 0 & -2 & 2 & 0 & 0 \\ 0 & 0 & -1 & 0 & 1 & 0 \\ 0 & 0 & 0 & -1 & 0 & 1 \\ 0 & 0 & 0 & 0 & 3 & 2 \end{bmatrix} \begin{bmatrix} X_1 \\ X_2 \\ X_3 \\ X_4 \\ X_5 \\ X_6 \end{bmatrix} = \begin{bmatrix} -5.4 \\ 0 \\ 5.4 \\ 10.2 \\ 8.314 \\ 16.414 \end{bmatrix}$$

用列主元高斯消去法解方程组(1),运行 PGEM 程序

```
INPUT N
6
INPUT (B(I,J),J = 1,N+1),I = 1,N)
1.0,0.0,1.0,0.0,0.0,0.0,-5.4
0.0,1.0,0.0,1.0,0.0,0.0,0.0
0.0,0.0,-2.0,2.0,0.0,0.0,5.4
0.0,0.0,-1.0,0.0,1.0,0.0,10.2
0.0,0.0,0.0,-1.0,0.0,1.0,8.314
0.0,0.0,0.0,0.0,3.0,2.0,16.414
```

计算结果为

$X(1) = 1.842\,80$ kN　　$X(4) = -4.542\,80$ kN

$X(2) = 4.542\,80$ kN　　$X(5) = 2.957\,20$ kN

$X(3) = -7.242\,80$ kN　　$X(6) = 3.771\,20$ kN

§Ⅰ-2　程序二　简支梁弯矩的计算

一、说 明

在小挠度条件下,根据力的独立作用原理,无论载荷多么复杂,都可以将其分解为若干个简单载荷。先分别计算出各个简单载荷作用下梁的弯矩,然后将相同截面上各简单载荷产生的弯矩代数相加,便得到复杂载荷作用下梁该截面上的弯矩。

图Ⅰ-3(a)所示为受集中力、均布载荷和集中力偶作用的简支梁。可将其上的载荷分解为三种简单情形,分别如图Ⅰ-3(b),(c),(d)所示。

对于集中力作用的简支梁(见图Ⅰ-3(b)),其弯矩方程为

$$\left.\begin{aligned} M_1 &= \frac{P(l-a_1)}{l}x && (0 \leqslant x \leqslant a_1) \\ M_1 &= Pa_1\left(1-\frac{x}{l}\right) && (a_1 \leqslant x \leqslant l) \end{aligned}\right\} \tag{Ⅰ-3}$$

对于均布载荷作用的简支梁(见图Ⅰ-3(c)),其弯矩方程为

$$\left.\begin{aligned} M_2 &= R_1 x && (0 \leqslant x \leqslant a_2) \\ M_2 &= R_1 x - \frac{q}{2}(x-a_2)^2 && (a_2 \leqslant x \leqslant b_2 + b_2) \\ M_2 &= R_2(l-x) && (a_2 + b_2 \leqslant x \leqslant l) \end{aligned}\right\} \tag{Ⅰ-4}$$

式中

$$R_1 = qb_2(l-a_2-b_2/2)/l$$
$$R_2 = qb_2(a_2+b_2/2)/l$$

对于集中力偶作用的简支梁(见图Ⅰ-3(d)),其弯矩方程为

$$\left.\begin{aligned} M_3 &= Rx && (0 \leqslant x \leqslant a_3) \\ M_3 &= Rx - M_e && (a_3 < x \leqslant l) \end{aligned}\right\} \tag{Ⅰ-5}$$

式中

$$R = M_e / l$$

求某一截面的弯矩时，先按式（Ⅰ-3），（Ⅰ-4），（Ⅰ-5）计算各种简单载荷所引起的弯矩，然后将这些弯矩值代数相加，便得到三种载荷同时作用下该截面上的总弯矩。

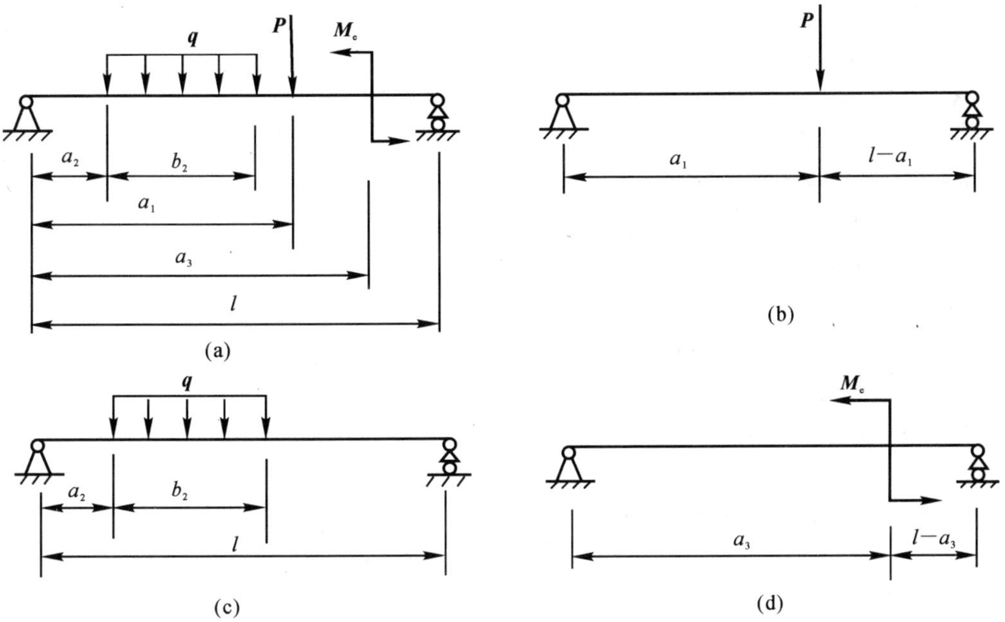

图 Ⅰ-3

如果梁上同时作用有若干个集中力、几段集度不等的均布载荷以及几个集中力偶，上述分析仍然适用，只是式（Ⅰ-3），（Ⅰ-4），（Ⅰ-5）中的 $\boldsymbol{P}, a_1, q, a_2, b_2, \boldsymbol{M}_e, a_3$ 不再是单个变量，而是数组；M_1, M_2, M_3 是若干个集中力、各段均布载荷以及几个集中力偶分别引起的弯矩之和。这里规定：外力方向与图 Ⅰ-3 中所示方向一致者为正；反之为负。

求梁的有限个截面上的弯矩和梁的最大弯矩在计算机上很容易实现。用 FORTRAN 语言设计的计算各个截面上的弯矩和最大弯矩的程序（PCBMB）列于下面。

二、程 序

```
      PROGRAM OF COMPUTING BENDING MOMENT OF BEAM
      DIMENSION Y(10),P(10),O(10),Q(10),S(10),U(10)
      REAL M(80),K(10),L,Mmax
      WRITE(*,*) 'INPUT N1,N2,N3,N,L'
      READ(*,*) N1,N2,N3,N,L
      IF(N1. EQ. 0) GOTO 20
      WRITE(* , *) 'INPUT Y(I),P(I)'
      DO 10 I = 1,N1
10    READ(*, *) Y(I),P(I)
```

```
20    CONTINUE
      IF(N2. EQ. 0) GOTO 40
      WRITE( * , * ) 'INPUT O(I),K(I),Q(I)'
      DO 30 I = 1,N2
30    READ( * , * ) O(I),K(I),Q(I)
40    CONTINUE
      IF(N3. EQ. 0) GOTO 60
      WRITE( * , * ) 'INPUT S(I),U(I)'
      DO 50 I = 1,N3
50    READ( * , * ) S(I),U(I)
60    CONTINUE
      H = L/FLOAT(N-1)
      DO 999 J = 1,N
      X = H * FLOAT(J-1)
      M(J) = 0. 0
      IF(N1. EQ. 0) GOTO 75
      DO 70 I = 1,N1
      IF(X. GT. Y(I)) M(J) = P(I) * Y(I) * (1. 0 - X/L) + M(J)
      IF(X. LE. Y(I)). M(J) = M(J) + P(I) * (L -- Y(I)) * X/L
70    CONTINUE
75    CONTINUE
      IF(N2. EQ. 0) GOTO 95
      DO 90 I = 1,N2
      RI = Q(I) * K(I) * (L - O(I) - K(I) * 0. 5)/L
      R2 = Q(I) * K(I) - RI
      IF(X. GT. (O(I) + K(I))) M(J) = M(J) + R2 * (L - X)
      IF(X. LE. O(I)) M(J) = M(J) + RI * X
      IF(X. GT. O(I). AND. X, LE. (O(I) + K(I))) GOTO 80
      GOTO 90
80    M(J) = M(J) + RI * X - Q(I) * (X - O(I)) * * 2/2. 0
90    CONTINUE
95    CONTINUE
      IF(N3. EQ. 0) GOTO 125
      DO 110 I = 1,N3
      R = U(I)/L
      IF(S(1). EQ. 0. 0) GOTO 100
      IF(X. LE. S(I)) M(J) = M(J) + R * X
      IF(X. GT. S(I)) M(J) = M(J) + R * X - U(I)
      GOTO 105
```

```
100  M(J) = M(J) - U(I) * (1.0 - X/L)
     GOTO 110
105  CONTINUE
     IF(X.EQ.S(1))GOTO 115
     GOTO 110
115  CONTINUE
     SM = M(J) - U(1)
     IF(ABS(SM).GT.ABS(M(J))) M(J) = SM
110  CONTINUE
125  CONTINUE
999  CONTINUE
     Mmax = ABS(M(1))
     DO 200 1 = 2,N
     IF(ABS(M(1)).GT.Mmax) Mmax = ABS(M(I))
200  XO = M(I)
     WRITE(*,300)Mmax,XO
300  FORMAT(1X,5HMmax = F12.5,3X,3HXO =,F12.5)
     DO 400 I = 1,N
400  WRITE(*,500) I,M(I)
500  FORMAT(2X,2HM(,I2,2H) =,F12.5)
     STOP
     END
```

程序说明

(1) 本程序使用了一个外循环和三个内循环。三个内循环分别用以计算若干集中力、各段均布载荷和若干集中力偶所产生的弯矩；一个外循环用以计算各分段截面上由各种载荷所引起的弯矩之总和。

(2) 本程序中各符号的意义：

N1 —— 集中力的数目

P(N1) —— 表示各集中力大小的数组

Y(N1) —— 各集中力作用位置(即坐标)数组

N2 —— 均布载荷的段数

Q(N2) —— 各段均布载荷集度的大小的数组

O(N2) —— 各段均布载荷位置的数组

K(N2) —— 各段均布载荷分布长度的数组

N3 —— 集中力偶的数目

U(N3) —— 集中力偶大小的数组

S(N3) —— 集中力偶作用位置的数组

R1,R2 —— 均布载荷引起的支座反力

R —— 集中力偶引起的支座反力

M(j) —— 第 j 个分段点处梁截面上的弯矩

j —— 分段点号(j = 1,2,…,N)

N —— 梁上分段点总数

L —— 梁的跨度(即梁长)l

H —— 每个等分段梁的长度

X —— 分段点的横坐标 x,对于分段点 j 有;$x = H(j-1) = l(j-1)/(N-1)$

三、算 例

多种载荷作用下的简支梁如图 Ⅰ-4(a) 所示。现将梁等分为30段,则共有31个等分点。试求各等分点上的弯矩以及梁的最大弯矩 M_{max} 和最大弯矩的位置 XO。

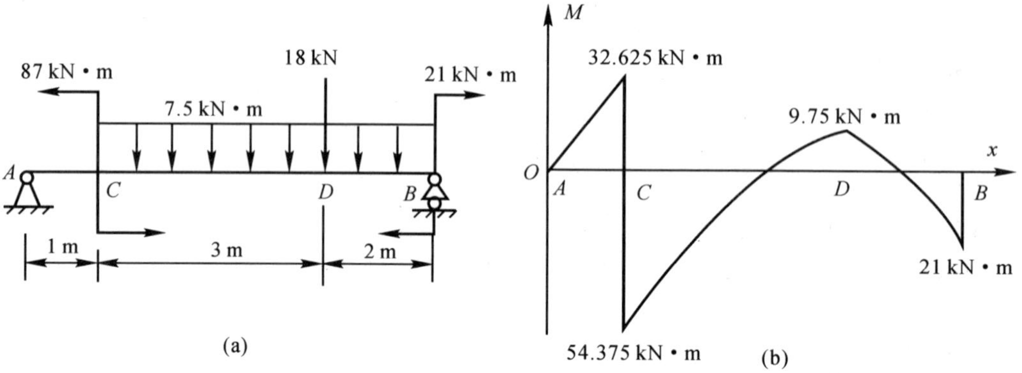

图 Ⅰ-4

解 本例中的简支梁受一个集中力、两个集中力偶以及一段均布载荷作用,根据图 Ⅰ-4(a) 中所给的数据和外力的方向,有

N1 = 1,N2 = 1,N3 = 2,N = 31,L = 6 m

Y(1) = 4 m,P(1) = 18 kN,O(1) = 1 m,K(1) = 5 m,Q(1) = 7.5 kN/m

S(1) = 1 m,U(1) = 87 kN • m,S(2) = 6 m,U(2) =− 21 kN • m

运行 PCBMB 程序

```
INPUT N1,N2,N3,N,L
1,1,2,31,6
INPUT Y(I),P(I)
4.0,18.0
INPUT O(I),K(I),Q(I)
1.0,5.0,7.5
INPUT S(I),U(I)
1.0,87.0
6.0,−21.0
```

计算结果为

M(1) = .00000 kN • m

M(2) = 6.525 00 kN • m

M(18) = 2.325 00 kN • m

M(19) = 5.100 00 kN • m

M(3) = 13.050 00 kN • m
M(4) = 19.575 000 kN • m
M(5) = 26.100 00 kN • m
M(6) =− 54.375 00 kN • m
M(7) =− 48.000 00 kN • m
M(8) =− 41.925 00 kN • m
M(9) =− 36.150 00 kN • m
M(10) =− 30.675 00 kN • m
M(11) =− 25.500 00 kN • m
M(12) =− 20.625 00 kN • m
M(13) =− 16.050 00 kN • m
M(14) =− 11.775 00 kN • m
M(15) =− 7.800 00 kN • m
M(16) =− 4.125 00 kN • m
M(17) =− 0.750 00 kN • m
M(20) = 7.575 00 kN • m
M(21) = 9.750 00 kN • m
M(22) = 8.025 00 kN • m
M(23) = 6.000 00 kN • m
M(24) = 3.675 00kN • m
M(25) = 1.050 00 kN • m
M(26) =− 1.875 00 kN • m
M(27) =− 5.100 01 kN • m
M(28) =− 8.625 00 kN • m
M(29) =− 12.450 00 kN • m
M(30) =− 16.57500 kN • m
M(31) =− 21.000 00 kN • m
M_{max} = 54.375 00 kN • m
XO = 1 m

根据各等分点处的弯矩值描绘出的弯矩图如图 Ⅰ -4(b) 所示。

§ Ⅰ -3 程序三 平面应力分析

一、说 明

应力单元体如图 Ⅰ -5 所示,根据第十一章中斜截面上应力的公式,即

$$\sigma_\alpha = \frac{\sigma_x + \sigma_y}{2} + \frac{\sigma_x - \sigma_y}{2}\cos 2\alpha - \tau_x \sin 2\alpha$$

$$\tau_\alpha = \frac{\sigma_x - \sigma_y}{2}\sin 2\alpha + \tau_x \cos 2\alpha$$

可计算出斜截面上的应力。根据第十一章中主应力和主应力方向的表达式,即

$$\left.\begin{matrix}\sigma_{\max} \\ \sigma_{\min}\end{matrix}\right\} = \frac{\sigma_x + \sigma_y}{2} \pm \sqrt{\left(\frac{\sigma_x - \sigma_y}{2}\right)^2 + \tau_x^2}$$

$$\alpha_0 = \frac{1}{2}\arctan\left(\frac{-2\tau_x}{\sigma_x - \sigma_y}\right)$$

或

$$\alpha_0 = \frac{\pi}{2} + \frac{1}{2}\arctan\left(\frac{-2\tau_x}{\sigma_x - \sigma_y}\right)$$

可计算出主应力及其对应的主应力方向。

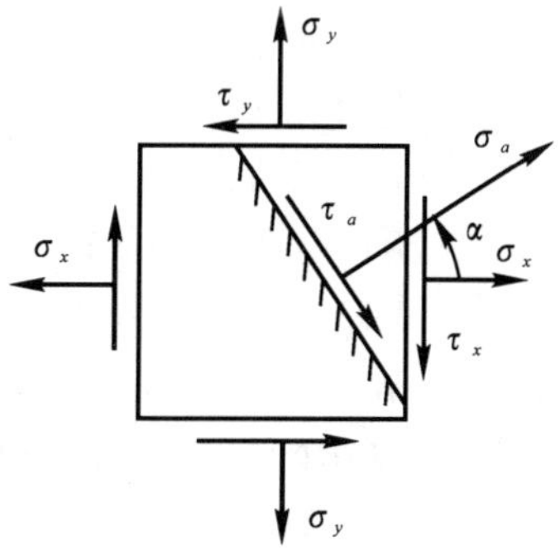

图 Ⅰ -5

本程序根据上述计算公式进行计算。对于给定的 σ_x,σ_y,τ_x 和指定的 α 斜截面(其法线与 x 轴成 α 角,逆时针方向为正),可计算出指定斜截面上的应力 σ_α,τ_α 和主应力及其对应的主应力方向。当应力单元体上 $\sigma_x = \sigma_y$ 且 $\tau_x = 0$,此时为均匀双向等拉(等压)状态,平面内任何方向都是主应力方向,σ_x,σ_y 就是主应力的大小,本程序将输出均匀拉伸信息和主应力的大小,不输出主应力的方向。本程序(PPSA) 用 FORTRAN 语言编写,列在下面。

二、程 序

```
      PROGRAM OF PLANAR STRESS ANALYSIS
      WRITE( * , * ) 'INPUT SX,SY,TXY,ALFA'
      READ( * , * ) SX,SY,TXY,ALFA
      A = (SX + SY) * 0.5
      B = (SX—SY) * 0.5
      PAI = 3.14159
      T = ALFA * PAI/180.0
      C1 = COS(2.0 * T)
      C2 = SIN(2.0 * T)
      SR = A + B * C1 - TXY * C2
      TR = B * C2 + TXY * C1
      WRITE( * ,10)SR,TR,ALFA
10    FORMAT(1X,3HSR =,F12,5,3X,3HTR =,F12.5,5X,5HAIFA =,F9.2)
      C = SQRT(B * B + TXY * TXY)
      SMAX = A + C
      SMIN = A - C
      IF(SX.EQ.SY) GOTO 20
      SITA = 0.5 * ATAN(- TXY/B)
      RLl = SITA * 180.0/PAI
      RL2 = (SITA + PAl * 0.5) * 180.0/PAI
      IF(B.GT.0.0) GOTO 30
      RL2 = SITA * 180.0/PAI
      RLl = (SITA + PAI * 0.5) * 180.0/PAI
      GOTO 30
20    1F(TXY.EQ.0.0) GOTO 50
      R11 =- PAI/4.0 * 180.0/PAI
      R12 =- RLl
      1F(TXY.GT.0.0) GOTO 30
      RL1 =- RLl * 180.0/PAI
      RL2 =- RL2 * 180.0/PAl
30    WRITE( * ,40) SMAX,RLl,SMIN,RL2
40    FORMAT(1X,5HSMAX =,F12.5,3X,4HRLl =,F12.5,5X,
      #5HSMIN =,F12.5,3X,4HRL2;,F12.5)
      STOP
50    SMAX = SX
      SMIN = SY
      WRITE( * ,60) SMAX
```

```
60  FORMAT(1X,15HUNIFORM TENSION/
    #16HSMAX = SMIN = SX = SY =,F9.2)
    STOP
    END
```

程序说明

本程序中的符号意义：SX = σ_x，SY = σ_y，TXY = τ_x，ALFA = α，SR = σ_α，TR = τ_α，SMAX =σ_{max}，SMIN = σ_{min}，RL1 表示对应于 σ_{max}。的主应力方向，RL2 表示对应于 σ_{min} 的主应力方向。

三、算 例

应力单元体如图 Ⅰ-6 所示。(1) 试求 α =－43.5°的斜截面上的正应力和剪应力；(2) 试求主应力大小和对应的主应力方向。

解 运行 PPSA 程序

INPUT SX，SY，TXY，ALFA

158.3 －247.9 65.6 －43.5

计算结果为

SR = 31.33977 MPa

TR =－199.388 30 MPa

ALFA =－43.50°

SMAX = 168.63140 MPa

RLl =－8.950 07°

SMIN =－258.23140 MPa

RL2 = 81.04993°

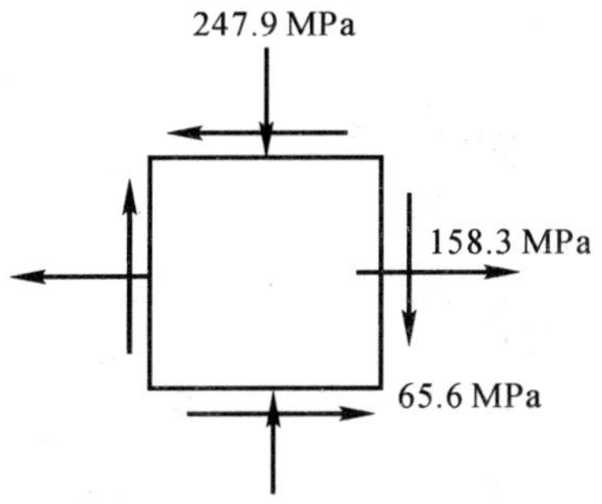

图 Ⅰ-6

附录Ⅱ 型钢表

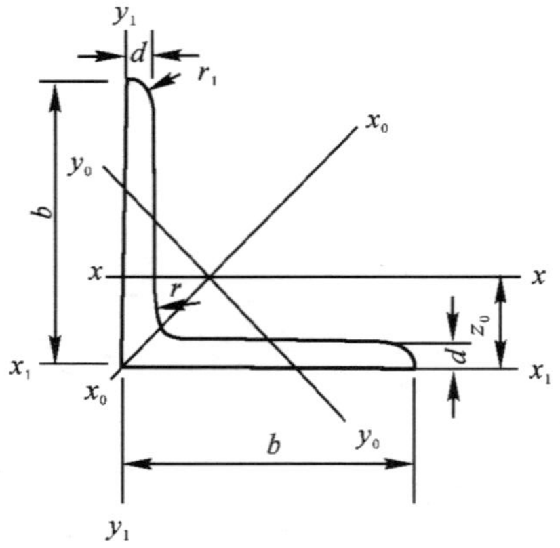

1. 热轧等边角钢（GB9787—88）

符号意义：

b—边宽度； I—惯性矩；

d—边厚度； i—惯性半径

r—内圆弧半径； W—截面模量；

r_1—边端内弧半径； z_0—重心距离。

角钢号数	长度/mm			截面面积/cm^2	理论重量 ×9.81/$N \cdot m^{-1}$	外表面积/$m^2 \cdot m^{-1}$	参考数值										z_0/cm
							$x-x$			x_0-x_0			y_0-y_0			x_1-x_1	
	b	d	r				I_x/cm^4	i_x/cm	W_x/cm^3	I_{x0}/cm^4	i_{x0}/cm	W_{x0}/cm^3	I_{y0}/cm^4	i_{y0}/cm	W_{y0}/cm^3	I_{x1}/cm^4	
2	20	3	3.5	1.132	0.889	0.078	0.40	0.59	0.29	0.63	0.75	0.45	0.17	0.39	0.20	0.81	0.60
		4		1.459	1.145	0.077	0.50	0.58	0.36	0.78	0.73	0.55	0.22	0.38	0.24	1.09	0.64
2.5	25	3		1.432	1.124	0.098	0.82	0.76	0.46	1.29	0.95	0.73	0.34	0.49	0.33	1.57	0.73
		4		1.859	1.459	0.097	1.03	0.74	0.59	1.62	0.93	0.92	0.43	0.48	0.40	2.11	0.76

续表

角钢号数	长度/mm			截面面积/cm^2	理论重量 ×9.81/$N \cdot m^{-1}$	外表面积/$m^2 \cdot m^{-1}$	参考数值										z_0/cm
							$x-x$			x_0-x_0			y_0-y_0			x_1-x_1	
	b	d	r				I_x/cm^4	i_x/cm	W_x/cm^3	I_{x0}/cm^4	i_{x0}/cm	W_{x0}/cm^3	I_{y0}/cm^4	i_{y0}/cm	W_{y0}/cm^3	I_{x1}/cm^4	
3.0	30	3	4.5	1.749	1.373	0.117	1.46	0.91	0.68	2.31	1.15	1.09	0.61	0.59	0.51	2.71	0.85
		4		2.276	1.786	0.117	1.84	0.90	0.87	2.92	1.13	1.37	0.77	0.58	0.62	3.63	0.89
3.6	36	3		2.109	1.656	0.141	2.58	1.11	0.99	4.09	1.39	1.61	1.07	0.71	0.76	4.68	1.00
		4		2.756	2.163	0.141	3.29	1.09	1.28	5.22	1.38	2.05	1.37	0.70	0.93	6.25	1.04
		5		3.382	2.654	0.141	3.95	1.08	1.56	6.24	1.36	2.45	1.65	0.70	1.09	7.84	1.07
4.0	40	3	5	2.359	1.852	0.157	3.59	1.23	1.23	5.69	1.55	2.01	1.49	0.79	0.96	6.41	1.09
		4		3.086	2.422	0.157	4.60	1.22	1.60	7.29	1.54	2.58	1.91	0.79	1.19	8.56	1.13
		5		3.791	2.976	0.156	5.53	1.21	1.96	8.76	1.52	3.10	2.30	0.78	1.39	10.74	1.17
4.5	45	3		2.659	2.088	0.177	5.17	1.40	1.58	8.20	1.76	2.58	2.14	0.90	1.24	9.12	1.22
		4		3.486	2.736	0.177	6.65	1.38	2.05	10.56	1.74	3.32	2.75	0.89	1.54	12.18	1.26
		5		4.292	3.369	0.176	8.04	1.37	2.51	12.74	1.72	4.00	3.33	0.88	1.81	15.25	1.30
		6		5.076	3.985	0.176	9.33	1.36	2.95	14.76	1.70	4.64	3.89	0.88	2.06	18.36	1.33
5.6	56	3	6	3.343	2.624	0.221	10.19	1.75	2.48	16.14	2.20	4.08	4.24	1.13	2.02	17.56	1.48
		4		4.390	3.446	0.220	13.18	1.73	3.24	20.92	2.18	5.28	5.46	1.11	2.52	23.43	1.53
		5		5.415	4.251	0.220	16.02	1.72	3.97	25.42	2.17	6.42	6.61	1.10	2.98	29.33	1.57
		8		8.367	6.568	0.219	23.63	1.68	6.03	37.37	2.11	9.44	9.89	1.09	4.16	47.24	1.68

续表

角钢号数	长度/mm			截面面积/cm^2	理论重量×9.81/$N \cdot m^{-1}$	外表面积/$m^2 \cdot m^{-1}$	参考数值										z_0/cm
							$x-x$			x_0-x_0			y_0-y_0			x_1-x_1	
	b	d	r				I_x/cm^4	i_x/cm	W_x/cm^3	I_{x0}/cm^4	i_{x0}/cm	W_{x0}/cm^3	I_{y0}/cm^4	i_{y0}/cm	W_{y0}/cm^3	I_{x1}/cm^4	
6.3	63	4	7	4.978	3.907	0.248	19.03	1.96	4.13	30.17	2.46	6.78	7.89	1.26	3.29	33.35	1.70
		5		6.143	4.822	0.248	23.17	1.94	5.08	36.77	2.45	8.25	9.57	1.25	3.90	41.73	1.74
		6		7.288	5.721	0.247	27.12	1.93	6.00	43.03	2.43	9.66	11.20	1.24	4.46	50.14	1.78
		8		9.515	7.469	0.247	34.46	1.90	7.75	54.56	2.40	12.25	14.33	1.23	5.47	67.11	1.85
		10		11.657	9.151	0.246	41.09	1.88	9.39	64.85	2.36	14.56	17.33	1.22	6.36	84.31	1.93
7	70	4	8	5.570	4.372	0.275	26.39	2.18	5.14	41.80	2.74	8.44	10.99	1.40	4.17	45.74	1.86
		5		6.875	5.397	0.275	32.21	2.16	6.32	51.08	2.73	10.32	13.34	1.39	4.95	57.21	1.91
		6		8.160	6.406	0.275	37.77	2.15	7.48	59.93	2.71	12.11	15.61	1.38	5.67	68.73	1.95
		7		9.424	7.398	0.275	43.09	2.14	8.59	68.35	2.69	13.81	17.82	1.38	6.34	80.29	1.99
		8		10.667	8.373	0.274	48.17	2.12	9.68	76.37	2.68	15.43	19.98	1.37	6.98	91.92	2.03
7.5	75	5	9	7.413	5.818	0.295	39.97	2.33	7.32	63.30	2.92	11.94	16.63	1.50	5.77	70.56	2.04
		6		8.797	6.905	0.294	46.95	2.31	8.64	74.38	2.90	14.02	19.51	1.49	6.67	84.55	2.07
		7		10.160	7.976	0.294	53.57	2.30	9.93	84.96	2.89	16.02	22.18	1.48	7.44	98.71	2.11
		8		11.503	9.030	0.294	59.96	2.28	11.20	95.07	2.88	17.93	24.86	1.47	8.19	112.97	2.15
		10		14.126	11.089	0.293	71.98	2.26	13.64	113.92	2.84	21.48	30.05	1.46	9.56	141.71	2.22

续表

角钢号数	长度/mm			截面面积/cm^2	理论重量 ×9.81/$N \cdot m^{-1}$	外表面积/$m^2 \cdot m^{-1}$	参考数值										z_0/cm
							$x-x$			x_0-x_0			y_0-y_0			x_1-x_1	
	b	d	r				I_x/cm^4	i_x/cm	W_x/cm^3	I_{x0}/cm^4	i_{x0}/cm	W_{x0}/cm^3	I_{y0}/cm^4	i_{y0}/cm	W_{y0}/cm^3	I_{x1}/cm^4	
8	80	5	9	7.192	6.211	0.315	48.79	2.48	8.34	77.33	3.13	13.67	20.25	1.60	6.66	85.36	2.15
		6		9.397	7.376	0.314	57.35	2.47	9.87	90.98	3.11	16.08	23.72	1.59	7.65	102.50	2.19
		7		10.860	8.525	0.314	65.58	2.46	11.37	104.07	3.10	18.40	27.09	1.58	8.58	119.70	2.23
		8		12.303	9.658	0.314	73.49	2.44	12.83	116.60	3.08	20.61	30.39	1.57	9.46	136.97	2.27
		10		15.126	11.874	0.313	88.43	2.42	15.64	140.09	3.04	24.76	36.77	1.56	11.08	171.74	2.35
9	90	6	10	10.637	8.350	0.354	82.77	2.79	12.61	131.26	3.51	20.63	34.28	1.80	9.95	145.87	2.44
		7		12.301	9.656	0.354	94.83	2.78	14.54	150.47	3.50	23.64	39.18	1.78	11.19	170.30	2.48
		8		13.944	10.946	0.353	106.47	2.76	16.42	168.97	3.48	26.55	43.97	1.78	12.35	194.80	2.52
		10		17.167	13.476	0.353	128.58	2.74	20.07	203.90	3.45	32.04	53.26	1.76	14.52	244.07	2.59
		12		20.307	15.940	0.352	149.22	2.71	23.57	236.21	3.41	37.12	62.22	1.75	16.49	293.76	2.67
10	100	6	12	11.932	9.366	0.393	114.95	3.10	15.68	181.98	3.90	25.74	47.92	2.00	12.69	200.07	2.67
		7		13.796	10.830	0.393	131.86	3.09	18.10	208.97	3.89	29.55	54.74	1.99	14.26	233.54	2.71
		8		15.638	12.276	0.393	148.24	3.08	20.47	235.07	3.88	33.24	61.41	1.98	15.75	267.09	2.76
		10		19.261	15.120	0.392	179.51	3.05	25.06	284.68	3.84	40.26	74.35	1.96	18.54	334.48	2.84
		12		22.800	17.898	0.391	208.90	3.03	29.48	330.95	3.81	46.80	86.84	1.95	21.08	402.34	2.91
		14		26.256	20.611	0.391	236.53	3.00	33.73	374.06	3.77	52.90	99.00	1.94	23.44	470.75	2.99
		16		29.627	23.257	0.390	262.53	2.98	37.82	414.16	3.74	58.57	110.89	1.94	25.63	539.80	3.06

续表

角钢号数	长度/mm			截面面积/cm^2	理论重量×9.81/$N\cdot m^{-1}$	外表面积/$m^2\cdot m^{-1}$	参考数值										z_0/cm
							$x-x$			x_0-x_0			y_0-y_0			x_1-x_1	
	b	d	r				I_x/cm^4	i_x/cm	W_x/cm^3	I_{x0}/cm^4	i_{x0}/cm	W_{x0}/cm^3	I_{y0}/cm^4	i_{y0}/cm	W_{y0}/cm^3	I_{x1}/cm^4	
11	110	7	12	15. 196	11. 928	0. 433	177. 16	3. 41	22. 05	280. 94	4. 30	36. 12	73. 38	2. 20	17. 51	310. 64	2. 96
		8		17. 238	13. 532	0. 433	199. 46	3. 40	24. 95	316. 49	4. 28	40. 69	82. 42	2. 19	19. 39	355. 20	3. 01
		10		21. 261	16. 690	0. 432	242. 19	3. 38	30. 60	384. 39	4. 25	49. 42	99. 98	2. 17	22. 91	444. 65	3. 09
		12		25. 200	19. 782	0. 431	282. 55	3. 35	36. 05	448. 17	4. 22	57. 62	. 116. 93	2. 15	26. 15	534. 60	3. 16
		14		29. 056	22. 809	0. 431	320. 71	3. 32	41. 31	508. 01	4. 18	65. 31	133. 40	2. 14	29. 14	625. 16	3. 24
12. 5	125	8	14	19. 750	15. 504	0. 492	297. 03	3. 88	32. 52	470. 89	4. 88	53. 28	123. 16	2. 50	25. 86	521. 01	3. 37
		10		24. 373	19. 133	0. 491	361. 67	3. 85	39. 97	573. 89	485	64. 93	149. 46	2. 48	30. 62	651. 93	3. 45
		12		28. 912	22. 696	0. 491	423. 16	3. 83	41. 17	671. 44	4. 82	75. 96	174. 88	2. 46	35. 03	783. 42	3. 53
		14		33. 367	26. 193	0. 490	481. 65	3. 80	54. 16	763. 73	4. 78	86. 41	199. 57	2. 45	39. 13	915. 61	3. 61
14	140	10		27. 373	21. 488	0. 551	514. 65	4. 34	50. 58	817. 27	5. 46	82. 56	212. 04	2. 78	39. 20	915. 11	3. 82
		12		32. 512	25. 522	0. 551	603. 68	4. 31	59. 80	958. 79	5. 43	96. 85	248. 57	2. 76	45. 02	1 099. 28	3. 90
		14		37. 567	29. 490	0. 550	688. 81	4. 28	68. 75	1093. 56	5. 40	110. 47	284. 06	2. 75	50. 45	1284. 22	3. 98
		16		42. 539	33. 393	0. 549	770. 24	4. 26	77. 46	1221. 81	5. 36	123. 42	318. 67	2. 74	55. 55	1470. 07	4. 06

续表

角钢号数	长度/mm			截面面积/cm^2	理论重量×9.81/$N\cdot m^{-1}$	外表面积/$m^2\cdot m^{-1}$	参考数值										z_0/cm
							$x-x$			x_0-x_0			y_0-y_0			x_1-x_1	
	b	d	r				I_x/cm^4	i_x/cm	W_x/cm^3	I_{x0}/cm^4	i_{x0}/cm	W_{x0}/cm^3	I_{y0}/cm^4	i_{y0}/cm	W_{y0}/cm^3	I_{x1}/cm^4	
16	160	10	16	31.502	24.729	0.630	779.53	4.98	66.70	1 237.30	6.27	109.36	321.76	3.20	52.76	1 365.33	4.31
		12		37.441	29.391	0.630	916.58	4.95	78.98	1 455.68	6.24	128.67	377.49	3.18	60.74	1 639.57	4.39
		14		43.296	33.987	0.629	1 048.36	4.92	90.95	1 665.02	6.20	147.17	431.70	3.16	68.24	1 914.68	4.47
		16		49.097	38.518	0.629	1 175.08	4.89	102.63	1 865.57	6.17	164.89	484.59	3.14	75.31	2 190.82	4.55
18	180	12		42.241	33.159	0.710	1 321.35	5.59	100.82	2 100.10	7.05	165.00	542.61	3.58	78.41	2 332.80	4.89
		14		48.896	38.383	0.709	1 514.48	5.56	116.25	2 407.42	7.02	189.14	621.35	3.56	88.38	2 723.48	4.97
		16		55.467	43.542	0.709	1 700.99	5.54	131.13	2 703.37	6.98	212.40	689.60	3.55	97.83	3 115.29	5.05
		18		61.955	48.634	0.708	1 875.12	5.50	145.64	2 988.24	6.94	234.78	762.01	3.51	105.14	3 502.43	5.13
20	200	14	18	54.642	42.894	0.788	2 103.55	6.20	144.70	3 343.26	7.28	236.40	863.83	3.98	111.82	3 734.10.	5.46
		16		62.013	48.680	0.788	2 366.15	6.18	163.65	3 760.89	7.79	265.93	971.41	3.96	123.96	4 270.39	5.54
		18		69.301	54.401	0.787	2 620.64	6.15	182.22	4 164.54	7.75	294.48	1 076.74	3.94	135.52	4 808.13	5.62
		20		76.505	60.056	0.787	2 867.30	6.12	200.42	4 554.55	7.72	322.06	1 180.04	3.93	146.55	5 347.51	5.69
		24		90.661	71.168	0.785	3 338.25	6.07	236.17	5 294.97	7.64	374.41	1 381.53	3.90	166.55	6 457.16	5.87

注：截面图中的 $r_1=1/3d$ 及表中 r 值的数据用于孔型设计，不作交货条件。

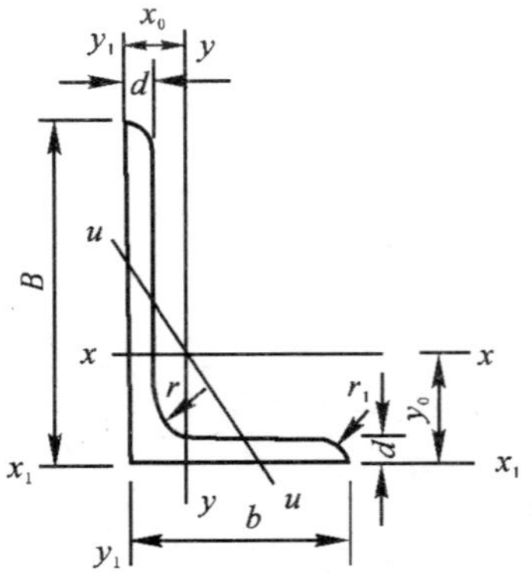

2. 热轧不等边角钢（GB9788—88）

符号意义：

B—长边宽度；　　b—短边宽度

d—边厚；　　r—内圆弧半径；

r_1—边端内弧半径；　　I—惯性矩；

r_0—顶端圆弧半径；　　W—截面模量；

i—惯性半径；　　y_0—重心距离。

x_0—重心距离；

角钢号数	尺寸/mm				截面面积/cm²	理论重量×9.81/N·m⁻¹	外表面积/m²·m⁻¹	参考数值														
								$x-x$			$y-y$			x_1-x_1		y_1-y_1		$u-u$			
	B	b	d	r				I_x/cm^4	i_x/cm	W_x/cm^3	I_y/cm^4	i_y/cm	W_y/cm^3	I_x/cm^4	y_0/cm	I_y/cm^4	x_0/cm	I_u/cm^4	i_u/cm	W_u/cm^3	$\tan\alpha$
2.5/1.6	25	16	3	3.5	1.162	0.912	0.080	0.70	0.78	0.43	0.22	0.44	0.19	1.56	0.86	0.43	0.42	0.14	0.34	0.16	0.392
			4		1.499	1.176	0.079	0.88	0.77	0.55	0.27	0.43	0.24	2.09	0.90	0.59	0.46	0.17	0.34	0.20	0.381
3.2/2	32	20	3		1.492	1.171	0.102	1.53	1.01	0.72	0.46	0.55	0.30	3.27	1.08	0.82	0.49	0.28	0.43	0.25	0.382
			4		1.939	1.522	0.101	1.93	1.00	0.93	0.57	0.54	0.39	4.37	1.12	1.12	0.53	0.35	0.42	0.32	0.374
4/2.5	40	25	3	4	1.890	1.484	0.127	3.08	1.28	1.15	0.93	0.70	0.49	6.39	1.32	1.59	0.59	0.56	0.54	0.40	0.386
			4		2.476	1.936	0.127	3.93	1.26	1.49	1.18	0.69	0.63	8.53	1.37	2.14	0.63	0.71	0.54	0.52	0.381
4.5/2.8	45	28	3	5	2.149	1.687	0.143	4.45	1.44	1.47	1.34	0.79	0.62	9.10	1.47	2.23	0.64	0.80	0.61	0.51	0.383
			4		2.806	2.203	0.143	5.69	1.42	1.91	1.70	0.78	0.80	12.13	1.51	3.00	0.68	1.02	0.60	0.66	0.380
5/3.2	50	32	3	5.5	2.431	1.908	0.161	6.24	1.60	1.84	2.02	0.91	0.82	12.49	1.60	3.31	0.73	1.20	0.70	0.68	0.404
			4		3.177	2.494	0.160	8.02	1.59	2.39	2.58	0.90	1.06	16.65	1.65	4.45	0.77	1.53	0.69	0.87	0.402

续表

角钢号数	尺寸/mm				截面面积/cm^2	理论重量×9.81/$N\cdot m^{-1}$	外表面积/$m^2\cdot m^{-1}$	参考数值														
								$x-x$			$y-y$			x_1-x_1		y_1-y_1		$u-u$			
	B	b	d	r				I_x/cm^4	i_x/cm	W_x/cm^3	I_y/cm^4	i_y/cm	W_y/cm^3	I_x/cm^4	y_0/cm	I_y/cm^4	x_0/cm	I_u/cm^4	i_u/cm	W_u/cm^3	$\tan\alpha$
5.6/3.6	56	36	3	6	2.743	2.153	0.181	8.88	1.80	2.32	2.92	1.03	1.05	17.54	1.78	4.70	0.80	1.73	0.79	0.87	0.408
			4		3.590	2.818	0.180	11.45	1.79	3.03	3.76	1.02	1.37	23.39	1.82	6.33	0.85	2.23	0.79	1.13	0.408
			5		4.415	3.466	0.180	13.86	1.77	3.71	4.49	1.01	1.65	29.25	1.87	7.94	0.88	2.67	0.78	1.36	0.404
6.3/4	63	40	4	7	4.058	3.185	0.202	16.49	2.02	3.87	5.23	1.14	1.70	33.30	2.04	8.63	0.92	3.12	0.88	1.40	0.398
			5		4.993	3.920	0.202	20.02	2.00	4.74	6.31	1.12	2.71	41.63	2.08	10.86	0.95	3.76	0.87	1.71	0.396
			6		5.908	4.638	0.201	23.36	1.96	5.59	7.29	1.11	2.43	4.998	2.12	13.12	0.99	4.34	0.86	1.99	0.393
			7		6.802	5.339	0.201	26.53	1.98	6.40	8.24	1.10	2.78	58.07	2.15	15.47	1.03	4.97	0.86	2.29	0.389
7/4.5	70	45	4	7.5	4.547	3.570	0.226	23.17	2.26	4.86	7.55	1.29	2.17	45.92	2.24	12.26	1.02	4.40	0.98	1.77	0.410
			5		5.609	4.403	0.225	27.95	2.23	5.92	9.13	1.28	2.65	57.10	2.28	15.39	1.06	5.40	0.98	2.19	0.407
			6		6.647	5.218	0.225	32.54	2.21	6.95	10.62	1.26	3.12	68.35	2.32	18.58	1.09	6.35	0.98	2.59	0.404
			7		7.657	6.011	0.225	37.22	2.20	8.03	12.01	1.25	3.57	79.99	2.36	21.84	1.13	7.16	0.97	2.94	0.402
(7.5/5)	75	50	5	8	6.125	4.808	0.245	34.86	2.39	6.83	12.61	1.44	3.30	70.00	2.40	21.04	1.17	7.41	1.10	2.74	0.435
			6		7.260	5.699	0.245	41.12	2.38	8.12	14.7	1.42	3.88	84.30	2.44	25.37	1.21	8.54	1.08	3.19	0.435
			8		9.467	7.431	0.244	52.39	2.35	10.52	18.53	1.40	4.99	112.50	2.52	34.23	1.29	10.87	1.07	4.10	0.429
			10		11.590	9.098	0.244	62.71	2.33	12.79	21.96	1.38	6.04	140.80	2.60	43.43	1.36	13.10	1.06	4.99	0.423
8/5	80	50	5	8	6.375	5.005	0.255	41.96	2.56	7.78	12.82	1.42	3.32	85.21	2.60	21.06	1.14	7.66	1.10	2.74	0.388
			6		7.560	5.935	0.255	49.49	2.56	9.25	14.95	1.41	3.91	102.53	2.65	25.41	1.18	8.85	1.08	3.20	0.387
			7		8.724	6.848	0.255	56.16	2.54	10.58	16.96	1.39	4.48	119.33	2.69	29.82	1.21	10.18	1.08	3.70	0.384
			8		9.867	7.745	0.254	62.83	2.52	11.92	18.85	1.38	5.03	136.41	2.73	34.32	1.25	11.38	1.07	4.16	0.381

续表

角钢号数	尺寸/mm				截面面积 /cm²	理论重量 ×9.81 /N·m⁻¹	外表面积 /m²·m⁻¹	参考数值													
								$x-x$			$y-y$			x_1-x_1		y_1-y_1		$u-u$			
	B	b	d	r				I_x/cm^4	i_x/cm	W_x/cm^3	I_y/cm^4	i_y/cm	W_y/cm^3	I_x/cm^4	y_0/cm	I_y/cm^4	x_0/cm	I_u/cm^4	i_u/cm	W_u/cm^3	$\tan\alpha$
9/5.6	90	56	5	9	7.212	5.661	0.287	60.45	2.90	9.92	18.32	1.59	4.21	121.32	2.91	29.53	1.25	10.98	1.23	3.49	0.385
			6		8.557	6.717	0.286	71.03	2.88	11.74	21.42	1.58	4.96	145.59	2.95	35.58	1.29	12.90	1.23	4.13	0.384
			7		9.880	7.756	0.286	81.01	2.86	13.49	24.36	1.57	5.70	169.66	3.00	41.71	1.33	14.67	1.22	4.72	0.382
			8		11.183	8.779	0.286	91.03	2.85	15.27	27.15	1.56	6.41	194.17	3.04	47.93	1.36	16.34	1.21	5.29	0.380
10/6.3	100	63	6	10	9.617	7.500	0.320	99.06	3.21	14.64	30.94	1.79	.35	199.71	3.24	50.50	1.43	18.42	1.38	5.25	0.394
			7		11.111	8.722	0.320	113.45	3.29	16.88	35.26	1.78	7.29	233.00	3.28	59.14	1.47	21.00	1.38	6.02	0.393
			8		12.584	9.878	0.319	127.37	3.18	19.39	39.39	1.77	8.21	266.32	3.32	67.88	1.50	23.50	1.37	6.78	0.391
			10		15.467	12.142	0.319	153.81	3.15	23.32	47.12	174	9.98	333.06	3.40	85.73	1.58	28.33	1.35	8.24	0.387
10/8	100	80	6	10	10.637	8.350	0.354	107.04	3.17	15.19	61.24	2.40	10.16	199.83	2.95	102.68	1.97	31.65	1.72	8.37	0.627
			7		12.301	9.656	0.354	122.73	3.16	17.52	70.08	2.39	11.71	233.20	3.00	119.98	2.01	36.17	1.72	9.60	0.626
			8		13.944	10.946	0.353	137.92	3.14	19.81	78.58	2.37	13.21	266.61	3.04	137.37	2.05	40.58	1.71	10.80	0.625
			10		17.167	13.476	0.353	166.87	3.12	24.24	94.95	2.35	16.12	333.63	3.12	172.48	2.13	49.10	1.69	13.12	0.622
11/7	110	70	6		10.637	8.350	0.354	133.37	3.54	17.85	42.92	2.01	7.90	265.78	3.53	69.08	1.57	25.36	1.54	6.53	0.403
			7		12.301	9.656	0.354	153.00	3.53	20.60	49.01	2.00	9.09	310.07	3.57	80.82	1.61	28.95	1.53	7.50	0.402
			8		13.944	10.946	0.353	172.04	3.51	23.30	54.87	1.98	10.25	354.39	3.62	92.07	1.65	32.45	1.53	8.45	0.401
			10		17.164	13.476	0.353	208.39	3.48	28.54	65.88	1.96	12.48	443.13	3.70	116.83	1.72	39.20	1.51	10.29	0.397
12.5/8	125	80	7	11	14.096	11.066	0.403	227.98	4.02	26.86	74.42	2.30	12.01	454.99	4.01	120.32	1.80	43.81	1.76	9.92	0.408
			8		15.989	12.551	0.403	256.77	4.01	30.41	83.49	2.28	13.56	519.99	4.06	137.85	1.84	49.15	1.75	11.18	0.407
			10		19.712	15.474	0.402	312.04	3.98	37.33	100.67	2.26	16.56	650.09	4.14	173.40	1.92	59.45	1.74	13.64	0.404
			12		23.351	18.330	0.402	364.41	3.95	44.01	116.67	2.24	19.43	780.39	4.22	209.67	2.00	69.35	1.72	16.01	0.400

续表

角钢号数	尺寸/mm				截面面积/cm²	理论重量 ×9.81/N·m⁻¹	外表面积/m²·m⁻¹	参考数值														
								x—x			y—y			$x_1—x_1$		$y_1—y_1$		u—u				
	B	b	d	r				I_x/cm^4	i_x/cm	W_x/cm^3	I_y/cm^4	i_y/cm	W_y/cm^3	I_x/cm^4	y_0/cm	I_y/cm^4	x_0/cm	I_u/cm^4	i_u/cm	W_u/cm^3	$\tan\alpha$
14/9	140	90	8	12	18.038	14.160	0.453	365.64	4.50	38.48	120.69	2.59	17.34	730.53	4.50	195.79	2.04	70.83	1.98	14.31	0.411
			10		22.261	17.475	0.452	445.50	4.47	47.31	146.03	2.56	21.22	913.20	4.58	245.92	2.12	85.82	1.96	17.48	0.409
			12		26.400	20.724	0.451	521.59	4.44	55.87	169.79	2.54	24.95	1 096.09	4.66	296.89	2.19	100.21	1.95	20.54	0.406
			14		30.456	23.908	0.451	594.10	4.42	64.18	192.10	251	28.54	1 279.26	4.74	348.82	2.27	114.13	1.94	23.52	0.403
16/10	160	100	10	13	23.315	19.872	0.512	668.69	5.14	62.13	205.03	2.85	26.56	1 362.89	5.24	336.59	2.28	121.74	2.19	21.92	0.390
			12		30.054	23.592	0.511	784.91	5.11	73.49	239.06	2.82	31.28	1 635.56	5.32	405.94	2.36	142.33	2.17	25.79	0.388
			14		34.709	27.247	0.510	896.30	5.08	84.56	271.20	2.80	35.83	1 908.50	5.40	476.42	2.43	162.23	2.16	29.56	0.385
			16		39.281	30.835	0.510	1 003.04	5.05	95.33	301.60	2.77	40.24	2 181.79	5.48	548.22	2.51	182.57	2.16	33.44	0.382
18/11	180	110	10	14	28.373	22.273	0.571	956.25	5.80	78.96	278.11	3.13	32.49	1 940.40	5.89	447.22	2.44	166.50	2.42	26.88	0.376
			12		33.712	26.464	0.571	1 124.72	5.78	93.53	325.03	3.10	38.32	2 328.48	5.98	538.94	2.52	194.87	2.40	31.66	0.374
			14		38.967	30.598	0.570	1 286.91	5.75	107.76	369.55	3.08	43.97	2 716.60	6.06	631.95	2.59	222.30	2.39	36.32	0.372
			16		44.138	34.649	0.569	1 443.06	5.72	121.64	411.85	3.06	49.44	3 105.15	6.14	726.46	2.67	248.94	2.38	40.87	0.369
20/12.5	200	125	12		37.912	29.761	0.641	1 570.90	6.44	116.73	483.16	3.57	49.99	3 193.85	6.54	787.74	2.83	285.79	2.74	41.23	0.392
			14		43.867	34.436	0.640	1 800.97	6.41	134.65	550.83	3.54	57.44	3 726.17	6.62	922.47	2.91	326.58	2.73	47.34	0.390
			16		49.739	39.045	0.639	2 023.35	6.38	152.18	615.44	3.52	64.69	4 258.86	6.70	1 058.86	2.99	366.21	2.71	53.32	0.388
			18		55.526	43.588	0.639	2 238.30	6.35	169.33	677.19	3.49	71.74	4 792.00	6.78	1 197.13	3.06	404.83	2.70	59.18	0.382

注：1. 括号内型号不推荐使用。

2. 截面图中的 $r_1=1/3d$ 及表中 r 的数据用于孔型设计，不作交货条件。

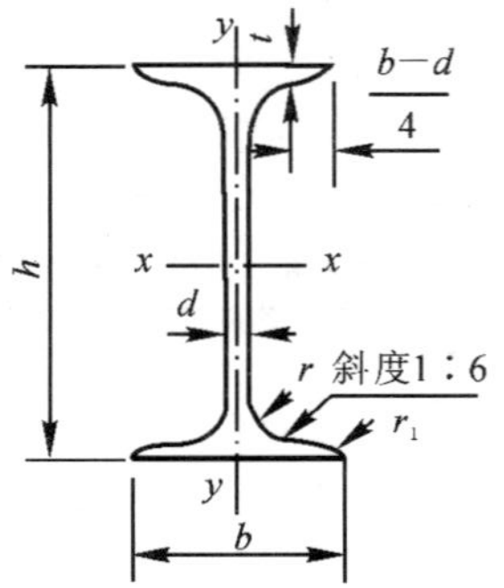

3. 热轧工字钢（GB706−88）

符号意义：

h—高度；　　r_1—腿端圆弧半径；

b—腿宽度；　　I—惯性矩；

d—腰厚度；　　W—截面模量；

t—平均腿厚；　　i—惯性半径

r—内圆弧半径；　　S—半截面的静力矩。

型号	尺寸 mm						截面面积 /cm²	理论重量 ×9.81 /N·m⁻¹	参考数值						
									$x-x$				$y-y$		
	h	b	d	t	r	r_1			I_x/cm^4	W_x/cm^3	i_x/cm	$I_x:S_x/cm$	I_y/cm^4	W_y/cm^3	i_y/cm
10	100	68	4.5	7.6	6.5	3.3	14.3	11.2	245	49	4.14	8.59	33	9.72	1.52
12.6	126	74	5	8.4	7	3.5	18.1	14.2	488.43	77.529	5.195	10.85	46.906	12.677	1.609
14	140	80	5.5	9.1	7.5	3.8	21.5	16.9	712	102	5.76	12	64.4	16.1	1.73
16	160	88	6	9.9	8	4	26.1	20.5	1 130	141	6.58	13.8	93.1	21.2	1.89
18	180	94	6.5	10.7	8.5	4.3	30.6	24.1	1 660	185	7.36	15.4	122	26	2
20 *a*	200	100	7	11.4	9	4.5	35.5	27.6	2 370	237	8.15	17.2	158	31.5	2.12
20 *b*	200	102	9	11.4	9	4.5	39.5	31.1	2 500	250	7.96	16.9	169	33.1	2.05
22 *a*	220	110	7.5	12.3	9.5	4.8	42	33	3 400	309	8.99	18.9	225	40.9	2.31
22 *b*	220	112	9.5	12.3	9.5	4.8	46.4	36.4	3 570	325	8.78	18.7	239	42.7	2.27
25 *a*	250	116	8	13	10	5	48.5	38.1	5 023.54	401.88	10.18	21.58	280.046	48.283	2.403
25 *b*	250	118	10	13	10	5	53.5	42	5 283.96	422.72	9.938	21.27	309.297	52.423	2.404

续表

型号	尺寸 mm						截面面积 /cm²	理论重量 ×9.81 /N·m⁻¹	参考数值						
									$x-x$				$y-y$		
	h	b	d	t	r	r_1			I_x/cm^4	W_x/cm^3	i_x/cm	$I_x:S_x/cm$	I_y/cm^4	W_y/cm^3	i_y/cm
28 *a*	280	122	8.5	13.7	10.5	5.3	55.45	43.4	7 114.14	508.15	11.32	24.62	345.051	56.565	2.495
28 *b*	280	124	10.5	13.7	10.5	5.3	61.05	47.9	7 480	534.29	11.08	24.24	379.496	61.209	2.493
32 *a*	320	130	9.5	15	11.5	5.8	67.05	52.7	11 075.5	692.2	12.84	27.46	459.93	70.758	2.619
32 *b*	320	132	11.5	15	11.5	5.8	73.45	57.7	11 621.4	726.33	12.58	27.09	501.53	75.989	2.614
32 *c*	320	134	13.5	15	11.5	5.8	79.95	62.8	121 67.5	760.47	12.34	26.77	543.81	81.166	2.608
36 *a*	360	136	10	15.8	12	6	76.3	59.9	15 760	875	14.4	30.7	552	81.2	2.69
36 *b*	360	138	12	15.8	12	6	83.5	65.6	16 530	919	14.1	30.3	582	84.3	2.64
36 *c*	360	140	14	15.8	12	6	90.7	71.2	17 310	962	13.8	29.9	612	87.4	2.6
40 *a*	400	142	10.5	16.5	12.5	6.3	86.1	67.6	21 720	1 090	15.9	34.1	660	93.2	2.77
40 *b*	400	144	12.5	16.5	12.5	6.3	94.1	73.8	22 780	1 140	15.6	33.6	692	96.2	2.71
40 *c*	400	146	12.5	16.5	12.5	6.3	102	80.1	23 850	1 190	15.2	33.2	727	99.6	2.65
45 *a*	450	150	11.5	18	13.5	6.8	102	80.4	32 240	1 430	17.7	38.6	855	114	2.89
45 *b*	450	152	13.5	18	13.5	6.8	111	87.4	33 760	1 500	17.4	38	894	118	2.84
45 *c*	450	154	15.5	18	13.5	6.8	120	94.5	35 280	1 570	17.1	37.6	938	122	2.79
50 *a*	500	158	12	20	14	7	119	93.6	46 470	1 860	19.7	42.8	1 120	142	3.07
50 *b*	500	160	14	20	14	7	129	101	48 560	1 940	19.4	42.4	1 170	146	3.01
50 *c*	500	162	16	20	14	7	139	109	50 640	2 080	19	41.8	1 220	151	2.96
56 *a*	560	166	12.5	21	14.5	7.3	135.25	106.2	65 585.6	2 342.31	22.02	47.73	1 370.16	165.08	3.182
56 *b*	560	168	14.5	21	14.5	7.3	146.45	115	68 512.5	2 446.69	21.63	47.17	1 486.75	174.25	3.162
56 *c*	560	170	16.5	21	14.5	7.3	157.85	123.9	71 439.4	2 551.41	21.27	46.66	1 558.39	183.34	3.158
63 *a*	630	176	13	22	15	7.5	154.9	121.6	93 916.2	2 981.47	24.62	54.17	1 700.55	193.24	3.314
63 *b*	630	178	15	22	15	7.5	167.5	131.5	98 083.6	3 163.98	24.2	53.51	1 812.07	203.6	3.289
63 *c*	630	180	17	22	15	7.5	180.1	141	102 251.1	3 298.42	23.82	52.92	1 924.91	213.88	3.268

注：表中标注的圆弧半径 r,r_1 的数据用于孔型设计，不做交货条件。

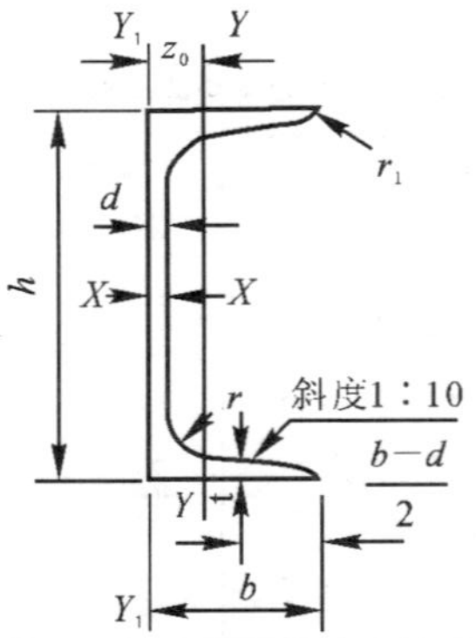

4. 热轧槽钢(GB707—88)

符号意义：

h—高度；　　r_1—腿端圆弧半径；

b—腿宽度；　　I—惯性矩；

d—腰厚度；　　W—截面模量；

t—平均腿厚度；　　i—惯性半径

r—内圆弧半径；　　Z_0—Y—Y 与 Y_1-Y_1 轴线间距离。

型号	长度/mm						截面面积/cm²	理论重量×9.81/N·m⁻¹	参考数值							
									X—X			Y—Y			Y_1—Y_1	Z_0/cm
	h	b	d	t	r	r_1			W_X/cm^3	I_X/cm^4	i_X/cm	W_Y/cm^3	I_Y/cm^4	i_Y/cm	I_{Y_1}/cm^4	
5	50	37	4.5	7	7	3.5	6.93	5.44	10.4	26.0	1.94	3.55	8.30	1.10	20.9	1.35
6.3	63	40	4.8	7.5	7.5	3.75	8.444	6.63	16.123	50.786	2.453	4.50	11.872	1.185	28.38	1.36
8	80	43	5	8	8	4	10.24	8.04	25.3	101.3	3.15	5.79	16.6	1.27	37.4	1.43
10	100	48	5.3	8.5	8.5	4.25	12.74	10	39.7	198.3	3.95	7.8	25.6	1.41	54.9	1.52
12.6	126	53	5.5	9	9	4.5	15.69	12.37	62.137	391.466	4.953	10.242	37.99	1.567	77.09	1.59
14a	140	58	6	9.5	9.5	4.75	18.51	14.53	80.5	563.7	5.52	13.01	53.2	1.7	107.1	1.71
14b	140	60	8	9.5	9.5	4.75	21.31	16.73	87.1	609.4	5.35	14.12	61.1	1.69	120.6	1.67
16a	160	63	6.5	10	10	5	21.95	17.23	108.3	866.2	6.28	16.3	73.3	1.83	144.1	1.8
16	160	65	8.5	10	10	5	25.15	19.74	116.8	934.5	6.1	17.55	83.4	1.82	160.8	1.75

续表

型号	长度/mm						截面面积/cm^2	理论重量 ×9.81 /$N \cdot m^{-1}$	参考数值							
									X—X			Y—Y			Y_1-Y_1	Z_0/cm
	h	b	d	t	r	r_1			W_X/cm^3	I_X/cm^4	i_X/cm	W_Y/cm^3	I_Y/cm^4	i_Y/cm	I_{Y_1}/cm^4	
18a	180	63	7	10.5	10.5	5.25	25.69	20.17	141.4	1 272.7	7.04	20.03	98.6	1.96	189.7	1.88
18	180	70	9	10.5	10.5	5.25	29.29	22.99	152.2	1 369.9	6.84	21.52	111	1.95	210.1	1.84
20a	200	73	7	11	11	5.5	28.83	22.63	178	1 780.4	7.86	24.2	128	2.11	244	2.01
20	200	75	9	11	11	5.5	32.83	25.77	191.4	1 913.7	7.64	25.88	143.6	2.09	268.4	1.95
22a	220	77	7	11.5	11.5	5.75	31.84	24.99	217.6	2 393.9	8.67	28.17	157.8	2.23	298.2	2.1
22	220	79	9	11.5	11.5	5.75	36.24	28.45	233.8	2 571.4	8.42	30.05	176.4	2.21	326.3	2.03
a	250	78	7	12	12	6	34.91	27.47	269.597	3 369.62	9.823	30.607	175.529	2.243	322.256	2.065
25b	250	80	9	12	12	6	39.91	31.39	282.402	3 530.04	9.405	32.657	196.412	2.218	353.187	1.982
c	250	82	11	12	12	6	44.91	35.32	295.236	3 690.45	9.065	35.926	218.415	2.206	384.133	1.921
a	280	82	7.5	12.5	12.5	6.25	40.02	31.42	340.328	4 764.59	10.91	35.718	217.989	2.333	387.566	2.097
28b	280	84	9.5	12.5	12.5	6.25	45.62	35.81	366.46	5 130.45	10.5	37.929	242.144	2.304	427.589	2.016
c	280	86	11.5	12.5	12.5	6.25	51.22	40.21	392.594	5 496.32	10.35	40.301	267.602	2.286	462.597	1.951
a	320	88	8	14	14	7	48.7	38.22	474.879	7 598.08	12.49	46.473	304.787	2.502	552.31	2.242
32b	320	90	10	14	14	7	55.1	43.25	509.012	8 144.2	12.15	49.157	336.332	2.471	592.933	2.158
c	320	92	12	14	14	7	61.5	48.28	543.145	8 690.33	11.88	52.642	374.175	2.467	643.299	2.092
a	360	96	9	16	16	8	60.89	47.8	659.7	11 874.2	13.97	63.54	455	2.73	818.4	2.44
36b	360	98	11	16	16	8	68.09	53.45	702.9	12 651.8	13.63	66.85	496.7	2.7	880.4	2.37
c	360	100	13	16	16	8	75.29	59.1	746.1	13 492.4	13.36	70.02	536.4	2.67	947.9	2.34
a	400	100	10.5	18	18	9	75.05	58.91	878.9	17 577.9	15.30	78.83	592	2.18	1 067.7	2.49
40b	400	102	12.5	18	18	9	83.05	65.18	932.2	18 644.5	14.98	82.52	640	2.78	1 135.6	2.44
c	400	104	14.5	18	18	9	91.05	71.47	985.6	19 711.2	14.71	86.19	687.8	2.75	1 220.7	2.42

注：表中标注的圆弧半径 r, r_1 的数据用于孔型设计，不作交货条件。

附录 Ⅲ　工程名词英汉对照表

第一篇　静力分析

第一章　静力分析基础

applied forces　主动力
constraint　约束
constraint forces　约束力
effect of deformation　变形效应
effect of motion　动力效应
equilibrium　平衡
flexible cable　要素
free body　自由体
free-body diagram　受力图
force　力
force system of equilibrium　平衡动系
isolated body　隔离体
loads　载荷
mechanical model　力学模型
members subjected to the action of two forces　二力杆
reactions of constraint　约束反力
reduction of force system　力系简化
rigid body　刚体
sliding vector　滑动矢量
smooth ball and socket joint　光滑球形铰链
smooth cylindrical pin　光滑圆柱链铰
three elements of a force　力的三要素

第二章　汇交力系

concurrent force system　汇交力系
principal vector　主矢

第三章　力偶理论

acting plane of a couple　力偶作用面
arm of couple　力偶臂
center of moment　矩心
couple　力偶
fixed vector　固定矢量
free vector　自由矢量
moment of a force about a point　力对点主矩
moment vector of couple　力偶矩
system of couples in space　空间力偶系

第四章　平面一般力系

angle of friction　摩擦角
coulomb law of friction　库仑摩擦定律
dynamic sliding friction force　动滑动摩擦力
external constraint forces　外力
friction　摩擦
friction force　摩擦力

internal constraint forces　内力
maximum static friction force　最大静摩擦力
multibody system　物体系统
rolling resistance　滚动摩阻
self-lock　自锁
sliding friction force　滑动摩擦力
static sliding friction froce　静滑动摩擦力
statically determinate problems　静定问题
statically indeterminate problems　超静定问题
static sliding friction force　静滑动摩擦力
two dimensional forces system　平面一般力系

第五章　空间一般力系和重心

center of an area　形心
center of gravity　重心
equations of equilibrium of three dimensional forces system in space　空间一般力系的平衡方程
moment of a force an axis　力对轴之矩
parallel force system in space　空间平行力系
principal moment　主矩
principal vector　主矢
three dimensional forces system　空间一般力系
vector of the moment of a couple　力偶矩矢量
wrench of force system　力螺旋

第二篇　静应力与静变形分析

引 言

bending　弯曲
compression　压缩
continuous　连续性的
curved bar　曲杆
deformation　变形
deformable solid　变形体
external force　外力
homogenious　均匀性的
isotropic　各向同性
load　载荷
mechanical property　力学性能
member　构件
prismatic bar　等直杆
rigidity　刚度
shear　剪切
stability　稳定性
straight bar　直杆
stress　应力
strength　强度
tension　拉伸
torsion　扭转

第六章　轴向拉伸与压缩

allowable stress　许用应力
axial compression　轴向压缩
axial force　轴力
axial tension　轴向拉伸
assembly stress　装配应力
elastic limit　弹性极限
factor of concentration　应力集中因数
factor of safety　安全因数
harden　强(硬)化
Hooke's law　胡克定律
internal force　内力
linear strain　线应变
modulus of elasticity　弹性模量
method of section　截面法
necking　颈缩
percentage of elongation　延伸率
percentage of crossection　面缩率
Poisson's ratio　泊松比
proportional limit　比例极限
rigidity of tension or compression　拉(压)刚度

slide limit　流动极限
statical indeterminate problem　超静定问题
statical redundant　静定多余约束
stress concentration　应力集中
tensile diagram　拉伸图
thermal stress　温度应力
working stress　工作应力
ultimate stress　极限应力
yield limit　屈服极限

第七章　剪切

bearing　挤压
bearing force　挤压力
bearing section　挤压面
bearing stress　挤压应力
practical methods of calculate　实用计算法
shear　剪切
shear test　剪切试验
shearing forces　剪力
shearing section　剪切面
shearing stress　剪应力

第八章　扭转

angle of twist per unit length of the shaft　单位长度相对扭转角
element　单元体
Hooke law in shear　剪切胡克定律
maximum shearing stresses　最大剪应力
polar moment of inertia for cross section　极惯性矩
section modulus in torsion　扭转截面因数
shaft　轴
shearing state of stresses　纯剪切
shearing strain　剪应变
theorem of conjugate shearing stress　剪应力互等定理
torsion　扭转
torsional moment，torgue　扭矩
torsional rigidity　扭转刚度
warping　翘曲

第九章　弯曲应力分析与强度计算

bending　弯曲
bending moment　弯矩
beam　梁
beam of uniform strength　等强度梁
flexural rigidity　抗弯刚度
lateral force　横向力
neutral axis　中性轴
neutral surface　中性层
moment of inertia　惯性矩
plane bending　平面弯曲
pure bending　纯弯曲
radius of curvature　曲率半径
section modulus　截面模量
simple beam　简支梁

第十章　弯曲位移分析与刚度计算

angles of rotation　转角
approximate differential equation of the deflection curve of beams　梁的挠曲线近似微分方程
boundary conditions　边界条件
deflection　挠度
deformation　变形
displacement　位移
displacement continuity condition　位移连续条件
equation of compatibilty of displacement　位移协调条件
flat　平坦
method of integration　积分法
method of superposition　叠加法
principle of superposition　叠加原理
redundant constraint　多余约束
redundant reaction　多余约束反力
statically determinate beam　静定梁
statically indeterminate beam　静不定梁

第十一章 应力状态理论和强度理论

biaxial stress state 二向应力状态
complex stress state 复杂应力状态
equivalent stress 相当应力
element 单元体
generalized Hooke's law 广义胡克定律
maximum-shearing-stress theory 最大剪应力理论
maximum-tensile-strain theory 最大拉应变理论
maximum-tensile-stress theory 最大拉应力理论
plane state of stresses 平面应力状态
principal plane 主平面
principal stress 主应力
principal strain 主应变
stress cycle 应力圆
stress state at a point 一点的应力状态
theory of strength 强度理论
theory of strain-energy density corresponding to distortion 形状改变比能理论
triaxial stress state 三向应力状态
uniaxial stress state 单向应力状态

第十二章 组合变形时杆件的强度计算

bending with axiallg loading 拉(压)变组合变形
bending with torsion loading 弯扭组合变形
combined deformation 组合变形
eccentric axiallg 偏心拉(压)

第十三章 压杆的稳定性问题

buckling 失稳
critical equilibrium 临界状态
critical load 临界力
critical stress 临界应力
equivalent length 相当长度
factor of length 长度系数
general Euler's formula 欧拉公式普遍形式
intermediate columns 中柔度杆
lost stability 丧失稳定
long columns 细长杆
radius of gyration of an area 惯性半径
short columns 粗短杆
slenderness ratio 长细比
stability 稳定性
stable equilibrium 稳定平衡
unstable equilibrium 不稳定平衡

第三篇 动应力分析

第十四章 动荷应力

alternative load 交变荷载
alternative stress 交变应力
dynamic coefficient 动荷因数
dynamic load 动载荷
dynamic stress 动应力
inertia force 惯性力
inertia load 惯性载荷
load of collision 冲击载荷

第十五章 交变应力

cycle stress 重复应力
endurance limit 持久极限
fatigue failure 疲劳失效
fatigue stress concentration factor 有效应力集中因数
mean stress 名义应力
offset endurance limit 名义持久极限
stress cycle 应力循环
stress amplitude 应力幅度
symmetrical reversed cycle 对称循环

习题答案

第二章 汇交力系

2-1 $R=550\ \text{N}$; $(\boldsymbol{R},x)=119.35°$, $(\boldsymbol{R},y)=29.35°$。

2-2 $F_1=1.596\ \text{kN}$, $F_2=1.412\ \text{kN}$。

2-3 $R=6.928\ \text{kN}$; $(\boldsymbol{R},x)=(\boldsymbol{R},y)=(\boldsymbol{R},z)=54.74°$。

2-4 (a) $N_A=7.906\ \text{kN}$, $N_B=3.535\ \text{kN}$。

(b) $N_A=11.180\ \text{kN}$, $N_B=5.000\ \text{kN}$。

(c) $N_A=11.180\ \text{kN}$, $N_B=5.000\ \text{kN}$。

2-5 (a) $S_{AB}=4.098\ \text{kN}$(拉), $S_{AC}=5.598\ \text{kN}$(压)。

(b) $S_{AB}=0.311\ \text{kN}$(压), $S_{AC}=2.360\ \text{kN}$(压)。

(c) $S_{AB}=0.362\ \text{kN}$(拉), $S_{AC}=2.748\ \text{kN}$(拉)。

2-6 $N_A=10\ \text{kN}$, $N_C=14.142\ \text{kN}$。

2-7 $\theta=\arctan(W\cot\alpha/G)$, $T=\sqrt{G^2\sin^2\alpha+W^2\cos^2\alpha}$。

2-8 $F=4.899\ \text{kN}$。

2-9 $T_1=1\ \text{kN}$, $T_2=1.414\ \text{kN}$, $T_3=1.578\ \text{kN}$, $T_4=1.155\ \text{kN}$。

2-10 $T=1.414G$, $N_1=N_2=0.707G$。

2-11 $S_A=S_B=1.052G$(压), $S_C=0.052G$(压)。

2-12 $S_{AB}=S_{AC}=300\ \text{N}$(压), $S_{AD}=1\,040\ \text{N}$(拉)。

2-13 $S_{AB}=198.003\ \text{kN}$(压), $T_{BE}=T_{BF}=236.602\ \text{kN}$, $T_{BC}=273.005\ \text{kN}$。

2-14 $S_B=S_C=55.80\ \text{kN}$(压), $T_D=77.46\ \text{kN}$。

2-15 $S_1=S_2=6.25\ \text{kN}$(压), $S_3=12.5\ \text{kN}$(拉), $S_4=10\ \text{kN}$(拉),

$S_5=S_6=7.07\ \text{kN}$(压), $S_7=7.5\ \text{kN}$(拉)。

第三章 力偶理论

3-1 $M_O=-33.57\ \text{N}\cdot\text{m}$。

3-2 $M_O=\dfrac{CF}{\sqrt{a^2+b^2+c^2}}(bi-aj)$。

3-3 $M_O=-9.43i+9.43j-4.71k\ \text{kN}\cdot\text{m}$。

3-4 (a) $N_A=N_B=\dfrac{M}{2l}$; (b) $N_A=N_B=\dfrac{M}{l}$; (c) $N_A=N_B=\dfrac{M}{l}$。

3-5 $N_A = N_B = 300$ N。

3-6 $M_2 = 400$ N·m,$N_0 = N_{0'} = 1\ 155$ N。

3-7 $M_2 = 3$ N·m。

3-8 $M = 266$ N·m;$(\boldsymbol{M},x) = 36.80°$,$(\boldsymbol{M},y) = 126.80°$,$(\boldsymbol{M},z) = 90°$。

3-9 $M = 4.38$ N·m;$(\boldsymbol{M},x) = 76.80°$,$(\boldsymbol{M},y) = 166.80°$,$(\boldsymbol{M},z) = 86.60°$。

3-10 $F_3 = 500$ N,$\alpha = 143.13°$。

3-11 $M_2 = 100$ N·m,$M_3 = 141$ N·m。

3-12 $F_1 = F_2 = 36$ N,$\alpha = 56.3°$。

第四章　平面一般力系

4-1 $R = 1.5$ N,$x = -6$ m。

4-2 $R = 710$ kN,$\theta = -70°50'$,$x = 3.51$ m。

4-3 $d = 80$ mm。

4-4 $T = 40$ N。

4-5 $Q = \frac{1}{2}(q_1 + q_2)l$,$AC = \frac{(2q_2 + q_1)}{3(q_1 + q_2)}l$。

4-6 $N_B = 7.1$ kN,$X_A = 7.1$ kN,$Y_A = 13$ kN。

4-7 $X_A = 4$ kN,$Y_A = 54.6$ kN,$R_B = 52.3$ kN。

4-8 $X_A = 329.41$ N,$Y_A = 270.58$ N,$S_{DC} = 465.87$ N。

4-9 (a) $X_A = 3$ kN,$Y_A = 5$ kN,$R_B = -1$ kN,

(b) $X_A = -3$ kN,$Y_A = -0.25$ kN,$R_B = 4.25$ kN。

4-10 $X_A = 4$ kN,$Y_A = 17$ kN,$m_A = 43$ kN·m。

4-11 $Y_A = -\frac{1}{2}\left(F + \frac{M}{a} - \frac{5}{2}qa\right)$,$R_B = \frac{1}{2}\left(3F + \frac{M}{a} - \frac{1}{2}qa\right)$。

4-12 $R_A = -250$ N,$R_B = 3\ 750$ N。

4-13 (1) $R_A = 22.5$ kN,$R_B = 27.5$ kN;(2) $x = 4.5$ m。

4-14 $X_A = 2\ 400$ N,$Y_A = 1\ 200$ N,$S_{BC} = 848$ N。

4-15 $S = 22.64$ kN。

4-16 $S_{BC} = 192$ N。

4-17 $S = Pa\cos\alpha/2h$。

4-18 $X_A = \left(\frac{2l+r}{l}\right)G$,$Y_A = 2G$;$X_B = \left(\frac{l+r}{l}\right)G$,$Y_B = 2G$;

$X_C = \left(\frac{2l+r}{l}\right)G$,$Y_C = G$;$X_D = G$,$Y_D = G$。

4-19 $l = \frac{G_2 a}{G_1}$。

4-20 $P_2 = 5.208$ kN。

4-21 $X_A = -0.32$ kN,$Y_A = -0.35$ kN,$X_C = -1.18$ kN,$Y_C = 0.75$ kN。

4-22 $X_A = P$,$Y_A = -0.25P$;$X_B = P$,$Y_B = 0.75P$;$X_E = P$,$Y_E = 0.5P$。

4-23 10.3 kN。

4-24 $X_A = -38.3$ kN,$Y_A = -1.25$ kN;$X_B = 38.3$ kN,$Y_B = 21.25$ kN。

4-25 $R_A = -48.3$ kN, $R_B = 100$ kN, $R_D = 8.333$ kN。

4-26 $R_A = -15$ kN, $R_B = 40$ kN, $R_D = 15$ kN, $R_C = 5$ kN。

4-27 $R_A = 2.5$ kN, $R_B = 1.5$ kN, $m_A = 10$ kN·m

4-28 $X_A = -7.2$ kN, $Y_A = 11.16$ kN, $X_B = -2.8$ kN, $Y_B = -1.16$ kN, $R_C = 18$ kN。

4-29 $X_A = 0.3$ kN, $Y_A = 0.538$ kN, $R_B = 3.54$ kN。

4-30 $X_A = 487.5$ N, $Y_A = 518.5$ N, $S_{BD} = -1\,379$ N。

4-31 $R_B = 1\,050$ N, $S = -1\,500$ N, $X_A = 1\,200$ N, $Y_A = 150$ N。

4-32 $M = 285$ N·m。

4-33 $S_1 = 146$ kN, $S_2 = -87.5$ kN, $S_3 = 117$ kN。

4-34 $R_{轮} = 1.414$ kN, $R_{左杆} = 0.5$ kN, $R_{右杆} = 1.803$ kN。

4-35 (a) $F = 86.6$ N, (b) $F = 100$ N, (c) $F = 75$ N。

4-36 A 和 B 都不动。

4-37 $f = 0.224$。

4-38 $S = 0.456l$。

4-39 $P = 500$ N。

4-40 $h > 4.5$ cm。

4-41 (1) $Q > \dfrac{\sin\alpha - f\cos\alpha}{\cos\alpha + f\sin\alpha}P$；(2) $Q \leqslant \dfrac{\sin\alpha + f\cos\alpha}{\cos\alpha - f\sin\alpha}P$。

4-42 $e \leqslant \dfrac{fD}{2}$。

4-43 $f \geqslant 0.15$。

4-44 $Q_{min} = 222$ N。

4-45 $P = G\left(\sin\theta + \dfrac{\delta}{r}\cos\theta\right)$。

第五章　空间一般力系和重心

5-1 $X = 7.07$ N, $Y = -7.07$ N, $Z = -17.32$ N, $M_x = -6.5$ N·m, $M_y = -4.81$ N·m, $M_z = 0.71$ N·m。

5-2 $M_x = -M_y = -20.6$ kN·m, $M_{0A} = -12.4$ kN·m。

5-3 $R_x = -144.9$ N, $R_y = 83.2$ N, $R_z = 55.3$ N, $M_x = -21.74$ N·m, $M_y = -25.55$ N·m, $M_z = 43.47$ N·m。

5-4 $R_A = 638$ N, $M_A = 163$ kN·mm。

5-5 $N_A = 1\,237.5$ N, $N_B = 637.5$ N, $N_D = 1\,125$ N。

5-6 $a = 35$ mm。

5-7 $l = 10$ cm, $Z_A = 300$ N, $Z_B = 950$ N。

5-8 $Q = 360$ N; $X_A = -69.3$ N, $Z_A = 160$ N; $X_B = 17.3$ N, $Z_B = 230$ N。

5-9 $X_C = -666.7$ N, $Y_C = -14.7$ N, $Z_C = 12\,640$ N, $A_A = 2\,666.7$ N, $Y_A = -325.3$ N。

5-10 $T_2 = 2t_2 = 4\,000$ N, $Y_A = -6\,375$ N, $Z_A = 1\,299$ N, $X_B = -4\,125$ N, $Z_B = 3\,897$ N。

5-11 $T = 4.5$ kN, $X_A = Y_A = Y_B = 0$, $Z_A = 2.67$ kN, $Z_B = 2.83$ kN。

5-12 $T = 1\,000$ N, $X_A = 0$, $Y_A = -750$ N, $Z_A = -500$ N,
$X_B = 433.0$ N, $Z_B = 500$ N。

5-13 $X_A = 100$ N, $Y_A = 23.5$ N, $Z_A = -1.1$ N, $Y_B = -34.3$ N,
$Z_B = 32.3$ N, $N_E = 21.7$ N。

5-14 $T = 0.144P$, $N_A = 0.25P$, $X_B = -0.144P$, $Y_B = -0.25P$, $Z_n = P$。

5-15 $S_1 = S_3 = S_4 = S_5 = 0$, $S_2 = S_6 = -5$ kN。

5-16 $S_1 = S_2 = S_3 = \frac{2m}{3a}$, $S_4 = S_5 = S_6 = -\frac{4m}{3a}$。

5-18 (a) $y_C = 105$ mm，(b) $x_C = 17.5$ mm

5-19 (a) $x_C = 6.54$ mm，(b) 距下端 59.53 mm，距右端 78.26 mm。

5-20 $BE = 0.366a$。

5-21 $h = r/\sqrt{2}$。

第六章　轴向拉伸与压缩

6-1 (a) $N_1 = 0$，$N_2 = 2$ kN, $N_3 = -3$ kN。
(b) $N_1 = 2$ kN，$N_2 = 6$ kN；
(c) $N_1 = 5$ kN, $N_2 = 3$ kN, $N_3 = 5$ kN。
(d) $N_1 = -9$ kN, $N_2 = -7$ kN, $N_3 = -3$ kN。

6-2 (a) $N_{AB} = \frac{1}{2}P$, $N_{BC} = -\frac{\sqrt{3}}{2}P$(压)；
(b) $N_{AB} = \sqrt{2}P$，$N_{BC} = 2P$。

6-3 $\sigma_1/\sigma_2 = \frac{1}{4}$。

6-4 $\sigma = 35$ MPa。

6-5 $\sigma = 76.4$ MPa。

6-6 $\sigma_{max} = 67.85$ MPa。

6-7 $\sigma_1 = 127$ MPa, $\sigma_2 = 63.7$ MPa。

6-8 $\sigma_{max} = 16.67$ MPa(压)。

6-9 $\alpha = 30°$, $\sigma_\alpha = 75$ MPa, $\tau_\alpha = 43.3$ MPa。
$\alpha = 45°$, $\sigma_\alpha = 50$ MPa, $\tau_\alpha = 50$ MPa。
$\alpha = 60°$, $\sigma_\alpha = 25$ MPa, $\tau_\alpha = 43.3$ MPa。
$\alpha = 90°$, $\sigma_\alpha = 0$, $\tau_\alpha = 0$。

6-10 $\sigma = 71.6$ MPa $< [\sigma]$，安全。

6-11 $h = 11$ mm, $b = 37$ mm。

6-12 $d = 18$ mm。

6-13 $[P] = 98.4$ kN。

6-14 $\sigma = 32.7$ MPa $< [\sigma]$，安全。

6-15 $\sigma = 59.7$ MPa $< [\sigma]$，安全。

6-16 $\sigma_1 = 135.9$ MPa $< [\sigma]$, $\sigma_2 = 131.1$ MPa $< [\sigma]$ 安全, $\delta_F = 1.67$ mm。

6 - 17　总变形 $\Delta l = -0.125$ mm。

6 - 18　$\sigma_{AB} = -12.5$ MPa，$\sigma_{BC} = 0$，$\sigma_{CD} = 10$ MPa；

总变形 $\Delta l = -0.0125$ mm。

6 - 19　(a) 水平位移 0.248 mm，重直位移 1.09 mm；

(b) 水平位移 0，重直位移 0.33 mm；

(c) 水平位移 0.143 mm，重直位移 0.248 mm。

6 - 20　$R_A = \frac{b}{a+b}P, R_B = \frac{a}{a+b}P$。

6 - 21　$N_1 = \frac{5}{6}P, N_2 = \frac{1}{3}P, N_3 = -\frac{1}{6}P$。

6 - 22　$N_1 = 1.33$ kN(压)，$N_2 = 2.66$ kN(拉)，$N_3 = 1.33$ kN(压)。

6 - 23　$R_A = 70$ kN。

6 - 24　$\sigma = 100.7$ MPa

6 - 25　间隙　$\delta = 5$ mm。

第七章　剪　切

7 - 1　$[P] = 37.7$ kN。

7 - 2　$\sigma = 125 \text{ MPa} < [\sigma], \tau = 99.5 \text{ MPa} < [\tau], \sigma_{bs} = 125 \text{ MPa} < [\sigma_{bs}]$。

7 - 3　$l \geqslant 90$ mm，$\delta \geqslant 9$ mm，$h \geqslant 30 + 2\delta$(mm)。

7 - 4　$P = 823$ kN。

7 - 5　$\tau = 73.7 \text{ MPa} \leqslant [\tau], \sigma_{bs} = 69.4 \text{ MPa} \leqslant [\sigma_{bs}]$。

7 - 6　$d = 35$ mm，$t = 10$ mm。

7 - 7　直径 $d \geqslant 22$ mm。

7 - 8　$P = 60$ kN，$a \geqslant 60$ mm，$d \geqslant 37.5$ mm，$b \geqslant 75 + d$(mm)。

第八章　扭　转

8 - 1　(a) $|M_{Tmax}| = 6$ kN·m；(b) $|M_{Tmax}| = 3$ kN·m。

8 - 2　$\tau_A = 71.4$ MPa；$\tau_B = 35.7$ MPa；$\tau_C = 0$，$\tau_{max} = 71.4$ MPa。

8 - 3　$G = 81.5$ GPa，$\tau_{max} = 76.4$ MPa，$\gamma = 9.38 \times 10^{-4}$ rad。

8 - 4　$\tau_{max} = 15.9$ MPa，$\tau_{min} = 12.4$ MPa。

8 - 5　$D = 132$ mm。

8 - 6　$\tau_{max} = 48.8$ MPa。

8 - 7　$\varphi_{AB} = 1.55°$，$\varphi_{AC} = 1.03°$。

8 - 8　$d_{min} = 97$ mm。

8 - 9　$N = 33.7$ kW。

8 - 10　$d \geqslant 68$ mm。

8 - 11　49.1%。

8 - 12　$N = 197$ kW。

8 - 13　1.089 m。

8 - 14　实心轴 $d = 4.5$ cm,空心轴外径 $d_2 = 4.6$ cm。

8 - 15　空心部分外径 $D = 28.6$ cm。

8 - 16　$\tau_{max} = 49.4$ MPa $< [\tau]$, $\theta = 1.71$ °/m $< [\theta]$

所以满足强度和刚度要求。

第九章　弯曲应力分析与强度计算

9 - 1　(a) $Q_1 = 0$, $M_1 = Pa$; $Q_2 = -P$, $M_2 = Pa$; $Q_3 = 0$, $M_3 = 0$;

(b) $Q_1 = -qa$, $M_1 = 0$; $Q_2 = -2qa$, $M_2 = -3qa^2/2$;

$Q_3 = -2qa$, $M_3 = -qa^2/2$。

(c) $Q_1 = 1$ kN, $M_1 = -0.4$ kN·m; $Q_2 = -3$ kN, $M_2 = -0.6$ kN·m;

$Q_3 = 1$ kN, $M_3 = -0.6$ kN·m。

(d) $Q_1 = 200$ N, $M_1 = 30$ N·m; $Q_2 = 200$ N, $M_2 = 60$ N·m;

$Q_3 = 0$, $M_3 = 60$ N·m。

(e) $Q_1 = -qa$, $M_1 = -qa^2/2$; $Q_2 = -3qa/2$, $M_2 = -2qa^2$;

$Q_3 = qa$, $M_3 = -qa^2$。

(f) $Q_1 = q_0 l/6$, $M_1 = 0$; $Q_2 = q_0 l/24$, $M_2 = q_0 l^2/16$; $Q_3 = -q_0 l/3$, $M_3 = 0$。

9 - 2　(a) $Q_{max} = 2P$, $M_{max} = Pa$;

(b) $Q_{max} = qa$, $M_{max} = qa^2/2$;

(c) $Q_{max} = qa/2$, $M_{max} = qa^2/8$;

(d) $Q_{max} = 3M_e/(2a)$, $M_{max} = 3M_e/2$;

(e) $Q_{max} = P/2$, $M_{max} = Pa/2$;

(f) $Q_{max} = 5qa/3$, $M_{max} = 25qa^2/18$;

(g) $Q_{max} = 5qa/8$, $M_{max} = qa^2/8$;

(h) $Q_{max} = 2P$, $M_{max} = 2Pa$;

(i) $Q_{max} = 3M_e/(2l)$, $M_{max} = M_e$。

9 - 3　(a) $Q_{max} = qa$, $M_{max} = qa^2$;

(b) $Q_{max} = qa/2$, $M_{max} = qa^2/2$;

(c) $Q_{max} = qa$, $M_{max} = qa^2/2$;

(d) $Q_{max} = qa$, $M_{max} = 3qa^2/2$;

(e) $Q_{max} = 20$ kN, $M_{max} = 20$ kN·m;

(f) $Q_{max} = 25$ kN, $M_{max} = 25$ kN·m;

(g) $Q_{max} = 4qa/3$, $M_{max} = 2qa^2/3$;

(h) $Q_{max} = 7qa/6$, $M_{max} = 5qa^2/6$;

(i) $Q_{max} = 30$ kN, $M_{max} = 15$ kN·m。

9 - 7　$x = (2-\sqrt{2})l \approx 0.586l$。

9 - 8　$x = l/5$。

9 - 9　(1) $x = \frac{l}{2} - \frac{a}{4}$ 时, $M_{max} = \frac{P}{2}(l-a) + Pa^2/(8l)$;

(2) $x = 0$ 时, $R_{max} = Q_{max} = 2P - \frac{a}{l}P$。

9-10 (a) $y_C = 183$ mm, $I_z = 1.729 \times 10^{-9}$ mm^4;

(b) $y_C = 65$ mm, $I_z = 1.172 \times 10^7$ mm^4。

9-11 (1) 29.5%;(2) 94.5%。

9-13 $y_C = 154$ mm, $I_z = 5\ 835 \times 10^4$ mm^4。

9-14 $\sigma_{max} = 100$ MPa。

9-15 $y = 32M_e l^2/(\pi E d^4)$。

9-16 Ⅰ—Ⅰ 截面:$\sigma_A = -7.41$ MPa, $\sigma_B = 4.94$ MPa, $\sigma_C = 0$, $\sigma_D = 7.41$ MPa;

Ⅱ—Ⅱ 截面:$\sigma_A = 9.26$ MPa, $\sigma_B = -6.17$ MPa, $\sigma_D = -9.26$ MPa。

9-17 $\sigma_{max} = 63.4$ MPa。

9-18 $\sigma_{Tmax} = 80.5$ MPa, $\sigma_{Cmax} = 123$ MPa。

9-19 (1) $\sigma_C = -4.37$ MPa, $\sigma_T = 7.29$ MPa

(2) $N_C = -22.8$ kN, $N_T = 22.8$ kN。

9-20 (1) $\sigma_{max} = 139$ MPa $< [\sigma]$,安全;

(2) $\sigma_{max} = 278$ MPa $> [\sigma]$,不安全。

9-21 $P = 47.5$ kN。

9-22 $b \geqslant 4.01$ cm,取 $b = 4.1$ cm, $h = 12.3$ cm。

9-23 $a \geqslant 1.385$ m。

9-24 $\sigma_{max} = 197$ MPa $< [\sigma]$,安全。

9-25 $q = 2\ 690$ kN/m。

9-26 (1) 2 m $\leqslant x \leqslant$ 2.67 m;(2) 50a 号工字钢。

9-27 $[P] = 44.3$ kN。

9-28 $h/b = \sqrt{2}$, $d = 0.227$ m。

9-29 $M = 10.7$ kN·m。

9-30 $2l = 3.21$ m。

9-31 $\sigma_{max} = 68.8$ MPa $< [\sigma]$,安全。

9-32 $y_C = 58.65$ mm, $I_z = 3.966 \times 10^7$ mm^4, $\sigma_{max} = \sigma_{Tmax} = 29.9$ MPa $< [\sigma_T]$,安全。

9-33 $q = 15.7$ kN/m, $d = 16.7$ mm。

9-34 $\sigma_{max} = 118$ MPa $< [\sigma]$。

9-35 (1) $\tau_a = 10.5$ MPa, $\tau_b = 17.5$ MPa, $\tau_{max} = 21.4$ MPa;

(2) $\tau_{max} = 25.7$ MPa, $\sigma_{max} = 1\ 469$ MPa。

9-36 $\tau_{max}/\sigma_{max} = 2d/(3l)$。

9-37 $\sigma_{max} = 31.1$ MPa $< [\sigma]$, $\tau_{max} = 4.25$ MPa $< [\tau]$,安全。

9-38 20b 号工字钢。

9-39 $x_D = 29/6$ m时, $M_{max} = M_{Dmax} = 140$ kN·m, $\sigma_{max} = 137.8$ MPa $< [\sigma]$; $x \to 8$ m时, $Q_{max} = 58$ kN, $\tau_{max} = 13.86$ MPa $< [\tau]$,安全。

9-40 No. 22a 槽钢。

9-41 $\sigma_{max} = 179.8$ MPa $> [\sigma] \times 105\%$,强度不足。

9-42 $h \geqslant 335.4$ mm,取 $h = 312$ mm, $b = 156$ mm。

9-43 $[P_1] = 1.44$ kN, $[P_2] = 5.76$ kN。

9-44 $P_1/P_2 = 2$。

9-45 $[P] = 3.75$ kN。

第十章　弯曲位移分析与刚度计算

10-3　(a) $\theta_A = -\dfrac{11qa^3}{6EI}$，$y_A = \dfrac{41qa^4}{24EI}$；

(b) $\theta_A = \dfrac{Pal}{6EI}$，$\theta_B = -\dfrac{Pal}{3EI}$，$y_C = -\dfrac{Pa^2}{3EI}(l+a)$；

(c) $\theta_B = -\dfrac{9Pl^2}{8EI}$，$y_C = -\dfrac{Pl^3}{6EI}$；

(d) $\theta_A = -\dfrac{qa^3}{6EI}$，$\theta_B = 0$，$y_C = -\dfrac{qa^4}{8EI}$，$y_D = -\dfrac{qa^4}{12EI}$。

10-4　(a) $y_A = -\dfrac{q_0 l^4}{30EI}$，$\theta_A = \dfrac{q_0 l^3}{24EI}$

(b) $y_A = -\dfrac{Pa^2(l+a)}{3EI} - \dfrac{P(l+a)^2}{kl^2}$，$\theta_C = -\dfrac{P(l+a)}{kl^2} + \dfrac{Pal}{6EI}$。

10-5　(a) $y(x) = \dfrac{Px^3}{3EI}$；(b) $y(x) = \dfrac{Px^2(l-x)^2}{3EIl}$。

10-6　(a) $y_A = -\dfrac{Pa(2a^2+6ab+3b^2)}{6EI}$，$\theta_B = \dfrac{Pa(2b+a)}{2EI}$；

(b) $y_A = \dfrac{ql^4}{16EI}$，$\theta_B = \dfrac{ql^3}{12EI}$；

(c) $y_A = -\dfrac{Pl^3}{6EI}$，$\theta_B = -\dfrac{9Pl^2}{8EI}$；

(d) $y_A = -\dfrac{5qa^4}{48EI}$，$\theta_B = \dfrac{11qa^3}{48EI}$。

10-7　$y_E = -\dfrac{19qa^4}{8EI}$。

10-8　$\theta_{B左} = -\dfrac{2qa^3}{EI}$，$\theta_{B右} = \dfrac{qa^3}{EI}$，$y_C = -\dfrac{37qa^4}{24EI}$。

10-9　(a) $y_C = -\dfrac{P}{3E}\left(\dfrac{l_1^3}{I_1} + \dfrac{l_2^3}{I_2}\right) - \dfrac{Pl_1 l_2}{EI_2}(l_1 + l_2)$，

$\theta_C = -\dfrac{Pl_1^2}{2EI_1} - \dfrac{Pl_2}{EI_2}\left(\dfrac{l_2}{2} + l_1\right)$；

(b) $y_C = \dfrac{qal^2}{24EI}(5l+18a)$，$\theta_C = -\dfrac{ql^2}{24EI}(5l+12a)$。

10-10　$a/l = 2/3$。

10-11　$\Delta l = 2.29$ mm，$y_C = 7.39$ mm。

10-12　$y_{max} = 0.102$ mm，直径误差 $\Delta d = 2y_{max} = 0.204$ mm > 0.08 mm。改进方法：可在自由端加顶针。

10-13　$\theta_A = 0.007\,49$ rad，$\theta_B = 0.007\,95$ rad $< [\theta]$，故满足刚度条件。

10-14　18 号工字钢。

10-15　$d = 112$ mm。

10-16　No. 20a 槽钢。

10-17　(a) $R_A = \dfrac{13}{32}P(\uparrow)$，$R_B = \dfrac{22}{32}P(\uparrow)$，$R_C = \dfrac{3}{32}P(\downarrow)$；

(b) $R_A = \dfrac{7}{4}P(\downarrow)$，$R_B = \dfrac{3}{4}P(\downarrow)$，$M_B = \dfrac{Pl}{4}(\circlearrowright)$；

(c) $R_A = R_B = \frac{3}{8}ql(\uparrow)$, $R_C = \frac{5}{4}ql(\uparrow)$;

(d) $R_A = 6.5$ kN($\uparrow$), $R_B = 9.5$ kN($\uparrow$), $M_A = 2.8$ kN·m($\circlearrowright$)。

10-18 (a) $R_A = \frac{3}{8}qa(\uparrow)$, $m_A = \frac{3}{4}qa^2(\circlearrowright)$, $R_B = \frac{13}{8}qa(\uparrow)$, $m_B = \frac{5}{4}qa^2(\circlearrowright)$, $R_C = \frac{3}{8}qa$;

(b) $N_{CD} = \frac{3Aqa^4}{4(2Aa^3 + 3Il)}$(拉力),$R_A = N_{CD}(\uparrow)$,

$R_B = \frac{qa(5Aa^3 + 12Il)}{2(2Aa^3 + 3Il)}(\uparrow)$。

10-19 $M_B = \frac{6EI\delta}{l^2}(\circlearrowright)$, $R_B = \frac{12EI\delta}{l^3}(\downarrow)$。

10-20 (1) $R_C = \frac{5}{4}P$; (2) M_{max} 减小 50%, y_B 减小 39%。

10-21 $M_e = 4$ N·m, $\sigma_{max} = 1$ GPa。

第十一章 应力状态和强度理论

11-1 $F = 147.3$ kN。

11-2 (a) $\sigma_\alpha = 5$, $\tau_\alpha = 25$;

(b) $\sigma_\alpha = -10.98$, $\tau_\alpha = -10.98$ MPa;

(c) $\sigma_\alpha = -27.3$ MPa, $\tau_\alpha = -27.3$ MPa。

11-3 $\tau_{-60^\circ} = -2.299$ MPa。

11-4 (a) $\sigma_1 = \sigma_2 = 0$, $\sigma_3 = -50$, $\tau_{max} = 25$ MPa;

(b) $\sigma_1 = 30$, $\sigma_2 = 0$, $\sigma_3 = -20$, $\tau_{max} = 25$ MPa;

(c) $\sigma_1 = 74.1$, $\sigma_2 = 15.9$, $\sigma_3 = 0$, $\tau_{max} = 37.05$ MPa;

(d) $\sigma_1 = 0$, $\sigma_2 = -4.6$, $\sigma_3 = -65.4$, $\tau_{max} = 37.05$ MPa。

11-5 (a) $\sigma_1 = 25$, $\sigma_2 = 0$, $\sigma_3 = -25$, $\tau_{max} = 25$ MPa;

(b) $\sigma_1 = 50$, $\sigma_2 = 50$, $\sigma_3 = -50$, $\tau_{max} = 50$ MPa;

(c) $\sigma_1 = 50$, $\sigma_2 = 4.7$, $\sigma_3 = -84.7$, $\tau_{max} = 67.4$ MPa;

(d) $\sigma_1 = \sigma_2 = \sigma_3 = 60$, $\tau_{max} = 0$。

11-6 $\sigma_1 = 0$ $\sigma_2 = -19.8$ MPa $\sigma_3 = -60$ MPa。

11-7 $\varepsilon_{30^\circ} = 310 \times 10^{-6}$。

11-8 $M = 0.6$ kN·m, $m = 0.86$ kN·m。

11-9 A点 $\sigma_1 = 56.1$, $\sigma_2 = 0$, $\sigma_3 = -16.1$, $\tau_{max} = 36.1$ MPa。

11-10 (1) $\sigma_1 = 130$, $\sigma_2 = 30$, $\sigma_3 = -30$, $\tau_{max} = 80$ MPa;

(2) $\varepsilon_{max} = 6.5 \times 10^{-4}$;

(3) $\sigma_{eg3} = 179$ MPa $> [\sigma]$ 不安全。

11-11 $\sigma_{eg3} = 120$ MPa $< [\sigma]$,

$\sigma_{eg4} = 110$ MPa $< [\sigma]$,

所以安全。

11-12 第三强度度论 $[p] = 1.2$ MPa;

第四强理度论 $[p] = 1.38$ MPa。

11-13 厚度 $t = 1.42$ cm。

第十二章　组合变形时杆件的强度计算

12-1　$\sigma_{Tmax} = 6.75\ \text{MPa}$　$\sigma_{Cmax} = -6.99\ \text{MPa}$。

12-2　$\sigma_{max} = 153.4\ \text{MPa} < [\sigma]$　安全。

12-3　$\sigma_{max} = 120.9\ \text{MPa} > [\sigma]$，但$\frac{\sigma_{max} - [\sigma]}{[\sigma]} = 0.75\% < 5\%$ 所以安全。

12-4　$\sigma_{Tmax} = 53\ \text{MPa}$。

12-5　$x = 5.2\ \text{mm}$。

12-6　$\sigma_{max} = 130.5\ \text{MPa}$。

12-7　增加 7 倍。

12-8　$\sigma_{Tmax} = 63.6 > [\sigma_T]$，$\sigma_{Cmax} = 63\ \text{MPa} > [\sigma_C]$ 不安全。

12-10　厚度 $\delta = 2.65\ \text{mm}$。

12-11　$\sigma_{eg3} = 58.3 < [\sigma]$　安全。

12-12　第三理论 $d = 112\ \text{mm}$　第四理论 $d = 111\ \text{mm}$。

12-13　$d = 34\ \text{mm}$。

12-14　$d = 51\ \text{mm}$。

12-15　$\delta_{eg3} = 107.4\ \text{MPa} < [\sigma]$ 安全。

第十三章　压杆的稳定性问题

13-1　$(P_{cr})c = 3\,140\ \text{kN}$。

13-2　(1) $P_{cr} = 37.8\ \text{kN}$，(2) $P_{cr} = 52.6\ \text{kN}$，(3) $P_{cr} = 459\ \text{kN}$。

13-3　$l_{min} = 819\ \text{mm}$。

13-4　(a) $P_{cr} = 374\ \text{kN}$，(b) $P_{cr} = 644\ \text{kN}$；

(c) $P_{cr} = 636\ \text{kN}$，(d) $P_{cr} = 752\ \text{kN}$。

13-5　$\sigma_{cr} = 6.72\ \text{MPa}$，$P_{cr} = 161\ \text{kN}$。

13-6　$P_{cr} = 1\,520\ \text{kN}$。

13-7　(1) $P_{cr} = 269\ \text{kN}$，(2) $n_{st} = 1.69 < [n_{st}]$，不安全。

13-8　$n_{st} = 4.2 > [n_{st}]$　稳定性足够。

13-9　$[P] = 160\ \text{kN}$。

13-10　$n_{st} = 3.03 > [n_{st}]$，安全。

13-11　$[P] = 26.2\ \text{kN}$。

13-12　(1) $[P] = 170\ \text{kN}$；(2) $[P] = 62\ \text{kN}$。

13-13　$T_2 = 59.4\ ℃$。

13-14　安全。

13-15　$a = 43\ \text{mm}$，$P_{cr} = 448\ \text{kN}$。

13-16　$\theta = 71°34'$。

第十四章　动荷应力

14-1　工字钢 $\sigma_{dmax} = 125\ \text{MPa}$，吊索 $\sigma_d = 27.9\ \text{MPa}$。

14－2　$\sigma_{dmax}=4.63$ MPa。

14－3　$\sigma_{dmax}=43$ MPa，$f_{dmax}=0.497$ m。

14－4　(a) $\sigma_{d}=115.5$ MPa；

(b) $\sigma_{d}=81.7$ MPa。

14－5　应取 D 点的静挠度。

14－6　(1) $\sigma_{st}=0.0708$ MPa；

(2) $\sigma_{d}=15.44$ MPa；

(3) $\sigma_{d}=3.74$ MPa。

第十五章　交变应力

15－1　$\sigma_{m}=549$ MPa，$\sigma_{a}=12$ MPa，$r=0.957$。

15－2　$\sigma_{-1}^{0}=88.6$ MPa。

15－3　$n_{\sigma}=1.7>[n_{\sigma}]$，轴安全。

15－4　$n_{\tau}=3.3>[n_{\tau}]$，轴安全。

15－5　$P_{max}=45.5$ kN。

参考文献

1 顾致平,王双青等．工程力学．西安:陕西科学技术出版社,1996

2 齐汝璠．工程力学．哈尔滨:哈尔滨工程大学出版社,2002

3 范钦珊．工程力学教程．北京:高等教育出版社,1998

4 吕全忠,周昌国．工程力学．北京:中国科学技术大学出版社,1991

5 刘延柱,杨海兴．理论力学．北京:高等教育出版社,1991

6 刘明威．理论力学．武汉:武汉大学出版社,1988

7 谢传锋．静力学．北京:高等教育出版社,1999